周志华 著

MACHINE
LEARNING

机器学习

清华大学出版社
北京

内 容 简 介

机器学习是计算机科学的重要分支领域. 本书作为该领域的入门教材,在内容上尽可能涵盖机器学习基础知识的各方面. 全书共 16 章,大致分为 3 个部分:第 1 部分(第 1～3 章)介绍机器学习的基础知识;第 2 部分(第 4～10 章)讨论一些经典而常用的机器学习方法(决策树、神经网络、支持向量机、贝叶斯分类器、集成学习、聚类、降维与度量学习);第 3 部分(第 11～16 章)为进阶知识,内容涉及特征选择与稀疏学习、计算学习理论、半监督学习、概率图模型、规则学习以及强化学习等. 每章都附有习题并介绍了相关阅读材料,以便有兴趣的读者进一步钻研探索.

本书可作为高等院校计算机、自动化及相关专业的本科生或研究生教材,也可供对机器学习感兴趣的研究人员和工程技术人员阅读参考.

图书在版编目(CIP)数据

机器学习/周志华著.—北京:清华大学出版社,2016 (2024.7 重印)

ISBN 978-7-302-42328-7

Ⅰ.①机…　Ⅱ.①周…　Ⅲ.①机器学习　Ⅳ.①TP181

中国版本图书馆 CIP 数据核字(2015)第 287090 号

责任编辑:薛　慧

封面设计:常雪影

责任校对:刘玉霞

责任印制:宋　林

出版发行:清华大学出版社

　　　网　　　址:https://www.tup.com.cn, https://www.wqxuetang.com

　　　地　　　址:北京清华大学学研大厦 A 座　　　　　　邮　　编:100084

　　　社 总 机:010-83470000　　　　　　　　　　　　　邮　　购:010-62786544

　　　投稿与读者服务:010-62776969, c-service@tup.tsinghua.edu.cn

　　　质量反馈:010-62772015, zhiliang@tup.tsinghua.edu.cn

印 装 者:三河市人民印务有限公司

经　　销:全国新华书店

开　　本:210mm×235mm　　印　张:28　　字　数:626 千字

版　　次:2016 年 1 月第 1 版　　　　　印　次:2024 年 7 月第 46 次印刷

定　　价:108.00 元

产品编号:064027-02

序　言

　　在人工智能界有一种说法，认为机器学习是人工智能领域中最能够体现智能的一个分支. 从历史来看，机器学习似乎也是人工智能中发展最快的分支之一. 在二十世纪八十年代的时候，符号学习可能还是机器学习的主流，而自从二十世纪九十年代以来，就一直是统计机器学习的天下了. 不知道是否可以这样认为：从主流为符号机器学习发展到主流为统计机器学习，反映了机器学习从纯粹的理论研究和模型研究发展到以解决现实生活中实际问题为目的的应用研究，这是科学研究的一种进步. 有关机器学习的专著国内出版的不是很多. 前两年有李航教授的《统计学习方法》出版，以简要的方式介绍了一批重要和常用的机器学习方法. 此次周志华教授的鸿篇巨著《机器学习》则全面而详细地介绍了机器学习的各个分支，既可作为教材，又可作为自学用书和科研参考书.

　　翻阅书稿的过程引起了一些自己的思考，平时由于和机器学习界的朋友接触多了，经常获得一些道听途说的信息以及专家们对机器学习现状及其发展前途的评论. 在此过程中，难免会产生一些自己的疑问. 我借此机会把它写下来放在这里，算是一种"外行求教机器学习".

　　问题一：在人工智能发展早期，机器学习的技术内涵几乎全部是符号学习. 可是从二十世纪九十年代开始，统计机器学习犹如一匹黑马横空出世，迅速压倒并取代了符号学习的地位. 人们可能会问：在满目的统计学习期刊和会议文章面前，符号学习是否被彻底忽略了？它还能成为机器学习的研究对象吗？它是否将继续在统计学习的阴影里生活并苟延残喘？对这个问题有三种可能的答案：一是告诉符号学习："你就是该退出历史舞台，认命吧！"二是告诉统计学习："你的一言堂应该关门了！"单纯的统计学习已经走到了尽头，再想往前走就要把统计学习和符号学习结合起来. 三是事物发展总会有"三十年河东，三十年河西"的现象，符号学习还有"翻身"的日子. 第一种观点我没有听人明说过，但是我想恐怕有可能已经被许多人默认了. 第二种观点我曾听王珏教授多次说过. 他并不认为统计学习会衰退，而只是认为机器学习已经到了一个转折点，从今往后，统计学习应该和知识的利用相结合，这是一种"螺旋式上升，进入更高级的形式"，否则，统计学习可能会停留于现状而止步不前. 王珏教授还认为：进入转折点的标志就是 Koller 等的《概率图模型》一书的出版. 至于第三种观点，恰好我收到老朋友，美国人工智能资深学者、俄亥俄大学 Chandrasekaran 教授的来信，他正好谈起符号智能被统计智能"打压"的现象，并且正好表达了河东河西的观点. 我请求他允许我把这段话引进正在撰写的序言中，他爽快地同意了，仅仅修改了几处私人通信的口吻. 全文如下："最近几年，人工智能在很大程度上集中于统计学和大数据. 我同意由于计算能力的大幅提高，这些技术曾经取得过某些令人印象深刻的成果. 但是我们完全有理由相信，虽然这些技术还会继续改进、提高，总有一天这个领域(指 AI)会对它们说再见，并转向更加基本的认知科学研究. 尽管钟摆的摆回去还需要一段时间，我相信定有必要把统计技术和对认知结构的深刻理解结合起来."看来, Chandrasekaran 教授也并不认为若干年以后 AI 真会回到河西, 他的意见和王珏教授的意见基本一致, 但不仅限于机器学习, 而是涉及整个人工智能领域. 只是王珏教授强调知识, 而 Chandrasekaran 教授强调更加基本的"认知".

问题二: 王珏教授认为统计机器学习不会"一路顺风"的判据是: 统计机器学习算法都是基于样本数据独立同分布的假设. 但是自然界现象千变万化, 王珏教授认为"哪有那么多独立同分布?"这就引来了下一个问题: "独立同分布"条件对于机器学习来讲真是必需的吗? 独立同分布的不存在一定是一个不可逾越的障碍吗? 无独立同分布条件下的机器学习也许只是一个难题, 而不是不可解问题. 我有一个"胡思乱想", 认为前些时候出现的"迁移学习"也许会对这个问题的解决带来一线曙光. 尽管现在的迁移学习还要求迁移双方具备"独立同分布"条件, 但是不同分布之间的迁移学习, 同分布和异分布之间的迁移学习也许迟早会出现?

问题三: 近年来出现了一些新的动向, 例如"深度学习"、"无终止学习"等等, 社会上给予了特别关注, 尤其是深度学习. 但它们真的代表了机器学习的新的方向吗? 包括本书作者周志华教授在内的一些学者认为: 深度学习掀起的热潮也许大过它本身真正的贡献, 在理论和技术上并没有太多的创新, 只不过是由于硬件技术的革命, 计算机的速度大大提高了, 使得人们有可能采用原来复杂度很高的算法, 从而得到比过去更精细的结果. 当然这对于推动机器学习应用于实践有很大意义. 但我们不禁要斗胆问一句: 深度学习是否又要取代统计学习了? 事实上, 确有专家已经感受到来自深度学习的压力, 指出统计学习正在被深度学习所打压, 正如我们早就看到的符号学习被统计学习所打压. 不过我觉得这种打压还远没有强大到像统计学习打压符号学习的程度. 这一是因为深度学习的"理论创新"还不明显; 二是因为目前的深度学习主要适合于神经网络, 在各种机器学习方法百花盛开的今天, 它的应用范围还有限, 还不能直接说是连接主义方法的回归; 三是因为统计学习仍然在机器学习中被有效地普遍采用, "得道多助", 想抛弃它不容易.

问题四: 机器学习研究出现以来, 我们看到的主要是从符号方法到统计方法的演变, 用到的数学主要是概率统计. 但是, 数学之大, 就像大海. 难道只有统计方法适合于在机器学习方面应用吗? 当然, 我们也看到了一些其他数学分支在机器学习上的应用的好例子, 例如微分几何在流形学习上的应用, 微分方程在归纳学习上的应用. 但如果和统计方法相比, 它们都只能算是配角. 还有的数学分支如代数可能应用得更广, 但在机器学习中代数一般是作为基础工具来使用, 例如矩阵理论和特征值理论. 又如微分方程求解最终往往归结为代数问题求解. 它们可以算是幕后英雄: "出头露面的是概率和统计, 埋头苦干的是代数和逻辑". 是否可以想象以数学方法为主角, 以统计方法为配角的机器学习理论呢? 在这方面, 流形学习已经"有点意思"了, 而彭实戈院士的倒排随机微分方程理论之预测金融走势, 也许是用高深数学推动新的机器学习模式的更好例子. 但是从宏观的角度看, 数学理论的介入程度还远远不够. 这里指的主要是深刻的、现代的数学理论, 我们期待着有更多数学家的参与, 开辟机器学习的新模式、新理论、新方向.

　　问题五: 上一个问题的延续: 符号机器学习时代主要以离散方法处理问题, 统计机器学习时代主要以连续方法处理问题. 这两种方法之间应该没有一条鸿沟. 流形学习中李群、李代数方法的引入给我们以很好的启示. 从微分流形到李群, 再从李群到李代数, 就是一个沟通连续和离散的过程. 然而, 现有的方法在数学上并不完美. 浏览流形学习的文献可知, 许多论文直接把任意数据集看成微分流形, 从而就认定测地线的存在并讨论起降维来了. 这样的例子也许不是个别的, 足可说明数学家介入机器学习研究之必要.

　　问题六: 大数据时代的出现, 有没有给机器学习带来本质性的影响? 理论上讲, 似乎"大数据"给统计机器学习提供了更多的机遇, 因为海量的数据更加需要统计、抽样的方法. 业界人士估计, 大数据的出现将使人工智能的作用更加突出. 有人把大数据处理分成三个阶段: 收集、分析和预测. 收集和分析的工作相对来说已经做得相当好了, 现在关注的焦点是要有科学的预测, 机器学习技术在这里不可或缺. 这一点大概毋庸置疑. 然而, 同样是使用统计、抽样方法, 同样是收集、分析和预测, 大数据时代使用这类方法和以前使用这类方法有什么本质的不同吗? 量变到质变是辩证法的一个普遍规律. 那么, 从前大数据时代到大数据时代, 数理统计方法有没有发生本质的变化? 反映到它们在机器学习上的应用有无本质变化? 大数据时代正在呼唤什么样的机器学习方法的产生? 哪些机器学习方法又是由于大数据研究的驱动而产生的呢?

　　以上这些话也许说得远了, 我们还是回到本书上来. 本书的作者周志华教授在机器学习的许多领域都有出色的贡献, 是中国机器学习研究的领军人物之一, 在国际学术界有着很高的声誉. 他在机器学习的一些重要领域, 例如集成学习、半监督学习、多示例和多标记学习等方面都做出了在国际上有重要影响的工作, 其中一些可以认为是中国学者在国际上的代表性贡献. 除了自身的学术研究以外, 他在推动中国的机器学习发展方面也做了许多工作. 例如他和不久前刚过世的王珏教授从 2002 年开始, 组织了系列化的"机器学习及其应用"研讨会. 初在复旦, 后移至南大举行, 越办越兴旺, 从单一的专家报告发展到专家报告、学生论坛和张贴论文三种方式同时举行, 参会者从数十人发展到数百人, 活动搞得有声有色, 如火如荼. 最近更是把研讨会推向全国高校轮流举行. 他和王珏教授紧密合作, 南北呼应, 人称"南周北王". 王珏教授的离去使我们深感悲伤. 令我们欣慰的是国内不但有周志华教授这样的机器学习领军人物, 而且比周教授更年轻的许多机器学习青年才俊也成长起来了. 中国的机器学习大有希望.

陆汝钤

中国科学院数学与系统科学研究院

2015 年 8 月于北京

前　言

这是一本面向中文读者的机器学习教科书, 为了使尽可能多的读者通过本书对机器学习有所了解, 作者试图尽可能少地使用数学知识. 然而, 少量的概率、统计、代数、优化、逻辑知识似乎不可避免. 因此, 本书更适合大学三年级以上的理工科本科生和研究生, 以及具有类似背景的对机器学习感兴趣的人士. 为方便读者, 本书附录给出了一些相关数学基础知识简介.

全书共 16 章, 大体上可分为 3 个部分: 第 1 部分包括第 1~3 章, 介绍机器学习基础知识; 第 2 部分包括第 4~10 章, 介绍一些经典而常用的机器学习方法; 第 3 部分包括第 11~16 章, 介绍一些进阶知识. 前 3 章之外的后续各章均相对独立, 读者可根据自己的兴趣和时间情况选择使用. 根据课时情况, 一个学期的本科生课程可考虑讲授前 9 章或前 10 章; 研究生课程则不妨使用全书.

书中除第 1 章外, 每章都给出了十道习题. 有的习题是帮助读者巩固本章学习, 有的是为了引导读者扩展相关知识. 一学期的一般课程可使用这些习题, 再辅以两到三个针对具体数据集的大作业. 带星号的习题则有相当难度, 有些并无现成答案, 谨供富有进取心的读者启发思考.

本书在内容上尽可能涵盖机器学习基础知识的各方面, 但作为机器学习入门读物且因授课时间的考虑, 很多重要、前沿的材料未能覆盖, 即便覆盖到的部分也仅是管中窥豹, 更多的内容留待读者在进阶课程中学习. 为便于有兴趣的读者进一步钻研探索, 本书每章均介绍了一些阅读材料, 谨供读者参考.

笔者以为, 对学科相关的重要人物和事件有一定了解, 将会增进读者对该学科的认识. 本书在每章最后都写了一个与该章内容相关的小故事, 希望有助于读者增广见闻, 并且在紧张的学习过程中稍微放松调剂一下.

书中不可避免地涉及大量外国人名, 若全部译为中文, 则读者在日后进一步阅读文献时或许会对不少人名产生陌生感, 不利于进一步学习. 因此, 本书仅对一般读者耳熟能详的名字如 "图灵" 等加以直接使用, 对故事中的一些主要人物给出了译名, 其他则保持外文名.

机器学习发展极迅速, 目前已成为一个广袤的学科, 罕有人士能对其众多分支领域均有精深理解. 笔者自认才疏学浅, 仅略知皮毛, 更兼时间和精力所限, 书中错谬之处在所难免, 若蒙读者诸君不吝告知, 将不胜感激.

周志华

2015 年 6 月

如何使用本书

—— 写在第十次印刷之际

本书 2016 年 1 月底出版, 首印 5000 册一周内竟告售罄; 此后 8 个月重印 9 次, 累积 72000 册; 先后登上亚马逊、京东、当当网等的计算机类畅销书榜首. 出乎预料的销量和受欢迎程度, 意味着本书读者已大大超出了预设的目标人群, 这使作者隐隐产生了些许不安, 感觉有必要说一说本书的立场, 以及使用本书需注意的一些事项. 因此, 在第 10 次印刷之际草就本文.

首先, 读者诸君务须注意, 本书是一本教科书.

如本书 "后记" 所述, 写作本书的主因是作者要开设 "机器学习" 课. 根据作者的从教经验, 若每堂课涉及页码过多, 则不少同学由于选修多门功课, 在课后或许难有兴趣和精力认真钻研阅读, 教师也会因 "包袱太重" 而失去个人发挥的空间. 因此, 作为一学期课程的教材, 本书篇幅进行了仔细考量: 16 章正文, 每章 6~7 节, 一般不超过 25 页. 研究生课程若每学期 18 周, 则除去习题和答疑时间, 基本上每周讲授一章; 本科生课程则可进度稍缓, 一学期讲授 9~10 章. 囿于此限, 作者需对内容材料、以及材料讲述的程度进行取舍; 否则若不分巨细, 其篇幅可能令读者望而生畏. 因此, 读者不要指望本书是无所不包、"从入门到精通" 的书籍. 事实上, 对机器学习这个发展极迅速、已变得非常广袤的学科领域, 那样的书尚不存在; 即便出现, 也非数千页不止, 不适于用作教科书.

第二, 这是一本入门级教科书.

作者以为, 入门阶段最需要的是理清基本概念、了解领域概貌. 这好比人们到了一个陌生的地方, 首先要去找张地图, 大致弄清哪里是山、哪里有水、自己身在何处, 然后才好到具体区域去探索. 读者当然都希望所学 "既广且深", 但在有限时间内必先有个折中. 在入门阶段, "顾及细微" 应该让位于 "观其大略", 否则难免只见树木、不见森林. 因此, 作者试图通过化繁为简的讲述, 使读者能在有限的篇幅中感受更多的、应该接触到的内容. 一定程度上说, 本书的主要目的就是为读者提供一张 "初级地形图", 给初学者 "指路", 而本书提供的这张 "地形图", 其覆盖面与同类英文书籍相较不遑多让.

机器学习中存在多种学派可从其角度阐释其他学派的内容. 作者以为, 理解学派间的包容等价, 在进阶之后对融汇贯通大有裨益, 但在入门阶段, 先看到各自的本原面貌更为重要. 因为没有任何一个学派能完全 "碾压" 其他, 而过早先入为主地强化某学派观念, 对理解欣赏其他学派的妙处会埋下隐碍. 因此, 本书尽可能从材料的 "原生态" 出发讲述, 仅在少数地方简略点出联系. 需说明的是, 作者试图以相近深度讲述主要内容. 读者若感到在某些地方 "意犹未尽", 或因作者以为, 入门阶段到此程度已可, 对其他内容的初窥优先于此处的进一步深究. 另外, 机器学习飞速发展, 很多新进展在学界尚无公论之前, 作者以为不适于写入入门级教科书中; 但为了不致于与学科前沿脱节, 本书也简略谈及一些本领域专家有初步共识的相对较新的内容.

第三, 这是一本面向理工科高年级本科生和研究生的教科书.

对前沿学科领域的学习, 必然需有基础知识作为先导. 为便于尽可能多的读者通过本书对机器学习有所了解, 作者已试图尽可能少地使用数学知识, 很多材料尽可能选择易于理解的方式讲述. 若读者感觉书中涉及的数学较深, 且自己仅需对机器学习做一般了解, 则不妨略过细节仅做概观, 否则建议对相关基础知识稍作复习以收全功. 囿于篇幅, 作者对许多材料尽可能述其精要、去其细冗, 所涉数学推导在紧要处给出阐释, 对理工科高年级同学稍下工夫就易自行弄清的繁冗则惜墨不赘.

读者不要指望通过读这本入门级教科书就能成为机器学习专家, 但书中各章分别给出了一些文献指引, 有兴趣的读者不妨据此进一步深造. 另外, 互联网时代之信息获取已相当便利, 读者可以容易地在网上找到机器学习中关于单个"知识点"的内容, 而信息搜索是理工科学生必备的本领, 只需知道自己在"找"什么, 就应该一定能找到材料. 根据本书提供的"地形图", 读者若渴望对某个知识点进一步探究, "按图索骥"应无太大困难.

第四, 这本书不妨多读几遍.

初学机器学习易陷入一个误区: 以为机器学习是若干种算法(方法)的堆积, 熟练了"十大算法"或"二十大算法"一切即可迎刃而解, 于是将目光仅聚焦在具体算法推导和编程实现上; 待到实践发现效果不如人意, 则又转对机器学习发生怀疑. 须知, 书本上仅能展示有限的典型"套路", 而现实世界任务千变万化, 以有限之套路应对无限之变化, 焉有不败! 现实中更多时候, 需依据任务特点对现有套路进行改造融通. 算法是"死"的, 思想才是"活"的. 欲行此道, 则务须把握算法背后的思想脉络, 无论创新科研还是应用实践, 皆以此为登堂入室之始. 本书在有限篇幅中侧重于斯, 冀望辅助读者奠造进一步精进的视野心法. 读者由本书初入门径后, 不妨搁书熟习"套路", 数月后再阅, 于原不经意处或能有新得. 此外, 作者在一些角落融入了自己多年研究实践的些微心得, 虽仅只言片语, 但可能不易得之, 进阶读者阅之或可莞尔.

读者若仅对某几种具体机器学习技术的算法推导或工程实现感兴趣, 则本书可能不太适合; 若仅需机器学习算法"速查手册", 则直接查看维基百科可能更便利一些.

作者自认才疏学浅, 对机器学习仅略知皮毛, 更兼时间和精力所限, 书中错谬之处甚多, 虽每次印刷均对错处或易误解处做勘误修订, 但仍在所难免, 若蒙读者诸君不吝告知, 将不胜感激.

周志华

2016 年 9 月

主要符号表

x	标量
$\boldsymbol{x}$	向量
$\mathbf{x}$	变量集
$\mathbf{A}$	矩阵
$\mathbf{I}$	单位阵
$\mathcal{X}$	样本空间或状态空间
$\mathcal{D}$	概率分布
D	数据样本（数据集）
$\mathcal{H}$	假设空间
H	假设集
$\mathfrak{L}$	学习算法
$(\cdot, \cdot, \cdot)$	行向量
$(\cdot; \cdot; \cdot)$	列向量
$(\cdot)^{\mathrm{T}}$	向量或矩阵转置
$\{\cdots\}$	集合
$\lvert\{\cdots\}\rvert$	集合$\{\cdots\}$中元素个数
$\lVert \cdot \rVert_p$	L_p 范数, p 缺省时为 L_2 范数
$P(\cdot),\ P(\cdot\mid\cdot)$	概率质量函数, 条件概率质量函数
$p(\cdot),\ p(\cdot\mid\cdot)$	概率密度函数, 条件概率密度函数
$\mathbb{E}_{\cdot\sim\mathcal{D}}[f(\cdot)]$	函数 $f(\cdot)$ 对 $\cdot$ 在分布 $\mathcal{D}$ 下的数学期望; 意义明确时将省略 $\mathcal{D}$ 和(或) $\cdot$.
$\sup(\cdot)$	上确界
$\mathbb{I}(\cdot)$	指示函数, 在 $\cdot$ 为真和假时分别取值为 $1, 0$
$\mathrm{sign}(\cdot)$	符号函数, 在 $\cdot < 0, = 0, > 0$ 时分别取值为 $-1, 0, 1$

目　　录

第1章 绪 论

1.1 引言

　　傍晚小街路面上沁出微雨后的湿润, 和煦的细风吹来, 抬头看看天边的晚霞, 嗯, 明天又是一个好天气. 走到水果摊旁, 挑了个根蒂蜷缩、敲起来声音浊响的青绿西瓜, 一边满心期待着皮薄肉厚瓤甜的爽落感, 一边愉快地想着, 这学期狠下了工夫, 基础概念弄得清清楚楚, 算法作业也是信手拈来, 这门课成绩一定差不了!

　　希望各位在学期结束时有这样的感觉. 作为开场, 我们先大致了解一下什么是 "机器学习" (machine learning).

　　回头看第一段话, 我们会发现这里涉及很多基于经验做出的预判. 例如, 为什么看到微湿路面、感到和风、看到晚霞, 就认为明天是好天呢? 这是因为在我们的生活经验中已经遇见过很多类似情况, 头一天观察到上述特征后, 第二天天气通常会很好. 为什么色泽青绿、根蒂蜷缩、敲声浊响, 就能判断出是正熟的好瓜? 因为我们吃过、看过很多西瓜, 所以基于色泽、根蒂、敲声这几个特征我们就可以做出相当好的判断. 类似的, 我们从以往的学习经验知道, 下足了工夫、弄清了概念、做好了作业, 自然会取得好成绩. 可以看出, 我们能做出有效的预判, 是因为我们已经积累了许多经验, 而通过对经验的利用, 就能对新情况做出有效的决策.

　　上面对经验的利用是靠我们人类自身完成的. 计算机能帮忙吗?

[Mitchell, 1997] 给出了一个更形式化的定义: 假设用 P 来评估计算机程序在某任务类 T 上的性能, 若一个程序通过利用经验 E 在 T 中任务上获得了性能改善, 则我们就说关于 T 和 P, 该程序对 E 进行了学习.

　　机器学习正是这样一门学科, 它致力于研究如何通过计算的手段, 利用经验来改善系统自身的性能. 在计算机系统中, "经验" 通常以 "数据" 形式存在, 因此, 机器学习所研究的主要内容, 是关于在计算机上从数据中产生 "模型" (model) 的算法, 即 "学习算法" (learning algorithm). 有了学习算法, 我们把经验数据提供给它, 它就能基于这些数据产生模型; 在面对新的情况时(例如看到一个没剖开的西瓜), 模型会给我们提供相应的判断(例如好瓜). 如果说计算机科学是研究关于 "算法" 的学问, 那么类似的, 可以说机器学习是研究关于 "学习算法" 的学问.

　　本书用 "模型" 泛指从数据中学得的结果. 有文献用 "模型" 指全局性结果(例如一棵决策树), 而用 "模式" 指局部性结果(例如一条规则).

1.2 基本术语

要进行机器学习, 先要有数据. 假定我们收集了一批关于西瓜的数据, 例如(色泽=青绿; 根蒂=蜷缩; 敲声=浊响), (色泽_乌黑; 根蒂=稍蜷; 敲声=沉闷), (色泽=浅白; 根蒂=硬挺; 敲声=清脆), ……, 每对括号内是一条记录, "="意思是"取值为".

这组记录的集合称为一个"数据集"(data set), 其中每条记录是关于一个事件或对象(这里是一个西瓜)的描述, 称为一个"示例"(instance) 或 "样本"(sample). 反映事件或对象在某方面的表现或性质的事项, 例如"色泽""根蒂""敲声", 称为"属性"(attribute) 或"特征"(feature); 属性上的取值, 例如"青绿""乌黑", 称为"属性值"(attribute value). 属性张成的空间称为"属性空间"(attribute space)、"样本空间"(sample space)或"输入空间". 例如我们把"色泽""根蒂""敲声"作为三个坐标轴, 则它们张成一个用于描述西瓜的三维空间, 每个西瓜都可在这个空间中找到自己的坐标位置. 由于空间中的每个点对应一个坐标向量, 因此我们也把一个示例称为一个"特征向量"(feature vector).

一般地, 令 $D = \{\boldsymbol{x}_1, \boldsymbol{x}_2, \ldots, \boldsymbol{x}_m\}$ 表示包含 m 个示例的数据集, 每个示例由 d 个属性描述(例如上面的西瓜数据使用了 3 个属性), 则每个示例 $\boldsymbol{x}_i = (x_{i1}; x_{i2}; \ldots; x_{id})$ 是 d 维样本空间 $\mathcal{X}$ 中的一个向量, $\boldsymbol{x}_i \in \mathcal{X}$, 其中 x_{ij} 是 $\boldsymbol{x}_i$ 在第 j 个属性上的取值(例如上述第 3 个西瓜在第 2 个属性上的值是"硬挺"), d 称为样本 $\boldsymbol{x}_i$ 的"维数"(dimensionality).

从数据中学得模型的过程称为"学习"(learning)或"训练"(training), 这个过程通过执行某个学习算法来完成. 训练过程中使用的数据称为"训练数据"(training data), 其中每个样本称为一个"训练样本"(training sample), 训练样本组成的集合称为"训练集"(training set). 学得模型对应了关于数据的某种潜在的规律, 因此亦称"假设"(hypothesis); 这种潜在规律自身, 则称为"真相"或"真实"(ground-truth), 学习过程就是为了找出或逼近真相. 本书有时将模型称为"学习器"(learner), 可看作学习算法在给定数据和参数空间上的实例化.

如果希望学得一个能帮助我们判断没剖开的是不是"好瓜"的模型, 仅有前面的示例数据显然是不够的. 要建立这样的关于"预测"(prediction) 的模型, 我们需获得训练样本的"结果"信息, 例如"((色泽=青绿; 根蒂=蜷缩; 敲声=浊响), 好瓜)". 这里关于示例结果的信息, 例如"好瓜", 称为"标记"(label); 拥有了标记信息的示例, 则称为"样例"(example). 一般地, 用

有时整个数据集亦称一个"样本", 因为它可看作对样本空间的一个采样; 通过上下文可判断出"样本"是指单个示例还是数据集.

训练样本亦称"训练示例" (training instance) 或 "训练例".

学习算法通常有参数需设置, 使用不同的参数值和(或)训练数据, 将产生不同的结果.

将 "label" 译为 "标记" 而非 "标签", 是考虑到英文中 "label" 既可用作名词、也可用作动词.

$(\boldsymbol{x}_i, y_i)$ 表示第 i 个样例，其中 $y_i \in \mathcal{Y}$ 是示例 $\boldsymbol{x}_i$ 的标记，$\mathcal{Y}$ 是所有标记的集合，亦称"标记空间"(label space)或"输出空间".

若我们欲预测的是离散值，例如"好瓜""坏瓜"，此类学习任务称为"分类"(classification)；若欲预测的是连续值，例如西瓜成熟度 0.95、0.37，此类学习任务称为"回归"(regression). 对只涉及两个类别的"二分类"(binary classification)任务，通常称其中一个类为"正类"(positive class)，

另一个类为"反类"(negative class)；涉及多个类别时，则称为"多分类"(multi-class classification) 任务. 一般地，预测任务是希望通过对训练集 $\{(\boldsymbol{x}_1, y_1), (\boldsymbol{x}_2, y_2), \ldots, (\boldsymbol{x}_m, y_m)\}$ 进行学习，建立一个从输入空间 $\mathcal{X}$ 到输出空间 $\mathcal{Y}$ 的映射 $f : \mathcal{X} \mapsto \mathcal{Y}$. 对二分类任务，通常令 $\mathcal{Y} = \{-1, +1\}$ 或 $\{0, 1\}$；对多分类任务，$|\mathcal{Y}| > 2$；对回归任务，$\mathcal{Y} = \mathbb{R}$，$\mathbb{R}$ 为实数集.

学得模型后，使用其进行预测的过程称为"测试"(testing)，被预测的样本称为"测试样本"(testing sample). 例如在学得 f 后，对测试例 $\boldsymbol{x}$，可得到其预测标记 $y = f(\boldsymbol{x})$.

我们还可以对西瓜做"聚类"(clustering)，即将训练集中的西瓜分成若干组，每组称为一个"簇"(cluster)；这些自动形成的簇可能对应一些潜在的概念划分，例如"浅色瓜""深色瓜"，甚至"本地瓜""外地瓜". 这样的学习过程有助于我们了解数据内在的规律，能为更深入地分析数据建立基础. 需说明

的是，在聚类学习中，"浅色瓜""本地瓜"这样的概念我们事先是不知道的，而且学习过程中使用的训练样本通常不拥有标记信息.

根据训练数据是否拥有标记信息，学习任务可大致划分为两大类："监督学习"(supervised learning) 和"无监督学习"(unsupervised learning)，分类和回归是前者的代表，而聚类则是后者的代表.

需注意的是，机器学习的目标是使学得的模型能很好地适用于"新样本"，而不是仅仅在训练样本上工作得很好；即便对聚类这样的无监督学习任务，我们也希望学得的簇划分能适用于没在训练集中出现的样本. 学得模型适用于新样本的能力，称为"泛化"(generalization)能力. 具有强泛化能力的模型能很好地适用于整个样本空间. 于是，尽管训练集通常只是样本空间的一个很小

的采样，我们仍希望它能很好地反映出样本空间的特性，否则就很难期望在训练集上学得的模型能在整个样本空间上都工作得很好. 通常假设样本空间中全体样本服从一个未知"分布"(distribution) $\mathcal{D}$，我们获得的每个样本都是独立地从这个分布上采样获得的，即"独立同分布"(independent and identically distributed, 简称 $i.i.d.$). 一般而言，训练样本越多，我们得到的关于 $\mathcal{D}$ 的信息

越多, 这样就越有可能通过学习获得具有强泛化能力的模型.

1.3　假设空间

　　归纳(induction)与演绎(deduction)是科学推理的两大基本手段. 前者是从特殊到一般的"泛化"(generalization)过程, 即从具体的事实归结出一般性规律; 后者则是从一般到特殊的"特化"(specialization)过程, 即从基础原理推演出具体状况. 例如, 在数学公理系统中, 基于一组公理和推理规则推导出与之相洽的定理, 这是演绎; 而"从样例中学习"显然是一个归纳的过程, 因此亦称"归纳学习"(inductive learning).

　　归纳学习有狭义与广义之分, 广义的归纳学习大体相当于从样例中学习, 而狭义的归纳学习则要求从训练数据中学得概念(concept), 因此亦称为"概念学习"或"概念形成". 概念学习技术目前研究、应用都比较少, 因为要学得泛化性能好且语义明确的概念实在太困难了, 现实常用的技术大多是产生"黑箱"模型. 然而, 对概念学习有所了解, 有助于理解机器学习的一些基础思想.

　　概念学习中最基本的是布尔概念学习, 即对"是""不是"这样的可表示为 0/1 布尔值的目标概念的学习. 举一个简单的例子, 假定我们获得了这样一个训练数据集:

表 1.1　西瓜数据集

编号	色泽	根蒂	敲声	好瓜
1	青绿	蜷缩	浊响	是
2	乌黑	蜷缩	浊响	是
3	青绿	硬挺	清脆	否
4	乌黑	稍蜷	沉闷	否

　　这里要学习的目标是"好瓜". 暂且假设"好瓜"可由"色泽""根蒂""敲声"这三个因素完全确定, 换言之, 只要某个瓜的这三个属性取值明确了, 我们就能判断出它是不是好瓜. 于是, 我们学得的将是"好瓜是某种色泽、某种根蒂、某种敲声的瓜"这样的概念, 用布尔表达式写出来则是"好瓜 ↔ (色泽=?) ∧ (根蒂=?) ∧ (敲声=?)", 这里"?"表示尚未确定的取值, 而我们的任务就是通过对表 1.1 的训练集进行学习, 把"?"确定下来.

> 更一般的情况是考虑形如 $(A \wedge B) \vee (C \wedge D)$ 的析合范式.

　　读者可能马上发现, 表 1.1 第一行: "(色泽=青绿) ∧ (根蒂=蜷缩) ∧ (敲声=浊响)"不就是好瓜吗? 是的, 但这是一个已见过的瓜, 别忘了我们学习的目的是"泛化", 即通过对训练集中瓜的学习以获得对没见过的瓜进行判断的能力. 如果仅仅把训练集中的瓜"记住", 今后再见到一模一样的瓜当然可判断, 但是, 对没见过的瓜, 例如"(色泽=浅白) ∧ (根蒂=蜷缩) ∧ (敲声=浊响)"怎么办呢?

我们可以把学习过程看作一个在所有假设(hypothesis)组成的空间中进行搜索的过程, 搜索目标是找到与训练集"匹配"(fit)的假设, 即能够将训练集中的瓜判断正确的假设. 假设的表示一旦确定, 假设空间及其规模大小就确定了. 这里我们的假设空间由形如"(色泽=?) ∧ (根蒂=?) ∧ (敲声=?)"的可能取值所形成的假设组成. 例如色泽有"青绿""乌黑""浅白"这三种可能取值; 还需考虑到, 也许"色泽"无论取什么值都合适, 我们用通配符"*"来表示, 例如"好瓜 ↔ (色泽=*) ∧ (根蒂=蜷缩) ∧ (敲声=浊响)", 即"好瓜是根蒂蜷缩、敲声浊响的瓜, 什么色泽都行". 此外, 还需考虑极端情况: 有可能"好瓜"这个概念根本就不成立, 世界上没有"好瓜"这种东西; 我们用 ∅ 表示这个假设. 这样, 若"色泽""根蒂""敲声"分别有3、3、3 种可能取值, 则我们面临的假设空间规模大小为 $4 \times 4 \times 4 + 1 = 65$. 图 1.1 直观地显示出了这个西瓜问题假设空间.

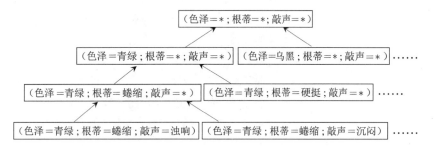

图 1.1 西瓜问题的假设空间

可以有许多策略对这个假设空间进行搜索, 例如自顶向下、从一般到特殊, 或是自底向上、从特殊到一般, 搜索过程中可以不断删除与正例不一致的假设、和(或)与反例一致的假设. 最终将会获得与训练集一致(即对所有训练样本能够进行正确判断)的假设, 这就是我们学得的结果.

需注意的是, 现实问题中我们常面临很大的假设空间, 但学习过程是基于有限样本训练集进行的, 因此, 可能有多个假设与训练集一致, 即存在着一个与训练集一致的"假设集合", 我们称之为"版本空间"(version space). 例如, 在西瓜问题中, 与表 1.1 训练集所对应的版本空间如图 1.2 所示.

"记住"训练样本, 就是所谓的"机械学习" [Cohen and Feigenbaum, 1983], 或称"死记硬背式学习", 参见 1.5 节.

这里我们假定训练样本不含噪声, 并且不考虑"非青绿"这样的 ¬A 操作. 由于训练集包含正例, 因此 ∅ 假设自然不出现.

有许多可能的选择, 如在路径上自顶向下与自底向上同时进行, 在操作上只删除与正例不一致的假设等.

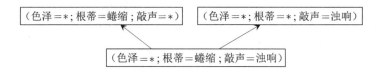

图 1.2 西瓜问题的版本空间

1.4 归纳偏好

通过学习得到的模型对应了假设空间中的一个假设. 于是, 图 1.2 的西瓜版本空间给我们带来一个麻烦: 现在有三个与训练集一致的假设, 但与它们对应的模型在面临新样本的时候, 却会产生不同的输出. 例如, 对(色泽=青绿; 根蒂=蜷缩; 敲声=沉闷)这个新收来的瓜, 如果我们采用的是"好瓜 ↔ (色泽=∗) ∧ (根蒂=蜷缩) ∧ (敲声=∗)", 那么将会把新瓜判断为好瓜, 而如果采用了另外两个假设, 则判断的结果将不是好瓜. 那么, 应该采用哪一个模型(或假设)呢?

若仅有表 1.1 中的训练样本, 则无法断定上述三个假设中哪一个"更好". 然而, 对于一个具体的学习算法而言, 它必须要产生一个模型. 这时, 学习算法本身的"偏好"就会起到关键的作用. 例如, 若我们的算法喜欢"尽可能特殊"的模型, 则它会选择"好瓜 ↔ (色泽=∗) ∧ (根蒂=蜷缩) ∧(敲声=浊响)"; 但若我们的算法喜欢"尽可能一般"的模型, 并且由于某种原因它更"相信"根蒂, 则它会选择"好瓜 ↔ (色泽=∗) ∧ (根蒂=蜷缩) ∧(敲声=∗)". 机器学习算法在学习过程中对某种类型假设的偏好, 称为"归纳偏好"(inductive bias), 或简称为"偏好".

任何一个有效的机器学习算法必有其归纳偏好, 否则它将被假设空间中看似在训练集上"等效"的假设所迷惑, 而无法产生确定的学习结果. 可以想象, 如果没有偏好, 我们的西瓜学习算法产生的模型每次在进行预测时随机抽选训练集上的等效假设, 那么对这个新瓜"(色泽=青绿; 根蒂=蜷缩; 敲声=沉闷)", 学得模型时而告诉我们它是好的、时而告诉我们它是不好的, 这样的学习结果显然没有意义.

归纳偏好的作用在图 1.3 这个回归学习图示中可能更直观. 这里的每个训练样本是图中的一个点 (x, y), 要学得一个与训练集一致的模型, 相当于找到一条穿过所有训练样本点的曲线. 显然, 对有限个样本点组成的训练集, 存在着很多条曲线与其一致. 我们的学习算法必须有某种偏好, 才能产出它认为"正确"的模型. 例如, 若认为相似的样本应有相似的输出(例如, 在各种属性上都

尽可能特殊即"适用情形尽可能少"; 尽可能一般即"适用情形尽可能多".

对"根蒂"还是对"敲声"更重视, 看起来和属性选择, 亦称"特征选择"(feature selection) 有关, 但需注意的是, 机器学习中的特征选择仍是基于对训练样本的分析进行的, 而在此处我们并非基于特征选择做出对"根蒂"的重视; 这里对"根蒂"的信赖可视为基于某种领域知识而产生的归纳偏好. 关于特征选择方面的内容参见第 11 章.

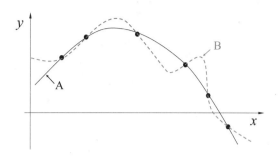

图 1.3   存在多条曲线与有限样本训练集一致

很相像的西瓜, 成熟程度应该比较接近), 则对应的学习算法可能偏好图 1.3 中比较 "平滑" 的曲线 A 而不是比较 "崎岖" 的曲线 B.

归纳偏好可看作学习算法自身在一个可能很庞大的假设空间中对假设进行选择的启发式或 "价值观". 那么, 有没有一般性的原则来引导算法确立 "正确的" 偏好呢? "奥卡姆剃刀" (Occam's razor) 是一种常用的、自然科学研究中最基本的原则, 即 "若有多个假设与观察一致, 则选最简单的那个". 如果采用这个原则, 并且假设我们认为 "更平滑" 意味着 "更简单" (例如曲线 A 更易于描述, 其方程式是 $y = -x^2 + 6x + 1$, 而曲线 B 则要复杂得多), 则在图 1.3 中我们会自然地偏好 "平滑" 的曲线 A.

然而, 奥卡姆剃刀并非唯一可行的原则. 退一步说, 即便假定我们是奥卡姆剃刀的铁杆拥趸, 也需注意到, 奥卡姆剃刀本身存在不同的诠释, 使用奥卡姆剃刀原则并不平凡. 例如对我们已经很熟悉的西瓜问题来说, "假设 1: 好瓜 ↔ (色泽=∗) ∧ (根蒂=蜷缩) ∧ (敲声=浊响)" 和假设 2: "好瓜 ↔ (色泽=∗) ∧ (根蒂=蜷缩) ∧ (敲声=∗)" 这两个假设, 哪一个更 "简单" 呢? 这个问题并不简单, 需借助其他机制才能解决.

事实上, 归纳偏好对应了学习算法本身所做出的关于 "什么样的模型更好" 的假设. 在具体的现实问题中, 这个假设是否成立, 即算法的归纳偏好是否与问题本身匹配, 大多数时候直接决定了算法能否取得好的性能.

让我们再回头看看图 1.3. 假设学习算法 $\mathfrak{L}_a$ 基于某种归纳偏好产生了对应于曲线 A 的模型, 学习算法 $\mathfrak{L}_b$ 基于另一种归纳偏好产生了对应于曲线 B 的模型. 基于前面讨论的平滑曲线的某种 "描述简单性", 我们满怀信心地期待算法 $\mathfrak{L}_a$ 比 $\mathfrak{L}_b$ 更好. 确实, 图 1.4(a) 显示出, 与 B 相比, A 与训练集外的样本更一致; 换言之, A 的泛化能力比 B 强.

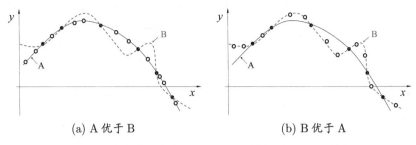

(a) A 优于 B   (b) B 优于 A

图 1.4 没有免费的午餐. (黑点: 训练样本; 白点: 测试样本)

但是, 且慢! 虽然我们希望并相信 $\mathfrak{L}_a$ 比 $\mathfrak{L}_b$ 更好, 但会不会出现图 1.4(b) 的情况: 与 A 相比, B 与训练集外的样本更一致?

很遗憾, 这种情况完全可能出现. 换言之, 对于一个学习算法 $\mathfrak{L}_a$, 若它在某些问题上比学习算法 $\mathfrak{L}_b$ 好, 则必然存在另一些问题, 在那里 $\mathfrak{L}_b$ 比 $\mathfrak{L}_a$ 好. 有趣的是, 这个结论对任何算法均成立, 哪怕是把本书后面将要介绍的一些聪明算法作为 $\mathfrak{L}_a$ 而将 "随机胡猜" 这样的笨拙算法作为 $\mathfrak{L}_b$. 惊讶吗? 让我们看看下面这个简短的讨论:

这里只用到一些非常基础的数学知识, 只准备读第 1 章且有 "数学恐惧" 的读者可以跳过这个部分而不会影响理解, 只需相信, 上面这个看起来 "匪夷所思" 的结论确实是成立的.

为简单起见, 假设样本空间 $\mathcal{X}$ 和假设空间 $\mathcal{H}$ 都是离散的. 令 $P(h|X,\mathfrak{L}_a)$ 代表算法 $\mathfrak{L}_a$ 基于训练数据 X 产生假设 h 的概率, 再令 f 代表我们希望学习的真实目标函数. $\mathfrak{L}_a$ 的 "训练集外误差", 即 $\mathfrak{L}_a$ 在训练集之外的所有样本上的误差为

$$E_{ote}(\mathfrak{L}_a|X,f) = \sum_h \sum_{\boldsymbol{x} \in \mathcal{X}-X} P(\boldsymbol{x})\,\mathbb{I}(h(\boldsymbol{x}) \neq f(\boldsymbol{x}))\,P(h\mid X,\mathfrak{L}_a)\ , \qquad (1.1)$$

其中 $\mathbb{I}(\cdot)$ 是指示函数, 若 $\cdot$ 为真则取值 1, 否则取值 0.

考虑二分类问题, 且真实目标函数可以是任何函数 $\mathcal{X} \mapsto \{0,1\}$, 函数空间为 $\{0,1\}^{|\mathcal{X}|}$. 对所有可能的 f 按均匀分布对误差求和, 有

$$
\begin{aligned}
\sum_f E_{ote}(\mathfrak{L}_a|X,f) &= \sum_f \sum_h \sum_{\boldsymbol{x} \in \mathcal{X}-X} P(\boldsymbol{x})\,\mathbb{I}(h(\boldsymbol{x}) \neq f(\boldsymbol{x}))\,P(h\mid X,\mathfrak{L}_a) \\
&= \sum_{\boldsymbol{x} \in \mathcal{X}-X} P(\boldsymbol{x}) \sum_h P(h\mid X,\mathfrak{L}_a) \sum_f \mathbb{I}(h(\boldsymbol{x}) \neq f(\boldsymbol{x})) \\
&= \sum_{\boldsymbol{x} \in \mathcal{X}-X} P(\boldsymbol{x}) \sum_h P(h\mid X,\mathfrak{L}_a) \frac{1}{2} 2^{|\mathcal{X}|} \\
&= \frac{1}{2} 2^{|\mathcal{X}|} \sum_{\boldsymbol{x} \in \mathcal{X}-X} P(\boldsymbol{x}) \sum_h P(h\mid X,\mathfrak{L}_a)
\end{aligned}
$$

若 f 均匀分布, 则有一半的 f 对 $\boldsymbol{x}$ 的预测与 $h(\boldsymbol{x})$ 不一致.

$$= 2^{|\mathcal{X}|-1} \sum_{\boldsymbol{x} \in \mathcal{X} - X} P(\boldsymbol{x}) \cdot 1 . \tag{1.2}$$

式(1.2)显示出, 总误差竟然与学习算法无关! 对于任意两个学习算法 $\mathfrak{L}_a$ 和 $\mathfrak{L}_b$, 我们都有

$$\sum_f E_{ote}(\mathfrak{L}_a | X, f) = \sum_f E_{ote}(\mathfrak{L}_b | X, f) , \tag{1.3}$$

也就是说, 无论学习算法 $\mathfrak{L}_a$ 多聪明、学习算法 $\mathfrak{L}_b$ 多笨拙, 它们的期望性能竟然相同! 这就是 "没有免费的午餐" 定理 (No Free Lunch Theorem, 简称 NFL 定理) [Wolpert, 1996; Wolpert and Macready, 1995].

严格的 NFL 定理证明比这里的简化论述繁难得多.

这下子, 读者对机器学习的热情可能被一盆冷水浇透了: 既然所有学习算法的期望性能都跟随机胡猜差不多, 那还有什么好学的?

我们需注意到, NFL 定理有一个重要前提: 所有 "问题" 出现的机会相同、或所有问题同等重要. 但实际情形并不是这样. 很多时候, 我们只关注自己正在试图解决的问题(例如某个具体应用任务), 希望为它找到一个解决方案, 至于这个解决方案在别的问题、甚至在相似的问题上是否为好方案, 我们并不关心. 例如, 为了快速从 A 地到达 B 地, 如果我们正在考虑的 A 地是南京鼓楼、B 地是南京新街口, 那么 "骑自行车" 是很好的解决方案; 这个方案对 A 地是南京鼓楼、B 地是北京新街口的情形显然很糟糕, 但我们对此并不关心.

事实上, 上面 NFL 定理的简短论述过程中假设了 f 的均匀分布, 而实际情形并非如此. 例如, 回到我们熟悉的西瓜问题, 考虑 {假设 1: 好瓜 ↔ (色泽=∗) ∧ (根蒂=蜷缩) ∧ (敲声=浊响)} 和 {假设 2: 好瓜 ↔ (色泽=∗) ∧ (根蒂=硬挺) ∧ (敲声=清脆)}. 从 NFL 定理可知, 这两个假设同样好. 我们立即会想到符合条件的例子, 对好瓜(色泽=青绿; 根蒂=蜷缩; 敲声=浊响)是假设 1 更好, 而对好瓜(色泽=乌黑; 根蒂=硬挺; 敲声=清脆)则是假设 2 更好. 看上去的确是这样. 然而需注意到, "(根蒂=蜷缩; 敲声=浊响)" 的好瓜很常见, 而 "(根蒂=硬挺; 敲声=清脆)" 的好瓜罕见, 甚至不存在.

所以, NFL 定理最重要的寓意, 是让我们清楚地认识到, 脱离具体问题, 空泛地谈论 "什么学习算法更好" 毫无意义, 因为若考虑所有潜在的问题, 则所有学习算法都一样好. 要谈论算法的相对优劣, 必须要针对具体的学习问题; 在某些问题上表现好的学习算法, 在另一些问题上却可能不尽如人意, 学习算法自身的归纳偏好与问题是否相配, 往往会起到决定性的作用.

1.5 发展历程

机器学习是人工智能(artificial intelligence)研究发展到一定阶段的必然产物. 二十世纪五十年代到七十年代初, 人工智能研究处于 "推理期", 那时人们以为只要能赋予机器逻辑推理能力, 机器就能具有智能. 这一阶段的代表性工作主要有 A. Newell 和 H. Simon 的 "逻辑理论家"(Logic Theorist)程序以及此后的 "通用问题求解"(General Problem Solving)程序等, 这些工作在当时取得了令人振奋的结果. 例如, "逻辑理论家" 程序在 1952 年证明了著名数学家罗素和怀特海的名著《数学原理》中的 38 条定理, 在 1963 年证明了全部 52 条定理, 特别值得一提的是, 定理 2.85 甚至比罗素和怀特海证明得更巧妙. A. Newell 和 H. Simon 因为这方面的工作获得了 1975 年图灵奖. 然而, 随着研究向前发展, 人们逐渐认识到, 仅具有逻辑推理能力是远远实现不了人工智能的. E. A. Feigenbaum 等人认为, 要使机器具有智能, 就必须设法使机器拥有知识.

所谓 "知识就是力量".

1965 年, Feigenbaum 主持研制了世界上第一个专家系统 DENDRAL.

在他们的倡导下, 从二十世纪七十年代中期开始, 人工智能研究进入了 "知识期". 在这一时期, 大量专家系统问世, 在很多应用领域取得了大量成果. E. A. Feigenbaum 作为 "知识工程" 之父在 1994 年获得图灵奖. 但是, 人们逐渐认识到, 专家系统面临 "知识工程瓶颈", 简单地说, 就是由人来把知识总结出来再教给计算机是相当困难的. 于是, 一些学者想到, 如果机器自己能够学习知识该多好!

参见 p.22.

事实上, 图灵在 1950 年关于图灵测试的文章中, 就曾提到了机器学习的可能; 二十世纪五十年代初已有机器学习的相关研究, 例如 A. Samuel 著名的跳棋程序. 五十年代中后期, 基于神经网络的 "连接主义"(connectionism)学习开始出现, 代表性工作有 F. Rosenblatt 的感知机(Perceptron)、B. Widrow 的 Adaline 等. 在六七十年代, 基于逻辑表示的 "符号主义"(symbolism)学习技术蓬勃发展, 代表性工作有 P. Winston 的 "结构学习系统"、R. S. Michalski 等人的 "基于逻辑的归纳学习系统"、E. B. Hunt 等人的 "概念学习系统" 等; 以决策理论为基础的学习技术以及强化学习技术等也得到发展, 代表性工作有 N. J. Nilsson 的 "学习机器" 等; 二十多年后红极一时的统计学习理论的一些奠基性结果也是在这个时期取得的.

IWML 后来发展为国际机器学习会议 ICML.

1980 年夏, 在美国卡耐基梅隆大学举行了第一届机器学习研讨会(IWML); 同年,《策略分析与信息系统》连出三期机器学习专辑; 1983 年, Tioga 出版社出版了 R. S. Michalski、J. G. Carbonell 和 T. Mitchell 主编的《机器学习: 一种人工智能途径》[Michalski et al., 1983], 对当时的机器学习研究工作进行了总结; 1986 年, 第一本机器学习专业期刊 *Machine Learning* 创刊; 1989 年, 人工智能领域的权威期刊 *Artificial Intelligence* 出版机器学习专辑, 刊发了当时一些比较活跃的研究工作, 其内容后来出现在 J. G. Carbonell 主编、MIT 出版社 1990 年的《机器学习: 范型与方法》[Carbonell, 1990] 一书中. 总的来看, 二十世纪八十年代是机器学习成为一个独立的学科领域、各种机器学习技术百花初绽的时期.

R. S. Michalski 等人 [Michalski et al., 1983] 把机器学习研究划分为 "从样例中学习" "在问题求解和规划中学习" "通过观察和发现学习" "从指令中学习" 等种类; E. A. Feigenbaum 等人在著名的《人工智能手册》(第三卷) [Cohen and Feigenbaum, 1983] 中, 则把机器学习划分为 "机械学习" "示教学习" "类比学习" 和 "归纳学习". 机械学习亦称 "死记硬背式学习", 即把外界输入的信息全部记录下来, 在需要时原封不动地取出来使用, 这实际上没有进行真正的学习, 仅是在进行信息存储与检索; 示教学习和类比学习类似于 R. S. Michalski 等人所说的 "从指令中学习" 和 "通过观察和发现学习"; 归纳学习相当于 "从样例中学习", 即从训练样例中归纳出学习结果. 二十世纪八十年代以来, 被研究最多、应用最广的是 "从样例中学习" (也就是广义的归纳学习), 它涵盖了监督学习、无监督学习等, 本书大部分内容均属此范畴. 下面我们对这方面主流技术的演进做一个简单回顾.

在二十世纪八十年代, "从样例中学习" 的一大主流是符号主义学习, 其代表包括决策树(decision tree)和基于逻辑的学习. 典型的决策树学习以信息论为基础, 以信息熵的最小化为目标, 直接模拟了人类对概念进行判定的树形流程. 基于逻辑的学习的著名代表是归纳逻辑程序设计(Inductive Logic Programming, 简称 ILP), 可看作机器学习与逻辑程序设计的交叉, 它使用一阶逻辑(即谓词逻辑)来进行知识表示, 通过修改和扩充逻辑表达式(例如 Prolog 表达式)来完成对数据的归纳. 符号主义学习占据主流地位与整个人工智能领域的发展历程是分不开的. 前面说过, 人工智能在二十世纪五十到八十年代经历了 "推理期" 和 "知识期", 在 "推理期" 人们基于符号知识表示、通过演绎推理技术取得了很大成就, 而在 "知识期" 人们基于符号知识表示、通过获取和利用领域知识来建立专家系统取得了大量成果, 因此, 在 "学习期" 的开始, 符号知识表示很自然地受到青睐. 事实上, 机器学习在二十世纪八十年代正是被视为 "解决知识工程瓶颈问题的关键" 而走上人工智能主舞台的. 决策树学习技术由于简单易用, 到今天仍是最常用的机器学习技术之一. ILP 具有很强的知识表示能力, 可以较容易地表达出复杂数据关系, 而且领域知识通常可方便地通过逻辑表达式进行描述, 因此, ILP 不仅可利用领域知识辅助学习, 还可

参见第 4 章.

这时实际是 ILP 的前身.
参见第 15 章.

通过学习对领域知识进行精化和增强; 然而, 成也萧何、败也萧何, 由于表示能力太强, 直接导致学习过程面临的假设空间太大、复杂度极高, 因此, 问题规模稍大就难以有效进行学习, 九十年代中期后这方面的研究相对陷入低潮.

二十世纪九十年代中期之前, "从样例中学习"的另一主流技术是基于神经网络的连接主义学习. 连接主义学习在二十世纪五十年代取得了大发展, 但因为早期的很多人工智能研究者对符号表示有特别偏爱, 例如图灵奖得主 H. Simon 曾断言人工智能是研究 "对智能行为的符号化建模", 所以当时连接主义的研究未被纳入主流人工智能研究范畴. 尤其是连接主义自身也遇到了很大的障碍, 正如图灵奖得主 M. Minsky 和 S. Papert 在1969 年指出, (当时的)神经网络只能处理线性分类, 甚至对 "异或" 这么简单的问题都处理不了. 1983 年, J. J. Hopfield 利用神经网络求解 "流动推销员问题" 这个著名的 NP 难题取得重大进展, 使得连接主义重新受到人们关注. 1986 年, D. E. Rumelhart 等人重新发明了著名的 BP 算法, 产生了深远影响. 与符号主义学习能产生明确的概念表示不同, 连接主义学习产生的是 "黑箱" 模型, 因此从知识获取的角度来看, 连接主义学习技术有明显弱点; 然而, 由于有 BP 这样有效的算法, 使得它可以在很多现实问题上发挥作用. 事实上, BP 一直是被应用得最广泛的机器学习算法之一. 连接主义学习的最大局限是其 "试错性"; 简单地说, 其学习过程涉及大量参数, 而参数的设置缺乏理论指导, 主要靠手工 "调参"; 夸张一点说, 参数调节上失之毫厘, 学习结果可能谬以千里.

参见第 5 章.

二十世纪九十年代中期, "统计学习"(statistical learning)闪亮登场并迅速占据主流舞台, 代表性技术是支持向量机(Support Vector Machine, 简称 SVM)以及更一般的 "核方法"(kernel methods). 这方面的研究早在二十世纪六七十年代就已开始, 统计学习理论 [Vapnik, 1998] 在那个时期也已打下了基础, 例如 V. N. Vapnik 在 1963 年提出了 "支持向量" 概念, 他和 A. J. Chervonenkis 在 1968 年提出 VC 维, 在 1974 年提出了结构风险最小化原则等. 但直到九十年代中期统计学习才开始成为机器学习的主流, 一方面是由于有效的支持向量机算法在九十年代初才被提出, 其优越性能到九十年代中期在文本分类应用中才得以显现; 另一方面, 正是在连接主义学习技术的局限性凸显之后, 人们才把目光转向了以统计学习理论为直接支撑的统计学习技术. 事实上, 统计学习与连接主义学习有密切的联系. 在支持向量机被普遍接受后, 核技巧(kernel trick) 被人们用到了机器学习的几乎每一个角落, 核方法也逐渐成为机器学习的基本内容之一.

参见第 6 章.

参见习题 6.5.

有趣的是, 二十一世纪初, 连接主义学习又卷土重来, 掀起了以 "深度学

参见 5.6 节.

习" 为名的热潮. 所谓深度学习, 狭义地说就是 "很多层" 的神经网络. 在若干测试和竞赛上, 尤其是涉及语音、图像等复杂对象的应用中, 深度学习技术取得了优越性能. 以往机器学习技术在应用中要取得好性能, 对使用者的要求较高; 而深度学习技术涉及的模型复杂度非常高, 以至于只要下工夫 "调参", 把参数调节好, 性能往往就好. 因此, 深度学习虽缺乏严格的理论基础, 但它显著降低了机器学习应用者的门槛, 为机器学习技术走向工程实践带来了便利. 那么, 它为什么此时才热起来呢? 有两个基本原因: 数据大了、计算能力强了.

"过拟合" 参见第 2 章.

深度学习模型拥有大量参数, 若数据样本少, 则很容易 "过拟合"; 如此复杂的模型、如此大的数据样本, 若缺乏强力计算设备, 根本无法求解. 恰由于人类进入了 "大数据时代", 数据储量与计算设备都有了大发展, 才使得连接主义学习技术焕发又一春. 有趣的是, 神经网络在二十世纪八十年代中期走红, 与当时 Intel x86 系列微处理器与内存条技术的广泛应用所造成的计算能力、数据访存效率比七十年代有显著提高不无关联. 深度学习此时的状况, 与彼时的神经网络何其相似.

需说明的是, 机器学习现在已经发展成为一个相当大的学科领域, 本节仅是管中窥豹, 很多重要技术都没有谈及, 耐心的读者在读完本书后会有更全面的了解.

1.6 应用现状

在过去二十年中, 人类收集、存储、传输、处理数据的能力取得了飞速提升, 人类社会的各个角落都积累了大量数据, 亟需能有效地对数据进行分析利用的计算机算法, 而机器学习恰顺应了大时代的这个迫切需求, 因此该学科领域很自然地取得巨大发展、受到广泛关注.

今天, 在计算机科学的诸多分支学科领域中, 无论是多媒体、图形学, 还是网络通信、软件工程, 乃至体系结构、芯片设计, 都能找到机器学习技术的身影, 尤其是在计算机视觉、自然语言处理等 "计算机应用技术" 领域, 机器学习已成为最重要的技术进步源泉之一.

机器学习还为许多交叉学科提供了重要的技术支撑. 例如, "生物信息学" 试图利用信息技术来研究生命现象和规律, 而基因组计划的实施和基因药物的美好愿景让人们为之心潮澎湃. 生物信息学研究涉及从 "生命现象" 到 "规律发现" 的整个过程, 其间必然包括数据获取、数据管理、数据分析、仿真实验等环节, 而 "数据分析" 恰是机器学习技术的舞台, 各种机器学习技术已经在这个舞台上大放异彩.

事实上, 随着科学研究的基本手段从传统的"理论+实验"走向现在的
"理论+实验+计算", 乃至出现"数据科学"这样的提法, 机器学习的重要
性日趋显著, 因为"计算"的目的往往是数据分析, 而数据科学的核心也恰是
通过分析数据来获得价值. 若要列出目前计算机科学技术中最活跃、最受瞩
目的研究分支, 那么机器学习必居其中. 2001 年, 美国 NASA-JPL 的科学家
在 Science 杂志上专门撰文 [Mjolsness and DeCoste, 2001] 指出, 机器学习对
科学研究的整个过程正起到越来越大的支撑作用, 其进展对科技发展意义重大.
2003 年, DARPA 启动 PAL 计划, 将机器学习的重要性上升到美国国家安全的
高度来考虑. 众所周知, 美国最尖端科技的研究通常是由 NASA 和 DARPA 推
进的, 而这两大机构不约而同地强调机器学习的重要性, 其意义不言而喻.

2006 年, 卡耐基梅隆大学宣告成立世界上第一个"机器学习系", 机器学
习领域奠基人之一 T. Mitchell 教授出任首任系主任. 2012 年 3 月, 美国奥巴马
政府启动"大数据研究与发展计划", 美国国家科学基金会旋即在加州大学伯
克利分校启动加强计划, 强调要深入研究和整合大数据时代的三大关键技术:
机器学习、云计算、众包(crowdsourcing). 显然, 机器学习在大数据时代是必
不可少的核心技术, 道理很简单: 收集、存储、传输、管理大数据的目的, 是为
了"利用"大数据, 而如果没有机器学习技术分析数据, 则"利用"无从谈起.

谈到对数据进行分析利用, 很多人会想到"数据挖掘"(data mining), 这
里简单探讨一下数据挖掘与机器学习的联系. 数据挖掘领域在二十世纪九十年
代形成, 它受到很多学科领域的影响, 其中数据库、机器学习、统计学无疑影
响最大 [Zhou, 2003]. 数据挖掘是从海量数据中发掘知识, 这就必然涉及对"海
量数据"的管理和分析. 大体来说, 数据库领域的研究为数据挖掘提供数据管
理技术, 而机器学习和统计学的研究为数据挖掘提供数据分析技术. 由于统计
学界的研究成果通常需要经由机器学习研究来形成有效的学习算法, 之后再进
入数据挖掘领域, 因此从这个意义上说, 统计学主要是通过机器学习对数据挖
掘发挥影响, 而机器学习领域和数据库领域则是数据挖掘的两大支撑.

今天, 机器学习已经与普通人的生活密切相关. 例如在天气预报、能源勘
探、环境监测等方面, 有效地利用机器学习技术对卫星和传感器发回的数据进
行分析, 是提高预报和检测准确性的重要途径; 在商业营销中, 有效地利用机器
学习技术对销售数据、客户信息进行分析, 不仅可帮助商家优化库存降低成本,
还有助于针对用户群设计特殊营销策略; ······下面再举几例:

众所周知, 谷歌、百度等互联网搜索引擎已开始改变人类的生活方式, 例
如很多人已习惯于在出行前通过互联网搜索来了解目的地信息、寻找合适的

NASA-JPL 的全称是美
国航空航天局喷气推进实
验室, 著名的"勇气"号
和"机遇"号火星机器人
均是在这个实验室研制的.

DARPA 的全称是美国
国防部先进研究计划局,
互联网、全球卫星定位系
统等都源于 DARPA 启动
的研究项目.

机器学习提供数据分析
能力, 云计算提供数据处
理能力, 众包提供数据标
记能力.

"数据挖掘"这个词很
早就在统计学界出现并略
带贬义, 这是由于传统统
计学研究往往醉心于理论
的优美而忽视实际效用.
但最近情况发生变化, 越
来越多的统计学家开始关
注现实问题, 进入机器学
习和数据挖掘领域.

酒店、餐馆等. 美国《新闻周刊》曾对谷歌有一句话评论:"它使任何人离任何问题的答案间的距离变得只有点击一下鼠标这么远."显然,互联网搜索是通过分析网络上的数据来找到用户所需的信息,在这个过程中,用户查询是输入、搜索结果是输出,而要建立输入与输出之间的联系,内核必然需要机器学习技术. 事实上,互联网搜索发展至今,机器学习技术的支撑厥功至伟. 到了今天,搜索的对象、内容日趋复杂,机器学习技术的影响更为明显,例如在进行"图片搜索"时,无论谷歌还是百度都在使用最新潮的机器学习技术. 谷歌、百度、脸书、雅虎等公司纷纷成立专攻机器学习技术的研究团队,甚至直接以机器学习技术命名的研究院,充分体现出机器学习技术的发展和应用,甚至在一定程度上影响了互联网产业的走向.

再举一例. 车祸是人类最凶险的杀手之一,全世界每年有上百万人丧生车轮,仅我国每年就有约十万人死于车祸. 由计算机来实现自动汽车驾驶是一个理想的方案,因为机器上路时可以确保不是新手驾驶、不会疲劳驾驶,更不会酒后驾驶,而且还有重要的军事用途. 美国在二十世纪八十年代就开始进行这方面研究. 这里最大的困难是无法在汽车厂里事先把汽车上路后所会遇到的所有情况都考虑到、设计出处理规则并加以编程实现,而只能根据上路时遇到的情况即时处理. 若把车载传感器接收到的信息作为输入,把方向、刹车、油门的控制行为作为输出,则这里的关键问题恰可抽象为一个机器学习任务. 2004年3月,在美国DARPA组织的自动驾驶车比赛中,斯坦福大学机器学习专家S. Thrun的小组研制的参赛车用6小时53分钟成功走完了132英里赛程获得冠军. 比赛路段是在内华达州西南部的山区和沙漠中,路况相当复杂,在这样的路段上行车即使对经验丰富的人类司机来说也是一个挑战. S. Thrun后来到谷歌领导自动驾驶车项目团队. 值得一提的是,自动驾驶车在近几年取得了飞跃式发展,除谷歌外,通用、奥迪、大众、宝马等传统汽车公司均投入巨资进行研发,目前已开始有产品进入市场. 2011年6月,美国内华达州议会通过法案,成为美国第一个认可自动驾驶车的州,此后,夏威夷州和佛罗里达州也先后通过类似法案. 自动驾驶汽车可望在不久的将来出现在普通人的生活中,而机器学习技术则起到了"司机"作用.

> 例如著名机器学习教科书 [Mitchell, 1997] 4.2节介绍了二十世纪九十年代早期利用神经网络学习来控制自动驾驶车的 ALVINN 系统.

机器学习技术甚至已影响到人类社会政治生活. 2012年美国大选期间,奥巴马麾下有一支机器学习团队,他们对各类选情数据进行分析,为奥巴马提示下一步竞选行动. 例如他们使用机器学习技术分析社交网络数据,判断出在总统候选人第一次辩论之后哪些选民会倒戈,并根据分析的结果开发出个性化宣传策略,能为每位选民找出一个最有说服力的挽留理由;他们基于机器学习模型的分析结果提示奥巴马应去何处开展拉票活动, 有些建议甚至让专业竞选顾问大吃一惊, 而结果表明去这些地方大有收获. 总统选举需要大量金钱, 机器学习技术在这方面发挥了奇效. 例如, 机器学习模型分析出, 某电影明星对某地区某年龄段的特定人群很有吸引力, 而这个群体很愿意出高价与该明星及奥巴马共进晚餐……果然, 这样一次筹资晚宴成功募集到 1500 万美元; 最终, 借助机器学习模型, 奥巴马筹到了创纪录的 10 亿美元竞选经费. 机器学习技术不仅有助于竞选经费 "开源", 还可帮助 "节流", 例如机器学习模型通过对不同群体选民进行分析, 建议购买了一些冷门节目的广告时段, 而没有采用在昂贵的黄金时段购买广告的传统做法, 使得广告资金效率相比 2008 年竞选提高了 14%; ……胜选后,《时代》周刊专门报道了这个被奥巴马称为 "竞选核武器"、由半监督学习研究专家 R. Ghani 领导的团队.

值得一提的是, 机器学习备受瞩目当然是由于它已成为智能数据分析技术的创新源泉, 但机器学习研究还有另一个不可忽视的意义, 即通过建立一些关于学习的计算模型来促进我们理解 "人类如何学习". 例如, P. Kanerva 在二十世纪八十年代中期提出 SDM (Sparse Distributed Memory) 模型 [Kanerva, 1988] 时并没有刻意模仿脑生理结构, 但后来神经科学的研究发现, SDM 的稀疏编码机制在视觉、听觉、嗅觉功能的脑皮层中广泛存在, 从而为理解脑的某些功能提供了一定的启发. 自然科学研究的驱动力归结起来无外是人类对宇宙本源、万物本质、生命本性、自我本识的好奇, 而 "人类如何学习" 无疑是一个有关自我本识的重大问题. 从这个意义上说, 机器学习不仅在信息科学中占有重要地位, 还具有一定的自然科学探索色彩.

1.7 阅读材料

[Mitchell, 1997] 是第一本机器学习专门性教材, [Duda et al., 2001; Alpaydin, 2004; Flach, 2012] 都是出色的入门读物. [Hastie et al., 2009] 是很好的进阶读物, [Bishop, 2006] 也很有参考价值, 尤其适合于贝叶斯学习偏好者. [Shalev-Shwartz and Ben-David, 2014] 则适合于理论偏好者. [Witten et al., 2011] 是基于 WEKA 撰写的入门读物, 有助于初学者通过 WEKA 实践快速掌握常用机器学习算法.

> WEKA 是著名的免费机器学习算法程序库, 由新西兰 Waikato 大学研究人员基于 JAVA 开发: http://www.cs.waikato.ac.nz/ml/weka/.

本书 1.5 和 1.6 节主要取材于 [周志华, 2007].《机器学习: 一种人工智能途径》[Michalski et al., 1983] 汇集了 20 位学者撰写的 16 篇文章, 是机器学习早期最重要的文献. 该书出版后产生了很大反响, Morgan Kaufmann 出版社后来分别于 1986 年和 1990 年出版了该书的续篇, 编为第二卷和第三卷.《人工智能手册》系列是图灵奖得主 E. A. Feigenbaum 与不同学者合作编写而成, 该书第三卷 [Cohen and Feigenbaum, 1983] 对机器学习进行了讨论, 是机器学习早期的重要文献. [Dietterich, 1997] 对机器学习领域的发展进行了评述和展望. 早期的很多文献在今天仍值得重视, 一些闪光的思想在相关技术进步后可能焕发新的活力, 例如近来流行的 "迁移学习" (transfer learning) [Pan and Yang, 2010], 恰似 "类比学习" (learning by analogy) 在统计学习技术大发展后的升级版; 红极一时的 "深度学习" (deep learning) 在思想上并未显著超越二十世纪八十年代中后期神经网络学习的研究.

深度学习参见 5.6 节.

机器学习中关于概念学习的研究开始很早, 从中产生的不少思想对整个领域都有深远影响. 例如作为主流学习技术之一的决策树学习, 就起源于关于概念形成的树结构研究 [Hunt and Hovland, 1963]. [Winston, 1970] 在著名的 "积木世界" 研究中, 将概念学习与基于泛化和特化的搜索过程联系起来. [Simon and Lea, 1974] 较早提出了 "学习" 是在假设空间中搜索的观点. [Mitchell, 1977] 稍后提出了版本空间的概念. 概念学习中有很多关于规则学习的内容.

规则学习参见第 15 章.

奥卡姆剃刀原则主张选择与经验观察一致的最简单假设, 它在自然科学如物理学、天文学等领域中是一个广为沿用的基础性原则, 例如哥白尼坚持 "日心说" 的理由之一就是它比托勒密的 "地心说" 更简单且符合天文观测. 奥卡姆剃刀在机器学习领域也有很多追随者 [Blumer et al., 1996]. 但机器学习中什么是 "更简单的" 这个问题一直困扰着研究者们, 因此, 对奥卡姆剃刀在机器学习领域的作用一直存在着争议 [Webb, 1996; Domingos, 1999]. 需注意的是, 奥卡姆剃刀并非科学研究中唯一可行的假设选择原则, 例如古希腊哲学家伊壁鸠鲁(公元前341年–前270年)提出的 "多释原则" (principle of multiple explanations), 主张保留与经验观察一致的所有假设 [Asmis, 1984], 这与集成学习(ensemble learning)方面的研究更加吻合.

集成学习参见第 8 章.

机器学习领域最重要的国际学术会议是国际机器学习会议(ICML)、国际神经信息处理系统会议(NIPS)和国际学习理论会议(COLT), 重要的区域性会议主要有欧洲机器学习会议(ECML)和亚洲机器学习会议(ACML); 最重要的国际学术期刊是 *Journal of Machine Learning Research* 和 *Machine Learning*. 人工智能领域的重要会议如 IJCAI、AAAI 以及重要期刊如 *Artificial Intelligence*、*Journal of Artificial Intelligence Research*, 数据挖掘领域的重要会议如 KDD、ICDM 以及重要期刊如 *ACM Transactions on Knowledge Discovery from Data*、*Data Mining and Knowledge Discovery*, 计算机视觉

与模式识别领域的重要会议如 CVPR 以及重要期刊如 *IEEE Transactions on Pattern Analysis and Machine Intelligence*, 神经网络领域的重要期刊如 *Neural Computation*、*IEEE Transactions on Neural Networks and Learning Systems* 等也经常发表机器学习方面的论文. 此外, 统计学领域的重要期刊如 *Annals of Statistics* 等也常有关于统计学习方面的理论文章发表.

国内不少书籍包含机器学习方面的内容, 例如 [陆汝钤, 1996]. [李航, 2012] 是以统计学习为主题的读物. 国内机器学习领域最主要的活动是两年一次的中国机器学习大会(CCML)以及每年举行的"机器学习及其应用"研讨会(MLA); 很多学术刊物都经常刊登有关机器学习的论文.

习题

1.1 表 1.1 中若只包含编号为 1 和 4 的两个样例, 试给出相应的版本空间.

1.2 与使用单个合取式来进行假设表示相比, 使用"析合范式"将使得假设空间具有更强的表示能力. 例如

$$好瓜 \leftrightarrow \Big((色泽= *) \wedge (根蒂= 蜷缩) \wedge (敲声= *) \Big)$$
$$\vee \Big((色泽=乌黑) \wedge (根蒂= *) \wedge (敲声=沉闷) \Big),$$

会把"(色泽=青绿) ∧ (根蒂=蜷缩) ∧ (敲声=清脆)"以及"(色泽=乌黑) ∧ (根蒂=硬挺) ∧ (敲声=沉闷)"都分类为"好瓜". 若使用最多包含 k 个合取式的析合范式来表达表 1.1 西瓜分类问题的假设空间, 试估算共有多少种可能的假设.

1.3 若数据包含噪声, 则假设空间中有可能不存在与所有训练样本都一致的假设. 在此情形下, 试设计一种归纳偏好用于假设选择.

1.4* 本章 1.4 节在论述"没有免费的午餐"定理时, 默认使用了"分类错误率"作为性能度量来对分类器进行评估. 若换用其他性能度量 ℓ, 则式(1.1)将改为

$$E_{ote}(\mathfrak{L}_a|X, f) = \sum_h \sum_{\boldsymbol{x} \in \mathcal{X}-X} P(\boldsymbol{x}) \ell\left(h\left(\boldsymbol{x}\right), f\left(\boldsymbol{x}\right)\right) P\left(h \mid X, \mathfrak{L}_a\right) ,$$

试证明"没有免费的午餐定理"仍成立.

1.5 试述机器学习能在互联网搜索的哪些环节起什么作用.

析合范式即多个合取式的析取.

提示: 注意冗余情况, 如 $(A = a) \vee (A = *)$ 与 $(A = *)$ 等价.

即不存在训练错误为 0 的假设.

参考文献

陆汝钤. (1996). 人工智能（下册）. 科学出版社, 北京.

周志华. (2007). "机器学习与数据挖掘." 中国计算机学会通讯, 3(12):35–44.

李航. (2012). 统计学习方法. 清华大学出版社, 北京.

Alpaydin, E. (2004). *Introduction to Machine Learning*. MIT Press, Cambridge, MA.

Asmis, E. (1984). *Epicurus' Scientific Method*. Cornell University Press, Ithaca, NY.

Bishop, C. M. (2006). *Pattern Recognition and Machine Learning*. Springer, New York, NY.

Blumer, A., A. Ehrenfeucht, D. Haussler, and M. K. Warmuth. (1996). "Occam's razor." *Information Processing Letters*, 24(6):377–380.

Carbonell, J. G., ed. (1990). *Machine Learning: Paradigms and Methods*. MIT Press, Cambridge, MA.

Cohen, P. R. and E. A. Feigenbaum, eds. (1983). *The Handbook of Artificial Intelligence*, volume 3. William Kaufmann, New York, NY.

Dietterich, T. G. (1997). "Machine learning research: Four current directions." *AI Magazine*, 18(4):97–136.

Domingos, P. (1999). "The role of Occam's razor in knowledge discovery." *Data Mining and Knowledge Discovery*, 3(4):409–425.

Duda, R. O., P. E. Hart, and D. G. Stork. (2001). *Pattern Classification*, 2nd edition. John Wiley & Sons, New York, NY.

Flach, P. (2012). *Machine Learning: The Art and Science of Algorithms that Make Sense of Data*. Cambridge University Press, Cambridge, UK.

Hand, D., H. Mannila, and P. Smyth. (2001). *Principles of Data Mining*. MIT Press, Cambridge, MA.

Hastie, T., R. Tibshirani, and J. Friedman. (2009). *The Elements of Statistical Learning*, 2nd edition. Springer, New York, NY.

Hunt, E. G. and D. I. Hovland. (1963). "Programming a model of human concept formation." In *Computers and Thought* (E. Feigenbaum and J. Feldman, eds.), 310–325, McGraw Hill, New York, NY.

Kanerva, P. (1988). *Sparse Distributed Memory*. MIT Press, Cambridge, MA.

Michalski, R. S., J. G. Carbonell, and T. M. Mitchell, eds. (1983). *Machine Learning: An Artificial Intelligence Approach*. Tioga, Palo Alto, CA.

Mitchell, T. (1997). *Machine Learning*. McGraw Hill, New York, NY.

Mitchell, T. M. (1977). "Version spaces: A candidate elimination approach to rule learning." In *Proceedings of the 5th International Joint Conference on Artificial Intelligence (IJCAI)*, 305–310, Cambridge, MA.

Mjolsness, E. and D. DeCoste. (2001). "Machine learning for science: State of the art and future prospects." *Science*, 293(5537):2051–2055.

Pan, S. J. and Q. Yang. (2010). "A survey of transfer learning." *IEEE Transactions on Knowledge and Data Engineering*, 22(10):1345–1359.

Shalev-Shwartz, S. and S. Ben-David. (2014). *Understanding Machine Learning*. Cambridge University Press, Cambridge, UK.

Simon, H. A. and G. Lea. (1974). "Problem solving and rule induction: A unified view." In *Knowledge and Cognition* (L. W. Gregg, ed.), 105–127, Erlbaum, New York, NY.

Vapnik, V. N. (1998). *Statistical Learning Theory*. Wiley, New York, NY.

Webb, G. I. (1996). "Further experimental evidence against the utility of Occam's razor." *Journal of Artificial Intelligence Research*, 43:397–417.

Winston, P. H. (1970). "Learning structural descriptions from examples." Technical Report AI-TR-231, AI Lab, MIT, Cambridge, MA.

Witten, I. H., E. Frank, and M. A. Hall. (2011). *Data Mining: Practical Machine Learing Tools and Techniques*, 3rd edition. Elsevier, Burlington, MA.

Wolpert, D. H. (1996). "The lack of a priori distinctions between learning algorithms." *Neural Computation*, 8(7):1341–1390.

Wolpert, D. H. and W. G. Macready. (1995). "No free lunch theorems for search." Technical Report SFI-TR-05-010, Santa Fe Institute, Sante Fe, NM.

Zhou, Z.-H. (2003). "Three perspectives of data mining." *Artificial Intelligence*, 143(1):139–146.

休息一会儿

小故事："机器学习"名字的由来

这个跳棋程序实质上使用了强化学习技术,参见第 16 章.

1952 年, 阿瑟·萨缪尔 (Arthur Samuel, 1901—1990) 在 IBM 公司研制了一个西洋跳棋程序, 这个程序具有自学习能力, 可通过对大量棋局的分析逐渐辨识出当前局面下的"好棋"和"坏棋", 从而不断提高弈棋水平, 并很快就下赢了萨缪尔自己. 1956 年, 萨缪尔应约翰·麦卡锡 (John McCarthy, "人工智能之父", 1971 年图灵奖得主) 之邀, 在标志着人工智能学科诞生的达特茅斯会议上介绍这项工作. 萨缪尔发明了"机器学习"这个词, 将其定义为"不显式编程地赋予计算机能力的研究领域". 他的文章 "Some studies in machine learning using the game of checkers" 1959 年在 *IBM Journal* 正式发表后, 爱德华·费根鲍姆 (Edward Feigenbaum, "知识工程之父", 1994 年图灵奖得主) 为编写其巨著 *Computers and Thought*, 在 1961 年邀请萨缪尔提供一个该程序最好的对弈实例. 于是, 萨缪尔借机向康涅狄格州的跳棋冠军、当时全美排名第四的棋手发起了挑战, 结果萨缪尔程序获胜, 在当时引起轰动.

事实上, 萨缪尔跳棋程序不仅在人工智能领域产生了重大影响, 还影响到整个计算机科学的发展. 早期计算机科学研究认为, 计算机不可能完成事先没有显式编程好的任务, 而萨缪尔跳棋程序否证了这个假设. 另外, 这个程序是最早在计算机上执行非数值计算任务的程序之一, 其逻辑指令设计思想极大地影响了 IBM 计算机的指令集, 并很快被其他计算机的设计者采用.

第 2 章 模型评估与选择

2.1 经验误差与过拟合

精度常写为百分比形式 $(1 - \frac{a}{m}) \times 100\%$.

通常我们把分类错误的样本数占样本总数的比例称为"错误率"(error rate), 即如果在 m 个样本中有 a 个样本分类错误, 则错误率 $E = a/m$; 相应的, $1 - a/m$ 称为"精度"(accuracy), 即"精度 = 1 - 错误率". 更一般地, 我们把

这里所说的"误差"均指误差期望.

学习器的实际预测输出与样本的真实输出之间的差异称为"误差"(error), 学习器在训练集上的误差称为"训练误差"(training error)或"经验误差"(empirical error), 在新样本上的误差称为"泛化误差"(generalization error). 显然, 我们希望得到泛化误差小的学习器. 然而, 我们事先并不知道新

在后面的章节中将介绍不同的学习算法如何最小化经验误差.

样本是什么样, 实际能做的是努力使经验误差最小化. 在很多情况下, 我们可以学得一个经验误差很小、在训练集上表现很好的学习器, 例如甚至对所有训练样本都分类正确, 即分类错误率为零, 分类精度为100%, 但这是不是我们想要的学习器呢? 遗憾的是, 这样的学习器在多数情况下都不好.

我们实际希望的, 是在新样本上能表现得很好的学习器. 为了达到这个目的, 应该从训练样本中尽可能学出适用于所有潜在样本的"普遍规律", 这样才能在遇到新样本时做出正确的判别. 然而, 当学习器把训练样本学得"太好"了的时候, 很可能已经把训练样本自身的一些特点当作了所有潜在样本都会具有的一般性质, 这样就会导致泛化性能下降. 这种现象在机器学习中称为

过拟合亦称"过配".

欠拟合亦称"欠配".

"过拟合"(overfitting). 与"过拟合"相对的是"欠拟合"(underfitting), 这是指对训练样本的一般性质尚未学好. 图 2.1 给出了关于过拟合与欠拟合的一个便于直观理解的类比.

学习能力是否"过于强大", 是由学习算法和数据内涵共同决定的.

有多种因素可能导致过拟合, 其中最常见的情况是由于学习能力过于强大, 以至于把训练样本所包含的不太一般的特性都学到了, 而欠拟合则通常是由于学习能力低下而造成的. 欠拟合比较容易克服, 例如在决策树学习中扩展分支、在神经网络学习中增加训练轮数等, 而过拟合则很麻烦. 在后面的学习中我们将看到, 过拟合是机器学习面临的关键障碍, 各类学习算法都必然带有一些针对过拟合的措施; 然而必须认识到, 过拟合是无法彻底避免的, 我们所能做的只是"缓解", 或者说减小其风险. 关于这一点, 可大致这样理解: 机器学习面临的问题通常是 NP 难甚至更难, 而有效的学习算法必然是在多项式时间内

图 2.1   过拟合、欠拟合的直观类比

运行完成, 若可彻底避免过拟合, 则通过经验误差最小化就能获最优解, 这就意味着我们构造性地证明了"P=NP"; 因此, 只要相信"P $\neq$ NP", 过拟合就不可避免.

在现实任务中, 我们往往有多种学习算法可供选择, 甚至对同一个学习算法, 当使用不同的参数配置时, 也会产生不同的模型. 那么, 我们该选用哪一个学习算法、使用哪一种参数配置呢? 这就是机器学习中的"模型选择"(model selection) 问题. 理想的解决方案当然是对候选模型的泛化误差进行评估, 然后选择泛化误差最小的那个模型. 然而如上面所讨论的, 我们无法直接获得泛化误差, 而训练误差又由于过拟合现象的存在而不适合作为标准, 那么, 在现实中如何进行模型评估与选择呢?

2.2 评估方法

在现实任务中往往还会考虑时间开销、存储开销、可解释性等方面的因素, 这里暂且只考虑泛化误差.

通常, 我们可通过实验测试来对学习器的泛化误差进行评估并进而做出选择. 为此, 需使用一个"测试集"(testing set) 来测试学习器对新样本的判别能力, 然后以测试集上的"测试误差"(testing error)作为泛化误差的近似. 通常我们假设测试样本也是从样本真实分布中独立同分布采样而得. 但需注意的是, 测试集应该尽可能与训练集互斥, 即测试样本尽量不在训练集中出现、未在训练过程中使用过.

测试样本为什么要尽可能不出现在训练集中呢? 为理解这一点, 不妨考虑这样一个场景: 老师出了 10 道习题供同学们练习, 考试时老师又用同样的这 10 道题作为试题, 这个考试成绩能否有效反映出同学们学得好不好呢? 答案是否定的, 可能有的同学只会做这 10 道题却能得高分. 回到我们的问题上来, 我们希望得到泛化性能强的模型, 好比是希望同学们对课程学得很好、获得了对所学知识"举一反三"的能力; 训练样本相当于给同学们练习的习题, 测试过程则相当于考试. 显然, 若测试样本被用作训练了, 则得到的将是过于"乐观"的估计结果.

可是, 我们只有一个包含 m 个样例的数据集 $D = \{(\boldsymbol{x}_1, y_1), (\boldsymbol{x}_2, y_2), \ldots, (\boldsymbol{x}_m, y_m)\}$, 既要训练, 又要测试, 怎样才能做到呢? 答案是: 通过对 D 进行适当的处理, 从中产生出训练集 S 和测试集 T. 下面介绍几种常见的做法.

2.2.1 留出法

"留出法"(hold-out)直接将数据集 D 划分为两个互斥的集合, 其中一个集合作为训练集 S, 另一个作为测试集 T, 即 $D = S \cup T, S \cap T = \varnothing$. 在 S 上训练出模型后, 用 T 来评估其测试误差, 作为对泛化误差的估计.

以二分类任务为例, 假定 D 包含 1000 个样本, 将其划分为 S 包含 700 个样本, T 包含 300 个样本, 用 S 进行训练后, 如果模型在 T 上有 90 个样本分类错误, 那么其错误率为 $(90/300) \times 100\% = 30\%$, 相应的, 精度为 $1 - 30\% = 70\%$.

需注意的是, 训练/测试集的划分要尽可能保持数据分布的一致性, 避免因数据划分过程引入额外的偏差而对最终结果产生影响, 例如在分类任务中至少要保持样本的类别比例相似. 如果从采样(sampling)的角度来看待数据集的划分过程, 则保留类别比例的采样方式通常称为"分层采样"(stratified sampling). 例如通过对 D 进行分层采样而获得含 70% 样本的训练集 S 和含 30% 样本的测试集 T, 若 D 包含 500 个正例、500 个反例, 则分层采样得到的 S 应包含 350 个正例、350 个反例, 而 T 则包含 150 个正例和 150 个反例; 若 S、T 中样本类别比例差别很大, 则误差估计将由于训练/测试数据分布的差异而产生偏差.

参见习题 2.1.

另一个需注意的问题是, 即便在给定训练/测试集的样本比例后, 仍存在多种划分方式对初始数据集 D 进行分割. 例如在上面的例子中, 可以把 D 中的样本排序, 然后把前 350 个正例放到训练集中, 也可以把最后 350 个正例放到训练集中, ……这些不同的划分将导致不同的训练/测试集, 相应的, 模型评估的结果也会有差别. 因此, 单次使用留出法得到的估计结果往往不够稳定可靠, 在使用留出法时, 一般要采用若干次随机划分、重复进行实验评估后取平均值作为留出法的评估结果. 例如进行 100 次随机划分, 每次产生一个训练/测试集用于实验评估, 100 次后就得到 100 个结果, 而留出法返回的则是这 100 个结果的平均.

同时可得估计结果的标准差.

此外, 我们希望评估的是用 D 训练出的模型的性能, 但留出法需划分训练/测试集, 这就会导致一个窘境: 若令训练集 S 包含绝大多数样本, 则训练出的模型可能更接近于用 D 训练出的模型, 但由于 T 比较小, 评估结果可能不够稳定准确; 若令测试集 T 多包含一些样本, 则训练集 S 与 D 差别更大了, 被评估的模型与用 D 训练出的模型相比可能有较大差别, 从而降低了评估结果的保真性(fidelity). 这个问题没有完美的解决方案, 常见做法是将大约 $2/3 \sim 4/5$ 的样本用于训练, 剩余样本用于测试.

2.2.2 交叉验证法

"交叉验证法"(cross validation)先将数据集 D 划分为 k 个大小相似的互斥子集, 即 $D = D_1 \cup D_2 \cup \ldots \cup D_k, D_i \cap D_j = \varnothing \ (i \neq j)$. 每个子集 D_i 都尽可能保持数据分布的一致性, 即从 D 中通过分层采样得到. 然后, 每次用 $k - 1$ 个子集的并集作为训练集, 余下的那个子集作为测试集; 这样就可获得 k 组训练/测试集, 从而可进行 k 次训练和测试, 最终返回的是这 k 个测试结果的均值. 显然, 交叉验证法评估结果的稳定性和保真性在很大程度上取决于 k 的取值, 为强调这一点, 通常把交叉验证法称为" k 折交叉验证"(k-fold cross validation). k 最常用的取值是 10, 此时称为 10 折交叉验证; 其他常用的 k 值有 5、20 等. 图 2.2 给出了 10 折交叉验证的示意图.

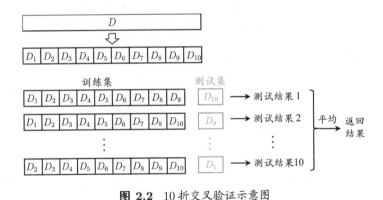

图 2.2　10 折交叉验证示意图

与留出法相似, 将数据集 D 划分为 k 个子集同样存在多种划分方式. 为减小因样本划分不同而引入的差别, k 折交叉验证通常要随机使用不同的划分重复 p 次, 最终的评估结果是这 p 次 k 折交叉验证结果的均值, 例如常见的有"10 次 10 折交叉验证".

假定数据集 D 中包含 m 个样本, 若令 $k = m$, 则得到了交叉验证法的一个特例: 留一法(Leave-One-Out, 简称 LOO). 显然, 留一法不受随机样本划分方式的影响, 因为 m 个样本只有唯一的方式划分为 m 个子集——每个子集包含一个样本; 留一法使用的训练集与初始数据集相比只少了一个样本, 这就使得在绝大多数情况下, 留一法中被实际评估的模型与期望评估的用 D 训练出的模型很相似. 因此, 留一法的评估结果往往被认为比较准确. 然而, 留一法也有其缺陷: 在数据集比较大时, 训练 m 个模型的计算开销可能是难以忍受的(例如数据集包含 1 百万个样本, 则需训练 1 百万个模型), 而这还是在未考虑算法调参的情况下. 另外, 留一法的估计结果也未必永远比其他评估方法准确; "没有免费的午餐" 定理对实验评估方法同样适用.

参见习题 2.2.

NFL 定理参见 1.4 节.

2.2.3 自助法

我们希望评估的是用 D 训练出的模型. 但在留出法和交叉验证法中, 由于保留了一部分样本用于测试, 因此实际评估的模型所使用的训练集比 D 小, 这必然会引入一些因训练样本规模不同而导致的估计偏差. 留一法受训练样本规模变化的影响较小, 但计算复杂度又太高了. 有没有什么办法可以减少训练样本规模不同造成的影响, 同时还能比较高效地进行实验估计呢?

关于样本复杂度与泛化性能之间的关系, 参见第 12 章.

"自助法" (bootstrapping)是一个比较好的解决方案, 它直接以自助采样法(bootstrap sampling) 为基础 [Efron and Tibshirani, 1993]. 给定包含 m 个样本的数据集 D, 我们对它进行采样产生数据集 D': 每次随机从 D 中挑选一个样本, 将其拷贝放入 D', 然后再将该样本放回初始数据集 D 中, 使得该样本在下次采样时仍有可能被采到; 这个过程重复执行 m 次后, 我们就得到了包含 m 个样本的数据集 D', 这就是自助采样的结果. 显然, D 中有一部分样本会在 D' 中多次出现, 而另一部分样本不出现. 可以做一个简单的估计, 样本在 m 次采样中始终不被采到的概率是 $\left(1-\frac{1}{m}\right)^m$, 取极限得到

Bootstrap本意是 "解靴带"; 这里是在使用德国 18 世纪文学作品《吹牛大王历险记》中解靴带自助的典故, 因此本书译为 "自助法". 自助采样亦称 "可重复采样" 或 "有放回采样".

e 是自然常数.

$$\lim_{m\to\infty}\left(1-\frac{1}{m}\right)^m = \frac{1}{e} \approx 0.368 \,,\tag{2.1}$$

即通过自助采样, 初始数据集 D 中约有 36.8% 的样本未出现在采样数据集 D' 中. 于是我们可将 D' 用作训练集, $D\setminus D'$ 用作测试集; 这样, 实际评估的模型与期望评估的模型都使用 m 个训练样本, 而我们仍有数据总量约 1/3 的、没在训练集中出现的样本用于测试. 这样的测试结果, 亦称 "包外估计" (out-of-bag estimate).

"\" 表示集合减法.

自助法在数据集较小、难以有效划分训练/测试集时很有用; 此外, 自助法能从初始数据集中产生多个不同的训练集, 这对集成学习等方法有很大的好处. 然而, 自助法产生的数据集改变了初始数据集的分布, 这会引入估计偏差. 因

集成学习参见第 8 章.

此, 在初始数据量足够时, 留出法和交叉验证法更常用一些.

2.2.4　调参与最终模型

大多数学习算法都有些参数(parameter)需要设定, 参数配置不同, 学得模型的性能往往有显著差别. 因此, 在进行模型评估与选择时, 除了要对适用学习算法进行选择, 还需对算法参数进行设定, 这就是通常所说的"参数调节"或简称"调参"(parameter tuning).

读者可能马上想到, 调参和算法选择没什么本质区别: 对每种参数配置都训练出模型, 然后把对应最好模型的参数作为结果. 这样的考虑基本是正确的, 但有一点需注意: 学习算法的很多参数是在实数范围内取值, 因此, 对每种参数配置都训练出模型来是不可行的. 现实中常用的做法, 是对每个参数选定一个范围和变化步长, 例如在 $[0, 0.2]$ 范围内以 0.05 为步长, 则实际要评估的候选参数值有 5 个, 最终是从这 5 个候选值中产生选定值. 显然, 这样选定的参数值往往不是"最佳"值, 但这是在计算开销和性能估计之间进行折中的结果, 通过这个折中, 学习过程才变得可行. 事实上, 即便在进行这样的折中后, 调参往往仍很困难. 可以简单估算一下: 假定算法有 3 个参数, 每个参数仅考虑 5 个候选值, 这样对每一组训练/测试集就有 $5^3 = 125$ 个模型需考察; 很多强大的学习算法有不少参数需设定, 这将导致极大的调参工程量, 以至于在不少应用任务中, 参数调得好不好往往对最终模型性能有关键性影响.

> 机器学习常涉及两类参数: 一类是算法的参数, 亦称"超参数", 数目常在 10 以内; 另一类是模型的参数, 数目可能很多, 例如大型"深度学习"模型甚至有上百亿个参数. 两者调参方式相似, 均是产生多个模型之后基于某种评估方法来进行选择; 不同之处在于前者通常是由人工设定多个参数候选值后产生模型, 后者则是通过学习来产生多个候选模型(例如神经网络在不同轮数停止训练).

给定包含 m 个样本的数据集 D, 在模型评估与选择过程中由于需要留出一部分数据进行评估测试, 事实上我们只使用了一部分数据训练模型. 因此, 在模型选择完成后, 学习算法和参数配置已选定, 此时应该用数据集 D 重新训练模型. 这个模型在训练过程中使用了所有 m 个样本, 这才是我们最终提交给用户的模型.

另外, 需注意的是, 我们通常把学得模型在实际使用中遇到的数据称为测试数据, 为了加以区分, 模型评估与选择中用于评估测试的数据集常称为"验证集"(validation set). 例如, 在研究对比不同算法的泛化性能时, 我们用测试集上的判别效果来估计模型在实际使用时的泛化能力, 而把训练数据另外划分为训练集和验证集, 基于验证集上的性能来进行模型选择和调参.

2.3　性能度量

对学习器的泛化性能进行评估, 不仅需要有效可行的实验估计方法, 还需要有衡量模型泛化能力的评价标准, 这就是性能度量(performance measure).

性能度量反映了任务需求, 在对比不同模型的能力时, 使用不同的性能度量往往会导致不同的评判结果; 这意味着模型的 "好坏" 是相对的, 什么样的模型是好的, 不仅取决于算法和数据, 还决定于任务需求.

聚类的性能度量参见第 9 章.

在预测任务中, 给定样例集 $D = \{(\boldsymbol{x}_1, y_1), (\boldsymbol{x}_2, y_2), \ldots, (\boldsymbol{x}_m, y_m)\}$, 其中 y_i 是示例 $\boldsymbol{x}_i$ 的真实标记. 要评估学习器 f 的性能, 就要把学习器预测结果 $f(\boldsymbol{x})$ 与真实标记 y 进行比较.

回归任务最常用的性能度量是 "均方误差" (mean squared error)

$$E(f; D) = \frac{1}{m} \sum_{i=1}^{m} (f(\boldsymbol{x}_i) - y_i)^2 . \tag{2.2}$$

更一般的, 对于数据分布 $\mathcal{D}$ 和概率密度函数 $p(\cdot)$, 均方误差可描述为

$$E(f; \mathcal{D}) = \int_{\boldsymbol{x} \sim \mathcal{D}} (f(\boldsymbol{x}) - y)^2 p(\boldsymbol{x}) \mathrm{d}\boldsymbol{x} . \tag{2.3}$$

本节下面主要介绍分类任务中常用的性能度量.

2.3.1 错误率与精度

本章开头提到了错误率和精度, 这是分类任务中最常用的两种性能度量, 既适用于二分类任务, 也适用于多分类任务. 错误率是分类错误的样本数占样本总数的比例, 精度则是分类正确的样本数占样本总数的比例. 对样例集 D, 分类错误率定义为

$$E(f; D) = \frac{1}{m} \sum_{i=1}^{m} \mathbb{I}(f(\boldsymbol{x}_i) \neq y_i) . \tag{2.4}$$

精度则定义为

$$\begin{aligned} \mathrm{acc}(f; D) &= \frac{1}{m} \sum_{i=1}^{m} \mathbb{I}(f(\boldsymbol{x}_i) = y_i) \\ &= 1 - E(f; D) . \end{aligned} \tag{2.5}$$

更一般的, 对于数据分布 $\mathcal{D}$ 和概率密度函数 $p(\cdot)$, 错误率与精度可分别描述为

$$E(f; \mathcal{D}) = \int_{\boldsymbol{x} \sim \mathcal{D}} \mathbb{I}(f(\boldsymbol{x}) \neq y) p(\boldsymbol{x}) \mathrm{d}\boldsymbol{x} , \tag{2.6}$$

$$
\begin{aligned}
\mathrm{acc}(f;\mathcal{D}) &= \int_{\boldsymbol{x}\sim\mathcal{D}} \mathbb{I}\left(f\left(\boldsymbol{x}\right)=y\right)p(\boldsymbol{x})\mathrm{d}\boldsymbol{x} && (2.7)\\
&= 1-E(f;\mathcal{D})\ .
\end{aligned}
$$

2.3.2 查准率、查全率与 $F1$

错误率和精度虽常用, 但并不能满足所有任务需求. 以西瓜问题为例, 假定瓜农拉来一车西瓜, 我们用训练好的模型对这些西瓜进行判别, 显然, 错误率衡量了有多少比例的瓜被判别错误. 但是若我们关心的是"挑出的西瓜中有多少比例是好瓜", 或者"所有好瓜中有多少比例被挑了出来", 那么错误率显然就不够用了, 这时需要使用其他的性能度量.

类似的需求在信息检索、Web 搜索等应用中经常出现, 例如在信息检索中, 我们经常会关心"检索出的信息中有多少比例是用户感兴趣的""用户感兴趣的信息中有多少被检索出来了". "查准率"(precision)与"查全率"(recall) 是更为适用于此类需求的性能度量.

> 查准率亦称"准确率",
> 查全率亦称"召回率".

对于二分类问题, 可将样例根据其真实类别与学习器预测类别的组合划分为真正例(true positive)、假正例(false positive)、真反例(true negative)、假反例(false negative)四种情形, 令 TP、FP、TN、FN 分别表示其对应的样例数, 则显然有 $TP+FP+TN+FN=$ 样例总数. 分类结果的"混淆矩阵"(confusion matrix)如表 2.1 所示.

表 **2.1** 分类结果混淆矩阵

真实情况	预测结果	
	正例	反例
正例	TP (真正例)	FN (假反例)
反例	FP (假正例)	TN (真反例)

查准率 P 与查全率 R 分别定义为

$$
P=\frac{TP}{TP+FP}\ , \tag{2.8}
$$

$$
R=\frac{TP}{TP+FN}\ . \tag{2.9}
$$

查准率和查全率是一对矛盾的度量. 一般来说, 查准率高时, 查全率往往偏低; 而查全率高时, 查准率往往偏低. 例如, 若希望将好瓜尽可能多地选出来, 则可通过增加选瓜的数量来实现, 如果将所有西瓜都选上, 那么所有的好瓜也必然都被选上了,但这样查准率就会较低; 若希望选出的瓜中好瓜比例尽可能高, 则可只挑选最有把握的瓜, 但这样就难免会漏掉不少好瓜, 使得查全率较低. 通常只有在一些简单任务中, 才可能使查全率和查准率都很高.

在很多情形下, 我们可根据学习器的预测结果对样例进行排序, 排在前面的是学习器认为"最可能"是正例的样本, 排在最后的则是学习器认为"最不可能"是正例的样本. 按此顺序逐个把样本作为正例进行预测, 则每次可以计算出当前的查全率、查准率. 以查准率为纵轴、查全率为横轴作图, 就得到了查准率-查全率曲线, 简称"P-R曲线", 显示该曲线的图称为"P-R图". 图2.3 给出了一个示意图.

以信息检索应用为例, 逐条向用户反馈其可能感兴趣的信息, 即可计算出查全率、查准率.

亦称"PR 曲线"或"PR 图".

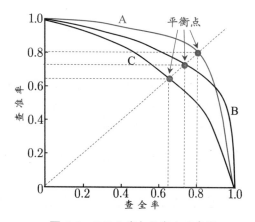

为绘图方便和美观, 示意图显示出单调平滑曲线; 但现实任务中的 P-R 曲线常是非单调、不平滑的, 在很多局部有上下波动.

图 2.3 P-R曲线与平衡点示意图

P-R 图直观地显示出学习器在样本总体上的查全率、查准率. 在进行比较时, 若一个学习器的 P-R 曲线被另一个学习器的曲线完全"包住", 则可断言后者的性能优于前者, 例如图 2.3 中学习器 A 的性能优于学习器 C; 如果两个学习器的 P-R 曲线发生了交叉, 例如图 2.3 中的 A 与 B, 则难以一般性地断言两者孰优孰劣, 只能在具体的查准率或查全率条件下进行比较. 然而, 在很多情形下, 人们往往仍希望把学习器 A 与 B 比出个高低. 这时一个比较合理的判据是比较 P-R 曲线下面积的大小, 它在一定程度上表征了学习器在查准率和查全率上取得相对"双高"的比例. 但这个值不太容易估算, 因此, 人们设计了一些综合考虑查准率、查全率的性能度量.

"平衡点"(Break-Even Point, 简称 BEP)就是这样一个度量, 它是"查准率=查全率"时的取值, 例如图 2.3 中学习器 C 的 BEP 是 0.64, 而基于 BEP 的比较, 可认为学习器 A 优于 B.

但 BEP 还是过于简化了些, 更常用的是 $F1$ 度量:

$$F1 = \frac{2 \times P \times R}{P + R} = \frac{2 \times TP}{样例总数 + TP - TN} . \tag{2.10}$$

$F1$ 是基于查准率与查全率的调和平均(harmonic mean)定义的:

$$\frac{1}{F1} = \frac{1}{2} \cdot \left(\frac{1}{P} + \frac{1}{R} \right) .$$

F_β 则是加权调和平均:

$$\frac{1}{F_\beta} = \frac{1}{1 + \beta^2} \cdot \left(\frac{1}{P} + \frac{\beta^2}{R} \right) .$$

与算术平均($\frac{P+R}{2}$)和几何平均($\sqrt{P \times R}$)相比, 调和平均更重视较小值.

在一些应用中, 对查准率和查全率的重视程度有所不同. 例如在商品推荐系统中, 为了尽可能少打扰用户, 更希望推荐内容确是用户感兴趣的, 此时查准率更重要; 而在逃犯信息检索系统中, 更希望尽可能少漏掉逃犯, 此时查全率更重要. $F1$ 度量的一般形式——F_β, 能让我们表达出对查准率/查全率的不同偏好, 它定义为

$$F_\beta = \frac{(1 + \beta^2) \times P \times R}{(\beta^2 \times P) + R} , \tag{2.11}$$

其中 $\beta > 0$ 度量了查全率对查准率的相对重要性 [Van Rijsbergen, 1979]. $\beta = 1$ 时退化为标准的 $F1$; $\beta > 1$ 时查全率有更大影响; $\beta < 1$ 时查准率有更大影响.

很多时候我们有多个二分类混淆矩阵, 例如进行多次训练/测试, 每次得到一个混淆矩阵; 或是在多个数据集上进行训练/测试, 希望估计算法的"全局"性能; 甚或是执行多分类任务, 每两两类别的组合都对应一个混淆矩阵; ⋯⋯ 总之, 我们希望在 n 个二分类混淆矩阵上综合考察查准率和查全率.

一种直接的做法是先在各混淆矩阵上分别计算出查准率和查全率, 记为 $(P_1, R_1), (P_2, R_2), \ldots, (P_n, R_n)$, 再计算平均值, 这样就得到"宏查准率"(macro-P)、"宏查全率"(macro-R), 以及相应的"宏$F1$"(macro-$F1$):

$$\text{macro-}P = \frac{1}{n} \sum_{i=1}^{n} P_i , \tag{2.12}$$

$$\text{macro-}R = \frac{1}{n} \sum_{i=1}^{n} R_i , \tag{2.13}$$

$$\text{macro-}F1 = \frac{2 \times \text{macro-}P \times \text{macro-}R}{\text{macro-}P + \text{macro-}R} . \tag{2.14}$$

还可先将各混淆矩阵的对应元素进行平均, 得到 TP、FP、TN、FN 的平均值, 分别记为 $\overline{TP}$、$\overline{FP}$、$\overline{TN}$、$\overline{FN}$, 再基于这些平均值计算出"微查准率"(micro-P)、"微查全率"(micro-R)和"微$F1$"(micro-$F1$):

$$\text{micro-}P = \frac{\overline{TP}}{\overline{TP} + \overline{FP}} , \tag{2.15}$$

$$\text{micro-}R = \frac{\overline{TP}}{\overline{TP} + \overline{FN}},\tag{2.16}$$

$$\text{micro-}F1 = \frac{2 \times \text{micro-}P \times \text{micro-}R}{\text{micro-}P + \text{micro-}R}.\tag{2.17}$$

2.3.3 ROC 与 AUC

很多学习器是为测试样本产生一个实值或概率预测, 然后将这个预测值与一个分类阈值(threshold)进行比较, 若大于阈值则分为正类, 否则为反类. 例如, 神经网络在一般情形下是对每个测试样本预测出一个 $[0.0, 1.0]$ 之间的实值, 然后将这个值与 0.5 进行比较, 大于 0.5 则判为正例, 否则为反例. 这个实值或概率预测结果的好坏, 直接决定了学习器的泛化能力. 实际上, 根据这个实值或概率预测结果, 我们可将测试样本进行排序, "最可能"是正例的排在最前面, "最不可能"是正例的排在最后面. 这样, 分类过程就相当于在这个排序中以某个"截断点"(cut point)将样本分为两部分, 前一部分判作正例, 后一部分则判作反例.

神经网络参见第 5 章.

在不同的应用任务中, 我们可根据任务需求来采用不同的截断点, 例如若我们更重视"查准率", 则可选择排序中靠前的位置进行截断; 若更重视"查全率", 则可选择靠后的位置进行截断. 因此, 排序本身的质量好坏, 体现了综合考虑学习器在不同任务下的"期望泛化性能"的好坏, 或者说, "一般情况下"泛化性能的好坏. ROC 曲线则是从这个角度出发来研究学习器泛化性能的有力工具.

ROC 全称是"受试者工作特征"(Receiver Operating Characteristic)曲线, 它源于"二战"中用于敌机检测的雷达信号分析技术, 二十世纪六七十年代开始被用于一些心理学、医学检测应用中, 此后被引入机器学习领域 [Spackman, 1989]. 与 2.3.2 节中介绍的 P-R 曲线相似, 我们根据学习器的预测结果对样例进行排序, 按此顺序逐个把样本作为正例进行预测, 每次计算出两个重要量的值, 分别以它们为横、纵坐标作图, 就得到了"ROC 曲线". 与 P-R 曲线使用查准率、查全率为纵、横轴不同, ROC 曲线的纵轴是"真正例率"(True Positive Rate, 简称 TPR), 横轴是"假正例率"(False Positive Rate, 简称 FPR), 基于表 2.1 中的符号, 两者分别定义为

$$\text{TPR} = \frac{TP}{TP + FN},\tag{2.18}$$

$$\text{FPR} = \frac{FP}{TN + FP}.\tag{2.19}$$

　　显示 ROC 曲线的图称为"ROC 图". 图 2.4(a)给出了一个示意图, 显然, 对角线对应于"随机猜测"模型, 而点 (0, 1) 则对应于将所有正例排在所有反例之前的"理想模型".

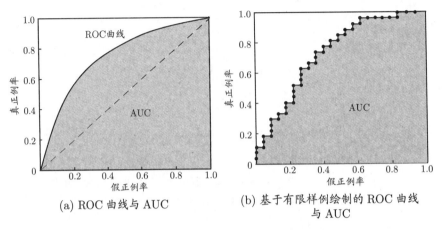

(a) ROC 曲线与 AUC　　　　　(b) 基于有限样例绘制的 ROC 曲线
与 AUC

图 2.4　ROC 曲线与 AUC 示意图

　　现实任务中通常是利用有限个测试样例来绘制 ROC 图, 此时仅能获得有限个(真正例率, 假正例率)坐标对, 无法产生图 2.4(a)中的光滑 ROC 曲线, 只能绘制出如图 2.4(b)所示的近似 ROC 曲线. 绘图过程很简单: 给定 m^+ 个正例和 m^- 个反例, 根据学习器预测结果对样例进行排序, 然后把分类阈值设为最大, 即把所有样例均预测为反例, 此时真正例率和假正例率均为 0, 在坐标 (0,0) 处标记一个点. 然后, 将分类阈值依次设为每个样例的预测值, 即依次将每个样例划分为正例. 设前一个标记点坐标为 (x,y), 当前若为真正例, 则对应标记点的坐标为 $(x, y + \frac{1}{m^+})$; 当前若为假正例, 则对应标记点的坐标为 $(x + \frac{1}{m^-}, y)$, 然后用线段连接相邻点即得.

> 基于有限个测试样例绘制 P-R 图时有同样问题. 本书到这里才介绍近似曲线的绘制, 是为了便于下面介绍 AUC 的计算.

　　进行学习器的比较时, 与 P-R 图相似, 若一个学习器的 ROC 曲线被另一个学习器的曲线完全"包住", 则可断言后者的性能优于前者; 若两个学习器的 ROC 曲线发生交叉, 则难以一般性地断言两者孰优孰劣. 此时如果一定要进行比较, 则较为合理的判据是比较 ROC 曲线下的面积, 即 AUC (Area Under ROC Curve), 如图 2.4 所示.

　　从定义可知, AUC 可通过对 ROC 曲线下各部分的面积求和而得. 假定 ROC 曲线是由坐标为 $\{(x_1,y_1),(x_2,y_2),\ldots,(x_m,y_m)\}$ 的点按序连接而形成$(x_1 = 0, x_m = 1)$, 参见图 2.4(b), 则 AUC 可估算为

$$\text{AUC} = \frac{1}{2}\sum_{i=1}^{m-1}(x_{i+1}-x_i)\cdot(y_i+y_{i+1})\,. \tag{2.20}$$

形式化地看, AUC 考虑的是样本预测的排序质量, 因此它与排序误差有紧密联系. 给定 m^+ 个正例和 m^- 个反例, 令 D^+ 和 D^- 分别表示正、反例集合, 则排序 "损失" (loss)定义为

$$\ell_{rank} = \frac{1}{m^+m^-}\sum_{\boldsymbol{x}^+\in D^+}\sum_{\boldsymbol{x}^-\in D^-}\left(\mathbb{I}\left(f(\boldsymbol{x}^+)<f(\boldsymbol{x}^-)\right)+\frac{1}{2}\mathbb{I}\left(f(\boldsymbol{x}^+)=f(\boldsymbol{x}^-)\right)\right), \tag{2.21}$$

即考虑每一对正、反例, 若正例的预测值小于反例, 则记一个 "罚分", 若相等, 则记 0.5 个 "罚分". 容易看出, ℓ_{rank} 对应的是 ROC 曲线之上的面积: 若一个正例在 ROC 曲线上对应标记点的坐标为 (x,y), 则 x 恰是排序在其之前的反例所占的比例, 即假正例率. 因此有

$$\text{AUC} = 1 - \ell_{rank}\,. \tag{2.22}$$

2.3.4 代价敏感错误率与代价曲线

在现实任务中常会遇到这样的情况: 不同类型的错误所造成的后果不同. 例如在医疗诊断中, 错误地把患者诊断为健康人与错误地把健康人诊断为患者, 看起来都是犯了 "一次错误", 但后者的影响是增加了进一步检查的麻烦, 前者的后果却可能是丧失了拯救生命的最佳时机; 再如, 门禁系统错误地把可通行人员拦在门外, 将使得用户体验不佳, 但错误地把陌生人放进门内, 则会造成严重的安全事故. 为权衡不同类型错误所造成的不同损失, 可为错误赋予 "非均等代价" (unequal cost).

以二分类任务为例, 我们可根据任务的领域知识设定一个 "代价矩阵" (cost matrix), 如表 2.2 所示, 其中 $cost_{ij}$ 表示将第 i 类样本预测为第 j 类样本的代价. 一般来说, $cost_{ii}=0$; 若将第 0 类判别为第 1 类所造成的损失更大, 则 $cost_{01}>cost_{10}$; 损失程度相差越大, $cost_{01}$ 与 $cost_{10}$ 值的差别越大.

> 一般情况下, 重要的是代价比值而非绝对值, 例如 $cost_{01}:cost_{10}=5:1$ 与 $50:10$ 所起效果相当.

表 2.2 二分类代价矩阵

真实类别	预测类别	
	第 0 类	第 1 类
第 0 类	0	$cost_{01}$
第 1 类	$cost_{10}$	0

回顾前面介绍的一些性能度量可看出, 它们大都隐式地假设了均等代价, 例如式(2.4)所定义的错误率是直接计算 "错误次数", 并没有考虑不同错误会造成不同的后果. 在非均等代价下, 我们所希望的不再是简单地最小化错误次数, 而是希望最小化 "总体代价" (total cost). 若将表 2.2 中的第 0 类作为正类、第 1 类作为反类, 令 D^+ 与 D^- 分别代表样例集 D 的正例子集和反例子集, 则 "代价敏感" (cost-sensitive)错误率为

$$
\begin{aligned}
E(f; D; cost) = \frac{1}{m} \Bigg(& \sum_{\boldsymbol{x}_i \in D^+} \mathbb{I}(f(\boldsymbol{x}_i) \neq y_i) \times cost_{01} \\
& + \sum_{\boldsymbol{x}_i \in D^-} \mathbb{I}(f(\boldsymbol{x}_i) \neq y_i) \times cost_{10} \Bigg) .
\end{aligned} \tag{2.23}
$$

类似的, 可给出基于分布定义的代价敏感错误率, 以及其他一些性能度量如精度的代价敏感版本. 若令 $cost_{ij}$ 中的 i、j 取值不限于0、1, 则可定义出多分类任务的代价敏感性能度量.

参见习题 2.7.

在非均等代价下, ROC 曲线不能直接反映出学习器的期望总体代价, 而 "代价曲线" (cost curve) 则可达到该目的. 代价曲线图的横轴是取值为 $[0,1]$ 的正例概率代价

$$
P(+)cost = \frac{p \times cost_{01}}{p \times cost_{01} + (1-p) \times cost_{10}} , \tag{2.24}
$$

"规范化" (normalization) 是将不同变化范围的值映射到相同的固定范围中, 常见的是 $[0,1]$, 此时亦称 "归一化". 参见习题 2.8.

其中 p 是样例为正例的概率; 纵轴是取值为 $[0,1]$ 的归一化代价

$$
cost_{norm} = \frac{\text{FNR} \times p \times cost_{01} + \text{FPR} \times (1-p) \times cost_{10}}{p \times cost_{01} + (1-p) \times cost_{10}} , \tag{2.25}
$$

其中 FPR 是式(2.19)定义的假正例率, $\text{FNR} = 1 - \text{TPR}$ 是假反例率. 代价曲线的绘制很简单: ROC 曲线上每一点对应了代价平面上的一条线段, 设 ROC 曲线上点的坐标为 (FPR, TPR), 则可相应计算出 FNR, 然后在代价平面上绘制一条从 (0, FPR) 到 (1, FNR) 的线段, 线段下的面积即表示了该条件下的期望总体代价; 如此将 ROC 曲线上的每个点转化为代价平面上的一条线段, 然后取所有线段的下界, 围成的面积即为在所有条件下学习器的期望总体代价, 如图 2.5 所示.

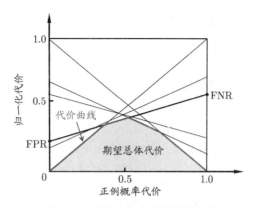

图 2.5 代价曲线与期望总体代价

2.4 比较检验

有了实验评估方法和性能度量, 看起来就能对学习器的性能进行评估比较了: 先使用某种实验评估方法测得学习器的某个性能度量结果, 然后对这些结果进行比较. 但怎么来做这个 "比较" 呢? 是直接取得性能度量的值然后 "比大小" 吗? 实际上, 机器学习中性能比较这件事要比大家想象的复杂得多. 这里面涉及几个重要因素: 首先, 我们希望比较的是泛化性能, 然而通过实验评估方法我们获得的是测试集上的性能, 两者的对比结果可能未必相同; 第二, 测试集上的性能与测试集本身的选择有很大关系, 且不论使用不同大小的测试集会得到不同的结果, 即便用相同大小的测试集, 若包含的测试样例不同, 测试结果也会有不同; 第三, 很多机器学习算法本身有一定的随机性, 即便用相同的参数设置在同一个测试集上多次运行, 其结果也会有不同. 那么, 有没有适当的方法对学习器的性能进行比较呢?

统计假设检验(hypothesis test)为我们进行学习器性能比较提供了重要依据. 基于假设检验结果我们可推断出, 若在测试集上观察到学习器 A 比 B 好, 则 A 的泛化性能是否在统计意义上优于 B, 以及这个结论的把握有多大. 下面我们先介绍两种最基本的假设检验, 然后介绍几种常用的机器学习性能比较方法. 为便于讨论, 本节默认以错误率为性能度量, 用 ϵ 表示.

更多关于假设检验的介绍可参见[Wellek, 2010].

2.4.1 假设检验

假设检验中的 "假设" 是对学习器泛化错误率分布的某种判断或猜想, 例如 "$\epsilon = \epsilon_0$". 现实任务中我们并不知道学习器的泛化错误率, 只能获知其测试错误率 $\hat{\epsilon}$. 泛化错误率与测试错误率未必相同, 但直观上, 二者接近的可能性应比较大, 相差很远的可能性比较小. 因此, 可根据测试错误率估推出泛化错误率的分布.

　　泛化错误率为 ϵ 的学习器在一个样本上犯错的概率是 ϵ; 测试错误率 $\hat{\epsilon}$ 意味着在 m 个测试样本中恰有 $\hat{\epsilon} \times m$ 个被误分类. 假定测试样本是从样本总体分布中独立采样而得, 那么泛化错误率为 ϵ 的学习器将其中 m' 个样本误分类、其余样本全都分类正确的概率是 $\binom{m}{m'}\epsilon^{m'}(1-\epsilon)^{m-m'}$; 由此可估算出其恰将 $\hat{\epsilon} \times m$ 个样本误分类的概率如下式所示, 这也表达了在包含 m 个样本的测试集上, 泛化错误率为 ϵ 的学习器被测得测试错误率为 $\hat{\epsilon}$ 的概率:

$$P(\hat{\epsilon}; \epsilon) = \binom{m}{\hat{\epsilon} \times m}\epsilon^{\hat{\epsilon} \times m}(1-\epsilon)^{m-\hat{\epsilon} \times m} \ . \tag{2.26}$$

给定测试错误率, 则解 $\partial P(\hat{\epsilon}; \epsilon)/\partial \epsilon = 0$ 可知, $P(\hat{\epsilon}; \epsilon)$ 在 $\epsilon = \hat{\epsilon}$ 时最大, $|\epsilon - \hat{\epsilon}|$ 增大时 $P(\hat{\epsilon}; \epsilon)$ 减小. 这符合二项(binomial)分布, 如图 2.6 所示, 若 $\epsilon = 0.3$, 则 10 个样本中测得 3 个被误分类的概率最大.

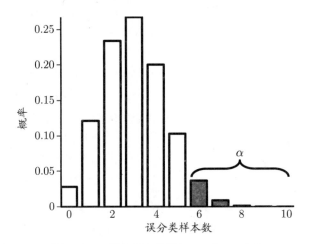

图 2.6　二项分布示意图$(m = 10, \epsilon = 0.3)$

α 的常用取值有 0.05、0.1, 图 2.6 中 α 较大是为了绘图方便.

　　我们可使用"二项检验"(binomial test)来对"$\epsilon \leqslant 0.3$"(即"泛化错误率是否不大于 0.3") 这样的假设进行检验. 更一般的, 考虑假设"$\epsilon \leqslant \epsilon_0$", 则在 $1 - \alpha$ 的概率内所能观测到的最大错误率如下式计算. 这里 $1 - \alpha$ 反映了结论的"置信度"(confidence), 直观地来看, 相应于图 2.6 中非阴影部分的范围.

s.t. 是 "subject to" 的简写, 使左边式子在右边条件满足时成立.

$$\bar{\epsilon} = \min \epsilon \quad \text{s.t.} \quad \sum_{i=\epsilon \times m + 1}^{m} \binom{m}{i}\epsilon_0^i (1-\epsilon_0)^{m-i} < \alpha \ . \tag{2.27}$$

二项检验的临界值在 R
语言中可通过 qbinom$(1-\alpha, m, \epsilon_0)$计算, 在 Matlab
中是 icdf$(\text{'Binomial'}, 1-\alpha, m, \epsilon_0)$.

R 语言是面向统计计
算的开源脚本语言, 参见
www.r-project.org.

此时若测试错误率 $\hat{\epsilon}$ 小于临界值 $\bar{\epsilon}$, 则根据二项检验可得出结论: 在 α 的显著度下, 假设"$\epsilon \leqslant \epsilon_0$"不能被拒绝, 即能以 $1-\alpha$ 的置信度认为, 学习器的泛化错误率不大于 ϵ_0; 否则该假设可被拒绝, 即在 α 的显著度下可认为学习器的泛化错误率大于 ϵ_0.

在很多时候我们并非仅做一次留出法估计, 而是通过多次重复留出法或是交叉验证法等进行多次训练/测试, 这样会得到多个测试错误率, 此时可使用"t 检验"(t-test). 假定我们得到了 k 个测试错误率, $\hat{\epsilon}_1, \hat{\epsilon}_2, \ldots, \hat{\epsilon}_k$, 则平均测试错误率 μ 和方差 σ^2 为

$$\mu = \frac{1}{k} \sum_{i=1}^{k} \hat{\epsilon}_i , \tag{2.28}$$

$$\sigma^2 = \frac{1}{k-1} \sum_{i=1}^{k} (\hat{\epsilon}_i - \mu)^2 . \tag{2.29}$$

考虑到这 k 个测试错误率可看作泛化错误率 ϵ_0 的独立采样, 则变量

$$\tau_t = \frac{\sqrt{k}(\mu - \epsilon_0)}{\sigma} \tag{2.30}$$

服从自由度为 $k-1$ 的 t 分布, 如图 2.7 所示.

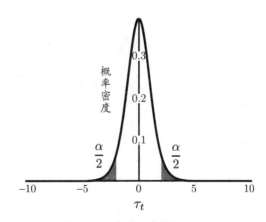

图 2.7　t 分布示意图($k = 10$)

对假设"$\mu = \epsilon_0$"和显著度 α, 我们可计算出当测试错误率均值为 ϵ_0 时, 在 $1-\alpha$ 概率内能观测到的最大错误率, 即临界值. 这里考虑双边(two-tailed)假设, 如图 2.7 所示, 两边阴影部分各有 $\alpha/2$ 的面积; 假定阴影部分范围分别为 $(-\infty, t_{-\alpha/2}]$ 和 $[t_{\alpha/2}, \infty)$. 若 τ_t 位于临界值范围 $[t_{-\alpha/2}, t_{\alpha/2}]$ 内, 则不能拒绝假

设"$\mu = \epsilon_0$", 即可认为泛化错误率为 ϵ_0, 置信度为 $1 - \alpha$; 否则可拒绝该假设, 即在该显著度下可认为泛化错误率与 ϵ_0 有显著不同. α 常用取值有 0.05 和 0.1. 表 2.3 给出了一些常用临界值.

临界值 $t_{\alpha/2}$ 在 R 语言中可通过 qt$(1 - \alpha/2, k - 1)$ 计算, 在 Matlab 中是 icdf$('T', 1 - \alpha/2, k - 1)$.

表 2.3 双边 t 检验的常用临界值

α	\multicolumn{5}{c}{k}				
	2	5	10	20	30
0.05	12.706	2.776	2.262	2.093	2.045
0.10	6.314	2.132	1.833	1.729	1.699

上面介绍的两种方法都是对关于单个学习器泛化性能的假设进行检验, 而在现实任务中, 更多时候我们需对不同学习器的性能进行比较, 下面将介绍适用于此类情况的假设检验方法.

2.4.2 交叉验证 t 检验

对两个学习器 A 和 B, 若我们使用 k 折交叉验证法得到的测试错误率分别为 $\epsilon_1^A, \epsilon_2^A, \ldots, \epsilon_k^A$ 和 $\epsilon_1^B, \epsilon_2^B, \ldots, \epsilon_k^B$, 其中 ϵ_i^A 和 ϵ_i^B 是在相同的第 i 折训练/测试集上得到的结果, 则可用 k 折交叉验证 "成对 t 检验" (paired t-tests) 来进行比较检验. 这里的基本思想是若两个学习器的性能相同, 则它们使用相同的训练/测试集得到的测试错误率应相同, 即 $\epsilon_i^A = \epsilon_i^B$.

具体来说, 对 k 折交叉验证产生的 k 对测试错误率: 先对每对结果求差, $\Delta_i = \epsilon_i^A - \epsilon_i^B$; 若两个学习器性能相同, 则差值均值应为零. 因此, 可根据差值 $\Delta_1, \Delta_2, \ldots, \Delta_k$ 来对"学习器 A 与 B 性能相同"这个假设做 t 检验, 计算出差值的均值 μ 和方差 σ^2, 在显著度 α 下, 若变量

$$\tau_t = \left| \frac{\sqrt{k}\mu}{\sigma} \right| \tag{2.31}$$

小于临界值 $t_{\alpha/2,\,k-1}$, 则假设不能被拒绝, 即认为两个学习器的性能没有显著差别; 否则可认为两个学习器的性能有显著差别, 且平均错误率较小的那个学习器性能较优. 这里 $t_{\alpha/2,\,k-1}$ 是自由度为 $k - 1$ 的 t 分布上尾部累积分布为 $\alpha/2$ 的临界值.

欲进行有效的假设检验, 一个重要前提是测试错误率均为泛化错误率的独立采样. 然而, 通常情况下由于样本有限, 在使用交叉验证等实验估计方法时, 不同轮次的训练集会有一定程度的重叠, 这就使得测试错误率实际上并不独立, 会导致过高估计假设成立的概率. 为缓解这一问题, 可采用 "5×2 交叉验证"

法 [Dietterich, 1998].

　　5×2 交叉验证是做 5 次 2 折交叉验证, 在每次 2 折交叉验证之前随机将数据打乱, 使得 5 次交叉验证中的数据划分不重复. 对两个学习器 A 和 B, 第 i 次 2 折交叉验证将产生两对测试错误率, 我们对它们分别求差, 得到第 1 折上的差值 Δ_i^1 和第 2 折上的差值 Δ_i^2. 为缓解测试错误率的非独立性, 我们仅计算第 1 次 2 折交叉验证的两个结果的平均值 $\mu = 0.5(\Delta_1^1 + \Delta_1^2)$, 但对每次 2 折实验的结果都计算出其方差 $\sigma_i^2 = \left(\Delta_i^1 - \frac{\Delta_i^1 + \Delta_i^2}{2}\right)^2 + \left(\Delta_i^2 - \frac{\Delta_i^1 + \Delta_i^2}{2}\right)^2$. 变量

$$\tau_t = \frac{\mu}{\sqrt{0.2 \sum_{i=1}^{5} \sigma_i^2}} \tag{2.32}$$

服从自由度为 4 的 t 分布, 其双边检验的临界值 $t_{\alpha/2,\,5}$ 当 $\alpha = 0.05$ 时为 2.776, $\alpha = 0.1$ 时为 2.132.

2.4.3 McNemar 检验

　　对二分类问题, 使用留出法不仅可估计出学习器 A 和 B 的测试错误率, 还可获得两学习器分类结果的差别, 即两者都正确、都错误、一个正确另一个错误的样本数, 如 "列联表"(contingency table) 2.4 所示.

表 2.4　两学习器分类差别列联表

算法 B	算法 A	
	正确	错误
正确	e_{00}	e_{01}
错误	e_{10}	e_{11}

　　若我们做的假设是两学习器性能相同, 则应有 $e_{01} = e_{10}$, 那么变量 $|e_{01} - e_{10}|$ 应当服从正态分布. McNemar 检验考虑变量

$e_{01} + e_{10}$ 通常很小, 需考虑连续性校正, 因此分子中有-1 项.

$$\tau_{\chi^2} = \frac{(|e_{01} - e_{10}| - 1)^2}{e_{01} + e_{10}} \tag{2.33}$$

中文称为 "卡方分布".

服从自由度为 1 的 χ^2 分布, 即标准正态分布变量的平方. 给定显著度 α, 当以上变量值小于临界值 χ_α^2 时, 不能拒绝假设, 即认为两学习器的性能没有显著差别; 否则拒绝假设, 即认为两者性能有显著差别, 且平均错误率较小的那个学习器性能较优. 自由度为 1 的 χ^2 检验的临界值当 $\alpha = 0.05$ 时为 3.8415, $\alpha = 0.1$ 时为 2.7055.

临界值 χ_α^2 在 R 语言中可通过 qchisq$(1 - \alpha, k-1)$ 计算, 在 Matlab 中是 icdf$('Chisquare', 1 - \alpha, k - 1)$. 这里的 $k = 2$ 是进行比较的算法个数.

2.4.4 Friedman 检验 与 Nemenyi 后续检验

交叉验证 t 检验和 McNemar 检验都是在一个数据集上比较两个算法的性能, 而在很多时候, 我们会在一组数据集上对多个算法进行比较. 当有多个算法参与比较时, 一种做法是在每个数据集上分别列出两两比较的结果, 而在两两比较时可使用前述方法; 另一种方法更为直接, 即使用基于算法排序的 Friedman 检验.

假定我们用 D_1、D_2、D_3 和 D_4 四个数据集对算法 A、B、C 进行比较. 首先, 使用留出法或交叉验证法得到每个算法在每个数据集上的测试结果, 然后在每个数据集上根据测试性能由好到坏排序, 并赋予序值 1, 2, ...; 若算法的测试性能相同, 则平分序值. 例如, 在 D_1 和 D_3 上, A 最好、B 其次、C 最差, 而在 D_2 上, A 最好、B 与 C 性能相同, ..., 则可列出表 2.5, 其中最后一行通过对每一列的序值求平均, 得到平均序值.

表 2.5   算法比较序值表

数据集	算法 A	算法 B	算法 C
D_1	1	2	3
D_2	1	2.5	2.5
D_3	1	2	3
D_4	1	2	3
平均序值	1	2.125	2.875

然后, 使用 Friedman 检验来判断这些算法是否性能都相同. 若相同, 则它们的平均序值应当相同. 假定我们在 N 个数据集上比较 k 个算法, 令 r_i 表示第 i 个算法的平均序值, 为简化讨论, 暂不考虑平分序值的情况, 则 r_i 的均值和方差分别为 $(k+1)/2$ 和 $(k^2-1)/12N$. 变量

$$\tau_{\chi^2} = \frac{k-1}{k} \cdot \frac{12N}{k^2-1} \sum_{i=1}^{k} \left(r_i - \frac{k+1}{2}\right)^2$$

$$= \frac{12N}{k(k+1)} \left(\sum_{i=1}^{k} r_i^2 - \frac{k(k+1)^2}{4}\right) \tag{2.34}$$

在 k 和 N 都较大时, 服从自由度为 $k-1$ 的 χ^2 分布.

然而, 上述这样的 "原始 Friedman 检验" 过于保守, 现在通常使用变量

原始检验要求 k 较大 (例如 > 30), 若 k 较小则倾向于认为无显著区别.

$$\tau_F = \frac{(N-1)\tau_{\chi^2}}{N(k-1) - \tau_{\chi^2}}, \tag{2.35}$$

其中 τ_{χ^2} 由式(2.34)得到. τ_F 服从自由度为 $k-1$ 和 $(k-1)(N-1)$ 的 F 分布,
表 2.6 给出了一些常用临界值.

表 2.6 F 检验的常用临界值

$\alpha = 0.05$

数据集个数 N	算法个数 k								
	2	3	4	5	6	7	8	9	10
4	10.128	5.143	3.863	3.259	2.901	2.661	2.488	2.355	2.250
5	7.709	4.459	3.490	3.007	2.711	2.508	2.359	2.244	2.153
8	5.591	3.739	3.072	2.714	2.485	2.324	2.203	2.109	2.032
10	5.117	3.555	2.960	2.634	2.422	2.272	2.159	2.070	1.998
15	4.600	3.340	2.827	2.537	2.346	2.209	2.104	2.022	1.955
20	4.381	3.245	2.766	2.492	2.310	2.179	2.079	2.000	1.935

$\alpha = 0.1$

数据集个数 N	算法个数 k								
	2	3	4	5	6	7	8	9	10
4	5.538	3.463	2.813	2.480	2.273	2.130	2.023	1.940	1.874
5	4.545	3.113	2.606	2.333	2.158	2.035	1.943	1.870	1.811
8	3.589	2.726	2.365	2.157	2.019	1.919	1.843	1.782	1.733
10	3.360	2.624	2.299	2.108	1.980	1.886	1.814	1.757	1.710
15	3.102	2.503	2.219	2.048	1.931	1.845	1.779	1.726	1.682
20	2.990	2.448	2.182	2.020	1.909	1.826	1.762	1.711	1.668

> F 检验的临界值在 R 语言中可通过 qf$(1-\alpha, k-1, (k-1)(N-1))$ 计算, 在 Matlab 中是 icdf('F', $1-\alpha, k-1, (k-1)*(N-1))$.

若"所有算法的性能相同"这个假设被拒绝, 则说明算法的性能显著不同. 这时需进行"后续检验"(post-hoc test) 来进一步区分各算法. 常用的有 Nemenyi 后续检验.

Nemenyi 检验计算出平均序值差别的临界值域

$$CD = q_\alpha \sqrt{\frac{k(k+1)}{6N}} , \tag{2.36}$$

> q_α 是 Tukey 分布的临界值, 在 R 语言中可通过 qtukey$(1-\alpha, k, \text{Inf})$ / sqrt(2) 计算.

表 2.7 给出了 $\alpha = 0.05$ 和 0.1 时常用的 q_α 值. 若两个算法的平均序值之差超出了临界值域 CD, 则以相应的置信度拒绝"两个算法性能相同"这一假设.

表 2.7 Nemenyi 检验中常用的 q_α 值

α	算法个数 k								
	2	3	4	5	6	7	8	9	10
0.05	1.960	2.344	2.569	2.728	2.850	2.949	3.031	3.102	3.164
0.1	1.645	2.052	2.291	2.459	2.589	2.693	2.780	2.855	2.920

以表 2.5 中的数据为例, 先根据式(2.34)和(2.35) 计算出 $\tau_F = 24.429$, 由表 2.6 可知, 它大于 $\alpha = 0.05$ 时的 F 检验临界值 5.143, 因此拒绝 "所有算法性能相同" 这个假设. 然后使用 Nemenyi 后续检验, 在表 2.7 中找到 $k = 3$ 时 $q_{0.05} = 2.344$, 根据式(2.36)计算出临界值域 $CD = 1.657$, 由表 2.5 中的平均序值可知, 算法 A 与 B 的差距, 以及算法 B 与 C 的差距均未超过临界值域, 而算法 A 与 C 的差距超过临界值域, 因此检验结果认为算法 A 与 C 的性能显著不同, 而算法 A 与 B、以及算法 B 与 C 的性能没有显著差别.

上述检验比较可以直观地用 Friedman 检验图显示. 例如根据表 2.5 的序值结果可绘制出图 2.8, 图中纵轴显示各个算法, 横轴是平均序值. 对每个算法, 用一个圆点显示其平均序值, 以圆点为中心的横线段表示临界值域的大小. 然后就可从图中观察, 若两个算法的横线段有交叠, 则说明这两个算法没有显著差别, 否则即说明有显著差别. 从图 2.8 中可容易地看出, 算法 A 与 B 没有显著差别, 因为它们的横线段有交叠区域, 而算法 A 显著优于算法 C , 因为它们的横线段没有交叠区域.

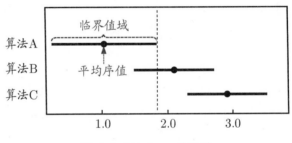

图 2.8 Friedman 检验图

2.5 偏差与方差

对学习算法除了通过实验估计其泛化性能, 人们往往还希望了解它 "为什么" 具有这样的性能. "偏差–方差分解" (bias-variance decomposition)是解释学习算法泛化性能的一种重要工具.

偏差–方差分解试图对学习算法的期望泛化错误率进行拆解. 我们知道, 算法在不同训练集上学得的结果很可能不同, 即便这些训练集是来自同一个分布. 对测试样本 $\boldsymbol{x}$, 令 y_D 为 $\boldsymbol{x}$ 在数据集中的标记, y 为 $\boldsymbol{x}$ 的真实标记, $f(\boldsymbol{x}; D)$ 为训练集 D 上学得模型 f 在 $\boldsymbol{x}$ 上的预测输出. 以回归任务为例, 学习算法的期望预

有可能出现噪声使得 $y_D \neq y$.

测为

$$\bar{f}(\boldsymbol{x}) = \mathbb{E}_D[f(\boldsymbol{x}; D)] \, , \tag{2.37}$$

使用样本数相同的不同训练集产生的方差为

$$var(\boldsymbol{x}) = \mathbb{E}_D\left[\left(f\left(\boldsymbol{x}; D\right) - \bar{f}\left(\boldsymbol{x}\right)\right)^2\right] \, , \tag{2.38}$$

噪声为

$$\varepsilon^2 = \mathbb{E}_D\left[\left(y_D - y\right)^2\right] \, . \tag{2.39}$$

期望输出与真实标记的差别称为偏差(bias), 即

$$bias^2(\boldsymbol{x}) = \left(\bar{f}\left(\boldsymbol{x}\right) - y\right)^2 \, . \tag{2.40}$$

为便于讨论, 假定噪声期望为零, 即 $\mathbb{E}_D[y_D - y] = 0$. 通过简单的多项式展开合并, 可对算法的期望泛化误差进行分解:

$$
\begin{aligned}
E(f; D) &= \mathbb{E}_D\left[\left(f\left(\boldsymbol{x}; D\right) - y_D\right)^2\right] \\
&= \mathbb{E}_D\left[\left(f\left(\boldsymbol{x}; D\right) - \bar{f}\left(\boldsymbol{x}\right) + \bar{f}\left(\boldsymbol{x}\right) - y_D\right)^2\right] \\
&= \mathbb{E}_D\left[\left(f\left(\boldsymbol{x}; D\right) - \bar{f}\left(\boldsymbol{x}\right)\right)^2\right] + \mathbb{E}_D\left[\left(\bar{f}\left(\boldsymbol{x}\right) - y_D\right)^2\right] \\
&\quad + \mathbb{E}_D\left[2\left(f\left(\boldsymbol{x}; D\right) - \bar{f}\left(\boldsymbol{x}\right)\right)\left(\bar{f}\left(\boldsymbol{x}\right) - y_D\right)\right] \\
&= \mathbb{E}_D\left[\left(f\left(\boldsymbol{x}; D\right) - \bar{f}\left(\boldsymbol{x}\right)\right)^2\right] + \mathbb{E}_D\left[\left(\bar{f}\left(\boldsymbol{x}\right) - y_D\right)^2\right] \\
&= \mathbb{E}_D\left[\left(f\left(\boldsymbol{x}; D\right) - \bar{f}\left(\boldsymbol{x}\right)\right)^2\right] + \mathbb{E}_D\left[\left(\bar{f}\left(\boldsymbol{x}\right) - y + y - y_D\right)^2\right] \\
&= \mathbb{E}_D\left[\left(f\left(\boldsymbol{x}; D\right) - \bar{f}\left(\boldsymbol{x}\right)\right)^2\right] + \mathbb{E}_D\left[\left(\bar{f}\left(\boldsymbol{x}\right) - y\right)^2\right] + \mathbb{E}_D\left[\left(y - y_D\right)^2\right] \\
&\quad + 2\mathbb{E}_D\left[\left(\bar{f}\left(\boldsymbol{x}\right) - y\right)\left(y - y_D\right)\right] \\
&= \mathbb{E}_D\left[\left(f\left(\boldsymbol{x}; D\right) - \bar{f}\left(\boldsymbol{x}\right)\right)^2\right] + \mathbb{E}_D\left[\left(\bar{f}\left(\boldsymbol{x}\right) - y\right)^2\right] + \mathbb{E}_D\left[\left(y_D - y\right)^2\right] \, ,
\end{aligned}
\tag{2.41}
$$

考虑到噪声不依赖于 f, 由式(2.37), 最后项为0.

噪声期望为0, 因此最后项为0.

于是,

$$E(f; D) = bias^2\left(\boldsymbol{x}\right) + var\left(\boldsymbol{x}\right) + \varepsilon^2 \, , \tag{2.42}$$

也就是说, 泛化误差可分解为偏差、方差与噪声之和.

回顾偏差、方差、噪声的含义: 偏差(2.40)度量了学习算法的期望预测与

真实结果的偏离程度, 即刻画了学习算法本身的拟合能力; 方差(2.38)度量了同样大小的训练集的变动所导致的学习性能的变化, 即刻画了数据扰动所造成的影响; 噪声(2.39) 则表达了在当前任务上任何学习算法所能达到的期望泛化误差的下界, 即刻画了学习问题本身的难度. 偏差– 方差分解说明, 泛化性能是由学习算法的能力、数据的充分性以及学习任务本身的难度所共同决定的. 给定学习任务, 为了取得好的泛化性能, 则需使偏差较小, 即能够充分拟合数据, 并且使方差较小, 即使得数据扰动产生的影响小.

　　一般来说, 偏差与方差是有冲突的, 这称为偏差–方差窘境(bias-variance dilemma). 图 2.9 给出了一个示意图. 给定学习任务, 假定我们能控制学习算法的训练程度, 则在训练不足时, 学习器的拟合能力不够强, 训练数据的扰动不足以使学习器产生显著变化, 此时偏差主导了泛化错误率; 随着训练程度的加深, 学习器的拟合能力逐渐增强, 训练数据发生的扰动渐渐能被学习器学到, 方差逐渐主导了泛化错误率; 在训练程度充足后, 学习器的拟合能力已非常强, 训练数据发生的轻微扰动都会导致学习器发生显著变化, 若训练数据自身的、非全局的特性被学习器学到了, 则将发生过拟合.

> 很多学习算法都可控制训练程度, 例如决策树可控制层数, 神经网络可控制训练轮数, 集成学习方法可控制基学习器个数.

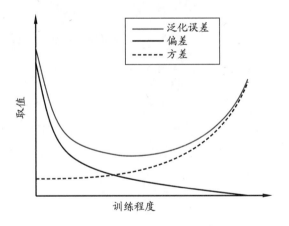

图 2.9　*泛化误差与偏差、方差的关系示意图*

2.6　阅读材料

　　自助采样法在机器学习中有重要用途, [Efron and Tibshirani, 1993] 对此进行了详细的讨论.

　　ROC 曲线在二十世纪八十年代后期被引入机器学习 [Spackman, 1989], AUC 则是从九十年代中期起在机器学习领域广为使用 [Bradley, 1997], 但利用

ROC 曲线下面积来评价模型期望性能的做法在医疗检测中早已有之 [Hanley and McNeil, 1983]. [Hand and Till, 2001] 将 ROC 曲线从二分类任务推广到多分类任务. [Fawcett, 2006] 综述了 ROC 曲线的用途.

[Drummond and Holte, 2006] 发明了代价曲线. 需说明的是, 机器学习过程涉及许多类型的代价, 除了误分类代价, 还有测试代价、标记代价、属性代价等, 即便仅考虑误分类代价, 仍可进一步划分为基于类别的误分类代价以及基于样本的误分类代价. 代价敏感学习(cost-sensitive learning) [Elkan, 2001; Zhou and Liu, 2006] 专门研究非均等代价下的学习.

2.3.4 节仅讨论了基于类别的误分类代价.

[Dietterich, 1998] 指出了常规 k 折交叉验证法存在的风险, 并提出了 5×2 交叉验证法. [Demsar, 2006] 讨论了对多个算法进行比较检验的方法.

[Geman et al., 1992] 针对回归任务给出了偏差–方差–协方差分解(bias-variance-covariance decomposition), 后来被简称为偏差–方差分解. 虽然偏差和方差确实反映了各类学习任务内在的误差决定因素, 但式(2.42) 这样优美的形式仅在基于均方误差的回归任务中得以推导出. 对分类任务, 由于 0/1 损失函数的跳变性, 理论上推导出偏差–方差分解很困难. 已有多种方法可通过实验对偏差和方差进行估计 [Kong and Dietterich, 1995; Kohavi and Wolpert, 1996; Breiman, 1996; Friedman, 1997; Domingos, 2000].

习题

2.1 数据集包含 1000 个样本, 其中 500 个正例、500 个反例, 将其划分为包含 70% 样本的训练集和 30% 样本的测试集用于留出法评估, 试估算共有多少种划分方式.

2.2 数据集包含 100 个样本, 其中正、反例各一半, 假定学习算法所产生的模型是将新样本预测为训练样本数较多的类别(训练样本数相同时进行随机猜测), 试给出用 10 折交叉验证法和留一法分别对错误率进行评估所得的结果.

2.3 若学习器 A 的 $F1$ 值比学习器 B 高, 试析 A 的 BEP 值是否也比 B 高.

2.4 试述真正例率(TPR)、假正例率(FPR)与查准率(P)、查全率(R)之间的联系.

2.5 试证明式(2.22).

2.6 试述错误率与 ROC 曲线的联系.

2.7 试证明任意一条 ROC 曲线都有一条代价曲线与之对应, 反之亦然.

2.8 Min-max 规范化和 z-score 规范化是两种常用的规范化方法. 令 x 和 x' 分别表示变量在规范化前后的取值, 相应的, 令 x_{min} 和 x_{max} 表示规范化前的最小值和最大值, x'_{min} 和 x'_{max} 表示规范化后的最小值和最大值, $\bar{x}$ 和 σ_x 分别表示规范化前的均值和标准差, 则 min-max 规范化、z-score 规范化分别如式(2.43)和(2.44)所示. 试析二者的优缺点.

$$x' = x'_{min} + \frac{x - x_{min}}{x_{max} - x_{min}} \times (x'_{max} - x'_{min}) , \qquad (2.43)$$

$$x' = \frac{x - \bar{x}}{\sigma_x} . \qquad (2.44)$$

2.9 试述 χ^2 检验过程.

2.10* 试述在 Friedman 检验中使用式(2.34)与(2.35)的区别.

参考文献

Bradley, A. P. (1997). "The use of the area under the ROC curve in the evaluation of machine learning algorithms." *Pattern Recognition*, 30(7):1145–1159.

Breiman, L. (1996). "Bias, variance, and arcing classifiers." Technical Report 460, Statistics Department, University of California, Berkeley, CA.

Demsar, J. (2006). "Statistical comparison of classifiers over multiple data sets." *Journal of Machine Learning Research*, 7:1–30.

Dietterich, T. G. (1998). "Approximate statistical tests for comparing supervised classification learning algorithms." *Neural Computation*, 10(7):1895–1923.

Domingos, P. (2000). "A unified bias-variance decomposition." In *Proceedings of the 17th International Conference on Machine Learning (ICML)*, 231–238, Stanford, CA.

Drummond, C. and R. C. Holte. (2006). "Cost curves: An improved method for visualizing classifier performance." *Machine Learning*, 65(1):95–130.

Efron, B. and R. Tibshirani. (1993). *An Introduction to the Bootstrap*. Chapman & Hall, New York, NY.

Elkan, C. (2001). "The foundations of cost-senstive learning." In *Proceedings of the 17th International Joint Conference on Artificial Intelligence (IJCAI)*, 973–978, Seattle, WA.

Fawcett, T. (2006). "An introduction to ROC analysis." *Pattern Recognition Letters*, 27(8):861–874.

Friedman, J. H. (1997). "On bias, variance, 0/1-loss, and the curse-of-dimensionality." *Data Mining and Knowledge Discovery*, 1(1):55–77.

Geman, S., E. Bienenstock, and R. Doursat. (1992). "Neural networks and the bias/variance dilemma." *Neural Computation*, 4(1):1–58.

Hand, D. J. and R. J. Till. (2001). "A simple generalisation of the area under the ROC curve for multiple class classification problems." *Machine Learning*, 45(2):171–186.

Hanley, J. A. and B. J. McNeil. (1983). "A method of comparing the areas under receiver operating characteristic curves derived from the same cases." *Radiology*, 148(3):839–843.

Kohavi, R. and D. H. Wolpert. (1996). "Bias plus variance decomposition for zero-one loss functions." In *Proceeding of the 13th International Conference on Machine Learning (ICML)*, 275–283, Bari, Italy.

Kong, E. B. and T. G. Dietterich. (1995). "Error-correcting output coding corrects bias and variance." In *Proceedings of the 12th International Conference on Machine Learning (ICML)*, 313–321, Tahoe City, CA.

Mitchell, T. (1997). *Machine Learning.* McGraw Hill, New York, NY.

Spackman, K. A. (1989). "Signal detection theory: Valuable tools for evaluating inductive learning." In *Proceedings of the 6th International Workshop on Machine Learning (IWML)*, 160–163, Ithaca, NY.

Van Rijsbergen, C. J. (1979). *Information Retrieval,* 2nd edition. Butterworths, London, UK.

Wellek, S. (2010). *Testing Statistical Hypotheses of Equivalence and Noninferiority,* 2nd edition. Chapman & Hall/CRC, Boca Raton, FL.

Zhou, Z.-H. and X.-Y. Liu. (2006). "On multi-class cost-sensitive learning." In *Proceeding of the 21st National Conference on Artificial Intelligence (AAAI)*, 567–572, Boston, WA.

休息一会儿

小故事: t 检验、啤酒、"学生"与 威廉·戈瑟特

1899 年, 由于爱尔兰都柏林的吉尼斯啤酒厂热衷于聘用剑桥、牛津的优秀毕业生, 学化学的牛津毕业生威廉·戈瑟特 (William Gosset, 1876—1937) 到该厂就职, 希望将他的生物化学知识用于啤酒生产过程. 为降低啤酒质量监控的成本, 戈瑟特发明了 t 检验法, 1908 年在 *Biometrika* 发表. 为防止泄漏商业机密, 戈瑟特发表文章时用了笔名"学生", 于是该方法被称为"学生氏 t 检验"(Student's t-test).

1954 年该厂开始出版《吉尼斯世界纪录大全》.

吉尼斯啤酒厂是一家很有远见的企业, 为保持技术人员的高水准, 该厂像高校一样给予技术人员"学术假", 1906—1907 年戈瑟特得以到"统计学之父"卡尔·皮尔逊 (Karl Pearson, 1857—1936) 教授在伦敦大学学院 (University College London, 简称 UCL) 的实验室访问学习. 因此, 很难说 t 检验法是戈瑟特在啤酒厂还是在 UCL 访学期间提出的, 但"学生"与戈瑟特之间的联系是被 UCL 的统计学家们发现的, 尤其因为皮尔逊教授恰是 *Biometrika* 的主编.

第 3 章　线性模型

3.1 基本形式

给定由 d 个属性描述的示例 $\boldsymbol{x} = (x_1; x_2; \ldots; x_d)$, 其中 x_i 是 $\boldsymbol{x}$ 在第 i 个属性上的取值, 线性模型(linear model)试图学得一个通过属性的线性组合来进行预测的函数, 即

$$f(\boldsymbol{x}) = w_1 x_1 + w_2 x_2 + \ldots + w_d x_d + b , \tag{3.1}$$

一般用向量形式写成

$$f(\boldsymbol{x}) = \boldsymbol{w}^{\mathrm{T}} \boldsymbol{x} + b , \tag{3.2}$$

其中 $\boldsymbol{w} = (w_1; w_2; \ldots; w_d)$. $\boldsymbol{w}$ 和 b 学得之后, 模型就得以确定.

线性模型形式简单、易于建模, 但却蕴涵着机器学习中一些重要的基本思想. 许多功能更为强大的非线性模型(nonlinear model)可在线性模型的基础上通过引入层级结构或高维映射而得. 此外, 由于 $\boldsymbol{w}$ 直观表达了各属性在预测中的重要性, 因此线性模型有很好的可解释性(comprehensibility). 例如若在西瓜问题中学得 "$f_{好瓜}(\boldsymbol{x}) = 0.2 \cdot x_{色泽} + 0.5 \cdot x_{根蒂} + 0.3 \cdot x_{敲声} + 1$", 则意味着可通过综合考虑色泽、根蒂和敲声来判断瓜好不好, 其中根蒂最要紧, 而敲声比色泽更重要.

亦称 "可理解性" (understandability).

本章介绍几种经典的线性模型. 我们先从回归任务开始, 然后讨论二分类和多分类任务.

3.2 线性回归

给定数据集 $D = \{(\boldsymbol{x}_1, y_1), (\boldsymbol{x}_2, y_2), \ldots, (\boldsymbol{x}_m, y_m)\}$, 其中 $\boldsymbol{x}_i = (x_{i1}; x_{i2}; \ldots; x_{id})$, $y_i \in \mathbb{R}$. "线性回归"(linear regression)试图学得一个线性模型以尽可能准确地预测实值输出标记.

我们先考虑一种最简单的情形: 输入属性的数目只有一个. 为便于讨论, 此时我们忽略关于属性的下标, 即 $D = \{(x_i, y_i)\}_{i=1}^{m}$, 其中 $x_i \in \mathbb{R}$. 对离散属性, 若属性值间存在 "序"(order)关系, 可通过连续化将其转化为连续值, 例如二

值属性"身高"的取值"高""矮"可转化为 $\{1.0, 0.0\}$, 三值属性"高度"的取值"高""中""低"可转化为 $\{1.0, 0.5, 0.0\}$; 若属性值间不存在序关系, 假定有 k 个属性值, 则通常转化为 k 维向量, 例如属性"瓜类"的取值"西瓜""南瓜""黄瓜"可转化为 $(0,0,1),(0,1,0),(1,0,0)$.

线性回归试图学得

$$f(x_i) = wx_i + b, \text{ 使得 } f(x_i) \simeq y_i . \tag{3.3}$$

如何确定 w 和 b 呢? 显然, 关键在于如何衡量 $f(x)$ 与 y 之间的差别. 2.3 节介绍过, 均方误差 (2.2) 是回归任务中最常用的性能度量, 因此我们可试图让均方误差最小化, 即

$$
\begin{aligned}
(w^*, b^*) &= \underset{(w,b)}{\arg\min} \sum_{i=1}^{m} (f(x_i) - y_i)^2 \\
&= \underset{(w,b)}{\arg\min} \sum_{i=1}^{m} (y_i - wx_i - b)^2 .
\end{aligned} \tag{3.4}
$$

均方误差有非常好的几何意义, 它对应了常用的欧几里得距离或简称"欧氏距离"(Euclidean distance). 基于均方误差最小化来进行模型求解的方法称为"最小二乘法"(least square method). 在线性回归中, 最小二乘法就是试图找到一条直线, 使所有样本到直线上的欧氏距离之和最小.

求解 w 和 b 使 $E_{(w,b)} = \sum_{i=1}^{m}(y_i - wx_i - b)^2$ 最小化的过程, 称为线性回归模型的最小二乘"参数估计"(parameter estimation). 我们可将 $E_{(w,b)}$ 分别对 w 和 b 求导, 得到

$$\frac{\partial E_{(w,b)}}{\partial w} = 2\left(w\sum_{i=1}^{m} x_i^2 - \sum_{i=1}^{m}(y_i - b)x_i\right), \tag{3.5}$$

$$\frac{\partial E_{(w,b)}}{\partial b} = 2\left(mb - \sum_{i=1}^{m}(y_i - wx_i)\right), \tag{3.6}$$

然后令式(3.5)和(3.6)为零可得到 w 和 b 最优解的闭式(closed-form)解

$$w = \frac{\sum_{i=1}^{m} y_i(x_i - \bar{x})}{\sum_{i=1}^{m} x_i^2 - \frac{1}{m}\left(\sum_{i=1}^{m} x_i\right)^2}, \tag{3.7}$$

$$b = \frac{1}{m} \sum_{i=1}^{m} (y_i - wx_i) , \qquad (3.8)$$

其中 $\bar{x} = \frac{1}{m} \sum_{i=1}^{m} x_i$ 为 x 的均值.

更一般的情形是如本节开头的数据集 D, 样本由 d 个属性描述. 此时我们试图学得

$$f(\boldsymbol{x}_i) = \boldsymbol{w}^{\mathrm{T}} \boldsymbol{x}_i + b, \text{ 使得 } f(\boldsymbol{x}_i) \simeq y_i ,$$

亦称 "多变量线性回归".

这称为 "多元线性回归" (multivariate linear regression).

类似的, 可利用最小二乘法来对 $\boldsymbol{w}$ 和 b 进行估计. 为便于讨论, 我们把 $\boldsymbol{w}$ 和 b 吸收入向量形式 $\hat{\boldsymbol{w}} = (\boldsymbol{w}; b)$, 相应的, 把数据集 D 表示为一个 $m \times (d+1)$ 大小的矩阵 $\mathbf{X}$, 其中每行对应于一个示例, 该行前 d 个元素对应于示例的 d 个属性值, 最后一个元素恒置为 1, 即

$$\mathbf{X} = \begin{pmatrix} x_{11} & x_{12} & \dots & x_{1d} & 1 \\ x_{21} & x_{22} & \dots & x_{2d} & 1 \\ \vdots & \vdots & \ddots & \vdots & \vdots \\ x_{m1} & x_{m2} & \dots & x_{md} & 1 \end{pmatrix} = \begin{pmatrix} \boldsymbol{x}_1^{\mathrm{T}} & 1 \\ \boldsymbol{x}_2^{\mathrm{T}} & 1 \\ \vdots & \vdots \\ \boldsymbol{x}_m^{\mathrm{T}} & 1 \end{pmatrix} ,$$

再把标记也写成向量形式 $\boldsymbol{y} = (y_1; y_2; \dots; y_m)$, 则类似于式(3.4), 有

$$\hat{\boldsymbol{w}}^* = \underset{\hat{\boldsymbol{w}}}{\arg\min} \, (\boldsymbol{y} - \mathbf{X}\hat{\boldsymbol{w}})^{\mathrm{T}} (\boldsymbol{y} - \mathbf{X}\hat{\boldsymbol{w}}) . \qquad (3.9)$$

令 $E_{\hat{\boldsymbol{w}}} = (\boldsymbol{y} - \mathbf{X}\hat{\boldsymbol{w}})^{\mathrm{T}} (\boldsymbol{y} - \mathbf{X}\hat{\boldsymbol{w}})$, 对 $\hat{\boldsymbol{w}}$ 求导得到

$$\frac{\partial E_{\hat{\boldsymbol{w}}}}{\partial \hat{\boldsymbol{w}}} = 2 \mathbf{X}^{\mathrm{T}} (\mathbf{X}\hat{\boldsymbol{w}} - \boldsymbol{y}) . \qquad (3.10)$$

令上式为零可得 $\hat{\boldsymbol{w}}$ 最优解的闭式解, 但由于涉及矩阵逆的计算, 比单变量情形要复杂一些. 下面我们做一个简单的讨论.

当 $\mathbf{X}^{\mathrm{T}}\mathbf{X}$ 为满秩矩阵(full-rank matrix)或正定矩阵(positive definite matrix)时, 令式(3.10)为零可得

$$\hat{\boldsymbol{w}}^* = \left(\mathbf{X}^{\mathrm{T}}\mathbf{X}\right)^{-1} \mathbf{X}^{\mathrm{T}} \boldsymbol{y} , \qquad (3.11)$$

其中 $\left(\mathbf{X}^{\mathrm{T}}\mathbf{X}\right)^{-1}$ 是矩阵 $\left(\mathbf{X}^{\mathrm{T}}\mathbf{X}\right)$ 的逆矩阵. 令 $\hat{\boldsymbol{x}}_i = (\boldsymbol{x}_i; 1)$, 则最终学得的多元

线性回归模型为

$$f(\hat{\boldsymbol{x}}_i) = \hat{\boldsymbol{x}}_i^{\mathrm{T}} \left(\mathbf{X}^{\mathrm{T}}\mathbf{X}\right)^{-1} \mathbf{X}^{\mathrm{T}} \boldsymbol{y} \,. \tag{3.12}$$

然而, 现实任务中 $\mathbf{X}^{\mathrm{T}}\mathbf{X}$ 往往不是满秩矩阵. 例如在许多任务中我们会遇到大量的变量, 其数目甚至超过样例数, 导致 $\mathbf{X}$ 的列数多于行数, $\mathbf{X}^{\mathrm{T}}\mathbf{X}$ 显然不满秩. 此时可解出多个 $\hat{\boldsymbol{w}}$, 它们都能使均方误差最小化. 选择哪一个解作为输出, 将由学习算法的归纳偏好决定, 常见的做法是引入正则化 (regularization)项.

线性模型虽简单, 却有丰富的变化. 例如对于样例 $(\boldsymbol{x}, y)$, $y \in \mathbb{R}$, 当我们希望线性模型(3.2) 的预测值逼近真实标记 y 时, 就得到了线性回归模型. 为便于观察, 我们把线性回归模型简写为

$$y = \boldsymbol{w}^{\mathrm{T}}\boldsymbol{x} + b \,. \tag{3.13}$$

可否令模型预测值逼近 y 的衍生物呢? 譬如说, 假设我们认为示例所对应的输出标记是在指数尺度上变化, 那就可将输出标记的对数作为线性模型逼近的目标, 即

$$\ln y = \boldsymbol{w}^{\mathrm{T}}\boldsymbol{x} + b \,. \tag{3.14}$$

这就是 "对数线性回归" (log-linear regression), 它实际上是在试图让 $e^{\boldsymbol{w}^{\mathrm{T}}\boldsymbol{x}+b}$ 逼近 y. 式(3.14)在形式上仍是线性回归, 但实质上已是在求取输入空间到输出空间的非线性函数映射, 如图 3.1 所示. 这里的对数函数起到了将线性回归模型的预测值与真实标记联系起来的作用.

例如, 生物信息学的基因芯片数据中常有成千上万个属性, 但往往只有几十、上百个样例.

回忆一下: 解线性方程组时, 若因变量过多, 则会解出多组解.

归纳偏好参见 1.4 节; 正则化参见 6.4、11.4 节.

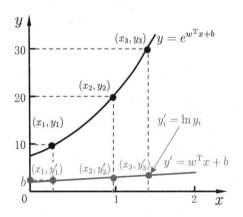

图 3.1　对数线性回归示意图

$g(\cdot)$ 连续且充分光滑.

更一般地, 考虑单调可微函数 $g(\cdot)$, 令

$$y = g^{-1}(\boldsymbol{w}^{\mathrm{T}}\boldsymbol{x} + b)\,,\tag{3.15}$$

这样得到的模型称为"广义线性模型"(generalized linear model), 其中函数 $g(\cdot)$ 称为"联系函数"(link function). 显然, 对数线性回归是广义线性模型在 $g(\cdot) = \ln(\cdot)$ 时的特例.

广义线性模型的参数估计常通过加权最小二乘法或极大似然法进行.

3.3 对数几率回归

上一节讨论了如何使用线性模型进行回归学习, 但若要做的是分类任务该怎么办? 答案蕴涵在式(3.15)的广义线性模型中: 只需找一个单调可微函数将分类任务的真实标记 y 与线性回归模型的预测值联系起来.

考虑二分类任务, 其输出标记 $y \in \{0,1\}$, 而线性回归模型产生的预测值 $z = \boldsymbol{w}^{\mathrm{T}}\boldsymbol{x} + b$ 是实值, 于是, 我们需将实值 z 转换为 0/1 值. 最理想的是"单位阶跃函数"(unit-step function)

亦称 Heaviside 函数.

$$y = \begin{cases} 0, & z < 0\,; \\ 0.5, & z = 0\,; \\ 1, & z > 0\,, \end{cases}\tag{3.16}$$

即若预测值 z 大于零就判为正例, 小于零则判为反例, 预测值为临界值零则可任意判别, 如图 3.2 所示.

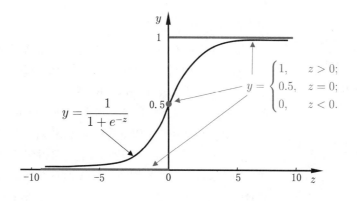

图 3.2 单位阶跃函数与对数几率函数

但从图 3.2 可看出, 单位阶跃函数不连续, 因此不能直接用作式(3.15)中的 $g^-(\cdot)$. 于是我们希望找到能在一定程度上近似单位阶跃函数的"替代函数"(surrogate function), 并希望它单调可微. 对数几率函数(logistic function)正是这样一个常用的替代函数:

简称"对率函数".

注意对数几率函数与"对数函数" $\ln(\cdot)$ 不同.

$$y = \frac{1}{1+e^{-z}} \,. \tag{3.17}$$

Sigmoid 函数即形似 S 的函数. 对率函数是 Sigmoid 函数最重要的代表, 在第 5 章将看到它在神经网络中的重要作用.

从图 3.2 可看出, 对数几率函数是一种"Sigmoid 函数", 它将 z 值转化为一个接近 0 或 1 的 y 值, 并且其输出值在 $z = 0$ 附近变化很陡. 将对数几率函数作为 $g^-(\cdot)$ 代入式(3.15), 得到

$$y = \frac{1}{1+e^{-(\boldsymbol{w}^{\mathrm{T}}\boldsymbol{x}+b)}} \,. \tag{3.18}$$

类似于式(3.14), 式(3.18)可变化为

$$\ln\frac{y}{1-y} = \boldsymbol{w}^{\mathrm{T}}\boldsymbol{x}+b \,. \tag{3.19}$$

若将 y 视为样本 $\boldsymbol{x}$ 作为正例的可能性, 则 $1-y$ 是其反例可能性, 两者的比值

$$\frac{y}{1-y} \tag{3.20}$$

称为"几率"(odds), 反映了 $\boldsymbol{x}$ 作为正例的相对可能性. 对几率取对数则得到"对数几率"(log odds, 亦称 logit)

$$\ln\frac{y}{1-y} \,. \tag{3.21}$$

有文献译为"逻辑回归", 但中文"逻辑"与 logistic 和 logit 的含义相去甚远, 因此本书意译为"对数几率回归", 简称"对率回归".

由此可看出, 式(3.18)实际上是在用线性回归模型的预测结果去逼近真实标记的对数几率, 因此, 其对应的模型称为"对数几率回归"(logistic regression, 亦称 logit regression). 特别需注意到, 虽然它的名字是"回归", 但实际却是一种分类学习方法. 这种方法有很多优点, 例如它是直接对分类可能性进行建模, 无需事先假设数据分布, 这样就避免了假设分布不准确所带来的问题; 它不是仅预测出"类别", 而是可得到近似概率预测, 这对许多需利用概率辅助决策的任务很有用; 此外, 下面我们会看到, 对率回归求解的目标函数是任意阶可导的凸函数, 有很好的数学性质, 现有的许多数值优化算法都可直接用于求取最优解.

下面我们来看看如何确定式(3.18)中的 $\boldsymbol{w}$ 和 b. 若将式(3.18)中的 y 视为类后验概率估计 $p(y = 1 \mid \boldsymbol{x})$, 则式(3.19)可重写为

$$\ln \frac{p(y = 1 \mid \boldsymbol{x})}{p(y = 0 \mid \boldsymbol{x})} = \boldsymbol{w}^{\mathrm{T}} \boldsymbol{x} + b \ . \tag{3.22}$$

显然有

$$p(y = 1 \mid \boldsymbol{x}) = \frac{e^{\boldsymbol{w}^{\mathrm{T}} \boldsymbol{x} + b}}{1 + e^{\boldsymbol{w}^{\mathrm{T}} \boldsymbol{x} + b}} \ , \tag{3.23}$$

$$p(y = 0 \mid \boldsymbol{x}) = \frac{1}{1 + e^{\boldsymbol{w}^{\mathrm{T}} \boldsymbol{x} + b}} \ . \tag{3.24}$$

于是, 我们可通过 "极大似然法" (maximum likelihood method)来估计 $\boldsymbol{w}$ 和 b. 给定数据集 $\{(\boldsymbol{x}_i, y_i)\}_{i=1}^{m}$, 对率回归模型最大化 "对数似然" (log-likelihood)

极大似然法参见7.2节.

$$\ell(\boldsymbol{w}, b) = \sum_{i=1}^{m} \ln p(y_i \mid \boldsymbol{x}_i; \boldsymbol{w}, b) \ , \tag{3.25}$$

即令每个样本属于其真实标记的概率越大越好. 为便于讨论, 令 $\boldsymbol{\beta} = (\boldsymbol{w}; b)$, $\hat{\boldsymbol{x}} = (\boldsymbol{x}; 1)$, 则 $\boldsymbol{w}^{\mathrm{T}} \boldsymbol{x} + b$ 可简写为 $\boldsymbol{\beta}^{\mathrm{T}} \hat{\boldsymbol{x}}$. 再令 $p_1(\hat{\boldsymbol{x}}; \boldsymbol{\beta}) = p(y = 1 \mid \hat{\boldsymbol{x}}; \boldsymbol{\beta})$, $p_0(\hat{\boldsymbol{x}}; \boldsymbol{\beta}) = p(y = 0 \mid \hat{\boldsymbol{x}}; \boldsymbol{\beta}) = 1 - p_1(\hat{\boldsymbol{x}}; \boldsymbol{\beta})$, 则式(3.25) 中的似然项可重写为

$$p(y_i \mid \boldsymbol{x}_i; \boldsymbol{w}, b) = y_i p_1(\hat{\boldsymbol{x}}_i; \boldsymbol{\beta}) + (1 - y_i) p_0(\hat{\boldsymbol{x}}_i; \boldsymbol{\beta}) \ . \tag{3.26}$$

将式(3.26)代入(3.25), 并根据式(3.23)和(3.24)可知, 最大化式(3.25)等价于最小化

考虑 $y_i \in \{0, 1\}$.

$$\ell(\boldsymbol{\beta}) = \sum_{i=1}^{m} \left(-y_i \boldsymbol{\beta}^{\mathrm{T}} \hat{\boldsymbol{x}}_i + \ln \left(1 + e^{\boldsymbol{\beta}^{\mathrm{T}} \hat{\boldsymbol{x}}_i} \right) \right) \ . \tag{3.27}$$

式(3.27)是关于 $\boldsymbol{\beta}$ 的高阶可导连续凸函数, 根据凸优化理论 [Boyd and Vandenberghe, 2004], 经典的数值优化算法如梯度下降法(gradient descent method)、牛顿法(Newton method)等都可求得其最优解, 于是就得到

参见附录 B.4.

$$\boldsymbol{\beta}^* = \underset{\boldsymbol{\beta}}{\arg\min}\, \ell(\boldsymbol{\beta}) \ . \tag{3.28}$$

以牛顿法为例, 从当前 $\boldsymbol{\beta}$ 生成下一轮迭代解的更新公式为

$$\boldsymbol{\beta}' = \boldsymbol{\beta} - \left(\frac{\partial^2 \ell(\boldsymbol{\beta})}{\partial \boldsymbol{\beta} \, \partial \boldsymbol{\beta}^{\mathrm{T}}} \right)^{-1} \frac{\partial \ell(\boldsymbol{\beta})}{\partial \boldsymbol{\beta}} \ , \tag{3.29}$$

其中关于 $\boldsymbol{\beta}$ 的一阶、二阶导数分别为

$$\frac{\partial \ell(\boldsymbol{\beta})}{\partial \boldsymbol{\beta}} = -\sum_{i=1}^{m} \hat{\boldsymbol{x}}_i (y_i - p_1(\hat{\boldsymbol{x}}_i; \boldsymbol{\beta})) \ , \tag{3.30}$$

$$\frac{\partial^2 \ell(\boldsymbol{\beta})}{\partial \boldsymbol{\beta} \partial \boldsymbol{\beta}^{\mathrm{T}}} = \sum_{i=1}^{m} \hat{\boldsymbol{x}}_i \hat{\boldsymbol{x}}_i^{\mathrm{T}} p_1(\hat{\boldsymbol{x}}_i; \boldsymbol{\beta})(1 - p_1(\hat{\boldsymbol{x}}_i; \boldsymbol{\beta})) \ . \tag{3.31}$$

3.4 线性判别分析

严格说来 LDA 与 Fisher 判别分析稍有不同, 前者假设了各类样本的协方差矩阵相同且满秩.

线性判别分析(Linear Discriminant Analysis, 简称 LDA)是一种经典的线性学习方法, 在二分类问题上因为最早由 [Fisher, 1936] 提出, 亦称"Fisher 判别分析".

LDA 的思想非常朴素: 给定训练样例集, 设法将样例投影到一条直线上, 使得同类样例的投影点尽可能接近、异类样例的投影点尽可能远离; 在对新样本进行分类时, 将其投影到同样的这条直线上, 再根据投影点的位置来确定新样本的类别. 图 3.3 给出了一个二维示意图.

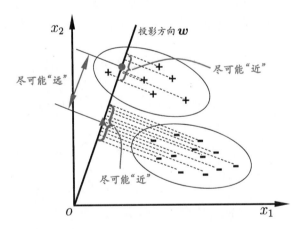

图 3.3 LDA 的二维示意图. "+"、"–" 分别代表正例和反例, 椭圆表示数据簇的外轮廓, 虚线表示投影, 红色实心圆和实心三角形分别表示两类样本投影后的中心点.

给定数据集 $D = \{(\boldsymbol{x}_i, y_i)\}_{i=1}^{m}$, $y_i \in \{0,1\}$, 令 X_i、$\boldsymbol{\mu}_i$、$\boldsymbol{\Sigma}_i$ 分别表示第 $i \in \{0,1\}$ 类示例的集合、均值向量、协方差矩阵. 若将数据投影到直线 $\boldsymbol{w}$ 上, 则两类样本的中心在直线上的投影分别为 $\boldsymbol{w}^{\mathrm{T}} \boldsymbol{\mu}_0$ 和 $\boldsymbol{w}^{\mathrm{T}} \boldsymbol{\mu}_1$; 若将所有样本点都投影到直线上, 则两类样本的协方差分别为 $\boldsymbol{w}^{\mathrm{T}} \boldsymbol{\Sigma}_0 \boldsymbol{w}$ 和 $\boldsymbol{w}^{\mathrm{T}} \boldsymbol{\Sigma}_1 \boldsymbol{w}$. 由于直线是

一维空间, 因此 $\boldsymbol{w}^{\mathrm{T}}\boldsymbol{\mu}_0$、$\boldsymbol{w}^{\mathrm{T}}\boldsymbol{\mu}_1$、$\boldsymbol{w}^{\mathrm{T}}\boldsymbol{\Sigma}_0\boldsymbol{w}$ 和 $\boldsymbol{w}^{\mathrm{T}}\boldsymbol{\Sigma}_1\boldsymbol{w}$ 均为实数.

欲使同类样例的投影点尽可能接近, 可以让同类样例投影点的协方差尽可能小, 即 $\boldsymbol{w}^{\mathrm{T}}\boldsymbol{\Sigma}_0\boldsymbol{w} + \boldsymbol{w}^{\mathrm{T}}\boldsymbol{\Sigma}_1\boldsymbol{w}$ 尽可能小; 而欲使异类样例的投影点尽可能远离, 可以让类中心之间的距离尽可能大, 即 $\|\boldsymbol{w}^{\mathrm{T}}\boldsymbol{\mu}_0 - \boldsymbol{w}^{\mathrm{T}}\boldsymbol{\mu}_1\|_2^2$ 尽可能大. 同时考虑二者, 则可得到欲最大化的目标

$$J = \frac{\|\boldsymbol{w}^{\mathrm{T}}\boldsymbol{\mu}_0 - \boldsymbol{w}^{\mathrm{T}}\boldsymbol{\mu}_1\|_2^2}{\boldsymbol{w}^{\mathrm{T}}\boldsymbol{\Sigma}_0\boldsymbol{w} + \boldsymbol{w}^{\mathrm{T}}\boldsymbol{\Sigma}_1\boldsymbol{w}}$$
$$= \frac{\boldsymbol{w}^{\mathrm{T}}(\boldsymbol{\mu}_0 - \boldsymbol{\mu}_1)(\boldsymbol{\mu}_0 - \boldsymbol{\mu}_1)^{\mathrm{T}}\boldsymbol{w}}{\boldsymbol{w}^{\mathrm{T}}(\boldsymbol{\Sigma}_0 + \boldsymbol{\Sigma}_1)\boldsymbol{w}} \ . \tag{3.32}$$

定义 "类内散度矩阵" (within-class scatter matrix)

$$\mathbf{S}_w = \boldsymbol{\Sigma}_0 + \boldsymbol{\Sigma}_1$$
$$= \sum_{\boldsymbol{x}\in X_0}(\boldsymbol{x} - \boldsymbol{\mu}_0)(\boldsymbol{x} - \boldsymbol{\mu}_0)^{\mathrm{T}} + \sum_{\boldsymbol{x}\in X_1}(\boldsymbol{x} - \boldsymbol{\mu}_1)(\boldsymbol{x} - \boldsymbol{\mu}_1)^{\mathrm{T}} \tag{3.33}$$

以及 "类间散度矩阵" (between-class scatter matrix)

$$\mathbf{S}_b = (\boldsymbol{\mu}_0 - \boldsymbol{\mu}_1)(\boldsymbol{\mu}_0 - \boldsymbol{\mu}_1)^{\mathrm{T}} \ , \tag{3.34}$$

则式(3.32)可重写为

$$J = \frac{\boldsymbol{w}^{\mathrm{T}}\mathbf{S}_b\boldsymbol{w}}{\boldsymbol{w}^{\mathrm{T}}\mathbf{S}_w\boldsymbol{w}} \ . \tag{3.35}$$

这就是 LDA 欲最大化的目标, 即 $\mathbf{S}_b$ 与 $\mathbf{S}_w$ 的 "广义瑞利商" (generalized Rayleigh quotient).

如何确定 $\boldsymbol{w}$ 呢? 注意到式(3.35)的分子和分母都是关于 $\boldsymbol{w}$ 的二次项, 因此式(3.35)的解与 $\boldsymbol{w}$ 的长度无关, 只与其方向有关. 不失一般性, 令 $\boldsymbol{w}^{\mathrm{T}}\mathbf{S}_w\boldsymbol{w} = 1$, 则式(3.35)等价于

> 若 $\boldsymbol{w}$ 是一个解, 则对于任意常数 α, $\alpha\boldsymbol{w}$ 也是式(3.35)的解.

$$\min_{\boldsymbol{w}} \quad -\boldsymbol{w}^{\mathrm{T}}\mathbf{S}_b\boldsymbol{w} \tag{3.36}$$
$$\text{s.t.} \quad \boldsymbol{w}^{\mathrm{T}}\mathbf{S}_w\boldsymbol{w} = 1 \ .$$

> 拉格朗日乘子法参见附录 B.1.

由拉格朗日乘子法, 上式等价于

$$\mathbf{S}_b\boldsymbol{w} = \lambda\mathbf{S}_w\boldsymbol{w} \ , \tag{3.37}$$

$(\boldsymbol{\mu}_0 - \boldsymbol{\mu}_1)^{\mathrm{T}}\boldsymbol{w}$ 是标量.　　其中 λ 是拉格朗日乘子. 注意到 $\mathbf{S}_b\boldsymbol{w}$ 的方向恒为 $\boldsymbol{\mu}_0 - \boldsymbol{\mu}_1$, 不妨令

$$\mathbf{S}_b\boldsymbol{w} = \lambda(\boldsymbol{\mu}_0 - \boldsymbol{\mu}_1) \; , \tag{3.38}$$

代入式(3.37)即得

$$\boldsymbol{w} = \mathbf{S}_w^{-1}(\boldsymbol{\mu}_0 - \boldsymbol{\mu}_1) \; . \tag{3.39}$$

奇异值分解参见附录 A.3.　　考虑到数值解的稳定性, 在实践中通常是对 $\mathbf{S}_w$ 进行奇异值分解, 即 $\mathbf{S}_w = \mathbf{U}\boldsymbol{\Sigma}\mathbf{V}^{\mathrm{T}}$, 这里 $\boldsymbol{\Sigma}$ 是一个实对角矩阵, 其对角线上的元素是 $\mathbf{S}_w$ 的奇异值, 然后再由 $\mathbf{S}_w^{-1} = \mathbf{V}\boldsymbol{\Sigma}^{-1}\mathbf{U}^{\mathrm{T}}$ 得到 $\mathbf{S}_w^{-1}$.

参见习题 7.5.　　值得一提的是, LDA 可从贝叶斯决策理论的角度来阐释, 并可证明, 当两类数据同先验、满足高斯分布且协方差相等时, LDA 可达到最优分类.

可以将 LDA 推广到多分类任务中. 假定存在 N 个类, 且第 i 类示例数为 m_i. 我们先定义 "全局散度矩阵"

$$\begin{aligned} \mathbf{S}_t &= \mathbf{S}_b + \mathbf{S}_w \\ &= \sum_{i=1}^{m}(\boldsymbol{x}_i - \boldsymbol{\mu})(\boldsymbol{x}_i - \boldsymbol{\mu})^{\mathrm{T}} \; , \end{aligned} \tag{3.40}$$

其中 $\boldsymbol{\mu}$ 是所有示例的均值向量. 将类内散度矩阵 $\mathbf{S}_w$ 重定义为每个类别的散度矩阵之和, 即

$$\mathbf{S}_w = \sum_{i=1}^{N}\mathbf{S}_{w_i} \; , \tag{3.41}$$

其中

$$\mathbf{S}_{w_i} = \sum_{\boldsymbol{x} \in X_i}(\boldsymbol{x} - \boldsymbol{\mu}_i)(\boldsymbol{x} - \boldsymbol{\mu}_i)^{\mathrm{T}} \; . \tag{3.42}$$

由式(3.40)~(3.42)可得

$$\begin{aligned} \mathbf{S}_b &= \mathbf{S}_t - \mathbf{S}_w \\ &= \sum_{i=1}^{N}m_i(\boldsymbol{\mu}_i - \boldsymbol{\mu})(\boldsymbol{\mu}_i - \boldsymbol{\mu})^{\mathrm{T}} \; . \end{aligned} \tag{3.43}$$

显然, 多分类 LDA 可以有多种实现方法: 使用 $\mathbf{S}_b$, $\mathbf{S}_w$, $\mathbf{S}_t$ 三者中的任何两个即可. 常见的一种实现是采用优化目标

$$\max_{\mathbf{W}} \frac{\operatorname{tr}\left(\mathbf{W}^{\mathrm{T}} \mathbf{S}_b \mathbf{W}\right)}{\operatorname{tr}\left(\mathbf{W}^{\mathrm{T}} \mathbf{S}_w \mathbf{W}\right)} , \tag{3.44}$$

其中 $\mathbf{W} \in \mathbb{R}^{d \times (N-1)}$, $\operatorname{tr}(\cdot)$ 表示矩阵的迹(trace). 式(3.44)可通过如下广义特征值问题求解:

$$\mathbf{S}_b \mathbf{W} = \lambda \mathbf{S}_w \mathbf{W} . \tag{3.45}$$

最多有 $N-1$ 个非零特征值.

$\mathbf{W}$ 的闭式解则是 $\mathbf{S}_w^{-1} \mathbf{S}_b$ 的 d' 个最大非零广义特征值所对应的特征向量组成的矩阵, $d' \leqslant N-1$.

降维参见第 10 章.

若将 $\mathbf{W}$ 视为一个投影矩阵, 则多分类 LDA 将样本投影到 d' 维空间, d' 通常远小于数据原有的属性数 d. 于是, 可通过这个投影来减小样本点的维数, 且投影过程中使用了类别信息, 因此 LDA 也常被视为一种经典的监督降维技术.

3.5 多分类学习

例如上一节最后介绍的 LDA 推广.

现实中常遇到多分类学习任务. 有些二分类学习方法可直接推广到多分类, 但在更多情形下, 我们是基于一些基本策略, 利用二分类学习器来解决多分类问题.

通常称分类学习器为"分类器" (classifier).

不失一般性, 考虑 N 个类别 $C_1, C_2, \ldots, C_N$, 多分类学习的基本思路是"拆解法", 即将多分类任务拆为若干个二分类任务求解. 具体来说, 先对问题进行拆分, 然后为拆出的每个二分类任务训练一个分类器; 在测试时, 对这些分类器的预测结果进行集成以获得最终的多分类结果. 这里的关键是如何对多分类任务进行拆分, 以及如何对多个分类器进行集成. 本节主要介绍拆分策略.

关于多个分类器的集成, 参见第 8 章.

OvR 亦称 OvA (One vs. All), 但OvA 这个说法不严格, 因为不可能把"所有类"作为反类.

最经典的拆分策略有三种: "一对一" (One vs. One, 简称 OvO)、"一对其余" (One vs. Rest, 简称 OvR)和"多对多" (Many vs. Many, 简称 MvM).

给定数据集 $D = \{(\boldsymbol{x}_1, y_1), (\boldsymbol{x}_2, y_2), \ldots, (\boldsymbol{x}_m, y_m)\}$, $y_i \in \{C_1, C_2, \ldots, C_N\}$. OvO 将这 N 个类别两两配对, 从而产生 $N(N-1)/2$ 个二分类任务, 例如 OvO 将为区分类别 C_i 和 C_j 训练一个分类器, 该分类器把 D 中的 C_i 类样例作为正例, C_j 类样例作为反例. 在测试阶段, 新样本将同时提交给所有分类器, 于是我们将得到 $N(N-1)/2$ 个分类结果, 最终结果可通过投票产生: 即把被预测得最多的类别作为最终分类结果. 图 3.4 给出了一个示意图.

亦可根据各分类器的预测置信度等信息进行集成, 参见8.4节.

OvR 则是每次将一个类的样例作为正例、所有其他类的样例作为反例来训练 N 个分类器. 在测试时若仅有一个分类器预测为正类, 则对应的类别标记作为最终分类结果, 如图 3.4 所示. 若有多个分类器预测为正类, 则通常考虑各

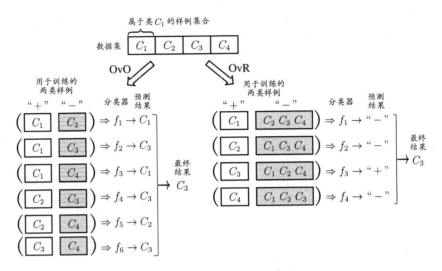

图 3.4 OvO 与 OvR 示意图

分类器的预测置信度, 选择置信度最大的类别标记作为分类结果.

容易看出, OvR 只需训练 N 个分类器, 而 OvO 需训练 $N(N-1)/2$ 个分类器, 因此, OvO的存储开销和测试时间开销通常比 OvR 更大. 但在训练时, OvR 的每个分类器均使用全部训练样例, 而 OvO 的每个分类器仅用到两个类的样例, 因此, 在类别很多时, OvO 的训练时间开销通常比 OvR 更小. 至于预测性能, 则取决于具体的数据分布, 在多数情形下两者差不多.

MvM 是每次将若干个类作为正类, 若干个其他类作为反类. 显然, OvO 和 OvR 是 MvM 的特例. MvM 的正、反类构造必须有特殊的设计, 不能随意选取. 这里我们介绍一种最常用的 MvM 技术: "纠错输出码"(Error Correcting Output Codes, 简称 ECOC).

ECOC [Dietterich and Bakiri, 1995] 是将编码的思想引入类别拆分, 并尽可能在解码过程中具有容错性. ECOC 工作过程主要分为两步:

- 编码: 对 N 个类别做 M 次划分, 每次划分将一部分类别划为正类, 一部分划为反类, 从而形成一个二分类训练集; 这样一共产生 M 个训练集, 可训练出 M 个分类器.

- 解码: M 个分类器分别对测试样本进行预测, 这些预测标记组成一个编码. 将这个预测编码与每个类别各自的编码进行比较, 返回其中距离最小的类别作为最终预测结果.

类别划分通过"编码矩阵"(coding matrix)指定. 编码矩阵有多种形式, 常见的主要有二元码 [Dietterich and Bakiri, 1995] 和三元码 [Allwein et al., 2000]. 前者将每个类别分别指定为正类和反类, 后者在正、反类之外, 还可指定"停用类". 图 3.5 给出了一个示意图, 在图 3.5(a)中, 分类器 f_2 将 C_1 类和 C_3 类的样例作为正例, C_2 类和 C_4 类的样例作为反例; 在图 3.5(b)中, 分类器 f_4 将 C_1 类和 C_4 类的样例作为正例, C_3 类的样例作为反例. 在解码阶段, 各分类器的预测结果联合起来形成了测试示例的编码, 该编码与各类所对应的编码进行比较, 将距离最小的编码所对应的类别作为预测结果. 例如在图 3.5(a) 中, 若基于欧氏距离, 预测结果将是 C_3.

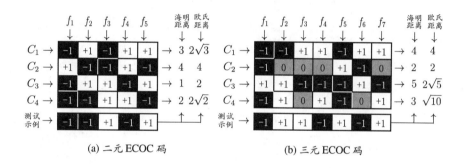

图 3.5 ECOC 编码示意图. "+1"、"−1" 分别表示学习器 f_i 将该类样本作为正、反例; 三元码中 "0" 表示 f_i 不使用该类样本

为什么称为"纠错输出码"呢? 这是因为在测试阶段, ECOC 编码对分类器的错误有一定的容忍和修正能力. 例如图 3.5(a)中对测试示例的正确预测编码是 $(-1, +1, +1, -1, +1)$, 假设在预测时某个分类器出错了, 例如 f_2 出错从而导致了错误编码 $(-1, -1, +1, -1, +1)$, 但基于这个编码仍能产生正确的最终分类结果 C_3. 一般来说, 对同一个学习任务, ECOC 编码越长, 纠错能力越强. 然而, 编码越长, 意味着所需训练的分类器越多, 计算、存储开销都会增大; 另一方面, 对有限类别数, 可能的组合数目是有限的, 码长超过一定范围后就失去了意义.

对同等长度的编码, 理论上来说, 任意两个类别之间的编码距离越远, 则纠错能力越强. 因此, 在码长较小时可根据这个原则计算出理论最优编码. 然而, 码长稍大一些就难以有效地确定最优编码, 事实上这是 NP 难问题. 不过, 通常我们并不需获得理论最优编码, 因为非最优编码在实践中往往已能产生足够好的分类器. 另一方面, 并不是编码的理论性质越好, 分类性能就越好, 因为机器学习问题涉及很多因素, 例如将多个类拆解为两个 "类别子集", 不同拆解方式所形成的两个类别子集的区分难度往往不同, 即其导致的二分类问题的难度不同; 于是, 一个理论纠错性质很好、但导致的二分类问题较难的编码, 与另一个理论纠错性质差一些、但导致的二分类问题较简单的编码, 最终产生的模型性能孰强孰弱很难说.

3.6 类别不平衡问题

前面介绍的分类学习方法都有一个共同的基本假设, 即不同类别的训练样例数目相当. 如果不同类别的训练样例数目稍有差别, 通常影响不大, 但若差别很大, 则会对学习过程造成困扰. 例如有 998 个反例, 但正例只有 2 个, 那么学习方法只需返回一个永远将新样本预测为反例的学习器, 就能达到 99.8% 的精度; 然而这样的学习器往往没有价值, 因为它不能预测出任何正例.

类别不平衡(class-imbalance)就是指分类任务中不同类别的训练样例数目差别很大的情况. 不失一般性, 本节假定正类样例较少, 反类样例较多. 在现实的分类学习任务中, 我们经常会遇到类别不平衡, 例如在通过拆分法解决多分类问题时, 即使原始问题中不同类别的训练样例数目相当, 在使用OvR、MvM策略后产生的二分类任务仍可能出现类别不平衡现象, 因此有必要了解类别不平衡性处理的基本方法.

从线性分类器的角度讨论容易理解, 在我们用 $y = \boldsymbol{w}^{\mathrm{T}}\boldsymbol{x} + b$ 对新样本 $\boldsymbol{x}$ 进行分类时, 事实上是在用预测出的 y 值与一个阈值进行比较, 例如通常在 $y > 0.5$ 时判别为正例, 否则为反例. y 实际上表达了正例的可能性, 几率 $\frac{y}{1-y}$ 则反映了正例可能性与反例可能性之比值, 阈值设置为 0.5 恰表明分类器认为真实正、反例可能性相同, 即分类器决策规则为

$$\text{若 } \frac{y}{1-y} > 1 \text{ 则 预测为正例.} \tag{3.46}$$

然而, 当训练集中正、反例的数目不同时, 令 m^+ 表示正例数目, m^- 表示反例数目, 则观测几率是 $\frac{m^+}{m^-}$, 由于我们通常假设训练集是真实样本总体的无偏采样, 因此观测几率就代表了真实几率. 于是, 只要分类器的预测几率高于观测几率就应判定为正例, 即

$$\text{若 } \frac{y}{1-y} > \frac{m^+}{m^-} \text{ 则 预测为正例.} \tag{3.47}$$

但是, 我们的分类器是基于式(3.46)进行决策, 因此, 需对其预测值进行调整, 使其在基于式(3.46)决策时, 实际是在执行式(3.47). 要做到这一点很容易, 只需令

$$\frac{y'}{1-y'} = \frac{y}{1-y} \times \frac{m^-}{m^+}. \tag{3.48}$$

亦称"再平衡"(rebalance).

这就是类别不平衡学习的一个基本策略——"再缩放"(rescaling).

再缩放的思想虽简单, 但实际操作却并不平凡, 主要因为"训练集是真实样本总体的无偏采样"这个假设往往并不成立, 也就是说, 我们未必能有效地基于训练集观测几率来推断出真实几率. 现有技术大体上有三类做法: 第一类是直接对训练集里的反类样例进行"欠采样"(undersampling), 即去除一些反例使得正、反例数目接近, 然后再进行学习; 第二类是对训练集里的正类样例进行"过采样"(oversampling), 即增加一些正例使得正、反例数目接近, 然后再进行学习; 第三类则是直接基于原始训练集进行学习, 但在用训练好的分类器进行预测时, 将式(3.48)嵌入到其决策过程中, 称为"阈值移动"(threshold-moving).

欠采样亦称"下采样"(downsampling), 过采样亦称"上采样"(upsampling).

欠采样法的时间开销通常远小于过采样法, 因为前者丢弃了很多反例, 使得分类器训练集远小于初始训练集, 而过采样法增加了很多正例, 其训练集大于初始训练集. 需注意的是, 过采样法不能简单地对初始正例样本进行重复采样, 否则会招致严重的过拟合; 过采样法的代表性算法 SMOTE [Chawla et al., 2002]是通过对训练集里的正例进行插值来产生额外的正例. 另一方面, 欠采样法若随机丢弃反例, 可能丢失一些重要信息; 欠采样法的代表性算法 EasyEnsemble [Liu et al., 2009] 则是利用集成学习机制, 将反例划分为若干个集合供不同学习器使用, 这样对每个学习器来看都进行了欠采样, 但在全局来看却不会丢失重要信息.

值得一提的是, "再缩放"也是"代价敏感学习"(cost-sensitive learning)的基础. 在代价敏感学习中将式(3.48)中的 m^-/m^+ 用 $cost^+/cost^-$ 代替即可, 其中 $cost^+$ 是将正例误分为反例的代价, $cost^-$ 是将反例误分为正例的代价.

代价敏感学习研究非均等代价下的学习. 参见 2.3.4 节.

3.7 阅读材料

"稀疏表示"(sparse representation)近年来很受关注, 但即便对多元线性回归这样简单的模型, 获得具有最优"稀疏性"(sparsity)的解也并不容易. 稀疏性问题本质上对应了 L_0 范数的优化, 这在通常条件下是 NP 难问题. LASSO [Tibshirani, 1996] 通过 L_1 范数来近似 L_0 范数, 是求取稀疏解的重要技术.

参见第 11 章.

可以证明, OvO 和 OvR 都是 ECOC 的特例 [Allwein et al., 2000]. 人们以往希望设计通用的编码法, [Crammer and Singer, 2002] 提出要考虑问题本身的特点, 设计 "问题依赖" 的编码法, 并证明寻找最优的离散编码矩阵是一个 NP 完全问题. 此后, 有多种问题依赖的 ECOC 编码法被提出, 通常是通过找出具有代表性的二分类问题来进行编码 [Pujol et al., 2006, 2008]. [Escalera et al., 2010] 开发了一个开源 ECOC 库.

MvM 除了 ECOC 还可有其他实现方式, 例如 DAG (Directed Acyclic Graph) 拆分法 [Platt et al., 2000] 将类别划分表达成树形结构, 每个结点对应于一个二类分类器. 还有一些工作是致力于直接求解多分类问题, 例如多类支持向量机方面的一些研究 [Crammer and Singer, 2001; Lee et al., 2004].

代价敏感学习中研究得最多的是基于类别的 "误分类代价" (misclassification cost), 代价矩阵如表 2.2 所示; 本书在提及代价敏感学习时, 默认指此类情形. 已经证明, 对二分类任务可通过 "再缩放" 获得理论最优解 [Elkan, 2001], 但对多分类任务, 仅在某些特殊情形下存在闭式解 [Zhou and Liu, 2006a]. 非均等代价和类别不平衡性虽然都可借助 "再缩放" 技术, 但两者本质不同 [Zhou and Liu, 2006b]. 需注意的是, 类别不平衡学习中通常是较小类的代价更高, 否则无需进行特殊处理.

多分类学习中虽然有多个类别, 但每个样本仅属于一个类别. 如果希望为一个样本同时预测出多个类别标记, 例如一幅图像可同时标注为 "蓝天"、"白云"、"羊群"、"自然场景", 这样的任务就不再是多分类学习, 而是 "多标记学习" (multi-label learning), 这是机器学习中近年来相当活跃的一个研究领域. 对多标记学习感兴趣的读者可参阅 [Zhang and Zhou, 2014].

习题

3.1 试析在什么情形下式(3.2)中不必考虑偏置项 b.

3.2 试证明, 对于参数 w, 对率回归的目标函数(3.18)是非凸的, 但其对数似然函数(3.27)是凸的.

西瓜数据集 3.0α 见 p.89 的表 4.5.

3.3 编程实现对率回归, 并给出西瓜数据集 3.0α 上的结果.

UCI 数据集见 http://archive.ics.uci.edu/ml/.

3.4 选择两个 UCI 数据集, 比较 10 折交叉验证法和留一法所估计出的对率回归的错误率.

3.5 编程实现线性判别分析, 并给出西瓜数据集 3.0α 上的结果.

线性可分是指存在线性超平面能将不同类的样本点分开. 参见 6.3 节.

3.6 线性判别分析仅在线性可分数据上能获得理想结果, 试设计一个改进方法, 使其能较好地用于非线性可分数据

3.7 令码长为 9, 类别数为 4, 试给出海明距离意义下理论最优的 ECOC 二元码并证明之.

3.8* ECOC 编码能起到理想纠错作用的重要条件是: 在每一位编码上出错的概率相当且独立. 试析多分类任务经 ECOC 编码后产生的二类分类器满足该条件的可能性及由此产生的影响.

3.9 使用 OvR 和 MvM 将多分类任务分解为二分类任务求解时, 试述为何无需专门针对类别不平衡性进行处理.

3.10* 试推导出多分类代价敏感学习(仅考虑基于类别的误分类代价)使用"再缩放"能获得理论最优解的条件.

参考文献

Allwein, E. L., R. E. Schapire, and Y. Singer. (2000). "Reducing multiclass to binary: A unifying approach for margin classifiers." *Journal of Machine Learning Research*, 1:113–141.

Boyd, S. and L. Vandenberghe. (2004). *Convex Optimization*. Cambridge University Press, Cambridge, UK.

Chawla, N. V., K. W. Bowyer, L. O. Hall, and W. P. Kegelmeyer. (2002). "SMOTE: Synthetic minority over-sampling technique." *Journal of Artificial Intelligence Research*, 16:321–357.

Crammer, K. and Y. Singer. (2001). "On the algorithmic implementation of multiclass kernel-based vector machines." *Journal of Machine Learning Research*, 2:265–292.

Crammer, K. and Y. Singer. (2002). "On the learnability and design of output codes for multiclass problems." *Machine Learning*, 47(2-3):201–233.

Dietterich, T. G. and G. Bakiri. (1995). "Solving multiclass learning problems via error-correcting output codes." *Journal of Artificial Intelligence Research*, 2:263–286.

Elkan, C. (2001). "The foundations of cost-sensitive learning." In *Proceedings of the 17th International Joint Conference on Artificial Intelligence (IJCAI)*, 973–978, Seattle, WA.

Escalera, S., O. Pujol, and P. Radeva. (2010). "Error-correcting ouput codes library." *Journal of Machine Learning Research*, 11:661–664.

Fisher, R. A. (1936). "The use of multiple measurements in taxonomic problems." *Annals of Eugenics*, 7(2):179–188.

Lee, Y., Y. Lin, and G. Wahba. (2004). "Multicategory support vector machines, theory, and application to the classification of microarray data and satellite radiance data." *Journal of the American Statistical Association*, 99(465):67–81.

Liu, X.-Y., J. Wu, and Z.-H. Zhou. (2009). "Exploratory undersamping for class-imbalance learning." *IEEE Transactions on Systems, Man, and Cybernetics - Part B: Cybernetics*, 39(2):539–550.

Platt, J. C., N. Cristianini, and J. Shawe-Taylor. (2000). "Large margin DAGs for multiclass classification." In *Advances in Neural Information Processing Systems 12 (NIPS)* (S. A. Solla, T. K. Leen, and K.-R. Müller, eds.), MIT Press, Cambridge, MA.

Pujol, O., S. Escalera, and P. Radeva. (2008). "An incremental node embedding technique for error correcting output codes." *Pattern Recognition*, 41(2):713–725.

Pujol, O., P. Radeva, and J. Vitrià. (2006). "Discriminant ECOC: A heuristic method for application dependent design of error correcting output codes." *IEEE Transactions on Pattern Analysis and Machine Intelligence*, 28(6):1007–1012.

Tibshirani, R. (1996). "Regression shrinkage and selection via the LASSO." *Journal of the Royal Statistical Society: Series B*, 58(1):267–288.

Zhang, M.-L. and Z.-H. Zhou. (2014). "A review on multi-label learning algorithms." *IEEE Transactions on Knowledge and Data Engineering*, 26(8):1819–1837.

Zhou, Z.-H. and X.-Y. Liu. (2006a). "On multi-class cost-sensitive learning." In *Proceeding of the 21st National Conference on Artificial Intelligence (AAAI)*, 567–572, Boston, WA.

Zhou, Z.-H. and X.-Y. Liu. (2006b). "Training cost-sensitive neural networks with methods addressing the class imbalance problem." *IEEE Transactions on Knowledge and Data Engineering*, 18(1):63–77.

休息一会儿

小故事: 关于"最小二乘法"

　　1801 年, 意大利天文学家皮亚齐发现了 1 号小行星"谷神星", 但在跟踪观测了 40 天后, 因谷神星转至太阳的背后, 皮亚齐失去了谷神星的位置. 许多天文学家试图重新找到谷神星, 但都徒劳无获. 这引起了伟大的德国数

(1993 年版德国 10 马克纸币上的高斯像)

学家高斯 (1777—1855) 的注意, 他发明了一种方法, 根据皮亚齐的观测数据计算出了谷神星的轨道, 后来德国天文学家奥伯斯在高斯预言的时间和星空领域重新找到了谷神星. 1809 年, 高斯在他的著作《天体运动论》中发表了这种方法, 即最小二乘法.

　　1805 年, 在椭圆积分、数论和几何方面都有重大贡献的法国大数学家勒让德 (1752—1833) 发表了《计算彗星轨道的新方法》, 其附录中描述了最小二乘法. 勒让德是法国 18—19 世纪数学界的三驾马车之一, 早已是法国科学院院士. 但勒让德的书中没有涉及最小二乘法的误差分析, 高斯 1809 年的著作中包括了这方面的内容, 这对最小二乘法用于数理统计、乃至今天的机器学习有极为重要的意义. 由于高斯的这一重大贡献, 以及他声称自己 1799 年就已开始使用这个方法, 因此很多人将最小二乘法的发明优先权归之为高斯. 当时这两位大数学家发生了著名的优先权之争, 此后有许多数学史家专门进行研究, 但至今也没弄清到底是谁最先发明了最小二乘法.

　　另两位是拉格朗日和拉普拉斯, 三人姓氏首字母相同, 时称"3L".

第 4 章 决 策 树

4.1 基本流程

亦称"判定树". 根据上下文, 本书中的"决策树"有时是指学习方法, 有时是指学得的树.

决策树(decision tree) 是一类常见的机器学习方法. 以二分类任务为例, 我们希望从给定训练数据集学得一个模型用以对新示例进行分类, 这个把样本分类的任务, 可看作对"当前样本属于正类吗?"这个问题的"决策"或"判定"过程. 顾名思义, 决策树是基于树结构来进行决策的, 这恰是人类在面临决策问题时一种很自然的处理机制. 例如, 我们要对"这是好瓜吗?"这样的问题进行决策时, 通常会进行一系列的判断或"子决策": 我们先看"它是什么颜色?", 如果是"青绿色", 则我们再看"它的根蒂是什么形态?", 如果是"蜷缩", 我们再判断"它敲起来是什么声音?", 最后, 我们得出最终决策: 这是个好瓜. 这个决策过程如图 4.1 所示.

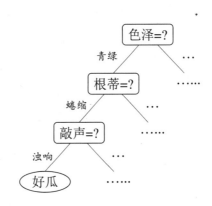

图 4.1 西瓜问题的一棵决策树

显然, 决策过程的最终结论对应了我们所希望的判定结果, 例如"是"或"不是"好瓜; 决策过程中提出的每个判定问题都是对某个属性的"测试", 例如"色泽=?""根蒂=?"; 每个测试的结果或是导出最终结论, 或是导出进一步的判定问题, 其考虑范围是在上次决策结果的限定范围之内, 例如若在"色泽=青绿"之后再判断"根蒂=?", 则仅在考虑青绿色瓜的根蒂.

一般的, 一棵决策树包含一个根结点、若干个内部结点和若干个叶结点;

叶结点对应于决策结果, 其他每个结点则对应于一个属性测试; 每个结点包含
的样本集合根据属性测试的结果被划分到子结点中; 根结点包含样本全集. 从
根结点到每个叶结点的路径对应了一个判定测试序列. 决策树学习的目的是为
了产生一棵泛化能力强, 即处理未见示例能力强的决策树, 其基本流程遵循简
单且直观的 "分而治之" (divide-and-conquer)策略, 如图 4.2 所示.

输入: 训练集 $D = \{(\boldsymbol{x}_1,y_1),(\boldsymbol{x}_2,y_2),\ldots,(\boldsymbol{x}_m,y_m)\}$;
  属性集 $A = \{a_1,a_2,\ldots,a_d\}$.
过程: 函数 TreeGenerate(D, A)
1: 生成结点 node;
2: **if** D 中样本全属于同一类别 C **then**
3:   将 node 标记为 C 类叶结点; **return**
4: **end if**
5: **if** $A = \varnothing$ **OR** D 中样本在 A 上取值相同 **then**
6:   将 node 标记为叶结点, 其类别标记为 D 中样本数最多的类; **return**
7: **end if**
8: 从 A 中选择最优划分属性 a_*;
9: **for** a_* 的每一个值 a_*^v **do**
10:   为 node 生成一个分支; 令 D_v 表示 D 中在 a_* 上取值为 a_*^v 的样本子集;
11:   **if** D_v 为空 **then**
12:     将分支结点标记为叶结点, 其类别标记为 D 中样本最多的类; **return**
13:   **else**
14:     以 TreeGenerate(D_v, $A \setminus \{a_*\}$)为分支结点
15:   **end if**
16: **end for**
输出: 以 node 为根结点的一棵决策树

递归返回, 情形(1).
递归返回, 情形(2).
我们将在下一节讨论如何获得最优划分属性.
递归返回, 情形(3).
从 A 中去掉 a_*.

图 4.2 决策树学习基本算法

显然, 决策树的生成是一个递归过程. 在决策树基本算法中, 有三种情形会
导致递归返回: (1) 当前结点包含的样本全属于同一类别, 无需划分; (2) 当前
属性集为空, 或是所有样本在所有属性上取值相同, 无法划分; (3) 当前结点包
含的样本集合为空, 不能划分.

在第(2)种情形下, 我们把当前结点标记为叶结点, 并将其类别设定为该结
点所含样本最多的类别; 在第(3)种情形下, 同样把当前结点标记为叶结点, 但
将其类别设定为其父结点所含样本最多的类别. 注意这两种情形的处理实质不
同: 情形(2)是在利用当前结点的后验分布, 而情形(3)则是把父结点的样本分布
作为当前结点的先验分布.

4.2 划分选择

由算法 4.2 可看出, 决策树学习的关键是第 8 行, 即如何选择最优划分属性. 一般而言, 随着划分过程不断进行, 我们希望决策树的分支结点所包含的样本尽可能属于同一类别, 即结点的 "纯度"(purity)越来越高.

4.2.1 信息增益

"信息熵"(information entropy)是度量样本集合纯度最常用的一种指标. 假定当前样本集合 D 中第 k 类样本所占的比例为 p_k $(k = 1, 2, \ldots, |\mathcal{Y}|)$, 则 D 的信息熵定义为

计算信息熵时约定: 若 $p = 0$, 则 $p \log_2 p = 0$.

$$\text{Ent}(D) = -\sum_{k=1}^{|\mathcal{Y}|} p_k \log_2 p_k \, . \tag{4.1}$$

$\text{Ent}(D)$ 的最小值为 0, 最大值为 $\log_2 |\mathcal{Y}|$.

$\text{Ent}(D)$ 的值越小, 则 D 的纯度越高.

假定离散属性 a 有 V 个可能的取值 $\{a^1, a^2, \ldots, a^V\}$, 若使用 a 来对样本集 D 进行划分, 则会产生 V 个分支结点, 其中第 v 个分支结点包含了 D 中所有在属性 a 上取值为 a^v 的样本, 记为 D^v. 我们可根据式(4.1) 计算出 D^v 的信息熵, 再考虑到不同的分支结点所包含的样本数不同, 给分支结点赋予权重 $|D^v|/|D|$, 即样本数越多的分支结点的影响越大, 于是可计算出用属性 a 对样本集 D 进行划分所获得的 "信息增益"(information gain)

$$\text{Gain}(D, a) = \text{Ent}(D) - \sum_{v=1}^{V} \frac{|D^v|}{|D|} \text{Ent}(D^v) \, . \tag{4.2}$$

一般而言, 信息增益越大, 则意味着使用属性 a 来进行划分所获得的 "纯度提升" 越大. 因此, 我们可用信息增益来进行决策树的划分属性选择, 即在图 4.2 算法第 8 行选择属性 $a_* = \underset{a \in A}{\arg\max} \, \text{Gain}(D, a)$. 著名的 ID3 决策树学习算法 [Quinlan, 1986] 就是以信息增益为准则来选择划分属性.

ID3 名字中的 ID 是 Iterative Dichotomiser (迭代二分器)的简称.

以表 4.1 中的西瓜数据集 2.0 为例, 该数据集包含 17 个训练样例, 用以学习一棵能预测没剖开的是不是好瓜的决策树. 显然, $|\mathcal{Y}| = 2$. 在决策树学习开始时, 根结点包含 D 中的所有样例, 其中正例占 $p_1 = \frac{8}{17}$, 反例占 $p_2 = \frac{9}{17}$. 于是, 根据式(4.1)可计算出根结点的信息熵为

$$\text{Ent}(D) = -\sum_{k=1}^{2} p_k \log_2 p_k = -\left(\frac{8}{17} \log_2 \frac{8}{17} + \frac{9}{17} \log_2 \frac{9}{17} \right) = 0.998 \, .$$

表 4.1 西瓜数据集 2.0

编号	色泽	根蒂	敲声	纹理	脐部	触感	好瓜
1	青绿	蜷缩	浊响	清晰	凹陷	硬滑	是
2	乌黑	蜷缩	沉闷	清晰	凹陷	硬滑	是
3	乌黑	蜷缩	浊响	清晰	凹陷	硬滑	是
4	青绿	蜷缩	沉闷	清晰	凹陷	硬滑	是
5	浅白	蜷缩	浊响	清晰	凹陷	硬滑	是
6	青绿	稍蜷	浊响	清晰	稍凹	软粘	是
7	乌黑	稍蜷	浊响	稍糊	稍凹	软粘	是
8	乌黑	稍蜷	浊响	清晰	稍凹	硬滑	是
9	乌黑	稍蜷	沉闷	稍糊	稍凹	硬滑	否
10	青绿	硬挺	清脆	清晰	平坦	软粘	否
11	浅白	硬挺	清脆	模糊	平坦	硬滑	否
12	浅白	蜷缩	浊响	模糊	平坦	软粘	否
13	青绿	稍蜷	浊响	稍糊	凹陷	硬滑	否
14	浅白	稍蜷	沉闷	稍糊	凹陷	硬滑	否
15	乌黑	稍蜷	浊响	清晰	稍凹	软粘	否
16	浅白	蜷缩	浊响	模糊	平坦	硬滑	否
17	青绿	蜷缩	沉闷	稍糊	稍凹	硬滑	否

然后, 我们要计算出当前属性集合 {色泽, 根蒂, 敲声, 纹理, 脐部, 触感} 中每个属性的信息增益. 以属性 "色泽" 为例, 它有 3 个可能的取值: {青绿, 乌黑, 浅白}. 若使用该属性对 D 进行划分, 则可得到 3 个子集, 分别记为: D^1 (色泽=青绿), D^2 (色泽= 乌黑), D^3 (色泽=浅白).

子集 D^1 包含编号为 {1, 4, 6, 10, 13, 17} 的 6 个样例, 其中正例占 $p_1 = \frac{3}{6}$, 反例占 $p_2 = \frac{3}{6}$; D^2 包含编号为 {2, 3, 7, 8, 9, 15} 的 6 个样例, 其中正、反例分别占 $p_1 = \frac{4}{6}$, $p_2 = \frac{2}{6}$; D^3 包含编号为 {5, 11, 12, 14, 16} 的 5 个样例, 其中正、反例分别占 $p_1 = \frac{1}{5}$, $p_2 = \frac{4}{5}$. 根据式(4.1)可计算出用 "色泽" 划分之后所获得的 3 个分支结点的信息熵为

$$\text{Ent}(D^1) = -\left(\frac{3}{6}\log_2\frac{3}{6} + \frac{3}{6}\log_2\frac{3}{6}\right) = 1.000 \,,$$

$$\text{Ent}(D^2) = -\left(\frac{4}{6}\log_2\frac{4}{6} + \frac{2}{6}\log_2\frac{2}{6}\right) = 0.918 \,,$$

$$\text{Ent}(D^3) = -\left(\frac{1}{5}\log_2\frac{1}{5} + \frac{4}{5}\log_2\frac{4}{5}\right) = 0.722 \,,$$

于是, 根据式(4.2)可计算出属性 "色泽" 的信息增益为

$$\text{Gain}(D, 色泽) = \text{Ent}(D) - \sum_{v=1}^{3} \frac{|D^v|}{|D|} \text{Ent}(D^v)$$

$$= 0.998 - \left(\frac{6}{17} \times 1.000 + \frac{6}{17} \times 0.918 + \frac{5}{17} \times 0.722 \right)$$

$$= 0.109 \ .$$

类似的, 我们可计算出其他属性的信息增益:

$$\text{Gain}(D, 根蒂) = 0.143; \quad \text{Gain}(D, 敲声) = 0.141;$$

$$\text{Gain}(D, 纹理) = 0.381; \quad \text{Gain}(D, 脐部) = 0.289;$$

$$\text{Gain}(D, 触感) = 0.006.$$

显然, 属性 "纹理" 的信息增益最大, 于是它被选为划分属性. 图 4.3 给出了基于 "纹理" 对根结点进行划分的结果, 各分支结点所包含的样例子集显示在结点中.

图 4.3 基于 "纹理" 属性对根结点划分

然后, 决策树学习算法将对每个分支结点做进一步划分. 以图 4.3 中第一个分支结点 ("纹理=清晰") 为例, 该结点包含的样例集合 D^1 中有编号为 {1, 2, 3, 4, 5, 6, 8, 10, 15} 的 9 个样例, 可用属性集为 {色泽, 根蒂, 敲声, 脐部, 触感}. 基于 D^1 计算出各属性的信息增益:

> "纹理" 不再作为候选划分属性.

$$\text{Gain}(D^1, 色泽) = 0.043; \quad \text{Gain}(D^1, 根蒂) = 0.458;$$

$$\text{Gain}(D^1, 敲声) = 0.331; \quad \text{Gain}(D^1, 脐部) = 0.458;$$

$$\text{Gain}(D^1, 触感) = 0.458.$$

"根蒂"、"脐部"、"触感" 3 个属性均取得了最大的信息增益, 可任选其中之一作为划分属性. 类似的, 对每个分支结点进行上述操作, 最终得到的决策树如图 4.4 所示.

4.2.2 增益率

在上面的介绍中, 我们有意忽略了表 4.1 中的 "编号" 这一列. 若把 "编

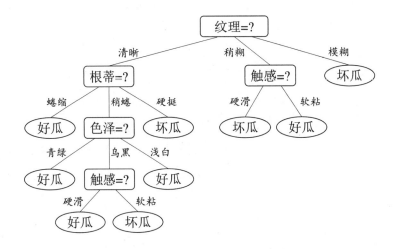

图 4.4 在西瓜数据集 2.0 上基于信息增益生成的决策树

号"也作为一个候选划分属性, 则根据式(4.2)可计算出它的信息增益为 0.998, 远大于其他候选划分属性. 这很容易理解: "编号"将产生 17 个分支, 每个分支结点仅包含一个样本, 这些分支结点的纯度已达最大. 然而, 这样的决策树显然不具有泛化能力, 无法对新样本进行有效预测.

实际上, 信息增益准则对可取值数目较多的属性有所偏好, 为减少这种偏好可能带来的不利影响, 著名的 C4.5 决策树算法 [Quinlan, 1993] 不直接使用信息增益, 而是使用"增益率"(gain ratio) 来选择最优划分属性. 采用与式(4.2)相同的符号表示, 增益率定义为

$$\text{Gain\_ratio}(D,a) = \frac{\text{Gain}(D,a)}{\text{IV}(a)} \; , \tag{4.3}$$

其中

$$\text{IV}(a) = -\sum_{v=1}^{V} \frac{|D^v|}{|D|} \log_2 \frac{|D^v|}{|D|} \tag{4.4}$$

称为属性 a 的"固有值"(intrinsic value) [Quinlan, 1993]. 属性 a 的可能取值数目越多(即 V 越大), 则 $\text{IV}(a)$ 的值通常会越大. 例如, 对表 4.1 的西瓜数据集 2.0, 有 $\text{IV}(触感) = 0.874$ $(V = 2)$, $\text{IV}(色泽) = 1.580$ $(V = 3)$, $\text{IV}(编号) = 4.088$ $(V = 17)$.

需注意的是, 增益率准则对可取值数目较少的属性有所偏好, 因此, C4.5 算法并不是直接选择增益率最大的候选划分属性, 而是使用了一个启发式

[Quinlan, 1993]: 先从候选划分属性中找出信息增益高于平均水平的属性, 再从中选择增益率最高的.

4.2.3 基尼指数

CART 是 Classification and Regression Tree 的简称, 这是一种著名的决策树学习算法, 分类和回归任务都可用.

CART 决策树 [Breiman et al., 1984] 使用 "基尼指数" (Gini index) 来选择划分属性. 采用与式(4.1) 相同的符号, 数据集 D 的纯度可用基尼值来度量:

$$\text{Gini}(D) = \sum_{k=1}^{|\mathcal{Y}|} \sum_{k' \neq k} p_k p_{k'}$$
$$= 1 - \sum_{k=1}^{|\mathcal{Y}|} p_k^2 \ . \tag{4.5}$$

直观来说, $\text{Gini}(D)$ 反映了从数据集 D 中随机抽取两个样本, 其类别标记不一致的概率. 因此, $\text{Gini}(D)$ 越小, 则数据集 D 的纯度越高.

采用与式(4.2)相同的符号表示, 属性 a 的基尼指数定义为

$$\text{Gini\_index}(D, a) = \sum_{v=1}^{V} \frac{|D^v|}{|D|} \text{Gini}(D^v) \ . \tag{4.6}$$

于是, 我们在候选属性集合 A 中, 选择那个使得划分后基尼指数最小的属性作为最优划分属性, 即 $a_* = \underset{a \in A}{\arg\min} \ \text{Gini\_index}(D, a)$.

4.3 剪枝处理

关于过拟合,参见2.1节.

剪枝(pruning)是决策树学习算法对付 "过拟合" 的主要手段. 在决策树学习中, 为了尽可能正确分类训练样本, 结点划分过程将不断重复, 有时会造成决策树分支过多, 这时就可能因训练样本学得 "太好" 了, 以致于把训练集自身的一些特点当作所有数据都具有的一般性质而导致过拟合. 因此, 可通过主动去掉一些分支来降低过拟合的风险.

决策树剪枝的基本策略有 "预剪枝" (prepruning)和 "后剪枝" (postpruning) [Quinlan, 1993]. 预剪枝是指在决策树生成过程中, 对每个结点在划分前先进行估计, 若当前结点的划分不能带来决策树泛化性能提升, 则停止划分并将当前结点标记为叶结点; 后剪枝则是先从训练集生成一棵完整的决策树, 然后自底向上地对非叶结点进行考察, 若将该结点对应的子树替换为叶结点能

带来决策树泛化性能提升, 则将该子树替换为叶结点.

　　如何判断决策树泛化性能是否提升呢? 这可使用 2.2 节介绍的性能评估方法. 本节假定采用留出法, 即预留一部分数据用作"验证集"以进行性能评估. 例如对表 4.1 的西瓜数据集 2.0, 我们将其随机划分为两部分, 如表 4.2 所示, 编号为 $\{1, 2, 3, 6, 7, 10, 14, 15, 16, 17\}$ 的样例组成训练集, 编号为 $\{4, 5, 8, 9, 11, 12, 13\}$ 的样例组成验证集.

表 4.2　西瓜数据集 2.0 划分出的训练集(双线上部)与验证集(双线下部)

编号	色泽	根蒂	敲声	纹理	脐部	触感	好瓜
1	青绿	蜷缩	浊响	清晰	凹陷	硬滑	是
2	乌黑	蜷缩	沉闷	清晰	凹陷	硬滑	是
3	乌黑	蜷缩	浊响	清晰	凹陷	硬滑	是
6	青绿	稍蜷	浊响	清晰	稍凹	软粘	是
7	乌黑	稍蜷	浊响	稍糊	稍凹	软粘	是
10	青绿	硬挺	清脆	清晰	平坦	软粘	否
14	浅白	稍蜷	沉闷	稍糊	凹陷	硬滑	否
15	乌黑	稍蜷	浊响	清晰	稍凹	软粘	否
16	浅白	蜷缩	浊响	模糊	平坦	硬滑	否
17	青绿	蜷缩	沉闷	稍糊	稍凹	硬滑	否
编号	色泽	根蒂	敲声	纹理	脐部	触感	好瓜
4	青绿	蜷缩	沉闷	清晰	凹陷	硬滑	是
5	浅白	蜷缩	浊响	清晰	凹陷	硬滑	是
8	乌黑	稍蜷	浊响	清晰	稍凹	硬滑	是
9	乌黑	稍蜷	沉闷	稍糊	稍凹	硬滑	否
11	浅白	硬挺	清脆	模糊	平坦	硬滑	否
12	浅白	蜷缩	浊响	模糊	平坦	软粘	否
13	青绿	稍蜷	浊响	稍糊	凹陷	硬滑	否

　　假定我们采用 4.2.1 节的信息增益准则来进行划分属性选择, 则从表 4.2 的训练集将会生成一棵如图 4.5 所示的决策树. 为便于讨论, 我们对图中的部分结点做了编号.

4.3.1　预剪枝

　　我们先讨论预剪枝. 基于信息增益准则, 我们会选取属性"脐部"来对训练集进行划分, 并产生 3 个分支, 如图 4.6 所示. 然而, 是否应该进行这个划分呢? 预剪枝要对划分前后的泛化性能进行估计.

　　在划分之前, 所有样例集中在根结点. 若不进行划分, 则根据图 4.2 算法第 6 行, 该结点将被标记为叶结点, 其类别标记为训练样例数最多的类别, 假设我们

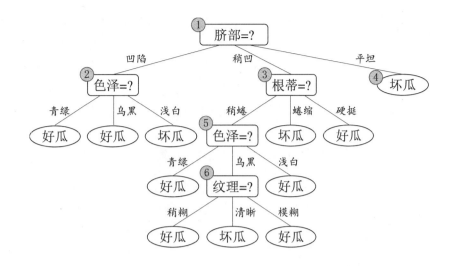

图 4.5 基于表 4.2 生成的未剪枝决策树

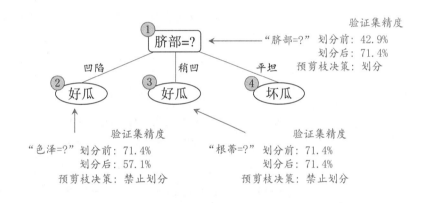

图 4.6 基于表 4.2 生成的预剪枝决策树

当样例最多的类不唯一时, 可任选其中一类.

将这个叶结点标记为"好瓜". 用表 4.2 的验证集对这个单结点决策树进行评估, 则编号为 {4,5,8} 的样例被分类正确, 另外 4 个样例分类错误, 于是, 验证集精度为 $\frac{3}{7} \times 100\% = 42.9\%$.

在用属性"脐部"划分之后, 图 4.6 中的结点 ②、③、④ 分别包含编号为 {1,2,3,14}、{6,7,15,17}、{10,16} 的训练样例, 因此这 3 个结点分别被标记为叶结点"好瓜"、"好瓜"、"坏瓜". 此时, 验证集中编号为 {4,5,8,11,12} 的样例被分类正确, 验证集精度为 $\frac{5}{7} \times 100\% = 71.4\% > 42.9\%$. 于是, 用"脐部"进行划分得以确定.

然后, 决策树算法应该对结点②进行划分, 基于信息增益准则将挑选出划分属性"色泽". 然而, 在使用"色泽"划分后, 编号为 {5} 的验证集样本分类结果会由正确转为错误, 使得验证集精度下降为 57.1%. 于是, 预剪枝策略将禁止结点②被划分.

对结点③, 最优划分属性为"根蒂", 划分后验证集精度仍为 71.4%. 这个划分不能提升验证集精度, 于是, 预剪枝策略禁止结点③被划分.

对结点④, 其所含训练样例已属于同一类, 不再进行划分.

于是, 基于预剪枝策略从表 4.2 数据所生成的决策树如图 4.6 所示, 其验证集精度为 71.4%. 这是一棵仅有一层划分的决策树, 亦称"决策树桩"(decision stump).

对比图 4.6 和图 4.5 可看出, 预剪枝使得决策树的很多分支都没有"展开", 这不仅降低了过拟合的风险, 还显著减少了决策树的训练时间开销和测试时间开销. 但另一方面, 有些分支的当前划分虽不能提升泛化性能、甚至可能导致泛化性能暂时下降, 但在其基础上进行的后续划分却有可能导致性能显著提高; 预剪枝基于"贪心"本质禁止这些分支展开, 给预剪枝决策树带来了欠拟合的风险.

4.3.2 后剪枝

后剪枝先从训练集生成一棵完整决策树, 例如基于表 4.2 的数据我们得到如图 4.5 所示的决策树. 易知, 该决策树的验证集精度为 42.9%.

后剪枝首先考察图 4.5 中的结点⑥. 若将其领衔的分支剪除, 则相当于把⑥ 替换为叶结点. 替换后的叶结点包含编号为 {7, 15} 的训练样本, 于是, 该叶结点的类别标记为"好瓜", 此时决策树的验证集精度提高至 57.1%. 于是, 后剪枝策略决定剪枝, 如图 4.7 所示.

然后考察结点⑤, 若将其领衔的子树替换为叶结点, 则替换后的叶结点包含编号为 {6, 7, 15} 的训练样例, 叶结点类别标记为"好瓜", 此时决策树验证集精度仍为 57.1%. 于是, 可以不进行剪枝.

此种情形下验证集精度虽无提高, 但根据奥卡姆剃刀准则, 剪枝后的模型更好. 因此, 实际的决策树算法在此种情形下通常要进行剪枝. 本书为绘图的方便, 采取了不剪枝的保守策略.

对结点②, 若将其领衔的子树替换为叶结点, 则替换后的叶结点包含编号为 {1, 2, 3, 14} 的训练样例, 叶结点标记为"好瓜". 此时决策树的验证集精度提高至 71.4%. 于是, 后剪枝策略决定剪枝.

对结点③和①, 若将其领衔的子树替换为叶结点, 则所得决策树的验证集精度分别为 71.4% 与 42.9%, 均未得到提高. 于是它们被保留.

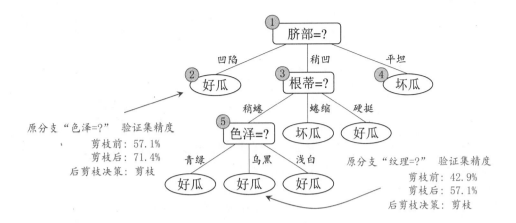

图 4.7 基于表 4.2 生成的后剪枝决策树

最终, 基于后剪枝策略从表 4.2 数据所生成的决策树如图 4.7 所示, 其验证集精度为 71.4%.

对比图 4.7 和图 4.6 可看出, 后剪枝决策树通常比预剪枝决策树保留了更多的分支. 一般情形下, 后剪枝决策树的欠拟合风险很小, 泛化性能往往优于预剪枝决策树. 但后剪枝过程是在生成完全决策树之后进行的, 并且要自底向上地对树中的所有非叶结点进行逐一考察, 因此其训练时间开销比未剪枝决策树和预剪枝决策树都要大得多.

4.4 连续与缺失值

4.4.1 连续值处理

到目前为止我们仅讨论了基于离散属性来生成决策树. 现实学习任务中常会遇到连续属性, 有必要讨论如何在决策树学习中使用连续属性.

由于连续属性的可取值数目不再有限, 因此, 不能直接根据连续属性的可取值来对结点进行划分. 此时, 连续属性离散化技术可派上用场. 最简单的策略是采用二分法(bi-partition)对连续属性进行处理, 这正是 C4.5 决策树算法中采用的机制 [Quinlan, 1993].

给定样本集 D 和连续属性 a, 假定 a 在 D 上出现了 n 个不同的取值, 将这些值从小到大进行排序, 记为 $\{a^1, a^2, \ldots, a^n\}$. 基于划分点 t 可将 D 分为子集 D_t^- 和 D_t^+, 其中 D_t^- 包含那些在属性 a 上取值不大于 t 的样本, 而 D_t^+ 则包含那些在属性 a 上取值大于 t 的样本. 显然, 对相邻的属性取值 a^i 与 a^{i+1} 来说, t

在区间 $[a^i, a^{i+1})$ 中取任意值所产生的划分结果相同. 因此, 对连续属性 a, 我们可考察包含 $n-1$ 个元素的候选划分点集合

$$T_a = \left\{ \frac{a^i + a^{i+1}}{2} \mid 1 \leqslant i \leqslant n-1 \right\} , \tag{4.7}$$

可将划分点设为该属性在训练集中出现的不大于中位点的最大值, 从而使得最终决策树使用的划分点都在训练集中出现过 [Quinlan, 1993].

即把区间 $[a^i, a^{i+1})$ 的中位点 $\frac{a^i+a^{i+1}}{2}$ 作为候选划分点. 然后, 我们就可像离散属性值一样来考察这些划分点, 选取最优的划分点进行样本集合的划分. 例如, 可对式(4.2)稍加改造:

$$\text{Gain}(D, a) = \max_{t \in T_a} \ \text{Gain}(D, a, t)$$

$$= \max_{t \in T_a} \ \text{Ent}(D) - \sum_{\lambda \in \{-,+\}} \frac{|D_t^\lambda|}{|D|} \text{Ent}(D_t^\lambda) , \tag{4.8}$$

其中 $\text{Gain}(D, a, t)$ 是样本集 D 基于划分点 t 二分后的信息增益. 于是, 我们就可选择使 $\text{Gain}(D, a, t)$ 最大化的划分点.

作为一个例子, 我们在表 4.1 的西瓜数据集 2.0 上增加两个连续属性"密度"和"含糖率", 得到表 4.3 所示的西瓜数据集 3.0. 下面我们用这个数据集来生成一棵决策树.

表 4.3　西瓜数据集 3.0

编号	色泽	根蒂	敲声	纹理	脐部	触感	密度	含糖率	好瓜
1	青绿	蜷缩	浊响	清晰	凹陷	硬滑	0.697	0.460	是
2	乌黑	蜷缩	沉闷	清晰	凹陷	硬滑	0.774	0.376	是
3	乌黑	蜷缩	浊响	清晰	凹陷	硬滑	0.634	0.264	是
4	青绿	蜷缩	沉闷	清晰	凹陷	硬滑	0.608	0.318	是
5	浅白	蜷缩	浊响	清晰	凹陷	硬滑	0.556	0.215	是
6	青绿	稍蜷	浊响	清晰	稍凹	软粘	0.403	0.237	是
7	乌黑	稍蜷	浊响	稍糊	稍凹	软粘	0.481	0.149	是
8	乌黑	稍蜷	浊响	清晰	稍凹	硬滑	0.437	0.211	是
9	乌黑	稍蜷	沉闷	稍糊	稍凹	硬滑	0.666	0.091	否
10	青绿	硬挺	清脆	清晰	平坦	软粘	0.243	0.267	否
11	浅白	硬挺	清脆	模糊	平坦	硬滑	0.245	0.057	否
12	浅白	蜷缩	浊响	模糊	平坦	软粘	0.343	0.099	否
13	青绿	稍蜷	浊响	稍糊	凹陷	硬滑	0.639	0.161	否
14	浅白	稍蜷	沉闷	稍糊	凹陷	硬滑	0.657	0.198	否
15	乌黑	稍蜷	浊响	清晰	稍凹	软粘	0.360	0.370	否
16	浅白	蜷缩	浊响	模糊	平坦	硬滑	0.593	0.042	否
17	青绿	蜷缩	沉闷	稍糊	稍凹	硬滑	0.719	0.103	否

对属性"密度", 在决策树学习开始时, 根结点包含的 17 个训练样本在该属性上取值均不同. 根据式(4.7), 该属性的候选划分点集合包含 16 个候选值: $T_{密度} = \{0.244, 0.294, 0.351, 0.381, 0.420, 0.459, 0.518, 0.574, 0.600, 0.621, 0.636, 0.648, 0.661, 0.681, 0.708, 0.746\}$. 由式(4.8) 可计算出属性"密度"的信息增益为 0.262, 对应于划分点 0.381.

对属性"含糖率", 其候选划分点集合也包含 16 个候选值: $T_{含糖率} = \{0.049, 0.074, 0.095, 0.101, 0.126, 0.155, 0.179, 0.204, 0.213, 0.226, 0.250, 0.265, 0.292, 0.344, 0.373, 0.418\}$. 类似的, 根据式(4.8)可计算出其信息增益为 0.349, 对应于划分点 0.126.

再由 4.2.1 节可知, 表 4.3 的数据上各属性的信息增益为

$$\text{Gain}(D, 色泽) = 0.109; \quad \text{Gain}(D, 根蒂) = 0.143;$$
$$\text{Gain}(D, 敲声) = 0.141; \quad \text{Gain}(D, 纹理) = 0.381;$$
$$\text{Gain}(D, 脐部) = 0.289; \quad \text{Gain}(D, 触感) = 0.006;$$
$$\text{Gain}(D, 密度) = 0.262; \quad \text{Gain}(D, 含糖率) = 0.349.$$

于是, "纹理"被选作根结点划分属性, 此后结点划分过程递归进行, 最终生成如图 4.8 所示的决策树.

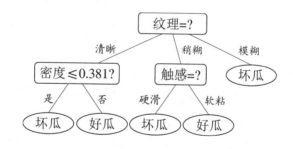

图 4.8 在西瓜数据集 3.0 上基于信息增益生成的决策树

例如在父结点上使用了"密度≤0.381", 不会禁止在子结点上使用"密度≤0.294".

需注意的是, 与离散属性不同, 若当前结点划分属性为连续属性, 该属性还可作为其后代结点的划分属性.

4.4.2 缺失值处理

现实任务中常会遇到不完整样本, 即样本的某些属性值缺失. 例如由于诊测成本、隐私保护等因素, 患者的医疗数据在某些属性上的取值(如 HIV 测试结果)未知; 尤其是在属性数目较多的情况下, 往往会有大量样本出现缺失值. 如果简单地放弃不完整样本, 仅使用无缺失值的样本来进行学习, 显然是对数

据信息极大的浪费. 例如, 表 4.4 是表 4.1 中的西瓜数据集 2.0 出现缺失值的版本, 如果放弃不完整样本, 则仅有编号 {4, 7, 14, 16} 的 4 个样本能被使用. 显然, 有必要考虑利用有缺失属性值的训练样例来进行学习.

表 4.4 西瓜数据集 2.0α

编号	色泽	根蒂	敲声	纹理	脐部	触感	好瓜
1	–	蜷缩	浊响	清晰	凹陷	硬滑	是
2	乌黑	蜷缩	沉闷	清晰	凹陷	–	是
3	乌黑	蜷缩	–	清晰	凹陷	硬滑	是
4	青绿	蜷缩	沉闷	清晰	凹陷	硬滑	是
5	–	蜷缩	浊响	清晰	凹陷	硬滑	是
6	青绿	稍蜷	浊响	清晰	–	软粘	是
7	乌黑	稍蜷	浊响	稍糊	稍凹	软粘	是
8	乌黑	稍蜷	浊响	–	稍凹	硬滑	是
9	乌黑	–	沉闷	稍糊	稍凹	硬滑	否
10	青绿	硬挺	清脆	–	平坦	软粘	否
11	浅白	硬挺	清脆	模糊	平坦	–	否
12	浅白	蜷缩	–	模糊	平坦	软粘	否
13	–	稍蜷	浊响	稍糊	凹陷	硬滑	否
14	浅白	稍蜷	沉闷	稍糊	凹陷	硬滑	否
15	乌黑	稍蜷	浊响	清晰	–	软粘	否
16	浅白	蜷缩	浊响	模糊	平坦	硬滑	否
17	青绿	–	沉闷	稍糊	稍凹	硬滑	否

我们需解决两个问题: (1) 如何在属性值缺失的情况下进行划分属性选择? (2) 给定划分属性, 若样本在该属性上的值缺失, 如何对样本进行划分?

给定训练集 D 和属性 a, 令 $\tilde{D}$ 表示 D 中在属性 a 上没有缺失值的样本子集. 对问题(1), 显然我们仅可根据 $\tilde{D}$ 来判断属性 a 的优劣. 假定属性 a 有 V 个可取值 $\{a^1, a^2, \ldots, a^V\}$, 令 $\tilde{D}^v$ 表示 $\tilde{D}$ 中在属性 a 上取值为 a^v 的样本子集, $\tilde{D}_k$ 表示 $\tilde{D}$ 中属于第 k 类 $(k = 1, 2, \ldots, |\mathcal{Y}|)$ 的样本子集, 则显然有 $\tilde{D} = \bigcup_{k=1}^{|\mathcal{Y}|} \tilde{D}_k$, $\tilde{D} = \bigcup_{v=1}^{V} \tilde{D}^v$. 假定我们为每个样本 $\boldsymbol{x}$ 赋予一个权重 $w_{\boldsymbol{x}}$, 并定义

在决策树学习开始阶段, 根结点中各样本的权重初始化为 1.

$$\rho = \frac{\sum_{\boldsymbol{x} \in \tilde{D}} w_{\boldsymbol{x}}}{\sum_{\boldsymbol{x} \in D} w_{\boldsymbol{x}}}, \tag{4.9}$$

$$\tilde{p}_k = \frac{\sum_{\boldsymbol{x} \in \tilde{D}_k} w_{\boldsymbol{x}}}{\sum_{\boldsymbol{x} \in \tilde{D}} w_{\boldsymbol{x}}} \quad (1 \leqslant k \leqslant |\mathcal{Y}|), \tag{4.10}$$

$$\tilde{r}_v = \frac{\sum_{\boldsymbol{x} \in \tilde{D}^v} w_{\boldsymbol{x}}}{\sum_{\boldsymbol{x} \in \tilde{D}} w_{\boldsymbol{x}}} \quad (1 \leqslant v \leqslant V). \tag{4.11}$$

直观地看, 对属性 a, ρ 表示无缺失值样本所占的比例, $\tilde{p}_k$ 表示无缺失值样本中第 k 类所占的比例, $\tilde{r}_v$ 则表示无缺失值样本中在属性 a 上取值 a^v 的样本所占的比例. 显然, $\sum_{k=1}^{|\mathcal{Y}|} \tilde{p}_k = 1$, $\sum_{v=1}^{V} \tilde{r}_v = 1$.

基于上述定义, 我们可将信息增益的计算式(4.2)推广为

$$\begin{aligned}
\text{Gain}(D, a) &= \rho \times \text{Gain}(\tilde{D}, a) \\
&= \rho \times \left(\text{Ent}\left(\tilde{D}\right) - \sum_{v=1}^{V} \tilde{r}_v \, \text{Ent}\left(\tilde{D}^v\right) \right),
\end{aligned} \tag{4.12}$$

其中由式(4.1), 有

$$\text{Ent}(\tilde{D}) = -\sum_{k=1}^{|\mathcal{Y}|} \tilde{p}_k \log_2 \tilde{p}_k .$$

对问题(2), 若样本 $\boldsymbol{x}$ 在划分属性 a 上的取值已知, 则将 $\boldsymbol{x}$ 划入与其取值对应的子结点, 且样本权值在子结点中保持为 $w_{\boldsymbol{x}}$. 若样本 $\boldsymbol{x}$ 在划分属性 a 上的取值未知, 则将 $\boldsymbol{x}$ 同时划入所有子结点, 且样本权值在与属性值 a^v 对应的子结点中调整为 $\tilde{r}_v \cdot w_{\boldsymbol{x}}$; 直观地看, 这就是让同一个样本以不同的概率划入到不同的子结点中去.

C4.5 算法使用了上述解决方案 [Quinlan, 1993]. 下面我们以表 4.4 的数据集为例来生成一棵决策树.

在学习开始时, 根结点包含样本集 D 中全部 17 个样例, 各样例的权值均为 1. 以属性 "色泽" 为例, 该属性上无缺失值的样例子集 $\tilde{D}$ 包含编号为 $\{2, 3, 4, 6, 7, 8, 9, 10, 11, 12, 14, 15, 16, 17\}$ 的 14 个样例. 显然, $\tilde{D}$ 的信息熵为

$$\begin{aligned}
\text{Ent}(\tilde{D}) &= -\sum_{k=1}^{2} \tilde{p}_k \log_2 \tilde{p}_k \\
&= -\left(\frac{6}{14} \log_2 \frac{6}{14} + \frac{8}{14} \log_2 \frac{8}{14} \right) = 0.985 .
\end{aligned}$$

令 $\tilde{D}^1$, $\tilde{D}^2$ 与 $\tilde{D}^3$ 分别表示在属性 "色泽" 上取值为 "青绿" "乌黑" 以及 "浅白" 的样本子集, 有

$$\text{Ent}(\tilde{D}^1) = -\left(\frac{2}{4} \log_2 \frac{2}{4} + \frac{2}{4} \log_2 \frac{2}{4} \right) = 1.000 ,$$

$$\text{Ent}(\tilde{D}^2) = -\left(\frac{4}{6} \log_2 \frac{4}{6} + \frac{2}{6} \log_2 \frac{2}{6} \right) = 0.918 ,$$

$$\mathrm{Ent}(\tilde{D}^3) = -\left(\frac{0}{4}\log_2\frac{0}{4} + \frac{4}{4}\log_2\frac{4}{4}\right) = 0.000\ ,$$

因此, 样本子集 $\tilde{D}$ 上属性 "色泽" 的信息增益为

$$\begin{aligned}
\mathrm{Gain}(\tilde{D}, 色泽) &= \mathrm{Ent}(\tilde{D}) - \sum_{v=1}^{3} \tilde{r}_v\, \mathrm{Ent}(\tilde{D}^v) \\
&= 0.985 - \left(\frac{4}{14}\times 1.000 + \frac{6}{14}\times 0.918 + \frac{4}{14}\times 0.000\right) \\
&= 0.306\ .
\end{aligned}$$

于是, 样本集 D 上属性 "色泽" 的信息增益为

$$\mathrm{Gain}(D, 色泽) = \rho \times \mathrm{Gain}(\tilde{D}, 色泽) = \frac{14}{17}\times 0.306 = 0.252\ .$$

类似地可计算出所有属性在 D 上的信息增益:

$$\mathrm{Gain}(D, 色泽) = 0.252; \quad \mathrm{Gain}(D, 根蒂) = 0.171;$$

$$\mathrm{Gain}(D, 敲声) = 0.145; \quad \mathrm{Gain}(D, 纹理) = 0.424;$$

$$\mathrm{Gain}(D, 脐部) = 0.289; \quad \mathrm{Gain}(D, 触感) = 0.006.$$

"纹理" 在所有属性中取得了最大的信息增益, 被用于对根结点进行划分. 划分结果是使编号为 $\{1,2,3,4,5,6,15\}$ 的样本进入 "纹理= 清晰" 分支, 编号为 $\{7,9,13,14,17\}$ 的样本进入 "纹理=稍糊" 分支, 而编号为 $\{11,12,16\}$ 的样本进入 "纹理=模糊" 分支, 且样本在各子结点中的权重保持为 1. 需注意的是, 编号为 $\{8\}$ 的样本在属性 "纹理" 上出现了缺失值, 因此它将同时进入三个分支中, 但权重在三个子结点中分别调整为 $\frac{7}{15}$、$\frac{5}{15}$ 和 $\frac{3}{15}$. 编号为 $\{10\}$ 的样本有类似划分结果.

上述结点划分过程递归执行, 最终生成的决策树如图 4.9 所示.

4.5 多变量决策树

若我们把每个属性视为坐标空间中的一个坐标轴, 则 d 个属性描述的样本就对应了 d 维空间中的一个数据点, 对样本分类则意味着在这个坐标空间中寻找不同类样本之间的分类边界. 决策树所形成的分类边界有一个明显的特点: 轴平行(axis-parallel), 即它的分类边界由若干个与坐标轴平行的分段组成.

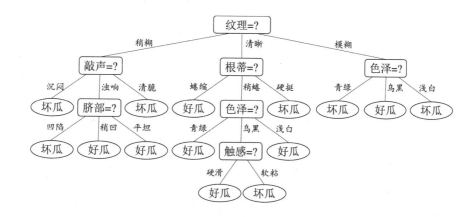

图 4.9 在西瓜数据集 2.0α 上基于信息增益生成的决策树

以表 4.5 中的西瓜数据 3.0α 为例, 将它作为训练集可学得图 4.10 所示的决策树, 这棵树所对应的分类边界如图 4.11 所示.

西瓜数据集 3.0α 是由表 4.3 的西瓜数据集 3.0 忽略离散属性而得.

表 4.5 西瓜数据集 3.0α

编号	密度	含糖率	好瓜
1	0.697	0.460	是
2	0.774	0.376	是
3	0.634	0.264	是
4	0.608	0.318	是
5	0.556	0.215	是
6	0.403	0.237	是
7	0.481	0.149	是
8	0.437	0.211	是
9	0.666	0.091	否
10	0.243	0.267	否
11	0.245	0.057	否
12	0.343	0.099	否
13	0.639	0.161	否
14	0.657	0.198	否
15	0.360	0.370	否
16	0.593	0.042	否
17	0.719	0.103	否

显然, 分类边界的每一段都是与坐标轴平行的. 这样的分类边界使得学习结果有较好的可解释性, 因为每一段划分都直接对应了某个属性取值. 但在学习任务的真实分类边界比较复杂时, 必须使用很多段划分才能获得较好的近似,

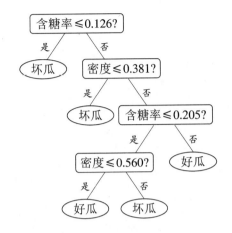

图 4.10   在西瓜数据集 3.0α 上生成的决策树

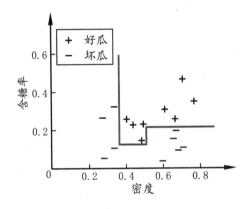

图 4.11   图 4.10 决策树对应的分类边界

如图 4.12 所示; 此时的决策树会相当复杂, 由于要进行大量的属性测试, 预测时间开销会很大.

若能使用斜的划分边界, 如图 4.12 中红色线段所示, 则决策树模型将大为简化. "多变量决策树"(multivariate decision tree) 就是能实现这样的 "斜划分" 甚至更复杂划分的决策树. 以实现斜划分的多变量决策树为例, 在此类决策树中, 非叶结点不再是仅对某个属性, 而是对属性的线性组合进行测试; 换言之, 每个非叶结点是一个形如 $\sum_{i=1}^{d} w_i a_i = t$ 的线性分类器, 其中 w_i 是属性 a_i 的权重, w_i 和 t 可在该结点所含的样本集和属性集上学得. 于是, 与传统的 "单变量决策树"(univariate decision tree) 不同, 在多变量决策树的学习过程中, 不是为每个非叶结点寻找一个最优划分属性, 而是试图建立一个合适的线性分

这样的多变量决策树亦称 "斜决策树"(oblique decision tree).

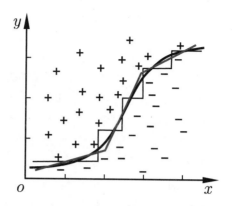

图 4.12 决策树对复杂分类边界的分段近似

线性分类器参见第 3 章. 类器. 例如对西瓜数据 3.0α, 我们可学得图 4.13 这样的多变量决策树, 其分类边界如图 4.14 所示.

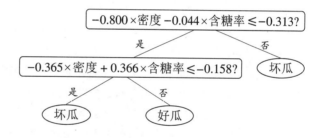

图 4.13 在西瓜数据集 3.0α 上生成的多变量决策树

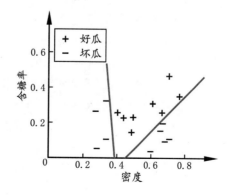

图 4.14 图 4.13 多变量决策树对应的分类边界

4.6 阅读材料

决策树学习算法最著名的代表是 ID3 [Quinlan, 1979, 1986]、C4.5 [Quinlan, 1993] 和 CART [Breiman et al., 1984]. [Murthy, 1998] 提供了一个关于决策树文献的阅读指南. C4.5Rule 是一个将 C4.5 决策树转化为符号规则的算法 [Quinlan, 1993], 决策树的每个分支可以容易地重写为一条规则, 但 C4.5Rule 算法在转化过程中会进行规则前件合并、删减等操作, 因此最终规则集的泛化性能甚至可能优于原决策树.

在信息增益、增益率、基尼指数之外, 人们还设计了许多其他的准则用于决策树划分选择, 然而有实验研究表明 [Mingers, 1989b], 这些准则虽然对决策树的尺寸有较大影响, 但对泛化性能的影响很有限. [Raileanu and Stoffel, 2004] 对信息增益和基尼指数进行的理论分析也显示出, 它们仅在 2% 的情况下会有所不同. 4.3 节介绍了决策树剪枝的基本策略; 剪枝方法和程度对决策树泛化性能的影响相当显著, 有实验研究表明 [Mingers, 1989a], 在数据带有噪声时通过剪枝甚至可将决策树的泛化性能提高 25%.

> 本质上, 各种特征选择方法均可用于决策树的划分属性选择. 特征选择参见第 11 章.

多变量决策树算法主要有 OC1 [Murthy et al., 1994] 和 [Brodley and Utgoff, 1995] 提出的一系列算法. OC1 先贪心地寻找每个属性的最优权值, 在局部优化的基础上再对分类边界进行随机扰动以试图找到更好的边界; [Brodley and Utgoff, 1995] 则直接引入了线性分类器学习的最小二乘法. 还有一些算法试图在决策树的叶结点上嵌入神经网络, 以结合这两种学习机制的优势, 例如 "感知机树" (Perceptron tree) [Utgoff, 1989b] 在决策树的每个叶结点上训练一个感知机, 而 [Guo and Gelfand, 1992] 则直接在叶结点上嵌入多层神经网络.

> 关于感知机和神经网络, 参见第 5 章.

有一些决策树学习算法可进行 "增量学习" (incremental learning), 即在接收到新样本后可对已学得的模型进行调整, 而不用完全重新学习. 主要机制是通过调整分支路径上的划分属性次序来对树进行部分重构, 代表性算法有 ID4 [Schlimmer and Fisher, 1986]、ID5R [Utgoff, 1989a]、ITI [Utgoff et al., 1997] 等. 增量学习可有效地降低每次接收到新样本后的训练时间开销, 但多步增量学习后的模型会与基于全部数据训练而得的模型有较大差别.

习题

4.1 试证明对于不含冲突数据(即特征向量完全相同但标记不同)的训练集, 必存在与训练集一致(即训练误差为 0)的决策树.

4.2 试析使用"最小训练误差"作为决策树划分选择准则的缺陷.

4.3 试编程实现基于信息熵进行划分选择的决策树算法, 并为表 4.3 中数据生成一棵决策树.

4.4 试编程实现基于基尼指数进行划分选择的决策树算法, 为表 4.2 中数据生成预剪枝、后剪枝决策树, 并与未剪枝决策树进行比较.

4.5 试编程实现基于对率回归进行划分选择的决策树算法, 并为表 4.3 中数据生成一棵决策树.

UCI 数据集见
http://archive.ics.uci.edu/ml/.

统计显著性检验参见
2.4 节.

4.6 试选择 4 个 UCI 数据集, 对上述 3 种算法所产生的未剪枝、预剪枝、后剪枝决策树进行实验比较, 并进行适当的统计显著性检验.

4.7 图 4.2 是一个递归算法, 若面临巨量数据, 则决策树的层数会很深, 使用递归方法易导致"栈"溢出. 试使用"队列"数据结构, 以参数 $MaxDepth$ 控制树的最大深度, 写出与图 4.2 等价、但不使用递归的决策树生成算法.

4.8* 试将决策树生成的深度优先搜索过程修改为广度优先搜索, 以参数 $MaxNode$ 控制树的最大结点数, 将题 4.7 中基于队列的决策树算法进行改写. 对比题 4.7 中的算法, 试析哪种方式更易于控制决策树所需存储不超出内存.

4.9 试将 4.4.2 节对缺失值的处理机制推广到基尼指数的计算中去.

西瓜数据集 3.0 见 p.84
的表 4.3.

4.10 从网上下载或自己编程实现任意一种多变量决策树算法, 并观察其在西瓜数据集 3.0 上产生的结果.

参考文献

Breiman, L., J. Friedman, C. J. Stone, and R. A. Olshen. (1984). *Classification and Regression Trees.* Chapman & Hall/CRC, Boca Raton, FL.

Brodley, C. E. and P. E. Utgoff. (1995). "Multivariate decision trees." *Machine Learning*, 19(1):45–77.

Guo, H. and S. B. Gelfand. (1992). "Classification trees with neural network feature extraction." *IEEE Transactions on Neural Networks*, 3(6):923–933.

Mingers, J. (1989a). "An empirical comparison of pruning methods for decision tree induction." *Machine Learning*, 4(2):227–243.

Mingers, J. (1989b). "An empirical comparison of selection measures for decision-tree induction." *Machine Learning*, 3(4):319–342.

Murthy, S. K. (1998). "Automatic construction of decision trees from data: A multi-disciplinary survey." *Data Mining and Knowledge Discovery*, 2(4): 345–389.

Murthy, S. K., S. Kasif, and S. Salzberg. (1994). "A system for induction of oblique decision trees." *Journal of Artificial Intelligence Research*, 2:1–32.

Quinlan, J. R. (1979). "Discovering rules by induction from large collections of examples." In *Expert Systems in the Micro-electronic Age* (D. Michie, ed.), 168–201, Edinburgh University Press, Edinburgh, UK.

Quinlan, J. R. (1986). "Induction of decision trees." *Machine Learning*, 1(1): 81–106.

Quinlan, J. R. (1993). *C4.5: Programs for Machine Learning.* Morgan Kaufmann, San Mateo, CA.

Raileanu, L. E. and K. Stoffel. (2004). "Theoretical comparison between the Gini index and information gain criteria." *Annals of Mathematics and Artificial Intelligence*, 41(1):77–93.

Schlimmer, J. C. and D. Fisher. (1986). "A case study of incremental concept induction." In *Proceedings of the 5th National Conference on Artificial Intelligence (AAAI)*, 495–501, Philadelphia, PA.

Utgoff, P. E. (1989a). "Incremental induction of decision trees." *Machine Learning*, 4(2):161–186.

Utgoff, P. E. (1989b). "Perceptron trees: A case study in hybrid concept represenations." *Connection Science*, 1(4):377–391.

Utgoff, P. E., N. C. Berkman, and J. A. Clouse. (1997). "Decision tree induction based on effcient tree restructuring." *Machine Learning*, 29(1):5–44.

休息一会儿

小故事: 决策树与罗斯·昆兰

说起决策树学习, 就必然要谈到澳大利亚计算机科学家罗斯·昆兰 (J. Ross Quinlan, 1943—).

最初的决策树算法是心理学家兼计算机科学家 E. B. Hunt 1962 年在研究人类的概念学习过程时提出的 CLS (Concept Learning System), 这个算法确立了决策树 "分而治之" 的学习策略. 罗斯·昆兰在 Hunt 的指导下于 1968 年在美国华盛顿大学获得计算机博士学位, 然后到悉尼大学任教. 1978 年他在学术假时到斯坦福大学访问, 选修了图灵的助手 D. Michie 开设的一门研究生课程. 课上有一个大作业, 要求写程序来学习出完备正确的规则, 以判断国际象棋残局中一方是否会在两步棋后被将死. 昆兰写了一个类似于 CLS 的程序来完成作业, 其中最重要的改进是引入了信息增益准则. 后来他把这个工作整理出来在 1979 年发表, 这就是 ID3 算法.

1986 年 *Machine Learning* 杂志创刊, 昆兰应邀在创刊号上重新发表了 ID3 算法, 掀起了决策树研究的热潮. 短短几年间众多决策树算法问世, ID4、ID5 等名字迅速被其他研究者提出的算法占用, 昆兰只好将自己的 ID3 后继算法命名为 C4.0, 在此基础上进一步提出了著名的 C4.5. 有趣的是, 昆兰自称 C4.5 仅是对 C4.0 做了些小改进, 因此将它命名为 "第 4.5 代分类器", 而将后续的商业化版本称为 C5.0.

C4.0 是 Classifier 4.0 的简称.

C4.5 在 WEKA 中的实现称为 J4.8.

第 5 章　神经网络

5.1 神经元模型

本书所谈的是"人工神经网络",不是生物学意义上的神经网络.

神经网络(neural networks) 方面的研究很早就已出现, 今天"神经网络"已是一个相当大的、多学科交叉的学科领域. 各相关学科对神经网络的定义多种多样, 本书采用目前使用得最广泛的一种, 即"神经网络是由具有适应性的简单单元组成的广泛并行互连的网络, 它的组织能够模拟生物神经系统对真实世界物体所作出的交互反应"[Kohonen, 1988]. 我们在机器学习中谈论神经网络时指的是"神经网络学习", 或者说, 是机器学习与神经网络这两个学科领域的交叉部分.

这是 T. Kohonen 1988 年在 *Neural Networks* 创刊号上给出的定义.

neuron 亦称 unit.

神经网络中最基本的成分是神经元(neuron)模型, 即上述定义中的"简单单元". 在生物神经网络中, 每个神经元与其他神经元相连, 当它"兴奋"时, 就会向相连的神经元发送化学物质, 从而改变这些神经元内的电位; 如果某神经元的电位超过了一个"阈值"(threshold), 那么它就会被激活, 即"兴奋"起来, 向其他神经元发送化学物质.

亦称 bias. 注意不是"阈值", 虽然其含义的确类似于"阀门".

1943 年, [McCulloch and Pitts, 1943] 将上述情形抽象为图 5.1 所示的简单模型, 这就是一直沿用至今的"M-P 神经元模型". 在这个模型中, 神经元接收到来自 n 个其他神经元传递过来的输入信号, 这些输入信号通过带权重的连接(connection)进行传递, 神经元接收到的总输入值将与神经元的阈值进行比

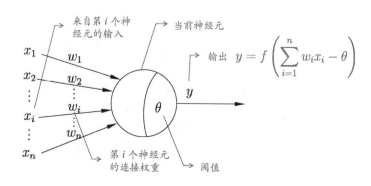

图 5.1　M-P 神经元模型

亦称"响应函数".

这里的阶跃函数是单位阶跃函数的变体; 对数几率函数则是 Sigmoid 函数的典型代表. 参见 3.3 节.

较, 然后通过 "激活函数" (activation function) 处理以产生神经元的输出.

理想中的激活函数是图 5.2(a) 所示的阶跃函数, 它将输入值映射为输出值 "0" 或 "1", 显然 "1" 对应于神经元兴奋, "0" 对应于神经元抑制. 然而, 阶跃函数具有不连续、不光滑等不太好的性质, 因此实际常用 Sigmoid 函数作为激活函数. 典型的 Sigmoid 函数如图 5.2(b) 所示, 它把可能在较大范围内变化的输入值挤压到 $(0,1)$ 输出值范围内, 因此有时也称为 "挤压函数" (squashing function).

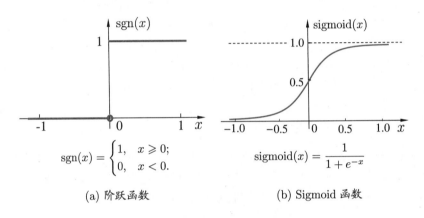

$$\text{sgn}(x) = \begin{cases} 1, & x \geqslant 0; \\ 0, & x < 0. \end{cases}$$

$$\text{sigmoid}(x) = \frac{1}{1 + e^{-x}}$$

(a) 阶跃函数   (b) Sigmoid 函数

图 5.2 典型的神经元激活函数

把许多个这样的神经元按一定的层次结构连接起来, 就得到了神经网络.

"模拟生物神经网络" 是认知科学家对神经网络所做的一个类比阐释.

例如 10 个神经元两两连接, 则有 100 个参数: 90 个连接权和 10 个阈值.

事实上, 从计算机科学的角度看, 我们可以先不考虑神经网络是否真的模拟了生物神经网络, 只需将一个神经网络视为包含了许多参数的数学模型, 这个模型是若干个函数, 例如 $y_j = f(\sum_i w_i x_i - \theta_j)$ 相互(嵌套)代入而得. 有效的神经网络学习算法大多以数学证明为支撑.

5.2 感知机与多层网络

感知机(Perceptron)由两层神经元组成, 如图 5.3 所示, 输入层接收外界输入信号后传递给输出层, 输出层是 M-P 神经元, 亦称 "阈值逻辑单元" (threshold logic unit).

感知机能容易地实现逻辑与、或、非运算. 注意到 $y = f(\sum_i w_i x_i - \theta)$, 假定 f 是图 5.2 中的阶跃函数, 有

- "与" $(x_1 \wedge x_2)$: 令 $w_1 = w_2 = 1$, $\theta = 2$, 则 $y = f(1 \cdot x_1 + 1 \cdot x_2 - 2)$, 仅

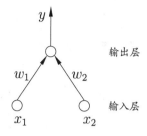

图 5.3 两个输入神经元的感知机网络结构示意图

在 $x_1 = x_2 = 1$ 时, $y = 1$;

- "或" $(x_1 \lor x_2)$: 令 $w_1 = w_2 = 1$, $\theta = 0.5$, 则 $y = f(1 \cdot x_1 + 1 \cdot x_2 - 0.5)$, 当 $x_1 = 1$ 或 $x_2 = 1$ 时, $y = 1$;

- "非" $(\neg x_1)$: 令 $w_1 = -0.6$, $w_2 = 0$, $\theta = -0.5$, 则 $y = f(-0.6 \cdot x_1 + 0 \cdot x_2 + 0.5)$, 当 $x_1 = 1$ 时, $y = 0$; 当 $x_1 = 0$ 时, $y = 1$.

更一般地, 给定训练数据集, 权重 w_i $(i = 1, 2, \ldots, n)$ 以及阈值 θ 可通过学习得到. 阈值 θ 可看作一个固定输入为 -1.0 的 "哑结点" (dummy node) 所对应的连接权重 w_{n+1}, 这样, 权重和阈值的学习就可统一为权重的学习. 感知机学习规则非常简单, 对训练样例 $(\boldsymbol{x}, y)$, 若当前感知机的输出为 $\hat{y}$, 则感知机权重将这样调整:

> x_i 是 $\boldsymbol{x}$ 对应于第 i 个输入神经元的分量.

$$w_i \leftarrow w_i + \Delta w_i \, , \tag{5.1}$$

$$\Delta w_i = \eta(y - \hat{y})x_i \, , \tag{5.2}$$

> η 通常设置为一个小正数, 例如 0.1.

其中 $\eta \in (0, 1)$ 称为学习率(learning rate). 从式(5.1) 可看出, 若感知机对训练样例 $(\boldsymbol{x}, y)$ 预测正确, 即 $\hat{y} = y$, 则感知机不发生变化, 否则将根据错误的程度进行权重调整.

需注意的是, 感知机只有输出层神经元进行激活函数处理, 即只拥有一层功能神经元(functional neuron), 其学习能力非常有限. 事实上, 上述与、或、非问题都是线性可分(linearly separable)的问题. 可以证明 [Minsky and Papert, 1969], 若两类模式是线性可分的, 即存在一个线性超平面能将它们分开, 如图 5.4(a)-(c) 所示, 则感知机的学习过程一定会收敛(converge) 而求得适当的权向量 $\boldsymbol{w} = (w_1; w_2; \ldots; w_{n+1})$; 否则感知机学习过程将会发生振荡(fluctuation), $\boldsymbol{w}$ 难以稳定下来, 不能求得合适解, 例如感知机甚至不能解决如图 5.4(d) 所示的异或这样简单的非线性可分问题.

> "非线性可分" 意味着用线性超平面无法划分.

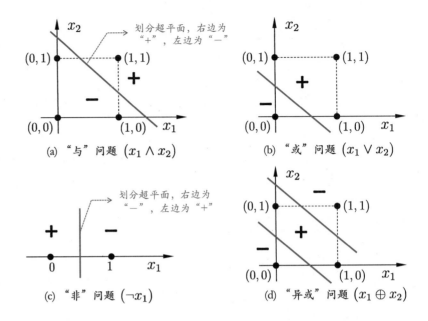

图 5.4 线性可分的"与""或""非"问题与非线性可分的"异或"问题

要解决非线性可分问题, 需考虑使用多层功能神经元. 例如图 5.5 中这个简单的两层感知机就能解决异或问题. 在图 5.5(a)中, 输出层与输入层之间的一层神经元, 被称为隐层或隐含层(hidden layer), 隐含层和输出层神经元都是拥有激活函数的功能神经元.

更一般的, 常见的神经网络是形如图 5.6 所示的层级结构, 每层神经元与下一层神经元全互连, 神经元之间不存在同层连接, 也不存在跨层连接. 这样的神经网络结构通常称为"多层前馈神经网络"(multi-layer feedforward neural

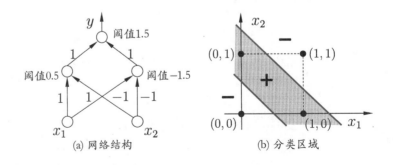

图 5.5 能解决异或问题的两层感知机

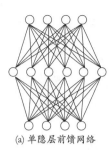 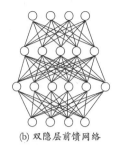

(a) 单隐层前馈网络　　　　(b) 双隐层前馈网络

图 5.6 多层前馈神经网络结构示意图

"前馈"并不意味着网络中信号不能向后传, 而是指网络拓扑结构上不存在环或回路; 参见 5.5.5 节.

networks), 其中输入层神经元接收外界输入, 隐层与输出层神经元对信号进行加工, 最终结果由输出层神经元输出; 换言之, 输入层神经元仅是接受输入, 不进行函数处理, 隐层与输出层包含功能神经元. 因此, 图 5.6(a) 通常被称为"两层网络". 为避免歧义, 本书称其为"单隐层网络". 只需包含隐层, 即可称为多层网络. 神经网络的学习过程, 就是根据训练数据来调整神经元之间的

即神经元连接的权重.

"连接权"(connection weight) 以及每个功能神经元的阈值; 换言之, 神经网络"学"到的东西, 蕴涵在连接权与阈值中.

5.3 误差逆传播算法

多层网络的学习能力比单层感知机强得多. 欲训练多层网络, 式(5.1)的简单感知机学习规则显然不够了, 需要更强大的学习算法. 误差逆传播(error

亦称"反向传播算法".

BackPropagation, 简称 BP)算法就是其中最杰出的代表, 它是迄今最成功的神经网络学习算法. 现实任务中使用神经网络时, 大多是在使用 BP 算法进行训练. 值得指出的是, BP 算法不仅可用于多层前馈神经网络, 还可用于其他类型的神经网络, 例如训练递归神经网络 [Pineda, 1987]. 但通常说"BP 网络"时, 一般是指用 BP 算法训练的多层前馈神经网络.

下面我们来看看 BP 算法究竟是什么样. 给定训练集 $D = \{(\boldsymbol{x}_1, \boldsymbol{y}_1),$ $(\boldsymbol{x}_2, \boldsymbol{y}_2), \ldots, (\boldsymbol{x}_m, \boldsymbol{y}_m)\}, \boldsymbol{x}_i \in \mathbb{R}^d, \boldsymbol{y}_i \in \mathbb{R}^l,$ 即输入示例由 d 个属性描述, 输出 l

离散属性需先进行处理: 若属性值间存在"序"关系则可进行连续化; 否则通常转化为 k 维向量, k 为属性值数. 参见 3.2 节.

维实值向量. 为便于讨论, 图 5.7 给出了一个拥有 d 个输入神经元、l 个输出神经元、q 个隐层神经元的多层前馈网络结构, 其中输出层第 j 个神经元的阈值用 θ_j 表示, 隐层第 h 个神经元的阈值用 γ_h 表示. 输入层第 i 个神经元与隐层第 h 个神经元之间的连接权为 v_{ih}, 隐层第 h 个神经元与输出层第 j 个神经元之间的连接权为 w_{hj}. 记隐层第 h 个神经元接收到的输入为 $\alpha_h = \sum_{i=1}^{d} v_{ih} x_i$, 输出层第 j 个神经元接收到的输入为 $\beta_j = \sum_{h=1}^{q} w_{hj} b_h$, 其中 b_h 为隐层第 h 个神经

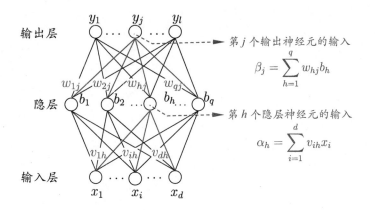

输出层

隐层

输入层

第 j 个输出神经元的输入

$$\beta_j = \sum_{h=1}^{q} w_{hj} b_h$$

第 h 个隐层神经元的输入

$$\alpha_h = \sum_{i=1}^{d} v_{ih} x_i$$

图 5.7　BP 网络及算法中的变量符号

实际是对率函数, 参见 3.3 节.

元的输出. 假设隐层和输出层神经元都使用图 5.2(b) 中的 Sigmoid 函数.

对训练例 $(\boldsymbol{x}_k, \boldsymbol{y}_k)$, 假定神经网络的输出为 $\hat{\boldsymbol{y}}_k = (\hat{y}_1^k, \hat{y}_2^k, \ldots, \hat{y}_l^k)$, 即

$$\hat{y}_j^k = f(\beta_j - \theta_j) \, , \tag{5.3}$$

则网络在 $(\boldsymbol{x}_k, \boldsymbol{y}_k)$ 上的均方误差为

这里的 1/2 是为了后续求导的便利.

$$E_k = \frac{1}{2} \sum_{j=1}^{l} (\hat{y}_j^k - y_j^k)^2 \, . \tag{5.4}$$

图 5.7 的网络中有 $(d + l + 1)q + l$ 个参数需确定: 输入层到隐层的 $d \times q$ 个权值、隐层到输出层的 $q \times l$ 个权值、q 个隐层神经元的阈值、l 个输出神经元的阈值. BP 是一个迭代学习算法, 在迭代的每一轮中采用广义的感知机学习规则对参数进行更新估计, 即与式(5.1)类似, 任意参数 v 的更新估计式为

$$v \leftarrow v + \Delta v \, . \tag{5.5}$$

下面我们以图 5.7 中隐层到输出层的连接权 w_{hj} 为例来进行推导.

梯度下降参见附录 B.4.

BP 算法基于梯度下降(gradient descent)策略, 以目标的负梯度方向对参数进行调整. 对式(5.4)的误差 E_k, 给定学习率 η, 有

$$\Delta w_{hj} = -\eta \frac{\partial E_k}{\partial w_{hj}} \, . \tag{5.6}$$

注意到 w_{hj} 先影响到第 j 个输出层神经元的输入值 β_j, 再影响到其输出值 $\hat{y}_j^k$, 然后影响到 E_k, 有

这就是"链式法则".

$$\frac{\partial E_k}{\partial w_{hj}} = \frac{\partial E_k}{\partial \hat{y}_j^k} \cdot \frac{\partial \hat{y}_j^k}{\partial \beta_j} \cdot \frac{\partial \beta_j}{\partial w_{hj}} \ . \tag{5.7}$$

根据 β_j 的定义, 显然有

$$\frac{\partial \beta_j}{\partial w_{hj}} = b_h \ . \tag{5.8}$$

图 5.2 中的 Sigmoid 函数有一个很好的性质:

$$f'(x) = f(x)(1 - f(x)) \ , \tag{5.9}$$

于是根据式(5.4)和(5.3), 有

$$
\begin{aligned}
g_j &= -\frac{\partial E_k}{\partial \hat{y}_j^k} \cdot \frac{\partial \hat{y}_j^k}{\partial \beta_j} \\
&= -(\hat{y}_j^k - y_j^k) f'(\beta_j - \theta_j) \\
&= \hat{y}_j^k (1 - \hat{y}_j^k)(y_j^k - \hat{y}_j^k) \ .
\end{aligned}
\tag{5.10}
$$

将式(5.10)和(5.8)代入式(5.7), 再代入式(5.6), 就得到了BP 算法中关于 w_{hj} 的更新公式

$$\Delta w_{hj} = \eta g_j b_h \ . \tag{5.11}$$

类似可得

$$\Delta \theta_j = -\eta g_j \ , \tag{5.12}$$

$$\Delta v_{ih} = \eta e_h x_i \ , \tag{5.13}$$

$$\Delta \gamma_h = -\eta e_h \ , \tag{5.14}$$

式(5.13)和(5.14)中

$$
\begin{aligned}
e_h &= -\frac{\partial E_k}{\partial b_h} \cdot \frac{\partial b_h}{\partial \alpha_h} \\
&= -\sum_{j=1}^{l} \frac{\partial E_k}{\partial \beta_j} \cdot \frac{\partial \beta_j}{\partial b_h} f'(\alpha_h - \gamma_h)
\end{aligned}
$$

$$= \sum_{j=1}^{l} w_{hj} g_j f'(\alpha_h - \gamma_h)$$

$$= b_h(1 - b_h) \sum_{j=1}^{l} w_{hj} g_j \ . \tag{5.15}$$

常设置为 $\eta = 0.1$.

学习率 $\eta \in (0, 1)$ 控制着算法每一轮迭代中的更新步长, 若太大则容易振荡, 太小则收敛速度又会过慢. 有时为了做精细调节, 可令式(5.11) 与 (5.12) 使用 η_1, 式(5.13) 与(5.14) 使用 η_2, 两者未必相等.

图 5.8 给出了 BP 算法的工作流程. 对每个训练样例, BP 算法执行以下操作: 先将输入示例提供给输入层神经元, 然后逐层将信号前传, 直到产生输出层的结果; 然后计算输出层的误差(第 4-5 行), 再将误差逆向传播至隐层神经元(第 6 行), 最后根据隐层神经元的误差来对连接权和阈值进行调整(第 7 行).

停止条件与缓解 BP 过拟合的策略有关.

该迭代过程循环进行, 直到达到某些停止条件为止, 例如训练误差已达到一个很小的值. 图 5.9 给出了在 2 个属性、5 个样本的西瓜数据上, 随着训练轮数的增加, 网络参数和分类边界的变化情况.

输入: 训练集 $D = \{(\boldsymbol{x}_k, \boldsymbol{y}_k)\}_{k=1}^m$;
　　　学习率 η.
过程:
1: 在$(0, 1)$范围内随机初始化网络中所有连接权和阈值
2: **repeat**
3: 　　**for all** $(\boldsymbol{x}_k, \boldsymbol{y}_k) \in D$ **do**
4: 　　　　根据当前参数和式(5.3) 计算当前样本的输出 $\hat{\boldsymbol{y}}_k$;
5: 　　　　根据式(5.10) 计算输出层神经元的梯度项 g_j;
6: 　　　　根据式(5.15) 计算隐层神经元的梯度项 e_h;
7: 　　　　根据式(5.11)-(5.14) 更新连接权 w_{hj}, v_{ih} 与阈值 θ_j, γ_h
8: 　　**end for**
9: **until** 达到停止条件
输出: 连接权与阈值确定的多层前馈神经网络

图 5.8 误差逆传播算法

需注意的是, BP 算法的目标是要最小化训练集 D 上的累积误差

$$E = \frac{1}{m} \sum_{k=1}^{m} E_k \ , \tag{5.16}$$

但我们上面介绍的 "标准 BP 算法" 每次仅针对一个训练样例更新连接权和阈值, 也就是说, 图 5.8 中算法的更新规则是基于单个的 E_k 推导而得. 如

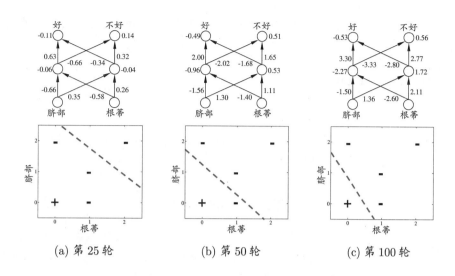

图 5.9 在2个属性、5个样本的西瓜数据上, BP网络参数更新和分类边界的变化情况

果类似地推导出基于累积误差最小化的更新规则, 就得到了累积误差逆传播(accumulated error backpropagation) 算法. 累积 BP 算法与标准 BP 算法都很常用. 一般来说, 标准 BP 算法每次更新只针对单个样例, 参数更新得非常频繁, 而且对不同样例进行更新的效果可能出现 "抵消" 现象. 因此, 为了达到同样的累积误差极小点, 标准 BP 算法往往需进行更多次数的迭代. 累积 BP 算法直接针对累积误差最小化, 它在读取整个训练集 D 一遍后才对参数进行更新, 其参数更新的频率低得多. 但在很多任务中, 累积误差下降到一定程度之后, 进一步下降会非常缓慢, 这时标准 BP 往往会更快获得较好的解, 尤其是在训练集 D 非常大时更明显.

[Hornik et al., 1989] 证明, 只需一个包含足够多神经元的隐层, 多层前馈网络就能以任意精度逼近任意复杂度的连续函数. 然而, 如何设置隐层神经元的个数仍是个未决问题, 实际应用中通常靠 "试错法" (trial-by-error)调整.

正是由于其强大的表示能力, BP 神经网络经常遭遇过拟合, 其训练误差持续降低, 但测试误差却可能上升. 有两种策略常用来缓解BP网络的过拟合. 第一种策略是 "早停" (early stopping): 将数据分成训练集和验证集, 训练集用来计算梯度、更新连接权和阈值, 验证集用来估计误差, 若训练集误差降低但验证集误差升高, 则停止训练, 同时返回具有最小验证集误差的连接权和阈值. 第二种策略是 "正则化" (regularization) [Barron, 1991; Girosi et al., 1995], 其基本思想是在误差目标函数中增加一个用于描述网络复杂度的部分, 例如连接

读取训练集一遍称为进行了 "一轮" (one round, 亦称 one epoch)学习.

标准 BP 算法和累积 BP 算法的区别类似于随机梯度下降(stochastic gradient descent, 简称 SGD)与标准梯度下降之间的区别.

引入正则化策略的神经网络与第 6 章的 SVM 已非常相似.

权与阈值的平方和. 仍令 E_k 表示第 k 个训练样例上的误差, w_i 表示连接权和阈值, 则误差目标函数(5.16) 改变为

增加连接权与阈值平方和这一项后, 训练过程将会偏好比较小的连接权和阈值, 使网络输出更加"光滑", 从而对过拟合有所缓解.

$$E = \lambda \frac{1}{m} \sum_{k=1}^{m} E_k + (1 - \lambda) \sum_i w_i^2 \, , \tag{5.17}$$

其中 $\lambda \in (0,1)$ 用于对经验误差与网络复杂度这两项进行折中, 常通过交叉验证法来估计.

5.4 全局最小与局部极小

若用 E 表示神经网络在训练集上的误差, 则它显然是关于连接权 $\boldsymbol{w}$ 和阈值 θ 的函数. 此时, 神经网络的训练过程可看作一个参数寻优过程, 即在参数空间中, 寻找一组最优参数使得 E 最小.

这里的讨论对其他机器学习模型同样适用.

我们常会谈到两种"最优": "局部极小"(local minimum)和"全局最小"(global minimum). 对 $\boldsymbol{w}^*$ 和 θ^*, 若存在 $\epsilon > 0$ 使得

$$\forall \, (\boldsymbol{w};\theta) \in \{(\boldsymbol{w};\theta) \mid \|(\boldsymbol{w};\theta) - (\boldsymbol{w}^*;\theta^*)\| \leqslant \epsilon\} \, ,$$

都有 $E(\boldsymbol{w};\theta) \geqslant E(\boldsymbol{w}^*;\theta^*)$ 成立, 则 $(\boldsymbol{w}^*;\theta^*)$ 为局部极小解; 若对参数空间中的任意 $(\boldsymbol{w};\theta)$ 都有 $E(\boldsymbol{w};\theta) \geqslant E(\boldsymbol{w}^*,\theta^*)$, 则 $(\boldsymbol{w}^*;\theta^*)$ 为全局最小解. 直观地看, 局部极小解是参数空间中的某个点, 其邻域点的误差函数值均不小于该点的函数值; 全局最小解则是指参数空间中所有点的误差函数值均不小于该点的误差函数值. 两者对应的 $E(\boldsymbol{w}^*;\theta^*)$ 分别称为误差函数的局部极小值和全局最小值.

显然, 参数空间内梯度为零的点, 只要其误差函数值小于邻点的误差函数值, 就是局部极小点; 可能存在多个局部极小值, 但却只会有一个全局最小值. 也就是说, "全局最小"一定是"局部极小", 反之则不成立. 例如, 图 5.10 中有两个局部极小, 但只有其中之一是全局最小. 显然, 我们在参数寻优过程中是希望找到全局最小.

基于梯度的搜索是使用最为广泛的参数寻优方法. 在此类方法中, 我们从某些初始解出发, 迭代寻找最优参数值. 每次迭代中, 我们先计算误差函数在当前点的梯度, 然后根据梯度确定搜索方向. 例如, 由于负梯度方向是函数值下降最快的方向, 因此梯度下降法就是沿着负梯度方向搜索最优解. 若误差函数在当前点的梯度为零, 则已达到局部极小, 更新量将为零, 这意味着参数的迭代更新将在此停止. 显然, 如果误差函数仅有一个局部极小, 那么此时找到的局部极

感知机更新规则式 (5.1) 和 BP 更新规则式 (5.11)-(5.14) 都是基于梯度下降.

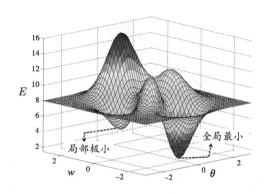

图 5.10 全局最小与局部极小

小就是全局最小; 然而, 如果误差函数具有多个局部极小, 则不能保证找到的解是全局最小. 对后一种情形, 我们称参数寻优陷入了局部极小, 这显然不是我们所希望的.

在现实任务中, 人们常采用以下策略来试图 "跳出" 局部极小, 从而进一步接近全局最小:

- 以多组不同参数值初始化多个神经网络, 按标准方法训练后, 取其中误差最小的解作为最终参数. 这相当于从多个不同的初始点开始搜索, 这样就可能陷入不同的局部极小, 从中进行选择有可能获得更接近全局最小的结果.

- 使用 "模拟退火" (simulated annealing) 技术 [Aarts and Korst, 1989]. 模拟退火在每一步都以一定的概率接受比当前解更差的结果, 从而有助于 "跳出" 局部极小. 在每步迭代过程中, 接受 "次优解" 的概率要随着时间的推移而逐渐降低, 从而保证算法稳定.

- 使用随机梯度下降. 与标准梯度下降法精确计算梯度不同, 随机梯度下降法在计算梯度时加入了随机因素. 于是, 即便陷入局部极小点, 它计算出的梯度仍可能不为零, 这样就有机会跳出局部极小继续搜索.

此外, 遗传算法(genetic algorithms) [Goldberg, 1989] 也常用来训练神经网络以更好地逼近全局最小. 需注意的是, 上述用于跳出局部极小的技术大多是启发式, 理论上尚缺乏保障.

但是也会造成 "跳出" 全局最小.

5.5 其他常见神经网络

神经网络模型、算法繁多, 本节不能详尽描述, 只对特别常见的几种网络稍作简介.

5.5.1 RBF网络

理论上来说可使用多个隐层, 但常见的 RBF 设置是单隐层.

RBF(Radial Basis Function, 径向基函数)网络 [Broomhead and Lowe, 1988] 是一种单隐层前馈神经网络, 它使用径向基函数作为隐层神经元激活函数, 而输出层则是对隐层神经元输出的线性组合. 假定输入为 d 维向量 $\boldsymbol{x}$, 输出为实值, 则 RBF 网络可表示为

$$\varphi(\boldsymbol{x}) = \sum_{i=1}^{q} w_i \rho(\boldsymbol{x}, \boldsymbol{c}_i) , \tag{5.18}$$

其中 q 为隐层神经元个数, $\boldsymbol{c}_i$ 和 w_i 分别是第 i 个隐层神经元所对应的中心和权重, $\rho(\boldsymbol{x}, \boldsymbol{c}_i)$ 是径向基函数, 这是某种沿径向对称的标量函数, 通常定义为样本 $\boldsymbol{x}$ 到数据中心 $\boldsymbol{c}_i$ 之间欧氏距离的单调函数. 常用的高斯径向基函数形如

$$\rho(\boldsymbol{x}, \boldsymbol{c}_i) = e^{-\beta_i \|\boldsymbol{x} - \boldsymbol{c}_i\|^2} . \tag{5.19}$$

[Park and Sandberg, 1991] 证明, 具有足够多隐层神经元的 RBF 网络能以任意精度逼近任意连续函数.

通常采用两步过程来训练 RBF 网络: 第一步, 确定神经元中心 $\boldsymbol{c}_i$, 常用的方式包括随机采样、聚类等; 第二步, 利用 BP 算法等来确定参数 w_i 和 β_i.

5.5.2 ART网络

竞争型学习(competitive learning)是神经网络中一种常用的无监督学习策略, 在使用该策略时, 网络的输出神经元相互竞争, 每一时刻仅有一个竞争获胜的神经元被激活, 其他神经元的状态被抑制. 这种机制亦称 "胜者通吃"(winner-take-all)原则.

ART(Adaptive Resonance Theory, 自适应谐振理论)网络 [Carpenter and Grossberg, 1987] 是竞争型学习的重要代表. 该网络由比较层、识别层、识别阈值和重置模块构成. 其中, 比较层负责接收输入样本, 并将其传递给识别层神经元. 识别层每个神经元对应一个模式类, 神经元数目可在训练过程中动态增长以增加新的模式类.

模式类可认为是某类别的 "子类".

在接收到比较层的输入信号后, 识别层神经元之间相互竞争以产生获胜神

经元. 竞争的最简单方式是, 计算输入向量与每个识别层神经元所对应的模式类的代表向量之间的距离, 距离最小者胜. 获胜神经元将向其他识别层神经元发送信号, 抑制其激活. 若输入向量与获胜神经元所对应的代表向量之间的相似度大于识别阈值, 则当前输入样本将被归为该代表向量所属类别, 同时, 网络连接权将会更新, 使得以后在接收到相似输入样本时该模式类会计算出更大的相似度, 从而使该获胜神经元有更大可能获胜; 若相似度不大于识别阈值, 则重置模块将在识别层增设一个新的神经元, 其代表向量就设置为当前输入向量.

这就是"胜者通吃"原则的体现.

显然, 识别阈值对ART网络的性能有重要影响. 当识别阈值较高时, 输入样本将会被分成比较多、比较精细的模式类, 而如果识别阈值较低, 则会产生比较少、比较粗略的模式类.

ART比较好地缓解了竞争型学习中的"可塑性-稳定性窘境"(stability-plasticity dilemma), 可塑性是指神经网络要有学习新知识的能力, 而稳定性则是指神经网络在学习新知识时要保持对旧知识的记忆. 这就使得ART网络具有一个很重要的优点: 可进行增量学习(incremental learning)或在线学习(online learning).

增量学习是指在学得模型后, 再接收到训练样例时, 仅需根据新样例对模型进行更新, 不必重新训练整个模型, 并且先前学得的有效信息不会被"冲掉"; 在线学习是指每获得一个新样本就进行一次模型更新. 显然, 在线学习是增量学习的特例, 而增量学习可视为"批模式"(batch-mode)的在线学习.

早期的 ART 网络只能处理布尔型输入数据, 此后 ART 发展成了一个算法族, 包括能处理实值输入的 ART2 网络、结合模糊处理的 FuzzyART 网络, 以及可进行监督学习的 ARTMAP 网络等.

5.5.3 SOM网络

亦称"自组织特征映射"(Self-Organizing Feature Map)、Kohonen 网络.

SOM(Self-Organizing Map, 自组织映射)网络 [Kohonen, 1982] 是一种竞争学习型的无监督神经网络, 它能将高维输入数据映射到低维空间(通常为二维), 同时保持输入数据在高维空间的拓扑结构, 即将高维空间中相似的样本点映射到网络输出层中的邻近神经元.

如图 5.11 所示, SOM 网络中的输出层神经元以矩阵方式排列在二维空间中, 每个神经元都拥有一个权向量, 网络在接收输入向量后, 将会确定输出层获胜神经元, 它决定了该输入向量在低维空间中的位置. SOM 的训练目标就是为每个输出层神经元找到合适的权向量, 以达到保持拓扑结构的目的.

SOM 的训练过程很简单: 在接收到一个训练样本后, 每个输出层神经元会计算该样本与自身携带的权向量之间的距离, 距离最近的神经元成为竞争获胜者, 称为最佳匹配单元(best matching unit). 然后, 最佳匹配单元及其邻近神经元的权向量将被调整, 以使得这些权向量与当前输入样本的距离缩小. 这个过程不断迭代, 直至收敛.

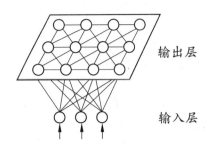

图 **5.11** SOM 网络结构

5.5.4 级联相关网络

结构自适应神经网络亦称"构造性"(constructive)神经网络.

5.5.2 节介绍的 ART 网络由于隐层神经元数目可在训练过程中增长, 因此也是一种结构自适应神经网络.

　　一般的神经网络模型通常假定网络结构是事先固定的, 训练的目的是利用训练样本来确定合适的连接权、阈值等参数. 与此不同, 结构自适应网络则将网络结构也当作学习的目标之一, 并希望能在训练过程中找到最符合数据特点的网络结构. 级联相关(Cascade-Correlation)网络 [Fahlman and Lebiere, 1990] 是结构自适应网络的重要代表.

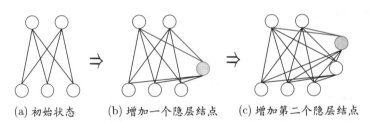

(a) 初始状态　　　(b) 增加一个隐层结点　　(c) 增加第二个隐层结点

图 **5.12** 级联相关网络的训练过程. 新的隐结点加入时, 红色连接权通过最大化新结点的输出与网络误差之间的相关性来进行训练.

　　级联相关网络有两个主要成分: "级联"和"相关". 级联是指建立层次连接的层级结构. 在开始训练时, 网络只有输入层和输出层, 处于最小拓扑结构; 随着训练的进行, 如图 5.12 所示, 新的隐层神经元逐渐加入, 从而创建起层级结构. 当新的隐层神经元加入时, 其输入端连接权值是冻结固定的. 相关是指通过最大化新神经元的输出与网络误差之间的相关性(correlation)来训练相关的参数.

　　与一般的前馈神经网络相比, 级联相关网络无需设置网络层数、隐层神经元数目, 且训练速度较快, 但其在数据较小时易陷入过拟合.

5.5.5 Elman网络

亦称 "recursive neural networks".

与前馈神经网络不同, "递归神经网络"(recurrent neural networks)允许网络中出现环形结构, 从而可让一些神经元的输出反馈回来作为输入信号. 这样的结构与信息反馈过程, 使得网络在 t 时刻的输出状态不仅与 t 时刻的输入有关, 还与 $t-1$ 时刻的网络状态有关, 从而能处理与时间有关的动态变化.

Elman 网络 [Elman, 1990] 是最常用的递归神经网络之一, 其结构如图 5.13 所示, 它的结构与多层前馈网络很相似, 但隐层神经元的输出被反馈回来, 与下一时刻输入层神经元提供的信号一起, 作为隐层神经元在下一时刻的输入. 隐层神经元通常采用 Sigmoid 激活函数, 而网络的训练则常通过推广的 BP 算法进行 [Pineda, 1987].

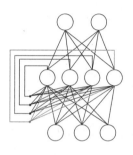

图 5.13 Elman 网络结构

5.5.6 Boltzmann机

从图 5.14(a) 可看出, Boltzmann 机是一种递归神经网络.

神经网络中有一类模型是为网络状态定义一个"能量"(energy), 能量最小化时网络达到理想状态, 而网络的训练就是在最小化这个能量函数. Boltzmann 机 [Ackley et al., 1985] 就是一种"基于能量的模型"(energy-based model), 常见结构如图 5.14(a) 所示, 其神经元分为两层: 显层与隐层. 显层用于表示数据的输入与输出, 隐层则被理解为数据的内在表达. Boltzmann 机中的神经元都是布尔型的, 即只能取 0、1 两种状态, 状态 1 表示激活, 状态 0 表示抑制. 令向量 $s \in \{0,1\}^n$ 表示 n 个神经元的状态, w_{ij} 表示神经元 i 与 j 之间的连接权, θ_i 表示神经元 i 的阈值, 则状态向量 s 所对应的 Boltzmann 机能量定义为

$$E(s) = -\sum_{i=1}^{n-1}\sum_{j=i+1}^{n} w_{ij}s_is_j - \sum_{i=1}^{n}\theta_is_i \ . \tag{5.20}$$

Boltzmann 分布亦称 "平衡态" (equilibrium) 或 "平稳分布" (stationary distribution).

若网络中的神经元以任意不依赖于输入值的顺序进行更新, 则网络最终将达到 Boltzmann 分布, 此时状态向量 s 出现的概率将仅由其能量与所有可能状

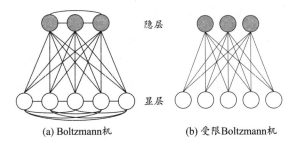

(a) Boltzmann机   (b) 受限Boltzmann机

图 5.14 Boltzmann 机与受限 Boltzmann 机

态向量的能量确定:

$$P(\boldsymbol{s}) = \frac{e^{-E(\boldsymbol{s})}}{\sum_{\boldsymbol{t}} e^{-E(\boldsymbol{t})}} \ . \tag{5.21}$$

　　Boltzmann 机的训练过程就是将每个训练样本视为一个状态向量, 使其出现的概率尽可能大. 标准的 Boltzmann 机是一个全连接图, 训练网络的复杂度很高, 这使其难以用于解决现实任务. 现实中常采用受限 Boltzmann 机(Restricted Boltzmann Machine, 简称 RBM). 如图 5.14(b) 所示, 受限 Boltzmann 机仅保留显层与隐层之间的连接, 从而将 Boltzmann 机结构由完全图简化为二部图.

　　受限 Boltzmann 机常用 "对比散度" (Contrastive Divergence, 简称 CD)算法 [Hinton, 2010] 来进行训练. 假定网络中有 d 个显层神经元和 q 个隐层神经元, 令 $\boldsymbol{v}$ 和 $\boldsymbol{h}$ 分别表示显层与隐层的状态向量, 则由于同一层内不存在连接, 有

$$P(\boldsymbol{v}|\boldsymbol{h}) = \prod_{i=1}^{d} P(v_i \mid \boldsymbol{h}) \ , \tag{5.22}$$

$$P(\boldsymbol{h}|\boldsymbol{v}) = \prod_{j=1}^{q} P(h_j \mid \boldsymbol{v}) \ . \tag{5.23}$$

CD 算法对每个训练样本 $\boldsymbol{v}$, 先根据式(5.23)计算出隐层神经元状态的概率分布, 然后根据这个概率分布采样得到 $\boldsymbol{h}$; 此后, 类似地根据式(5.22)从 $\boldsymbol{h}$ 产生 $\boldsymbol{v}'$, 再从 $\boldsymbol{v}'$ 产生 $\boldsymbol{h}'$; 连接权的更新公式为

阈值的更新公式可类似获得.

$$\Delta w = \eta \left(\boldsymbol{v}\boldsymbol{h}^{\mathrm{T}} - \boldsymbol{v}'\boldsymbol{h}'^{\mathrm{T}} \right) \ . \tag{5.24}$$

5.6 深度学习

关于学习器容量, 参见
第 12 章.

理论上来说, 参数越多的模型复杂度越高、"容量"(capacity)越大, 这意味着它能完成更复杂的学习任务. 但一般情形下, 复杂模型的训练效率低, 易陷入过拟合, 因此难以受到人们青睐. 而随着云计算、大数据时代的到来, 计算能力的大幅提高可缓解训练低效性, 训练数据的大幅增加则可降低过拟合风险, 因此, 以"深度学习"(deep learning)为代表的复杂模型开始受到人们的关注.

大型深度学习模型中甚至有上百亿个参数.

典型的深度学习模型就是很深层的神经网络. 显然, 对神经网络模型, 提高容量的一个简单办法是增加隐层的数目. 隐层多了, 相应的神经元连接权、阈值等参数就会更多. 模型复杂度也可通过单纯增加隐层神经元的数目来实现, 前面我们谈到过, 单隐层的多层前馈网络已具有很强大的学习能力; 但从增加模型复杂度的角度来看, 增加隐层的数目显然比增加隐层神经元的数目更有效, 因为增加隐层数不仅增加了拥有激活函数的神经元数目, 还增加了激活函数嵌套的层数. 然而, 多隐层神经网络难以直接用经典算法(例如标准 BP 算法)进行训练, 因为误差在多隐层内逆传播时, 往往会"发散"(diverge)而不能收敛到稳定状态.

这里所说的"多隐层"是指三个以上隐层; 深度学习模型通常有八九层甚至更多隐层.

无监督逐层训练(unsupervised layer-wise training)是多隐层网络训练的有效手段, 其基本思想是每次训练一层隐结点, 训练时将上一层隐结点的输出作为输入, 而本层隐结点的输出作为下一层隐结点的输入, 这称为"预训练"(pre-training); 在预训练全部完成后, 再对整个网络进行"微调"(fine-tuning)训练. 例如, 在深度信念网络(deep belief network, 简称DBN) [Hinton et al., 2006] 中, 每层都是一个受限 Boltzmann 机, 即整个网络可视为若干个 RBM 堆叠而得. 在使用无监督逐层训练时, 首先训练第一层, 这是关于训练样本的RBM模型, 可按标准的 RBM 训练; 然后, 将第一层预训练好的隐结点视为第二层的输入结点, 对第二层进行预训练; ……各层预训练完成后, 再利用 BP 算法等对整个网络进行训练.

事实上, "预训练+微调"的做法可视为将大量参数分组, 对每组先找到局部看来比较好的设置, 然后再基于这些局部较优的结果联合起来进行全局寻优. 这样就在利用了模型大量参数所提供的自由度的同时, 有效地节省了训练开销.

另一种节省训练开销的策略是"权共享"(weight sharing), 即让一组神经元使用相同的连接权. 这个策略在卷积神经网络(Convolutional Neural Network, 简称 CNN) [LeCun and Bengio, 1995; LeCun et al., 1998] 中发挥了重要作用. 以 CNN 进行手写数字识别任务为例 [LeCun et al., 1998], 如图 5.15

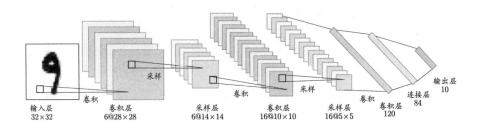

输入层
32×32

卷积

卷积层
6@28×28

采样

采样层
6@14×14

卷积

卷积层
16@10×10

采样

采样层
16@5×5

卷积

卷积层
120

连接层
84

输出层
10

图 5.15 卷积神经网络用于手写数字识别 [LeCun et al., 1998]

近来人们在使用 CNN 时常将 Sigmoid 激活函数替换为修正线性函数

$$f(x) = \begin{cases} 0, & \text{if } x < 0, \\ x, & \text{otherwise}, \end{cases}$$

这样的神经元称为 Re-LU(Rectified Linear Unit); 此外, 汇合层的操作常采用 "最大" 或 "平均", 这更接近于集成学习中的一些操作, 参见 8.4 节.

所示, 网络输入是一个 32×32 的手写数字图像, 输出是其识别结果, CNN 复合多个 "卷积层" 和 "采样层" 对输入信号进行加工, 然后在连接层实现与输出目标之间的映射. 每个卷积层都包含多个特征映射(feature map), 每个特征映射是一个由多个神经元构成的 "平面", 通过一种卷积滤波器提取输入的一种特征. 例如, 图 5.15 中第一个卷积层由 6 个特征映射构成, 每个特征映射是一个 28×28 的神经元阵列, 其中每个神经元负责从 5×5 的区域通过卷积滤波器提取局部特征. 采样层亦称为 "汇合"(pooling)层, 其作用是基于局部相关性原理进行亚采样, 从而在减少数据量的同时保留有用信息. 例如图 5.15 中第一个采样层有 6 个 14×14 的特征映射, 其中每个神经元与上一层中对应特征映射的 2×2 邻域相连, 并据此计算输出. 通过复合卷积层和采样层, 图 5.15 中的 CNN 将原始图像映射成 120 维特征向量, 最后通过一个由 84 个神经元构成的连接层和输出层连接完成识别任务. CNN 可用 BP 算法进行训练, 但在训练中, 无论是卷积层还是采样层, 其每一组神经元(即图 5.15 中的每个 "平面")都是用相同的连接权, 从而大幅减少了需要训练的参数数目.

我们可以从另一个角度来理解深度学习. 无论是 DBN 还是 CNN, 其多隐层堆叠、每层对上一层的输出进行处理的机制, 可看作是在对输入信号进行逐层加工, 从而把初始的、与输出目标之间联系不太密切的输入表示, 转化成与输出目标联系更密切的表示, 使得原来仅基于最后一层输出映射难以完成的任务成为可能. 换言之, 通过多层处理, 逐渐将初始的 "低层" 特征表示转化为 "高层" 特征表示后, 用 "简单模型" 即可完成复杂的分类等学习任务. 由此可将深度学习理解为进行 "特征学习"(feature learning)或 "表示学习"(representation learning).

若将网络中前若干层处理都看作是在进行特征表示, 只把最后一层处理看作是在进行 "分类", 则分类使用的就是一个简单模型.

以往在机器学习用于现实任务时, 描述样本的特征通常需由人类专家来设计, 这称为 "特征工程"(feature engineering). 众所周知, 特征的好坏对泛化性能有至关重要的影响, 人类专家设计出好特征也并非易事; 特征学习则通过机器学习技术自身来产生好特征, 这使机器学习向"全自动数据分析"又前进了一步.

5.7 阅读材料

[Haykin, 1998] 是很好的神经网络教科书, [Bishop, 1995] 则偏重于机器学习和模式识别. 神经网络领域的主流学术期刊有 *Neural Computation*、*Neural Networks*、 *IEEE Transactions on Neural Networks and Learning Systems*; 主要国际学术会议有国际神经信息处理系统会议(NIPS) 和国际神经网络联合会议(IJCNN), 区域性国际会议主要有欧洲神经网络会议(ICANN)和亚太神经网络会议(ICONIP).

2012 年前的名称是 *IEEE Transactions on Neural Networks.*

近来 NIPS 更偏重于机器学习.

M-P神经元模型使用最为广泛, 但还有一些神经元模型也受到关注, 如考虑了电位脉冲发放时间而不仅是累积电位的脉冲神经元(spiking neuron)模型 [Gerstner and Kistler, 2002].

BP 算法由 [Werbos, 1974] 首先提出, 此后 [Rumelhart et al., 1986a,b] 重新发明. BP 算法实质是 LMS (Least Mean Square) 算法的推广. LMS 试图使网络的输出均方误差最小化, 可用于神经元激活函数可微的感知机学习; 将 LMS 推广到由非线性可微神经元组成的多层前馈网络, 就得到 BP 算法, 因此 BP 算法亦称广义 δ 规则 [Chauvin and Rumelhart, 1995].

LMS 亦称 Widrow-Hoff 规则或 δ 规则.

[MacKay, 1992] 在贝叶斯框架下提出了自动确定神经网络正则化参数的方法. [Gori and Tesi, 1992] 对 BP 网络的局部极小问题进行了详细讨论. [Yao, 1999] 综述了利用以遗传算法为代表的演化计算(evolutionary computation)技术来生成神经网络的研究工作. 对 BP 算法的改进有大量研究, 例如为了提速, 可在训练过程中自适应缩小学习率, 即先使用较大的学习率然后逐步缩小, 更多"窍门"(trick) 可参阅 [Reed and Marks, 1998; Orr and Müller, 1998].

关于 RBF 网络训练过程可参阅 [Schwenker et al., 2001]. [Carpenter and Grossberg, 1991] 介绍了 ART 族算法. SOM 网络在聚类、高维数据可视化、图像分割等方面有广泛应用, 可参阅 [Kohonen, 2001]. [Bengio et al., 2013] 综述了深度学习方面的研究进展.

神经网络是一种难解释的"黑箱模型", 但已有一些工作尝试改善神经网络的可解释性, 主要途径是从神经网络中抽取易于理解的符号规则, 可参阅 [Tickle et al., 1998; Zhou, 2004].

习题

5.1   试述将线性函数 $f(\boldsymbol{x}) = \boldsymbol{w}^{\mathrm{T}}\boldsymbol{x}$ 用作神经元激活函数的缺陷.

5.2   试述使用图 5.2(b) 激活函数的神经元与对率回归的联系.

5.3   对于图 5.7 中的 v_{ih}, 试推导出 BP 算法中的更新公式(5.13).

5.4   试述式(5.6)中学习率的取值对神经网络训练的影响.

西瓜数据集 3.0 见 p.84 的表 4.3.

5.5   试编程实现标准 BP 算法和累积 BP 算法, 在西瓜数据集 3.0 上分别用这两个算法训练一个单隐层网络, 并进行比较.

UCI 数据集见 http://archive.ics.uci.edu/ml/.

5.6   试设计一个 BP 改进算法, 能通过动态调整学习率显著提升收敛速度. 编程实现该算法, 并选择两个 UCI 数据集与标准 BP 算法进行实验比较.

5.7   根据式(5.18)和(5.19), 试构造一个能解决异或问题的单层 RBF 神经网络.

西瓜数据集 3.0α 见 p.89 的表 4.5.

5.8   从网上下载或自己编程实现 SOM 网络, 并观察其在西瓜数据集 3.0α 上产生的结果.

5.9*   试推导用于 Elman 网络的 BP 算法.

MNIST 数据集见 http://yann.lecun.com/ exdb/mnist/.

5.10   从网上下载或自己编程实现一个卷积神经网络, 并在手写字符识别数据 MNIST 上进行实验测试.

参考文献

Aarts, E. and J. Korst. (1989). *Simulated Annealing and Boltzmann Machines: A Stochastic Approach to Combinatorial Optimization and Neural Computing.* John Wiley & Sons, New York, NY.

Ackley, D. H., G. E. Hinton, and T. J. Sejnowski. (1985). "A learning algorithm for Boltzmann machines." *Cognitive Science*, 9(1):147–169.

Barron, A. R. (1991). "Complexity regularization with application to artificial neural networks." In *Nonparametric Functional Estimation and Related Topics; NATO ASI Series Volume 335* (G. Roussas, ed.), 561–576, Kluwer, Amsterdam, The Netherlands.

Bengio, Y., A. Courville, and P. Vincent. (2013). "Representation learning: A review and new perspectives." *IEEE Transactions on Pattern Analysis and Machine Intelligence*, 35(8):1798–1828.

Bishop, C. M. (1995). *Neural Networks for Pattern Recognition.* Oxford University Press, New York, NY.

Broomhead, D. S. and D. Lowe. (1988). "Multivariate functional interpolation and adaptive networks." *Complex Systems*, 2(3):321–355.

Carpenter, G. A. and S. Grossberg. (1987). "A massively parallel architecture for a self-organizing neural pattern recognition machine." *Computer Vision, Graphics, and Image Processing*, 37(1):54–115.

Carpenter, G. A. and S. Grossberg, eds. (1991). *Pattern Recognition by Self-Organizing Neural Networks.* MIT Press, Cambridge, MA.

Chauvin, Y. and D. E. Rumelhart, eds. (1995). *Backpropagation: Theory, Architecture, and Applications.* Lawrence Erlbaum Associates, Hillsdale, NJ.

Elman, J. L. (1990). "Finding structure in time." *Cognitive Science*, 14(2): 179–211.

Fahlman, S. E. and C. Lebiere. (1990). "The cascade-correlation learning architecture." Technical Report CMU-CS-90-100, School of Computer Sciences, Carnergie Mellon University, Pittsburgh, PA.

Gerstner, W. and W. Kistler. (2002). *Spiking Neuron Models: Single Neurons, Populations, Plasticity.* Cambridge University Press, Cambridge, UK.

Girosi, F., M. Jones, and T. Poggio. (1995). "Regularization theory and neural networks architectures." *Neural Computation*, 7(2):219–269.

Goldberg, D. E. (1989). *Genetic Algorithms in Search, Optimizaiton and Machine Learning*. Addison-Wesley, Boston, MA.

Gori, M. and A. Tesi. (1992). "On the problem of local minima in backpropagation." *IEEE Transactions on Pattern Analysis and Machine Intelligence*, 14(1):76–86.

Haykin, S. (1998). *Neural Networks: A Comprehensive Foundation*, 2nd edition. Prentice-Hall, Upper Saddle River, NJ.

Hinton, G. (2010). "A practical guide to training restricted Boltzmann machines." Technical Report UTML TR 2010-003, Department of Computer Science, University of Toronto.

Hinton, G., S. Osindero, and Y.-W. Teh. (2006). "A fast learning algorithm for deep belief nets." *Neural Computation*, 18(7):1527–1554.

Hornik, K., M. Stinchcombe, and H. White. (1989). "Multilayer feedforward networks are universal approximators." *Neural Networks*, 2(5):359–366.

Kohonen, T. (1982). "Self-organized formation of topologically correct feature maps." *Biological Cybernetics*, 43(1):59–69.

Kohonen, T. (1988). "An introduction to neural computing." *Neural Networks*, 1(1):3–16.

Kohonen, T. (2001). *Self-Organizing Maps*, 3rd edition. Springer, Berlin.

LeCun, Y. and Y. Bengio. (1995). "Convolutional networks for images, speech, and time-series." In *The Handbook of Brain Theory and Neural Networks* (M. A. Arbib, ed.), MIT Press, Cambridge, MA.

LeCun, Y., L. Bottou, Y. Bengio, and P. Haffner. (1998). "Gradient-based learning applied to document recognition." *Proceedings of the IEEE*, 86(11): 2278–2324.

MacKay, D. J. C. (1992). "A practical Bayesian framework for backpropagation networks." *Neural Computation*, 4(3):448–472.

McCulloch, W. S. and W. Pitts. (1943). "A logical calculus of the ideas immanent in nervous activity." *Bulletin of Mathematical Biophysics*, 5(4):115–133.

Minsky, M. and S. Papert. (1969). *Perceptrons*. MIT Press, Cambridge, MA.

Orr, G. B. and K.-R. Müller, eds. (1998). *Neural Networks: Tricks of the Trade.*

Springer, London, UK.

Park, J. and I. W. Sandberg. (1991). "Universal approximation using radial-basis-function networks." *Neural Computation*, 3(2):246–257.

Pineda, F. J. (1987). "Generalization of Back-Propagation to recurrent neural networks." *Physical Review Letters*, 59(19):2229–2232.

Reed, R. D. and R. J. Marks. (1998). *Neural Smithing: Supervised Learning in Feedforward Artificial Neural Networks*. MIT Press, Cambridge, MA.

Rumelhart, D. E., G. E. Hinton, and R. J. Williams. (1986a). "Learning internal representations by error propagation." In *Parallel Distributed Processing: Explorations in the Microstructure of Cognition* (D. E. Rumelhart and J. L. McClelland, eds.), volume 1, 318–362, MIT Press, Cambridge, MA.

Rumelhart, D. E., G. E. Hinton, and R. J. Williams. (1986b). "Learning representations by backpropagating errors." *Nature*, 323(9):533–536.

Schwenker, F., H.A. Kestler, and G. Palm. (2001). "Three learning phases for radial-basis-function networks." *Neural Networks*, 14(4-5):439–458.

Tickle, A. B., R. Andrews, M. Golea, and J. Diederich. (1998). "The truth will come to light: Directions and challenges in extracting the knowledge embedded within trained artificial neural networks." *IEEE Transactions on Neural Networks*, 9(6):1057–1067.

Werbos, P. (1974). *Beyond regression: New tools for prediction and analysis in the behavior science*. Ph.D. thesis, Harvard University, Cambridge, MA.

Yao, X. (1999). "Evolving artificial neural networks." *Proceedings of the IEEE*, 87(9):1423–1447.

Zhou, Z.-H. (2004). "Rule extraction: Using neural networks or for neural networks?" *Journal of Computer Science and Technology*, 19(2):249–253.

休息一会儿

小故事: 神经网络的几起几落

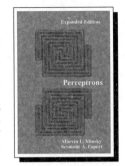

二十世纪四十年代 M-P 神经元模型、Hebb 学习律出现后, 五十年代出现了以感知机、Adaline 为代表的一系列成果, 这是神经网络发展的第一个高潮期. 不幸的是, MIT 计算机科学研究的奠基人马文·闵斯基 (Marvin Minsky, 1927—2016) 与 Seymour Papert 在 1969 年出版了《感知机》一书, 书中指出, 单层神经网络无法解决非线性问题, 而多层网络的训练算法尚看不到希望. 这个论断直接使神经网络研究进入了 "冰河期", 美国和苏联均停止了对神经网络研究的资助, 全球该领域研究人员纷纷转行, 仅剩极少数人坚持下来. 哈佛大学的 Paul Werbos 在 1974 年发明 BP 算法时, 正值神经网络冰河期, 因此未受到应有的重视.

1983 年, 加州理工学院的物理学家 John Hopfield 利用神经网络, 在旅行商问题这个 NP 完全问题的求解上获得当时最好结果, 引起了轰动. 稍后, UCSD 的 David Rumelhart 与 James McClelland 领导的 PDP 小组出版了《并行分布处理: 认知微结构的探索》一书, Rumelhart 等人重新发明了 BP 算法, 由于当时正处于 Hopfield 带来的兴奋之中, BP 算法迅速走红. 这掀起了神经网络的第二次高潮. 二十世纪九十年代中期, 随着统计学习理论和支持向量机的兴起, 神经网络学习的理论性质不够清楚、试错性强、在使用中充斥大量 "窍门" (trick)的弱点更为明显, 于是神经网络研究又进入低谷, NIPS 会议甚至多年不接受以神经网络为主题的论文.

2010 年前后, 随着计算能力的迅猛提升和大数据的涌现, 神经网络研究在 "深度学习" 的名义下又重新崛起, 先是在 ImageNet 等若干竞赛上以大优势夺冠, 此后谷歌、百度、脸书等公司纷纷投入巨资进行研发, 神经网络迎来了第三次高潮.

闵斯基于 1969 年获图灵奖.

此书中有不少关于神经网络的真知灼见, 但其重要论断所导致的后果, 对神经网络乃至人工智能整体的研究产生了极为残酷的影响, 因此在神经网络重又兴起后, 该书受到很多批判. 1988 年再版时, 闵斯基专门增加了一章以作辩护.

第 6 章 支持向量机

6.1 间隔与支持向量

给定训练样本集 $D = \{(\boldsymbol{x}_1, y_1), (\boldsymbol{x}_2, y_2), \ldots, (\boldsymbol{x}_m, y_m)\}$, $y_i \in \{-1, +1\}$, 分类学习最基本的想法就是基于训练集 D 在样本空间中找到一个划分超平面, 将不同类别的样本分开. 但能将训练样本分开的划分超平面可能有很多, 如图 6.1 所示, 我们应该努力去找到哪一个呢?

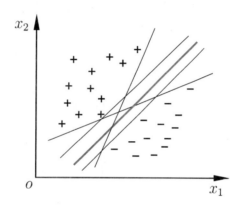

图 6.1 存在多个划分超平面将两类训练样本分开

直观上看, 应该去找位于两类训练样本 "正中间" 的划分超平面, 即图 6.1 中红色的那个, 因为该划分超平面对训练样本局部扰动的 "容忍" 性最好. 例如, 由于训练集的局限性或噪声的因素, 训练集外的样本可能比图 6.1 中的训练样本更接近两个类的分隔界, 这将使许多划分超平面出现错误, 而红色的超平面受影响最小. 换言之, 这个划分超平面所产生的分类结果是最鲁棒的, 对未见示例的泛化能力最强.

在样本空间中, 划分超平面可通过如下线性方程来描述:

$$\boldsymbol{w}^{\mathrm{T}}\boldsymbol{x} + b = 0 , \tag{6.1}$$

其中 $\boldsymbol{w} = (w_1; w_2; \ldots; w_d)$ 为法向量, 决定了超平面的方向; b 为位移项, 决定了超平面与原点之间的距离. 显然, 划分超平面可被法向量 $\boldsymbol{w}$ 和位移 b 确定, 下

面我们将其记为 $(\boldsymbol{w}, b)$. 样本空间中任意点 $\boldsymbol{x}$ 到超平面 $(\boldsymbol{w}, b)$ 的距离可写为

参见习题 6.1.

$$r = \frac{|\boldsymbol{w}^{\mathrm{T}}\boldsymbol{x} + b|}{||\boldsymbol{w}||} \ . \tag{6.2}$$

假设超平面 $(\boldsymbol{w}, b)$ 能将训练样本正确分类, 即对于 $(\boldsymbol{x}_i, y_i) \in D$, 若 $y_i = +1$, 则有 $\boldsymbol{w}^{\mathrm{T}}\boldsymbol{x}_i + b > 0$; 若 $y_i = -1$, 则有 $\boldsymbol{w}^{\mathrm{T}}\boldsymbol{x}_i + b < 0$. 令

若超平面 $(\boldsymbol{w}', b')$ 能将训练样本正确分类, 则总存在缩放变换 $\varsigma\boldsymbol{w} \mapsto \boldsymbol{w}'$ 和 $\varsigma b \mapsto b'$ 使式(6.3)成立.

$$\begin{cases} \boldsymbol{w}^{\mathrm{T}}\boldsymbol{x}_i + b \geqslant +1, & y_i = +1 \ ; \\ \boldsymbol{w}^{\mathrm{T}}\boldsymbol{x}_i + b \leqslant -1, & y_i = -1 \ . \end{cases} \tag{6.3}$$

如图 6.2 所示, 距离超平面最近的这几个训练样本点使式(6.3)的等号成立, 它们被称为 "支持向量" (support vector), 两个异类支持向量到超平面的距离之和为

每个样本点对应一个特征向量.

$$\gamma = \frac{2}{||\boldsymbol{w}||} \ , \tag{6.4}$$

它被称为 "间隔" (margin).

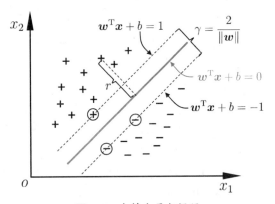

图 6.2 支持向量与间隔

欲找到具有 "最大间隔" (maximum margin)的划分超平面, 也就是要找到能满足式(6.3)中约束的参数 $\boldsymbol{w}$ 和 b, 使得 γ 最大, 即

$$\max_{\boldsymbol{w}, b} \ \frac{2}{||\boldsymbol{w}||} \tag{6.5}$$
$$\text{s.t.} \ y_i(\boldsymbol{w}^{\mathrm{T}}\boldsymbol{x}_i + b) \geqslant 1, \quad i = 1, 2, \ldots, m.$$

间隔貌似仅仅与 $\boldsymbol{w}$ 有关, 但事实上 b 通过约束隐式地影响着 $\boldsymbol{w}$ 的取值, 进而对间隔产生影响.

显然, 为了最大化间隔, 仅需最大化 $\|\boldsymbol{w}\|^{-1}$, 这等价于最小化 $\|\boldsymbol{w}\|^2$. 于是, 式(6.5)可重写为

$$\min_{\boldsymbol{w},b} \quad \frac{1}{2}\,\|\boldsymbol{w}\|^2 \tag{6.6}$$

$$\text{s.t. } y_i(\boldsymbol{w}^{\mathrm{T}}\boldsymbol{x}_i + b) \geqslant 1, \quad i = 1, 2, \ldots, m.$$

这就是支持向量机(Support Vector Machine, 简称 SVM)的基本型.

6.2 对偶问题

我们希望求解式(6.6)来得到大间隔划分超平面所对应的模型

$$f(\boldsymbol{x}) = \boldsymbol{w}^{\mathrm{T}}\boldsymbol{x} + b\,, \tag{6.7}$$

其中 $\boldsymbol{w}$ 和 b 是模型参数. 注意到式(6.6)本身是一个凸二次规划(convex quadratic programming) 问题, 能直接用现成的优化计算包求解, 但我们可以有更高效的办法.

参见附录 B.1.

对式(6.6)使用拉格朗日乘子法可得到其"对偶问题"(dual problem). 具体来说, 对式(6.6) 的每条约束添加拉格朗日乘子 $\alpha_i \geqslant 0$, 则该问题的拉格朗日函数可写为

$$L(\boldsymbol{w}, b, \boldsymbol{\alpha}) = \frac{1}{2}\,\|\boldsymbol{w}\|^2 + \sum_{i=1}^{m} \alpha_i\left(1 - y_i(\boldsymbol{w}^{\mathrm{T}}\boldsymbol{x}_i + b)\right)\,, \tag{6.8}$$

其中 $\boldsymbol{\alpha} = (\alpha_1; \alpha_2; \ldots; \alpha_m)$. 令 $L(\boldsymbol{w}, b, \boldsymbol{\alpha})$ 对 $\boldsymbol{w}$ 和 b 的偏导为零可得

$$\boldsymbol{w} = \sum_{i=1}^{m} \alpha_i y_i \boldsymbol{x}_i\,, \tag{6.9}$$

$$0 = \sum_{i=1}^{m} \alpha_i y_i\,. \tag{6.10}$$

将式(6.9)代入(6.8), 考虑式(6.10)的约束, 即可将 $L(\boldsymbol{w}, b, \boldsymbol{\alpha})$ 中的 $\boldsymbol{w}$ 和 b 消去, 得到式(6.6)的对偶问题

$$\max_{\boldsymbol{\alpha}} \quad \sum_{i=1}^{m} \alpha_i - \frac{1}{2} \sum_{i=1}^{m} \sum_{j=1}^{m} \alpha_i \alpha_j y_i y_j \boldsymbol{x}_i^{\mathrm{T}} \boldsymbol{x}_j \tag{6.11}$$

$$\text{s.t.} \quad \sum_{i=1}^{m} \alpha_i y_i = 0 \ ,$$

$$\alpha_i \geqslant 0 \ , \quad i = 1, 2, \ldots, m \ .$$

解出 $\boldsymbol{\alpha}$ 后, 求出 $\boldsymbol{w}$ 与 b 即可得到模型

$$\begin{aligned} f(\boldsymbol{x}) &= \boldsymbol{w}^{\mathrm{T}} \boldsymbol{x} + b \\ &= \sum_{i=1}^{m} \alpha_i y_i \boldsymbol{x}_i^{\mathrm{T}} \boldsymbol{x} + b \ . \end{aligned} \tag{6.12}$$

从对偶问题(6.11)解出的 α_i 是式(6.8)中的拉格朗日乘子, 它恰对应着训练样本 $(\boldsymbol{x}_i, y_i)$. 注意到式(6.6)中有不等式约束, 因此上述过程需满足 KKT (Karush-Kuhn-Tucker) 条件, 即要求

参见附录 B.1.

$$\begin{cases} \alpha_i \geqslant 0 \ ; \\ y_i f(\boldsymbol{x}_i) - 1 \geqslant 0 \ ; \\ \alpha_i \left(y_i f(\boldsymbol{x}_i) - 1 \right) = 0 \ . \end{cases} \tag{6.13}$$

于是, 对任意训练样本 $(\boldsymbol{x}_i, y_i)$, 总有 $\alpha_i = 0$ 或 $y_i f(\boldsymbol{x}_i) = 1$. 若 $\alpha_i = 0$, 则该样本将不会在式(6.12) 的求和中出现, 也就不会对 $f(\boldsymbol{x})$ 有任何影响; 若 $\alpha_i > 0$, 则必有 $y_i f(\boldsymbol{x}_i) = 1$, 所对应的样本点位于最大间隔边界上, 是一个支持向量. 这显示出支持向量机的一个重要性质: 训练完成后, 大部分的训练样本都不需保留, 最终模型仅与支持向量有关.

如 [Vapnik, 1999] 所述, 支持向量机这个名字强调了此类学习器的关键是如何从支持向量构建出解; 同时也暗示着其复杂度主要与支持向量的数目有关.

二次规划参见附录 B.2.

那么, 如何求解式(6.11) 呢? 不难发现, 这是一个二次规划问题, 可使用通用的二次规划算法来求解; 然而, 该问题的规模正比于训练样本数, 这会在实际任务中造成很大的开销. 为了避开这个障碍, 人们通过利用问题本身的特性, 提出了很多高效算法, SMO (Sequential Minimal Optimization) 是其中一个著名的代表 [Platt, 1998].

SMO 的基本思路是先固定 α_i 之外的所有参数, 然后求 α_i 上的极值. 由于存在约束 $\sum_{i=1}^{m} \alpha_i y_i = 0$, 若固定 α_i 之外的其他变量, 则 α_i 可由其他变量导出. 于是, SMO 每次选择两个变量 α_i 和 α_j, 并固定其他参数. 这样, 在参数初始化后, SMO 不断执行如下两个步骤直至收敛:

- 选取一对需更新的变量 α_i 和 α_j;

- 固定 α_i 和 α_j 以外的参数, 求解式(6.11)获得更新后的 α_i 和 α_j.

注意到只需选取的 α_i 和 α_j 中有一个不满足 KKT 条件(6.13), 目标函数就会在迭代后增大 [Osuna et al., 1997]. 直观来看, KKT 条件违背的程度越大, 则变量更新后可能导致的目标函数值增幅越大. 于是, SMO 先选取违背 KKT 条件程度最大的变量. 第二个变量应选择一个使目标函数值增长最快的变量, 但由于比较各变量所对应的目标函数值增幅的复杂度过高, 因此 SMO 采用了一个启发式: 使选取的两变量所对应样本之间的间隔最大. 一种直观的解释是, 这样的两个变量有很大的差别, 与对两个相似的变量进行更新相比, 对它们进行更新会带给目标函数值更大的变化.

SMO 算法之所以高效, 恰由于在固定其他参数后, 仅优化两个参数的过程能做到非常高效. 具体来说, 仅考虑 α_i 和 α_j 时, 式(6.11)中的约束可重写为

$$\alpha_i y_i + \alpha_j y_j = c \ , \quad \alpha_i \geqslant 0 \ , \quad \alpha_j \geqslant 0 \ , \tag{6.14}$$

其中

$$c = -\sum_{k \neq i,j} \alpha_k y_k \tag{6.15}$$

是使 $\sum_{i=1}^{m} \alpha_i y_i = 0$ 成立的常数. 用

$$\alpha_i y_i + \alpha_j y_j = c \tag{6.16}$$

消去式(6.11)中的变量 α_j, 则得到一个关于 α_i 的单变量二次规划问题, 仅有的约束是 $\alpha_i \geqslant 0$. 不难发现, 这样的二次规划问题具有闭式解, 于是不必调用数值优化算法即可高效地计算出更新后的 α_i 和 α_j.

如何确定偏移项 b 呢? 注意到对任意支持向量 $(\boldsymbol{x}_s, y_s)$ 都有 $y_s f(\boldsymbol{x}_s) = 1$, 即

$$y_s \left(\sum_{i \in S} \alpha_i y_i \boldsymbol{x}_i^{\mathrm{T}} \boldsymbol{x}_s + b \right) = 1 \ , \tag{6.17}$$

其中 $S = \{i \mid \alpha_i > 0, \ i = 1, 2, \ldots, m\}$ 为所有支持向量的下标集. 理论上, 可选取任意支持向量并通过求解式(6.17)获得 b, 但现实任务中常采用一种更鲁棒的做法: 使用所有支持向量求解的平均值

$$b = \frac{1}{|S|} \sum_{s \in S} \left(1/y_s - \sum_{i \in S} \alpha_i y_i \boldsymbol{x}_i^{\mathrm{T}} \boldsymbol{x}_s \right) \ . \tag{6.18}$$

6.3 核函数

在本章前面的讨论中, 我们假设训练样本是线性可分的, 即存在一个划分超平面能将训练样本正确分类. 然而在现实任务中, 原始样本空间内也许并不存在一个能正确划分两类样本的超平面. 例如图 6.3 中的"异或"问题就不是线性可分的.

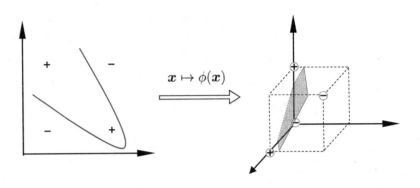

图 6.3 异或问题与非线性映射

对这样的问题, 可将样本从原始空间映射到一个更高维的特征空间, 使得样本在这个特征空间内线性可分. 例如在图 6.3 中, 若将原始的二维空间映射到一个合适的三维空间, 就能找到一个合适的划分超平面. 幸运的是, 如果原始空间是有限维, 即属性数有限, 那么一定存在一个高维特征空间使样本可分.

参见第 12 章.

令 $\phi(\boldsymbol{x})$ 表示将 $\boldsymbol{x}$ 映射后的特征向量, 于是, 在特征空间中划分超平面所对应的模型可表示为

$$f(\boldsymbol{x}) = \boldsymbol{w}^{\mathrm{T}}\phi(\boldsymbol{x}) + b ,\qquad(6.19)$$

其中 $\boldsymbol{w}$ 和 b 是模型参数. 类似式(6.6), 有

$$\min_{\boldsymbol{w},b}\ \frac{1}{2}\,\|\boldsymbol{w}\|^2 \qquad(6.20)$$

$$\text{s.t.}\ y_i(\boldsymbol{w}^{\mathrm{T}}\phi(\boldsymbol{x}_i)+b) \geqslant 1,\quad i=1,2,\dots,m.$$

其对偶问题是

$$\max_{\boldsymbol{\alpha}}\ \sum_{i=1}^{m}\alpha_i - \frac{1}{2}\sum_{i=1}^{m}\sum_{j=1}^{m}\alpha_i\alpha_j y_i y_j \phi(\boldsymbol{x}_i)^{\mathrm{T}}\phi(\boldsymbol{x}_j) \qquad(6.21)$$

$$\text{s.t.} \quad \sum_{i=1}^{m} \alpha_i y_i = 0 \ ,$$

$$\alpha_i \geqslant 0 \ , \quad i = 1, 2, \ldots, m \ .$$

求解式(6.21)涉及到计算 $\phi(\boldsymbol{x}_i)^{\mathrm{T}}\phi(\boldsymbol{x}_j)$，这是样本 $\boldsymbol{x}_i$ 与 $\boldsymbol{x}_j$ 映射到特征空间之后的内积. 由于特征空间维数可能很高，甚至可能是无穷维，因此直接计算 $\phi(\boldsymbol{x}_i)^{\mathrm{T}}\phi(\boldsymbol{x}_j)$ 通常是困难的. 为了避开这个障碍，可以设想这样一个函数：

$$\kappa(\boldsymbol{x}_i, \boldsymbol{x}_j) = \langle \phi(\boldsymbol{x}_i), \phi(\boldsymbol{x}_j) \rangle = \phi(\boldsymbol{x}_i)^{\mathrm{T}}\phi(\boldsymbol{x}_j) \ , \tag{6.22}$$

这称为"核技巧"(ker-nel trick).

即 $\boldsymbol{x}_i$ 与 $\boldsymbol{x}_j$ 在特征空间的内积等于它们在原始样本空间中通过函数 $\kappa(\cdot, \cdot)$ 计算的结果. 有了这样的函数，我们就不必直接去计算高维甚至无穷维特征空间中的内积，于是式(6.21)可重写为

$$\max_{\boldsymbol{\alpha}} \quad \sum_{i=1}^{m} \alpha_i - \frac{1}{2} \sum_{i=1}^{m} \sum_{j=1}^{m} \alpha_i \alpha_j y_i y_j \kappa(\boldsymbol{x}_i, \boldsymbol{x}_j) \tag{6.23}$$

$$\text{s.t.} \quad \sum_{i=1}^{m} \alpha_i y_i = 0 \ ,$$

$$\alpha_i \geqslant 0 \ , \quad i = 1, 2, \ldots, m \ .$$

求解后即可得到

$$\begin{aligned} f(\boldsymbol{x}) &= \boldsymbol{w}^{\mathrm{T}}\phi(\boldsymbol{x}) + b \\ &= \sum_{i=1}^{m} \alpha_i y_i \phi(\boldsymbol{x}_i)^{\mathrm{T}}\phi(\boldsymbol{x}) + b \\ &= \sum_{i=1}^{m} \alpha_i y_i \kappa(\boldsymbol{x}, \boldsymbol{x}_i) + b \ . \end{aligned} \tag{6.24}$$

这里的函数 $\kappa(\cdot, \cdot)$ 就是"核函数"(kernel function). 式(6.24) 显示出模型最优解可通过训练样本的核函数展开，这一展式亦称"支持向量展式"(support vector expansion).

显然，若已知合适映射 $\phi(\cdot)$ 的具体形式，则可写出核函数 $\kappa(\cdot, \cdot)$. 但在现实任务中我们通常不知道 $\phi(\cdot)$ 是什么形式，那么，合适的核函数是否一定存在呢？什么样的函数能做核函数呢？我们有下面的定理：

定理 6.1 (核函数) 令 $\mathcal{X}$ 为输入空间, $\kappa(\cdot,\cdot)$ 是定义在 $\mathcal{X}\times\mathcal{X}$ 上的对称函数, 则 κ 是核函数当且仅当对于任意数据 $D=\{\boldsymbol{x}_1,\boldsymbol{x}_2,\ldots,\boldsymbol{x}_m\}$, "核矩阵" (kernel matrix) $\mathbf{K}$ 总是半正定的:

$$\mathbf{K}=\begin{bmatrix}\kappa(\boldsymbol{x}_1,\boldsymbol{x}_1) & \cdots & \kappa(\boldsymbol{x}_1,\boldsymbol{x}_j) & \cdots & \kappa(\boldsymbol{x}_1,\boldsymbol{x}_m)\\ \vdots & \ddots & \vdots & \ddots & \vdots\\ \kappa(\boldsymbol{x}_i,\boldsymbol{x}_1) & \cdots & \kappa(\boldsymbol{x}_i,\boldsymbol{x}_j) & \cdots & \kappa(\boldsymbol{x}_i,\boldsymbol{x}_m)\\ \vdots & \ddots & \vdots & \ddots & \vdots\\ \kappa(\boldsymbol{x}_m,\boldsymbol{x}_1) & \cdots & \kappa(\boldsymbol{x}_m,\boldsymbol{x}_j) & \cdots & \kappa(\boldsymbol{x}_m,\boldsymbol{x}_m)\end{bmatrix}.$$

定理 6.1 表明, 只要一个对称函数所对应的核矩阵半正定, 它就能作为核函数使用. 事实上, 对于一个半正定核矩阵, 总能找到一个与之对应的映射 ϕ. 换言之, 任何一个核函数都隐式地定义了一个称为 "再生核希尔伯特空间" (Reproducing Kernel Hilbert Space, 简称 RKHS) 的特征空间.

通过前面的讨论可知, 我们希望样本在特征空间内线性可分, 因此特征空间的好坏对支持向量机的性能至关重要. 需注意的是, 在不知道特征映射的形式时, 我们并不知道什么样的核函数是合适的, 而核函数也仅是隐式地定义了这个特征空间. 于是, "核函数选择" 成为支持向量机的最大变数. 若核函数选择不合适, 则意味着将样本映射到了一个不合适的特征空间, 很可能导致性能不佳.

表 6.1 列出了几种常用的核函数.

表 6.1 常用核函数

名称	表达式	参数
线性核	$\kappa(\boldsymbol{x}_i,\boldsymbol{x}_j)=\boldsymbol{x}_i^{\mathrm{T}}\boldsymbol{x}_j$	
多项式核	$\kappa(\boldsymbol{x}_i,\boldsymbol{x}_j)=(\boldsymbol{x}_i^{\mathrm{T}}\boldsymbol{x}_j)^d$	$d\geqslant 1$ 为多项式的次数
高斯核	$\kappa(\boldsymbol{x}_i,\boldsymbol{x}_j)=\exp\left(-\frac{\|\boldsymbol{x}_i-\boldsymbol{x}_j\|^2}{2\sigma^2}\right)$	$\sigma>0$ 为高斯核的带宽(width)
拉普拉斯核	$\kappa(\boldsymbol{x}_i,\boldsymbol{x}_j)=\exp\left(-\frac{\|\boldsymbol{x}_i-\boldsymbol{x}_j\|}{\sigma}\right)$	$\sigma>0$
Sigmoid 核	$\kappa(\boldsymbol{x}_i,\boldsymbol{x}_j)=\tanh(\beta\boldsymbol{x}_i^{\mathrm{T}}\boldsymbol{x}_j+\theta)$	$\tanh$ 为双曲正切函数, $\beta>0,\theta<0$

此外, 还可通过函数组合得到, 例如:

- 若 κ_1 和 κ_2 为核函数, 则对于任意正数 γ_1、γ_2, 其线性组合

$$\gamma_1\kappa_1+\gamma_2\kappa_2 \tag{6.25}$$

也是核函数;

- 若 κ_1 和 κ_2 为核函数, 则核函数的直积

$$\kappa_1 \otimes \kappa_2(\boldsymbol{x}, \boldsymbol{z}) = \kappa_1(\boldsymbol{x}, \boldsymbol{z})\kappa_2(\boldsymbol{x}, \boldsymbol{z}) \qquad (6.26)$$

也是核函数;

- 若 κ_1 为核函数, 则对于任意函数 $g(\boldsymbol{x})$,

$$\kappa(\boldsymbol{x}, \boldsymbol{z}) = g(\boldsymbol{x})\kappa_1(\boldsymbol{x}, \boldsymbol{z})g(\boldsymbol{z}) \qquad (6.27)$$

也是核函数.

6.4 软间隔与正则化

在前面的讨论中, 我们一直假定训练样本在样本空间或特征空间中是线性可分的, 即存在一个超平面能将不同类的样本完全划分开. 然而, 在现实任务中往往很难确定合适的核函数使得训练样本在特征空间中线性可分; 退一步说, 即便恰好找到了某个核函数使训练集在特征空间中线性可分, 也很难断定这个貌似线性可分的结果不是由于过拟合所造成的.

缓解该问题的一个办法是允许支持向量机在一些样本上出错. 为此, 要引入 "软间隔" (soft margin)的概念, 如图 6.4 所示.

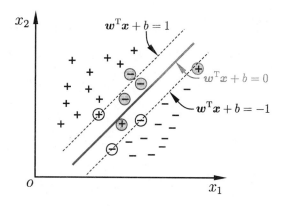

图 6.4 软间隔示意图. 红色圈出了一些不满足约束的样本.

具体来说, 前面介绍的支持向量机形式是要求所有样本均满足约束(6.3), 即所有样本都必须划分正确, 这称为 "硬间隔" (hard margin), 而软间隔则是

允许某些样本不满足约束

$$y_i(\boldsymbol{w}^{\mathrm{T}}\boldsymbol{x}_i + b) \geqslant 1 . \tag{6.28}$$

当然, 在最大化间隔的同时, 不满足约束的样本应尽可能少. 于是, 优化目标可写为

$$\min_{\boldsymbol{w},b} \ \frac{1}{2}\|\boldsymbol{w}\|^2 + C\sum_{i=1}^{m}\ell_{0/1}\left(y_i\left(\boldsymbol{w}^{\mathrm{T}}\boldsymbol{x}_i + b\right) - 1\right) , \tag{6.29}$$

其中 $C > 0$ 是一个常数, $\ell_{0/1}$ 是 "0/1损失函数"

$$\ell_{0/1}(z) = \begin{cases} 1, & \text{if } z < 0; \\ 0, & \text{otherwise.} \end{cases} \tag{6.30}$$

显然, 当 C 为无穷大时, 式(6.29)迫使所有样本均满足约束(6.28), 于是式(6.29)等价于(6.6); 当 C 取有限值时, 式(6.29)允许一些样本不满足约束.

然而, $\ell_{0/1}$ 非凸、非连续, 数学性质不太好, 使得式(6.29)不易直接求解. 于是, 人们通常用其他一些函数来代替 $\ell_{0/1}$, 称为 "替代损失"(surrogate loss). 替代损失函数一般具有较好的数学性质, 如它们通常是凸的连续函数且是 $\ell_{0/1}$ 的上界. 图 6.5 给出了三种常用的替代损失函数:

对率损失是对率函数的变形, 对率函数参见 3.3 节.

对率损失函数通常表示为 $\ell_{\log}(\cdot)$, 因此式(6.33)把式(3.15)中的 $\ln(\cdot)$ 改写为 $\log(\cdot)$.

hinge 损失: $\ell_{\text{hinge}}(z) = \max(0, 1 - z)$; $\tag{6.31}$

指数损失(exponential loss): $\ell_{\exp}(z) = \exp(-z)$; $\tag{6.32}$

对率损失(logistic loss): $\ell_{\log}(z) = \log(1 + \exp(-z))$. $\tag{6.33}$

若采用 hinge 损失, 则式(6.29)变成

$$\min_{\boldsymbol{w},b} \ \frac{1}{2}\|\boldsymbol{w}\|^2 + C\sum_{i=1}^{m}\max\left(0, 1 - y_i\left(\boldsymbol{w}^{\mathrm{T}}\boldsymbol{x}_i + b\right)\right) . \tag{6.34}$$

引入 "松弛变量"(slack variables) $\xi_i \geqslant 0$, 可将式(6.34)重写为

$$\min_{\boldsymbol{w},b,\xi_i} \ \frac{1}{2}\|\boldsymbol{w}\|^2 + C\sum_{i=1}^{m}\xi_i \tag{6.35}$$

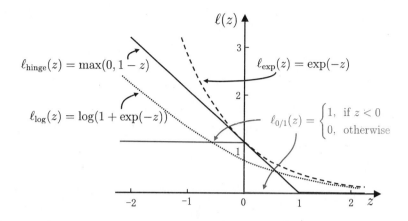

图 6.5 三种常见的替代损失函数: hinge损失、指数损失、对率损失

$$\text{s.t.} \quad y_i(\boldsymbol{w}^\mathrm{T}\boldsymbol{x}_i + b) \geqslant 1 - \xi_i$$

$$\xi_i \geqslant 0 \ , \ i = 1, 2, \ldots, m.$$

这就是常用的"软间隔支持向量机".

显然, 式(6.35)中每个样本都有一个对应的松弛变量, 用以表征该样本不满足约束(6.28)的程度. 但是, 与式(6.6)相似, 这仍是一个二次规划问题. 于是, 类似式(6.8), 通过拉格朗日乘子法可得到式(6.35)的拉格朗日函数

$$L(\boldsymbol{w}, b, \boldsymbol{\alpha}, \boldsymbol{\xi}, \boldsymbol{\mu}) = \frac{1}{2}\|\boldsymbol{w}\|^2 + C\sum_{i=1}^{m}\xi_i$$
$$+ \sum_{i=1}^{m}\alpha_i\left(1 - \xi_i - y_i\left(\boldsymbol{w}^\mathrm{T}\boldsymbol{x}_i + b\right)\right) - \sum_{i=1}^{m}\mu_i\xi_i \ , \quad (6.36)$$

其中 $\alpha_i \geqslant 0$, $\mu_i \geqslant 0$ 是拉格朗日乘子.

令 $L(\boldsymbol{w}, b, \boldsymbol{\alpha}, \boldsymbol{\xi}, \boldsymbol{\mu})$ 对 $\boldsymbol{w}$, b, ξ_i 的偏导为零可得

$$\boldsymbol{w} = \sum_{i=1}^{m}\alpha_i y_i \boldsymbol{x}_i \ , \quad (6.37)$$

$$0 = \sum_{i=1}^{m}\alpha_i y_i \ , \quad (6.38)$$

$$C = \alpha_i + \mu_i \ . \quad (6.39)$$

将式(6.37)–(6.39)代入式(6.36)即可得到式(6.35)的对偶问题

$$\max_{\boldsymbol{\alpha}} \quad \sum_{i=1}^{m} \alpha_i - \frac{1}{2} \sum_{i=1}^{m}\sum_{j=1}^{m} \alpha_i \alpha_j y_i y_j \boldsymbol{x}_i^{\mathrm{T}} \boldsymbol{x}_j \tag{6.40}$$

$$\text{s.t.} \quad \sum_{i=1}^{m} \alpha_i y_i = 0 \; ,$$

$$0 \leqslant \alpha_i \leqslant C \; , \quad i = 1, 2, \ldots, m \; .$$

将式(6.40)与硬间隔下的对偶问题(6.11)对比可看出, 两者唯一的差别就在于对偶变量的约束不同: 前者是 $0 \leqslant \alpha_i \leqslant C$, 后者是 $0 \leqslant \alpha_i$. 于是, 可采用 6.2 节中同样的算法求解式(6.40); 在引入核函数后能得到与式(6.24)同样的支持向量展式.

类似式(6.13), 对软间隔支持向量机, KKT 条件要求

$$\begin{cases} \alpha_i \geqslant 0 \; , \quad \mu_i \geqslant 0 \; , \\ y_i f(\boldsymbol{x}_i) - 1 + \xi_i \geqslant 0 \; , \\ \alpha_i \left(y_i f(\boldsymbol{x}_i) - 1 + \xi_i \right) = 0 \; , \\ \xi_i \geqslant 0 \; , \; \mu_i \xi_i = 0 \; . \end{cases} \tag{6.41}$$

于是, 对任意训练样本 $(\boldsymbol{x}_i, y_i)$, 总有 $\alpha_i = 0$ 或 $y_i f(\boldsymbol{x}_i) = 1 - \xi_i$. 若 $\alpha_i = 0$, 则该样本不会对 $f(\boldsymbol{x})$ 有任何影响; 若 $\alpha_i > 0$, 则必有 $y_i f(\boldsymbol{x}_i) = 1 - \xi_i$, 即该样本是支持向量: 由式(6.39) 可知, 若 $\alpha_i < C$, 则 $\mu_i > 0$, 进而有 $\xi_i = 0$, 即该样本恰在最大间隔边界上; 若 $\alpha_i = C$, 则有 $\mu_i = 0$, 此时若 $\xi_i \leqslant 1$ 则该样本落在最大间隔内部, 若 $\xi_i > 1$ 则该样本被错误分类. 由此可看出, 软间隔支持向量机的最终模型仅与支持向量有关, 即通过采用 hinge 损失函数仍保持了稀疏性.

那么, 能否对式(6.29)使用其他的替代损失函数呢?

可以发现, 如果使用对率损失函数 $\ell_{\log}$ 来替代式(6.29)中的 0/1 损失函数, 则几乎就得到了对率回归模型(3.27). 实际上, 支持向量机与对率回归的优化目标相近, 通常情形下它们的性能也相当. 对率回归的优势主要在于其输出具有自然的概率意义, 即在给出预测标记的同时也给出了概率, 而支持向量机的输出不具有概率意义, 欲得到概率输出需进行特殊处理 [Platt, 2000]; 此外, 对率回归能直接用于多分类任务, 支持向量机为此则需进行推广[Hsu and Lin, 2002]. 另一方面, 从图 6.5 可看出, hinge 损失有一块"平坦"的零区域, 这使

得支持向量机的解具有稀疏性, 而对率损失是光滑的单调递减函数, 不能导出类似支持向量的概念, 因此对率回归的解依赖于更多的训练样本, 其预测开销更大.

我们还可以把式(6.29)中的 0/1 损失函数换成别的替代损失函数以得到其他学习模型, 这些模型的性质与所用的替代函数直接相关, 但它们具有一个共性: 优化目标中的第一项用来描述划分超平面的 "间隔" 大小, 另一项 $\sum_{i=1}^{m} \ell(f(\boldsymbol{x}_i), y_i)$ 用来表述训练集上的误差, 可写为更一般的形式

传统意义上的 "结构风险" 是指引入模型结构因素后的总体风险(或许更宜译为 "带结构风险"), 本书则是指总体风险中直接对应于模型结构因素的部分, 这样从字面上更直观, 或有助于理解其与机器学习中其他内容间的联系. 参见 p.160.

$$\min_{f} \ \Omega(f) + C \sum_{i=1}^{m} \ell(f(\boldsymbol{x}_i), y_i), \tag{6.42}$$

其中 $\Omega(f)$ 称为 "结构风险" (structural risk), 用于描述模型 f 的某些性质; 第二项 $\sum_{i=1}^{m} \ell(f(\boldsymbol{x}_i), y_i)$ 称为 "经验风险" (empirical risk), 用于描述模型与训练数据的契合程度; C 用于对二者进行折中. 从经验风险最小化的角度来看, $\Omega(f)$ 表述了我们希望获得具有何种性质的模型(例如希望获得复杂度较小的模型), 这为引入领域知识和用户意图提供了途径; 另一方面, 该信息有助于削减假设空间, 从而降低了最小化训练误差的过拟合风险. 从这个角度来说, 式(6.42)称为 "正则化" (regularization)问题, $\Omega(f)$ 称为正则化项, C 则称为正则化常数. L_p 范数 (norm) 是常用的正则化项, 其中 L_2 范数 $\|\boldsymbol{w}\|_2$ 倾向于 $\boldsymbol{w}$ 的分量取值尽

正则化可理解为一种 "罚函数法", 即对不希望得到的结果施以惩罚, 从而使得优化过程趋向于希望目标. 从贝叶斯估计的角度来看, 正则化项可认为是提供了模型的先验概率.

参见 11.4 节.

量均衡, 即非零分量个数尽量稠密, 而 L_0 范数 $\|\boldsymbol{w}\|_0$ 和 L_1 范数 $\|\boldsymbol{w}\|_1$ 则倾向于 $\boldsymbol{w}$ 的分量尽量稀疏, 即非零分量个数尽量少.

6.5 支持向量回归

现在我们来考虑回归问题. 给定训练样本 $D = \{(\boldsymbol{x}_1, y_1), (\boldsymbol{x}_2, y_2), \ldots, (\boldsymbol{x}_m, y_m)\}$, $y_i \in \mathbb{R}$, 希望学得一个形如式(6.7)的回归模型, 使得 $f(\boldsymbol{x})$ 与 y 尽可能接近, $\boldsymbol{w}$ 和 b 是待确定的模型参数.

对样本 $(\boldsymbol{x}, y)$, 传统回归模型通常直接基于模型输出 $f(\boldsymbol{x})$ 与真实输出 y 之间的差别来计算损失, 当且仅当 $f(\boldsymbol{x})$ 与 y 完全相同时, 损失才为零. 与此不同, 支持向量回归(Support Vector Regression, 简称 SVR)假设我们能容忍 $f(\boldsymbol{x})$ 与 y 之间最多有 ϵ 的偏差, 即仅当 $f(\boldsymbol{x})$ 与 y 之间的差别绝对值大于 ϵ 时才计算损失. 如图 6.6 所示, 这相当于以 $f(\boldsymbol{x})$ 为中心, 构建了一个宽度为 2ϵ 的间隔带, 若训练样本落入此间隔带, 则认为是被预测正确的.

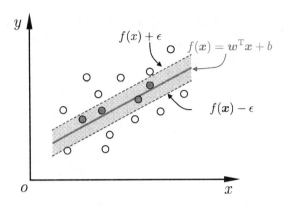

图 6.6 支持向量回归示意图. 红色显示出 ϵ-间隔带, 落入其中的样本不计算损失.

于是, SVR 问题可形式化为

$$\min_{\boldsymbol{w},b}\ \frac{1}{2}\|\boldsymbol{w}\|^2 + C\sum_{i=1}^{m}\ell_\epsilon(f(\boldsymbol{x}_i) - y_i)\ , \tag{6.43}$$

其中 C 为正则化常数, ℓ_ϵ 是图 6.7 所示的 ϵ-不敏感损失 (ϵ-insensitive loss) 函数

$$\ell_\epsilon(z) = \begin{cases} 0, & \text{if } |z| \leqslant \epsilon\ ; \\ |z| - \epsilon, & \text{otherwise.} \end{cases} \tag{6.44}$$

间隔带两侧的松弛程度
可有所不同.

引入松弛变量 ξ_i 和 $\hat{\xi}_i$, 可将式(6.43)重写为

$$\min_{\boldsymbol{w},b,\xi_i,\hat{\xi}_i}\ \frac{1}{2}\|\boldsymbol{w}\|^2 + C\sum_{i=1}^{m}(\xi_i + \hat{\xi}_i) \tag{6.45}$$

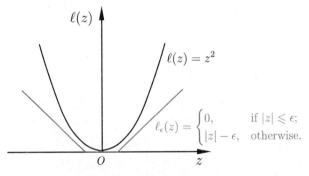

图 6.7 ϵ-不敏感损失函数

$$\text{s.t.} \quad f(\boldsymbol{x}_i) - y_i \leqslant \epsilon + \xi_i \ ,$$

$$y_i - f(\boldsymbol{x}_i) \leqslant \epsilon + \hat{\xi}_i \ ,$$

$$\xi_i \geqslant 0, \ \hat{\xi}_i \geqslant 0 \ , \ i = 1, 2, \ldots, m.$$

类似式(6.36), 通过引入拉格朗日乘子 $\mu_i \geqslant 0$, $\hat{\mu}_i \geqslant 0$, $\alpha_i \geqslant 0$, $\hat{\alpha}_i \geqslant 0$, 由拉格朗日乘子法可得到式(6.45)的拉格朗日函数

$$L(\boldsymbol{w}, b, \boldsymbol{\alpha}, \hat{\boldsymbol{\alpha}}, \boldsymbol{\xi}, \hat{\boldsymbol{\xi}}, \boldsymbol{\mu}, \hat{\boldsymbol{\mu}})$$

$$= \frac{1}{2}\|\boldsymbol{w}\|^2 + C\sum_{i=1}^{m}(\xi_i + \hat{\xi}_i) - \sum_{i=1}^{m}\mu_i\xi_i - \sum_{i=1}^{m}\hat{\mu}_i\hat{\xi}_i$$

$$+ \sum_{i=1}^{m}\alpha_i\big(f(\boldsymbol{x}_i) - y_i - \epsilon - \xi_i\big) + \sum_{i=1}^{m}\hat{\alpha}_i\big(y_i - f(\boldsymbol{x}_i) - \epsilon - \hat{\xi}_i\big) \ . \tag{6.46}$$

将式(6.7)代入, 再令 $L(\boldsymbol{w}, b, \boldsymbol{\alpha}, \hat{\boldsymbol{\alpha}}, \boldsymbol{\xi}, \hat{\boldsymbol{\xi}}, \boldsymbol{\mu}, \hat{\boldsymbol{\mu}})$ 对 $\boldsymbol{w}$, b, ξ_i 和 $\hat{\xi}_i$ 的偏导为零可得

$$\boldsymbol{w} = \sum_{i=1}^{m}(\hat{\alpha}_i - \alpha_i)\boldsymbol{x}_i \ , \tag{6.47}$$

$$0 = \sum_{i=1}^{m}(\hat{\alpha}_i - \alpha_i) \ , \tag{6.48}$$

$$C = \alpha_i + \mu_i \ , \tag{6.49}$$

$$C = \hat{\alpha}_i + \hat{\mu}_i \ . \tag{6.50}$$

将式(6.47)–(6.50)代入式(6.46), 即可得到 SVR 的对偶问题

$$\max_{\boldsymbol{\alpha}, \hat{\boldsymbol{\alpha}}} \quad \sum_{i=1}^{m} y_i(\hat{\alpha}_i - \alpha_i) - \epsilon(\hat{\alpha}_i + \alpha_i) \tag{6.51}$$

$$- \frac{1}{2}\sum_{i=1}^{m}\sum_{j=1}^{m}(\hat{\alpha}_i - \alpha_i)(\hat{\alpha}_j - \alpha_j)\boldsymbol{x}_i^{\mathrm{T}}\boldsymbol{x}_j$$

$$\text{s.t.} \quad \sum_{i=1}^{m}(\hat{\alpha}_i - \alpha_i) = 0 \ ,$$

$$0 \leqslant \alpha_i, \hat{\alpha}_i \leqslant C \ .$$

上述过程中需满足 KKT 条件, 即要求

$$\begin{cases} \alpha_i(f(\boldsymbol{x}_i) - y_i - \epsilon - \xi_i) = 0 \,, \\ \hat{\alpha}_i(y_i - f(\boldsymbol{x}_i) - \epsilon - \hat{\xi}_i) = 0 \,, \\ \alpha_i \hat{\alpha}_i = 0 \,, \ \xi_i \hat{\xi}_i = 0 \,, \\ (C - \alpha_i)\xi_i = 0 \,, \ (C - \hat{\alpha}_i)\hat{\xi}_i = 0 \,. \end{cases} \tag{6.52}$$

可以看出, 当且仅当 $f(\boldsymbol{x}_i) - y_i - \epsilon - \xi_i = 0$ 时 α_i 能取非零值, 当且仅当 $y_i - f(\boldsymbol{x}_i) - \epsilon - \hat{\xi}_i = 0$ 时 $\hat{\alpha}_i$ 能取非零值. 换言之, 仅当样本 $(\boldsymbol{x}_i, y_i)$ 不落入 ϵ-间隔带中, 相应的 α_i 和 $\hat{\alpha}_i$ 才能取非零值. 此外, 约束 $f(\boldsymbol{x}_i) - y_i - \epsilon - \xi_i = 0$ 和 $y_i - f(\boldsymbol{x}_i) - \epsilon - \hat{\xi}_i = 0$ 不能同时成立, 因此 α_i 和 $\hat{\alpha}_i$ 中至少有一个为零.

将式(6.47)代入(6.7), 则 SVR 的解形如

$$f(\boldsymbol{x}) = \sum_{i=1}^{m} (\hat{\alpha}_i - \alpha_i)\boldsymbol{x}_i^{\mathrm{T}}\boldsymbol{x} + b \,. \tag{6.53}$$

落在 ϵ-间隔带中的样本都满足 $\alpha_i = 0$ 且 $\hat{\alpha}_i = 0$.

能使式(6.53)中的 $(\hat{\alpha}_i - \alpha_i) \neq 0$ 的样本即为 SVR 的支持向量, 它们必落在 ϵ-间隔带之外. 显然, SVR 的支持向量仅是训练样本的一部分, 即其解仍具有稀疏性.

由 KKT 条件(6.52)可看出, 对每个样本 $(\boldsymbol{x}_i, y_i)$ 都有 $(C - \alpha_i)\xi_i = 0$ 且 $\alpha_i(f(\boldsymbol{x}_i) - y_i - \epsilon - \xi_i) = 0$. 于是, 在得到 α_i 后, 若 $0 < \alpha_i < C$, 则必有 $\xi_i = 0$, 进而有

$$b = y_i + \epsilon - \sum_{j=1}^{m} (\hat{\alpha}_j - \alpha_j)\boldsymbol{x}_j^{\mathrm{T}}\boldsymbol{x}_i \,. \tag{6.54}$$

因此, 在求解式(6.51)得到 α_i 后, 理论上来说, 可任意选取满足 $0 < \alpha_i < C$ 的样本通过式(6.54)求得 b. 实践中常采用一种更鲁棒的办法: 选取多个(或所有)满足条件 $0 < \alpha_i < C$ 的样本求解 b 后取平均值.

若考虑特征映射形式(6.19), 则相应的, 式(6.47)将形如

$$\boldsymbol{w} = \sum_{i=1}^{m} (\hat{\alpha}_i - \alpha_i)\phi(\boldsymbol{x}_i) \,. \tag{6.55}$$

将式(6.55)代入(6.19), 则 SVR 可表示为

$$f(\boldsymbol{x}) = \sum_{i=1}^{m} (\hat{\alpha}_i - \alpha_i)\kappa(\boldsymbol{x}, \boldsymbol{x}_i) + b \,, \tag{6.56}$$

其中 $\kappa(\boldsymbol{x}_i, \boldsymbol{x}_j) = \phi(\boldsymbol{x}_i)^{\mathrm{T}}\phi(\boldsymbol{x}_j)$ 为核函数.

6.6 核方法

回顾式(6.24)和(6.56)可发现, 给定训练样本 $\{(\boldsymbol{x}_1, y_1), (\boldsymbol{x}_2, y_2), \ldots,$ $(\boldsymbol{x}_m, y_m)\}$, 若不考虑偏移项 b, 则无论 SVM 还是 SVR, 学得的模型总能表示成核函数 $\kappa(\boldsymbol{x}, \boldsymbol{x}_i)$ 的线性组合. 不仅如此, 事实上我们有下面这个称为"表示定理"(representer theorem)的更一般的结论:

证明参阅 [Schölkopf and Smola, 2002], 其中用到了关于实对称矩阵正定性充要条件的 Mercer 定理.

定理 6.2 (表示定理) 令 $\mathbb{H}$ 为核函数 κ 对应的再生核希尔伯特空间, $\|h\|_{\mathbb{H}}$ 表示 $\mathbb{H}$ 空间中关于 h 的范数, 对于任意单调递增函数 $\Omega : [0, \infty] \mapsto \mathbb{R}$ 和任意非负损失函数 $\ell : \mathbb{R}^m \mapsto [0, \infty]$, 优化问题

$$\min_{h \in \mathbb{H}} \quad F(h) = \Omega(\|h\|_{\mathbb{H}}) + \ell(h(\boldsymbol{x}_1), h(\boldsymbol{x}_2), \ldots, h(\boldsymbol{x}_m)) \tag{6.57}$$

的解总可写为

$$h^*(\boldsymbol{x}) = \sum_{i=1}^{m} \alpha_i \kappa(\boldsymbol{x}, \boldsymbol{x}_i) \,. \tag{6.58}$$

表示定理对损失函数没有限制, 对正则化项 Ω 仅要求单调递增, 甚至不要求 Ω 是凸函数, 意味着对于一般的损失函数和正则化项, 优化问题(6.57)的最优解 $h^*(\boldsymbol{x})$ 都可表示为核函数 $\kappa(\boldsymbol{x}, \boldsymbol{x}_i)$ 的线性组合; 这显示出核函数的巨大威力.

人们发展出一系列基于核函数的学习方法, 统称为"核方法"(kernel methods). 最常见的, 是通过"核化"(即引入核函数)来将线性学习器拓展为非线性学习器. 下面我们以线性判别分析为例来演示如何通过核化来对其进行非线性拓展, 从而得到"核线性判别分析"(Kernelized Linear Discriminant Analysis, 简称 KLDA).

线性判别分析见 3.4 节.

我们先假设可通过某种映射 $\phi : \mathcal{X} \mapsto \mathbb{F}$ 将样本映射到一个特征空间 $\mathbb{F}$, 然后在 $\mathbb{F}$ 中执行线性判别分析, 以求得

$$h(\boldsymbol{x}) = \boldsymbol{w}^{\mathrm{T}}\phi(\boldsymbol{x}) \,. \tag{6.59}$$

类似于式(3.35), KLDA 的学习目标是

$$\max_{\boldsymbol{w}} J(\boldsymbol{w}) = \frac{\boldsymbol{w}^{\mathrm{T}} \mathbf{S}_b^{\phi} \boldsymbol{w}}{\boldsymbol{w}^{\mathrm{T}} \mathbf{S}_w^{\phi} \boldsymbol{w}} \ , \tag{6.60}$$

其中 $\mathbf{S}_b^{\phi}$ 和 $\mathbf{S}_w^{\phi}$ 分别为训练样本在特征空间 $\mathbb{F}$ 中的类间散度矩阵和类内散度矩阵. 令 X_i 表示第 $i \in \{0,1\}$ 类样本的集合, 其样本数为 m_i; 总样本数 $m = m_0 + m_1$. 第 i 类样本在特征空间 $\mathbb{F}$ 中的均值为

$$\boldsymbol{\mu}_i^{\phi} = \frac{1}{m_i} \sum_{\boldsymbol{x} \in X_i} \phi(\boldsymbol{x}) \ , \tag{6.61}$$

两个散度矩阵分别为

$$\mathbf{S}_b^{\phi} = (\boldsymbol{\mu}_1^{\phi} - \boldsymbol{\mu}_0^{\phi})(\boldsymbol{\mu}_1^{\phi} - \boldsymbol{\mu}_0^{\phi})^{\mathrm{T}} \ ; \tag{6.62}$$

$$\mathbf{S}_w^{\phi} = \sum_{i=0}^{1} \sum_{\boldsymbol{x} \in X_i} \left(\phi(\boldsymbol{x}) - \boldsymbol{\mu}_i^{\phi}\right)\left(\phi(\boldsymbol{x}) - \boldsymbol{\mu}_i^{\phi}\right)^{\mathrm{T}} \ . \tag{6.63}$$

通常我们难以知道映射 ϕ 的具体形式, 因此使用核函数 $\kappa(\boldsymbol{x}, \boldsymbol{x}_i) = \phi(\boldsymbol{x}_i)^{\mathrm{T}} \phi(\boldsymbol{x})$ 来隐式地表达这个映射和特征空间 $\mathbb{F}$. 把 $J(\boldsymbol{w})$ 作为式(6.57)中的损失函数 ℓ, 再令 $\Omega \equiv 0$, 由表示定理, 函数 $h(\boldsymbol{x})$ 可写为

$$h(\boldsymbol{x}) = \sum_{i=1}^{m} \alpha_i \kappa(\boldsymbol{x}, \boldsymbol{x}_i) \ , \tag{6.64}$$

于是由式(6.59)可得

$$\boldsymbol{w} = \sum_{i=1}^{m} \alpha_i \phi(\boldsymbol{x}_i) \ . \tag{6.65}$$

令 $\mathbf{K} \in \mathbb{R}^{m \times m}$ 为核函数 κ 所对应的核矩阵, $(\mathbf{K})_{ij} = \kappa(\boldsymbol{x}_i, \boldsymbol{x}_j)$. 令 $\mathbf{1}_i \in \{1,0\}^{m \times 1}$ 为第 i 类样本的指示向量, 即 $\mathbf{1}_i$ 的第 j 个分量为 1 当且仅当 $\boldsymbol{x}_j \in X_i$, 否则 $\mathbf{1}_i$ 的第 j 个分量为 0. 再令

$$\hat{\boldsymbol{\mu}}_0 = \frac{1}{m_0} \mathbf{K} \mathbf{1}_0 \ , \tag{6.66}$$

$$\hat{\boldsymbol{\mu}}_1 = \frac{1}{m_1} \mathbf{K} \mathbf{1}_1 \ , \tag{6.67}$$

$$\mathbf{M} = (\hat{\boldsymbol{\mu}}_0 - \hat{\boldsymbol{\mu}}_1)(\hat{\boldsymbol{\mu}}_0 - \hat{\boldsymbol{\mu}}_1)^{\mathrm{T}} \ , \tag{6.68}$$

$$\mathbf{N} = \mathbf{K}\mathbf{K}^{\mathrm{T}} - \sum_{i=0}^{1} m_i \hat{\boldsymbol{\mu}}_i \hat{\boldsymbol{\mu}}_i^{\mathrm{T}} . \tag{6.69}$$

于是, 式(6.60)等价为

$$\max_{\boldsymbol{\alpha}} J(\boldsymbol{\alpha}) = \frac{\boldsymbol{\alpha}^{\mathrm{T}}\mathbf{M}\boldsymbol{\alpha}}{\boldsymbol{\alpha}^{\mathrm{T}}\mathbf{N}\boldsymbol{\alpha}} . \tag{6.70}$$

求解方法参见 3.4 节.

　　显然, 使用线性判别分析求解方法即可得到 $\boldsymbol{\alpha}$, 进而可由式(6.64)得到投影函数 $h(\boldsymbol{x})$.

6.7 阅读材料

线性核 SVM 迄今仍是文本分类的首选技术. 一个重要原因可能是: 若将每个单词作为文本数据的一个属性, 则该属性空间维数很高, 冗余度很大, 其描述能力足以将不同文档 "打散". 关于打散, 参见 12.4 节.

　　支持向量机于 1995 年正式发表 [Cortes and Vapnik, 1995], 由于在文本分类任务中显示出卓越性能 [Joachims, 1998], 很快成为机器学习的主流技术, 并直接掀起了 "统计学习"(statistical learning)在 2000 年前后的高潮. 但实际上, 支持向量的概念早在二十世纪六十年代就已出现, 统计学习理论在七十年代就已成型. 对核函数的研究更早, Mercer 定理 [Cristianini and Shawe-Taylor, 2000] 可追溯到 1909 年, RKHS 则在四十年代就已被研究, 但在统计学习兴起后, 核技巧才真正成为机器学习的通用基本技术. 关于支持向量机和核方法有很多专门书籍和介绍性文章 [Cristianini and Shawe-Taylor, 2000; Burges, 1998; 邓乃扬 与 田英杰, 2009; Schölkopf et al., 1999; Schölkopf and Smola, 2002], 统计学习理论则可参阅 [Vapnik, 1995, 1998, 1999].

m 是样本个数.

　　支持向量机的求解通常是借助于凸优化技术 [Boyd and Vandenberghe, 2004]. 如何提高效率, 使 SVM 能适用于大规模数据一直是研究重点. 对线性核 SVM 已有很多成果, 例如基于割平面法(cutting plane algorithm)的 SVM^{perf} 具有线性复杂度 [Joachims, 2006], 基于随机梯度下降的 Pegasos 速度甚至更快 [Shalev-Shwartz et al., 2011], 而坐标下降法则在稀疏数据上有很高的效率 [Hsieh et al., 2008]. 非线性核 SVM 的时间复杂度在理论上不可能低于 $O(m^2)$, 因此研究重点是设计快速近似算法, 如基于采样的 CVM [Tsang et al., 2006]、基于低秩逼近的 Nyström 方法 [Williams and Seeger, 2001]、基于随机傅里叶特征的方法 [Rahimi and Recht, 2007]等. 最近有研究显示, 当核矩阵特征值有很大差别时, Nyström 方法往往优于随机傅里叶特征方法 [Yang et al., 2012].

　　支持向量机是针对二分类任务设计的, 对多分类任务要进行专门的推广 [Hsu and Lin, 2002], 对带结构输出的任务也已有相应的算法 [Tsochantaridis et al., 2005]. 支持向量回归的研究始于 [Drucker et al., 1997], [Smola and Schölkopf, 2004] 给出了一个较为全面的介绍.

核函数直接决定了支持向量机与核方法的最终性能, 但遗憾的是, 核函数的选择是一个未决问题. 多核学习(multiple kernel learning) 使用多个核函数并通过学习获得其最优凸组合作为最终的核函数 [Lanckriet et al., 2004; Bach et al., 2004], 这实际上是在借助集成学习机制.

替代损失函数在机器学习中被广泛使用. 但是, 通过求解替代损失函数得到的是否仍是原问题的解? 这在理论上称为替代损失的"一致性"(consistency)问题. [Vapnik and Chervonenkis, 1991] 给出了基于替代损失进行经验风险最小化的一致性充要条件, [Zhang, 2004] 证明了几种常见凸替代损失函数的一致性.

SVM 已有很多软件包, 比较著名的有 LIBSVM [Chang and Lin, 2011] 和 LIBLINEAR [Fan et al., 2008] 等.

集成学习参见第 8 章.

一致性亦称"相合性".

习题

LIBSVM 见 http://www.csie.ntu.edu.tw/~cjlin/libsvm/.

西瓜数据集 3.0α 见 p.89 的表 4.5.

UCI 数据集见 http://archive.ics.uci.edu/ml/.

6.1 试证明样本空间中任意点 x 到超平面 (w, b) 的距离为式(6.2).

6.2 试使用 LIBSVM, 在西瓜数据集 3.0α 上分别用线性核和高斯核训练一个 SVM, 并比较其支持向量的差别.

6.3 选择两个 UCI 数据集, 分别用线性核和高斯核训练一个 SVM, 并与 BP 神经网络和 C4.5 决策树进行实验比较.

6.4 试讨论线性判别分析与线性核支持向量机在何种条件下等价.

6.5 试述高斯核 SVM 与 RBF 神经网络之间的联系.

6.6 试析 SVM 对噪声敏感的原因.

6.7 试给出式(6.52)的完整 KKT 条件.

6.8 以西瓜数据集 3.0α 的 "密度" 为输入, "含糖率" 为输出, 试使用 LIBSVM 训练一个 SVR.

6.9 试使用核技巧推广对率回归, 产生 "核对率回归".

6.10* 试设计一个能显著减少 SVM 中支持向量的数目而不显著降低泛化性能的方法.

参考文献

邓乃扬 与 田英杰. (2009). 支持向量机: 理论、算法与拓展. 科学出版社, 北京.

Bach, R. R., G. R. G. Lanckriet, and M. I. Jordan. (2004). "Multiple kernel learning, conic duality, and the SMO algorithm." In *Proceedings of the 21st International Conference on Machine Learning (ICML)*, 6–13, Banff, Canada.

Boyd, S. and L. Vandenberghe. (2004). *Convex Optimization.* Cambridge University Press, Cambridge, UK.

Burges, C. J. C. (1998). "A tutorial on support vector machines for pattern recognition." *Data Mining and Knowledge Discovery*, 2(1):121–167.

Chang, C.-C. and C.-J. Lin. (2011). "LIBSVM: A library for support vector machines." *ACM Transactions on Intelligent Systems and Technology*, 2(3): 27.

Cortes, C. and V. N. Vapnik. (1995). "Support vector networks." *Machine Learning*, 20(3):273–297.

Cristianini, N. and J. Shawe-Taylor. (2000). *An Introduction to Support Vector Machines and Other Kernel-Based Learning Methods.* Cambridge University Press, Cambridge, UK.

Drucker, H., C. J. C. Burges, L. Kaufman, A. J. Smola, and V. Vapnik. (1997). "Support vector regression machines." In *Advances in Neural Information Processing Systems 9 (NIPS)* (M. C. Mozer, M. I. Jordan, and T. Petsche, eds.), 155–161, MIT Press, Cambridge, MA.

Fan, R.-E., K.-W. Chang, C.-J. Hsieh, X.-R. Wang, and C.-J. Lin. (2008). "LIBLINEAR: A library for large linear classification." *Journal of Machine Learning Research*, 9:1871–1874.

Hsieh, C.-J., K.-W. Chang, C.-J. Lin, S. S. Keerthi, and S. Sundararajan. (2008). "A dual coordinate descent method for large-scale linear SVM." In *Proceedings of the 25th International Conference on Machine Learning (ICML)*, 408–415, Helsinki, Finland.

Hsu, C.-W. and C.-J. Lin. (2002). "A comparison of methods for multi-class support vector machines." *IEEE Transactions on Neural Networks*, 13(2): 415–425.

Joachims, T. (1998). "Text classification with support vector machines: Learning with many relevant features." In *Proceedings of the 10th European Conference on Machine Learning (ECML)*, 137–142, Chemnitz, Germany.

Joachims, T. (2006). "Training linear SVMs in linear time." In *Proceedings of the 12th ACM SIGKDD International Conference on Knowledge Discovery and Data Mining (KDD)*, 217–226, Philadelphia, PA.

Lanckriet, G. R. G., N. Cristianini, and M. I. Jordan P. Bartlett, L. El Ghaoui. (2004). "Learning the kernel matrix with semidefinite programming." *Journal of Machine Learning Research*, 5:27–72.

Osuna, E., R. Freund, and F. Girosi. (1997). "An improved training algorithm for support vector machines." In *Proceedings of the IEEE Workshop on Neural Networks for Signal Processing (NNSP)*, 276–285, Amelia Island, FL.

Platt, J. (1998). "Sequential minimal optimization: A fast algorithm for training support vector machines." Technical Report MSR-TR-98-14, Microsoft Research.

Platt, J. (2000). "Probabilities for (SV) machines." In *Advances in Large Margin Classifiers* (A. Smola, P. Bartlett, B. Schölkopf, and D. Schuurmans, eds.), 61–74, MIT Press, Cambridge, MA.

Rahimi, A. and B. Recht. (2007). "Random features for large-scale kernel machines." In *Advances in Neural Information Processing Systems 20 (NIPS)* (J.C. Platt, D. Koller, Y. Singer, and S. Roweis, eds.), 1177–1184, MIT Press, Cambridge, MA.

Schölkopf, B., C. J. C. Burges, and A. J. Smola, eds. (1999). *Advances in Kernel Methods: Support Vector Learning.* MIT Press, Cambridge, MA.

Schölkopf, B. and A. J. Smola, eds. (2002). *Learning with Kernels: Support Vector Machines, Regularization, Optimization and Beyond.* MIT Press, Cambridge, MA.

Shalev-Shwartz, S., Y. Singer, N. Srebro, and A. Cotter. (2011). "Pegasos: Primal estimated sub-gradient solver for SVM." *Mathematical Programming*, 127(1):3–30.

Smola, A. J. and B. Schölkopf. (2004). "A tutorial on support vector regression." *Statistics and Computing*, 14(3):199–222.

Tsang, I. W., J. T. Kwok, and P. Cheung. (2006). "Core vector machines: Fast SVM training on very large data sets." *Journal of Machine Learning Research*, 6:363–392.

Tsochantaridis, I., T. Joachims, T. Hofmann, and Y. Altun. (2005). "Large margin methods for structured and interdependent output variables." *Journal of Machine Learning Research*, 6:1453–1484.

Vapnik, V. N. (1995). *The Nature of Statistical Learning Theory*. Springer, New York, NY.

Vapnik, V. N. (1998). *Statistical Learning Theory*. Wiley, New York, NY.

Vapnik, V. N. (1999). "An overview of statistical learning theory." *IEEE Transactions on Neural Networks*, 10(5):988–999.

Vapnik, V. N. and A. J. Chervonenkis. (1991). "The necessary and sufficient conditions for consistency of the method of empirical risk." *Pattern Recognition and Image Analysis*, 1(3):284–305.

Williams, C. K. and M. Seeger. (2001). "Using the Nyström method to speed up kernel machines." In *Advances in Neural Information Processing Systems 13 (NIPS)* (T. K. Leen, T. G. Dietterich, and V. Tresp, eds.), 682–688, MIT Press, Cambridge, MA.

Yang, T.-B., Y.-F. Li, M. Mahdavi, R. Jin, and Z.-H. Zhou. (2012), "Nyström method vs random Fourier features: A theoretical and empirical comparison." In *Advances in Neural Information Processing Systems 25 (NIPS)* (P. Bartlett, F. C. N. Pereira, C. J. C. Burges, L. Bottou, and K. Q. Weinberger, eds.), 485–493, MIT Press, Cambridge, MA.

Zhang, T. (2004). "Statistical behavior and consistency of classification methods based on convex risk minimization (with discussion)." *Annals of Statistics*, 32(5):56–85.

休息一会儿

小故事: 统计学习理论之父弗拉基米尔·瓦普尼克

弗拉基米尔·瓦普尼克 (Vladimir N. Vapnik, 1936—   ) 是杰出的数学家、统计学家、计算机科学家. 他出生于苏联, 1958 年在乌兹别克国立大学获数学硕士学位, 1964 年在莫斯科控制科学学院获统计学博士学位, 此后一直在该校工作并担任计算机系主任. 1990 年(苏联解体的前一年)他离开苏联来到新泽西州的美国电话电报公司贝尔实验室工作, 1995 年发表了最初的 SVM 文章. 当时神经网络正当红, 因此这篇文章被权威期刊 *Machine Learning* 要求以 "支持向量网络" 的名义发表.

实际上, 瓦普尼克在 1963 年就已提出了支持向量的概念, 1968 年他与另一位苏联数学家 A. Chervonenkis 提出了以他们两人的姓氏命名的 "VC 维", 1974 年又提出了结构风险最小化原则, 使得统计学习理论在二十世纪七十年代就已成型. 但这些工作主要是以俄文发表的, 直到瓦普尼克随着东欧剧变和苏联解体导致的苏联科学家移民潮来到美国, 这方面的研究才在西方学术界引起重视, 统计学习理论、支持向量机、核方法在二十世纪末大红大紫.

瓦普尼克 2002 年离开美国电话电报公司加入普林斯顿的 NEC 实验室, 2014 年加盟脸书(Facebook)公司人工智能实验室. 1995 年之后他还在伦敦大学、哥伦比亚大学等校任教授. 据说瓦普尼克在苏联根据一本字典自学了英语及其发音. 他有一句名言被广为传诵: "*Nothing is more practical than a good theory.*"

SVM 的确与神经网络有密切联系: 若将隐层神经元数设置为训练样本数, 且每个训练样本对应一个神经元中心, 则以高斯径向基函数为激活函数的 RBF 网络(参见 5.5.1 节)恰与高斯核 SVM 的预测函数相同.

第 7 章 贝叶斯分类器

7.1 贝叶斯决策论

贝叶斯决策论(Bayesian decision theory)是概率框架下实施决策的基本方法. 对分类任务来说, 在所有相关概率都已知的理想情形下, 贝叶斯决策论考虑如何基于这些概率和误判损失来选择最优的类别标记. 下面我们以多分类任务为例来解释其基本原理.

假设有 N 种可能的类别标记, 即 $\mathcal{Y} = \{c_1, c_2, \ldots, c_N\}$, λ_{ij} 是将一个真实标记为 c_j 的样本误分类为 c_i 所产生的损失. 基于后验概率 $P(c_i \mid \boldsymbol{x})$ 可获得将样本 $\boldsymbol{x}$ 分类为 c_i 所产生的期望损失(expected loss), 即在样本 $\boldsymbol{x}$ 上的 "条件风险" (conditional risk)

决策论中将 "期望损失" 称为 "风险" (risk).

$$R(c_i \mid \boldsymbol{x}) = \sum_{j=1}^{N} \lambda_{ij} P(c_j \mid \boldsymbol{x}) . \tag{7.1}$$

我们的任务是寻找一个判定准则 $h : \mathcal{X} \mapsto \mathcal{Y}$ 以最小化总体风险

$$R(h) = \mathbb{E}_{\boldsymbol{x}} \big[R(h(\boldsymbol{x}) \mid \boldsymbol{x}) \big] . \tag{7.2}$$

显然, 对每个样本 $\boldsymbol{x}$, 若 h 能最小化条件风险 $R(h(\boldsymbol{x}) \mid \boldsymbol{x})$, 则总体风险 $R(h)$ 也将被最小化. 这就产生了贝叶斯判定准则(Bayes decision rule): 为最小化总体风险, 只需在每个样本上选择那个能使条件风险 $R(c \mid \boldsymbol{x})$ 最小的类别标记, 即

$$h^*(\boldsymbol{x}) = \underset{c \in \mathcal{Y}}{\arg\min}\, R(c \mid \boldsymbol{x}) , \tag{7.3}$$

此时, h^* 称为贝叶斯最优分类器(Bayes optimal classifier), 与之对应的总体风险 $R(h^*)$ 称为贝叶斯风险(Bayes risk). $1 - R(h^*)$ 反映了分类器所能达到的最好性能, 即通过机器学习所能产生的模型精度的理论上限.

具体来说, 若目标是最小化分类错误率, 则误判损失 λ_{ij} 可写为

错误率对应于 0/1 损失函数, 参见第 6 章.

$$\lambda_{ij} = \begin{cases} 0, & \text{if } i = j ; \\ 1, & \text{otherwise,} \end{cases} \tag{7.4}$$

此时条件风险

$$R(c \mid \boldsymbol{x}) = 1 - P(c \mid \boldsymbol{x}) , \tag{7.5}$$

于是, 最小化分类错误率的贝叶斯最优分类器为

$$h^*(\boldsymbol{x}) = \underset{c \in \mathcal{Y}}{\arg\max}\, P(c \mid \boldsymbol{x}) , \tag{7.6}$$

即对每个样本 $\boldsymbol{x}$, 选择能使后验概率 $P(c \mid \boldsymbol{x})$ 最大的类别标记.

注意, 这只是从概率框架的角度来理解机器学习; 事实上很多机器学习技术无须准确估计出后验概率就能准确进行分类.

不难看出, 欲使用贝叶斯判定准则来最小化决策风险, 首先要获得后验概率 $P(c \mid \boldsymbol{x})$. 然而, 在现实任务中这通常难以直接获得. 从这个角度来看, 机器学习所要实现的是基于有限的训练样本集尽可能准确地估计出后验概率 $P(c \mid \boldsymbol{x})$. 大体来说, 主要有两种策略: 给定 $\boldsymbol{x}$, 可通过直接建模 $P(c \mid \boldsymbol{x})$ 来预测 c, 这样得到的是 "判别式模型" (discriminative models); 也可先对联合概率分布 $P(\boldsymbol{x}, c)$ 建模, 然后再由此获得 $P(c \mid \boldsymbol{x})$, 这样得到的是 "生成式模型" (generative models). 显然, 前面介绍的决策树、BP 神经网络、支持向量机等, 都可归入判别式模型的范畴. 对生成式模型来说, 必然考虑

$$P(c \mid \boldsymbol{x}) = \frac{P(\boldsymbol{x}, c)}{P(\boldsymbol{x})} . \tag{7.7}$$

基于贝叶斯定理, $P(c \mid \boldsymbol{x})$ 可写为

$$P(c \mid \boldsymbol{x}) = \frac{P(c)\, P(\boldsymbol{x} \mid c)}{P(\boldsymbol{x})} , \tag{7.8}$$

其中, $P(c)$ 是类 "先验" (prior)概率; $P(\boldsymbol{x} \mid c)$ 是样本 $\boldsymbol{x}$ 相对于类标记 c 的类条件概率(class-conditional probability), 或称为 "似然" (likelihood); $P(\boldsymbol{x})$ 是用于归一化的 "证据" (evidence)因子. 对给定样本 $\boldsymbol{x}$, 证据因子 $P(\boldsymbol{x})$ 与类标记无关, 因此估计 $P(c \mid \boldsymbol{x})$ 的问题就转化为如何基于训练数据 D 来估计先验 $P(c)$ 和似然 $P(\boldsymbol{x} \mid c)$.

$P(\boldsymbol{x})$ 对所有类标记均相同.

为便于讨论, 我们假设所有属性均为离散型. 对连续属性, 可将概率质量函数 $P(\cdot)$ 换成概率密度函数 $p(\cdot)$.

类先验概率 $P(c)$ 表达了样本空间中各类样本所占的比例, 根据大数定律, 当训练集包含充足的独立同分布样本时, $P(c)$ 可通过各类样本出现的频率来进行估计.

对类条件概率 $P(\boldsymbol{x} \mid c)$ 来说, 由于它涉及关于 $\boldsymbol{x}$ 所有属性的联合概率, 直

参见 7.3 节.

接根据样本出现的频率来估计将会遇到严重的困难. 例如, 假设样本的 d 个属性都是二值的, 则样本空间将有 2^d 种可能的取值, 在现实应用中, 这个值往往远大于训练样本数 m, 也就是说, 很多样本取值在训练集中根本没有出现, 直接使用频率来估计 $P(\boldsymbol{x} \mid c)$ 显然不可行, 因为 "未被观测到" 与 "出现概率为零" 通常是不同的.

7.2 极大似然估计

连续分布下为概率密度函数 $p(\boldsymbol{x} \mid c)$.

估计类条件概率的一种常用策略是先假定其具有某种确定的概率分布形式, 再基于训练样本对概率分布的参数进行估计. 具体地, 记关于类别 c 的类条件概率为 $P(\boldsymbol{x} \mid c)$, 假设 $P(\boldsymbol{x} \mid c)$ 具有确定的形式并且被参数向量 $\boldsymbol{\theta}_c$ 唯一确定, 则我们的任务就是利用训练集 D 估计参数 $\boldsymbol{\theta}_c$. 为明确起见, 我们将 $P(\boldsymbol{x} \mid c)$ 记为 $P(\boldsymbol{x} \mid \boldsymbol{\theta}_c)$.

从二十世纪二三十年代开始出现了频率主义学派和贝叶斯学派的争论, 至今仍在继续. 两派在很多重要问题上观点不同, 甚至在对概率的基本解释上就有分歧. 有兴趣的读者可参阅 [Efron, 2005; Samaniego, 2010].

亦称 "极大似然法".

事实上, 概率模型的训练过程就是参数估计(parameter estimation)过程. 对于参数估计, 统计学界的两个学派分别提供了不同的解决方案: 频率主义学派(Frequentist)认为参数虽然未知, 但却是客观存在的固定值, 因此, 可通过优化似然函数等准则来确定参数值; 贝叶斯学派(Bayesian)则认为参数是未观察到的随机变量, 其本身也可有分布, 因此, 可假定参数服从一个先验分布, 然后基于观测到的数据来计算参数的后验分布. 本节介绍源自频率主义学派的极大似然估计(Maximum Likelihood Estimation, 简称 MLE), 这是根据数据采样来估计概率分布参数的经典方法.

令 D_c 表示训练集 D 中第 c 类样本组成的集合, 假设这些样本是独立同分布的, 则参数 $\boldsymbol{\theta}_c$ 对于数据集 D_c 的似然是

$$P(D_c \mid \boldsymbol{\theta}_c) = \prod_{\boldsymbol{x} \in D_c} P(\boldsymbol{x} \mid \boldsymbol{\theta}_c) . \tag{7.9}$$

对 $\boldsymbol{\theta}_c$ 进行极大似然估计, 就是去寻找能最大化似然 $P(D_c \mid \boldsymbol{\theta}_c)$ 的参数值 $\hat{\boldsymbol{\theta}}_c$. 直观上看, 极大似然估计是试图在 $\boldsymbol{\theta}_c$ 所有可能的取值中, 找到一个能使数据出现的 "可能性" 最大的值.

式(7.9)中的连乘操作易造成下溢, 通常使用对数似然(log-likelihood)

$$\begin{aligned} LL(\boldsymbol{\theta}_c) &= \log P(D_c \mid \boldsymbol{\theta}_c) \\ &= \sum_{\boldsymbol{x} \in D_c} \log P(\boldsymbol{x} \mid \boldsymbol{\theta}_c) , \end{aligned} \tag{7.10}$$

此时参数 $\boldsymbol{\theta}_c$ 的极大似然估计 $\hat{\boldsymbol{\theta}}_c$ 为

$$\hat{\boldsymbol{\theta}}_c = \underset{\boldsymbol{\theta}_c}{\arg\max}\ LL(\boldsymbol{\theta}_c)\ . \tag{7.11}$$

$\mathscr{N}$ 为正态分布, 参见附录 C.1.7.

例如, 在连续属性情形下, 假设概率密度函数 $p(\boldsymbol{x} \mid c) \sim \mathcal{N}(\boldsymbol{\mu}_c, \boldsymbol{\sigma}_c^2)$, 则参数 $\boldsymbol{\mu}_c$ 和 $\boldsymbol{\sigma}_c^2$ 的极大似然估计为

$$\hat{\boldsymbol{\mu}}_c = \frac{1}{|D_c|} \sum_{\boldsymbol{x} \in D_c} \boldsymbol{x}\ , \tag{7.12}$$

$$\hat{\boldsymbol{\sigma}}_c^2 = \frac{1}{|D_c|} \sum_{\boldsymbol{x} \in D_c} (\boldsymbol{x} - \hat{\boldsymbol{\mu}}_c)(\boldsymbol{x} - \hat{\boldsymbol{\mu}}_c)^{\mathrm{T}}\ . \tag{7.13}$$

也就是说, 通过极大似然法得到的正态分布均值就是样本均值, 方差就是 $(\boldsymbol{x} - \hat{\boldsymbol{\mu}}_c)(\boldsymbol{x} - \hat{\boldsymbol{\mu}}_c)^{\mathrm{T}}$ 的均值, 这显然是一个符合直觉的结果. 在离散属性情形下, 也可通过类似的方式估计类条件概率.

需注意的是, 这种参数化的方法虽能使类条件概率估计变得相对简单, 但估计结果的准确性严重依赖于所假设的概率分布形式是否符合潜在的真实数据分布. 在现实应用中, 欲做出能较好地接近潜在真实分布的假设, 往往需在一定程度上利用关于应用任务本身的经验知识, 否则若仅凭 "猜测" 来假设概率分布形式, 很可能产生误导性的结果.

7.3 朴素贝叶斯分类器

不难发现, 基于贝叶斯公式(7.8)来估计后验概率 $P(c \mid \boldsymbol{x})$ 的主要困难在于: 类条件概率 $P(\boldsymbol{x} \mid c)$ 是所有属性上的联合概率, 难以从有限的训练样本直接估计而得. 为避开这个障碍, 朴素贝叶斯分类器(naïve Bayes classifier)采用了 "属性条件独立性假设" (attribute conditional independence assumption): 对已知类别, 假设所有属性相互独立. 换言之, 假设每个属性独立地对分类结果发生影响.

基于有限训练样本直接估计联合概率, 在计算上将会遭遇组合爆炸问题, 在数据上将会遭遇样本稀疏问题; 属性数越多, 问题越严重.

基于属性条件独立性假设, 式(7.8)可重写为

$$P(c \mid \boldsymbol{x}) = \frac{P(c)\, P(\boldsymbol{x} \mid c)}{P(\boldsymbol{x})} = \frac{P(c)}{P(\boldsymbol{x})} \prod_{i=1}^{d} P(x_i \mid c)\ , \tag{7.14}$$

x_i 实际上是一个 "属性-值" 对, 例如 "色泽=青绿". 为便于讨论, 在上下文明确时, 有时我们用 x_i 表示第 i 个属性对应的变量(如 "色泽"), 有时直接用其指代 x 在第 i 个属性上的取值(如 "青绿").

其中 d 为属性数目, x_i 为 $\boldsymbol{x}$ 在第 i 个属性上的取值.

由于对所有类别来说 $P(\boldsymbol{x})$ 相同, 因此基于式(7.6)的贝叶斯判定准则有

$$h_{nb}(\boldsymbol{x}) = \underset{c \in \mathcal{Y}}{\arg\max}\ P(c) \prod_{i=1}^{d} P(x_i \mid c) \,, \tag{7.15}$$

这就是朴素贝叶斯分类器的表达式.

显然, 朴素贝叶斯分类器的训练过程就是基于训练集 D 来估计类先验概率 $P(c)$, 并为每个属性估计条件概率 $P(x_i \mid c)$.

令 D_c 表示训练集 D 中第 c 类样本组成的集合, 若有充足的独立同分布样本, 则可容易地估计出类先验概率

$$P(c) = \frac{|D_c|}{|D|} \,. \tag{7.16}$$

对离散属性而言, 令 D_{c,x_i} 表示 D_c 中在第 i 个属性上取值为 x_i 的样本组成的集合, 则条件概率 $P(x_i \mid c)$ 可估计为

$$P(x_i \mid c) = \frac{|D_{c,x_i}|}{|D_c|} \,. \tag{7.17}$$

对连续属性可考虑概率密度函数, 假定 $p(x_i \mid c) \sim \mathcal{N}(\mu_{c,i}, \sigma_{c,i}^2)$, 其中 $\mu_{c,i}$ 和 $\sigma_{c,i}^2$ 分别是第 c 类样本在第 i 个属性上取值的均值和方差, 则有

$$p(x_i \mid c) = \frac{1}{\sqrt{2\pi}\sigma_{c,i}} \exp\left(-\frac{(x_i - \mu_{c,i})^2}{2\sigma_{c,i}^2}\right) \,. \tag{7.18}$$

西瓜数据集 3.0 见 p.84 表 4.3.

下面我们用西瓜数据集 3.0 训练一个朴素贝叶斯分类器, 对测试例 "测 1" 进行分类:

编号	色泽	根蒂	敲声	纹理	脐部	触感	密度	含糖率	好瓜
测 1	青绿	蜷缩	浊响	清晰	凹陷	硬滑	0.697	0.460	?

首先估计类先验概率 $P(c)$, 显然有

$$P(\text{好瓜} = \text{是}) = \frac{8}{17} \approx 0.471 \,,$$

$$P(\text{好瓜} = \text{否}) = \frac{9}{17} \approx 0.529 \,.$$

然后, 为每个属性估计条件概率 $P(x_i \mid c)$:

$$P_{青绿|是} = P(色泽 = 青绿 \mid 好瓜 = 是) = \frac{3}{8} = 0.375 \ ,$$

$$P_{青绿|否} = P(色泽 = 青绿 \mid 好瓜 = 否) = \frac{3}{9} \approx 0.333 \ ,$$

$$P_{蜷缩|是} = P(根蒂 = 蜷缩 \mid 好瓜 = 是) = \frac{5}{8} = 0.625 \ ,$$

$$P_{蜷缩|否} = P(根蒂 = 蜷缩 \mid 好瓜 = 否) = \frac{3}{9} \approx 0.333 \ ,$$

$$P_{浊响|是} = P(敲声 = 浊响 \mid 好瓜 = 是) = \frac{6}{8} = 0.750 \ ,$$

$$P_{浊响|否} = P(敲声 = 浊响 \mid 好瓜 = 否) = \frac{4}{9} \approx 0.444 \ ,$$

$$P_{清晰|是} = P(纹理 = 清晰 \mid 好瓜 = 是) = \frac{7}{8} = 0.875 \ ,$$

$$P_{清晰|否} = P(纹理 = 清晰 \mid 好瓜 = 否) = \frac{2}{9} \approx 0.222 \ ,$$

$$P_{凹陷|是} = P(脐部 = 凹陷 \mid 好瓜 = 是) = \frac{5}{8} = 0.625 \ ,$$

$$P_{凹陷|否} = P(脐部 = 凹陷 \mid 好瓜 = 否) = \frac{2}{9} \approx 0.222 \ ,$$

$$P_{硬滑|是} = P(触感 = 硬滑 \mid 好瓜 = 是) = \frac{6}{8} = 0.750 \ ,$$

$$P_{硬滑|否} = P(触感 = 硬滑 \mid 好瓜 = 否) = \frac{6}{9} \approx 0.667 \ ,$$

$$p_{密度: 0.697|是} = p(密度 = 0.697 \mid 好瓜 = 是)$$
$$= \frac{1}{\sqrt{2\pi} \cdot 0.129} \exp\left(-\frac{(0.697 - 0.574)^2}{2 \cdot 0.129^2}\right) \approx 1.959 \ ,$$

$$p_{密度: 0.697|否} = p(密度 = 0.697 \mid 好瓜 = 否)$$
$$= \frac{1}{\sqrt{2\pi} \cdot 0.195} \exp\left(-\frac{(0.697 - 0.496)^2}{2 \cdot 0.195^2}\right) \approx 1.203 \ ,$$

$$p_{含糖: 0.460|是} = p(含糖率 = 0.460 \mid 好瓜 = 是)$$
$$= \frac{1}{\sqrt{2\pi} \cdot 0.101} \exp\left(-\frac{(0.460 - 0.279)^2}{2 \cdot 0.101^2}\right) \approx 0.788 \ ,$$

$$p_{含糖: 0.460|否} = p(含糖率 = 0.460 \mid 好瓜 = 否)$$
$$= \frac{1}{\sqrt{2\pi} \cdot 0.108} \exp\left(-\frac{(0.460 - 0.154)^2}{2 \cdot 0.108^2}\right) \approx 0.066 \ .$$

于是, 有

$$P(好瓜 = 是) \times P_{青绿|是} \times P_{蜷缩|是} \times P_{浊响|是} \times P_{清晰|是} \times P_{凹陷|是}$$
$$\times P_{硬滑|是} \times p_{密度: 0.697|是} \times p_{含糖: 0.460|是} \approx 0.052 \,,$$
$$P(好瓜 = 否) \times P_{青绿|否} \times P_{蜷缩|否} \times P_{浊响|否} \times P_{清晰|否} \times P_{凹陷|否}$$
$$\times P_{硬滑|否} \times p_{密度: 0.697|否} \times p_{含糖: 0.460|否} \approx 6.80 \times 10^{-5} \,.$$

由于 $0.052 > 6.80 \times 10^{-5}$, 因此, 朴素贝叶斯分类器将测试样本 "测 1" 判别为 "好瓜".

实践中常通过取对数的方式来将 "连乘" 转化为 "连加" 以避免数值下溢.

需注意, 若某个属性值在训练集中没有与某个类同时出现过, 则直接基于式(7.17)进行概率估计, 再根据式(7.15) 进行判别将出现问题. 例如, 在使用西瓜数据集 3.0 训练朴素贝叶斯分类器时, 对一个 "敲声=清脆" 的测试例, 有

$$P_{清脆|是} = P(敲声 = 清脆 \mid 好瓜 = 是) = \frac{0}{8} = 0 \,,$$

由于式(7.15)的连乘式计算出的概率值为零, 因此, 无论该样本的其他属性是什么, 哪怕在其他属性上明显像好瓜, 分类的结果都将是 "好瓜=否", 这显然不太合理.

为了避免其他属性携带的信息被训练集中未出现的属性值 "抹去", 在估计概率值时通常要进行 "平滑" (smoothing), 常用 "拉普拉斯修正" (Laplacian correction). 具体来说, 令 N 表示训练集 D 中可能的类别数, N_i 表示第 i 个属性可能的取值数, 则式(7.16)和(7.17)分别修正为

$$\hat{P}(c) = \frac{|D_c| + 1}{|D| + N} \,, \tag{7.19}$$

$$\hat{P}(x_i \mid c) = \frac{|D_{c,x_i}| + 1}{|D_c| + N_i} \,. \tag{7.20}$$

例如, 在本节的例子中, 类先验概率可估计为

$$\hat{P}(好瓜 = 是) = \frac{8 + 1}{17 + 2} \approx 0.474 \,, \quad \hat{P}(好瓜 = 否) = \frac{9 + 1}{17 + 2} \approx 0.526 \,.$$

类似地, $P_{青绿|是}$ 和 $P_{青绿|否}$ 可估计为

$$\hat{P}_{青绿|是} = \hat{P}(色泽 = 青绿 \mid 好瓜 = 是) = \frac{3 + 1}{8 + 3} \approx 0.364 \,,$$

$$\hat{P}_{\text{青绿}|\text{否}} = \hat{P}(\text{色泽} = \text{青绿} \mid \text{好瓜} = \text{否}) = \frac{3+1}{9+3} \approx 0.333 .$$

同时, 上文提到的概率 $P_{\text{清脆}|\text{是}}$ 可估计为

$$\hat{P}_{\text{清脆}|\text{是}} = \hat{P}(\text{敲声} = \text{清脆} \mid \text{好瓜} = \text{是}) = \frac{0+1}{8+3} \approx 0.091 .$$

拉普拉斯修正实质上假设了属性值与类别均匀分布, 这是在朴素贝叶斯学习过程中额外引入的关于数据的先验.

显然, 拉普拉斯修正避免了因训练集样本不充分而导致概率估值为零的问题, 并且在训练集变大时, 修正过程所引入的先验(prior)的影响也会逐渐变得可忽略, 使得估值渐趋向于实际概率值.

在现实任务中朴素贝叶斯分类器有多种使用方式. 例如, 若任务对预测速度要求较高, 则对给定训练集, 可将朴素贝叶斯分类器涉及的所有概率估值事先计算好存储起来, 这样在进行预测时只需 "查表" 即可进行判别; 若任务数据更替频繁, 则可采用 "懒惰学习" (lazy learning) 方式, 先不进行任何训练, 待收到预测请求时再根据当前数据集进行概率估值; 若数据不断增加, 则可在现有估值基础上, 仅对新增样本的属性值所涉及的概率估值进行计数修正即可实现增量学习.

懒惰学习参见 10.1 节.

增量学习参见 5.5.2 节.

7.4 半朴素贝叶斯分类器

为了降低贝叶斯公式(7.8)中估计后验概率 $P(c \mid \boldsymbol{x})$ 的困难, 朴素贝叶斯分类器采用了属性条件独立性假设, 但在现实任务中这个假设往往很难成立. 于是, 人们尝试对属性条件独立性假设进行一定程度的放松, 由此产生了一类称为 "半朴素贝叶斯分类器" (semi-naïve Bayes classifiers)的学习方法.

半朴素贝叶斯分类器的基本想法是适当考虑一部分属性间的相互依赖信息, 从而既不需进行完全联合概率计算, 又不至于彻底忽略了比较强的属性依赖关系. "独依赖估计" (One-Dependent Estimator, 简称ODE)是半朴素贝叶斯分类器最常用的一种策略. 顾名思义, 所谓 "独依赖" 就是假设每个属性在类别之外最多仅依赖于一个其他属性, 即

$$P(c \mid \boldsymbol{x}) \propto P(c) \prod_{i=1}^{d} P(x_i \mid c, pa_i) , \tag{7.21}$$

其中 pa_i 为属性 x_i 所依赖的属性, 称为 x_i 的父属性. 此时, 对每个属性 x_i, 若其父属性 pa_i 已知, 则可采用类似式(7.20)的办法来估计概率值 $P(x_i \mid c, pa_i)$. 于是, 问题的关键就转化为如何确定每个属性的父属性, 不同的做法产生不同

的独依赖分类器.

最直接的做法是假设所有属性都依赖于同一个属性, 称为"超父"(super-parent), 然后通过交叉验证等模型选择方法来确定超父属性, 由此形成了 SPODE (Super-Parent ODE)方法. 例如, 在图 7.1(b)中, x_1 是超父属性.

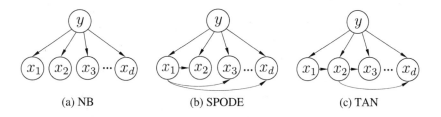

(a) NB   (b) SPODE   (c) TAN

图 7.1 朴素贝叶斯与两种半朴素贝叶斯分类器所考虑的属性依赖关系

TAN (Tree Augmented naïve Bayes) [Friedman et al., 1997] 则是在最大带权生成树(maximum weighted spanning tree)算法 [Chow and Liu, 1968] 的基础上, 通过以下步骤将属性间依赖关系约简为如图 7.1(c) 所示的树形结构:

(1) 计算任意两个属性之间的条件互信息(conditional mutual information)

$$I(x_i, x_j \mid y) = \sum_{x_i, x_j;\, c \in \mathcal{Y}} P(x_i, x_j \mid c) \log \frac{P(x_i, x_j \mid c)}{P(x_i \mid c) P(x_j \mid c)} ; \tag{7.22}$$

(2) 以属性为结点构建完全图, 任意两个结点之间边的权重设为 $I(x_i, x_j \mid y)$;

(3) 构建此完全图的最大带权生成树, 挑选根变量, 将边置为有向;

(4) 加入类别结点 y, 增加从 y 到每个属性的有向边.

容易看出, 条件互信息 $I(x_i, x_j \mid y)$ 刻画了属性 x_i 和 x_j 在已知类别情况下的相关性, 因此, 通过最大生成树算法, TAN 实际上仅保留了强相关属性之间的依赖性.

集成学习参见第 8 章.

AODE (Averaged One-Dependent Estimator) [Webb et al., 2005] 是一种基于集成学习机制、更为强大的独依赖分类器. 与 SPODE 通过模型选择确定超父属性不同, AODE 尝试将每个属性作为超父来构建 SPODE, 然后将那些具有

足够训练数据支撑的 SPODE 集成起来作为最终结果, 即

$$P(c \mid \boldsymbol{x}) \propto \sum_{\substack{i=1 \\ |D_{x_i}| \geqslant m'}}^{d} P(c, x_i) \prod_{j=1}^{d} P(x_j \mid c, x_i) \,, \tag{7.23}$$

其中 D_{x_i} 是在第 i 个属性上取值为 x_i 的样本的集合, m' 为阈值常数. 显然, AODE 需估计 $P(c, x_i)$ 和 $P(x_j \mid c, x_i)$. 类似式(7.20), 有

m' 默认设为 30 [Webb et al., 2005].

$$\hat{P}(c, x_i) = \frac{|D_{c,x_i}| + 1}{|D| + N \times N_i} \,, \tag{7.24}$$

$$\hat{P}(x_j \mid c, x_i) = \frac{|D_{c,x_i,x_j}| + 1}{|D_{c,x_i}| + N_j} \,, \tag{7.25}$$

其中 N 是 D 中可能的类别数, N_i 是第 i 个属性可能的取值数, D_{c,x_i} 是类别为 c 且在第 i 个属性上取值为 x_i 的样本集合, D_{c,x_i,x_j} 是类别为 c 且在第 i 和第 j 个属性上取值分别为 x_i 和 x_j 的样本集合. 例如, 对西瓜数据集 3.0 有

$$\hat{P}_{\text{是,浊响}} = \hat{P}(好瓜 = 是, 敲声 = 浊响) = \frac{6 + 1}{17 + 3 \times 2} = 0.304 \,,$$

$$\hat{P}_{\text{凹陷|是,浊响}} = \hat{P}(脐部 = 凹陷 \mid 好瓜 = 是, 敲声 = 浊响) = \frac{3 + 1}{6 + 3} = 0.444 \,.$$

不难看出, 与朴素贝叶斯分类器类似, AODE 的训练过程也是 "计数", 即在训练数据集上对符合条件的样本进行计数的过程. 与朴素贝叶斯分类器相似, AODE 无需模型选择, 既能通过预计算节省预测时间, 也能采取懒惰学习方式在预测时再进行计数, 并且易于实现增量学习.

"高阶依赖" 即对多个属性依赖.

既然将属性条件独立性假设放松为独依赖假设可能获得泛化性能的提升, 那么, 能否通过考虑属性间的高阶依赖来进一步提升泛化性能呢? 也就是说, 将式(7.21)中的属性 pa_i 替换为包含 k 个属性的集合 $\mathbf{pa}_i$, 从而将 ODE 拓展为 kDE. 需注意的是, 随着 k 的增加, 准确估计概率 $P(x_i \mid y, \mathbf{pa}_i)$ 所需的训练样本数量将以指数级增加. 因此, 若训练数据非常充分, 泛化性能有可能提升; 但在有限样本条件下, 则又陷入估计高阶联合概率的泥沼.

贝叶斯网是一种经典的概率图模型. 概率图模型参见第 14 章.

7.5 贝叶斯网

贝叶斯网(Bayesian network)亦称 "信念网" (belief network), 它借助有向无环图 (Directed Acyclic Graph, 简称 DAG)来刻画属性之间的依赖关系, 并使

为了简化讨论, 本节假定所有属性均为离散型. 对于连续属性, 条件概率表可推广为条件概率密度函数.

用条件概率表(Conditional Probability Table, 简称CPT)来描述属性的联合概率分布.

具体来说, 一个贝叶斯网 B 由结构 G 和参数 Θ 两部分构成, 即 $B = \langle G, \Theta \rangle$. 网络结构 G 是一个有向无环图, 其每个结点对应于一个属性, 若两个属性有直接依赖关系, 则它们由一条边连接起来; 参数 Θ 定量描述这种依赖关系, 假设属性 x_i 在 G 中的父结点集为 π_i, 则 Θ 包含了每个属性的条件概率表 $\theta_{x_i|\pi_i} = P_B(x_i \mid \pi_i)$.

这里已将西瓜数据集的连续属性"含糖率"转化为离散属性"甜度".

作为一个例子, 图 7.2 给出了西瓜问题的一种贝叶斯网结构和属性"根蒂"的条件概率表. 从图中网络结构可看出, "色泽"直接依赖于"好瓜"和"甜度", 而"根蒂"则直接依赖于"甜度"; 进一步从条件概率表能得到"根蒂"对"甜度"量化依赖关系, 如 $P(根蒂 = 硬挺 \mid 甜度 = 高) = 0.1$ 等.

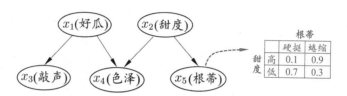

图 7.2 西瓜问题的一种贝叶斯网结构以及属性"根蒂"的条件概率表

7.5.1 结构

贝叶斯网结构有效地表达了属性间的条件独立性. 给定父结点集, 贝叶斯网假设每个属性与它的非后裔属性独立, 于是 $B = \langle G, \Theta \rangle$ 将属性 $x_1, x_2, \ldots, x_d$ 的联合概率分布定义为

$$P_B(x_1, x_2, \ldots, x_d) = \prod_{i=1}^{d} P_B(x_i \mid \pi_i) = \prod_{i=1}^{d} \theta_{x_i|\pi_i} . \tag{7.26}$$

以图 7.2 为例, 联合概率分布定义为

$$P(x_1, x_2, x_3, x_4, x_5) = P(x_1)P(x_2)P(x_3 \mid x_1)P(x_4 \mid x_1, x_2)P(x_5 \mid x_2) ,$$

这里并未列举出所有的条件独立关系.

显然, x_3 和 x_4 在给定 x_1 的取值时独立, x_4 和 x_5 在给定 x_2 的取值时独立, 分别简记为 $x_3 \perp x_4 \mid x_1$ 和 $x_4 \perp x_5 \mid x_2$.

图 7.3 显示出贝叶斯网中三个变量之间的典型依赖关系, 其中前两种在式(7.26)中已有所体现.

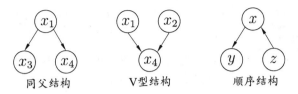

图 7.3 贝叶斯网中三个变量之间的典型依赖关系

在"同父"(common parent)结构中, 给定父结点 x_1 的取值, 则 x_3 与 x_4 条件独立. 在"顺序"结构中, 给定 x 的值, 则 y 与 z 条件独立. V 型结构(V-structure)亦称"冲撞"结构, 给定子结点 x_4 的取值, x_1 与 x_2 必不独立; 奇妙的是, 若 x_4 的取值完全未知, 则 V 型结构下 x_1 与 x_2 却是相互独立的. 我们做一个简单的验证:

$$
\begin{aligned}
P(x_1, x_2) &= \sum_{x_4} P(x_1, x_2, x_4) \\
&= \sum_{x_4} P(x_4 \mid x_1, x_2) P(x_1) P(x_2) \\
&= P(x_1) P(x_2) .
\end{aligned} \tag{7.27}
$$

> 对变量做积分或求和亦称"边际化"(marginalization).

这样的独立性称为"边际独立性"(marginal independence), 记为 $x_1 \perp\!\!\!\perp x_2$.

事实上, 一个变量取值的确定与否, 能对另两个变量间的独立性发生影响, 这个现象并非 V 型结构所特有. 例如在同父结构中, 条件独立性 $x_3 \perp x_4 \mid x_1$ 成立, 但若 x_1 的取值未知, 则 x_3 和 x_4 就不独立, 即 $x_3 \perp\!\!\!\perp x_4$ 不成立; 在顺序结构中, $y \perp z \mid x$, 但 $y \perp\!\!\!\perp z$ 不成立.

为了分析有向图中变量间的条件独立性, 可使用"有向分离"(D-separation). 我们先把有向图转变为一个无向图:

> D 是指"有向"(directed).

> 同父、顺序和 V 型结构的发现以及有向分离的提出推动了因果发现方面的研究, 参阅 [Pearl, 1988].

- 找出有向图中的所有 V 型结构, 在 V 型结构的两个父结点之间加上一条无向边;

- 将所有有向边改为无向边.

> 也有译为"端正图".

> "道德化"的蕴义: 孩子的父母应建立牢靠的关系, 否则是不道德的.

由此产生的无向图称为"道德图"(moral graph), 令父结点相连的过程称为"道德化"(moralization) [Cowell et al., 1999].

基于道德图能直观、迅速地找到变量间的条件独立性. 假定道德图中有变量 x, y 和变量集合 $\mathbf{z} = \{z_i\}$, 若变量 x 和 y 能在图上被 $\mathbf{z}$ 分开, 即从道德图中将一般需先对图剪枝, 仅保留有向图中 $x, y, \mathbf{z}$ 及它们的祖先结点.

变量集合 $\mathbf{z}$ 去除后, x 和 y 分属两个连通分支, 则称变量 x 和 y 被 $\mathbf{z}$ 有向分离, $x \perp y \mid \mathbf{z}$ 成立. 例如, 图 7.2 所对应的道德图如图 7.4 所示, 从图中能容易地找出所有的条件独立关系: $x_3 \perp x_4 \mid x_1$, $x_4 \perp x_5 \mid x_2$, $x_3 \perp x_2 \mid x_1$, $x_3 \perp x_5 \mid x_1$, $x_3 \perp x_5 \mid x_2$ 等.

图 7.4 图 7.2 对应的道德图

7.5.2 学习

若网络结构已知, 即属性间的依赖关系已知, 则贝叶斯网的学习过程相对简单, 只需通过对训练样本 "计数", 估计出每个结点的条件概率表即可. 但在现实应用中我们往往并不知晓网络结构, 于是, 贝叶斯网学习的首要任务就是根据训练数据集来找出结构最 "恰当" 的贝叶斯网. "评分搜索" 是求解这一问题的常用办法. 具体来说, 我们先定义一个评分函数(score function), 以此来评估贝叶斯网与训练数据的契合程度, 然后基于这个评分函数来寻找结构最优的贝叶斯网. 显然, 评分函数引入了关于我们希望获得什么样的贝叶斯网的归纳偏好.

归纳偏好参见 1.4 节.

常用评分函数通常基于信息论准则, 此类准则将学习问题看作一个数据压缩任务, 学习的目标是找到一个能以最短编码长度描述训练数据的模型, 此时编码的长度包括了描述模型自身所需的编码位数和使用该模型描述数据所需的编码位数. 对贝叶斯网学习而言, 模型就是一个贝叶斯网, 同时, 每个贝叶斯网描述了一个在训练数据上的概率分布, 自有一套编码机制能使那些经常出现的样本有更短的编码. 于是, 我们应选择那个综合编码长度(包括描述网络和编码数据)最短的贝叶斯网, 这就是 "最小描述长度" (Minimum Description Length, 简称 MDL) 准则.

这里我们把类别也看作一个属性, 即 $\boldsymbol{x}_i$ 是一个包括示例和类别的向量.

给定训练集 $D = \{\boldsymbol{x}_1, \boldsymbol{x}_2, \ldots, \boldsymbol{x}_m\}$, 贝叶斯网 $B = \langle G, \Theta \rangle$ 在 D 上的评分函数可写为

$$s(B \mid D) = f(\theta)|B| - LL(B \mid D) , \tag{7.28}$$

其中, $|B|$ 是贝叶斯网的参数个数; $f(\theta)$ 表示描述每个参数 θ 所需的编码位数; 而

$$LL(B \mid D) = \sum_{i=1}^{m} \log P_B(\boldsymbol{x}_i) \tag{7.29}$$

是贝叶斯网 B 的对数似然. 显然, 式(7.28)的第一项是计算编码贝叶斯网 B 所需的编码位数, 第二项是计算 B 所对应的概率分布 P_B 对 D 描述得有多好. 于是, 学习任务就转化为一个优化任务, 即寻找一个贝叶斯网 B 使评分函数 $s(B \mid D)$ 最小.

可以从统计学习角度理解, 将两项分别视为结构风险和经验风险.

若 $f(\theta) = 1$, 即每个参数用 1 编码位描述, 则得到 AIC (Akaike Information Criterion)评分函数

$$\mathrm{AIC}(B \mid D) = |B| - LL(B \mid D) . \tag{7.30}$$

若 $f(\theta) = \frac{1}{2}\log m$, 即每个参数用 $\frac{1}{2}\log m$ 编码位描述, 则得到 BIC (Bayesian Information Criterion) 评分函数

$$\mathrm{BIC}(B \mid D) = \frac{\log m}{2}|B| - LL(B \mid D) . \tag{7.31}$$

显然, 若 $f(\theta) = 0$, 即不计算对网络进行编码的长度, 则评分函数退化为负对数似然, 相应的, 学习任务退化为极大似然估计.

不难发现, 若贝叶斯网 $B = \langle G, \Theta \rangle$ 的网络结构 G 固定, 则评分函数 $s(B \mid D)$ 的第一项为常数. 此时, 最小化 $s(B \mid D)$ 等价于对参数 Θ 的极大似然估计. 由式(7.29)和(7.26)可知, 参数 $\theta_{x_i|\pi_i}$ 能直接在训练数据 D 上通过经验估计获得, 即

$$\theta_{x_i|\pi_i} = \hat{P}_D(x_i \mid \pi_i) , \tag{7.32}$$

即事件在训练数据上出现的频率.

其中 $\hat{P}_D(\cdot)$ 是 D 上的经验分布. 因此, 为了最小化评分函数 $s(B \mid D)$, 只需对网络结构进行搜索, 而候选结构的最优参数可直接在训练集上计算得到.

不幸的是, 从所有可能的网络结构空间搜索最优贝叶斯网结构是一个 NP 难问题, 难以快速求解. 有两种常用的策略能在有限时间内求得近似解: 第一种是贪心法, 例如从某个网络结构出发, 每次调整一条边(增加、删除或调整方向), 直到评分函数值不再降低为止; 第二种是通过给网络结构施加约束来削减搜索空间, 例如将网络结构限定为树形结构等.

例如 TAN [Friedman et al., 1997] 将结构限定为树形(半朴素贝叶斯分类器可看作贝叶斯网的特例).

7.5.3 推断

类别也可看作一个属性变量.

贝叶斯网训练好之后就能用来回答"查询"(query), 即通过一些属性变量的观测值来推测其他属性变量的取值. 例如在西瓜问题中, 若我们观测到西瓜色泽青绿、敲声浊响、根蒂蜷缩, 想知道它是否成熟、甜度如何. 这样通过已知变量观测值来推测待查询变量的过程称为"推断"(inference), 已知变量观测值称为"证据"(evidence).

更多关于推断的内容见第 14 章.

变分推断也很常用, 参见 14.5 节.

最理想的是直接根据贝叶斯网定义的联合概率分布来精确计算后验概率, 不幸的是, 这样的"精确推断"已被证明是 NP 难的 [Cooper, 1990]; 换言之, 当网络结点较多、连接稠密时, 难以进行精确推断, 此时需借助"近似推断", 通过降低精度要求, 在有限时间内求得近似解. 在现实应用中, 贝叶斯网的近似推断常使用吉布斯采样(Gibbs sampling)来完成, 这是一种随机采样方法, 我们来看看它是如何工作的.

令 $\mathbf{Q} = \{Q_1, Q_2, \ldots, Q_n\}$ 表示待查询变量, $\mathbf{E} = \{E_1, E_2, \ldots, E_k\}$ 为证据变量, 已知其取值为 $\mathbf{e} = \{e_1, e_2, \ldots, e_k\}$. 目标是计算后验概率 $P(\mathbf{Q} = \mathbf{q} \mid \mathbf{E} = \mathbf{e})$, 其中 $\mathbf{q} = \{q_1, q_2, \ldots, q_n\}$ 是待查询变量的一组取值. 以西瓜问题为例, 待查询变量为 $\mathbf{Q} = \{$好瓜, 甜度$\}$, 证据变量为 $\mathbf{E} = \{$色泽, 敲声, 根蒂$\}$ 且已知其取值为 $\mathbf{e} = \{$青绿, 浊响, 蜷缩$\}$, 查询的目标值是 $\mathbf{q} = \{$是, 高$\}$, 即这是好瓜且甜度高的概率有多大.

如图 7.5 所示, 吉布斯采样算法先随机产生一个与证据 $\mathbf{E} = \mathbf{e}$ 一致的样本 $\mathbf{q}^0$ 作为初始点, 然后每步从当前样本出发产生下一个样本. 具体来说, 在第 t 次采样中, 算法先假设 $\mathbf{q}^t = \mathbf{q}^{t-1}$, 然后对非证据变量逐个进行采样改变其取值, 采样概率根据贝叶斯网 B 和其他变量的当前取值(即 $\mathbf{Z} = \mathbf{z}$)计算获得. 假定经过 T 次采样得到的与 $\mathbf{q}$ 一致的样本共有 n_q 个, 则可近似估算出后验概率

$$P(\mathbf{Q} = \mathbf{q} \mid \mathbf{E} = \mathbf{e}) \simeq \frac{n_q}{T} . \tag{7.33}$$

更多关于马尔可夫链和吉布斯采样的内容参见 14.5 节.

实质上, 吉布斯采样是在贝叶斯网所有变量的联合状态空间与证据 $\mathbf{E} = \mathbf{e}$ 一致的子空间中进行"随机漫步"(random walk). 每一步仅依赖于前一步的状态, 这是一个"马尔可夫链"(Markov chain). 在一定条件下, 无论从什么初始状态开始, 马尔可夫链第 t 步的状态分布在 $t \to \infty$ 时必收敛于一个平稳分布(stationary distribution); 对于吉布斯采样来说, 这个分布恰好是 $P(\mathbf{Q} \mid \mathbf{E} = \mathbf{e})$. 因此, 在 T 很大时, 吉布斯采样相当于根据 $P(\mathbf{Q} \mid \mathbf{E} = \mathbf{e})$ 采样, 从而保证了式(7.33)收敛于 $P(\mathbf{Q} = \mathbf{q} \mid \mathbf{E} = \mathbf{e})$.

输入: 贝叶斯网 $B = \langle G, \Theta \rangle$;
　　　　采样次数 T;
　　　　证据变量 $\mathbf{E}$ 及其取值 $\mathbf{e}$;
　　　　待查询变量 $\mathbf{Q}$ 及其取值 $\mathbf{q}$.
过程:
1: $n_q = 0$
2: $\mathbf{q}^0 =$ 对 $\mathbf{Q}$ 随机赋初值
3: **for** $t = 1, 2, \ldots, T$ **do**
4: 　**for** $Q_i \in \mathbf{Q}$ **do**
5: 　　$\mathbf{Z} = \mathbf{E} \cup \mathbf{Q} \setminus \{Q_i\}$;
6: 　　$\mathbf{z} = \mathbf{e} \cup \mathbf{q}^{t-1} \setminus \{q_i^{t-1}\}$;
7: 　　根据 B 计算分布 $P_B(Q_i \mid \mathbf{Z} = \mathbf{z})$;
8: 　　$q_i^t =$ 根据 $P_B(Q_i \mid \mathbf{Z} = \mathbf{z})$ 采样所获 Q_i 取值;
9: 　　$\mathbf{q}^t =$ 将 $\mathbf{q}^{t-1}$ 中的 q_i^{t-1} 用 q_i^t 替换
10: 　**end for**
11: 　**if** $\mathbf{q}^t = \mathbf{q}$ **then**
12: 　　$n_q = n_q + 1$
13: 　**end if**
14: **end for**
输出: $P(\mathbf{Q} = \mathbf{q} \mid \mathbf{E} = \mathbf{e}) \simeq \dfrac{n_q}{T}$

> 除去变量 Q_i 外的其他变量.

图 7.5　吉布斯采样算法

　　需注意的是, 由于马尔可夫链通常需很长时间才能趋于平稳分布, 因此吉布斯采样算法的收敛速度较慢. 此外, 若贝叶斯网中存在极端概率 "0" 或 "1", 则不能保证马尔可夫链存在平稳分布, 此时吉布斯采样会给出错误的估计结果.

7.6 EM算法

　　在前面的讨论中, 我们一直假设训练样本所有属性变量的值都已被观测到, 即训练样本是 "完整" 的. 但在现实应用中往往会遇到 "不完整" 的训练样本, 例如由于西瓜的根蒂已脱落, 无法看出是 "蜷缩" 还是 "硬挺", 则训练样本的 "根蒂" 属性变量值未知. 在这种存在 "未观测" 变量的情形下, 是否仍能对模型参数进行估计呢?

　　未观测变量的学名是 "隐变量" (latent variable). 令 $\mathbf{X}$ 表示已观测变量集, $\mathbf{Z}$ 表示隐变量集, Θ 表示模型参数. 若欲对 Θ 做极大似然估计, 则应最大化对数似然

> 由于 "似然" 常基于指数族函数来定义, 因此对数似然及后续 EM 迭代过程中一般是使用自然对数 $\ln(\cdot)$.

$$LL(\Theta \mid \mathbf{X}, \mathbf{Z}) = \ln P(\mathbf{X}, \mathbf{Z} \mid \Theta) . \tag{7.34}$$

然而由于 $\mathbf{Z}$ 是隐变量, 上式无法直接求解. 此时我们可通过对 $\mathbf{Z}$ 计算期望, 来

最大化已观测数据的对数"边际似然"(marginal likelihood)

$$LL(\Theta \mid \mathbf{X}) = \ln P(\mathbf{X} \mid \Theta) = \ln \sum_{\mathbf{Z}} P(\mathbf{X}, \mathbf{Z} \mid \Theta) \ . \tag{7.35}$$

直译为"期望最大化算法",通常直接称 EM 算法.

这里仅给出 EM 算法的一般描述,具体例子参见 9.4.3 节.

EM (Expectation-Maximization) 算法 [Dempster et al., 1977] 是常用的估计参数隐变量的利器, 它是一种迭代式的方法, 其基本想法是: 若参数 Θ 已知, 则可根据训练数据推断出最优隐变量 $\mathbf{Z}$ 的值 (E 步); 反之, 若 $\mathbf{Z}$ 的值已知, 则可方便地对参数 Θ 做极大似然估计 (M 步).

于是, 以初始值 Θ^0 为起点, 对式(7.35), 可迭代执行以下步骤直至收敛:

- 基于 Θ^t 推断隐变量 $\mathbf{Z}$ 的期望, 记为 $\mathbf{Z}^t$;
- 基于已观测变量 $\mathbf{X}$ 和 $\mathbf{Z}^t$ 对参数 Θ 做极大似然估计, 记为 Θ^{t+1};

这就是 EM 算法的原型.

进一步, 若我们不是取 $\mathbf{Z}$ 的期望, 而是基于 Θ^t 计算隐变量 $\mathbf{Z}$ 的概率分布 $P(\mathbf{Z} \mid \mathbf{X}, \Theta^t)$, 则 EM 算法的两个步骤是:

- **E 步** (Expectation): 以当前参数 Θ^t 推断隐变量分布 $P(\mathbf{Z} \mid \mathbf{X}, \Theta^t)$, 并计算对数似然 $LL(\Theta \mid \mathbf{X}, \mathbf{Z})$ 关于 $\mathbf{Z}$ 的期望

$$Q(\Theta \mid \Theta^t) = \mathbb{E}_{\mathbf{Z} \mid \mathbf{X}, \Theta^t} LL(\Theta \mid \mathbf{X}, \mathbf{Z}) \ . \tag{7.36}$$

- **M 步** (Maximization): 寻找参数最大化期望似然, 即

$$\Theta^{t+1} = \arg\max_{\Theta} Q(\Theta \mid \Theta^t) \ . \tag{7.37}$$

简要来说, EM 算法使用两个步骤交替计算: 第一步是期望(E)步, 利用当前估计的参数值来计算对数似然的期望值; 第二步是最大化(M)步, 寻找能使 E 步产生的似然期望最大化的参数值. 然后, 新得到的参数值重新被用于 E 步, …… 直至收敛到局部最优解.

EM 算法的收敛性分析参见 [Wu, 1983].

EM 算法可看作用坐标下降 (coordinate descent) 法来最大化对数似然下界的过程. 坐标下降法参见附录 B.5.

事实上, 隐变量估计问题也可通过梯度下降等优化算法求解, 但由于求和的项数将随着隐变量的数目以指数级上升, 会给梯度计算带来麻烦; 而 EM 算法则可看作一种非梯度优化方法.

7.7 阅读材料

贝叶斯决策论在机器学习、模式识别等诸多关注数据分析的领域都有极为重要的地位. 对贝叶斯定理进行近似求解, 为机器学习算法的设计提供了一种有效途径. 为避免贝叶斯定理求解时面临的组合爆炸、样本稀疏问题, 朴素贝叶斯分类器引入了属性条件独立性假设. 这个假设在现实应用中往往很难成立, 但有趣的是, 朴素贝叶斯分类器在很多情形下都能获得相当好的性能 [Domingos and Pazzani, 1997; Ng and Jordan, 2002]. 一种解释是对分类任务来说, 只需各类别的条件概率排序正确、无须精准概率值即可导致正确分类结果 [Domingos and Pazzani, 1997]; 另一种解释是, 若属性间依赖对所有类别影响相同, 或依赖关系的影响能相互抵消, 则属性条件独立性假设在降低计算开销的同时不会对性能产生负面影响 [Zhang, 2004]. 朴素贝叶斯分类器在信息检索领域尤为常用 [Lewis, 1998], [McCallum and Nigam, 1998] 对其在文本分类中的两种常见用法进行了比较.

根据对属性间依赖的涉及程度, 贝叶斯分类器形成了一个"谱": 朴素贝叶斯分类器不考虑属性间依赖性, 贝叶斯网能表示任意属性间的依赖性, 二者分别位于"谱"的两端; 介于两者之间的则是一系列半朴素贝叶斯分类器, 它们基于各种假设和约束来对属性间的部分依赖性进行建模. 一般认为, 半朴素贝叶斯分类器的研究始于 [Kononenko, 1991]. ODE 仅考虑依赖一个父属性, 由此形成了独依赖分类器如 TAN [Friedman et al., 1997]、AODE [Webb et al., 2005]、LBR (lazy Bayesian Rule) [Zheng and Webb, 2000] 等; kDE 则考虑最多依赖 k 个父属性, 由此形成了 k 依赖分类器如 KDB [Sahami, 1996]、NBtree [Kohavi, 1996] 等.

贝叶斯分类器(Bayes Classifier)与一般意义上的"贝叶斯学习"(Bayesian Learning) 有显著区别, 前者是通过最大后验概率进行单点估计, 后者则是进行分布估计. 关于贝叶斯学习的内容可参阅 [Bishop, 2006].

> J. Pearl 教授因这方面的卓越贡献而获得 2011 年图灵奖, 参见第 14 章.

贝叶斯网为不确定学习和推断提供了基本框架, 因其强大的表示能力、良好的可解释性而广受关注 [Pearl, 1988]. 贝叶斯网学习可分为结构学习和参数学习两部分. 参数学习通常较为简单, 而结构学习则被证明是 NP 难问题 [Cooper, 1990; Chickering et al., 2004], 人们为此提出了多种评分搜索方法 [Friedman and Goldszmidt, 1996]. 贝叶斯网通常被看作生成式模型, 但近年来也有不少关于贝叶斯网判别式学习的研究 [Grossman and Domingos, 2004]. 关于贝叶斯网的更多介绍可参阅 [Jensen, 1997; Heckerman, 1998].

> 贝叶斯网是经典的概率图模型, 参见第 14 章.

EM 算法是最常见的隐变量估计方法, 在机器学习中有极为广泛的用途, 例

如常被用来学习高斯混合模型(Gaussian mixture model, 简称 GMM) 的参数;
9.4 节将介绍的 k 均值聚类算法就是一个典型的 EM 算法. 更多关于 EM 算法
的分析、拓展和应用可参阅 [McLachlan and Krishnan, 2008].

　　本章介绍的朴素贝叶斯算法和 EM 算法均曾入选 "数据挖掘十大算法"
[Wu et al., 2007].

"数据挖掘十大算法"
还包括前几章介绍的
C4.5、CART 决策树、支
持向量机, 以及后几章将
要介绍的 AdaBoost、k 均
值聚类、k 近邻算法等.

习题

西瓜数据集 3.0 见 p.84 的表 4.3.

7.1 试使用极大似然法估算西瓜数据集 3.0 中前 3 个属性的类条件概率.

7.2* 试证明: 条件独立性假设不成立时, 朴素贝叶斯分类器仍有可能产生最优贝叶斯分类器.

7.3 试编程实现拉普拉斯修正的朴素贝叶斯分类器, 并以西瓜数据集 3.0 为训练集, 对 p.151 "测 1" 样本进行判别.

7.4 实践中使用式(7.15)决定分类类别时, 若数据的维数非常高, 则概率连乘 $\prod_{i=1}^{d} P(x_i \mid c)$ 的结果通常会非常接近于 0 从而导致下溢. 试述防止下溢的可能方案.

假设同先验; 参见 3.4 节.

7.5 试证明: 二分类任务中两类数据满足高斯分布且方差相同时, 线性判别分析产生贝叶斯最优分类器.

7.6 试编程实现 AODE 分类器, 并以西瓜数据集 3.0 为训练集, 对 p.151 的 "测 1" 样本进行判别.

7.7 给定 d 个二值属性的二分类任务, 假设对于任何先验概率项的估算至少需 30 个样例, 则在朴素贝叶斯分类器式(7.15) 中估算先验概率项 $P(c)$ 需 $30 \times 2 = 60$ 个样例. 试估计在 AODE 式(7.23)中估算先验概率项 $P(c, x_i)$ 所需的样例数(分别考虑最好和最坏情形).

7.8 考虑图 7.3, 试证明: 在同父结构中, 若 x_1 的取值未知, 则 $x_3 \perp\!\!\!\perp x_4$ 不成立; 在顺序结构中, $y \perp z \mid x$, 但 $y \perp\!\!\!\perp z$ 不成立.

西瓜数据集 2.0 见 p.76 的表 4.1.

7.9 以西瓜数据集 2.0 为训练集, 试基于 BIC 准则构建一个贝叶斯网.

7.10 以西瓜数据集 2.0 中属性 "脐部" 为隐变量, 试基于 EM 算法构建一个贝叶斯网.

参考文献

Bishop, C. M. (2006). *Pattern Recognition and Machine Learning*. Springer, New York, NY.

Chickering, D. M., D. Heckerman, and C. Meek. (2004). "Large-sample learning of Baycsian networks is NP-hard." *Journal of Machine Learning Research*, 5: 1287–1330.

Chow, C. K. and C. N. Liu. (1968). "Approximating discrete probability distributions with dependence trees." *IEEE Transactions on Information Theory*, 14(3):462–467.

Cooper, G. F. (1990). "The computational complexity of probabilistic inference using Bayesian belief networks." *Artificial Intelligence*, 42(2-3):393–405.

Cowell, R. G., P. Dawid, S. L. Lauritzen, and D. J. Spiegelhalter. (1999). *Probabilistic Networks and Expert Systems*. Springer, New York, NY.

Dempster, A. P., N. M. Laird, and D. B. Rubin. (1977). "Maximum likelihood from incomplete data via the EM algorithm." *Journal of the Royal Statistical Society - Series B*, 39(1):1–38.

Domingos, P. and M. Pazzani. (1997). "On the optimality of the simple Bayesian classifier under zero-one loss." *Machine Learning*, 29(2-3):103–130.

Efron, B. (2005). "Bayesians, frequentists, and scientists." *Journal of the American Statistical Association*, 100(469):1–5.

Friedman, N., D. Geiger, and M. Goldszmidt. (1997). "Bayesian network classifiers." *Machine Learning*, 29(2-3):131–163.

Friedman, N. and M. Goldszmidt. (1996). "Learning Bayesian networks with local structure." In *Proceedings of the 12th Annual Conference on Uncertainty in Artificial Intelligence (UAI)*, 252–262, Portland, OR.

Grossman, D. and P. Domingos. (2004). "Learning Bayesian network classifiers by maximizing conditional likelihood." In *Proceedings of the 21st International Conference on Machine Learning (ICML)*, 46–53, Banff, Canada.

Heckerman, D. (1998). "A tutorial on learning with Bayesian networks." In *Learning in Graphical Models* (M. I. Jordan, ed.), 301–354, Kluwer, Dordrecht, The Netherlands.

Jensen, F. V. (1997). *An Introduction to Bayesian Networks*. Springer, NY.

Kohavi, R. (1996). "Scaling up the accuracy of naive-Bayes classifiers: A decision-tree hybrid." In *Proceedings of the 2nd International Conference on Knowledge Discovery and Data Mining (KDD)*, 202–207, Portland, OR.

Kononenko, I. (1991). "Semi-naive Bayesian classifier." In *Proceedings of the 6th European Working Session on Learning (EWSL)*, 206–219, Porto, Portugal.

Lewis, D. D. (1998). "Naive (Bayes) at forty: The independence assumption in information retrieval." In *Proceedings of the 10th European Conference on Machine Learning (ECML)*, 4–15, Chemnitz, Germany.

McCallum, A. and K. Nigam. (1998). "A comparison of event models for naive Bayes text classification." In *Working Notes of the AAAI'98 Workshop on Learning for Text Cagegorization*, Madison, WI.

McLachlan, G. and T. Krishnan. (2008). *The EM Algorithm and Extensions*, 2nd edition. John Wiley & Sons, Hoboken, NJ.

Ng, A. Y. and M. I. Jordan. (2002). "On discriminative vs. generative classifiers: A comparison of logistic regression and naive Bayes." In *Advances in Neural Information Processing Systems 14 (NIPS)* (T. G. Dietterich, S. Becker, and Z. Ghahramani, eds.), 841–848, MIT Press, Cambridge, MA.

Pearl, J. (1988). *Probabilistic Reasoning in Intelligent Systems: Networks of Plausible Inference*. Morgan Kaufmann, San Francisco, CA.

Sahami, M. (1996). "Learning limited dependence Bayesian classifiers." In *Proceedings of the 2nd International Conference on Knowledge Discovery and Data Mining (KDD)*, 335–338, Portland, OR.

Samaniego, F. J. (2010). *A Comparison of the Bayesian and Frequentist Approaches to Estimation*. Springer, New York, NY.

Webb, G., J. Boughton, and Z. Wang. (2005). "Not so naive Bayes: Aggregating one-dependence estimators." *Machine Learning*, 58(1):5–24.

Wu, C. F. J. (1983). "On the convergence properties of the EM algorithm." *Annals of Statistics*, 11(1):95–103.

Wu, X., V. Kumar, J. R. Quinlan, J. Ghosh, Q. Yang, H. Motoda, G. J. McLachlan, A. Ng, B. Liu, P. S. Yu, Z.-H. Zhou, M. Steinbach, D. J. Hand, and D. Steinberg. (2007). "Top 10 algorithms in data mining." *Knowledge and Information Systems*, 14(1):1–37.

Zhang, H. (2004). "The optimality of naive Bayes." In *Proceedings of the 17th International Florida Artificial Intelligence Research Society Conference (FLAIRS)*, 562–567, Miami, FL.

Zheng, Z. and G. I. Webb. (2000). "Lazy learning of Bayesian rules." *Machine Learning*, 41(1):53–84.

休息一会儿

小故事：贝叶斯之谜

英国皇家学会相当于英国科学院，皇家学会会士相当于科学院院士.

1763 年 12 月 23 日，托马斯·贝叶斯 (Thomas Bayes, 1701?—1761) 的遗产受赠者 R. Price 牧师在英国皇家学会宣读了贝叶斯的遗作《论机会学说中一个问题的求解》，其中给出了贝叶斯定理，这一天现在被当作贝叶斯定理的诞生日. 虽然贝叶斯定理在今天已成为概率统计最经典的内容之一，但贝叶斯本人却笼罩在谜团中.

现有资料表明，贝叶斯是一位神职人员，长期担任英国坦布里奇韦尔斯地方教堂的牧师，他从事数学研究的目的是为了证明上帝的存在. 他在 1742 年当选英国皇家学会会士，但没有记录表明他此前发表过任何科学或数学论文. 他的提名是由皇家学会的重量级人物签署的，但为什么提名以及他为何能当选，至今仍是个谜. 贝叶斯的研究工作和他本人在他生活的时代很少有人关注，贝叶斯定理出现后很快就被遗忘了，后来大数学家拉普拉斯使它重新被科学界所熟悉，但直到二十世纪随着统计学的广泛应用才备受瞩目. 贝叶斯的出生年份至今也没有清楚确定，甚至关于如今广泛流传的他的画像是不是贝叶斯本人，也仍存在争议.

第 8 章　集成学习

8.1 个体与集成

ensemble 读音似"昂桑宝"而非"因桑宝".

集成学习(ensemble learning)通过构建并结合多个学习器来完成学习任务, 有时也被称为多分类器系统(multi-classifier system)、基于委员会的学习(committee-based learning) 等.

图 8.1 显示出集成学习的一般结构: 先产生一组"个体学习器"(individual learner), 再用某种策略将它们结合起来. 个体学习器通常由一个现有的学习算法从训练数据产生, 例如 C4.5 决策树算法、BP 神经网络算法等, 此时集成中只包含同种类型的个体学习器, 例如"决策树集成"中全是决策树, "神经网络集成"中全是神经网络, 这样的集成是"同质"的(homogeneous). 同质集成中的个体学习器亦称"基学习器"(base learner), 相应的学习算法称为"基学习算法"(base learning algorithm). 集成也可包含不同类型的个体学习器, 例如同时包含决策树和神经网络, 这样的集成是"异质"的(heterogenous). 异质集成中的个体学习器由不同的学习算法生成, 这时就不再有基学习算法; 相应的, 个体学习器一般不称为基学习器, 常称为"组件学习器"(component learner)或直接称为个体学习器.

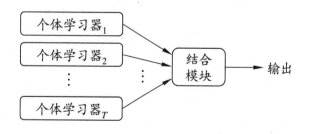

图 8.1　集成学习示意图

弱学习器常指泛化性能略优于随机猜测的学习器; 例如在二分类问题上精度略高于 50% 的分类器.

集成学习通过将多个学习器进行结合, 常可获得比单一学习器显著优越的泛化性能. 这对"弱学习器"(weak learner) 尤为明显, 因此集成学习的很多理论研究都是针对弱学习器进行的, 而基学习器有时也被直接称为弱学习器. 但需注意的是, 虽然从理论上来说使用弱学习器集成足以获得好的性能, 但在实践中出于种种考虑, 例如希望使用较少的个体学习器, 或是重用关于常见学习器的一些经验等, 人们往往会使用比较强的学习器.

在一般经验中, 如果把好坏不等的东西掺到一起, 那么通常结果会是比最坏的要好一些, 比最好的要坏一些. 集成学习把多个学习器结合起来, 如何能获得比最好的单一学习器更好的性能呢?

考虑一个简单的例子: 在二分类任务中, 假定三个分类器在三个测试样本上的表现如图 8.2 所示, 其中 √ 表示分类正确, × 表示分类错误, 集成学习的结果通过投票法(voting)产生, 即"少数服从多数". 在图 8.2(a) 中, 每个分类器都只有 66.6% 的精度, 但集成学习却达到了 100%; 在图 8.2(b)中, 三个分类器没有差别, 集成之后性能没有提高; 在图 8.2(c)中, 每个分类器的精度都只有 33.3%, 集成学习的结果变得更糟. 这个简单的例子显示出: 要获得好的集成, 个体学习器应"好而不同", 即个体学习器要有一定的"准确性", 即学习器不能太坏, 并且要有"多样性"(diversity), 即学习器间具有差异.

个体学习器至少不差于弱学习器.

	测试例1	测试例2	测试例3			测试例1	测试例2	测试例3			测试例1	测试例2	测试例3
h_1	√	√	×		h_1	√	√	×		h_1	√	×	×
h_2	×	√	√		h_2	√	√	×		h_2	×	√	×
h_3	√	×	√		h_3	√	√	×		h_3	×	×	√
集成	√	√	√		集成	√	√	×		集成	×	×	×
(a) 集成提升性能					(b) 集成不起作用					(c) 集成起负作用			

图 8.2 集成个体应"好而不同" (h_i 表示第 i 个分类器)

我们来做个简单的分析. 考虑二分类问题 $y \in \{-1, +1\}$ 和真实函数 f, 假定基分类器的错误率为 ϵ, 即对每个基分类器 h_i 有

$$P(h_i(\boldsymbol{x}) \neq f(\boldsymbol{x})) = \epsilon . \tag{8.1}$$

为简化讨论, 假设 T 为奇数.

假设集成通过简单投票法结合 T 个基分类器, 若有超过半数的基分类器正确, 则集成分类就正确:

$$F(\boldsymbol{x}) = \text{sign}\left(\sum_{i=1}^{T} h_i(\boldsymbol{x})\right) . \tag{8.2}$$

参见习题 8.1.

假设基分类器的错误率相互独立, 则由 Hoeffding 不等式可知, 集成的错误率为

$$P\left(F\left(\boldsymbol{x}\right) \neq f(\boldsymbol{x})\right) = \sum_{k=0}^{\lfloor T/2 \rfloor} \binom{T}{k}(1-\epsilon)^k \epsilon^{T-k}$$

$$\leqslant \exp\left(-\frac{1}{2}T\left(1-2\epsilon\right)^2\right). \tag{8.3}$$

上式显示出, 随着集成中个体分类器数目 T 的增大, 集成的错误率将指数级下降, 最终趋向于零.

然而我们必须注意到, 上面的分析有一个关键假设: 基学习器的误差相互独立. 在现实任务中, 个体学习器是为解决同一个问题训练出来的, 它们显然不可能相互独立! 事实上, 个体学习器的"准确性"和"多样性"本身就存在冲突. 一般的, 准确性很高之后, 要增加多样性就需牺牲准确性. 事实上, 如何产生并结合"好而不同"的个体学习器, 恰是集成学习研究的核心.

根据个体学习器的生成方式, 目前的集成学习方法大致可分为两大类, 即个体学习器间存在强依赖关系、必须串行生成的序列化方法, 以及个体学习器间不存在强依赖关系、可同时生成的并行化方法; 前者的代表是 Boosting, 后者的代表是 Bagging 和 "随机森林" (Random Forest).

8.2 Boosting

Boosting 是一族可将弱学习器提升为强学习器的算法. 这族算法的工作机制类似: 先从初始训练集训练出一个基学习器, 再根据基学习器的表现对训练样本分布进行调整, 使得先前基学习器做错的训练样本在后续受到更多关注, 然后基于调整后的样本分布来训练下一个基学习器; 如此重复进行, 直至基学习器数目达到事先指定的值 T, 最终将这 T 个基学习器进行加权结合.

Boosting 族算法最著名的代表是 AdaBoost [Freund and Schapire, 1997], 其描述如图 8.3 所示, 其中 $y_i \in \{-1, +1\}$, f 是真实函数.

AdaBoost 算法有多种推导方式, 比较容易理解的是基于"加性模型"(additive model), 即基学习器的线性组合

$$H(\boldsymbol{x}) = \sum_{t=1}^{T} \alpha_t h_t(\boldsymbol{x}) \tag{8.4}$$

来最小化指数损失函数(exponential loss function) [Friedman et al., 2000]

$$\ell_{\exp}(H \mid \mathcal{D}) = \mathbb{E}_{\boldsymbol{x} \sim \mathcal{D}}[e^{-f(\boldsymbol{x})H(\boldsymbol{x})}]. \tag{8.5}$$

输入: 训练集 $D = \{(\boldsymbol{x}_1, y_1), (\boldsymbol{x}_2, y_2), \ldots, (\boldsymbol{x}_m, y_m)\}$;
　　　基学习算法 $\mathfrak{L}$;
　　　训练轮数 T.
过程:
1: $\mathcal{D}_1(\boldsymbol{x}) = 1/m$.
2: **for** $t = 1, 2, \ldots, T$ **do**
3: 　$h_t = \mathfrak{L}(D, \mathcal{D}_t)$;
4: 　$\epsilon_t = P_{\boldsymbol{x} \sim \mathcal{D}_t}(h_t(\boldsymbol{x}) \neq f(\boldsymbol{x}))$;
5: 　**if** $\epsilon_t > 0.5$ **then break**
6: 　$\alpha_t = \frac{1}{2} \ln\left(\frac{1-\epsilon_t}{\epsilon_t}\right)$;
7: 　$\mathcal{D}_{t+1}(\boldsymbol{x}) = \frac{\mathcal{D}_t(\boldsymbol{x})}{Z_t} \times \begin{cases} \exp(-\alpha_t), & \text{if } h_t(\boldsymbol{x}) = f(\boldsymbol{x}) \\ \exp(\alpha_t), & \text{if } h_t(\boldsymbol{x}) \neq f(\boldsymbol{x}) \end{cases}$
　　　　$= \frac{\mathcal{D}_t(\boldsymbol{x})\exp(-\alpha_t f(\boldsymbol{x})h_t(\boldsymbol{x}))}{Z_t}$
8: **end for**
输出: $F(\boldsymbol{x}) = \text{sign}\left(\sum_{t=1}^{T} \alpha_t h_t(\boldsymbol{x})\right)$

初始化样本权值分布.
基于分布 $\mathcal{D}_t$ 从数据集 D 中训练出分类器 h_t.
估计 h_t 的误差.

确定分类器 h_t 的权重.

更新样本分布, 其中 Z_t 是规范化因子, 以确保 $\mathcal{D}_{t+1}$ 是一个分布.

图 8.3 AdaBoost算法

若 $H(\boldsymbol{x})$ 能令指数损失函数最小化, 则考虑式(8.5)对 $H(\boldsymbol{x})$ 的偏导

$$\frac{\partial \ell_{\exp}(H \mid \mathcal{D})}{\partial H(\boldsymbol{x})} = -e^{-H(\boldsymbol{x})}P(f(\boldsymbol{x}) = 1 \mid \boldsymbol{x}) + e^{H(\boldsymbol{x})}P(f(\boldsymbol{x}) = -1 \mid \boldsymbol{x}) , \quad (8.6)$$

令式(8.6)为零可解得

$$H(\boldsymbol{x}) = \frac{1}{2} \ln \frac{P(f(\boldsymbol{x}) = 1 \mid \boldsymbol{x})}{P(f(\boldsymbol{x}) = -1 \mid \boldsymbol{x})} , \quad (8.7)$$

因此, 有

$$\begin{aligned} \text{sign}(H(\boldsymbol{x})) &= \text{sign}\left(\frac{1}{2}\ln\frac{P(f(\boldsymbol{x}) = 1 \mid \boldsymbol{x})}{P(f(\boldsymbol{x}) = -1 \mid \boldsymbol{x})}\right) \\ &= \begin{cases} 1, & P(f(\boldsymbol{x}) = 1 \mid \boldsymbol{x}) > P(f(\boldsymbol{x}) = -1 \mid \boldsymbol{x}) \\ -1, & P(f(\boldsymbol{x}) = 1 \mid \boldsymbol{x}) < P(f(\boldsymbol{x}) = -1 \mid \boldsymbol{x}) \end{cases} \\ &= \arg\max_{y \in \{-1,1\}} P(f(\boldsymbol{x}) = y \mid \boldsymbol{x}) , \end{aligned} \quad (8.8)$$

这里忽略了 $P(f(\boldsymbol{x}) = 1 \mid \boldsymbol{x}) = P(f(\boldsymbol{x}) = -1 \mid \boldsymbol{x})$ 的情形.

这意味着 $\text{sign}(H(\boldsymbol{x}))$ 达到了贝叶斯最优错误率. 换言之, 若指数损失函数最小化, 则分类错误率也将最小化; 这说明指数损失函数是分类任务原本 0/1 损失函数的一致的(consistent)替代损失函数. 由于这个替代函数有更好的数学性

替代损失函数的 "一致性" 参见 6.7 节.

质, 例如它是连续可微函数, 因此我们用它替代 0/1 损失函数作为优化目标.

在 AdaBoost算法 中, 第一个基分类器 h_1 是通过直接将基学习算法用于初始数据分布而得; 此后迭代地生成 h_t 和 α_t, 当基分类器 h_t 基于分布 $\mathcal{D}_t$ 产生后, 该基分类器的权重 α_t 应使得 $\alpha_t h_t$ 最小化指数损失函数

$$
\begin{aligned}
\ell_{\exp}\left(\alpha_t h_t \mid \mathcal{D}_t\right) &= \mathbb{E}_{\boldsymbol{x} \sim \mathcal{D}_t}\left[c^{-f(\boldsymbol{x})\alpha_t h_t(\boldsymbol{x})}\right] \\
&= \mathbb{E}_{\boldsymbol{x} \sim \mathcal{D}_t}\left[e^{-\alpha_t}\mathbb{I}\left(f\left(\boldsymbol{x}\right) = h_t\left(\boldsymbol{x}\right)\right) + e^{\alpha_t}\mathbb{I}\left(f\left(\boldsymbol{x}\right) \neq h_t\left(\boldsymbol{x}\right)\right)\right] \\
&= e^{-\alpha_t}P_{\boldsymbol{x} \sim \mathcal{D}_t}\left(f\left(\boldsymbol{x}\right) = h_t\left(\boldsymbol{x}\right)\right) + e^{\alpha_t}P_{\boldsymbol{x} \sim \mathcal{D}_t}\left(f\left(\boldsymbol{x}\right) \neq h_t\left(\boldsymbol{x}\right)\right) \\
&= e^{-\alpha_t}\left(1 - \epsilon_t\right) + e^{\alpha_t}\epsilon_t \ ,
\end{aligned} \tag{8.9}
$$

其中 $\epsilon_t = P_{\boldsymbol{x} \sim \mathcal{D}_t}\big(h_t(\boldsymbol{x}) \neq f(\boldsymbol{x})\big)$. 考虑指数损失函数的导数

$$
\frac{\partial \ell_{\exp}(\alpha_t h_t \mid \mathcal{D}_t)}{\partial \alpha_t} = -e^{-\alpha_t}(1 - \epsilon_t) + e^{\alpha_t}\epsilon_t \ , \tag{8.10}
$$

令式(8.10)为零可解得

$$
\alpha_t = \frac{1}{2}\ln\left(\frac{1 - \epsilon_t}{\epsilon_t}\right) \ , \tag{8.11}
$$

这恰是图 8.3 中算法第 6 行的分类器权重更新公式.

AdaBoost 算法在获得 H_{t-1} 之后样本分布将进行调整, 使下一轮的基学习器 h_t 能纠正 H_{t-1} 的一些错误. 理想的 h_t 能纠正 H_{t-1} 的全部错误, 即最小化 $\ell_{\exp}(H_{t-1} + \alpha_t h_t \mid \mathcal{D})$, 可简化为最小化

$$
\begin{aligned}
\ell_{\exp}(H_{t-1} + h_t \mid \mathcal{D}) &= \mathbb{E}_{\boldsymbol{x} \sim \mathcal{D}}[e^{-f(\boldsymbol{x})(H_{t-1}(\boldsymbol{x}) + h_t(\boldsymbol{x}))}] \\
&= \mathbb{E}_{\boldsymbol{x} \sim \mathcal{D}}[e^{-f(\boldsymbol{x})H_{t-1}(\boldsymbol{x})}e^{-f(\boldsymbol{x})h_t(\boldsymbol{x})}] \ .
\end{aligned} \tag{8.12}
$$

注意到 $f^2(\boldsymbol{x}) = h_t^2(\boldsymbol{x}) = 1$, 式(8.12)可使用 $e^{-f(\boldsymbol{x})h_t(\boldsymbol{x})}$ 的泰勒展式近似为

$$
\begin{aligned}
\ell_{\exp}(H_{t-1} + h_t \mid \mathcal{D}) &\simeq \mathbb{E}_{\boldsymbol{x} \sim \mathcal{D}}\left[e^{-f(\boldsymbol{x})H_{t-1}(\boldsymbol{x})}\left(1 - f(\boldsymbol{x})h_t(\boldsymbol{x}) + \frac{f^2(\boldsymbol{x})h_t^2(\boldsymbol{x})}{2}\right)\right] \\
&= \mathbb{E}_{\boldsymbol{x} \sim \mathcal{D}}\left[e^{-f(\boldsymbol{x})H_{t-1}(\boldsymbol{x})}\left(1 - f(\boldsymbol{x})h_t(\boldsymbol{x}) + \frac{1}{2}\right)\right] \ .
\end{aligned} \tag{8.13}
$$

于是, 理想的基学习器

$$
h_t(\boldsymbol{x}) = \underset{h}{\arg\min}\, \ell_{\exp}(H_{t-1} + h \mid \mathcal{D})
$$

$$= \arg\min_h \mathbb{E}_{\boldsymbol{x} \sim \mathcal{D}} \left[e^{-f(\boldsymbol{x}) H_{t-1}(\boldsymbol{x})} \left(1 - f(\boldsymbol{x}) h(\boldsymbol{x}) + \frac{1}{2} \right) \right]$$

$$= \arg\max_h \mathbb{E}_{\boldsymbol{x} \sim \mathcal{D}} \left[e^{-f(\boldsymbol{x}) H_{t-1}(\boldsymbol{x})} f(\boldsymbol{x}) h(\boldsymbol{x}) \right]$$

$$= \arg\max_h \mathbb{E}_{\boldsymbol{x} \sim \mathcal{D}} \left[\frac{e^{-f(\boldsymbol{x}) H_{t-1}(\boldsymbol{x})}}{\mathbb{E}_{\boldsymbol{x} \sim \mathcal{D}}[e^{-f(\boldsymbol{x}) H_{t-1}(\boldsymbol{x})}]} f(\boldsymbol{x}) h(\boldsymbol{x}) \right] , \tag{8.14}$$

注意到 $\mathbb{E}_{\boldsymbol{x} \sim \mathcal{D}}[e^{-f(\boldsymbol{x}) H_{t-1}(\boldsymbol{x})}]$ 是一个常数. 令 $\mathcal{D}_t$ 表示一个分布

$$\mathcal{D}_t(\boldsymbol{x}) = \frac{\mathcal{D}(\boldsymbol{x}) e^{-f(\boldsymbol{x}) H_{t-1}(\boldsymbol{x})}}{\mathbb{E}_{\boldsymbol{x} \sim \mathcal{D}}[e^{-f(\boldsymbol{x}) H_{t-1}(\boldsymbol{x})}]} , \tag{8.15}$$

则根据数学期望的定义, 这等价于令

$$h_t(\boldsymbol{x}) = \arg\max_h \mathbb{E}_{\boldsymbol{x} \sim \mathcal{D}} \left[\frac{e^{-f(\boldsymbol{x}) H_{t-1}(\boldsymbol{x})}}{\mathbb{E}_{\boldsymbol{x} \sim \mathcal{D}}[e^{-f(\boldsymbol{x}) H_{t-1}(\boldsymbol{x})}]} f(\boldsymbol{x}) h(\boldsymbol{x}) \right]$$

$$= \arg\max_h \mathbb{E}_{\boldsymbol{x} \sim \mathcal{D}_t} [f(\boldsymbol{x}) h(\boldsymbol{x})] . \tag{8.16}$$

由 $f(\boldsymbol{x}), h(\boldsymbol{x}) \in \{-1, +1\}$, 有

$$f(\boldsymbol{x}) h(\boldsymbol{x}) = 1 - 2\, \mathbb{I}\big(f(\boldsymbol{x}) \neq h(\boldsymbol{x})\big) , \tag{8.17}$$

则理想的基学习器

$$h_t(\boldsymbol{x}) = \arg\min_h \mathbb{E}_{\boldsymbol{x} \sim \mathcal{D}_t} \left[\mathbb{I}\big(f(\boldsymbol{x}) \neq h(\boldsymbol{x})\big) \right] . \tag{8.18}$$

由此可见, 理想的 h_t 将在分布 $\mathcal{D}_t$ 下最小化分类误差. 因此, 弱分类器将基于分布 $\mathcal{D}_t$ 来训练, 且针对 $\mathcal{D}_t$ 的分类误差应小于 0.5. 这在一定程度上类似 "残差逼近" 的思想. 考虑到 $\mathcal{D}_t$ 和 $\mathcal{D}_{t+1}$ 的关系, 有

$$\mathcal{D}_{t+1}(\boldsymbol{x}) = \frac{\mathcal{D}(\boldsymbol{x}) e^{-f(\boldsymbol{x}) H_t(\boldsymbol{x})}}{\mathbb{E}_{\boldsymbol{x} \sim \mathcal{D}} \left[e^{-f(\boldsymbol{x}) H_t(\boldsymbol{x})} \right]}$$

$$= \frac{\mathcal{D}(\boldsymbol{x}) e^{-f(\boldsymbol{x}) H_{t-1}(\boldsymbol{x})} e^{-f(\boldsymbol{x}) \alpha_t h_t(\boldsymbol{x})}}{\mathbb{E}_{\boldsymbol{x} \sim \mathcal{D}} \left[e^{-f(\boldsymbol{x}) H_t(\boldsymbol{x})} \right]}$$

$$= \mathcal{D}_t(\boldsymbol{x}) \cdot e^{-f(\boldsymbol{x}) \alpha_t h_t(\boldsymbol{x})} \frac{\mathbb{E}_{\boldsymbol{x} \sim \mathcal{D}} \left[e^{-f(\boldsymbol{x}) H_{t-1}(\boldsymbol{x})} \right]}{\mathbb{E}_{\boldsymbol{x} \sim \mathcal{D}} \left[e^{-f(\boldsymbol{x}) H_t(\boldsymbol{x})} \right]} , \tag{8.19}$$

这恰是图 8.3 中算法第 7 行的样本分布更新公式.

于是, 由式(8.11)和(8.19)可见, 我们从基于加性模型迭代式优化指数损失函数的角度推导出了图 8.3 的 AdaBoost 算法.

Boosting 算法要求基学习器能对特定的数据分布进行学习, 这可通过 "重赋权法" (re-weighting)实施, 即在训练过程的每一轮中, 根据样本分布为每个训练样本重新赋予一个权重. 对无法接受带权样本的基学习算法, 则可通过 "重采样法" (re-sampling)来处理, 即在每一轮学习中, 根据样本分布对训练集重新进行采样, 再用重采样而得的样本集对基学习器进行训练. 一般而言, 这两种做法没有显著的优劣差别. 需注意的是, Boosting 算法在训练的每一轮都要检查当前生成的基学习器是否满足基本条件(例如图 8.3 的第 5 行, 检查当前基分类器是否是比随机猜测好), 一旦条件不满足, 则当前基学习器即被抛弃, 且学习过程停止. 在此种情形下, 初始设置的学习轮数 T 也许还远未达到, 可能导致最终集成中只包含很少的基学习器而性能不佳. 若采用 "重采样法", 则可获得 "重启动" 机会以避免训练过程过早停止 [Kohavi and Wolpert, 1996], 即在抛弃不满足条件的当前基学习器之后, 可根据当前分布重新对训练样本进行采样, 再基于新的采样结果重新训练出基学习器, 从而使得学习过程可以持续到预设的 T 轮完成.

偏差/方差参见 2.5 节.

决策树桩即单层决策树, 参见 4.3 节.

集成的规模指集成中包含的个体学习器数目.

从偏差–方差分解的角度看, Boosting 主要关注降低偏差, 因此 Boosting 能基于泛化性能相当弱的学习器构建出很强的集成. 我们以决策树桩为基学习器, 在表 4.5 的西瓜数据集 3.0α 上运行 AdaBoost 算法, 不同规模(size)的集成及其基学习器所对应的分类边界如图 8.4 所示.

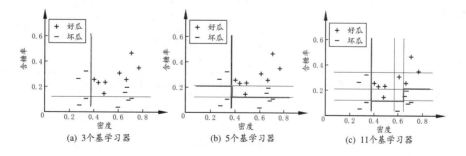

(a) 3个基学习器　　(b) 5个基学习器　　(c) 11个基学习器

图 8.4 西瓜数据集 3.0α 上 AdaBoost 集成规模为 3、5、11 时, 集成(红色)与基学习器(黑色)的分类边界.

8.3 Bagging与随机森林

由 8.1 节可知, 欲得到泛化性能强的集成, 集成中的个体学习器应尽可能相互独立; 虽然 "独立" 在现实任务中无法做到, 但可以设法使基学习器尽可能具有较大的差异. 给定一个训练数据集, 一种可能的做法是对训练样本进行采样, 产生出若干个不同的子集, 再从每个数据子集中训练出一个基学习器. 这样, 由于训练数据不同, 我们获得的基学习器可望具有比较大的差异. 然而, 为获得好的集成, 我们同时还希望个体学习器不能太差. 如果采样出的每个子集都完全不同, 则每个基学习器只用到了一小部分训练数据, 甚至不足以进行有效学习, 这显然无法确保产生出比较好的基学习器. 为解决这个问题, 我们可考虑使用相互有交叠的采样子集.

8.3.1 Bagging

Bagging 这个名字是由 Bootstrap AGGregatING 缩写而来.

Bagging [Breiman, 1996a] 是并行式集成学习方法最著名的代表. 从名字即可看出, 它直接基于我们在 2.2.3 节介绍过的自助采样法 (bootstrap sampling). 给定包含 m 个样本的数据集, 我们先随机取出一个样本放入采样集中, 再把该样本放回初始数据集, 使得下次采样时该样本仍有可能被选中, 这样, 经过 m 次随机采样操作, 我们得到含 m 个样本的采样集, 初始训练集中有的样本在采样集里多次出现, 有的则从未出现. 由式(2.1)可知, 初始训练集中约有 63.2% 的样本出现在采样集中.

照这样, 我们可采样出 T 个含 m 个训练样本的采样集, 然后基于每个采样集训练出一个基学习器, 再将这些基学习器进行结合. 这就是 Bagging 的基本流程. 在对预测输出进行结合时, Bagging 通常对分类任务使用简单投票法, 对回归任务使用简单平均法. 若分类预测时出现两个类收到同样票数的情形, 则最简单的做法是随机选择一个, 也可进一步考察学习器投票的置信度来确定最终胜者. Bagging 的算法描述如图 8.5 所示.

即每个基学习器使用相同权重的投票、平均.

输入: 训练集 $D = \{(\boldsymbol{x}_1, y_1), (\boldsymbol{x}_2, y_2), \ldots, (\boldsymbol{x}_m, y_m)\}$;
　　　　基学习算法 $\mathfrak{L}$;
　　　　训练轮数 T.
过程:
1: **for** $t = 1, 2, \ldots, T$ **do**
2: 　　$h_t = \mathfrak{L}(D, \mathcal{D}_{bs})$
3: **end for**
输出: $H(\boldsymbol{x}) = \underset{y \in \mathcal{Y}}{\arg\max} \sum_{t=1}^{T} \mathbb{I}(h_t(\boldsymbol{x}) = y)$

$\mathcal{D}_{bs}$ 是自助采样产生的样本分布.

图 8.5 Bagging 算法

假定基学习器的计算复杂度为 $O(m)$, 则 Bagging 的复杂度大致为 $T(O(m)+O(s))$, 考虑到采样与投票/平均过程的复杂度 $O(s)$ 很小, 而 T 通常是一个不太大的常数, 因此, 训练一个 Bagging 集成与直接使用基学习算法训练一个学习器的复杂度同阶, 这说明 Bagging 是一个很高效的集成学习算法. 另外, 与标准 AdaBoost 只适用于二分类任务不同, Bagging 能不经修改地用于多分类、回归等任务.

为处理多分类或回归任务, AdaBoost 需进行修改; 目前已有适用的变体算法 [Zhou, 2012].

值得一提的是, 自助采样过程还给 Bagging 带来了另一个优点: 由于每个基学习器只使用了初始训练集中约 63.2% 的样本, 剩下约 36.8% 的样本可用作验证集来对泛化性能进行 "包外估计"(out-of-bag estimate) [Breiman, 1996a; Wolpert and Macready, 1999]. 为此需记录每个基学习器所使用的训练样本. 不妨令 D_t 表示 h_t 实际使用的训练样本集, 令 $H^{oob}(\boldsymbol{x})$ 表示对样本 $\boldsymbol{x}$ 的包外预测, 即仅考虑那些未使用 $\boldsymbol{x}$ 训练的基学习器在 $\boldsymbol{x}$ 上的预测, 有

包外估计参见 2.2.3 节.

$$H^{oob}(\boldsymbol{x}) = \arg\max_{y \in \mathcal{Y}} \sum_{t=1}^{T} \mathbb{I}(h_t(\boldsymbol{x}) = y) \cdot \mathbb{I}(\boldsymbol{x} \notin D_t) , \qquad (8.20)$$

则 Bagging 泛化误差的包外估计为

$$\epsilon^{oob} = \frac{1}{|D|} \sum_{(\boldsymbol{x},y) \in D} \mathbb{I}(H^{oob}(\boldsymbol{x}) \neq y) . \qquad (8.21)$$

事实上, 包外样本还有许多其他用途. 例如当基学习器是决策树时, 可使用包外样本来辅助剪枝, 或用于估计决策树中各结点的后验概率以辅助对零训练样本结点的处理; 当基学习器是神经网络时, 可使用包外样本来辅助早期停止以减小过拟合风险.

偏差/方差参见 2.5 节.

关于样本扰动, 参见 8.5.3 节.

从偏差–方差分解的角度看, Bagging 主要关注降低方差, 因此它在不剪枝决策树、神经网络等易受样本扰动的学习器上效用更为明显. 我们以基于信息增益划分的决策树为基学习器, 在表 4.5 的西瓜数据集 3.0α 上运行 Bagging 算法, 不同规模的集成及其基学习器所对应的分类边界如图 8.6 所示.

8.3.2 随机森林

随机森林(Random Forest, 简称 RF) [Breiman, 2001a] 是 Bagging 的一个扩展变体. RF 在以决策树为基学习器构建 Bagging 集成的基础上, 进一步在决策树的训练过程中引入了随机属性选择. 具体来说, 传统决策树在选择划分属性时是在当前结点的属性集合(假定有 d 个属性)中选择一个最优属性; 而在 RF 中, 对基决策树的每个结点, 先从该结点的属性集合中随机选择一个包含 k

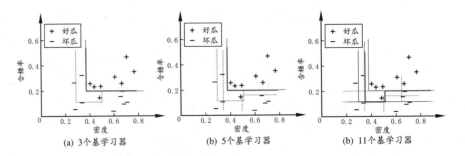

图 8.6 西瓜数据集 3.0α 上 Bagging 集成规模为 3、5、11 时, 集成(红色)与基学习器(黑色)的分类边界.

个属性的子集, 然后再从这个子集中选择一个最优属性用于划分. 这里的参数 k 控制了随机性的引入程度: 若令 $k = d$, 则基决策树的构建与传统决策树相同; 若令 $k = 1$, 则是随机选择一个属性用于划分; 一般情况下, 推荐值 $k = \log_2 d$ [Breiman, 2001a].

随机森林简单、容易实现、计算开销小, 令人惊奇的是, 它在很多现实任务中展现出强大的性能, 被誉为 "代表集成学习技术水平的方法". 可以看出, 随机森林对 Bagging 只做了小改动, 但是与 Bagging 中基学习器的 "多样性" 仅通过样本扰动(通过对初始训练集采样)而来不同, 随机森林中基学习器的多样性不仅来自样本扰动, 还来自属性扰动, 这就使得最终集成的泛化性能可通过个体学习器之间差异度的增加而进一步提升.

> 关于样本扰动、属性扰动等, 参见 8.5.3 节.

随机森林的收敛性与 Bagging 相似. 如图 8.7 所示, 随机森林的起始性能往往相对较差, 特别是在集成中只包含一个基学习器时. 这很容易理解, 因为通过引入属性扰动, 随机森林中个体学习器的性能往往有所降低. 然而, 随着个体学

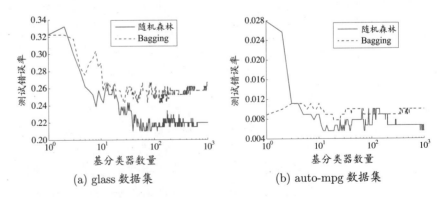

图 8.7 在两个 UCI 数据上, 集成规模对随机森林与 Bagging 的影响

习器数目的增加, 随机森林通常会收敛到更低的泛化误差. 值得一提的是, 随机森林的训练效率常优于 Bagging, 因为在个体决策树的构建过程中, Bagging 使用的是 "确定型" 决策树, 在选择划分属性时要对结点的所有属性进行考察, 而随机森林使用的 "随机型" 决策树则只需考察一个属性子集.

8.4 结合策略

学习器结合可能会从三个方面带来好处 [Dietterich, 2000]: 首先, 从统计的方面来看, 由于学习任务的假设空间往往很大, 可能有多个假设在训练集上达到同等性能, 此时若使用单学习器可能因误选而导致泛化性能不佳, 结合多个学习器则会减小这一风险; 第二, 从计算的方面来看, 学习算法往往会陷入局部极小, 有的局部极小点所对应的泛化性能可能很糟糕, 而通过多次运行之后进行结合, 可降低陷入糟糕局部极小点的风险; 第三, 从表示的方面来看, 某些学习任务的真实假设可能不在当前学习算法所考虑的假设空间中, 此时若使用单学习器则肯定无效, 而通过结合多个学习器, 由于相应的假设空间有所扩大, 有可能学得更好的近似. 图 8.8 给出了一个直观示意图.

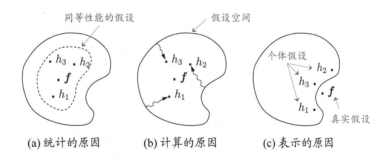

图 8.8　学习器结合可能从三个方面带来好处 [Dietterich, 2000]

假定集成包含 T 个基学习器 $\{h_1, h_2, \ldots, h_T\}$, 其中 h_i 在示例 $\boldsymbol{x}$ 上的输出为 $h_i(\boldsymbol{x})$. 本节介绍几种对 h_i 进行结合的常见策略.

8.4.1 平均法

对数值型输出 $h_i(\boldsymbol{x}) \in \mathbb{R}$, 最常见的结合策略是使用平均法 (averaging).

- 简单平均法(simple averaging)

$$H(\boldsymbol{x}) = \frac{1}{T} \sum_{i=1}^{T} h_i(\boldsymbol{x}) \ . \tag{8.22}$$

- 加权平均法(weighted averaging)

$$H(\boldsymbol{x}) = \sum_{i=1}^{T} w_i h_i(\boldsymbol{x}) . \tag{8.23}$$

Breiman [1996b] 在研究 Stacking 回归时发现, 必须使用非负权重才能确保集成性能优于单一最佳个体学习器, 因此在集成学习中一般对学习器的权重施以非负约束.

其中 w_i 是个体学习器 h_i 的权重, 通常要求 $w_i \geqslant 0$, $\sum_{i=1}^{T} w_i = 1$.

显然, 简单平均法是加权平均法令 $w_i = 1/T$ 的特例. 加权平均法在二十世纪五十年代已被广泛使用 [Markowitz, 1952], [Perrone and Cooper, 1993] 正式将其用于集成学习. 它在集成学习中具有特别的意义, 集成学习中的各种结合方法都可视为其特例或变体. 事实上, 加权平均法可认为是集成学习研究的基本出发点, 对给定的基学习器, 不同的集成学习方法可视为通过不同的方式来确定加权平均法中的基学习器权重.

例如估计出个体学习器的误差, 然后令权重大小与误差大小成反比.

加权平均法的权重一般是从训练数据中学习而得, 现实任务中的训练样本通常不充分或存在噪声, 这将使得学出的权重不完全可靠. 尤其是对规模比较大的集成来说, 要学习的权重比较多, 较容易导致过拟合. 因此, 实验和应用均显示出, 加权平均法未必一定优于简单平均法 [Xu et al., 1992; Ho et al., 1994; Kittler et al., 1998]. 一般而言, 在个体学习器性能相差较大时宜使用加权平均法, 而在个体学习器性能相近时宜使用简单平均法.

8.4.2 投票法

对分类任务来说, 学习器 h_i 将从类别标记集合 $\{c_1, c_2, \ldots, c_N\}$ 中预测出一个标记, 最常见的结合策略是使用投票法(voting). 为便于讨论, 我们将 h_i 在样本 $\boldsymbol{x}$ 上的预测输出表示为一个 N 维向量 $(h_i^1(\boldsymbol{x}); h_i^2(\boldsymbol{x}); \ldots; h_i^N(\boldsymbol{x}))$, 其中 $h_i^j(\boldsymbol{x})$ 是 h_i 在类别标记 c_j 上的输出.

- 绝对多数投票法(majority voting)

$$H(\boldsymbol{x}) = \begin{cases} c_j, & \text{if } \sum_{i=1}^{T} h_i^j(\boldsymbol{x}) > 0.5 \sum_{k=1}^{N} \sum_{i=1}^{T} h_i^k(\boldsymbol{x}) ; \\ \text{reject}, & \text{otherwise}. \end{cases} \tag{8.24}$$

即若某标记得票过半数, 则预测为该标记; 否则拒绝预测.

- 相对多数投票法(plurality voting)

$$H(\boldsymbol{x}) = c_{\arg\max_j \sum_{i=1}^{T} h_i^j(\boldsymbol{x})} . \tag{8.25}$$

即预测为得票最多的标记, 若同时有多个标记获最高票, 则从中随机选取一个.

- 加权投票法(weighted voting)

$$H(\boldsymbol{x}) = c_{\underset{j}{\arg\max} \sum_{i=1}^{T} w_i h_i^j(\boldsymbol{x})} . \tag{8.26}$$

与加权平均法类似, w_i 是 h_i 的权重, 通常 $w_i \geqslant 0, \sum_{i=1}^{T} w_i = 1.$

标准的绝对多数投票法(8.24)提供了"拒绝预测"选项, 这在可靠性要求较高的学习任务中是一个很好的机制. 但若学习任务要求必须提供预测结果, 则绝对多数投票法将退化为相对多数投票法. 因此, 在不允许拒绝预测的任务中, 绝对多数、相对多数投票法统称为"多数投票法".

式(8.24)~(8.26)没有限制个体学习器输出值的类型. 在现实任务中, 不同类型个体学习器可能产生不同类型的 $h_i^j(\boldsymbol{x})$ 值, 常见的有:

- 类标记: $h_i^j(\boldsymbol{x}) \in \{0, 1\}$, 若 h_i 将样本 $\boldsymbol{x}$ 预测为类别 c_j 则取值为 1, 否则为 0. 使用类标记的投票亦称"硬投票"(hard voting).

- 类概率: $h_i^j(\boldsymbol{x}) \in [0, 1]$, 相当于对后验概率 $P(c_j \mid \boldsymbol{x})$ 的一个估计. 使用类概率的投票亦称"软投票"(soft voting).

不同类型的 $h_i^j(\boldsymbol{x})$ 值不能混用. 对一些能在预测出类别标记的同时产生分类置信度的学习器, 其分类置信度可转化为类概率使用. 若此类值未进行规范化, 例如支持向量机的分类间隔值, 则必须使用一些技术如 Platt 缩放(Platt scaling) [Platt, 2000]、等分回归 (isotonic regression) [Zadrozny and Elkan, 2001]等进行"校准"(calibration)后才能作为类概率使用. 有趣的是, 虽然分类器估计出的类概率值一般都不太准确, 但基于类概率进行结合却往往比直接基于类标记进行结合性能更好. 需注意的是, 若基学习器的类型不同, 则其类概率值不能直接进行比较; 在此种情形下, 通常可将类概率输出转化为类标记输出(例如将类概率输出最大的 $h_i^j(\boldsymbol{x})$ 设为 1, 其他设为 0) 然后再投票.

例如异质集成中不同类型的个体学习器.

8.4.3 学习法

当训练数据很多时, 一种更为强大的结合策略是使用"学习法", 即通过另一个学习器来进行结合. Stacking [Wolpert, 1992; Breiman, 1996b] 是学习法的典型代表. 这里我们把个体学习器称为初级学习器, 用于结合的学习器称为次级学习器或元学习器(meta-learner).

Stacking 本身是一种著名的集成学习方法, 且有不少集成学习算法可视为其变体或特例. 它也可看作一种特殊的结合策略, 因此本书在此介绍.

Stacking 先从初始数据集训练出初级学习器, 然后 "生成" 一个新数据集用于训练次级学习器. 在这个新数据集中, 初级学习器的输出被当作样例输入特征, 而初始样本的标记仍被当作样例标记. Stacking 的算法描述如图 8.9 所示, 这里我们假定初级学习器使用不同学习算法产生, 即初级集成是异质的.

初级学习器也可是同质的.

输入: 训练集 $D = \{(\boldsymbol{x}_1, y_1), (\boldsymbol{x}_2, y_2), \ldots, (\boldsymbol{x}_m, y_m)\}$;
　　　　初级学习算法 $\mathfrak{L}_1, \mathfrak{L}_2, \ldots, \mathfrak{L}_T$;
　　　　次级学习算法 $\mathfrak{L}$.
过程:
1: **for** $t = 1, 2, \ldots, T$ **do**
2: 　　$h_t = \mathfrak{L}_t(D)$;
3: **end for**
4: $D' = \varnothing$;
5: **for** $i = 1, 2, \ldots, m$ **do**
6: 　　**for** $t = 1, 2, \ldots, T$ **do**
7: 　　　　$z_{it} = h_t(\boldsymbol{x}_i)$;
8: 　　**end for**
9: 　　$D' = D' \cup ((z_{i1}, z_{i2}, \ldots, z_{iT}), y_i)$;
10: **end for**
11: $h' = \mathfrak{L}(D')$;
输出: $H(\boldsymbol{x}) = h'(h_1(\boldsymbol{x}), h_2(\boldsymbol{x}), \ldots, h_T(\boldsymbol{x}))$

图 8.9 Stacking 算法

使用初级学习算法 $\mathfrak{L}_t$ 产生初级学习器 h_t.

生成次级训练集.

在 D' 上用次级学习算法 $\mathfrak{L}$ 产生次级学习器 h'.

在训练阶段, 次级训练集是利用初级学习器产生的, 若直接用初级学习器的训练集来产生次级训练集, 则过拟合风险会比较大; 因此, 一般是通过使用交叉验证或留一法这样的方式, 用训练初级学习器未使用的样本来产生次级学习器的训练样本. 以 k 折交叉验证为例, 初始训练集 D 被随机划分为 k 个大小相似的集合 $D_1, D_2, \ldots, D_k$. 令 D_j 和 $\bar{D}_j = D \setminus D_j$ 分别表示第 j 折的测试集和训练集. 给定 T 个初级学习算法, 初级学习器 $h_t^{(j)}$ 通过在 $\bar{D}_j$ 上使用第 t 个学习算法而得. 对 D_j 中每个样本 $\boldsymbol{x}_i$, 令 $z_{it} = h_t^{(j)}(\boldsymbol{x}_i)$, 则由 $\boldsymbol{x}_i$ 所产生的次级训练样例的示例部分为 $\boldsymbol{z}_i = (z_{i1}; z_{i2}; \ldots; z_{iT})$, 标记部分为 y_i. 于是, 在整个交叉验证过程结束后, 从这 T 个初级学习器产生的次级训练集是 $D' = \{(\boldsymbol{z}_i, y_i)\}_{i=1}^m$, 然后 D' 将用于训练次级学习器.

MLR 是基于线性回归的分类器, 它对每个类分别进行线性回归, 属于该类的训练样例所对应的输出被置为 1, 其他类置为 0; 测试示例将被分给输出值最大的类.

WEKA 中的 StackingC 算法就是这样实现的.

次级学习器的输入属性表示和次级学习算法对 Stacking 集成的泛化性能有很大影响. 有研究表明, 将初级学习器的输出类概率作为次级学习器的输入属性, 用多响应线性回归(Multi-response Linear Regression, 简称 MLR) 作为次级学习算法效果较好 [Ting and Witten, 1999], 在 MLR 中使用不同的属性集更佳 [Seewald, 2002].

贝叶斯模型平均(Bayes Model Averaging, 简称 BMA)基于后验概率来为不同模型赋予权重, 可视为加权平均法的一种特殊实现. [Clarke, 2003] 对 Stacking 和 BMA 进行了比较. 理论上来说, 若数据生成模型恰在当前考虑的模型中, 且数据噪声很少, 则 BMA 不差于 Stacking; 然而, 在现实应用中无法确保数据生成模型一定在当前考虑的模型中, 甚至可能难以用当前考虑的模型来进行近似, 因此, Stacking 通常优于 BMA, 因为其鲁棒性比 BMA 更好, 而且 BMA 对模型近似误差非常敏感.

8.5 多样性

8.5.1 误差–分歧分解

8.1 节提到, 欲构建泛化能力强的集成, 个体学习器应 "好而不同". 现在我们来做一个简单的理论分析.

假定我们用个体学习器 $h_1, h_2, \ldots, h_T$ 通过加权平均法(8.23)结合产生的集成来完成回归学习任务 $f: \mathbb{R}^d \mapsto \mathbb{R}$. 对示例 $\boldsymbol{x}$, 定义学习器 h_i 的 "分歧"(ambiguity)为

$$A(h_i \mid \boldsymbol{x}) = \big(h_i(\boldsymbol{x}) - H(\boldsymbol{x})\big)^2 , \tag{8.27}$$

则集成的 "分歧" 定义为

$$
\begin{aligned}
\overline{A}(h \mid \boldsymbol{x}) &= \sum\nolimits_{i=1}^{T} w_i A(h_i \mid \boldsymbol{x}) \\
&= \sum\nolimits_{i=1}^{T} w_i \big(h_i(\boldsymbol{x}) - H(\boldsymbol{x})\big)^2 .
\end{aligned}
\tag{8.28}
$$

显然, 这里的 "分歧" 项表征了个体学习器在样本 $\boldsymbol{x}$ 上的不一致性, 即在一定程度上反映了个体学习器的多样性. 个体学习器 h_i 和集成 H 的平方误差分别为

$$E(h_i \mid \boldsymbol{x}) = \big(f(\boldsymbol{x}) - h_i(\boldsymbol{x})\big)^2 , \tag{8.29}$$

$$E(H \mid \boldsymbol{x}) = \big(f(\boldsymbol{x}) - H(\boldsymbol{x})\big)^2 . \tag{8.30}$$

令 $\overline{E}(h \mid \boldsymbol{x}) = \sum_{i=1}^{T} w_i \cdot E(h_i \mid \boldsymbol{x})$ 表示个体学习器误差的加权均值, 有

$$
\begin{aligned}
\overline{A}(h \mid \boldsymbol{x}) &= \sum_{i=1}^{T} w_i E(h_i \mid \boldsymbol{x}) - E(H \mid \boldsymbol{x}) \\
&= \overline{E}(h \mid \boldsymbol{x}) - E(H \mid \boldsymbol{x}) .
\end{aligned}
\tag{8.31}
$$

式(8.31)对所有样本 $\boldsymbol{x}$ 均成立, 令 $p(\boldsymbol{x})$ 表示样本的概率密度, 则在全样本上有

$$\sum_{i=1}^{T} w_i \int A(h_i \mid \boldsymbol{x}) p(\boldsymbol{x}) d\boldsymbol{x} = \sum_{i=1}^{T} w_i \int E(h_i \mid \boldsymbol{x}) p(\boldsymbol{x}) d\boldsymbol{x} - \int E(H \mid \boldsymbol{x}) p(\boldsymbol{x}) d\boldsymbol{x} .$$
$$(8.32)$$

这里我们用 E_i 和 A_i 简化表示 $E(h_i)$ 和 $A(h_i)$.

类似的, 个体学习器 h_i 在全样本上的泛化误差和分歧项分别为

$$E_i = \int E(h_i \mid \boldsymbol{x}) p(\boldsymbol{x}) d\boldsymbol{x} , \tag{8.33}$$

$$A_i = \int A(h_i \mid \boldsymbol{x}) p(\boldsymbol{x}) d\boldsymbol{x} . \tag{8.34}$$

集成的泛化误差为

这里我们用 E 简化表示 $E(H)$.

$$E = \int E(H \mid \boldsymbol{x}) p(\boldsymbol{x}) d\boldsymbol{x} . \tag{8.35}$$

将式(8.33)~(8.35)代入式(8.32), 再令 $\overline{E} = \sum_{i=1}^{T} w_i E_i$ 表示个体学习器泛化误差的加权均值, $\overline{A} = \sum_{i=1}^{T} w_i A_i$ 表示个体学习器的加权分歧值, 有

$$E = \overline{E} - \overline{A} . \tag{8.36}$$

式(8.36)这个漂亮的式子明确提示出: 个体学习器准确性越高、多样性越大, 则集成越好. 上面这个分析首先由 [Krogh and Vedelsby, 1995] 给出, 称为"误差–分歧分解"(error–ambiguity decomposition).

至此, 读者可能很高兴: 我们直接把 $\overline{E} - \overline{A}$ 作为优化目标来求解, 不就能得到最优的集成了? 遗憾的是, 在现实任务中很难直接对 $\overline{E} - \overline{A}$ 进行优化, 不仅由于它们是定义在整个样本空间上, 还由于 $\overline{A}$ 不是一个可直接操作的多样性度量, 它仅在集成构造好之后才能进行估计. 此外需注意的是, 上面的推导过程只适用于回归学习, 难以直接推广到分类学习任务上去.

8.5.2 多样性度量

亦称"差异性度量".

顾名思义, 多样性度量(diversity measure) 是用于度量集成中个体分类器的多样性, 即估算个体学习器的多样化程度. 典型做法是考虑个体分类器的两两相似/不相似性.

参见 2.3.2 节混淆矩阵.

给定数据集 $D = \{(\boldsymbol{x}_1, y_1), (\boldsymbol{x}_2, y_2), \ldots, (\boldsymbol{x}_m, y_m)\}$, 对二分类任务, $y_i \in \{-1, +1\}$, 分类器 h_i 与 h_j 的预测结果列联表(contingency table)为

	$h_i = +1$	$h_i = -1$
$h_j = +1$	a	c
$h_j = -1$	b	d

其中, a 表示 h_i 与 h_j 均预测为正类的样本数目; b、c、d 含义由此类推; $a + b + c + d = m$. 基于这个列联表, 下面给出一些常见的多样性度量.

- 不合度量(disagreement measure)

$$dis_{ij} = \frac{b+c}{m} \ . \tag{8.37}$$

dis_{ij} 的值域为 $[0, 1]$. 值越大则多样性越大.

- 相关系数(correlation coefficient)

$$\rho_{ij} = \frac{ad - bc}{\sqrt{(a+b)(a+c)(c+d)(b+d)}} \ . \tag{8.38}$$

ρ_{ij} 的值域为 $[-1, 1]$. 若 h_i 与 h_j 无关, 则值为 0; 若 h_i 与 h_j 正相关则值为正, 否则为负.

- Q-统计量(Q-statistic)

$$Q_{ij} = \frac{ad - bc}{ad + bc} \ . \tag{8.39}$$

Q_{ij} 与相关系数 ρ_{ij} 的符号相同, 且 $|Q_{ij}| \geqslant |\rho_{ij}|$.

- κ-统计量(κ-statistic)

$$\kappa = \frac{p_1 - p_2}{1 - p_2} \ . \tag{8.40}$$

其中, p_1 是两个分类器取得一致的概率; p_2 是两个分类器偶然达成一致的概率, 它们可由数据集 D 估算:

$$p_1 = \frac{a+d}{m}, \tag{8.41}$$

$$p_2 = \frac{(a+b)(a+c) + (c+d)(b+d)}{m^2}. \tag{8.42}$$

若分类器 h_i 与 h_j 在 D 上完全一致, 则 $\kappa = 1$; 若它们仅是偶然达成一致,

则 $\kappa = 0$. κ 通常为非负值, 仅在 h_i 与 h_j 达成一致的概率甚至低于偶然
性的情况下取负值.

以上介绍的都是"成对型"(pairwise)多样性度量, 它们可以容易地通过 2
维图绘制出来. 例如著名的"κ-误差图", 就是将每一对分类器作为图上的一
个点, 横坐标是这对分类器的 κ 值, 纵坐标是它们的平均误差, 图 8.10 给出了
一个例子. 显然, 数据点云的位置越高, 则个体分类器准确性越低; 点云的位置
越靠右, 则个体学习器的多样性越小.

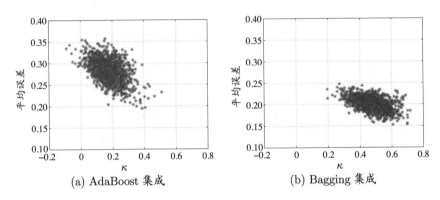

(a) AdaBoost 集成   (b) Bagging 集成

图 8.10 在 UCI 数据集 *tic-tac-toe* 上的 κ-误差图. 每个集成含 50 棵 C4.5 决策树

8.5.3 多样性增强

在集成学习中需有效地生成多样性大的个体学习器. 与简单地直接用初始
数据训练出个体学习器相比, 如何增强多样性呢? 一般思路是在学习过程中引
入随机性, 常见做法主要是对数据样本、输入属性、输出表示、算法参数进行
扰动.

• 数据样本扰动

给定初始数据集, 可从中产生出不同的数据子集, 再利用不同的数据子集
训练出不同的个体学习器. 数据样本扰动通常是基于采样法, 例如在 Bagging
中使用自助采样, 在 AdaBoost 中使用序列采样. 此类做法简单高效, 使用最
广. 对很多常见的基学习器, 例如决策树、神经网络等, 训练样本稍加变化就会
导致学习器有显著变动, 数据样本扰动法对这样的"不稳定基学习器"很有效;
然而, 有一些基学习器对数据样本的扰动不敏感, 例如线性学习器、支持向量
机、朴素贝叶斯、k 近邻学习器等, 这样的基学习器称为稳定基学习器(stable
base learner), 对此类基学习器进行集成往往需使用输入属性扰动等其他机制.

- 输入属性扰动

子空间一般指从初始的
高维属性空间投影产生的
低维属性空间, 描述低维
空间的属性是通过初始属
性投影变换而得, 未必是
初始属性. 参见第 10 章.

训练样本通常由一组属性描述, 不同的 "子空间" (subspace, 即属性子集)提供了观察数据的不同视角. 显然, 从不同子空间训练出的个体学习器必然有所不同. 著名的随机子空间(random subspace)算法 [Ho, 1998] 就依赖于输入属性扰动, 该算法从初始属性集中抽取出若干个属性子集, 再基于每个属性子集训练一个基学习器, 算法描述如图 8.11 所示. 对包含大量冗余属性的数据, 在子空间中训练个体学习器不仅能产生多样性大的个体, 还会因属性数的减少而大幅节省时间开销, 同时, 由于冗余属性多, 减少一些属性后训练出的个体学习器也不至于太差. 若数据只包含少量属性, 或者冗余属性很少, 则不宜使用输入属性扰动法.

d' 小于初始属性数 d.

$\mathcal{F}_t$ 包含 d' 个随机选取
的属性, D_t 仅保留 $\mathcal{F}_t$ 中
的属性.

输入: 训练集 $D = \{(\boldsymbol{x}_1, y_1), (\boldsymbol{x}_2, y_2), \cdots, (\boldsymbol{x}_m, y_m)\}$;
      基学习算法 $\mathfrak{L}$;
      基学习器数 T;
      子空间属性数 d'.
过程:
1: **for** $t = 1, 2, \ldots, T$ **do**
2:    $\mathcal{F}_t = \mathrm{RS}(D, d')$
3:    $D_t = \mathrm{Map}_{\mathcal{F}_t}(D)$
4:    $h_t = \mathfrak{L}(D_t)$
5: **end for**
输出: $H(\boldsymbol{x}) = \underset{y \in \mathcal{Y}}{\arg\max} \sum_{t=1}^{T} \mathbb{I}\left(h_t\left(\mathrm{Map}_{\mathcal{F}_t}(\boldsymbol{x})\right) = y\right)$

图 8.11 随机子空间算法

- 输出表示扰动

此类做法的基本思路是对输出表示进行操纵以增强多样性. 可对训练样本的类标记稍作变动, 如 "翻转法" (Flipping Output) [Breiman, 2000] 随机改变一些训练样本的标记; 也可对输出表示进行转化, 如 "输出调制法" (Output Smearing) [Breiman, 2000] 将分类输出转化为回归输出后构建个体学习器; 还可将原任务拆解为多个可同时求解的子任务, 如 ECOC 法 [Dietterich and Bakiri, 1995] 利用纠错输出码将多分类任务拆解为一系列二分类任务来训练基学习器.

ECOC 参见 3.5 节.

- 算法参数扰动

基学习算法一般都有参数需进行设置, 例如神经网络的隐层神经元数、初始连接权值等, 通过随机设置不同的参数, 往往可产生差别较大的个体学习器.

例如"负相关法"(Negative Correlation) [Liu and Yao, 1999] 显式地通过正则化项来强制个体神经网络使用不同的参数. 对参数较少的算法, 可通过将其学习过程中某些环节用其他类似方式代替, 从而达到扰动的目的, 例如可将决策树使用的属性选择机制替换成其他的属性选择机制. 值得指出的是, 使用单一学习器时通常需使用交叉验证等方法来确定参数值, 这事实上已使用了不同参数训练出多个学习器, 只不过最终仅选择其中一个学习器进行使用, 而集成学习则相当于把这些学习器都利用起来; 由此也可看出, 集成学习技术的实际计算开销并不比使用单一学习器大很多.

不同的多样性增强机制可同时使用, 例如 8.3.2 节介绍的随机森林中同时使用了数据样本扰动和输入属性扰动, 有些方法甚至同时使用了更多机制 [Zhou, 2012].

8.6　阅读材料

集成学习方面的主要推荐读物是 [Zhou, 2012], 本章提及的所有内容在该书中都有更深入详细的介绍. [Kuncheva, 2004; Rokach, 2010b] 可供参考. [Schapire and Freund, 2012] 则是专门关于 Boosting 的著作.

Boosting 源于 [Schapire, 1990] 对 [Kearns and Valiant, 1989] 提出的"弱学习是否等价于强学习"这个重要理论问题的构造性证明. 最初的 Boosting 算法仅有理论意义, 经数年努力后 [Freund and Schapire, 1997] 提出 AdaBoost, 并因此获得理论计算机科学方面的重要奖项——哥德尔奖. 不同集成学习方法的工作机理和理论性质往往有显著不同, 例如从偏差–方差分解的角度看, Boosting 主要关注降低偏差, 而 Bagging 主要关注降低方差. MultiBoosting [Webb, 2000] 等方法尝试将二者的优点加以结合. 关于 Boosting 和 Bagging 已有很多理论研究结果, 可参阅 [Zhou, 2012] 第 2~3 章.

8.2 节给出的 AdaBoost 推导源于"统计视角"(statistical view) [Friedman et al., 2000], 此派理论认为 AdaBoost 实质上是基于加性模型(additive model)以类似牛顿迭代法来优化指数损失函数. 受此启发, 通过将迭代优化过程替换为其他优化方法, 产生了 GradientBoosting [Friedman, 2001]、LPBoost [Demiriz et al., 2008] 等变体算法. 然而, 这派理论产生的推论与 AdaBoost 实际行为有相当大的差别 [Mease and Wyner, 2008], 尤其是它不能解释 AdaBoost 为什么没有过拟合这个重要现象, 因此不少人认为, 统计视角本身虽很有意义, 但其阐释的是一个与 AdaBoost 相似的学习过程而并非 AdaBoost 本身. "间隔理论"(margin theory) [Schapire et al., 1998] 能直观地解释这个重要现象, 但过

这个现象的严格表述是"为什么 AdaBoost 在训练误差达到零之后继续训练仍能提高泛化性能"; 若一直训练下去, 过拟合最终仍会出现.

去 15 年中一直存有争论, 直到最近的研究结果使它最终得以确立, 并对新型学习方法的设计给出了启示; 相关内容可参阅 [Zhou, 2014].

本章仅介绍了最基本的几种结合方法, 常见的还有基于 D-S 证据理论的方法、动态分类器选择、混合专家(mixture of experts) 等. 本章仅介绍了成对型多样性度量. [Kuncheva and Whitaker, 2003; Tang et al., 2006] 显示出, 现有多样性度量都存在显著缺陷. 如何理解多样性, 被认为是集成学习中的圣杯问题. 关于结合方法和多样性方面的内容, 可参阅 [Zhou, 2012] 第 4~5 章.

在集成产生之后再试图通过去除一些个体学习器来获得较小的集成, 称为集成修剪(ensemble pruning). 这有助于减小模型的存储开销和预测时间开销. 早期研究主要针对序列化集成进行, 减小集成规模后常导致泛化性能下降 [Rokach, 2010a]; [Zhou et al., 2002] 揭示出对并行化集成进行修剪能在减小规模的同时提升泛化性能, 并催生了基于优化的集成修剪技术. 这方面的内容可参阅 [Zhou, 2012] 第 6 章.

对并行化集成的修剪亦称 "选择性集成" (selective ensemble), 但现在一般将选择性集成用作集成修剪的同义语, 亦称 "集成选择" (ensemble selection).

关于聚类、半监督学习、代价敏感学习等任务中集成学习的内容, 可参阅 [Zhou, 2012] 第 7~8 章. 事实上, 集成学习已被广泛用于几乎所有的学习任务. 著名数据挖掘竞赛 KDDCup 历年的冠军几乎都使用了集成学习.

由于集成包含多个学习器, 即便个体学习器有较好的可解释性, 集成仍是黑箱模型. 已有一些工作试图改善集成的可解释性, 例如将集成转化为单模型、从集成中抽取符号规则等, 这方面的研究衍生出了能产生性能超越集成的单学习器的 "二次学习"(twice-learning)技术, 例如 NeC4.5 算法 [Zhou and Jiang, 2004]. 可视化技术也对改善可解释性有一定帮助. 可参阅 [Zhou, 2012] 第 8 章.

习题

8.1 假设抛硬币正面朝上的概率为 p, 反面朝上的概率为 $1-p$. 令 $H(n)$ 代表抛 n 次硬币所得正面朝上的次数, 则最多 k 次正面朝上的概率为

$$P\big(H(n)\leqslant k\big)=\sum_{i=0}^{k}\binom{n}{i}p^{i}(1-p)^{n-i}\ . \tag{8.43}$$

对 $\delta>0$, $k=(p-\delta)n$, 有 Hoeffding 不等式

$$P\big(H(n)\leqslant (p-\delta)n\big)\leqslant e^{-2\delta^{2}n}\ . \tag{8.44}$$

试推导出式(8.3).

8.2 对于 0/1 损失函数来说, 指数损失函数并非仅有的一致替代函数. 考虑式(8.5), 试证明: 任意损失函数 $\ell(-f(\boldsymbol{x})H(\boldsymbol{x}))$, 若对于 $H(\boldsymbol{x})$ 在区间 $[-\infty,\delta]$ $(\delta>0)$ 上单调递减, 则 ℓ 是 0/1 损失函数的一致替代函数.

西瓜数据集 3.0α 见 p.89 表 4.5.

8.3 从网上下载或自己编程实现 AdaBoost, 以不剪枝决策树为基学习器, 在西瓜数据集 3.0α 上训练一个 AdaBoost 集成, 并与图 8.4 进行比较.

8.4 GradientBoosting [Friedman, 2001] 是一种常用的 Boosting 算法, 试析其与 AdaBoost 的异同.

8.5 试编程实现 Bagging, 以决策树桩为基学习器, 在西瓜数据集 3.0α 上训练一个 Bagging 集成, 并与图 8.6 进行比较.

8.6 试析 Bagging 通常为何难以提升朴素贝叶斯分类器的性能.

8.7 试析随机森林为何比决策树 Bagging 集成的训练速度更快.

8.8 MultiBoosting 算法 [Webb, 2000] 将 AdaBoost 作为 Bagging 的基学习器, Iterative Bagging 算法 [Breiman, 2001b] 则是将 Bagging 作为 AdaBoost 的基学习器. 试比较二者的优缺点.

8.9* 试设计一种可视的多样性度量, 对习题 8.3 和习题 8.5 中得到的集成进行评估, 并与 κ-误差图比较.

8.10* 试设计一种能提升 k 近邻分类器性能的集成学习算法.

参考文献

Breiman, L. (1996a). "Bagging predictors." *Machine Learning*, 24(2):123–140.

Breiman, L. (1996b). "Stacked regressions." *Machine Learning*, 24(1):49–64.

Breiman, L. (2000). "Randomizing outputs to increase prediction accuracy." *Machine Learning*, 40(3):113–120.

Breiman, L. (2001a). "Random forests." *Machine Learning*, 45(1):5–32.

Breiman, L. (2001b). "Using iterated bagging to debias regressions." *Machine Learning*, 45(3):261–277.

Clarke, B. (2003). "Comparing Bayes model averaging and stacking when model approximation error cannot be ignored." *Journal of Machine Learning Research*, 4:683–712.

Demiriz, A., K. P. Bennett, and J. Shawe-Taylor. (2008). "Linear programming Boosting via column generation." *Machine Learning*, 46(1-3):225–254.

Dietterich, T. G. (2000). "Ensemble methods in machine learning." In *Proceedings of the 1st International Workshop on Multiple Classifier Systems (MCS)*, 1–15, Cagliari, Italy.

Dietterich, T. G. and G. Bakiri. (1995). "Solving multiclass learning problems via error-correcting output codes." *Journal of Artificial Intelligence Research*, 2:263–286.

Freund, Y. and R. E. Schapire. (1997). "A decision-theoretic generalization of on-line learning and an application to boosting." *Journal of Computer and System Sciences*, 55(1):119–139.

Friedman, J., T. Hastie, and R. Tibshirani. (2000). "Additive logistic regression: A statistical view of boosting (with discussions)." *Annals of Statistics*, 28(2): 337–407.

Friedman, J. H. (2001). "Greedy function approximation: A gradient Boosting machine." *Annals of Statistics*, 29(5):1189–1232.

Ho, T. K. (1998). "The random subspace method for constructing decision forests." *IEEE Transactions on Pattern Analysis and Machine Intelligence*, 20(8):832–844.

Ho, T. K., J. J. Hull, and S. N. Srihari. (1994). "Decision combination in multiple classifier systems." *IEEE Transaction on Pattern Analysis and Machine Intelligence*, 16(1):66–75.

Kearns, M. and L. G. Valiant. (1989). "Cryptographic limitations on learning Boolean formulae and finite automata." In *Proceedings of the 21st Annual ACM Symposium on Theory of Computing (STOC)*, 433–444, Seattle, WA.

Kittler, J., M. Hatef, R. Duin, and J. Matas. (1998). "On combining classifiers." *IEEE Transactions on Pattern Analysis and Machine Intelligence*, 20(3): 226–239.

Kohavi, R. and D. H. Wolpert. (1996). "Bias plus variance decomposition for zero-one loss functions." In *Proceedings of the 13th International Conference on Machine Learning (ICML)*, 275–283, Bari, Italy.

Krogh, A. and J. Vedelsby. (1995). "Neural network ensembles, cross validation, and active learning." In *Advances in Neural Information Processing Systems 7 (NIPS)* (G. Tesauro, D. S. Touretzky, and T. K. Leen, eds.), 231–238, MIT Press, Cambridge, MA.

Kuncheva, L. I. (2004). *Combining Pattern Classifiers: Methods and Algorithms.* John Wiley & Sons, Hoboken, NJ.

Kuncheva, L. I. and C. J. Whitaker. (2003). "Measures of diversity in classifier ensembles and their relationship with the ensemble accuracy." *Machine Learning*, 51(2):181–207.

Liu, Y. and X. Yao. (1999). "Ensemble learning via negative correlation." *Neural Networks*, 12(10):1399–1404.

Markowitz, H. (1952). "Portfolio selection." *Journal of Finance*, 7(1):77–91.

Mease, D. and A. Wyner. (2008). "Evidence contrary to the statistical view of boosting (with discussions)." *Journal of Machine Learning Research*, 9: 131–201.

Perrone, M. P. and L. N. Cooper. (1993). "When networks disagree: Ensemble method for neural networks." In *Artificial Neural Networks for Speech and Vision* (R. J. Mammone, ed.), 126–142, Chapman & Hall, New York, NY.

Platt, J. C. (2000). "Probabilities for SV machines." In *Advances in Large Margin Classifiers* (A. J. Smola, P. L. Bartlett, B. Schölkopf, and D. Schuurmans, eds.), 61–74, MIT Press, Cambridge, MA.

Rokach, L. (2010a). "Ensemble-based classifiers." *Artificial Intelligence Review*, 33(1):1–39.

Rokach, L. (2010b). *Pattern Classification Using Ensemble Methods*. World Scientific, Singapore.

Schapire, R. E. (1990). "The strength of weak learnability." *Machine Learning*, 5(2):197–227.

Schapire, R. E. and Y. Freund. (2012). *Boosting: Foundations and Algorithms*. MIT Press, Cambridge, MA.

Schapire, R. E., Y. Freund, P. Bartlett, and W. S. Lee. (1998). "Boosting the margin: A new explanation for the effectiveness of voting methods." *Annals of Statistics*, 26(5):1651–1686.

Seewald, A. K. (2002). "How to make Stacking better and faster while also taking care of an unknown weakness." In *Proceedings of the 19th International Conference on Machine Learning (ICML)*, 554–561, Sydney, Australia.

Tang, E. K., P. N. Suganthan, and X. Yao. (2006). "An analysis of diversity measures." *Machine Learning*, 65(1):247–271.

Ting, K. M. and I. H. Witten. (1999). "Issues in stacked generalization." *Journal of Artificial Intelligence Research*, 10:271–289.

Webb, G. I. (2000). "MultiBoosting: A technique for combining boosting and wagging." *Machine Learning*, 40(2):159–196.

Wolpert, D. H. (1992). "Stacked generalization." *Neural Networks*, 5(2):241–260.

Wolpert, D. H. and W. G. Macready. (1999). "An efficient method to estimate Bagging's generalization error." *Machine Learning*, 35(1):41–55.

Xu, L., A. Krzyzak, and C. Y. Suen. (1992). "Methods of combining multiple classifiers and their applications to handwriting recognition." *IEEE Transactions on Systems, Man, and Cybernetics*, 22(3):418–435.

Zadrozny, B. and C. Elkan. (2001). "Obtaining calibrated probability estimates from decision trees and naïve Bayesian classifiers." In *Proceedings of the 18th International Conference on Machine Learning (ICML)*, 609–616, Williamstown, MA.

Zhou, Z.-H. (2012). *Ensemble Methods: Foundations and Algorithms*.

Chapman & Hall/CRC, Boca Raton, FL.

Zhou, Z.-H. (2014). "Large margin distribution learning." In *Proceedings of the 6th IAPR International Workshop on Artificial Neural Networks in Pattern Recognition (ANNPR)*, 1–11, Montreal, Canada.

Zhou, Z.-H. and Y. Jiang. (2004). "NeC4.5: Neural ensemble based C4.5." *IEEE Transactions on Knowledge and Data Engineering*, 16(6):770–773.

Zhou, Z.-H., J. Wu, and W. Tang. (2002). "Ensembling neural networks: Many could be better than all." *Artificial Intelligence*, 137(1-2):239–263.

休息一会儿

小故事: 老当益壮的李奥•布瑞曼

李奥•布瑞曼 (Leo Breiman, 1928–2005) 是二十世纪伟大的统计学家. 他在二十世纪末公开宣称, 统计学界把统计搞成了抽象数学, 这偏离了初衷, 统计学本该是关于预测、解释和处理数据的学问. 他自称与机器学习走得更近, 因为这一行是在处理有挑战的数据问题. 事实上, 布瑞曼是一位卓越的机器学习学家, 他不仅是 CART 决策树的作者, 还对集成学习有三大贡献: Bagging、随机森林以及关于 Boosting 的理论探讨. 有趣的是, 这些都是在他 1993 年从加州大学伯克利分校统计系退休后完成的.

布瑞曼早年在加州理工学院获物理学士学位, 然后打算到哥伦比亚大学念哲学, 但哲学系主任告诉他, 自己最优秀的两个博士生没找到工作, 于是布瑞曼改学数学, 先后在哥伦比亚大学和加州大学伯克利分校获得数学硕士、博士学位. 他先是研究概率论, 但在加州大学洛杉矶分校(UCLA)做了 7 年教授后他厌倦了概率论, 于是主动辞职. 为了向概率论告别, 辞职后他把自己关在家里半年写了本关于概率论的书, 然后他到工业界做了 13 年咨询, 再回到加州大学伯克利分校统计系做教授. 布瑞曼的经历极为丰富, 他曾在 UCLA 学术假期间主动到联合国教科文组织工作, 被安排到非洲利比里亚统计失学儿童数. 他是一位业余雕塑家, 甚至还与人合伙在墨西哥开过制冰厂. 他自认为一生最重要的研究成果——随机森林, 是 70 多岁时做出来的.

第 9 章 聚 类

9.1 聚类任务

常见的无监督学习任务还有密度估计 (density estimation)、异常检测 (anomaly detection) 等.

在"无监督学习"(unsupervised learning)中, 训练样本的标记信息是未知的, 目标是通过对无标记训练样本的学习来揭示数据的内在性质及规律, 为进一步的数据分析提供基础. 此类学习任务中研究最多、应用最广的是"聚类"(clustering).

对聚类算法而言, 样本簇亦称"类".

聚类试图将数据集中的样本划分为若干个通常是不相交的子集, 每个子集称为一个"簇"(cluster). 通过这样的划分, 每个簇可能对应于一些潜在的概念(类别), 如"浅色瓜""深色瓜", "有籽瓜""无籽瓜", 甚至"本地瓜""外地瓜"等; 需说明的是, 这些概念对聚类算法而言事先是未知的, 聚类过程仅能自动形成簇结构, 簇所对应的概念语义需由使用者来把握和命名.

聚类任务中也可使用有标记训练样本, 如 9.4.2 与 13.6 节, 但样本的类标记与聚类产生的簇有所不同.

形式化地说, 假定样本集 $D = \{x_1, x_2, \ldots, x_m\}$ 包含 m 个无标记样本, 每个样本 $x_i = (x_{i1}; x_{i2}; \ldots; x_{in})$ 是一个 n 维特征向量, 则聚类算法将样本集 D 划分为 k 个不相交的簇 $\{C_l \mid l = 1, 2, \ldots, k\}$, 其中 $C_{l'} \bigcap_{l' \neq l} C_l = \varnothing$ 且 $D = \bigcup_{l=1}^{k} C_l$. 相应地, 我们用 $\lambda_j \in \{1, 2, \ldots, k\}$ 表示样本 x_j 的"簇标记"(cluster label), 即 $x_j \in C_{\lambda_j}$. 于是, 聚类的结果可用包含 m 个元素的簇标记向量 $\boldsymbol{\lambda} = (\lambda_1; \lambda_2; \ldots; \lambda_m)$ 表示.

聚类既能作为一个单独过程, 用于找寻数据内在的分布结构, 也可作为分类等其他学习任务的前驱过程. 例如, 在一些商业应用中需对新用户的类型进行判别, 但定义"用户类型"对商家来说却可能不太容易, 此时往往可先对用户数据进行聚类, 根据聚类结果将每个簇定义为一个类, 然后再基于这些类训练分类模型, 用于判别新用户的类型.

基于不同的学习策略, 人们设计出多种类型的聚类算法. 本章后半部分将对不同类型的代表性算法进行介绍, 但在此之前, 我们先讨论聚类算法涉及的两个基本问题——性能度量和距离计算.

9.2 性能度量

聚类性能度量亦称聚类"有效性指标"(validity index). 与监督学习中的

监督学习中的性能度量
参见 2.3 节.

性能度量作用相似, 对聚类结果, 我们需通过某种性能度量来评估其好坏; 另一方面, 若明确了最终将要使用的性能度量, 则可直接将其作为聚类过程的优化目标, 从而更好地得到符合要求的聚类结果.

聚类是将样本集 D 划分为若干互不相交的子集, 即样本簇. 那么, 什么样的聚类结果比较好呢? 直观上看, 我们希望 "物以类聚", 即同一簇的样本尽可能彼此相似, 不同簇的样本尽可能不同. 换言之, 聚类结果的 "簇内相似度" (intra-cluster similarity)高且 "簇间相似度" (inter-cluster similarity)低.

例如将领域专家给出的
划分结果作为参考模型.

聚类性能度量大致有两类. 一类是将聚类结果与某个 "参考模型" (reference model)进行比较, 称为 "外部指标" (external index); 另一类是直接考察聚类结果而不利用任何参考模型, 称为 "内部指标" (internal index).

通常 $k \neq s$.

对数据集 $D = \{\boldsymbol{x}_1, \boldsymbol{x}_2, \ldots, \boldsymbol{x}_m\}$, 假定通过聚类给出的簇划分为 $\mathcal{C} = \{C_1, C_2, \ldots, C_k\}$, 参考模型给出的簇划分为 $\mathcal{C}^* = \{C_1^*, C_2^*, \ldots, C_s^*\}$. 相应地, 令 $\boldsymbol{\lambda}$ 与 $\boldsymbol{\lambda}^*$ 分别表示与 $\mathcal{C}$ 和 $\mathcal{C}^*$ 对应的簇标记向量. 我们将样本两两配对考虑, 定义

$$a = |SS|, \quad SS = \{(\boldsymbol{x}_i, \boldsymbol{x}_j) \mid \lambda_i = \lambda_j, \lambda_i^* = \lambda_j^*, i < j\}, \tag{9.1}$$

$$b = |SD|, \quad SD = \{(\boldsymbol{x}_i, \boldsymbol{x}_j) \mid \lambda_i = \lambda_j, \lambda_i^* \neq \lambda_j^*, i < j\}, \tag{9.2}$$

$$c = |DS|, \quad DS = \{(\boldsymbol{x}_i, \boldsymbol{x}_j) \mid \lambda_i \neq \lambda_j, \lambda_i^* = \lambda_j^*, i < j\}, \tag{9.3}$$

$$d = |DD|, \quad DD = \{(\boldsymbol{x}_i, \boldsymbol{x}_j) \mid \lambda_i \neq \lambda_j, \lambda_i^* \neq \lambda_j^*, i < j\}, \tag{9.4}$$

其中集合 SS 包含了在 $\mathcal{C}$ 中隶属于相同簇且在 $\mathcal{C}^*$ 中也隶属于相同簇的样本对, 集合 SD 包含了在 $\mathcal{C}$ 中隶属于相同簇但在 $\mathcal{C}^*$ 中隶属于不同簇的样本对, ⋯⋯由于每个样本对 $(\boldsymbol{x}_i, \boldsymbol{x}_j)$ $(i < j)$ 仅能出现在一个集合中, 因此有 $a + b + c + d = m(m-1)/2$ 成立.

基于式(9.1)~(9.4)可导出下面这些常用的聚类性能度量外部指标:

* Jaccard 系数(Jaccard Coefficient, 简称 JC)

$$JC = \frac{a}{a + b + c}. \tag{9.5}$$

* FM 指数(Fowlkes and Mallows Index, 简称 FMI)

$$FMI = \sqrt{\frac{a}{a + b} \cdot \frac{a}{a + c}}. \tag{9.6}$$

- Rand 指数(Rand Index, 简称 RI)

$$\text{RI} = \frac{2(a+d)}{m(m-1)} . \tag{9.7}$$

显然, 上述性能度量的结果值均在 $[0,1]$ 区间, 值越大越好.

考虑聚类结果的簇划分 $\mathcal{C} = \{C_1, C_2, \ldots, C_k\}$, 定义

$$\text{avg}(C) = \frac{2}{|C|(|C|-1)} \sum_{1 \leqslant i < j \leqslant |C|} \text{dist}(\boldsymbol{x}_i, \boldsymbol{x}_j) , \tag{9.8}$$

$$\text{diam}(C) = \max_{1 \leqslant i < j \leqslant |C|} \text{dist}(\boldsymbol{x}_i, \boldsymbol{x}_j) , \tag{9.9}$$

$$d_{\min}(C_i, C_j) = \min_{\boldsymbol{x}_i \in C_i, \boldsymbol{x}_j \in C_j} \text{dist}(\boldsymbol{x}_i, \boldsymbol{x}_j) , \tag{9.10}$$

$$d_{\text{cen}}(C_i, C_j) = \text{dist}(\boldsymbol{\mu}_i, \boldsymbol{\mu}_j) , \tag{9.11}$$

距离越大则样本的相似度越低; 距离计算见下节.

其中, $\text{dist}(\cdot, \cdot)$ 用于计算两个样本之间的距离; $\boldsymbol{\mu}$ 代表簇 C 的中心点 $\boldsymbol{\mu} = \frac{1}{|C|} \sum_{1 \leqslant i \leqslant |C|} \boldsymbol{x}_i$. 显然, $\text{avg}(C)$ 对应于簇 C 内样本间的平均距离, $\text{diam}(C)$ 对应于簇 C 内样本间的最远距离, $d_{\min}(C_i, C_j)$ 对应于簇 C_i 与簇 C_j 最近样本间的距离, $d_{\text{cen}}(C_i, C_j)$ 对应于簇 C_i 与簇 C_j 中心点间的距离.

基于式(9.8)~(9.11)可导出下面这些常用的聚类性能度量内部指标:

- DB 指数(Davies-Bouldin Index, 简称 DBI)

$$\text{DBI} = \frac{1}{k} \sum_{i=1}^{k} \max_{j \neq i} \left(\frac{\text{avg}(C_i) + \text{avg}(C_j)}{d_{\text{cen}}(C_i, C_j)} \right) . \tag{9.12}$$

- Dunn 指数(Dunn Index, 简称 DI)

$$\text{DI} = \min_{1 \leqslant i \leqslant k} \left\{ \min_{j \neq i} \left(\frac{d_{\min}(C_i, C_j)}{\max_{1 \leqslant l \leqslant k} \text{diam}(C_l)} \right) \right\} . \tag{9.13}$$

显然, DBI 的值越小越好, 而 DI 则相反, 值越大越好.

9.3 距离计算

对函数 $\text{dist}(\cdot, \cdot)$, 若它是一个 "距离度量" (distance measure), 则需满足一些基本性质:

$$\text{非负性: } \text{dist}(\boldsymbol{x}_i, \boldsymbol{x}_j) \geqslant 0 ; \tag{9.14}$$

$$\text{同一性: } \text{dist}(\boldsymbol{x}_i, \boldsymbol{x}_j) = 0 \text{ 当且仅当 } \boldsymbol{x}_i = \boldsymbol{x}_j ; \tag{9.15}$$

$$\text{对称性: } \mathrm{dist}(\boldsymbol{x}_i, \boldsymbol{x}_j) = \mathrm{dist}(\boldsymbol{x}_j, \boldsymbol{x}_i) \ ; \tag{9.16}$$

直递性常被直接称为
"三角不等式".

$$\text{直递性: } \mathrm{dist}(\boldsymbol{x}_i, \boldsymbol{x}_j) \leqslant \mathrm{dist}(\boldsymbol{x}_i, \boldsymbol{x}_k) + \mathrm{dist}(\boldsymbol{x}_k, \boldsymbol{x}_j) \ . \tag{9.17}$$

给定样本 $\boldsymbol{x}_i = (x_{i1}; x_{i2}; \ldots; x_{in})$ 与 $\boldsymbol{x}_j = (x_{j1}; x_{j2}; \ldots; x_{jn})$, 最常用的是 "闵可夫斯基距离"(Minkowski distance)

式(9.18)即为 $\boldsymbol{x}_i - \boldsymbol{x}_j$ 的
L_p 范数 $\|\boldsymbol{x}_i - \boldsymbol{x}_j\|_p$.

$$\mathrm{dist}_{\mathrm{mk}}(\boldsymbol{x}_i, \boldsymbol{x}_j) = \left(\sum_{u=1}^{n} |x_{iu} - x_{ju}|^p \right)^{\frac{1}{p}} . \tag{9.18}$$

对 $p \geqslant 1$, 式(9.18)显然满足式(9.14)~(9.17)的距离度量基本性质.

$p \mapsto \infty$ 时则得到切比雪
夫距离.

$p = 2$ 时, 闵可夫斯基距离即欧氏距离(Euclidean distance)

$$\mathrm{dist}_{\mathrm{ed}}(\boldsymbol{x}_i, \boldsymbol{x}_j) = \|\boldsymbol{x}_i - \boldsymbol{x}_j\|_2 = \sqrt{\sum_{u=1}^{n} |x_{iu} - x_{ju}|^2} \ . \tag{9.19}$$

亦称"街区距离"(city
block distance).

$p = 1$ 时, 闵可夫斯基距离即曼哈顿距离(Manhattan distance)

$$\mathrm{dist}_{\mathrm{man}}(\boldsymbol{x}_i, \boldsymbol{x}_j) = \|\boldsymbol{x}_i - \boldsymbol{x}_j\|_1 = \sum_{u=1}^{n} |x_{iu} - x_{ju}| \ . \tag{9.20}$$

连续属性亦称"数值属
性"(numerical attribute),
"离散属性"亦称"列名
属性"(nominal attribute).

我们常将属性划分为"连续属性"(continuous attribute)和"离散属性"(categorical attribute), 前者在定义域上有无穷多个可能的取值, 后者在定义域上是有限个取值. 然而, 在讨论距离计算时, 属性上是否定义了"序"关系更为重要. 例如定义域为 $\{1, 2, 3\}$ 的离散属性与连续属性的性质更接近一些, 能直接在属性值上计算距离: "1"与"2"比较接近、与"3"比较远, 这样的属性称为"有序属性"(ordinal attribute); 而定义域为{飞机, 火车, 轮船}这样的离散属性则不能直接在属性值上计算距离, 称为"无序属性"(non-ordinal attribute). 显然, 闵可夫斯基距离可用于有序属性.

对无序属性可采用 VDM (Value Difference Metric) [Stanfill and Waltz, 1986]. 令 $m_{u,a}$ 表示在属性 u 上取值为 a 的样本数, $m_{u,a,i}$ 表示在第 i 个样本簇中在属性 u 上取值为 a 的样本数, k 为样本簇数, 则属性 u 上两个离散值 a 与 b 之间的 VDM 距离为

样本类别已知时 k 通常
设置为类别数.

$$\mathrm{VDM}_p(a, b) = \sum_{i=1}^{k} \left| \frac{m_{u,a,i}}{m_{u,a}} - \frac{m_{u,b,i}}{m_{u,b}} \right|^p . \tag{9.21}$$

于是, 将闵可夫斯基距离和 VDM 结合即可处理混合属性. 假定有 n_c 个有序属性、$n - n_c$ 个无序属性, 不失一般性, 令有序属性排列在无序属性之前, 则

$$\text{MinkovDM}_p(\boldsymbol{x}_i, \boldsymbol{x}_j) = \left(\sum_{u=1}^{n_c} |x_{iu} - x_{ju}|^p + \sum_{u=n_c+1}^{n} \text{VDM}_p(x_{iu}, x_{ju}) \right)^{\frac{1}{p}}.$$

(9.22)

当样本空间中不同属性的重要性不同时, 可使用 "加权距离" (weighted distance). 以加权闵可夫斯基距离为例:

$$\text{dist}_{\text{wmk}}(\boldsymbol{x}_i, \boldsymbol{x}_j) = \left(w_1 \cdot |x_{i1} - x_{j1}|^p + \ldots + w_n \cdot |x_{in} - x_{jn}|^p \right)^{\frac{1}{p}},$$

(9.23)

其中权重 $w_i \geqslant 0 \ (i = 1, 2, \ldots, n)$ 表征不同属性的重要性, 通常 $\sum_{i=1}^{n} w_i = 1$.

需注意的是, 通常我们是基于某种形式的距离来定义 "相似度度量" (similarity measure), 距离越大, 相似度越小. 然而, 用于相似度度量的距离未必一定要满足距离度量的所有基本性质, 尤其是直递性(9.17). 例如在某些任务中我们可能希望有这样的相似度度量: "人" "马" 分别与 "人马" 相似, 但 "人" 与 "马" 很不相似; 要达到这个目的, 可以令 "人" "马" 与 "人马" 之间的距离都比较小, 但 "人" 与 "马" 之间的距离很大, 如图 9.1 所示, 此时该距离不再满足直递性; 这样的距离称为 "非度量距离" (non-metric distance). 此外, 本节介绍的距离计算式都是事先定义好的, 但在不少现实任务中, 有必要基于数据样本来确定合适的距离计算式, 这可通过 "距离度量学习" (distance metric learning)来实现.

参见 10.6 节.

这个例子中, 从数学上看, 令 $d_3 = 3$ 即可满足直递性; 但从语义上看, d_3 应远大于 d_1 与 d_2.

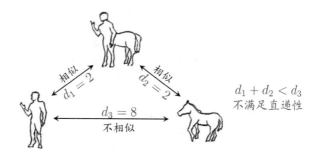

图 9.1 非度量距离的一个例子

9.4 原型聚类

原型聚类亦称"基于原型的聚类"(prototype-based clustering), 此类算法假设聚类结构能通过一组原型刻画, 在现实聚类任务中极为常用. 通常情形下, 算法先对原型进行初始化, 然后对原型进行迭代更新求解. 采用不同的原型表示、不同的求解方式, 将产生不同的算法. 下面介绍几种著名的原型聚类算法.

9.4.1 k 均值算法

给定样本集 $D = \{\boldsymbol{x}_1, \boldsymbol{x}_2, \ldots, \boldsymbol{x}_m\}$, "$k$ 均值"(k-means)算法针对聚类所得簇划分 $\mathcal{C} = \{C_1, C_2, \ldots, C_k\}$ 最小化平方误差

$$E = \sum_{i=1}^{k} \sum_{\boldsymbol{x} \in C_i} \|\boldsymbol{x} - \boldsymbol{\mu}_i\|_2^2 \,, \tag{9.24}$$

其中 $\boldsymbol{\mu}_i = \frac{1}{|C_i|} \sum_{\boldsymbol{x} \in C_i} \boldsymbol{x}$ 是簇 C_i 的均值向量. 直观来看, 式(9.24) 在一定程度上刻画了簇内样本围绕簇均值向量的紧密程度, E 值越小则簇内样本相似度越高.

最小化式(9.24)并不容易, 找到它的最优解需考察样本集 D 所有可能的簇划分, 这是一个 NP 难问题[Aloise et al., 2009]. 因此, k 均值算法采用了贪心策略, 通过迭代优化来近似求解式(9.24). 算法流程如图 9.2 所示, 其中第 1 行对均值向量进行初始化, 在第 4–8 行与第 9–16 行依次对当前簇划分及均值向量迭代更新, 若迭代更新后聚类结果保持不变, 则在第 18 行将当前簇划分结果返回.

下面以表 9.1 的西瓜数据集 4.0 为例来演示 k 均值算法的学习过程. 为方便叙述, 我们将编号为 i 的样本称为 $\boldsymbol{x}_i$, 这是一个包含"密度"与"含糖率"两个属性值的二维向量.

表 9.1 西瓜数据集 4.0

编号	密度	含糖率	编号	密度	含糖率	编号	密度	含糖率
1	0.697	0.460	11	0.245	0.057	21	0.748	0.232
2	0.774	0.376	12	0.343	0.099	22	0.714	0.346
3	0.634	0.264	13	0.639	0.161	23	0.483	0.312
4	0.608	0.318	14	0.657	0.198	24	0.478	0.437
5	0.556	0.215	15	0.360	0.370	25	0.525	0.369
6	0.403	0.237	16	0.593	0.042	26	0.751	0.489
7	0.481	0.149	17	0.719	0.103	27	0.532	0.472
8	0.437	0.211	18	0.359	0.188	28	0.473	0.376
9	0.666	0.091	19	0.339	0.241	29	0.725	0.445
10	0.243	0.267	20	0.282	0.257	30	0.446	0.459

输入: 样本集 $D = \{\boldsymbol{x}_1, \boldsymbol{x}_2, \ldots, \boldsymbol{x}_m\}$;
　　　聚类簇数 k.
过程:
1: 从 D 中随机选择 k 个样本作为初始均值向量 $\{\boldsymbol{\mu}_1, \boldsymbol{\mu}_2, \ldots, \boldsymbol{\mu}_k\}$
2: **repeat**
3: 　令 $C_i = \varnothing \ (1 \leqslant i \leqslant k)$
4: 　**for** $j = 1, 2, \ldots, m$ **do**
5: 　　计算样本 $\boldsymbol{x}_j$ 与各均值向量 $\boldsymbol{\mu}_i \ (1 \leqslant i \leqslant k)$ 的距离: $d_{ji} = \|\boldsymbol{x}_j - \boldsymbol{\mu}_i\|_2$;
6: 　　根据距离最近的均值向量确定 $\boldsymbol{x}_j$ 的簇标记: $\lambda_j = \arg\min_{i \in \{1,2,\ldots,k\}} d_{ji}$;
7: 　　将样本 $\boldsymbol{x}_j$ 划入相应的簇: $C_{\lambda_j} = C_{\lambda_j} \bigcup \{\boldsymbol{x}_j\}$;
8: 　**end for**
9: 　**for** $i = 1, 2, \ldots, k$ **do**
10: 　　计算新均值向量: $\boldsymbol{\mu}_i' = \frac{1}{|C_i|} \sum_{\boldsymbol{x} \in C_i} \boldsymbol{x}$;
11: 　　**if** $\boldsymbol{\mu}_i' \neq \boldsymbol{\mu}_i$ **then**
12: 　　　将当前均值向量 $\boldsymbol{\mu}_i$ 更新为 $\boldsymbol{\mu}_i'$
13: 　　**else**
14: 　　　保持当前均值向量不变
15: 　　**end if**
16: 　**end for**
17: **until** 当前均值向量均未更新
输出: 簇划分 $\mathcal{C} = \{C_1, C_2, \ldots, C_k\}$

为避免运行时间过长, 通常设置一个最大运行轮数或最小调整幅度阈值, 若达到最大轮数或调整幅度小于阈值, 则停止运行.

图 9.2 k 均值算法

假定聚类簇数 $k = 3$, 算法开始时随机选取三个样本 $\boldsymbol{x}_6, \boldsymbol{x}_{12}, \boldsymbol{x}_{24}$ 作为初始均值向量, 即

$$\boldsymbol{\mu}_1 = (0.403; 0.237), \ \boldsymbol{\mu}_2 = (0.343; 0.099), \ \boldsymbol{\mu}_3 = (0.478; 0.437).$$

考察样本 $\boldsymbol{x}_1 = (0.697; 0.460)$, 它与当前均值向量 $\boldsymbol{\mu}_1, \boldsymbol{\mu}_2, \boldsymbol{\mu}_3$ 的距离分别为 $0.369, 0.506, 0.220$, 因此 $\boldsymbol{x}_1$ 将被划入簇 C_3 中. 类似的, 对数据集中的所有样本考察一遍后, 可得当前簇划分为

$$C_1 = \{\boldsymbol{x}_3, \boldsymbol{x}_5, \boldsymbol{x}_6, \boldsymbol{x}_7, \boldsymbol{x}_8, \boldsymbol{x}_9, \boldsymbol{x}_{10}, \boldsymbol{x}_{13}, \boldsymbol{x}_{14}, \boldsymbol{x}_{17}, \boldsymbol{x}_{18}, \boldsymbol{x}_{19}, \boldsymbol{x}_{20}, \boldsymbol{x}_{23}\};$$
$$C_2 = \{\boldsymbol{x}_{11}, \boldsymbol{x}_{12}, \boldsymbol{x}_{16}\};$$
$$C_3 = \{\boldsymbol{x}_1, \boldsymbol{x}_2, \boldsymbol{x}_4, \boldsymbol{x}_{15}, \boldsymbol{x}_{21}, \boldsymbol{x}_{22}, \boldsymbol{x}_{24}, \boldsymbol{x}_{25}, \boldsymbol{x}_{26}, \boldsymbol{x}_{27}, \boldsymbol{x}_{28}, \boldsymbol{x}_{29}, \boldsymbol{x}_{30}\}.$$

于是, 可从 C_1、C_2、C_3 分别求出新的均值向量

$$\boldsymbol{\mu}_1' = (0.493; 0.207), \ \boldsymbol{\mu}_2' = (0.394; 0.066), \ \boldsymbol{\mu}_3' = (0.602; 0.396).$$

更新当前均值向量后, 不断重复上述过程, 如图 9.3 所示, 第五轮迭代产生的结果与第四轮迭代相同, 于是算法停止, 得到最终的簇划分.

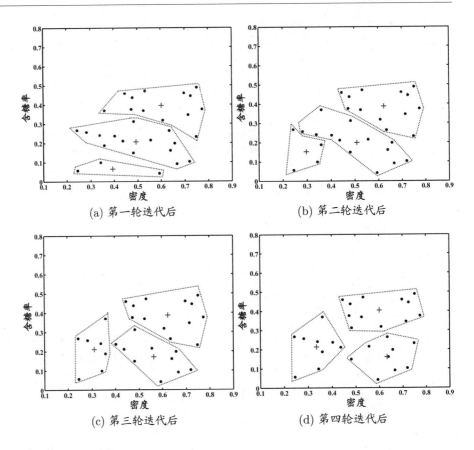

图 9.3 西瓜数据集 4.0 上 k 均值算法($k = 3$)在各轮迭代后的结果. 样本点与均值向量分别用"●"与"+"表示, 红色虚线显示出簇划分.

9.4.2 学习向量量化

与 k 均值算法类似, "学习向量量化"(Learning Vector Quantization, 简称 LVQ)也是试图找到一组原型向量来刻画聚类结构, 但与一般聚类算法不同的是, LVQ 假设数据样本带有类别标记, 学习过程利用样本的这些监督信息来辅助聚类.

给定样本集 $D = \{(\boldsymbol{x}_1, y_1), (\boldsymbol{x}_2, y_2), \ldots, (\boldsymbol{x}_m, y_m)\}$, 每个样本 $\boldsymbol{x}_j$ 是由 n 个属性描述的特征向量 $(x_{j1}; x_{j2}; \ldots; x_{jn})$, $y_j \in \mathcal{Y}$ 是样本 $\boldsymbol{x}_j$ 的类别标记. LVQ 的目标是学得一组 n 维原型向量 $\{\boldsymbol{p}_1, \boldsymbol{p}_2, \ldots, \boldsymbol{p}_q\}$, 每个原型向量代表一个聚类簇, 簇标记 $t_i \in \mathcal{Y}$.

LVQ 算法描述如图 9.4 所示. 算法第 1 行先对原型向量进行初始化, 例如对第 q 个簇可从类别标记为 t_q 的样本中随机选取一个作为原型向量. 算法第

可看作通过聚类来形成类别"子类"结构, 每个子类对应一个聚类簇.

输入: 样本集 $D = \{(\boldsymbol{x}_1, y_1), (\boldsymbol{x}_2, y_2), \ldots, (\boldsymbol{x}_m, y_m)\}$;
 原型向量个数 q, 各原型向量预设的类别标记 $\{t_1, t_2, \ldots, t_q\}$;
 学习率 $\eta \in (0, 1)$.

过程:
1: 初始化一组原型向量 $\{\boldsymbol{p}_1, \boldsymbol{p}_2, \ldots, \boldsymbol{p}_q\}$
2: **repeat**
3:　　从样本集 D 随机选取样本 $(\boldsymbol{x}_j, y_j)$;
4:　　计算样本 $\boldsymbol{x}_j$ 与 $\boldsymbol{p}_i$ $(1 \leqslant i \leqslant q)$ 的距离: $d_{ji} = \|\boldsymbol{x}_j - \boldsymbol{p}_i\|_2$;
5:　　找出与 $\boldsymbol{x}_j$ 距离最近的原型向量 $\boldsymbol{p}_{i^*}$, $i^* = \arg\min_{i \in \{1,2,\ldots,q\}} d_{ji}$;
6:　　**if** $y_j = t_{i^*}$ **then**
7:　　　$\boldsymbol{p}' = \boldsymbol{p}_{i^*} + \eta \cdot (\boldsymbol{x}_j - \boldsymbol{p}_{i^*})$
8:　　**else**
9:　　　$\boldsymbol{p}' = \boldsymbol{p}_{i^*} - \eta \cdot (\boldsymbol{x}_j - \boldsymbol{p}_{i^*})$
10:　　**end if**
11:　　将原型向量 $\boldsymbol{p}_{i^*}$ 更新为 $\boldsymbol{p}'$
12: **until** 满足停止条件
输出: 原型向量 $\{\boldsymbol{p}_1, \boldsymbol{p}_2, \ldots, \boldsymbol{p}_q\}$

> $\boldsymbol{x}_j$ 与 $\boldsymbol{p}_{i^*}$ 的类别相同.
>
> $\boldsymbol{x}_j$ 与 $\boldsymbol{p}_{i^*}$ 的类别不同.
>
> 如达到最大迭代轮数.

图 9.4 学习向量量化算法

> 第 5 行是竞争学习的 "胜者为王" 策略. SOM 是基于无标记样本的聚类算法, 而 LVQ 可看作 SOM 基于监督信息的扩展. 关于竞争学习与 SOM, 参见 5.5.2 和 5.5.3 节.

2~12 行对原型向量进行迭代优化. 在每一轮迭代中, 算法随机选取一个有标记训练样本, 找出与其距离最近的原型向量, 并根据两者的类别标记是否一致来对原型向量进行相应的更新. 在第 12 行中, 若算法的停止条件已满足(例如已达到最大迭代轮数, 或原型向量更新很小甚至不再更新), 则将当前原型向量作为最终结果返回.

显然, LVQ 的关键是第 6-10 行, 即如何更新原型向量. 直观上看, 对样本 $\boldsymbol{x}_j$, 若最近的原型向量 $\boldsymbol{p}_{i^*}$ 与 $\boldsymbol{x}_j$ 的类别标记相同, 则令 $\boldsymbol{p}_{i^*}$ 向 $\boldsymbol{x}_j$ 的方向靠拢, 如第 7 行所示, 此时新原型向量为

$$\boldsymbol{p}' = \boldsymbol{p}_{i^*} + \eta \cdot (\boldsymbol{x}_j - \boldsymbol{p}_{i^*}) , \tag{9.25}$$

$\boldsymbol{p}'$ 与 $\boldsymbol{x}_j$ 之间的距离为

$$\begin{aligned}
\|\boldsymbol{p}' - \boldsymbol{x}_j\|_2 &= \|\boldsymbol{p}_{i^*} + \eta \cdot (\boldsymbol{x}_j - \boldsymbol{p}_{i^*}) - \boldsymbol{x}_j\|_2 \\
&= (1 - \eta) \cdot \|\boldsymbol{p}_{i^*} - \boldsymbol{x}_j\|_2 .
\end{aligned} \tag{9.26}$$

令学习率 $\eta \in (0, 1)$, 则原型向量 $\boldsymbol{p}_{i^*}$ 在更新为 $\boldsymbol{p}'$ 之后将更接近 $\boldsymbol{x}_j$.

类似的, 若 $\boldsymbol{p}_{i^*}$ 与 $\boldsymbol{x}_j$ 的类别标记不同, 则更新后的原型向量与 $\boldsymbol{x}_j$ 之间的距离将增大为 $(1 + \eta) \cdot \|\boldsymbol{p}_{i^*} - \boldsymbol{x}_j\|_2$, 从而更远离 $\boldsymbol{x}_j$.

在学得一组原型向量 $\{\boldsymbol{p}_1, \boldsymbol{p}_2, \ldots, \boldsymbol{p}_q\}$ 后, 即可实现对样本空间 $\mathcal{X}$ 的簇划

若将 R_i 中样本全用原型向量 p_i 表示, 则可实现数据的 "有损压缩" (lossy compression), 这称为 "向量量化" (vector quantization); LVQ 由此而得名.

分. 对任意样本 x, 它将被划入与其距离最近的原型向量所代表的簇中; 换言之, 每个原型向量 p_i 定义了与之相关的一个区域 R_i, 该区域中每个样本与 p_i 的距离不大于它与其他原型向量 $p_{i'}$ $(i' \neq i)$ 的距离, 即

$$R_i = \{x \in \mathcal{X} \mid \|x - p_i\|_2 \leqslant \|x - p_{i'}\|_2, i' \neq i\} . \tag{9.27}$$

由此形成了对样本空间 $\mathcal{X}$ 的簇划分 $\{R_1, R_2, \ldots, R_q\}$, 该划分通常称为 "Voronoi 剖分" (Voronoi tessellation).

下面我们以表 9.1 的西瓜数据集 4.0 为例来演示 LVQ 的学习过程. 令 9–21 号样本的类别标记为 c_2, 其他样本的类别标记为 c_1. 假定 $q = 5$, 即学习目标是找到 5 个原型向量 p_1, p_2, p_3, p_4, p_5, 并假定其对应的类别标记分别为 c_1, c_2, c_2, c_1, c_1.

即希望为 "好瓜= 是" 找到 3 个簇, "好瓜=否" 找到 2 个簇.

算法开始时, 根据样本的类别标记和簇的预设类别标记对原型向量进行随机初始化, 假定初始化为样本 $x_5, x_{12}, x_{18}, x_{23}, x_{29}$. 在第一轮迭代中, 假定随机选取的样本为 x_1, 该样本与当前原型向量 p_1, p_2, p_3, p_4, p_5 的距离分别为 0.283, 0.506, 0.434, 0.260, 0.032. 由于 p_5 与 x_1 距离最近且两者具有相同的类别标记 c_1, 假定学习率 $\eta = 0.1$, 则 LVQ 更新 p_5 得到新原型向量

$$\begin{aligned} p' &= p_5 + \eta \cdot (x_1 - p_5) \\ &= (0.725; 0.445) + 0.1 \cdot \big((0.697; 0.460) - (0.725; 0.445)\big) \\ &= (0.722; 0.447) . \end{aligned}$$

将 p_5 更新为 p' 后, 不断重复上述过程, 不同轮数之后的聚类结果如图 9.5 所示.

9.4.3 高斯混合聚类

与 k 均值、LVQ 用原型向量来刻画聚类结构不同, 高斯混合(Mixture-of-Gaussian)聚类采用概率模型来表达聚类原型.

我们先简单回顾一下(多元)高斯分布的定义. 对 n 维样本空间 $\mathcal{X}$ 中的随机向量 x, 若 x 服从高斯分布, 其概率密度函数为

记为 $x \sim \mathcal{N}(\mu, \Sigma)$.

Σ: 对称正定矩阵; $|\Sigma|$: Σ 的行列式; Σ^{-1}: Σ 的逆矩阵.

$$p(x) = \frac{1}{(2\pi)^{\frac{n}{2}} |\Sigma|^{\frac{1}{2}}} e^{-\frac{1}{2}(x-\mu)^{\mathrm{T}} \Sigma^{-1}(x-\mu)} , \tag{9.28}$$

其中 μ 是 n 维均值向量, Σ 是 $n \times n$ 的协方差矩阵. 由式(9.28)可看出, 高斯分布完全由均值向量 μ 和协方差矩阵 Σ 这两个参数确定. 为了明确显示高斯分

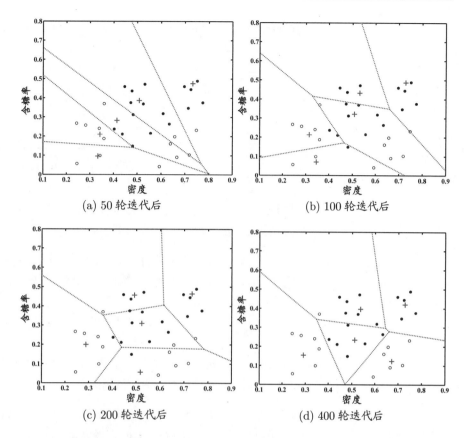

图 9.5 西瓜数据集 4.0 上 LVQ 算法 $(q = 5)$ 在不同轮数迭代后的聚类结果. c_1, c_2 类样本点与原型向量分别用 "●", "○" 与 "+" 表示, 红色虚线显示出聚类形成的 Voronoi 剖分.

布与相应参数的依赖关系, 将概率密度函数记为 $p(\boldsymbol{x} \mid \boldsymbol{\mu}, \boldsymbol{\Sigma})$.

我们可定义高斯混合分布

$p_{\mathcal{M}}(\cdot)$ 也是概率密度函数, $\int p_{\mathcal{M}}(\boldsymbol{x})\mathrm{d}\boldsymbol{x} = 1$.

$$p_{\mathcal{M}}(\boldsymbol{x}) = \sum_{i=1}^{k} \alpha_i \cdot p(\boldsymbol{x} \mid \boldsymbol{\mu}_i, \boldsymbol{\Sigma}_i) , \tag{9.29}$$

该分布共由 k 个混合成分组成, 每个混合成分对应一个高斯分布. 其中 $\boldsymbol{\mu}_i$ 与 $\boldsymbol{\Sigma}_i$ 是第 i 个高斯混合成分的参数, 而 $\alpha_i > 0$ 为相应的 "混合系数" (mixture coefficient), $\sum_{i=1}^{k} \alpha_i = 1$.

假设样本的生成过程由高斯混合分布给出: 首先, 根据 $\alpha_1, \alpha_2, \ldots, \alpha_k$ 定义的先验分布选择高斯混合成分, 其中 α_i 为选择第 i 个混合成分的概率; 然后, 根据被选择的混合成分的概率密度函数进行采样, 从而生成相应的样本.

若训练集 $D = \{\boldsymbol{x}_1, \boldsymbol{x}_2, \ldots, \boldsymbol{x}_m\}$ 由上述过程生成, 令随机变量 $z_j \in \{1, 2, \ldots, k\}$ 表示生成样本 $\boldsymbol{x}_j$ 的高斯混合成分, 其取值未知. 显然, z_j 的先验概率 $P(z_j = i)$ 对应于 α_i $(i = 1, 2, \ldots, k)$. 根据贝叶斯定理, z_j 的后验分布对应于

$$
\begin{aligned}
p_{\mathcal{M}}(z_j = i \mid \boldsymbol{x}_j) &= \frac{P(z_j = i) \cdot p_{\mathcal{M}}(\boldsymbol{x}_j \mid z_j = i)}{p_{\mathcal{M}}(\boldsymbol{x}_j)} \\
&= \frac{\alpha_i \cdot p(\boldsymbol{x}_j \mid \boldsymbol{\mu}_i, \boldsymbol{\Sigma}_i)}{\sum\limits_{l=1}^{k} \alpha_l \cdot p(\boldsymbol{x}_j \mid \boldsymbol{\mu}_l, \boldsymbol{\Sigma}_l)} .
\end{aligned}
\tag{9.30}
$$

换言之, $p_{\mathcal{M}}(z_j = i \mid \boldsymbol{x}_j)$ 给出了样本 $\boldsymbol{x}_j$ 由第 i 个高斯混合成分生成的后验概率. 为方便叙述, 将其简记为 γ_{ji} $(i = 1, 2, \ldots, k)$.

当高斯混合分布(9.29)已知时, 高斯混合聚类将把样本集 D 划分为 k 个簇 $\mathcal{C} = \{C_1, C_2, \ldots, C_k\}$, 每个样本 $\boldsymbol{x}_j$ 的簇标记 λ_j 如下确定:

$$
\lambda_j = \underset{i \in \{1,2,\ldots,k\}}{\arg\max} \ \gamma_{ji} .
\tag{9.31}
$$

因此, 从原型聚类的角度来看, 高斯混合聚类是采用概率模型(高斯分布)对原型进行刻画, 簇划分则由原型对应后验概率确定.

那么, 对于式(9.29), 模型参数 $\{(\alpha_i, \boldsymbol{\mu}_i, \boldsymbol{\Sigma}_i) \mid 1 \leqslant i \leqslant k\}$ 如何求解呢? 显然, 给定样本集 D, 可采用极大似然估计, 即最大化(对数)似然

极大似然估计参见 7.2 节.

$$
\begin{aligned}
LL(D) &= \ln\left(\prod_{j=1}^{m} p_{\mathcal{M}}(\boldsymbol{x}_j)\right) \\
&= \sum_{j=1}^{m} \ln\left(\sum_{i=1}^{k} \alpha_i \cdot p(\boldsymbol{x}_j \mid \boldsymbol{\mu}_i, \boldsymbol{\Sigma}_i)\right) ,
\end{aligned}
\tag{9.32}
$$

EM 算法参见 7.6 节.   常采用 EM 算法进行迭代优化求解. 下面我们做一个简单的推导.

若参数 $\{(\alpha_i, \boldsymbol{\mu}_i, \boldsymbol{\Sigma}_i) \mid 1 \leqslant i \leqslant k\}$ 能使式(9.32)最大化, 则由 $\frac{\partial LL(D)}{\partial \boldsymbol{\mu}_i} = 0$ 有

$$
\sum_{j=1}^{m} \frac{\alpha_i \cdot p(\boldsymbol{x}_j \mid \boldsymbol{\mu}_i, \boldsymbol{\Sigma}_i)}{\sum\limits_{l=1}^{k} \alpha_l \cdot p(\boldsymbol{x}_j \mid \boldsymbol{\mu}_l, \boldsymbol{\Sigma}_l)} (\boldsymbol{x}_j - \boldsymbol{\mu}_i) = 0 ,
\tag{9.33}
$$

由式(9.30)以及 $\gamma_{ji} = p_{\mathcal{M}}(z_j = i \mid \boldsymbol{x}_j)$, 有

$$\boldsymbol{\mu}_i = \frac{\sum\limits_{j=1}^{m} \gamma_{ji} \boldsymbol{x}_j}{\sum\limits_{j=1}^{m} \gamma_{ji}} , \qquad (9.34)$$

即各混合成分的均值可通过样本加权平均来估计, 样本权重是每个样本属于该成分的后验概率. 类似的, 由 $\frac{\partial LL(D)}{\partial \boldsymbol{\Sigma}_i} = 0$ 可得

$$\boldsymbol{\Sigma}_i = \frac{\sum\limits_{j=1}^{m} \gamma_{ji}(\boldsymbol{x}_j - \boldsymbol{\mu}_i)(\boldsymbol{x}_j - \boldsymbol{\mu}_i)^{\mathrm{T}}}{\sum\limits_{j=1}^{m} \gamma_{ji}} . \qquad (9.35)$$

对于混合系数 α_i, 除了要最大化 $LL(D)$, 还需满足 $\alpha_i \geqslant 0$, $\sum_{i=1}^{k} \alpha_i = 1$. 考虑 $LL(D)$ 的拉格朗日形式

$$LL(D) + \lambda \left(\sum_{i=1}^{k} \alpha_i - 1 \right) , \qquad (9.36)$$

其中 λ 为拉格朗日乘子. 由式(9.36)对 α_i 的导数为 0, 有

$$\sum_{j=1}^{m} \frac{p(\boldsymbol{x}_j \mid \boldsymbol{\mu}_i, \boldsymbol{\Sigma}_i)}{\sum\limits_{l=1}^{k} \alpha_l \cdot p(\boldsymbol{x}_j \mid \boldsymbol{\mu}_l, \boldsymbol{\Sigma}_l)} + \lambda = 0 , \qquad (9.37)$$

两边同乘以 α_i, 对所有混合成分求和可知 $\lambda = -m$, 有

$$\alpha_i = \frac{1}{m} \sum_{j=1}^{m} \gamma_{ji} , \qquad (9.38)$$

即每个高斯成分的混合系数由样本属于该成分的平均后验概率确定.

由上述推导即可获得高斯混合模型的 EM 算法: 在每步迭代中, 先根据当前参数来计算每个样本属于每个高斯成分的后验概率 γ_{ji} (E步), 再根据式(9.34)、(9.35)和(9.38)更新模型参数 $\{(\alpha_i, \boldsymbol{\mu}_i, \boldsymbol{\Sigma}_i) \mid 1 \leqslant i \leqslant k\}$ (M 步).

高斯混合聚类算法描述如图 9.6 所示. 算法第 1 行对高斯混合分布的模型参数进行初始化. 然后, 在第 2–12 行基于 EM 算法对模型参数进行迭代更新. 若 EM 算法的停止条件满足(例如已达到最大迭代轮数, 或似然函数 $LL(D)$ 增

输入: 样本集 $D = \{\boldsymbol{x}_1, \boldsymbol{x}_2, \ldots, \boldsymbol{x}_m\}$;
高斯混合成分个数 k.

过程:

1: 初始化高斯混合分布的模型参数 $\{(\alpha_i, \boldsymbol{\mu}_i, \boldsymbol{\Sigma}_i) \mid 1 \leqslant i \leqslant k\}$

2: **repeat**

EM 算法的 E步.

3:     **for** $j = 1, 2, \ldots, m$ **do**

4:       根据式(9.30)计算 $\boldsymbol{x}_j$ 由各混合成分生成的后验概率, 即
$\gamma_{ji} = p_{\mathcal{M}}(z_j = i \mid \boldsymbol{x}_j)\ (1 \leqslant i \leqslant k)$

5:     **end for**

EM 算法的 M步.

6:     **for** $i = 1, 2, \ldots, k$ **do**

7:       计算新均值向量: $\boldsymbol{\mu}'_i = \frac{\sum_{j=1}^m \gamma_{ji} \boldsymbol{x}_j}{\sum_{j=1}^m \gamma_{ji}}$;

8:       计算新协方差矩阵: $\boldsymbol{\Sigma}'_i = \frac{\sum_{j=1}^m \gamma_{ji}(\boldsymbol{x}_j - \boldsymbol{\mu}'_i)(\boldsymbol{x}_j - \boldsymbol{\mu}'_i)^{\mathrm{T}}}{\sum_{j=1}^m \gamma_{ji}}$;

9:       计算新混合系数: $\alpha'_i = \frac{\sum_{j=1}^m \gamma_{ji}}{m}$;

10:    **end for**

11:    将模型参数 $\{(\alpha_i, \boldsymbol{\mu}_i, \boldsymbol{\Sigma}_i) \mid 1 \leqslant i \leqslant k\}$ 更新为 $\{(\alpha'_i, \boldsymbol{\mu}'_i, \boldsymbol{\Sigma}'_i) \mid 1 \leqslant i \leqslant k\}$

例如达到最大迭代轮数.

12: **until** 满足停止条件

13: $C_i = \varnothing\ (1 \leqslant i \leqslant k)$

14: **for** $j = 1, 2, \ldots, m$ **do**

15:    根据式(9.31)确定 $\boldsymbol{x}_j$ 的簇标记 λ_j;

16:    将 $\boldsymbol{x}_j$ 划入相应的簇: $C_{\lambda_j} = C_{\lambda_j} \bigcup \{\boldsymbol{x}_j\}$

17: **end for**

输出: 簇划分 $\mathcal{C} = \{C_1, C_2, \ldots, C_k\}$

图 9.6 高斯混合聚类算法

长很少甚至不再增长), 则在第 14–17 行根据高斯混合分布确定簇划分, 在第 18 行返回最终结果.

以表 9.1 的西瓜数据集 4.0 为例, 令高斯混合成分的个数 $k = 3$. 算法开始时, 假定将高斯混合分布的模型参数初始化为: $\alpha_1 = \alpha_2 = \alpha_3 = \frac{1}{3}$; $\boldsymbol{\mu}_1 = \boldsymbol{x}_6$, $\boldsymbol{\mu}_2 = \boldsymbol{x}_{22}$, $\boldsymbol{\mu}_3 = \boldsymbol{x}_{27}$; $\boldsymbol{\Sigma}_1 = \boldsymbol{\Sigma}_2 = \boldsymbol{\Sigma}_3 = \begin{pmatrix} 0.1 & 0.0 \\ 0.0 & 0.1 \end{pmatrix}$.

在第一轮迭代中, 先计算样本由各混合成分生成的后验概率. 以 $\boldsymbol{x}_1$ 为例, 由式(9.30)算出后验概率 $\gamma_{11} = 0.219$, $\gamma_{12} = 0.404$, $\gamma_{13} = 0.377$. 所有样本的后验概率算完后, 得到如下新的模型参数:

$$\alpha'_1 = 0.361,\ \alpha'_2 = 0.323,\ \alpha'_3 = 0.316$$

$$\boldsymbol{\mu}'_1 = (0.491; 0.251),\ \boldsymbol{\mu}'_2 = (0.571; 0.281),\ \boldsymbol{\mu}'_3 = (0.534; 0.295)$$

$$\boldsymbol{\Sigma}'_1 = \begin{pmatrix} 0.025 & 0.004 \\ 0.004 & 0.016 \end{pmatrix},\ \boldsymbol{\Sigma}'_2 = \begin{pmatrix} 0.023 & 0.004 \\ 0.004 & 0.017 \end{pmatrix},\ \boldsymbol{\Sigma}'_3 = \begin{pmatrix} 0.024 & 0.005 \\ 0.005 & 0.016 \end{pmatrix}$$

模型参数更新后, 不断重复上述过程, 不同轮数之后的聚类结果如图 9.7 所示.

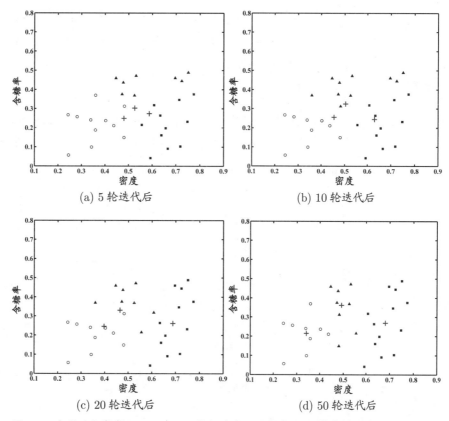

图 9.7 高斯混合聚类$(k = 3)$在不同轮数迭代后的聚类结果. 其中样本簇 C_1, C_2 与 C_3 中的样本点分别用"○", "■"与"▲"表示, 各高斯混合成分的均值向量用"+"表示.

9.5 密度聚类

密度聚类亦称"基于密度的聚类"(density-based clustering), 此类算法假设聚类结构能通过样本分布的紧密程度确定. 通常情形下, 密度聚类算法从样本密度的角度来考察样本之间的可连接性, 并基于可连接样本不断扩展聚类簇以获得最终的聚类结果.

DBSCAN 是一种著名的密度聚类算法, 它基于一组"邻域"(neighborhood) 参数 $(\epsilon, MinPts)$ 来刻画样本分布的紧密程度. 给定数据集 $D = \{\boldsymbol{x}_1, \boldsymbol{x}_2, \ldots, \boldsymbol{x}_m\}$, 定义下面这几个概念:

全称 "Density-Based Spatial Clustering of Applications with Noise".

在本章后续内容中, 距离函数 dist$(\cdot, \cdot)$ 在默认情形下设为欧氏距离.

- ϵ-邻域: 对 $\boldsymbol{x}_j \in D$, 其 ϵ-邻域包含样本集 D 中与 $\boldsymbol{x}_j$ 的距离不大于 ϵ 的样本, 即 $N_\epsilon(\boldsymbol{x}_j) = \{\boldsymbol{x}_i \in D \mid \text{dist}(\boldsymbol{x}_i, \boldsymbol{x}_j) \leqslant \epsilon\}$;

- 核心对象(core object): 若 x_j 的 ϵ-邻域至少包含 $MinPts$ 个样本, 即 $|N_\epsilon(x_j)| \geqslant MinPts$, 则 x_j 是一个核心对象;

密度直达关系通常不满足对称性.

- 密度直达(directly density-reachable): 若 x_j 位于 x_i 的 ϵ-邻域中, 且 x_i 是核心对象, 则称 x_j 由 x_i 密度直达;

密度可达关系满足直递性, 但不满足对称性.

- 密度可达(density-reachable): 对 x_i 与 x_j, 若存在样本序列 $p_1, p_2, \ldots, p_n$, 其中 $p_1 = x_i$, $p_n = x_j$ 且 p_{i+1} 由 p_i 密度直达, 则称 x_j 由 x_i 密度可达;

密度相连关系满足对称性.

- 密度相连(density-connected): 对 x_i 与 x_j, 若存在 x_k 使得 x_i 与 x_j 均由 x_k 密度可达, 则称 x_i 与 x_j 密度相连.

图 9.8 给出了上述概念的直观显示.

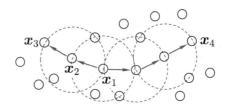

图 9.8 DBSCAN 定义的基本概念($MinPts = 3$): 虚线显示出 ϵ-邻域, x_1 是核心对象, x_2 由 x_1 密度直达, x_3 由 x_1 密度可达, x_3 与 x_4 密度相连.

D 中不属于任何簇的样本被认为是噪声(noise)或异常(anomaly)样本.

基于这些概念, DBSCAN 将"簇"定义为: 由密度可达关系导出的最大的密度相连样本集合. 形式化地说, 给定邻域参数 $(\epsilon, MinPts)$, 簇 $C \subseteq D$ 是满足以下性质的非空样本子集:

连接性(connectivity): $x_i \in C$, $x_j \in C \Rightarrow x_i$ 与 x_j 密度相连 $\qquad(9.39)$

最大性(maximality): $x_i \in C$, x_j 由 x_i 密度可达 $\Rightarrow x_j \in C$ $\qquad(9.40)$

那么, 如何从数据集 D 中找出满足以上性质的聚类簇呢? 实际上, 若 x 为核心对象, 由 x 密度可达的所有样本组成的集合记为 $X = \{x' \in D \mid x'$ 由 x 密度可达$\}$, 则不难证明 X 即为满足连接性与最大性的簇.

于是, DBSCAN 算法先任选数据集中的一个核心对象为"种子"(seed), 再由此出发确定相应的聚类簇, 算法描述如图 9.9 所示. 在第 1~7 行中, 算法先根据给定的邻域参数 $(\epsilon, MinPts)$ 找出所有核心对象; 然后在第 10~24 行中, 以任一核心对象为出发点, 找出由其密度可达的样本生成聚类簇, 直到所有核心对象均被访问过为止.

输入: 样本集 $D = \{\boldsymbol{x}_1, \boldsymbol{x}_2, \ldots, \boldsymbol{x}_m\}$;
  邻域参数 $(\epsilon, MinPts)$.

过程:

1: 初始化核心对象集合: $\Omega = \varnothing$
2: **for** $j = 1, 2, \ldots, m$ **do**
3:   确定样本 $\boldsymbol{x}_j$ 的 ϵ-邻域 $N_\epsilon(\boldsymbol{x}_j)$;
4:   **if** $|N_\epsilon(\boldsymbol{x}_j)| \geqslant MinPts$ **then**
5:     将样本 $\boldsymbol{x}_j$ 加入核心对象集合: $\Omega = \Omega \bigcup \{\boldsymbol{x}_j\}$
6:   **end if**
7: **end for**
8: 初始化聚类簇数: $k = 0$
9: 初始化未访问样本集合: $\Gamma = D$
10: **while** $\Omega \neq \varnothing$ **do**
11:   记录当前未访问样本集合: $\Gamma_{\text{old}} = \Gamma$;
12:   随机选取一个核心对象 $\boldsymbol{o} \in \Omega$, 初始化队列 $Q = <\boldsymbol{o}>$;
13:   $\Gamma = \Gamma \setminus \{\boldsymbol{o}\}$;
14:   **while** $Q \neq \varnothing$ **do**
15:     取出队列 Q 中的首个样本 $\boldsymbol{q}$;
16:     **if** $|N_\epsilon(\boldsymbol{q})| \geqslant MinPts$ **then**
17:       令 $\Delta = N_\epsilon(\boldsymbol{q}) \bigcap \Gamma$;
18:       将 Δ 中的样本加入队列 Q;
19:       $\Gamma = \Gamma \setminus \Delta$;
20:     **end if**
21:   **end while**
22:   $k = k + 1$, 生成聚类簇 $C_k = \Gamma_{\text{old}} \setminus \Gamma$;
23:   $\Omega = \Omega \setminus C_k$
24: **end while**

输出: 簇划分 $\mathcal{C} = \{C_1, C_2, \ldots, C_k\}$

图 9.9 DBSCAN 算法

以表 9.1 的西瓜数据集 4.0 为例, 假定邻域参数 $(\epsilon, MinPts)$ 设置为 $\epsilon = 0.11$, $MinPts = 5$. DBSCAN 算法先找出各样本的 ϵ-邻域并确定核心对象集合: $\Omega = \{\boldsymbol{x}_3, \boldsymbol{x}_5, \boldsymbol{x}_6, \boldsymbol{x}_8, \boldsymbol{x}_9, \boldsymbol{x}_{13}, \boldsymbol{x}_{14}, \boldsymbol{x}_{18}, \boldsymbol{x}_{19}, \boldsymbol{x}_{24}, \boldsymbol{x}_{25}, \boldsymbol{x}_{28}, \boldsymbol{x}_{29}\}$. 然后, 从 Ω 中随机选取一个核心对象作为种子, 找出由它密度可达的所有样本, 这就构成了第一个聚类簇. 不失一般性, 假定核心对象 $\boldsymbol{x}_8$ 被选中作为种子, 则 DBSCAN 生成的第一个聚类簇为

$$C_1 = \{\boldsymbol{x}_6, \boldsymbol{x}_7, \boldsymbol{x}_8, \boldsymbol{x}_{10}, \boldsymbol{x}_{12}, \boldsymbol{x}_{18}, \boldsymbol{x}_{19}, \boldsymbol{x}_{20}, \boldsymbol{x}_{23}\} .$$

然后, DBSCAN 将 C_1 中包含的核心对象从 Ω 中去除: $\Omega = \Omega \setminus C_1 = \{\boldsymbol{x}_3, \boldsymbol{x}_5, \boldsymbol{x}_9, \boldsymbol{x}_{13}, \boldsymbol{x}_{14}, \boldsymbol{x}_{24}, \boldsymbol{x}_{25}, \boldsymbol{x}_{28}, \boldsymbol{x}_{29}\}$. 再从更新后的集合 Ω 中随机选取一个核心对象作为种子来生成下一个聚类簇. 上述过程不断重复, 直至 Ω 为空. 图 9.10 显示出 DBSCAN 先后生成聚类簇的情况. C_1 之后生成的聚类簇为

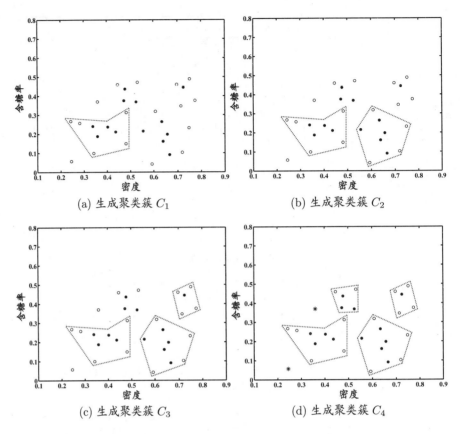

图 9.10　DBSCAN 算法($\epsilon = 0.11$, $MinPts = 5$)生成聚类簇的先后情况. 核心对象、非核心对象、噪声样本分别用"●""○""*"表示, 红色虚线显示出簇划分.

$$C_2 = \{\boldsymbol{x}_3, \boldsymbol{x}_4, \boldsymbol{x}_5, \boldsymbol{x}_9, \boldsymbol{x}_{13}, \boldsymbol{x}_{14}, \boldsymbol{x}_{16}, \boldsymbol{x}_{17}, \boldsymbol{x}_{21}\} \,;$$

$$C_3 = \{\boldsymbol{x}_1, \boldsymbol{x}_2, \boldsymbol{x}_{22}, \boldsymbol{x}_{26}, \boldsymbol{x}_{29}\} \,;$$

$$C_4 = \{\boldsymbol{x}_{24}, \boldsymbol{x}_{25}, \boldsymbol{x}_{27}, \boldsymbol{x}_{28}, \boldsymbol{x}_{30}\} \,.$$

9.6 层次聚类

　　层次聚类(hierarchical clustering)试图在不同层次对数据集进行划分, 从而形成树形的聚类结构. 数据集的划分可采用"自底向上"的聚合策略, 也可采用"自顶向下"的分拆策略.

AGNES 是 AGglomera-
tive NESting 的简写.　　AGNES 是一种采用自底向上聚合策略的层次聚类算法. 它先将数据集中的每个样本看作一个初始聚类簇, 然后在算法运行的每一步中找出距离最近的两个聚类簇进行合并, 该过程不断重复, 直至达到预设的聚类簇个数. 这里的关键是如何计算聚类簇之间的距离. 实际上, 每个簇是一个样本集合, 因此, 只需采用关于集合的某种距离即可. 例如, 给定聚类簇 C_i 与 C_j, 可通过下面的式子来计算距离:

最小距离: $d_{\min}(C_i, C_j) = \min\limits_{\boldsymbol{x} \in C_i, \boldsymbol{z} \in C_j} \text{dist}(\boldsymbol{x}, \boldsymbol{z})$, (9.41)

最大距离: $d_{\max}(C_i, C_j) = \max\limits_{\boldsymbol{x} \in C_i, \boldsymbol{z} \in C_j} \text{dist}(\boldsymbol{x}, \boldsymbol{z})$, (9.42)

平均距离: $d_{\text{avg}}(C_i, C_j) = \dfrac{1}{|C_i||C_j|} \sum\limits_{\boldsymbol{x} \in C_i} \sum\limits_{\boldsymbol{z} \in C_j} \text{dist}(\boldsymbol{x}, \boldsymbol{z})$. (9.43)

显然, 最小距离由两个簇的最近样本决定, 最大距离由两个簇的最远样本决定, 而平均距离则由两个簇的所有样本共同决定. 当聚类簇距离由 $d_{\min}$、$d_{\max}$ 或

> 集合间的距离计算常采用豪斯多夫距离 (Hausdorff distance), 参见习题 9.2.

> 通常使用 $d_{\min}, d_{\max}$ 或 d_{avg}.

> 初始化单样本聚类簇.

> 初始化聚类簇距离矩阵.

> $i^* < j^*$.

输入: 样本集 $D = \{\boldsymbol{x}_1, \boldsymbol{x}_2, \ldots, \boldsymbol{x}_m\}$;
聚类簇距离度量函数 d;
聚类簇数 k.

过程:
1: **for** $j = 1, 2, \ldots, m$ **do**
2:    $C_j = \{\boldsymbol{x}_j\}$
3: **end for**
4: **for** $i = 1, 2, \ldots, m$ **do**
5:    **for** $j = i+1, \ldots, m$ **do**
6:       $M(i, j) = d(C_i, C_j)$;
7:       $M(j, i) = M(i, j)$
8:    **end for**
9: **end for**
10: 设置当前聚类簇个数: $q = m$
11: **while** $q > k$ **do**
12:    找出距离最近的两个聚类簇 C_{i^*} 和 C_{j^*};
13:    合并 C_{i^*} 和 C_{j^*}: $C_{i^*} = C_{i^*} \bigcup C_{j^*}$;
14:    **for** $j = j^*+1, j^*+2, \ldots, q$ **do**
15:       将聚类簇 C_j 重编号为 C_{j-1}
16:    **end for**
17:    删除距离矩阵 M 的第 j^* 行与第 j^* 列;
18:    **for** $j = 1, 2, \ldots, q-1$ **do**
19:       $M(i^*, j) = d(C_{i^*}, C_j)$;
20:       $M(j, i^*) = M(i^*, j)$
21:    **end for**
22:    $q = q - 1$
23: **end while**
输出: 簇划分 $\mathcal{C} = \{C_1, C_2, \ldots, C_k\}$

图 9.11 AGNES 算法

d_{avg} 计算时, AGNES 算法被相应地称为"单链接"(single-linkage)、"全链接"(complete-linkage) 或"均链接"(average-linkage)算法.

AGNES 算法描述如图 9.11 所示. 在第 1–9 行, 算法先对仅含一个样本的初始聚类簇和相应的距离矩阵进行初始化; 然后在第 11–23 行, AGNES 不断合并距离最近的聚类簇, 并对合并得到的聚类簇的距离矩阵进行更新; 上述过程不断重复, 直至达到预设的聚类簇数.

西瓜数据集 4.0 见 p.202 的表 9.1.
以西瓜数据集 4.0 为例, 令 AGNES 算法一直执行到所有样本出现在同一个簇中, 即 $k = 1$, 则可得到图 9.12 所示的"树状图"(dendrogram), 其中每层链接一组聚类簇.

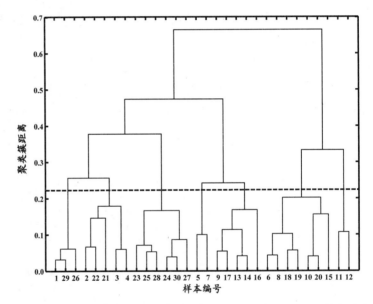

图 9.12　西瓜数据集 4.0 上 AGNES 算法生成的树状图(采用 $d_{\max}$). 横轴对应于样本编号, 纵轴对应于聚类簇距离.

在树状图的特定层次上进行分割, 则可得到相应的簇划分结果. 例如, 以图 9.12 中所示虚线分割树状图, 将得到包含 7 个聚类簇的结果:

$$C_1 = \{\boldsymbol{x}_1, \boldsymbol{x}_{26}, \boldsymbol{x}_{29}\}; \ C_2 = \{\boldsymbol{x}_2, \boldsymbol{x}_3, \boldsymbol{x}_4, \boldsymbol{x}_{21}, \boldsymbol{x}_{22}\};$$

$$C_3 = \{\boldsymbol{x}_{23}, \boldsymbol{x}_{24}, \boldsymbol{x}_{25}, \boldsymbol{x}_{27}, \boldsymbol{x}_{28}, \boldsymbol{x}_{30}\}; \ C_4 = \{\boldsymbol{x}_5, \boldsymbol{x}_7\};$$

$$C_5 = \{\boldsymbol{x}_9, \boldsymbol{x}_{13}, \boldsymbol{x}_{14}, \boldsymbol{x}_{16}, \boldsymbol{x}_{17}\}; \ C_6 = \{\boldsymbol{x}_6, \boldsymbol{x}_8, \boldsymbol{x}_{10}, \boldsymbol{x}_{15}, \boldsymbol{x}_{18}, \boldsymbol{x}_{19}, \boldsymbol{x}_{20}\};$$

$$C_7 = \{\boldsymbol{x}_{11}, \boldsymbol{x}_{12}\}.$$

　　　　将分割层逐步提升, 则可得到聚类簇逐渐减少的聚类结果. 例如图 9.13 显示出了从图 9.12 中产生 7 至 4 个聚类簇的划分结果.

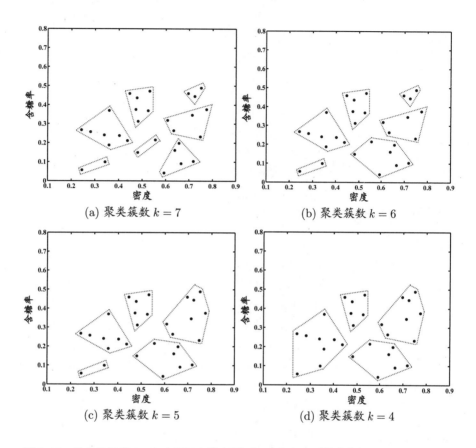

(a) 聚类簇数 $k = 7$　　　　(b) 聚类簇数 $k = 6$

(c) 聚类簇数 $k = 5$　　　　(d) 聚类簇数 $k = 4$

图 9.13　西瓜数据集 4.0 上 AGNES 算法(采用 $d_{\max}$)在不同聚类簇数($k = 7, 6, 5, 4$)时的簇划分结果. 样本点用 "●" 表示, 红色虚线显示出簇划分.

9.7 阅读材料

　　　　聚类也许是机器学习中 "新算法" 出现最多、最快的领域. 一个重要原因是聚类不存在客观标准; 给定数据集, 总能从某个角度找到以往算法未覆盖的某种标准从而设计出新算法 [Estivill-Castro, 2002]. 相对于机器学习其他分支来说, 聚类的知识还不够系统化, 因此著名教科书 [Mitchell, 1997] 中甚至没有关于聚类的章节. 但聚类技术本身在现实任务中非常重要, 因此本章勉强采用了 "列举式" 的叙述方式, 相较于其他各章给出了更多的算法描述. 关于聚类

例如同一堆水果, 既能按大小, 也能按颜色, 甚至能按产地聚类.

更多的内容, 可参阅这方面的专门书籍和综述文章如 [Jain and Dubes, 1988; Jain et al., 1999; Xu and Wunsch II, 2005; Jain, 2009] 等.

聚类性能度量除 9.2 节的内容外, 常见的还有 F 值、互信息 (mutual information)、平均廓宽 (average silhouette width) [Rousseeuw, 1987] 等, 可参阅 [Jain and Dubes, 1988; Halkidi et al., 2001; Maulik and Bandyopadhyay, 2002].

距离计算是很多学习任务的核心技术. 闵可夫斯基距离提供了距离计算的一般形式. 除闵可夫斯基距离之外, 内积距离、余弦距离等也很常用, 可参阅 [Deza and Deza, 2009]. MinkovDM 在 [Zhou and Yu, 2005] 中正式给出. 模式识别、图像检索等涉及复杂语义的应用中常会涉及非度量距离 [Jacobs et al., 2000; Tan et al., 2009]. 距离度量学习可直接嵌入到聚类学习过程中 [Xing et al., 2003].

距离度量学习参见 10.6 节.

k 均值算法可看作高斯混合聚类在混合成分方差相等、且每个样本仅指派给一个混合成分时的特例. 该算法在历史上曾被不同领域的学者多次重新发明, 如 Steinhaus 在 1956 年、Lloyd 在 1957 年、McQueen 在 1967 年等 [Jain and Dubes, 1988; Jain, 2009]. k 均值算法有大量变体, 如 k-medoids 算法 [Kaufman and Rousseeuw, 1987] 强制原型向量必为训练样本, k-modes 算法 [Huang, 1998] 可处理离散属性, Fuzzy C-means (简称 FCM) [Bezdek, 1981] 则是 "软聚类" (soft clustering) 算法, 允许每个样本以不同程度同时属于多个原型. 需注意的是, k 均值类算法仅在凸形簇结构上效果较好. 最近研究表明, 若采用某种 Bregman 距离, 则可显著增强此类算法对更多类型簇结构的适用性 [Banerjee et al., 2005]. 引入核技巧则可得到核 k 均值 (kernel k-means) 算法 [Schölkopf et al., 1998], 这与谱聚类 (spectral clustering) [von Luxburg, 2007] 有密切联系 [Dhillon et al., 2004], 后者可看作在拉普拉斯特征映射 (Laplacian Eigenmap) 降维后执行 k 均值聚类. 聚类簇数 k 通常需由用户提供, 有一些启发式用于自动确定 k [Pelleg and Moore, 2000; Tibshirani et al., 2001], 但常用的仍是基于不同 k 值多次运行后选取最佳结果.

凸形簇结构即形似 "椭球" 的簇结构.

Bregman 距离亦称 Bregman divergence, 是一类不满足对称性和直递性的距离.

降维参见第 10 章.

LVQ 算法在每轮迭代中仅更新与当前样本距离最近的原型向量. 同时更新多个原型向量能显著提高收敛速度, 相应的改进算法有 LVQ2、LVQ3 等 [Kohonen, 2001]. [McLachlan and Peel, 2000] 详细介绍了高斯混合聚类, 算法中 EM 迭代优化的推导过程可参阅 [Bilmes, 1998; Jain and Dubes, 1988].

采用不同方式表征样本分布的紧密程度, 可设计出不同的密度聚类算法, 除 DBSCAN [Ester et al., 1996] 外, 较常用的还有 OPTICS [Ankerst et al.,

1999]、DENCLUE [Hinneburg and Keim, 1998] 等. AGNES [Kaufman and Rousseeuw, 1990] 采用了自底向上的聚合策略来产生层次聚类结构, 与之相反, DIANA [Kaufman and Rousseeuw, 1990] 则是采用自顶向下的分拆策略. AGNES 和 DIANA 都不能对已合并或已分拆的聚类簇进行回溯调整, 常用的层次聚类算法如 BIRCH [Zhang et al., 1996]、ROCK [Guha et al., 1999] 等对此进行了改进.

聚类集成 (clustering ensemble) 通过对多个聚类学习器进行集成, 能有效降低聚类假设与真实聚类结构不符、聚类过程中的随机性等因素带来的不利影响, 可参阅 [Zhou, 2012] 第 7 章.

亦称 outlier detection.

异常检测 (anomaly detection) [Hodge and Austin, 2004; Chandola et al., 2009] 常借助聚类或距离计算进行, 如将远离所有簇中心的样本作为异常点, 或将密度极低处的样本作为异常点. 最近有研究提出基于 "隔离性" (isolation)可快速检测出异常点 [Liu et al., 2012].

习题

9.1　试证明: $p \geqslant 1$ 时, 闵可夫斯基距离满足距离度量的四条基本性质; $0 \leqslant p < 1$ 时, 闵可夫斯基距离不满足直递性, 但满足非负性、同一性、对称性; p 趋向无穷大时, 闵可夫斯基距离等于对应分量的最大绝对距离, 即

$$\lim_{p \to +\infty} \left(\sum_{u=1}^{n} |x_{iu} - x_{ju}|^p \right)^{\frac{1}{p}} = \max_{u} |x_{iu} - x_{ju}|.$$

9.2　同一样本空间中的集合 X 与 Z 之间的距离可通过"豪斯多夫距离"(Hausdorff distance)计算:

$$\text{dist}_{\text{H}}(X, Z) = \max \left(\text{dist}_{\text{h}}(X, Z), \text{dist}_{\text{h}}(Z, X) \right), \tag{9.44}$$

其中

$$\text{dist}_{\text{h}}(X, Z) = \max_{\boldsymbol{x} \in X} \min_{\boldsymbol{z} \in Z} \|\boldsymbol{x} - \boldsymbol{z}\|_2. \tag{9.45}$$

试证明: 豪斯多夫距离满足距离度量的四条基本性质.

9.3　试析 k 均值算法能否找到最小化式(9.24)的最优解.

9.4　试编程实现 k 均值算法, 设置三组不同的 k 值、三组不同初始中心点, 在西瓜数据集 4.0 上进行实验比较, 并讨论什么样的初始中心有利于取得好结果.

西瓜数据集 4.0 见 p.202 表 9.1.

9.5　基于 DBSCAN 的概念定义, 若 $\boldsymbol{x}$ 为核心对象, 由 $\boldsymbol{x}$ 密度可达的所有样本构成的集合为 X. 试证明: X 满足连接性(9.39)与最大性(9.40).

9.6　试析 AGNES 算法使用最小距离和最大距离的区别.

9.7　聚类结果中若每个簇都有一个凸包(包含簇样本的凸多面体), 且这些凸包不相交, 则称为凸聚类. 试析本章介绍的哪些聚类算法只能产生凸聚类, 哪些能产生非凸聚类.

即凸形簇结构.

9.8　试设计一个聚类性能度量指标, 并与 9.2 节中的指标比较.

9.9*　试设计一个能用于混合属性的非度量距离.

9.10*　试设计一个能自动确定聚类数的改进 k 均值算法, 编程实现并在西瓜数据集 4.0 上运行.

参考文献

Aloise, D., A. Deshpande, P. Hansen, and P. Popat. (2009). "NP-hardness of Euclidean sum-of-squares clustering." *Machine Learning*, 75(2):245–248.

Ankerst, M., M. Breunig, H.-P. Kriegel, and J. Sander. (1999). "OPTICS: Ordering points to identify the clustering structure." In *Proceedings of the ACM SIGMOD International Conference on Management of Data (SIGMOD)*, 49–60, Philadelphia, PA.

Banerjee, A., S. Merugu, I. Dhillon, and J. Ghosh. (2005). "Clustering with Bregman divergences." *Journal of Machine Learning Research*, 6:1705–1749.

Bezdek, J. C. (1981). *Pattern Recognition with Fuzzy Objective Function Algorithms*. Plenum Press, New York, NY.

Bilmes, J. A. (1998). "A gentle tutorial of the EM algorithm and its applications to parameter estimation for Gaussian mixture and hidden Markov models." Technical Report TR-97-021, Department of Electrical Engineering and Computer Science, University of California at Berkeley, Berkeley, CA.

Chandola, V., A. Banerjee, and V. Kumar. (2009). "Anomaly detection: A survey." *ACM Computing Surveys*, 41(3):Article 15.

Deza, M. and E. Deza. (2009). *Encyclopedia of Distances*. Springer, Berlin.

Dhillon, I. S., Y. Guan, and B. Kulis. (2004). "Kernel k-means: Spectral clustering and normalized cuts." In *Proceedings of the 10th ACM SIGKDD International Conference on Knowledge Discovery and Data Mining (KDD)*, 551–556, Seattle, WA.

Ester, M., H. P. Kriegel, J. Sander, and X. Xu. (1996). "A density-based algorithm for discovering clusters in large spatial databases." In *Proceedings of the 2nd International Conference on Knowledge Discovery and Data Mining (KDD)*, 226–231, Portland, OR.

Estivill-Castro, V. (2002). "Why so many clustering algorithms - a position paper." *SIGKDD Explorations*, 1(4):65–75.

Guha, S., R. Rastogi, and K. Shim. (1999). "ROCK: A robust clustering algorithm for categorical attributes." In *Proceedings of the 15th International Conference on Data Engineering (ICDE)*, 512–521, Sydney, Australia.

Halkidi, M., Y. Batistakis, and M. Vazirgiannis. (2001). "On clustering validation techniques." *Journal of Intelligent Information Systems*, 27(2-3):107–145.

Hinneburg, A. and D. A. Keim. (1998). "An efficient approach to clustering in large multimedia databases with noise." In *Proceedings of the 4th International Conference on Knowledge Discovery and Data Mining (KDD)*, 58–65, New York, NY.

Hodge, V. J. and J. Austin. (2004). "A survey of outlier detection methodologies." *Artificial Intelligence Review*, 22(2):85–126.

Huang, Z. (1998). "Extensions to the k-means algorithm for clustering large data sets with categorical values." *Data Mining and Knowledge Discovery*, 2(3):283–304.

Jacobs, D. W., D. Weinshall, and Y. Gdalyahu. (2000). "Classification with non-metric distances: Image retrieval and class representation." *IEEE Transactions on Pattern Analysis and Machine Intelligence*, 6(22):583–600.

Jain, A. K. (2009). "Data clustering: 50 years beyond k-means." *Pattern Recognition Letters*, 31(8):651–666.

Jain, A. K. and R. C. Dubes. (1988). *Algorithms for Clustering Data*. Prentice Hall, Upper Saddle River, NJ.

Jain, A. K., M. N. Murty, and P. J. Flynn. (1999). "Data clustering: A review." *ACM Computing Surveys*, 3(31):264–323.

Kaufman, L. and P. J. Rousseeuw. (1987). "Clustering by means of medoids." In *Statistical Data Analysis Based on the L_1-Norm and Related Methods* (Y. Dodge, ed.), 405–416, Elsevier, Amsterdam, The Netherlands.

Kaufman, L. and P. J. Rousseeuw. (1990). *Finding Groups in Data: An Introduction to Cluster Analysis*. John Wiley & Sons, New York, NY.

Kohonen, T. (2001). *Self-Organizing Maps*, 3rd edition. Springer, Berlin.

Liu, F. T., K. M. Ting, and Z.-H. Zhou. (2012). "Isolation-based anomaly detection." *ACM Transactions on Knowledge Discovery from Data*, 6(1): Article 3.

Maulik, U. and S. Bandyopadhyay. (2002). "Performance evaluation of some clustering algorithms and validity indices." *IEEE Transactions on Pattern Analysis and Machine Intelligence*, 24(12):1650–1654.

McLachlan, G. and D. Peel. (2000). *Finite Mixture Models*. John Wiley & Sons,

New York, NY.

Mitchell, T. (1997). *Machine Learning*. McGraw Hill, New York, NY.

Pelleg, D. and A. Moore. (2000). "X-means: Extending k-means with efficient estimation of the number of clusters." In *Proceedings of the 17th International Conference on Machine Learning (ICML)*, 727–734, Stanford, CA.

Rousseeuw, P. J. (1987). "Silhouettes: A graphical aid to the interpretation and validation of cluster analysis." *Journal of Computational and Applied Mathematics*, 20:53–65.

Schölkopf, B., A. Smola, and K.-R. Müller. (1998). "Nonliear component analysis as a kernel eigenvalue problem." *Neural Computation*, 10(5):1299–1319.

Stanfill, C. and D. Waltz. (1986). "Toward memory-based reasoning." *Communications of the ACM*, 29(12):1213–1228.

Tan, X., S. Chen, Z.-H. Zhou, and J. Liu. (2009). "Face recognition under occlusions and variant expressions with partial similarity." *IEEE Transactions on Information Forensics and Security*, 2(4):217–230.

Tibshirani, R., G. Walther, and T. Hastie. (2001). "Estimating the number of clusters in a data set via the gap statistic." *Journal of the Royal Statistical Society - Series B*, 63(2):411–423.

von Luxburg, U. (2007). "A tutorial on spectral clustering." *Statistics and Computing*, 17(4):395–416.

Xing, E. P., A. Y. Ng, M. I. Jordan, and S. Russell. (2003). "Distance metric learning, with application to clustering with side-information." In *Advances in Neural Information Processing Systems 15 (NIPS)* (S. Becker, S. Thrun, and K. Obermayer, eds.), 505–512, MIT Press, Cambridge, MA.

Xu, R. and D. Wunsch II. (2005). "Survey of clustering algorithms." *IEEE Transactions on Neural Networks*, 3(16):645–678.

Zhang, T., R. Ramakrishnan, and M. Livny. (1996). "BIRCH: An efficient data clustering method for very large databases." In *Proceedings of the ACM SIGMOD International Conference on Management of Data (SIGMOD)*, 103–114, Montreal, Canada.

Zhou, Z.-H. (2012). *Ensemble Methods: Foundations and Algorithms*. Chapman & Hall/CRC, Boca Raton, FL.

Zhou, Z.-H. and Y. Yu. (2005). "Ensembling local learners through multimodal
perturbation." *IEEE Transactions on Systems, Man, and Cybernetics - Part
B: Cybernetics*, 35(4):725–735.

休息一会儿

小故事: 曼哈顿距离与赫尔曼·闵可夫斯基

　　曼哈顿距离(Manhattan distance)亦称 "出租车几
何" (Taxicab geometry), 是德国大数学家赫尔曼·闵可
夫斯基 (Hermann Minkowski, 1864—1909) 所创的词汇, 其
得名是由于该距离标明了几何度量空间中两点在标准坐标
系上的绝对轴距总和, 这恰是规划为方形区块的城市里两点
之间的最短行程, 例如从曼哈顿的第五大道与 33 街交点前往第三大道与 23 街
交点, 需走过 $(5-3)+(33-23)=12$ 个街区.

今立陶宛的考纳斯
(Kaunas).

　　闵可夫斯基出生于俄国亚力克索塔斯(Alexotas)的一个犹太人家庭, 由于
当时俄国政府迫害犹太人, 他八岁时随全家移居普鲁士哥尼斯堡, 与后来成为
大数学家的希尔伯特一河之隔. 闵可夫斯基从小就是著名神童, 他熟读莎士比
亚、席勒和歌德的作品, 几乎能全文背诵《浮士德》; 八岁进入预科学校, 仅用
五年半就完成了八年的学业; 十七岁时建立了 n 元二次型的完整理论体系, 解
决了法国科学院公开悬赏的数学难题. 1908 年 9 月他在科隆的一次学术会议上
做了《空间与时间》的著名演讲, 提出了四维时空理论, 为广义相对论的建立
开辟了道路. 不幸的是, 三个月后他死于急性阑尾炎.

哥尼斯堡是著名的 "七
桥问题" 发源地, 今俄罗
斯加里宁格勒.

四维时空亦称 "闵可夫
斯基时空" 或 "闵可夫斯
基空间".

　　1896 年闵可夫斯基在苏黎世大学任教期间, 是爱因斯坦的数学老师. 诺贝
尔物理学奖得主玻恩曾说, 在闵可夫斯基的数学工作中找到了 "相对论的整个
武器库". 闵可夫斯基去世后, 其生前好友希尔伯特整理了他的遗作, 于 1911
年出版了《闵可夫斯基全集》. 闵可夫斯基的哥哥奥斯卡是 "胰岛素之父",
侄子鲁道夫是美国著名天文学家.

第 10 章　降维与度量学习

10.1　k 近邻学习

所谓 "近朱者赤, 近墨者黑".

k 近邻(k-Nearest Neighbor, 简称 kNN)学习是一种常用的监督学习方法, 其工作机制非常简单: 给定测试样本, 基于某种距离度量找出训练集中与其最靠近的 k 个训练样本, 然后基于这 k 个 "邻居" 的信息来进行预测. 通常, 在分类任务中可使用 "投票法", 即选择这 k 个样本中出现最多的类别标记作为预测结果; 在回归任务中可使用 "平均法", 即将这 k 个样本的实值输出标记的平均值作为预测结果; 还可基于距离远近进行加权平均或加权投票, 距离越近的样本权重越大.

参见 8.4 节.

与前面介绍的学习方法相比, k 近邻学习有一个明显的不同之处: 它似乎没有显式的训练过程! 事实上, 它是 "懒惰学习"(lazy learning)的著名代表, 此类学习技术在训练阶段仅仅是把样本保存起来, 训练时间开销为零, 待收到测试样本后再进行处理; 相应的, 那些在训练阶段就对样本进行学习处理的方法, 称为 "急切学习"(eager learning).

图 10.1 给出了 k 近邻分类器的一个示意图. 显然, k 是一个重要参数, 当 k 取不同值时, 分类结果会有显著不同. 另一方面, 若采用不同的距离计算方式, 则找出的 "近邻" 可能有显著差别, 从而也会导致分类结果有显著不同.

暂且假设距离计算是 "恰当" 的, 即能够恰当地找出 k 个近邻, 我们来对 "最近邻分类器"(1NN, 即 $k=1$)在二分类问题上的性能做一个简单的讨论.

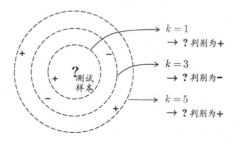

图 10.1　k 近邻分类器示意图. 虚线显示出等距线; 测试样本在 $k=1$ 或 $k=5$ 时被判别为正例, $k=3$ 时被判别为反例.

给定测试样本 $\boldsymbol{x}$, 若其最近邻样本为 $\boldsymbol{z}$, 则最近邻分类器出错的概率就是 $\boldsymbol{x}$ 与 $\boldsymbol{z}$ 类别标记不同的概率, 即

$$P(err) = 1 - \sum_{c \in \mathcal{Y}} P(c \mid \boldsymbol{x})P(c \mid \boldsymbol{z}). \tag{10.1}$$

假设样本独立同分布, 且对任意 $\boldsymbol{x}$ 和任意小正数 δ, 在 $\boldsymbol{x}$ 附近 δ 距离范围内总能找到一个训练样本; 换言之, 对任意测试样本, 总能在任意近的范围内找到式(10.1)中的训练样本 $\boldsymbol{z}$. 令 $c^* = \arg\max_{c \in \mathcal{Y}} P(c \mid \boldsymbol{x})$ 表示贝叶斯最优分类器的结果, 有

$$\begin{aligned}
P(err) &= 1 - \sum_{c \in \mathcal{Y}} P(c \mid \boldsymbol{x})P(c \mid \boldsymbol{z}) \\
&\simeq 1 - \sum_{c \in \mathcal{Y}} P^2(c \mid \boldsymbol{x}) \\
&\leqslant 1 - P^2(c^* \mid \boldsymbol{x}) \\
&= \left(1 + P(c^* \mid \boldsymbol{x})\right)\left(1 - P(c^* \mid \boldsymbol{x})\right) \\
&\leqslant 2 \times \left(1 - P(c^* \mid \boldsymbol{x})\right).
\end{aligned} \tag{10.2}$$

为便于初学者理解, 本节仅做了一个简化讨论, 更严格的分析参阅 [Cover and Hart, 1967].

于是我们得到了有点令人惊讶的结论: 最近邻分类器虽简单, 但它的泛化错误率不超过贝叶斯最优分类器的错误率的两倍!

10.2 低维嵌入

上一节的讨论是基于一个重要假设: 任意测试样本 $\boldsymbol{x}$ 附近任意小的 δ 距离范围内总能找到一个训练样本, 即训练样本的采样密度足够大, 或称为 "密采样" (dense sample). 然而, 这个假设在现实任务中通常很难满足, 例如若 $\delta = 0.001$, 仅考虑单个属性, 则仅需 1000 个样本点平均分布在归一化后的属性取值范围内, 即可使得任意测试样本在其附近 0.001 距离范围内总能找到一个训练样本, 此时最近邻分类器的错误率不超过贝叶斯最优分类器的错误率的两倍. 然而, 这仅是属性维数为 1 的情形, 若有更多的属性, 则情况会发生显著变化. 例如假定属性维数为 20, 若要求样本满足密采样条件, 则至少需 $(10^3)^{20} = 10^{60}$ 个样本. 现实应用中属性维数经常成千上万, 要满足密采样条件所需的样本数目是无法达到的天文数字. 此外, 许多学习方法都涉及距离计算, 而高维空间会给距离计算带来很大的麻烦, 例如当维数很高时甚至连计算内积

作为参照量: 宇宙间基本粒子的总数约为 10^{80} (一粒灰尘中含有几十亿个基本粒子).

都不再容易.

事实上, 在高维情形下出现的数据样本稀疏、距离计算困难等问题, 是所有机器学习方法共同面临的严重障碍, 被称为 "维数灾难" (curse of dimensionality).

[Bellman, 1957] 最早提出, 亦称 "维数诅咒"、"维数危机".

缓解维数灾难的一个重要途径是降维(dimension reduction), 亦称 "维数约简", 即通过某种数学变换将原始高维属性空间转变为一个低维 "子空间" (subspace), 在这个子空间中样本密度大幅提高, 距离计算也变得更为容易. 为什么能进行降维? 这是因为在很多时候, 人们观测或收集到的数据样本虽是高维的, 但与学习任务密切相关的也许仅是某个低维分布, 即高维空间中的一个低维 "嵌入" (embedding). 图 10.2 给出了一个直观的例子. 原始高维空间中的样本点, 在这个低维嵌入子空间中更容易进行学习.

另一个重要途径是特征选择, 参见第 11 章.

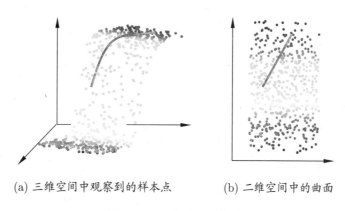

(a) 三维空间中观察到的样本点   (b) 二维空间中的曲面

图 10.2 低维嵌入示意图

若要求原始空间中样本之间的距离在低维空间中得以保持, 如图 10.2 所示, 即得到 "多维缩放" (Multiple Dimensional Scaling, 简称 MDS) [Cox and Cox, 2001] 这样一种经典的降维方法. 下面做一个简单的介绍.

假定 m 个样本在原始空间的距离矩阵为 $\mathbf{D} \in \mathbb{R}^{m \times m}$, 其第 i 行 j 列的元素 $dist_{ij}$ 为样本 $\boldsymbol{x}_i$ 到 $\boldsymbol{x}_j$ 的距离. 我们的目标是获得样本在 d' 维空间的表示 $\mathbf{Z} \in \mathbb{R}^{d' \times m}$, $d' \leqslant d$, 且任意两个样本在 d' 维空间中的欧氏距离等于原始空间中的距离, 即 $\|\boldsymbol{z}_i - \boldsymbol{z}_j\| = dist_{ij}$.

令 $\mathbf{B} = \mathbf{Z}^{\mathrm{T}}\mathbf{Z} \in \mathbb{R}^{m \times m}$, 其中 $\mathbf{B}$ 为降维后样本的内积矩阵, $b_{ij} = \boldsymbol{z}_i^{\mathrm{T}}\boldsymbol{z}_j$, 有

$$
\begin{aligned}
dist_{ij}^2 &= \|\boldsymbol{z}_i\|^2 + \|\boldsymbol{z}_j\|^2 - 2\boldsymbol{z}_i^{\mathrm{T}}\boldsymbol{z}_j \\
&= b_{ii} + b_{jj} - 2b_{ij} .
\end{aligned} \tag{10.3}
$$

　　为便于讨论, 令降维后的样本 $\mathbf{Z}$ 被中心化, 即 $\sum_{i=1}^{m} \boldsymbol{z}_i = \mathbf{0}$. 显然, 矩阵 $\mathbf{B}$ 的行与列之和均为零, 即 $\sum_{i=1}^{m} b_{ij} = \sum_{j=1}^{m} b_{ij} = 0$. 易知

$$\sum_{i=1}^{m} dist_{ij}^2 = \operatorname{tr}(\mathbf{B}) + m b_{jj} \ , \tag{10.4}$$

$$\sum_{j=1}^{m} dist_{ij}^2 = \operatorname{tr}(\mathbf{B}) + m b_{ii} \ , \tag{10.5}$$

$$\sum_{i=1}^{m} \sum_{j=1}^{m} dist_{ij}^2 = 2m \operatorname{tr}(\mathbf{B}) \ , \tag{10.6}$$

其中 $\operatorname{tr}(\cdot)$ 表示矩阵的迹(trace), $\operatorname{tr}(\mathbf{B}) = \sum_{i=1}^{m} \|\boldsymbol{z}_i\|^2$. 令

$$dist_{i\cdot}^2 = \frac{1}{m} \sum_{j=1}^{m} dist_{ij}^2 \ , \tag{10.7}$$

$$dist_{\cdot j}^2 = \frac{1}{m} \sum_{i=1}^{m} dist_{ij}^2 \ , \tag{10.8}$$

$$dist_{\cdot\cdot}^2 = \frac{1}{m^2} \sum_{i=1}^{m} \sum_{j=1}^{m} dist_{ij}^2 \ , \tag{10.9}$$

由式(10.3)和式(10.4)~(10.9)可得

$$b_{ij} = -\frac{1}{2}(dist_{ij}^2 - dist_{i\cdot}^2 - dist_{\cdot j}^2 + dist_{\cdot\cdot}^2) \ , \tag{10.10}$$

由此即可通过降维前后保持不变的距离矩阵 $\mathbf{D}$ 求取内积矩阵 $\mathbf{B}$.

　　对矩阵 $\mathbf{B}$ 做特征值分解(eigenvalue decomposition), $\mathbf{B} = \mathbf{V}\boldsymbol{\Lambda}\mathbf{V}^{\mathrm{T}}$, 其中 $\boldsymbol{\Lambda} = \operatorname{diag}(\lambda_1, \lambda_2, \ldots, \lambda_d)$ 为特征值构成的对角矩阵, $\lambda_1 \geqslant \lambda_2 \geqslant \ldots \geqslant \lambda_d$, $\mathbf{V}$ 为特征向量矩阵. 假定其中有 d^* 个非零特征值, 它们构成对角矩阵 $\boldsymbol{\Lambda}_* = \operatorname{diag}(\lambda_1, \lambda_2, \ldots, \lambda_{d^*})$, 令 $\mathbf{V}_*$ 表示相应的特征向量矩阵, 则 $\mathbf{Z}$ 可表达为

$$\mathbf{Z} = \boldsymbol{\Lambda}_*^{1/2}\mathbf{V}_*^{\mathrm{T}} \in \mathbb{R}^{d^* \times m} \ . \tag{10.11}$$

　　在现实应用中为了有效降维, 往往仅需降维后的距离与原始空间中的距离尽可能接近, 而不必严格相等. 此时可取 $d' \ll d$ 个最大特征值构成对角矩阵 $\tilde{\boldsymbol{\Lambda}} = \operatorname{diag}(\lambda_1, \lambda_2, \ldots, \lambda_{d'})$, 令 $\tilde{\mathbf{V}}$ 表示相应的特征向量矩阵, 则 $\mathbf{Z}$ 可表达为

$$\mathbf{Z} = \tilde{\mathbf{\Lambda}}^{1/2}\tilde{\mathbf{V}}^{\mathrm{T}} \in \mathbb{R}^{d' \times m} \ . \tag{10.12}$$

图 10.3 给出了 MDS 算法的描述.

输入: 距离矩阵 $\mathbf{D} \in \mathbb{R}^{m \times m}$, 其元素 $dist_{ij}$ 为样本 $\boldsymbol{x}_i$ 到 $\boldsymbol{x}_j$ 的距离;
   低维空间维数 d'.
过程:
1: 根据式(10.7)~(10.9)计算 $dist_{i\cdot}^2$, $dist_{\cdot j}^2$, $dist_{\cdot\cdot}^2$;
2: 根据式(10.10)计算矩阵 $\mathbf{B}$;
3: 对矩阵 $\mathbf{B}$ 做特征值分解;
4: 取 $\tilde{\mathbf{\Lambda}}$ 为 d' 个最大特征值所构成的对角矩阵, $\tilde{\mathbf{V}}$ 为相应的特征向量矩阵.
输出: 矩阵 $\tilde{\mathbf{V}}\tilde{\mathbf{\Lambda}}^{1/2} \in \mathbb{R}^{m \times d'}$, 每行是一个样本的低维坐标

图 10.3 MDS 算法

一般来说, 欲获得低维子空间, 最简单的是对原始高维空间进行线性变换. 给定 d 维空间中的样本 $\mathbf{X} = (\boldsymbol{x}_1, \boldsymbol{x}_2, \ldots, \boldsymbol{x}_m) \in \mathbb{R}^{d \times m}$, 变换之后得到 $d' \leqslant d$ 维空间中的样本

> 通常令 $d' \ll d$.

$$\mathbf{Z} = \mathbf{W}^{\mathrm{T}}\mathbf{X}, \tag{10.13}$$

其中 $\mathbf{W} \in \mathbb{R}^{d \times d'}$ 是变换矩阵, $\mathbf{Z} \in \mathbb{R}^{d' \times m}$ 是样本在新空间中的表达.

变换矩阵 $\mathbf{W}$ 可视为 d' 个 d 维基向量, $\boldsymbol{z}_i = \mathbf{W}^{\mathrm{T}}\boldsymbol{x}_i$ 是第 i 个样本与这 d' 个基向量分别做内积而得到的 d' 维属性向量. 换言之, $\boldsymbol{z}_i$ 是原属性向量 $\boldsymbol{x}_i$ 在新坐标系 $\{\boldsymbol{w}_1, \boldsymbol{w}_2, \cdots, \boldsymbol{w}_{d'}\}$ 中的坐标向量. 若 $\boldsymbol{w}_i$ 与 $\boldsymbol{w}_j$ $(i \neq j)$ 正交, 则新坐标系是一个正交坐标系, 此时 $\mathbf{W}$ 为正交变换. 显然, 新空间中的属性是原空间中属性的线性组合.

基于线性变换来进行降维的方法称为线性降维方法, 它们都符合式(10.13)的基本形式, 不同之处是对低维子空间的性质有不同的要求, 相当于对 $\mathbf{W}$ 施加了不同的约束. 在下一节我们将会看到, 若要求低维子空间对样本具有最大可分性, 则将得到一种极为常用的线性降维方法.

对降维效果的评估, 通常是比较降维前后学习器的性能, 若性能有所提高则认为降维起到了作用. 若将维数降至二维或三维, 则可通过可视化技术来直观地判断降维效果.

10.3 主成分分析

> 亦称"主分量分析".

主成分分析(Principal Component Analysis, 简称 PCA)是最常用的一种降维方法. 在介绍 PCA 之前, 不妨先考虑这样一个问题: 对于正交属性空间中的

样本点, 如何用一个超平面(直线的高维推广)对所有样本进行恰当的表达?

容易想到, 若存在这样的超平面, 那么它大概应具有这样的性质:

- 最近重构性: 样本点到这个超平面的距离都足够近;
- 最大可分性: 样本点在这个超平面上的投影能尽可能分开.

有趣的是, 基于最近重构性和最大可分性, 能分别得到主成分分析的两种等价推导. 我们先从最近重构性来推导.

假定数据样本进行了中心化, 即 $\sum_i \boldsymbol{x}_i = \mathbf{0}$; 再假定投影变换后得到的新坐标系为 $\{\boldsymbol{w}_1, \boldsymbol{w}_2, \ldots, \boldsymbol{w}_d\}$, 其中 $\boldsymbol{w}_i$ 是标准正交基向量, $\|\boldsymbol{w}_i\|_2 = 1$, $\boldsymbol{w}_i^{\mathrm{T}} \boldsymbol{w}_j = 0$ $(i \neq j)$. 若丢弃新坐标系中的部分坐标, 即将维度降低到 $d' < d$, 则样本点 $\boldsymbol{x}_i$ 在低维坐标系中的投影是 $\boldsymbol{z}_i = (z_{i1}; z_{i2}; \ldots; z_{id'})$, 其中 $z_{ij} = \boldsymbol{w}_j^{\mathrm{T}} \boldsymbol{x}_i$ 是 $\boldsymbol{x}_i$ 在低维坐标系下第 j 维的坐标. 若基于 $\boldsymbol{z}_i$ 来重构 $\boldsymbol{x}_i$, 则会得到 $\hat{\boldsymbol{x}}_i = \sum_{j=1}^{d'} z_{ij} \boldsymbol{w}_j$.

考虑整个训练集, 原样本点 $\boldsymbol{x}_i$ 与基于投影重构的样本点 $\hat{\boldsymbol{x}}_i$ 之间的距离为

> const 是一个常数.

$$
\sum_{i=1}^{m} \left\| \sum_{j=1}^{d'} z_{ij} \boldsymbol{w}_j - \boldsymbol{x}_i \right\|_2^2 = \sum_{i=1}^{m} \boldsymbol{z}_i^{\mathrm{T}} \boldsymbol{z}_i - 2 \sum_{i=1}^{m} \boldsymbol{z}_i^{\mathrm{T}} \mathbf{W}^{\mathrm{T}} \boldsymbol{x}_i + \text{const}
$$

$$
\propto -\mathrm{tr}\left(\mathbf{W}^{\mathrm{T}} \left(\sum_{i=1}^{m} \boldsymbol{x}_i \boldsymbol{x}_i^{\mathrm{T}} \right) \mathbf{W} \right), \tag{10.14}
$$

其中 $\mathbf{W} = (\boldsymbol{w}_1, \boldsymbol{w}_2, \ldots, \boldsymbol{w}_d)$. 根据最近重构性, 式(10.14)应被最小化, 考虑到 $\boldsymbol{w}_j$ 是标准正交基, $\sum_i \boldsymbol{x}_i \boldsymbol{x}_i^{\mathrm{T}}$ 是协方差矩阵, 有

> 严格来说, 协方差矩阵是 $\frac{1}{m-1}\sum_{i=1}^{m} \boldsymbol{x}_i \boldsymbol{x}_i^{\mathrm{T}}$, 但前面的常数项在此不发生影响.

$$
\min_{\mathbf{W}} \quad -\mathrm{tr}\left(\mathbf{W}^{\mathrm{T}} \mathbf{X} \mathbf{X}^{\mathrm{T}} \mathbf{W} \right) \tag{10.15}
$$

$$
\text{s.t.} \quad \mathbf{W}^{\mathrm{T}} \mathbf{W} = \mathbf{I}.
$$

这就是主成分分析的优化目标.

从最大可分性出发, 能得到主成分分析的另一种解释. 我们知道, 样本点 $\boldsymbol{x}_i$ 在新空间中超平面上的投影是 $\mathbf{W}^{\mathrm{T}} \boldsymbol{x}_i$, 若所有样本点的投影能尽可能分开, 则应该使投影后样本点的方差最大化, 如图 10.4 所示.

投影后样本点的协方差矩阵是 $\sum_i \mathbf{W}^{\mathrm{T}} \boldsymbol{x}_i \boldsymbol{x}_i^{\mathrm{T}} \mathbf{W}$, 于是优化目标可写为

$$
\max_{\mathbf{W}} \quad \mathrm{tr}\left(\mathbf{W}^{\mathrm{T}} \mathbf{X} \mathbf{X}^{\mathrm{T}} \mathbf{W} \right) \tag{10.16}
$$

$$
\text{s.t.} \quad \mathbf{W}^{\mathrm{T}} \mathbf{W} = \mathbf{I},
$$

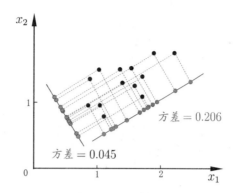

图 10.4 使所有样本的投影尽可能分开(如图中红线所示), 则需最大化投影点的方差

显然, 式(10.16)与(10.15)等价.

对式(10.15)或(10.16)使用拉格朗日乘子法可得

$$\mathbf{X}\mathbf{X}^{\mathrm{T}}\boldsymbol{w}_i = \lambda_i \boldsymbol{w}_i , \tag{10.17}$$

于是, 只需对协方差矩阵 $\mathbf{X}\mathbf{X}^{\mathrm{T}}$ 进行特征值分解, 将求得的特征值排序: $\lambda_1 \geqslant \lambda_2 \geqslant \ldots \geqslant \lambda_d$, 再取前 d' 个特征值对应的特征向量构成 $\mathbf{W}^* = (\boldsymbol{w}_1, \boldsymbol{w}_2, \ldots, \boldsymbol{w}_{d'})$. 这就是主成分分析的解. PCA 算法描述如图 10.5 所示.

> 实践中常通过对 $\mathbf{X}$ 进行奇异值分解来代替协方差矩阵的特征值分解.

> PCA 也可看作是逐一选取方差最大方向, 即先对协方差矩阵 $\sum_i \boldsymbol{x}_i \boldsymbol{x}_i^{\mathrm{T}}$ 做特征值分解, 取最大特征值对应的特征向量 $\boldsymbol{w}_1$; 再对 $\sum_i \boldsymbol{x}_i \boldsymbol{x}_i^{\mathrm{T}} - \lambda_1 \boldsymbol{w}_1 \boldsymbol{w}_1^{\mathrm{T}}$ 做特征值分解, 取最大特征值对应的特征向量 $\boldsymbol{w}_2$; ……由 $\mathbf{W}$ 各分量正交及
> $$\sum_{i=1}^{m} \boldsymbol{x}_i \boldsymbol{x}_i^{\mathrm{T}} = \sum_{j=1}^{d} \lambda_j \boldsymbol{w}_j \boldsymbol{w}_j^{\mathrm{T}}$$
> 可知, 上述逐一选取方差最大方向的做法与直接选取最大 d' 个特征值等价.

输入: 样本集 $D = \{\boldsymbol{x}_1, \boldsymbol{x}_2, \ldots, \boldsymbol{x}_m\}$;
　　　低维空间维数 d'.
过程:
1: 对所有样本进行中心化: $\boldsymbol{x}_i \leftarrow \boldsymbol{x}_i - \frac{1}{m}\sum_{i=1}^{m} \boldsymbol{x}_i$;
2: 计算样本的协方差矩阵 $\mathbf{X}\mathbf{X}^{\mathrm{T}}$;
3: 对协方差矩阵 $\mathbf{X}\mathbf{X}^{\mathrm{T}}$ 做特征值分解;
4: 取最大的 d' 个特征值所对应的特征向量 $\boldsymbol{w}_1, \boldsymbol{w}_2, \ldots, \boldsymbol{w}_{d'}$.
输出: 投影矩阵 $\mathbf{W}^* = (\boldsymbol{w}_1, \boldsymbol{w}_2, \ldots, \boldsymbol{w}_{d'})$.

图 10.5 PCA 算法

降维后低维空间的维数 d' 通常是由用户事先指定, 或通过在 d' 值不同的低维空间中对 k 近邻分类器(或其他开销较小的学习器) 进行交叉验证来选取较好的 d' 值. 对 PCA, 还可从重构的角度设置一个重构阈值, 例如 $t = 95\%$, 然后选取使下式成立的最小 d' 值:

$$\frac{\sum_{i=1}^{d'} \lambda_i}{\sum_{i=1}^{d} \lambda_i} \geqslant t . \tag{10.18}$$

保存均值向量是为了通过向量减法对新样本同样进行中心化.

PCA 仅需保留 $\mathbf{W}^*$ 与样本的均值向量即可通过简单的向量减法和矩阵-向量乘法将新样本投影至低维空间中. 显然, 低维空间与原始高维空间必有不同, 因为对应于最小的 $d - d'$ 个特征值的特征向量被舍弃了, 这是降维导致的结果. 但舍弃这部分信息往往是必要的: 一方面, 舍弃这部分信息之后能使样本的采样密度增大, 这正是降维的重要动机; 另一方面, 当数据受到噪声影响时, 最小的特征值所对应的特征向量往往与噪声有关, 将它们舍弃能在一定程度上起到去噪的效果.

10.4 核化线性降维

线性降维方法假设从高维空间到低维空间的函数映射是线性的, 然而, 在不少现实任务中, 可能需要非线性映射才能找到恰当的低维嵌入. 图 10.6 给出了一个例子, 样本点从二维空间中的矩形区域采样后以 S 形曲面嵌入到三维空间, 若直接使用线性降维方法对三维空间观察到的样本点进行降维, 则将丢失原本的低维结构. 为了对 "原本采样的" 低维空间与降维后的低维空间加以区别, 我们称前者为 "本真" (intrinsic)低维空间.

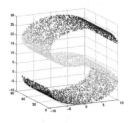  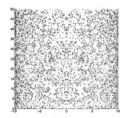

(a) 三维空间中的观察   (b) 本真二维结构   (c) PCA 降维结果

图 10.6   三维空间中观察到的 3000 个样本点, 是从本真二维空间中矩形区域采样后以 S 形曲面嵌入, 此情形下线性降维会丢失低维结构. 图中数据点的染色显示出低维空间的结构.

参见 6.6 节.

非线性降维的一种常用方法, 是基于核技巧对线性降维方法进行 "核化" (kernelized). 下面我们以核主成分分析(Kernelized PCA, 简称 KPCA) [Schölkopf et al., 1998] 为例来进行演示.

假定我们将在高维特征空间中把数据投影到由 $\mathbf{W} = (\boldsymbol{w}_1, \boldsymbol{w}_2, \dots, \boldsymbol{w}_d)$ 确定的超平面上, 则对于 $\boldsymbol{w}_j$, 由式(10.17)有

$$\left(\sum_{i=1}^m \boldsymbol{z}_i \boldsymbol{z}_i^{\mathrm{T}} \right) \boldsymbol{w}_j = \lambda_j \boldsymbol{w}_j , \tag{10.19}$$

其中 z_i 是样本点 x_i 在高维特征空间中的像. 易知

$$w_j = \frac{1}{\lambda_j} \left(\sum_{i=1}^{m} z_i z_i^{\mathrm{T}} \right) w_j = \sum_{i=1}^{m} z_i \frac{z_i^{\mathrm{T}} w_j}{\lambda_j}$$

$$= \sum_{i=1}^{m} z_i \alpha_i^j \ , \tag{10.20}$$

其中 $\alpha_i^j = \frac{1}{\lambda_j} z_i^{\mathrm{T}} w_j$ 是 α_i 的第 j 个分量. 假定 z_i 是由原始属性空间中的样本点 x_i 通过映射 ϕ 产生, 即 $z_i = \phi(x_i)$, $i = 1, 2, \ldots, m$. 若 ϕ 能被显式表达出来, 则通过它将样本映射至高维特征空间, 再在特征空间中实施 PCA 即可. 式(10.19)变换为

$$\left(\sum_{i=1}^{m} \phi(x_i) \phi(x_i)^{\mathrm{T}} \right) w_j = \lambda_j w_j \ , \tag{10.21}$$

式(10.20)变换为

$$w_j = \sum_{i=1}^{m} \phi(x_i) \alpha_i^j \ . \tag{10.22}$$

一般情形下, 我们不清楚 ϕ 的具体形式, 于是引入核函数

$$\kappa(x_i, x_j) = \phi(x_i)^{\mathrm{T}} \phi(x_j) \ . \tag{10.23}$$

将式(10.22)和(10.23)代入式(10.21)后化简可得

$$\mathbf{K} \alpha^j = \lambda_j \alpha^j \ , \tag{10.24}$$

其中 $\mathbf{K}$ 为 κ 对应的核矩阵, $(\mathbf{K})_{ij} = \kappa(x_i, x_j)$, $\alpha^j = (\alpha_1^j; \alpha_2^j; \ldots; \alpha_m^j)$. 显然, 式(10.24)是特征值分解问题, 取 $\mathbf{K}$ 最大的 d' 个特征值对应的特征向量即可.

对新样本 x, 其投影后的第 j ($j = 1, 2, \ldots, d'$) 维坐标为

$$z_j = w_j^{\mathrm{T}} \phi(x) = \sum_{i=1}^{m} \alpha_i^j \phi(x_i)^{\mathrm{T}} \phi(x)$$

$$= \sum_{i=1}^{m} \alpha_i^j \kappa(x_i, x) \ , \tag{10.25}$$

其中 α_i 已经过规范化. 式(10.25)显示出, 为获得投影后的坐标, KPCA 需对所有样本求和, 因此它的计算开销较大.

10.5 流形学习

流形学习(manifold learning)是一类借鉴了拓扑流形概念的降维方法. "流形"是在局部与欧氏空间同胚的空间, 换言之, 它在局部具有欧氏空间的性质, 能用欧氏距离来进行距离计算. 这给降维方法带来了很大的启发: 若低维流形嵌入到高维空间中, 则数据样本在高维空间的分布虽然看上去非常复杂, 但在局部上仍具有欧氏空间的性质, 因此, 可以容易地在局部建立降维映射关系, 然后再设法将局部映射关系推广到全局. 当维数被降至二维或三维时, 能对数据进行可视化展示, 因此流形学习也可被用于可视化. 本节介绍两种著名的流形学习方法.

10.5.1 等度量映射

等度量映射(Isometric Mapping, 简称 Isomap) [Tenenbaum et al., 2000] 的基本出发点, 是认为低维流形嵌入到高维空间之后, 直接在高维空间中计算直线距离具有误导性, 因为高维空间中的直线距离在低维嵌入流形上是不可达的. 如图 10.7(a)所示, 低维嵌入流形上两点间的距离是"测地线"(geodesic)距离: 想象一只虫子从一点爬到另一点, 如果它不能脱离曲面行走, 那么图10.7(a)中的红色曲线是距离最短的路径, 即 S 曲面上的测地线, 测地线距离是两点之间的本真距离. 显然, 直接在高维空间中计算直线距离是不恰当的.

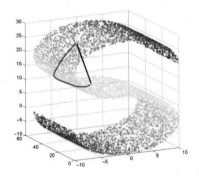
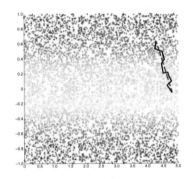

(a) 测地线距离与高维直线距离   (b) 测地线距离与近邻距离

图 10.7　低维嵌入流形上的测地线距离(红色)不能用高维空间的直线距离计算, 但能用近邻距离来近似

那么, 如何计算测地线距离呢? 这时我们可利用流形在局部上与欧氏空间同胚这个性质, 对每个点基于欧氏距离找出其近邻点, 然后就能建立一个近邻连接图, 图中近邻点之间存在连接, 而非近邻点之间不存在连接, 于是, 计算两

点之间测地线距离的问题, 就转变为计算近邻连接图上两点之间的最短路径问题. 从图 10.7(b)可看出, 基于近邻距离逼近能获得低维流形上测地线距离很好的近似.

1972 年图灵奖得主 E. W. Dijkstra 和 1978 年图灵奖得主 R. Floyd 分别提出的著名算法, 参阅数据结构教科书.

在近邻连接图上计算两点间的最短路径, 可采用著名的 Dijkstra 算法或 Floyd 算法, 在得到任意两点的距离之后, 就可通过 10.2 节介绍的 MDS 方法来获得样本点在低维空间中的坐标. 图 10.8 给出了 Isomap 算法描述.

输入: 样本集 $D = \{\boldsymbol{x}_1, \boldsymbol{x}_2, \ldots, \boldsymbol{x}_m\}$;
　　　近邻参数 k;
　　　低维空间维数 d'.
过程:
1: **for** $i = 1, 2, \ldots, m$ **do**
2: 　确定 $\boldsymbol{x}_i$ 的 k 近邻;
3: 　$\boldsymbol{x}_i$ 与 k 近邻点之间的距离设置为欧氏距离, 与其他点的距离设置为无穷大;
4: **end for**
5: 调用最短路径算法计算任意两样本点之间的距离 $\text{dist}(\boldsymbol{x}_i, \boldsymbol{x}_j)$;
6: 将 $\text{dist}(\boldsymbol{x}_i, \boldsymbol{x}_j)$ 作为 MDS 算法的输入;
7: **return** MDS 算法的输出
输出: 样本集 D 在低维空间的投影 $Z = \{\boldsymbol{z}_1, \boldsymbol{z}_2, \ldots, \boldsymbol{z}_m\}$.

MDS 参见 10.2 节.

图 10.8 Isomap 算法

需注意的是, Isomap 仅是得到了训练样本在低维空间的坐标, 对于新样本, 如何将其映射到低维空间呢? 这个问题的常用解决方案, 是将训练样本的高维空间坐标作为输入、低维空间坐标作为输出, 训练一个回归学习器来对新样本的低维空间坐标进行预测. 这显然仅是一个权宜之计, 但目前似乎并没有更好的办法.

对近邻图的构建通常有两种做法, 一种是指定近邻点个数, 例如欧氏距离最近的 k 个点为近邻点, 这样得到的近邻图称为 k 近邻图; 另一种是指定距离阈值 ϵ, 距离小于 ϵ 的点被认为是近邻点, 这样得到的近邻图称为 ϵ 近邻图. 两种方式均有不足, 例如若近邻范围指定得较大, 则距离很远的点可能被误认为近邻, 这样就出现 "短路" 问题; 近邻范围指定得较小, 则图中有些区域可能与其他区域不存在连接, 这样就出现 "断路" 问题. 短路与断路都会给后续的最短路径计算造成误导.

10.5.2 局部线性嵌入

与 Isomap 试图保持近邻样本之间的距离不同, 局部线性嵌入(Locally Linear Embedding, 简称LLE) [Roweis and Saul, 2000] 试图保持邻域内样本之

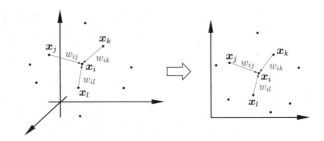

图 10.9　高维空间中的样本重构关系在低维空间中得以保持

间的线性关系. 如图 10.9 所示, 假定样本点 $\boldsymbol{x}_i$ 的坐标能通过它的邻域样本 $\boldsymbol{x}_j$, $\boldsymbol{x}_k$, $\boldsymbol{x}_l$ 的坐标通过线性组合而重构出来, 即

$$\boldsymbol{x}_i = w_{ij}\boldsymbol{x}_j + w_{ik}\boldsymbol{x}_k + w_{il}\boldsymbol{x}_l \ , \tag{10.26}$$

LLE 希望式(10.26)的关系在低维空间中得以保持.

　　LLE 先为每个样本 $\boldsymbol{x}_i$ 找到其近邻下标集合 Q_i, 然后计算出基于 Q_i 中的样本点对 $\boldsymbol{x}_i$ 进行线性重构的系数 $\boldsymbol{w}_i$:

$$\min_{\boldsymbol{w}_1,\boldsymbol{w}_2,...,\boldsymbol{w}_m} \sum_{i=1}^m \left\| \boldsymbol{x}_i - \sum_{j\in Q_i} w_{ij}\boldsymbol{x}_j \right\|_2^2 \tag{10.27}$$
$$\text{s.t.} \sum_{j\in Q_i} w_{ij} = 1,$$

其中 $\boldsymbol{x}_i$ 和 $\boldsymbol{x}_j$ 均为已知, 令 $C_{jk} = (\boldsymbol{x}_i - \boldsymbol{x}_j)^{\mathrm{T}}(\boldsymbol{x}_i - \boldsymbol{x}_k)$, w_{ij} 有闭式解

$$w_{ij} = \frac{\sum_{k\in Q_i} C_{jk}^{-1}}{\sum_{l,s\in Q_i} C_{ls}^{-1}} \ . \tag{10.28}$$

　　LLE 在低维空间中保持 $\boldsymbol{w}_i$ 不变, 于是 $\boldsymbol{x}_i$ 对应的低维空间坐标 $\boldsymbol{z}_i$ 可通过下式求解:

$$\min_{\boldsymbol{z}_1,\boldsymbol{z}_2,...,\boldsymbol{z}_m} \sum_{i=1}^m \left\| \boldsymbol{z}_i - \sum_{j\in Q_i} w_{ij}\boldsymbol{z}_j \right\|_2^2 \ . \tag{10.29}$$

　　式(10.27)与(10.29)的优化目标同形, 唯一的区别是式(10.27)中需确定的是 $\boldsymbol{w}_i$, 而式(10.29) 中需确定的是 $\boldsymbol{x}_i$ 对应的低维空间坐标 $\boldsymbol{z}_i$.

令 $\mathbf{Z} = (\boldsymbol{z}_1, \boldsymbol{z}_2, \ldots, \boldsymbol{z}_m) \in \mathbb{R}^{d' \times m}$, $(\mathbf{W})_{ij} = w_{ij}$,

$$\mathbf{M} = (\mathbf{I} - \mathbf{W})^{\mathrm{T}}(\mathbf{I} - \mathbf{W}) \ , \tag{10.30}$$

则式(10.29)可重写为

$$\begin{aligned} &\min_{\mathbf{Z}} \ \mathrm{tr}(\mathbf{Z}\mathbf{M}\mathbf{Z}^{\mathrm{T}}), \\ &\text{s.t.} \ \mathbf{Z}\mathbf{Z}^{\mathrm{T}} = \mathbf{I} \ . \end{aligned} \tag{10.31}$$

式(10.31)可通过特征值分解求解: $\mathbf{M}$ 最小的 d' 个特征值对应的特征向量组成的矩阵即为 $\mathbf{Z}^{\mathrm{T}}$.

LLE 的算法描述如图 10.10 所示. 算法第 4 行显示出: 对于不在样本 $\boldsymbol{x}_i$ 邻域区域的样本 $\boldsymbol{x}_j$, 无论其如何变化都对 $\boldsymbol{x}_i$ 和 $\boldsymbol{z}_i$ 没有任何影响; 这种将变动限制在局部的思想在许多地方都有用.

输入: 样本集 $D = \{\boldsymbol{x}_1, \boldsymbol{x}_2, \ldots, \boldsymbol{x}_m\}$;
近邻参数 k;
低维空间维数 d'.

过程:

1: **for** $i = 1, 2, \ldots, m$ **do**
2: 确定 $\boldsymbol{x}_i$ 的 k 近邻;
3: 从式(10.28)求得 w_{ij}, $j \in Q_i$;
4: 对于 $j \notin Q_i$, 令 $w_{ij} = 0$;
5: **end for**
6: 从式(10.30)得到 $\mathbf{M}$;
7: 对 $\mathbf{M}$ 进行特征值分解;
8: **return** $\mathbf{M}$ 的最小 d' 个特征值对应的特征向量

输出: 样本集 D 在低维空间的投影 $Z = \{\boldsymbol{z}_1, \boldsymbol{z}_2, \ldots, \boldsymbol{z}_m\}$.

图 10.10 LLE 算法

10.6 度量学习

亦称"距离度量学习"(distance metric learning).

在机器学习中, 对高维数据进行降维的主要目的是希望找到一个合适的低维空间, 在此空间中进行学习能比原始空间性能更好. 事实上, 每个空间对应了在样本属性上定义的一个距离度量, 而寻找合适的空间, 实质上就是在寻找一个合适的距离度量. 那么, 为何不直接尝试"学习"出一个合适的距离度量呢? 这就是度量学习(metric learning)的基本动机.

欲对距离度量进行学习, 必须有一个便于学习的距离度量表达形式. 9.3 节给出了很多种距离度量的表达式, 但它们都是"固定的"、没有可调节的参数, 因此不能通过对数据样本的学习来加以改善. 为此, 我们先来做一个推广.

对两个 d 维样本 $\boldsymbol{x}_i$ 和 $\boldsymbol{x}_j$, 它们之间的平方欧氏距离可写为

$$\text{dist}^2_{\text{ed}}(\boldsymbol{x}_i, \boldsymbol{x}_j) = \|\boldsymbol{x}_i - \boldsymbol{x}_j\|_2^2 = dist^2_{ij,1} + dist^2_{ij,2} + \ldots + dist^2_{ij,d} \, , \quad (10.32)$$

> 即欧氏距离的平方, 这是为了后面推导的便利.

其中 $dist_{ij,k}$ 表示 $\boldsymbol{x}_i$ 与 $\boldsymbol{x}_j$ 在第 k 维上的距离. 若假定不同属性的重要性不同, 则可引入属性权重 $\boldsymbol{w}$, 得到

$$\begin{aligned}\text{dist}^2_{\text{wed}}(\boldsymbol{x}_i, \boldsymbol{x}_j) &= \|\boldsymbol{x}_i - \boldsymbol{x}_j\|_2^2 = w_1 \cdot dist^2_{ij,1} + w_2 \cdot dist^2_{ij,2} + \ldots + w_d \cdot dist^2_{ij,d} \\ &= (\boldsymbol{x}_i - \boldsymbol{x}_j)^{\mathrm{T}}\mathbf{W}(\boldsymbol{x}_i - \boldsymbol{x}_j) \, ,\end{aligned} \quad (10.33)$$

其中 $w_i \geqslant 0$, $\mathbf{W} = \text{diag}(\boldsymbol{w})$ 是一个对角矩阵, $(\mathbf{W})_{ii} = w_i$.

式(10.33)中的 $\mathbf{W}$ 可通过学习确定, 但我们还能再往前走一步: $\mathbf{W}$ 的非对角元素均为零, 这意味着坐标轴是正交的, 即属性之间无关; 但现实问题中往往不是这样, 例如考虑西瓜的"重量"和"体积"这两个属性, 它们显然是正相关的, 其对应的坐标轴不再正交. 为此, 将式(10.33)中的 $\mathbf{W}$ 替换为一个普通的半正定对称矩阵 $\mathbf{M}$, 于是就得到了马氏距离(Mahalanobis distance)

> 马氏距离以印度数学家 P. C. Mahalanobis 命名. 标准马氏距离中 $\mathbf{M}$ 是协方差矩阵的逆, 即 $\mathbf{M} = \boldsymbol{\Sigma}^{-1}$; 在度量学习中 $\mathbf{M}$ 被赋予更大的灵活性.

$$\text{dist}^2_{\text{mah}}(\boldsymbol{x}_i, \boldsymbol{x}_j) = (\boldsymbol{x}_i - \boldsymbol{x}_j)^{\mathrm{T}}\mathbf{M}(\boldsymbol{x}_i - \boldsymbol{x}_j) = \|\boldsymbol{x}_i - \boldsymbol{x}_j\|_{\mathbf{M}}^2 \, , \quad (10.34)$$

其中 $\mathbf{M}$ 亦称"度量矩阵", 而度量学习则是对 $\mathbf{M}$ 进行学习. 注意到为了保持距离非负且对称, $\mathbf{M}$ 必须是(半)正定对称矩阵, 即必有正交基 $\mathbf{P}$ 使得 $\mathbf{M}$ 能写为 $\mathbf{M} = \mathbf{P}\mathbf{P}^{\mathrm{T}}$.

对 $\mathbf{M}$ 进行学习当然要设置一个目标. 假定我们是希望提高近邻分类器的性能, 则可将 $\mathbf{M}$ 直接嵌入到近邻分类器的评价指标中去, 通过优化该性能指标相应地求得 $\mathbf{M}$. 下面我们以近邻成分分析(Neighbourhood Component Analysis, 简称 NCA) [Goldberger et al., 2005] 为例进行讨论.

近邻分类器在进行判别时通常使用多数投票法, 邻域中的每个样本投 1 票, 邻域外的样本投 0 票. 不妨将其替换为概率投票法. 对于任意样本 $\boldsymbol{x}_j$, 它对 $\boldsymbol{x}_i$ 分类结果影响的概率为

$$p_{ij} = \frac{\exp\left(-\|\boldsymbol{x}_i - \boldsymbol{x}_j\|_{\mathbf{M}}^2\right)}{\sum_l \exp\left(-\|\boldsymbol{x}_i - \boldsymbol{x}_l\|_{\mathbf{M}}^2\right)} , \tag{10.35}$$

当 $i = j$ 时, p_{ij} 最大. 显然, $\boldsymbol{x}_j$ 对 $\boldsymbol{x}_i$ 的影响随着它们之间距离的增大而减小. 若以留一法 (LOO) 正确率的最大化为目标, 则可计算 $\boldsymbol{x}_i$ 的留一法正确率, 即它被自身之外的所有样本正确分类的概率为

留一法参见 2.2.2 节.

$$p_i = \sum_{j \in \Omega_i} p_{ij} , \tag{10.36}$$

其中 Ω_i 表示与 $\boldsymbol{x}_i$ 属于相同类别的样本的下标集合. 于是, 整个样本集上的留一法正确率为

$$\sum_{i=1}^m p_i = \sum_{i=1}^m \sum_{j \in \Omega_i} p_{ij} . \tag{10.37}$$

将式(10.35)代入(10.37), 再考虑到 $\mathbf{M} = \mathbf{PP}^{\mathrm{T}}$, 则 NCA 的优化目标为

$$\min_{\mathbf{P}} \quad 1 - \sum_{i=1}^m \sum_{j \in \Omega_i} \frac{\exp\left(-\|\mathbf{P}^{\mathrm{T}}\boldsymbol{x}_i - \mathbf{P}^{\mathrm{T}}\boldsymbol{x}_j\|_2^2\right)}{\sum_l \exp\left(-\|\mathbf{P}^{\mathrm{T}}\boldsymbol{x}_i - \mathbf{P}^{\mathrm{T}}\boldsymbol{x}_l\|_2^2\right)} . \tag{10.38}$$

可用随机梯度下降法求解 [Goldberger et al., 2005].

求解式(10.38)即可得到最大化近邻分类器 LOO 正确率的距离度量矩阵 $\mathbf{M}$.

实际上, 我们不仅能把错误率这样的监督学习目标作为度量学习的优化目标, 还能在度量学习中引入领域知识. 例如, 若已知某些样本相似、某些样本不相似, 则可定义 "必连" (must-link)约束集合 $\mathcal{M}$ 与 "勿连" (cannot-link)约束集合 $\mathcal{C}$, $(\boldsymbol{x}_i, \boldsymbol{x}_j) \in \mathcal{M}$ 表示 $\boldsymbol{x}_i$ 与 $\boldsymbol{x}_j$ 相似, $(\boldsymbol{x}_i, \boldsymbol{x}_k) \in \mathcal{C}$ 表示 $\boldsymbol{x}_i$ 与 $\boldsymbol{x}_k$ 不相似. 显然, 我们希望相似的样本之间距离较小, 不相似的样本之间距离较大, 于是可通过求解下面这个凸优化问题获得适当的度量矩阵 $\mathbf{M}$ [Xing et al., 2003]:

$$\min_{\mathbf{M}} \quad \sum_{(\boldsymbol{x}_i, \boldsymbol{x}_j) \in \mathcal{M}} \|\boldsymbol{x}_i - \boldsymbol{x}_j\|_{\mathbf{M}}^2 \tag{10.39}$$

$$\text{s.t.} \quad \sum_{(\boldsymbol{x}_i, \boldsymbol{x}_k) \in \mathcal{C}} \|\boldsymbol{x}_i - \boldsymbol{x}_k\|_{\mathbf{M}} \geqslant 1 ,$$

$$\mathbf{M} \succeq 0 ,$$

其中约束 $\mathbf{M} \succeq 0$ 表明 $\mathbf{M}$ 必须是半正定的. 式(10.39)要求在不相似样本间的距离不小于 1 的前提下, 使相似样本间的距离尽可能小.

不同的度量学习方法针对不同目标获得"好"的半正定对称距离度量矩阵 $\mathbf{M}$, 若 $\mathbf{M}$ 是一个低秩矩阵, 则通过对 $\mathbf{M}$ 进行特征值分解, 总能找到一组正交基, 其正交基数目为矩阵 $\mathbf{M}$ 的秩 $\mathrm{rank}(\mathbf{M})$, 小于原属性数 d. 于是, 度量学习学得的结果可衍生出一个降维矩阵 $\mathbf{P} \in \mathbb{R}^{d \times \mathrm{rank}(\mathbf{M})}$, 能用于降维之日的.

度量学习自身通常并不要求学得的 $\mathbf{M}$ 是低秩的.

10.7 阅读材料

懒惰学习方法主要有 k 近邻学习器、懒惰决策树 [Friedman et al., 1996]; 朴素贝叶斯分类器能以懒惰学习方式使用, 也能以急切学习方式使用. 关于懒惰学习的更多内容可参阅 [Aha, 1997].

主成分分析是一种无监督的线性降维方法, 监督线性降维方法最著名的是线性判别分析(LDA) [Fisher, 1936], 参见 3.4 节, 其核化版本 KLDA [Baudat and Anouar, 2000] 参见 6.6 节. 通过最大化两个变量集合之间的相关性, 则可得到"典型相关分析"(Canonical Correlation Analysis, 简称 CCA) [Hotelling, 1936] 及其核化版本 KCCA [Harden et al., 2004], 该方法在多视图学习(multi-view learning) 中有广泛应用. 在模式识别领域人们发现, 直接对矩阵对象(例如一幅图像)进行降维操作会比将其拉伸为向量(例如把图像逐行拼接成一个向量)再进行降维操作有更好的性能, 于是产生了 2DPCA [Yang et al., 2004]、2DLDA [Ye et al., 2005]、$(2\mathrm{D})^2\mathrm{PCA}$ [Zhang and Zhou, 2005] 等方法, 以及基于张量(tensor)的方法 [Kolda and Bader, 2009].

除了 Isomap 和 LLE, 常见的流形学习方法还有拉普拉斯特征映射 (Laplacian Eigenmaps, 简称 LE) [Belkin and Niyogi, 2003]、局部切空间对齐(Local Tangent Space Alignment, 简称 LTSA) [Zhang and Zha, 2004] 等. 局部保持投影(Locality Preserving Projections, 简称 LPP) [He and Niyogi, 2004] 是基于 LE 的线性降维方法. 对监督学习而言, 根据类别信息扭曲后的低维空间常比本真低维空间更有利 [Geng et al., 2005]. 值得注意的是, 流形学习欲有效进行邻域保持则需样本密采样, 而这恰是高维情形下面临的重大障碍, 因此流形学习方法在实践中的降维性能往往没有预期的好; 但邻域保持的想法对机器学习的其他分支产生了重要影响, 例如半监督学习中有著名的流形假设、流形正则化 [Belkin et al., 2006]. [Yan et al., 2007] 从图嵌入的角度给出了降维方法的一个统一框架.

参见第 13 章.

将必连关系、勿连关系作为学习任务优化目标的约束, 在半监督聚类的研究中使用得更早 [Wagstaff et al., 2001]. 在度量学习中, 由于这些约束是对所有样本同时发生作用 [Xing et al., 2003], 因此相应的方法被称为全局度量学习方

半监督聚类见 13.6 节.

法. 人们也尝试利用局部约束(例如邻域内的三元关系), 从而产生了局部距离度量学习方法 [Weinberger and Saul, 2009], 甚至有一些研究试图为每个样本产生最合适的距离度量 [Frome et al., 2007; Zhan et al., 2009]. 在具体的学习与优化求解方面, 不同的度量学习方法往往采用了不同的技术, 例如 [Yang et al., 2006] 将度量学习转化为判别式概率模型框架下基于样本对的二分类问题求解, [Davis et al., 2007] 将度量学习转化为信息论框架下的 Bregman 优化问题, 能方便地进行在线学习.

习题

西瓜数据集 3.0α 见 p.89 的表 4.5.

10.1　编程实现 k 近邻分类器, 在西瓜数据集 3.0α 上比较其分类边界与决策树分类边界之异同.

10.2　令 err、err^* 分别表示最近邻分类器与贝叶斯最优分类器的期望错误率, 试证明

$$err^* \leqslant err \leqslant err^* \left(2 - \frac{|\mathcal{Y}|}{|\mathcal{Y}| - 1} \times err^* \right) . \qquad (10.40)$$

10.3　在对高维数据降维之前应先进行"中心化", 常见的是将协方差矩阵 $\mathbf{XX}^\mathrm{T}$ 转化为 $\mathbf{XHH}^\mathrm{T}\mathbf{X}^\mathrm{T}$, 其中 $\mathbf{H} = \mathbf{I} - \frac{1}{m}\mathbf{11}^\mathrm{T}$, 试析其效果.

10.4　在实践中, 协方差矩阵 $\mathbf{XX}^\mathrm{T}$ 的特征值分解常由中心化后的样本矩阵 $\mathbf{X}$ 的奇异值分解代替, 试述其原因.

10.5　降维中涉及的投影矩阵通常要求是正交的. 试述正交、非正交投影矩阵用于降维的优缺点.

princomp 函数调用.

Yale 人脸数据集见 http://vision.ucsd.edu/content /yale-face-database.

10.6　试使用 MATLAB 中的 PCA 函数对 Yale 人脸数据集进行降维, 并观察前 20 个特征向量所对应的图像.

10.7　试述核化线性降维与流形学习之间的联系及优缺点.

10.8*　k 近邻图和 ϵ 近邻图存在的短路和断路问题会给 Isomap 造成困扰, 试设计一个方法缓解该问题.

10.9*　试设计一个方法为新样本找到 LLE 降维后的低维坐标.

参见 9.3 节.

10.10　试述如何确保度量学习产生的距离能满足距离度量的四条基本性质.

参考文献

Aha, D., ed. (1997). *Lazy Learning*. Kluwer, Norwell, MA.

Baudat, G. and F. Anouar. (2000). "Generalized discriminant analysis using a kernel approach." *Neural Computation*, 12(10):2385–2404.

Belkin, M. and P. Niyogi. (2003). "Laplacian eigenmaps for dimensionality reduction and data representation." *Neural Computation*, 15(6):1373–1396.

Belkin, M., P. Niyogi, and V. Sindhwani. (2006). "Manifold regularization: A geometric framework for learning from labeled and unlabeled examples." *Journal of Machine Learning Research*, 7:2399–2434.

Bellman, R. E. (1957). *Dynamic Programming*. Princeton University Press, Princeton, NJ.

Cover, T. M. and P. E. Hart. (1967). "Nearest neighbor pattern classification." *IEEE Transactions on Information Theory*, 13(1):21–27.

Cox, T. F. and M. A. Cox. (2001). *Multidimensional Scaling*. Chapman & Hall/CRC, London, UK.

Davis, J. V., B. Kulis, P. Jain, S. Sra, and I. S. Dhillon. (2007). "Information-theoretic metric learning." In *Proceedings of the 24th International Conference on Machine Learning (ICML)*, 209–216, Corvalis, OR.

Fisher, R. A. (1936). "The use of multiple measurements in taxonomic problems." *Annals of Eugenics*, 7(2):179–188.

Friedman, J. H., R. Kohavi, and Y. Yun. (1996). "Lazy decision trees." In *Proceedings of the 13th National Conference on Aritificial Intelligence (AAAI)*, 717–724, Portland, OR.

Frome, A., Y. Singer, and J. Malik. (2007). "Image retrieval and classification using local distance functions." In *Advances in Neural Information Processing Systems 19 (NIPS)* (B. Schölkopf, J. C. Platt, and T. Hoffman, eds.), 417–424, MIT Press, Cambridge, MA.

Geng, X., D.-C. Zhan, and Z.-H. Zhou. (2005). "Supervised nonlinear dimensionality reduction for visualization and classification." *IEEE Transactions on Systems, Man, and Cybernetics - Part B: Cybernetics*, 35(6):1098–1107.

Goldberger, J., G. E. Hinton, S. T. Roweis, and R. R. Salakhutdinov. (2005). "Neighbourhood components analysis." In *Advances in Neural Information*

Processing Systems 17 (NIPS) (L. K. Saul, Y. Weiss, and L. Bottou, eds.), 513–520, MIT Press, Cambridge, MA.

Harden, D. R., S. Szedmak, and J. Shawe-Taylor. (2004). "Canonical correlation analysis: An overview with application to learning methods." *Neural Computation*, 16(12):2639–2664.

He, X. and P. Niyogi. (2004). "Locality preserving projections." In *Advances in Neural Information Processing Systems 16 (NIPS)* (S. Thrun, L. K. Saul, and B. Schölkopf, eds.), 153–160, MIT Press, Cambridge, MA.

Hotelling, H. (1936). "Relations between two sets of variates." *Biometrika*, 28 (3-4):321–377.

Kolda, T. G. and B. W. Bader. (2009). "Tensor decompositions and applications." *SIAM Review*, 51(3):455–500.

Roweis, S. T. and L. K. Saul. (2000). "Nonlinear dimensionality reduction by locally linear embedding." *Science*, 290(5500):2323–2326.

Schölkopf, B., A. Smola, and K.-R. Müller. (1998). "Nonlinear component analysis as a kernel eigenvalue problem." *Neural Computation*, 10(5):1299–1319.

Tenenbaum, J. B., V. de Silva, and J. C. Langford. (2000). "A global geometric framework for nonlinear dimensionality reduction." *Science*, 290(5500):2319–2323.

Wagstaff, K., C. Cardie, S. Rogers, and S. Schrödl. (2001). "Constrained k-means clustering with background knowledge." In *Proceedings of the 18th International Conference on Machine Learning (ICML)*, 577–584, Williamstown, MA.

Weinberger, K. Q. and L. K. Saul. (2009). "Distance metric learning for large margin nearest neighbor classification." *Journal of Machine Learning Research*, 10:207–244.

Xing, E. P., A. Y. Ng, M. I. Jordan, and S. Russell. (2003). "Distance metric learning, with application to clustering with side-information." In *Advances in Neural Information Processing Systems 15 (NIPS)* (S. Becker, S. Thrun, and K. Obermayer, eds.), 505–512, MIT Press, Cambridge, MA.

Yan, S., D. Xu, B. Zhang, and H.-J. Zhang. (2007). "Graph embedding and extensions: A general framework for dimensionality reduction." *IEEE Transactions on Pattern Analysis and Machine Intelligence*, 29(1):40–51.

Yang, J., D. Zhang, A. F. Frangi, and J.-Y. Yang. (2004). "Two-dimensional PCA: A new approach to appearance-based face representation and recognition." *IEEE Transactions on Pattern Analysis and Machine Intelligence*, 26 (1):131–137.

Yang, L., R. Jin, R. Sukthankar, and Y. Liu. (2006). "An efficient algorithm for local distance metric learning." In *Proceedings of the 21st National Conference on Artificial Intelligence (AAAI)*, 543–548, Boston, MA.

Ye, J., R. Janardan, and Q. Li. (2005). "Two-dimensional linear discriminant analysis." In *Advances in Neural Information Processing Systems 17 (NIPS)* (L. K. Saul, Y. Weiss, and L. Bottou, eds.), 1569–1576, MIT Press, Cambridge, MA.

Zhan, D.-C., Y.-F. Li, and Z.-H. Zhou. (2009). "Learning instance specific distances using metric propagation." In *Proceedings of the 26th International Conference on Machine Learning (ICML)*, 1225–1232, Montreal, Canada.

Zhang, D. and Z.-H. Zhou. (2005). "$(2D)^2$PCA: 2-directional 2-dimensional PCA for efficient face representation and recognition." *Neurocomputing*, 69 (1-3):224–231.

Zhang, Z. and H. Zha. (2004). "Principal manifolds and nonlinear dimension reduction via local tangent space alignment." *SIAM Journal on Scientific Computing*, 26(1):313–338.

休息一会儿

小故事: 主成分分析与卡尔·皮尔逊

　　主成分分析 (PCA) 是迄今最常用的降维方法, 它有许多名字, 例如线性代数中的散度矩阵奇异值分解 (SVD)、统计学中的因子分析 (factor analysis)、信号处理中的离散 Karhünen-Loève 变换、图像分析中的 Hotelling 变换、文本分析中的潜在语义分析 (LSA)、机械工程中的本征正交分解 (POD)、气象学中的经验直交函数 (EOF)、结构动力学中的经验模分析 (EMA)、心理测量学中的 Schmidt-Mirsky 定理等.

　　卡尔·皮尔逊 (Karl Pearson, 1857—1936) 在 1901 年发明了 PCA. 皮尔逊是一位罕见的百科全书式的学者, 他是统计学家、应用数学家、哲学家、历史学家、民俗学家、宗教学家、人类学家、语言学家, 还是社会活动家、教育改革家、作家. 1879 年他从剑桥大学国王学院数学系毕业, 此后到德国海德堡大学、柏林大学等地游学, 涉猎广泛. 1884 年他开始在伦敦大学学院 (University College London, 简称 UCL) 担任应用数学讲席教授, 39 岁时成为英国皇家学会会士. 他在 1892 年出版的科学哲学经典名著《科学的规范》, 为爱因斯坦创立相对论提供了启发. 皮尔逊对统计学作出了极为重要的贡献, 例如他提出了相关系数、标准差、卡方检验、矩估计等, 并为假设检验理论、统计决策理论奠定了基础, 被尊为 "统计学之父".

Galton 是达尔文的表弟,
"优生学" 发明人.

　　皮尔逊开展统计学研究是因受到了生物学家 F. Galton 和 W. Welton 的影响, 希望使进化论能进行定量描述和分析. 1901 年他们三人创立了著名的统计学期刊 *Biometrika*, 皮尔逊担任主编直至去世. 皮尔逊的独子 Egon 也是著名统计学家, 是著名的 "奈曼-皮尔逊定理" 中的皮尔逊, 他子承父业出任 UCL 的统计学教授以及 *Biometrika* 主编, 后来担任了英国皇家统计学会主席.

第 11 章　特征选择与稀疏学习

11.1 子集搜索与评价

我们能用很多属性描述一个西瓜, 例如色泽、根蒂、敲声、纹理、触感等, 但有经验的人往往只需看看根蒂、听听敲声就知道是否好瓜. 换言之, 对一个学习任务来说, 给定属性集, 其中有些属性可能很关键、很有用, 另一些属性则可能没什么用. 我们将属性称为 "特征" (feature), 对当前学习任务有用的属性称为 "相关特征" (relevant feature)、没什么用的属性称为 "无关特征" (irrelevant feature). 从给定的特征集合中选择出相关特征子集的过程, 称为 "特征选择" (feature selection).

特征选择是一个重要的 "数据预处理" (data preprocessing) 过程, 在现实机器学习任务中, 获得数据之后通常先进行特征选择, 此后再训练学习器. 那么, 为什么要进行特征选择呢?

有两个很重要的原因: 首先, 我们在现实任务中经常会遇到维数灾难问题, 这是由于属性过多而造成的, 若能从中选择出重要的特征, 使得后续学习过程仅需在一部分特征上构建模型, 则维数灾难问题会大为减轻. 从这个意义上说, 特征选择与第10章介绍的降维有相似的动机; 事实上, 它们是处理高维数据的两大主流技术. 第二个原因是, 去除不相关特征往往会降低学习任务的难度, 这就像侦探破案一样, 若将纷繁复杂的因素抽丝剥茧, 只留下关键因素, 则真相往往更易看清.

需注意的是, 特征选择过程必须确保不丢失重要特征, 否则后续学习过程会因为重要信息的缺失而无法获得好的性能. 给定数据集, 若学习任务不同, 则相关特征很可能不同, 因此, 特征选择中所谓的 "无关特征" 是指与当前学习任务无关. 有一类特征称为 "冗余特征" (redundant feature), 它们所包含的信息能从其他特征中推演出来. 例如, 考虑立方体对象, 若已有特征 "底面长" "底面宽", 则 "底面积" 是冗余特征, 因为它能从 "底面长" 与 "底面宽" 得到. 冗余特征在很多时候不起作用, 去除它们会减轻学习过程的负担. 但有时冗余特征会降低学习任务的难度, 例如若学习目标是估算立方体的体积, 则 "底面积" 这个冗余特征的存在将使得体积的估算更容易; 更确切地说, 若某个冗余特征恰好对应了完成学习任务所需的 "中间概念", 则该冗余特征是有益的. 为简化讨论, 本章暂且假定数据中不涉及冗余特征, 并且假定初始的特征集合包含了所有的重要信息.

欲从初始的特征集合中选取一个包含了所有重要信息的特征子集, 若没有任何领域知识作为先验假设, 那就只好遍历所有可能的子集了; 然而这在计算上却是不可行的, 因为这样做会遭遇组合爆炸, 特征个数稍多就无法进行. 可行的做法是产生一个"候选子集", 评价出它的好坏, 基于评价结果产生下一个候选子集, 再对其进行评价, ……这个过程持续进行下去, 直至无法找到更好的候选子集为止. 显然, 这里涉及两个关键环节: 如何根据评价结果获取下一个候选特征子集? 如何评价候选特征子集的好坏?

亦称子集"生成与搜索".

第一个环节是"子集搜索"(subset search)问题. 给定特征集合 $\{a_1, a_2, \ldots, a_d\}$, 我们可将每个特征看作一个候选子集, 对这 d 个候选单特征子集进行评价, 假定 $\{a_2\}$ 最优, 于是将 $\{a_2\}$ 作为第一轮的选定集; 然后, 在上一轮的选定集中加入一个特征, 构成包含两个特征的候选子集, 假定在这 $d-1$ 个候选两特征子集中 $\{a_2, a_4\}$ 最优, 且优于 $\{a_2\}$, 于是将 $\{a_2, a_4\}$ 作为本轮的选定集; ……假定在第 $k+1$ 轮时, 最优的候选 $(k+1)$ 特征子集不如上一轮的选定集, 则停止生成候选子集, 并将上一轮选定的 k 特征集合作为特征选择结果. 这样逐渐增加相关特征的策略称为"前向"(forward)搜索. 类似的, 若我们从完整的特征集合开始, 每次尝试去掉一个无关特征, 这样逐渐减少特征的策略称为"后向"(backward)搜索. 还可将前向与后向搜索结合起来, 每一轮逐渐增加选定相关特征(这些特征在后续轮中将确定不会被去除)、同时减少无关特征, 这样的策略称为"双向"(bidirectional)搜索.

显然, 上述策略都是贪心的, 因为它们仅考虑了使本轮选定集最优, 例如在第三轮假定选择 a_5 优于 a_6, 于是选定集为 $\{a_2, a_4, a_5\}$, 然而在第四轮却可能是 $\{a_2, a_4, a_6, a_8\}$ 比所有的 $\{a_2, a_4, a_5, a_i\}$ 都更优. 遗憾的是, 若不进行穷举搜索, 则这样的问题无法避免.

第二个环节是"子集评价"(subset evaluation)问题. 给定数据集 D, 假定 D 中第 i 类样本所占的比例为 p_i $(i = 1, 2, \ldots, |\mathcal{Y}|)$. 为便于讨论, 假定样本属性均为离散型. 对属性子集 A, 假定根据其取值将 D 分成了 V 个子集 $\{D^1, D^2, \ldots, D^V\}$, 每个子集中的样本在 A 上取值相同, 于是我们可计算属性子集 A 的信息增益

假设每个属性有 v 个可取值, 则 $V = v^{|A|}$, 这可能是一个很大的值, 因此实践中通常是从子集搜索过程中前一轮属性子集的评价值出发来进行计算.

$$\mathrm{Gain}(A) = \mathrm{Ent}(D) - \sum_{v=1}^{V} \frac{|D^v|}{|D|} \mathrm{Ent}(D^v) , \tag{11.1}$$

参见 4.2.1 节.

其中信息熵定义为

$$\mathrm{Ent}(D) = -\sum_{k=1}^{|\mathcal{Y}|} p_k \log_2 p_k\ , \tag{11.2}$$

信息增益 $\mathrm{Gain}(A)$ 越大, 意味着特征子集 A 包含的有助于分类的信息越多. 于是, 对每个候选特征子集, 我们可基于训练数据集 D 来计算其信息增益, 以此作为评价准则.

更一般的, 特征子集 A 实际上确定了对数据集 D 的一个划分, 每个划分区域对应着 A 上的一个取值, 而样本标记信息 Y 则对应着对 D 的真实划分, 通过估算这两个划分的差异, 就能对 A 进行评价. 与 Y 对应的划分的差异越小, 则说明 A 越好. 信息熵仅是判断这个差异的一种途径, 其他能判断两个划分差异的机制都能用于特征子集评价.

许多 "多样性度量", 如不合度量、相关系数等, 稍加调整即可用于特征子集评价, 参见 8.5.2 节.

将特征子集搜索机制与子集评价机制相结合, 即可得到特征选择方法. 例如将前向搜索与信息熵相结合, 这显然与决策树算法非常相似. 事实上, 决策树可用于特征选择, 树结点的划分属性所组成的集合就是选择出的特征子集. 其他的特征选择方法未必像决策树特征选择这么明显, 但它们在本质上都是显式或隐式地结合了某种(或多种)子集搜索机制和子集评价机制.

常见的特征选择方法大致可分为三类: 过滤式(filter)、包裹式(wrapper)和嵌入式(embedding).

11.2 过滤式选择

过滤式方法先对数据集进行特征选择, 然后再训练学习器, 特征选择过程与后续学习器无关. 这相当于先用特征选择过程对初始特征进行 "过滤", 再用过滤后的特征来训练模型.

Relief (Relevant Features) [Kira and Rendell, 1992] 是一种著名的过滤式特征选择方法, 该方法设计了一个 "相关统计量" 来度量特征的重要性. 该统计量是一个向量, 其每个分量分别对应于一个初始特征, 而特征子集的重要性则是由子集中每个特征所对应的相关统计量分量之和来决定. 于是, 最终只需指定一个阈值 τ, 然后选择比 τ 大的相关统计量分量所对应的特征即可; 也可指定欲选取的特征个数 k, 然后选择相关统计量分量最大的 k 个特征.

显然, Relief 的关键是如何确定相关统计量. 给定训练集 $\{(\boldsymbol{x}_1, y_1), (\boldsymbol{x}_2, y_2), \ldots, (\boldsymbol{x}_m, y_m)\}$, 对每个示例 $\boldsymbol{x}_i$, Relief 先在 $\boldsymbol{x}_i$ 的同类样本中寻找其最近邻 $\boldsymbol{x}_{i,\mathrm{nh}}$, 称为 "猜中近邻" (near-hit), 再从 $\boldsymbol{x}_i$ 的异类样本中寻找其最

近邻 $x_{i,\text{nm}}$, 称为"猜错近邻"(near-miss), 然后, 相关统计量对应于属性 j 的
分量为

$$\delta^j = \sum_i -\text{diff}(x_i^j, x_{i,\text{nh}}^j)^2 + \text{diff}(x_i^j, x_{i,\text{nm}}^j)^2 \ , \tag{11.3}$$

其中 x_a^j 表示样本 x_a 在属性 j 上的取值, $\text{diff}(x_a^j, x_b^j)$ 取决于属性 j 的类型: 若
属性 j 为离散型, 则 $x_a^j = x_b^j$ 时 $\text{diff}(x_a^j, x_b^j) = 0$, 否则为 1; 若属性 j 为连续型,
则 $\text{diff}(x_a^j, x_b^j) = |x_a^j - x_b^j|$, 注意 x_a^j, x_b^j 已规范化到 $[0, 1]$ 区间.

Relief 中相关统计量的
计算已隐然具有距离度量
学习的意味. 距离度量学
习参见 10.6 节.

从式(11.3)可看出, 若 x_i 与其猜中近邻 $x_{i,\text{nh}}$ 在属性 j 上的距离小于 x_i 与
其猜错近邻 $x_{i,\text{nm}}$ 的距离, 则说明属性 j 对区分同类与异类样本是有益的, 于是
增大属性 j 所对应的统计量分量; 反之, 若 x_i 与其猜中近邻 $x_{i,\text{nh}}$ 在属性 j 上的
距离大于 x_i 与其猜错近邻 $x_{i,\text{nm}}$ 的距离, 则说明属性 j 起负面作用, 于是减小
属性 j 所对应的统计量分量. 最后, 对基于不同样本得到的估计结果进行平均,
就得到各属性的相关统计量分量, 分量值越大, 则对应属性的分类能力就越强.

式(11.3)中的 i 指出了用于平均的样本下标. 实际上 Relief 只需在数据集的
采样上而不必在整个数据集上估计相关统计量 [Kira and Rendell, 1992]. 显然,
Relief 的时间开销随采样次数以及原始特征数线性增长, 因此是一个运行效率
很高的过滤式特征选择算法.

Relief 是为二分类问题设计的, 其扩展变体 Relief-F [Kononenko, 1994] 能
处理多分类问题. 假定数据集 D 中的样本来自 $|\mathcal{Y}|$ 个类别. 对示例 x_i, 若它属
于第 k 类 $(k \in \{1, 2, \ldots, |\mathcal{Y}|\})$, 则 Relief-F 先在第 k 类的样本中寻找 x_i 的最近
邻示例 $x_{i,\text{nh}}$ 并将其作为猜中近邻, 然后在第 k 类之外的每个类中找到一个 x_i
的最近邻示例作为猜错近邻, 记为 $x_{i,l,\text{nm}}$ $(l = 1, 2, \ldots, |\mathcal{Y}|; l \neq k)$. 于是, 相关
统计量对应于属性 j 的分量为

$$\delta^j = \sum_i -\text{diff}(x_i^j, x_{i,\text{nh}}^j)^2 + \sum_{l \neq k} \left(p_l \times \text{diff}(x_i^j, x_{i,l,\text{nm}}^j)^2 \right) \ , \tag{11.4}$$

其中 p_l 为第 l 类样本在数据集 D 中所占的比例.

11.3 包裹式选择

与过滤式特征选择不考虑后续学习器不同, 包裹式特征选择直接把最终将
要使用的学习器的性能作为特征子集的评价准则. 换言之, 包裹式特征选择的
目的就是为给定学习器选择最有利于其性能、"量身定做"的特征子集.

一般而言, 由于包裹式特征选择方法直接针对给定学习器进行优化, 因此

从最终学习器性能来看, 包裹式特征选择比过滤式特征选择更好, 但另一方面, 由于在特征选择过程中需多次训练学习器, 因此包裹式特征选择的计算开销通常比过滤式特征选择大得多.

LVW (Las Vegas Wrapper) [Liu and Setiono, 1996] 是一个典型的包裹式特征选择方法. 它在拉斯维加斯方法(Las Vegas method)框架下使用随机策略来进行子集搜索, 并以最终分类器的误差为特征子集评价准则. 算法描述如图 11.1 所示.

拉斯维加斯方法和蒙特卡罗方法是两个以著名赌城名字命名的随机化方法. 两者的主要区别是: 若有时间限制, 则拉斯维加斯方法或者给出满足要求的解, 或者不给出解, 而蒙特卡罗方法一定会给出解, 虽然给出的解未必满足要求; 若无时间限制, 则两者都能给出满足要求的解.

初始化.

在特征子集 A' 上通过交叉验证估计学习器误差.

若连续 T 轮未更新则算法停止.

输入: 数据集 D;
　　　　特征集 A;
　　　　学习算法 $\mathfrak{L}$;
　　　　停止条件控制参数 T.
过程:
1: $E = \infty$;
2: $d = |A|$;
3: $A^* = A$;
4: $t = 0$;
5: **while** $t < T$ **do**
6: 　　随机产生特征子集 A';
7: 　　$d' = |A'|$;
8: 　　$E' = \text{CrossValidation}(\mathfrak{L}(D^{A'}))$;
9: 　　**if** $(E' < E) \vee ((E' = E) \wedge (d' < d))$ **then**
10: 　　　　$t = 0$;
11: 　　　　$E = E'$;
12: 　　　　$d = d'$;
13: 　　　　$A^* = A'$
14: 　　**else**
15: 　　　　$t = t + 1$
16: 　　**end if**
17: **end while**
输出: 特征子集 A^*

图 11.1 LVW 算法描述

图 11.1 算法第 8 行是通过在数据集 D 上, 使用交叉验证法来估计学习器 $\mathfrak{L}$ 的误差, 注意这个误差是在仅考虑特征子集 A' 时得到的, 即特征子集 A' 上的误差, 若它比当前特征子集 A^* 上的误差更小, 或误差相当但 A' 中包含的特征数更少, 则将 A' 保留下来.

需注意的是, 由于 LVW 算法中特征子集搜索采用了随机策略, 而每次特征子集评价都需训练学习器, 计算开销很大, 因此算法设置了停止条件控制参数 T. 然而, 整个 LVW 算法是基于拉斯维加斯方法框架, 若初始特征数很多(即 $|A|$ 很大)、T 设置较大, 则算法可能运行很长时间都达不到停止条件. 换言之,

若有运行时间限制, 则有可能给不出解.

11.4 嵌入式选择与L₁正则化

在过滤式和包裹式特征选择方法中, 特征选择过程与学习器训练过程有明显的分别; 与此不同, 嵌入式特征选择是将特征选择过程与学习器训练过程融为一体, 两者在同一个优化过程中完成, 即在学习器训练过程中自动地进行了特征选择.

给定数据集 $D = \{(\boldsymbol{x}_1, y_1), (\boldsymbol{x}_2, y_2), \ldots, (\boldsymbol{x}_m, y_m)\}$, 其中 $\boldsymbol{x} \in \mathbb{R}^d, y \in \mathbb{R}$. 我们考虑最简单的线性回归模型, 以平方误差为损失函数, 则优化目标为

$$\min_{\boldsymbol{w}} \sum_{i=1}^m (y_i - \boldsymbol{w}^{\mathrm{T}} \boldsymbol{x}_i)^2 . \tag{11.5}$$

当样本特征很多, 而样本数相对较少时, 式(11.5)很容易陷入过拟合. 为了缓解过拟合问题, 可对式(11.5) 引入正则化项. 若使用 L₂ 范数正则化, 则有

（正则化参见 6.4 节.）

$$\min_{\boldsymbol{w}} \sum_{i=1}^m (y_i - \boldsymbol{w}^{\mathrm{T}} \boldsymbol{x}_i)^2 + \lambda \|\boldsymbol{w}\|_2^2 . \tag{11.6}$$

其中正则化参数 $\lambda > 0$. 式(11.6)称为 "岭回归" (ridge regression) [Tikhonov and Arsenin, 1977], 通过引入 L₂ 范数正则化, 确能显著降低过拟合的风险.

（岭回归最初由 A. Tikhonov 在 1943 年发表于《苏联科学院院刊》, 因此亦称 "Tikhonov 回归", 而 L₂ 正则化亦称 "Tikhonov 正则化".）

那么, 能否将正则化项中的 L₂ 范数替换为 Lₚ 范数呢? 答案是肯定的. 若令 $p = 1$, 即采用 L₁ 范数, 则有

$$\min_{\boldsymbol{w}} \sum_{i=1}^m (y_i - \boldsymbol{w}^{\mathrm{T}} \boldsymbol{x}_i)^2 + \lambda \|\boldsymbol{w}\|_1 . \tag{11.7}$$

（直译为 "最小绝对收缩选择算子", 由于比较拗口, 因此一般直接称 LASSO.）

其中正则化参数 $\lambda > 0$. 式(11.7)称为 LASSO (Least Absolute Shrinkage and Selection Operator) [Tibshirani, 1996]).

L₁ 范数和 L₂ 范数正则化都有助于降低过拟合风险, 但前者还会带来一个额外的好处: 它比后者更易于获得 "稀疏" (sparse)解, 即它求得的 $\boldsymbol{w}$ 会有更少的非零分量.

（事实上, 对 $\boldsymbol{w}$ 施加 "稀疏约束" (即希望 $\boldsymbol{w}$ 的非零分量尽可能少) 最自然的是使用 L₀ 范数, 但 L₀ 范数不连续, 难以优化求解, 因此常使用 L₁ 范数来近似.）

为了理解这一点, 我们来看一个直观的例子: 假定 $\boldsymbol{x}$ 仅有两个属性, 于是无论式(11.6)还是(11.7)解出的 $\boldsymbol{w}$ 都只有两个分量, 即 w_1, w_2, 我们将其作为两个坐标轴, 然后在图中绘制出式(11.6)与(11.7) 的第一项的 "等值线", 即在

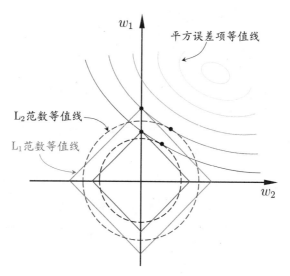

图 11.2 L$_1$ 正则化比 L$_2$ 正则化更易于得到稀疏解

(w_1, w_2) 空间中平方误差项取值相同的点的连线, 再分别绘制出 L$_1$ 范数与 L$_2$ 范数的等值线, 即在 (w_1, w_2) 空间中 L$_1$ 范数取值相同的点的连线, 以及 L$_2$ 范数取值相同的点的连线, 如图 11.2 所示. 式(11.6) 与(11.7)的解要在平方误差项与正则化项之间折中, 即出现在图中平方误差项等值线与正则化项等值线相交处. 由图 11.2 可看出, 采用 L$_1$ 范数时平方误差项等值线与正则化项等值线的交点常出现在坐标轴上, 即 w_1 或 w_2 为 0, 而在采用 L$_2$ 范数时, 两者的交点常出现在某个象限中, 即 w_1 或 w_2 均非 0; 换言之, 采用 L$_1$ 范数比 L$_2$ 范数更易于得到稀疏解.

注意到 $\boldsymbol{w}$ 取得稀疏解意味着初始的 d 个特征中仅有对应着 $\boldsymbol{w}$ 的非零分量的特征才会出现在最终模型中, 于是, 求解 L$_1$ 范数正则化的结果是得到了仅采用一部分初始特征的模型; 换言之, 基于 L$_1$ 正则化的学习方法就是一种嵌入式特征选择方法, 其特征选择过程与学习器训练过程融为一体, 同时完成.

即选择出对应于 $\boldsymbol{w}$ 之非零分量的特征.

L$_1$ 正则化问题的求解可使用近端梯度下降 (Proximal Gradient Descent, 简称 PGD) [Combettes and Wajs, 2005]. 具体来说, 令 ∇ 表示微分算子, 对优化目标

$$\min_{\boldsymbol{x}} f(\boldsymbol{x}) + \lambda \|\boldsymbol{x}\|_1 , \tag{11.8}$$

若 $f(\boldsymbol{x})$ 可导, 且 ∇f 满足 L-Lipschitz 条件, 即存在常数 $L > 0$ 使得

$$\left\|\nabla f(\boldsymbol{x}') - \nabla f(\boldsymbol{x})\right\|_2 \leqslant L \left\|\boldsymbol{x}' - \boldsymbol{x}\right\|_2 \quad (\forall \boldsymbol{x}, \boldsymbol{x}') , \tag{11.9}$$

则在 $\boldsymbol{x}_k$ 附近可将 $f(\boldsymbol{x})$ 通过二阶泰勒展式近似为

$$\hat{f}(\boldsymbol{x}) \simeq f(\boldsymbol{x}_k) + \langle \nabla f(\boldsymbol{x}_k), \boldsymbol{x} - \boldsymbol{x}_k \rangle + \frac{L}{2}\|\boldsymbol{x} - \boldsymbol{x}_k\|^2$$
$$= \frac{L}{2}\left\|\boldsymbol{x} - \left(\boldsymbol{x}_k - \frac{1}{L}\nabla f(\boldsymbol{x}_k)\right)\right\|_2^2 + \mathrm{const}, \tag{11.10}$$

其中 const 是与 $\boldsymbol{x}$ 无关的常数, $\langle \cdot, \cdot \rangle$ 表示内积. 显然, 式(11.10)的最小值在如下 $\boldsymbol{x}_{k+1}$ 获得:

$$\boldsymbol{x}_{k+1} = \boldsymbol{x}_k - \frac{1}{L}\nabla f(\boldsymbol{x}_k) . \tag{11.11}$$

于是, 若通过梯度下降法对 $f(\boldsymbol{x})$ 进行最小化, 则每一步梯度下降迭代实际上等价于最小化二次函数 $\hat{f}(\boldsymbol{x})$. 将这个思想推广到式(11.8), 则能类似地得到其每一步迭代应为

$$\boldsymbol{x}_{k+1} = \underset{\boldsymbol{x}}{\arg\min} \frac{L}{2}\left\|\boldsymbol{x} - \left(\boldsymbol{x}_k - \frac{1}{L}\nabla f(\boldsymbol{x}_k)\right)\right\|_2^2 + \lambda\|\boldsymbol{x}\|_1 , \tag{11.12}$$

即在每一步对 $f(\boldsymbol{x})$ 进行梯度下降迭代的同时考虑 L_1 范数最小化.

对于式(11.12), 可先计算 $\boldsymbol{z} = \boldsymbol{x}_k - \frac{1}{L}\nabla f(\boldsymbol{x}_k)$, 然后求解

$$\boldsymbol{x}_{k+1} = \underset{\boldsymbol{x}}{\arg\min} \frac{L}{2}\|\boldsymbol{x} - \boldsymbol{z}\|_2^2 + \lambda\|\boldsymbol{x}\|_1 . \tag{11.13}$$

习题 11.8.

令 x^i 表示 $\boldsymbol{x}$ 的第 i 个分量, 将式(11.13)按分量展开可看出, 其中不存在 $x^i x^j$ $(i \neq j)$ 这样的项, 即 $\boldsymbol{x}$ 的各分量互不影响, 于是式(11.13)有闭式解

$$x_{k+1}^i = \begin{cases} z^i - \lambda/L, & \lambda/L < z^i ; \\ 0, & |z^i| \leqslant \lambda/L ; \\ z^i + \lambda/L, & z^i < -\lambda/L , \end{cases} \tag{11.14}$$

其中 x_{k+1}^i 与 z^i 分别是 $\boldsymbol{x}_{k+1}$ 与 $\boldsymbol{z}$ 的第 i 个分量. 因此, 通过 PGD 能使 LASSO 和其他基于 L_1 范数最小化的方法得以快速求解.

11.5 稀疏表示与字典学习

不妨把数据集 D 考虑成一个矩阵, 其每行对应于一个样本, 每列对应于一个特征. 特征选择所考虑的问题是特征具有"稀疏性", 即矩阵中的许多列与当前学习任务无关, 通过特征选择去除这些列, 则学习器训练过程仅需在较小

的矩阵上进行, 学习任务的难度可能有所降低, 涉及的计算和存储开销会减少, 学得模型的可解释性也会提高.

现在我们来考虑另一种稀疏性: D 所对应的矩阵中存在很多零元素, 但这些零元素并不是以整列、整行形式存在的. 在不少现实应用中我们会遇到这样的情形, 例如在文档分类任务中, 通常将每个文档看作一个样本, 每个字(词)作为一个特征, 字(词)在文档中出现的频率或次数作为特征的取值; 换言之, D 所对应的矩阵的每行是一个文档, 每列是一个字(词), 行、列交汇处就是某字(词)在某文档中出现的频率或次数. 那么, 这个矩阵有多少列? 以汉语为例,《康熙字典》中有 47035 个汉字, 这意味着该矩阵可有 4 万多列, 即便仅考虑《现代汉语常用字表》中的汉字, 该矩阵也有 3500 列. 然而, 给定一个文档, 相当多的字是不出现在这个文档中的, 于是矩阵的每一行都有大量的零元素; 对不同的文档, 零元素出现的列往往很不相同.

当样本具有这样的稀疏表达形式时, 对学习任务来说会有不少好处, 例如线性支持向量机之所以能在文本数据上有很好的性能, 恰是由于文本数据在使用上述的字频表示后具有高度的稀疏性, 使大多数问题变得线性可分. 同时, 稀疏样本并不会造成存储上的巨大负担, 因为稀疏矩阵已有很多高效的存储方法.

那么, 若给定数据集 D 是稠密的, 即普通非稀疏数据, 能否将其转化为"稀疏表示"(sparse representation) 形式, 从而享有稀疏性所带来的好处呢? 需注意的是, 我们所希望的稀疏表示是"恰当稀疏", 而不是"过度稀疏". 仍以汉语文档为例, 基于《现代汉语常用字表》得到的可能是恰当稀疏, 即其稀疏性足以让学习任务变得简单可行; 而基于《康熙字典》则可能是过度稀疏, 与前者相比, 也许并未给学习任务带来更多的好处.

显然, 在一般的学习任务中(例如图像分类)并没有《现代汉语常用字表》可用, 我们需学习出这样一个"字典". 为普通稠密表达的样本找到合适的字典, 将样本转化为合适的稀疏表示形式, 从而使学习任务得以简化, 模型复杂度得以降低, 通常称为"字典学习"(dictionary learning), 亦称"稀疏编码"(sparse coding). 这两个称谓稍有差别,"字典学习"更侧重于学得字典的过程, 而"稀疏编码"则更侧重于对样本进行稀疏表达的过程. 由于两者通常是在同一个优化求解过程中完成的, 因此下面我们不做进一步区分, 笼统地称为字典学习.

给定数据集 $\{\boldsymbol{x}_1, \boldsymbol{x}_2, \ldots, \boldsymbol{x}_m\}$, 字典学习最简单的形式为

$$\min_{\mathbf{B}, \boldsymbol{\alpha}_i} \sum_{i=1}^{m} \|\boldsymbol{x}_i - \mathbf{B}\boldsymbol{\alpha}_i\|_2^2 + \lambda \sum_{i=1}^{m} \|\boldsymbol{\alpha}_i\|_1 \,, \tag{11.15}$$

其中 $\mathbf{B} \in \mathbb{R}^{d \times k}$ 为字典矩阵, k 称为字典的词汇量, 通常由用户指定, $\boldsymbol{\alpha}_i \in \mathbb{R}^k$ 则是样本 $\boldsymbol{x}_i \in \mathbb{R}^d$ 的稀疏表示. 显然, 式(11.15)的第一项是希望由 $\boldsymbol{\alpha}_i$ 能很好地重构 $\boldsymbol{x}_i$, 第二项则是希望 $\boldsymbol{\alpha}_i$ 尽量稀疏.

与 LASSO 相比, 式(11.15)显然麻烦得多, 因为除了类似于式(11.7)中 $\boldsymbol{w}$ 的 $\boldsymbol{\alpha}_i$, 还需学习字典矩阵 $\mathbf{B}$. 不过, 受 LASSO 的启发, 我们可采用变量交替优化的策略来求解式(11.15).

首先在第一步, 我们固定住字典 $\mathbf{B}$, 若将式(11.15)按分量展开, 可看出其中不涉及 $\alpha_i^u \alpha_i^v$ $(u \neq v)$ 这样的交叉项, 于是可参照 LASSO 的解法求解下式, 从而为每个样本 $\boldsymbol{x}_i$ 找到相应的 $\boldsymbol{\alpha}_i$:

$$\min_{\boldsymbol{\alpha}_i} \|\boldsymbol{x}_i - \mathbf{B}\boldsymbol{\alpha}_i\|_2^2 + \lambda \|\boldsymbol{\alpha}_i\|_1 . \tag{11.16}$$

在第二步, 我们以 $\boldsymbol{\alpha}_i$ 为初值来更新字典 $\mathbf{B}$, 此时可将式(11.15)写为

$$\min_{\mathbf{B}} \|\mathbf{X} - \mathbf{B}\mathbf{A}\|_F^2, \tag{11.17}$$

其中 $\mathbf{X} = (\boldsymbol{x}_1, \boldsymbol{x}_2, \ldots, \boldsymbol{x}_m) \in \mathbb{R}^{d \times m}$, $\mathbf{A} = (\boldsymbol{\alpha}_1, \boldsymbol{\alpha}_2, \ldots, \boldsymbol{\alpha}_m) \in \mathbb{R}^{k \times m}$, $\| \cdot \|_F$ 是矩阵的 Frobenius 范数. 式(11.17)有多种求解方法, 常用的有基于逐列更新策略的 KSVD [Aharon et al., 2006]. 令 $\boldsymbol{b}_i$ 表示字典矩阵 $\mathbf{B}$ 的第 i 列, $\boldsymbol{\alpha}^i$ 表示稀疏矩阵 $\mathbf{A}$ 的第 i 行, 式(11.17)可重写为

$$
\begin{aligned}
\min_{\mathbf{B}} \|\mathbf{X} - \mathbf{B}\mathbf{A}\|_F^2 &= \min_{\boldsymbol{b}_i} \left\| \mathbf{X} - \sum_{j=1}^{k} \boldsymbol{b}_j \boldsymbol{\alpha}^j \right\|_F^2 \\
&= \min_{\boldsymbol{b}_i} \left\| \left(\mathbf{X} - \sum_{j \neq i} \boldsymbol{b}_j \boldsymbol{\alpha}^j \right) - \boldsymbol{b}_i \boldsymbol{\alpha}^i \right\|_F^2 \\
&= \min_{\boldsymbol{b}_i} \left\| \mathbf{E}_i - \boldsymbol{b}_i \boldsymbol{\alpha}^i \right\|_F^2 .
\end{aligned}
\tag{11.18}
$$

在更新字典的第 i 列时, 其他各列都是固定的, 因此 $\mathbf{E}_i = \mathbf{X} - \sum_{j \neq i} \boldsymbol{b}_j \boldsymbol{\alpha}^j$ 是固定的, 于是最小化式(11.18)原则上只需对 $\mathbf{E}_i$ 进行奇异值分解以取得最大奇异值所对应的正交向量. 然而, 直接对 $\mathbf{E}_i$ 进行奇异值分解会同时修改 $\boldsymbol{b}_i$ 和 $\boldsymbol{\alpha}^i$, 从而可能破坏 $\mathbf{A}$ 的稀疏性. 为避免发生这种情况, KSVD 对 $\mathbf{E}_i$ 和 $\boldsymbol{\alpha}^i$ 进行专门处理: $\boldsymbol{\alpha}^i$ 仅保留非零元素, $\mathbf{E}_i$ 则仅保留 $\boldsymbol{b}_i$ 与 $\boldsymbol{\alpha}^i$ 的非零元素的乘积项, 然后再进行奇异值分解, 这样就保持了第一步所得到的稀疏性.

初始化字典矩阵 $\mathbf{B}$ 之后反复迭代上述两步, 最终即可求得字典 $\mathbf{B}$ 和样本 $\boldsymbol{x}_i$ 的稀疏表示 $\boldsymbol{\alpha}_i$. 在上述字典学习过程中, 用户能通过设置词汇量 k 的大小来控制字典的规模, 从而影响到稀疏程度.

11.6 压缩感知

在现实任务中, 我们常希望根据部分信息来恢复全部信息. 例如在数据通讯中要将模拟信号转换为数字信号, 根据奈奎斯特 (Nyquist) 采样定理, 令采样频率达到模拟信号最高频率的两倍, 则采样后的数字信号就保留了模拟信号的全部信息; 换言之, 由此获得的数字信号能精确重构原模拟信号. 然而, 为了便于传输、存储, 在实践中人们通常对采样的数字信号进行压缩, 这有可能损失一些信息, 而在信号传输过程中, 由于信道出现丢包等问题, 又可能损失部分信息. 那么, 接收方基于收到的信号, 能否精确地重构出原信号呢? 压缩感知(compressed sensing) [Donoho, 2006; Candès et al., 2006] 为解决此类问题提供了新的思路.

假定有长度为 m 的离散信号 $\boldsymbol{x}$, 不妨假定我们以远小于奈奎斯特采样定理要求的采样率进行采样, 得到长度为 n 的采样后信号 $\boldsymbol{y}$, $n \ll m$, 即

$$\boldsymbol{y} = \boldsymbol{\Phi}\boldsymbol{x} \,, \tag{11.19}$$

其中 $\boldsymbol{\Phi} \in \mathbb{R}^{n \times m}$ 是对信号 $\boldsymbol{x}$ 的测量矩阵, 它确定了以什么频率进行采样以及如何将采样样本组成采样后的信号.

在已知离散信号 $\boldsymbol{x}$ 和测量矩阵 $\boldsymbol{\Phi}$ 时要得到测量值 $\boldsymbol{y}$ 很容易, 然而, 若将测量值和测量矩阵传输出去, 接收方能还原出原始信号 $\boldsymbol{x}$ 吗?

一般来说, 答案是"No", 这是由于 $n \ll m$, 因此 $\boldsymbol{y}$, $\boldsymbol{x}$, $\boldsymbol{\Phi}$ 组成的式(11.19)是一个欠定方程, 无法轻易求出数值解.

现在不妨假设存在某个线性变换 $\boldsymbol{\Psi} \in \mathbb{R}^{m \times m}$, 使得 $\boldsymbol{x}$ 可表示为 $\boldsymbol{\Psi}\boldsymbol{s}$, 于是 $\boldsymbol{y}$ 可表示为

$$\boldsymbol{y} = \boldsymbol{\Phi}\boldsymbol{\Psi}\boldsymbol{s} = \mathbf{A}\boldsymbol{s} \,, \tag{11.20}$$

其中 $\mathbf{A} = \boldsymbol{\Phi}\boldsymbol{\Psi} \in \mathbb{R}^{n \times m}$. 于是, 若能根据 $\boldsymbol{y}$ 恢复出 $\boldsymbol{s}$, 则可通过 $\boldsymbol{x} = \boldsymbol{\Psi}\boldsymbol{s}$ 来恢复出信号 $\boldsymbol{x}$.

粗看起来式(11.20)没有解决任何问题, 因为式(11.20)中恢复信号 $\boldsymbol{s}$ 这个逆问题仍是欠定的. 然而有趣的是, 若 $\boldsymbol{s}$ 具有稀疏性, 则这个问题竟能很好地得以

解决! 这是因为稀疏性使得未知因素的影响大为减少. 此时式(11.20)中的 $\mathbf{\Psi}$ 称为稀疏基, 而 $\mathbf{A}$ 的作用则类似于字典, 能将信号转换为稀疏表示.

事实上, 在很多应用中均可获得具有稀疏性的 s, 例如图像或声音的数字信号通常在时域上不具有稀疏性, 但经过傅里叶变换、余弦变换、小波变换等处理后却会转化为频域上的稀疏信号.

显然, 与特征选择、稀疏表示不同, 压缩感知关注的是如何利用信号本身所具有的稀疏性, 从部分观测样本中恢复原信号. 通常认为, 压缩感知分为 "感知测量" 和 "重构恢复" 这两个阶段. "感知测量" 关注如何对原始信号进行处理以获得稀疏样本表示, 这方面的内容涉及傅里叶变换、小波变换以及 11.5 节介绍的字典学习、稀疏编码等, 不少技术在压缩感知提出之前就已在信号处理等领域有很多研究; "重构恢复" 关注的是如何基于稀疏性从少量观测中恢复原信号, 这是压缩感知的精髓, 当我们谈到压缩感知时, 通常是指该部分.

压缩感知的相关理论比较复杂, 下面仅简要介绍一下 "限定等距性" (Restricted Isometry Property, 简称 RIP) [Candès, 2008].

对大小为 $n \times m$ $(n \ll m)$ 的矩阵 $\mathbf{A}$, 若存在常数 $\delta_k \in (0,1)$ 使得对于任意向量 s 和 $\mathbf{A}$ 的所有子矩阵 $\mathbf{A}_k \in \mathbb{R}^{n \times k}$ 有

$$(1 - \delta_k)\|s\|_2^2 \leqslant \|\mathbf{A}_k s\|_2^2 \leqslant (1 + \delta_k)\|s\|_2^2 \ , \tag{11.21}$$

则称 $\mathbf{A}$ 满足 k 限定等距性 (k-RIP). 此时可通过下面的优化问题近乎完美地从 y 中恢复出稀疏信号 s, 进而恢复出 x:

$$\min_{s} \ \|s\|_0 \tag{11.22}$$
$$\text{s.t.} \ \ y = \mathbf{A}s \ .$$

然而, 式(11.22)涉及 L_0 范数最小化, 这是个 NP 难问题. 值得庆幸的是, L_1 范数最小化在一定条件下与 L_0 范数最小化问题共解 [Candès et al., 2006], 于是实际上只需关注

$$\min_{s} \ \|s\|_1 \tag{11.23}$$
$$\text{s.t.} \ \ y = \mathbf{A}s \ .$$

这样, 压缩感知问题就可通过 L_1 范数最小化问题求解, 例如式(11.23)可转化为

LASSO 的等价形式再通过近端梯度下降法求解, 即使用 "基寻踪去噪" (Basis Pursuit De-Noising) [Chen et al., 1998].

基于部分信息来恢复全部信息的技术在许多现实任务中有重要应用. 例如网上书店通过收集读者在网上对书的评价, 可根据读者的读书偏好来进行新书推荐, 从而达到定向广告投放的效果. 显然, 没有哪位读者读过所有的书, 也没有哪本书被所有读者读过, 因此, 网上书店所搜集到的仅有部分信息. 例如表 11.1 给出了四位读者的网上评价信息, 这里评价信息经过处理, 形成了 "喜好程度" 评分 (5 分最高). 由于读者仅对读过的书给出评价, 因此表中出现了很多未知项 "?".

这是一个典型的 "协同过滤" (collaborative filtering) 任务.

表 11.1 客户对书的喜好程度评分

	《笑傲江湖》	《万历十五年》	《人间词话》	《云海玉弓缘》	《人类的故事》
赵大	5	?	?	3	2
钱二	?	5	3	?	5
孙三	5	3	?	?	?
李四	3	?	5	4	?

那么, 能否将表 11.1 中通过读者评价得到的数据当作部分信号, 基于压缩感知的思想恢复出完整信号呢?

我们知道, 能通过压缩感知技术恢复欠采样信号的前提条件之一是信号有稀疏表示. 读书喜好数据是否存在稀疏表示呢? 答案是肯定的. 一般情形下, 读者对书籍的评价取决于题材、作者、装帧等多种因素, 为简化讨论, 假定表 11.1 中的读者喜好评分仅与题材有关.《笑傲江湖》和《云海玉弓缘》是武侠小说,《万历十五年》和《人类的故事》是历史读物,《人间词话》属于诗词文学. 一般来说, 相似题材的书籍会有相似的读者, 若能将书籍按题材归类, 则题材总数必然远远少于书籍总数, 因此从题材的角度来看, 表 11.1 中反映出的信号应该是稀疏的. 于是, 应能通过类似压缩感知的思想加以处理.

亦称 "低秩矩阵恢复".

矩阵补全 (matrix completion) 技术 [Candès and Recht, 2009] 可用于解决这个问题, 其形式为

$$\min_{\mathbf{X}} \ \text{rank}(\mathbf{X}) \tag{11.24}$$
$$\text{s.t.} \ (\mathbf{X})_{ij} = (\mathbf{A})_{ij}, \ (i,j) \in \Omega,$$

其中, $\mathbf{X}$ 表示需恢复的稀疏信号; $\text{rank}(\mathbf{X})$ 表示矩阵 $\mathbf{X}$ 的秩; $\mathbf{A}$ 是如表 11.1 的

读者评分矩阵这样的已观测信号; Ω 是 $\mathbf{A}$ 中非 "?" 元素 $(\mathbf{A})_{ij}$ 的下标 (i, j) 的集合. 式(11.24)的约束项明确指出, 恢复出的矩阵中 $(\mathbf{X})_{ij}$ 应当与已观测到的对应元素相同.

与式(11.22)相似, 式(11.24)也是一个 NP 难问题. 注意到 $\mathrm{rank}(\mathbf{X})$ 在集合

核范数亦称 "迹范数" (trace norm).

$\{\mathbf{X} \in \mathbb{R}^{m \times n} : \|\mathbf{X}\|_F^2 \leqslant 1\}$ 上的凸包是 $\mathbf{X}$ 的 "核范数" (nuclear norm):

$$\|\mathbf{X}\|_* = \sum_{j=1}^{\min\{m, n\}} \sigma_j(\mathbf{X}) \,, \tag{11.25}$$

其中 $\sigma_j(\mathbf{X})$ 表示 $\mathbf{X}$ 的奇异值, 即矩阵的核范数为矩阵的奇异值之和, 于是可通过最小化矩阵核范数来近似求解式(11.24), 即

$$\min_{\mathbf{X}} \ \|\mathbf{X}\|_* \tag{11.26}$$

$$\mathrm{s.t.} \ \ (\mathbf{X})_{ij} = (\mathbf{A})_{ij}, \ \ (i, j) \in \Omega.$$

SDP 参见附录 B.3.

式(11.26)是一个凸优化问题, 可通过半正定规划 (Semi-Definite Programming, 简称 SDP) 求解. 理论研究表明, 在满足一定条件时, 若 $\mathbf{A}$ 的秩为 r, $n \ll m$, 则只需观察到 $O(mr \log^2 m)$ 个元素就能完美恢复出 $\mathbf{A}$ [Recht, 2011].

11.7 阅读材料

特征选择是机器学习中研究最早的分支领域之一, 早期研究主要是按特征子集 "生成与搜索-评价" 过程进行. 在子集生成与搜索方面引入了很多人工智能搜索技术, 如分支限界法 [Narendra and Fukunaga, 1977]、浮动搜索法 [Pudil et al., 1994] 等; 在子集评价方面则采用了很多源于信息论的准则, 如信息熵、AIC (Akaike Information Criterion) [Akaike, 1974] 等. [Blum and Langley, 1997] 对子集评价准则进行了讨论, [Forman, 2003] 则进行了很多实验比较.

早期特征选择方法主要是过滤式的, 包裹式方法出现稍晚 [Kohavi and John, 1997], 嵌入式方法事实上更晚 [Weston et al., 2003], 但由于决策树算法在构建树的同时也可看作进行了特征选择, 因此嵌入式方法也可追溯到 ID3 [Quinlan, 1986]. 有很多文献对特征选择方法的性能进行了实验比较 [Yang and Pederson, 1997; Jain and Zongker, 1997]. 更多关于特征选择的内容可参阅 [Guyon and Elisseeff, 2003; Liu et al., 2010], 以及专门关于特征选择的书籍 [Liu and Motoda, 1998, 2007].

LARS (Least Angle RegresSion) [Efron et al., 2004] 是一种嵌入式特征选择方法, 它基于线性回归平方误差最小化, 每次选择一个与残差相关性最大的特征. LASSO [Tibshirani, 1996] 可通过对 LARS 稍加修改而实现. 在 LASSO 基础上进一步发展出考虑特征分组结构的 Group LASSO [Yuan and Lin, 2006]、考虑特征序结构的 Fused LASSO [Tibshirani et al., 2005] 等变体. 由于凸性不严格, LASSO 类方法可能产生多个解, 该问题通过弹性网 (Elastic Net) 得以解决 [Zou and Hastie, 2005].

> 直译为"最小角回归", 通常直接称 LARS.

对字典学习与稀疏编码 [Aharon et al., 2006], 除了通过控制字典规模从而影响稀疏性, 有时还希望控制字典的"结构", 例如假设字典具有"分组结构", 即同一个分组内的变量或同为非零, 或同为零. 这样的性质称为"分组稀疏性" (group sparsity), 相应的稀疏编码方法则称为分组稀疏编码(group sparse coding) [Bengio et al., 2009]. 稀疏编码和分组稀疏编码在图像特征抽取方面有很多应用, 可参阅 [Mairal et al., 2008; Wang et al., 2010].

> 仍以汉语文档为例, 一个概念可能由多个字词来表达, 这些字词就构成了一个分组; 若这个概念在文档中没有出现, 则这整个分组所对应的变量都将为零.

压缩感知 [Donoho, 2006; Candès et al., 2006] 直接催生了人脸识别的鲁棒主成分分析 [Candès et al., 2011] 和基于矩阵补全的协同过滤 [Recht et al., 2010]. [Baraniuk, 2007] 是关于压缩感知的一个简短介绍. 将 L_0 范数最小化转化为 L_1 范数最小化后, 常用求解方法除了转化为 LASSO 的基寻踪去噪, 还可使用基寻踪 (Basis Pursuit) [Chen et al., 1998]、匹配寻踪 (Matching Pursuit)[Mallat and Zhang, 1993] 等. [Liu and Ye, 2009] 使用投影法快速求解稀疏学习问题, 并提供了一个稀疏学习程序包 SLEP (http://www.yelab.net/software/SLEP/).

习题

西瓜数据集 3.0 见 p.84
表 4.3.

11.1　试编程实现 Relief 算法, 并考察其在西瓜数据集 3.0 上的运行结果.

11.2　试写出 Relief-F 的算法描述.

11.3　Relief 算法是分别考察每个属性的重要性. 试设计一个能考虑每一对属性重要性的改进算法.

11.4　试为 LVW 设计一个改进算法, 即便有运行时间限制, 该算法也一定能给出解.

11.5　结合图 11.2, 试举例说明 L_1 正则化在何种情形下不能产生稀疏解.

11.6　试析岭回归与支持向量机的联系.

11.7　试述直接求解 L_0 范数正则化会遇到的困难.

11.8　试给出求解 L_1 范数最小化问题中的闭式解(11.14)的详细推导过程.

11.9　试述字典学习与压缩感知对稀疏性利用的异同.

11.10*　试改进式(11.15), 以学习出具有分组稀疏性的字典.

参考文献

Aharon, M., M. Elad, and A. Bruckstein. (2006). "K-SVD: An algorithm for designing overcomplete dictionaries for sparse representation." *IEEE Transactions on Image Processing*, 54(11):4311–4322.

Akaike, H. (1974). "A new look at the statistical model identification." *IEEE Transactions on Automatic Control*, 19(6):716–723.

Baraniuk, R. G. (2007). "Compressive sensing." *IEEE Signal Processing Magazine*, 24(4):118–121.

Bengio, S., F. Pereira, Y. Singer, and D. Strelow. (2009). "Group sparse coding." In *Advances in Neural Information Processing Systems 22 (NIPS)* (Y. Bengio, D. Schuurmans, J. D. Lafferty, C. K. I. Williams, and A. Culotta, eds.), 82–89, MIT Press, Cambridge, MA.

Blum, A. and P. Langley. (1997). "Selection of relevant features and examples in machine learning." *Artificial Intelligence*, 97(1-2):245–271.

Boyd, S. and L. Vandenberghe. (2004). *Convex Optimization*. Cambridge University Press, Cambridge, UK.

Candès, E. J. (2008). "The restricted isometry property and its implications for compressed sensing." *Comptes Rendus Mathematique*, 346(9-10):589–592.

Candès, E. J., X. Li, Y. Ma, and J. Wright. (2011). "Robust principal component analysis?" *Journal of the ACM*, 58(3):Article 11.

Candès, E. J. and B. Recht. (2009). "Exact matrix completion via convex optimization." *Foundations of Computational Mathematics*, 9(6):717–772.

Candès, E. J., J. Romberg, and T. Tao. (2006). "Robust uncertainty principles: Exact signal reconstruction from highly incomplete frequency information." *IEEE Transactions on Information Theory*, 52(2):489–509.

Chen, S. S., D. L. Donoho, and M. A. Saunders. (1998). "Atomic decomposition by basis pursuit." *SIAM Journal on Scientific Computing*, 20(1):33–61.

Combettes, P. L. and V. R. Wajs. (2005). "Signal recovery by proximal forward-backward splitting." *Mutiscale Modeling & Simulation*, 4(4):1168–1200.

Donoho, D. L. (2006). "Compressed sensing." *IEEE Transactions on Information Theory*, 52(4):1289–1306.

Efron, B., T. Hastie, I. Johnstone, and R. Tibshirani. (2004). "Least angle regression." *Annals of Statistics*, 32(2):407–499.

Forman, G. (2003). "An extensive empirical study of feature selection metrics for text classification." *Journal of Machine Learning Research*, 3:1289–1305.

Guyon, I. and A. Elisseeff. (2003). "An introduction to variable and feature selection." *Journal of Machine Learning Research*, 3:1157–1182.

Jain, A. and D. Zongker. (1997). "Feature selection: Evaluation, application, and small sample performance." *IEEE Transactions on Pattern Analysis and Machine Intelligence*, 19(2):153–158.

Kira, K. and L. A. Rendell. (1992). "The feature selection problem: Traditional methods and a new algorithm." In *Proceedings of the 10th National Conference on Artificial Intelligence (AAAI)*, 129–134, San Jose, CA.

Kohavi, R. and G. H. John. (1997). "Wrappers for feature subset selection." *Artificial Intelligence*, 97(1-2):273–324.

Kononenko, I. (1994). "Estimating attributes: Analysis and extensions of RE-LIEF." In *Proceedings of the 7th European Conference on Machine Learning (ECML)*, 171–182, Catania, Italy.

Liu, H. and H. Motoda. (1998). *Feature Selection for Knowledge Discovery and Data Mining*. Kluwer, Boston, MA.

Liu, H. and H. Motoda. (2007). *Computational Methods of Feature Selection*. Chapman & Hall/CRC, Boca Raton, FL.

Liu, H., H. Motoda, R. Setiono, and Z. Zhao. (2010). "Feature selection: An ever evolving frontier in data mining." In *Proceedings of the 4th Workshop on Feature Selection in Data Mining (FSDM)*, 4–13, Hyderabad, India.

Liu, H. and R. Setiono. (1996). "Feature selection and classification — a probabilistic wrapper approach." In *Proceedings of the 9th International Conference on Industrial and Engineering Applications of Artificial Intelligence and Expert Systems (IEA/AIE)*, 419–424, Fukuoka, Japan.

Liu, J. and J. Ye. (2009). "Efficient Euclidean projections in linear time." In *Proceedings of the 26th International Conference on Machine Learning (ICML)*, 657–664, Montreal, Canada.

Mairal, J., M. Elad, and G. Sapiro. (2008). "Sparse representation for color image restoration." *IEEE Transactions on Image Processing*, 17(1):53–69.

Mallat, S. G. and Z. F. Zhang. (1993). "Matching pursuits with time-frequency dictionaries." *IEEE Transactions on Signal Processing*, 41(12):3397–3415.

Narendra, P. M. and K. Fukunaga. (1977). "A branch and bound algorithm for feature subset selection." *IEEE Transactions on Computers*, C-26(9): 917–922.

Pudil, P., J. Novovičová, and J. Kittler. (1994). "Floating search methods in feature selection." *Pattern Recognition Letters*, 15(11):1119–1125.

Quinlan, J. R. (1986). "Induction of decision trees." *Machine Learning*, 1(1): 81–106.

Recht, B. (2011). "A simpler approach to matrix completion." *Journal of Machine Learning Research*, 12:3413–3430.

Recht, B., M. Fazel, and P. Parrilo. (2010). "Guaranteed minimum-rank solutions of linear matrix equations via nuclear norm minimization." *SIAM Review*, 52(3):471–501.

Tibshirani, R. (1996). "Regression shrinkage and selection via the LASSO." *Journal of the Royal Statistical Society - Series B*, 58(1):267–288.

Tibshirani, R., M. Saunders, S. Rosset, J. Zhu, and K. Knight. (2005). "Sparsity and smoothness via the fused LASSO." *Journal of the Royal Statistical Society - Series B*, 67(1):91–108.

Tikhonov, A. N. and V. Y. Arsenin, eds. (1977). *Solution of Ill-Posed Problems*. Winston, Washington, DC.

Wang, J., J. Yang, K. Yu, F. Lv, T. Huang, and Y. Gong. (2010). "Locality-constrained linear coding for image classification." In *Proceedings of the IEEE Computer Society Conference on Computer Vision and Pattern Recognition (CVPR)*, 3360–3367, San Francisco, CA.

Weston, J., A. Elisseff, B. Schölkopf, and M. Tipping. (2003). "Use of the zero norm with linear models and kernel methods." *Journal of Machine Learning Research*, 3:1439–1461.

Yang, Y. and J. O. Pederson. (1997). "A comparative study on feature selection in text categorization." In *Proceedings of the 14th International Conference on Machine Learning (ICML)*, 412–420, Nashville, TN.

Yuan, M. and Y. Lin. (2006). "Model selection and estimation in regression with grouped variables." *Journal of the Royal Statistical Society - Series B*, 68(1):49–67.

Zou, H. and T. Hastie. (2005). "Regularization and variable selection via the elastic net." *Journal of the Royal Statistical Society - Series B*, 67(2):301–320.

休息一会儿

小故事：蒙特卡罗方法与斯坦尼斯拉夫·乌拉姆

斯坦尼斯拉夫·乌拉姆 (Stanisław Ulam, 1909–1984) 是著名的波兰犹太裔数学家，在遍历论、数论、集合论等方面都有重要贡献，"乌拉姆数列"就是以他的名字命名的.

乌拉姆出生于奥匈帝国利沃夫，1933 年在波兰利沃夫理工学院获得数学博士学位，然后于 1935 年应冯·诺伊曼的邀请到普林斯顿高等研究院访问，1940 年他在威斯康星大学麦迪逊分校获得教职，翌年加入美国籍. 1943 年起他参与"曼哈顿计划"并做出重大贡献；当前世界上绝大部分核武器所使用的设计方案"泰勒-乌拉姆方案"就是以他和"氢弹之父"爱德华·泰勒的名字命名的.

> 利沃夫(Lviv)在历史上先属于波兰，1867—1918 年属于奥匈帝国，第一次世界大战后回归波兰，1939 年划入前苏联的乌克兰，现为乌克兰利沃夫州首府.
>
> 冯·诺伊曼和爱德华·泰勒都出生在匈牙利.

世界上最早的通用电子计算机之一—— ENIAC 在发明后即被用于曼哈顿计划，乌拉姆敏锐地意识到在计算机的帮助下，可通过重复数百次模拟过程的方式来对概率变量进行统计估计. 冯·诺伊曼立即认识到这个想法的重要性并给予支持. 1947 年乌拉姆提出这种统计方法并用于计算核裂变的连锁反应. 由于乌拉姆常说他的叔叔又在蒙特卡罗赌场输钱了，因此他的同事 Nicolas Metropolis 戏称该方法为"蒙特卡罗"，不料却流传开去.

> 蒙特卡罗方法的著名代表 Metropolis-Hasting 算法是以他的名字命名的.

第 12 章　计算学习理论

12.1 基础知识

顾名思义, 计算学习理论(computational learning theory)研究的是关于通过 "计算" 来进行 "学习" 的理论, 即关于机器学习的理论基础, 其目的是分析学习任务的困难本质, 为学习算法提供理论保证, 并根据分析结果指导算法设计.

给定样例集 $D = \{(\boldsymbol{x}_1, y_1), (\boldsymbol{x}_2, y_2), \ldots, (\boldsymbol{x}_m, y_m)\}$, $\boldsymbol{x}_i \in \mathcal{X}$, 本章主要讨论二分类问题, 若无特别说明, $y_i \in \mathcal{Y} = \{-1, +1\}$. 假设 $\mathcal{X}$ 中的所有样本服从一个隐含未知的分布 $\mathcal{D}$, D 中所有样本都是独立地从这个分布上采样而得, 即独立同分布 (independent and identically distributed, 简称 $i.i.d.$) 样本.

令 h 为从 $\mathcal{X}$ 到 $\mathcal{Y}$ 的一个映射, 其泛化误差为

$$E(h; \mathcal{D}) = P_{\boldsymbol{x} \sim \mathcal{D}}\big(h(\boldsymbol{x}) \neq y\big) , \tag{12.1}$$

h 在 D 上的经验误差为

$$\widehat{E}(h; D) = \frac{1}{m} \sum_{i=1}^{m} \mathbb{I}\big(h(\boldsymbol{x}_i) \neq y_i\big) . \tag{12.2}$$

由于 D 是 $\mathcal{D}$ 的独立同分布采样, 因此 h 的经验误差的期望等于其泛化误差. 在上下文明确时, 我们将 $E(h; \mathcal{D})$ 和 $\widehat{E}(h; D)$ 分别简记为 $E(h)$ 和 $\widehat{E}(h)$. 令 ϵ 为 $E(h)$ 的上限, 即 $E(h) \leqslant \epsilon$; 我们通常用 ϵ 表示预先设定的学得模型所应满足的误差要求, 亦称 "误差参数".

本章后面部分将研究经验误差与泛化误差之间的逼近程度. 若 h 在数据集 D 上的经验误差为 0, 则称 h 与 D 一致, 否则称其与 D 不一致. 对任意两个映射 $h_1, h_2 \in \mathcal{X} \to \mathcal{Y}$, 可通过其 "不合" (disagreement)来度量它们之间的差别:

$$d(h_1, h_2) = P_{\boldsymbol{x} \sim \mathcal{D}}(h_1(\boldsymbol{x}) \neq h_2(\boldsymbol{x})) . \tag{12.3}$$

我们会用到几个常用不等式:

- Jensen 不等式: 对任意凸函数 $f(x)$, 有

$$f\big(\mathbb{E}(x)\big) \leqslant \mathbb{E}\big(f(x)\big) . \tag{12.4}$$

- Hoeffding 不等式 [Hoeffding, 1963]: 若 $x_1, x_2, \ldots, x_m$ 为 m 个独立随机变量, 且满足 $0 \leqslant x_i \leqslant 1$, 则对任意 $\epsilon > 0$, 有

$$P\left(\frac{1}{m}\sum_{i=1}^{m} x_i - \frac{1}{m}\sum_{i=1}^{m}\mathbb{E}(x_i) \geqslant \epsilon\right) \leqslant \exp(-2m\epsilon^2) , \tag{12.5}$$

$$P\left(\left|\frac{1}{m}\sum_{i=1}^{m} x_i - \frac{1}{m}\sum_{i=1}^{m}\mathbb{E}(x_i)\right| \geqslant \epsilon\right) \leqslant 2\exp(-2m\epsilon^2) . \tag{12.6}$$

- McDiarmid 不等式 [McDiarmid, 1989]: 若 $x_1, x_2, \ldots, x_m$ 为 m 个独立随机变量, 且对任意 $1 \leqslant i \leqslant m$, 函数 f 满足

$$\sup_{x_1,\ldots,x_m,\, x_i'} |f(x_1,\ldots,x_m) - f(x_1,\ldots,x_{i-1},x_i',x_{i+1},\ldots,x_m)| \leqslant c_i ,$$

则对任意 $\epsilon > 0$, 有

$$P\left(f(x_1,\ldots,x_m) - \mathbb{E}(f(x_1,\ldots,x_m)) \geqslant \epsilon\right) \leqslant \exp\left(\frac{-2\epsilon^2}{\sum_i c_i^2}\right) , \tag{12.7}$$

$$P\left(|f(x_1,\ldots,x_m) - \mathbb{E}(f(x_1,\ldots,x_m))| \geqslant \epsilon\right) \leqslant 2\exp\left(\frac{-2\epsilon^2}{\sum_i c_i^2}\right) . \tag{12.8}$$

12.2 PAC学习

计算学习理论中最基本的是概率近似正确 (Probably Approximately Correct, 简称 PAC) 学习理论 [Valiant, 1984]. "概率近似正确" 这个名字看起来有点古怪, 我们稍后再解释.

令 c 表示 "概念" (concept), 这是从样本空间 $\mathcal{X}$ 到标记空间 $\mathcal{Y}$ 的映射, 它决定示例 $\boldsymbol{x}$ 的真实标记 y, 若对任何样例 $(\boldsymbol{x},y)$ 有 $c(\boldsymbol{x}) = y$ 成立, 则称 c 为目标概念; 所有我们希望学得的目标概念所构成的集合称为 "概念类" (concept class), 用符号 $\mathcal{C}$ 表示.

给定学习算法 $\mathfrak{L}$, 它所考虑的所有可能概念的集合称为 "假设空间" (hypothesis space), 用符号 $\mathcal{H}$ 表示. 由于学习算法事先并不知道概念类的真实存在, 因此 $\mathcal{H}$ 和 $\mathcal{C}$ 通常是不同的, 学习算法会把自认为可能的目标概

学习算法 $\mathfrak{L}$ 的假设空间不是 1.3 节所讨论的学习任务本身对应的假设空间.

念集中起来构成 $\mathcal{H}$, 对 $h \in \mathcal{H}$, 由于并不能确定它是否真是目标概念, 因此称为 "假设" (hypothesis). 显然, 假设 h 也是从样本空间 $\mathcal{X}$ 到标记空间 $\mathcal{Y}$ 的映射.

若目标概念 $c \in \mathcal{H}$, 则 $\mathcal{H}$ 中存在假设能将所有示例按与真实标记一致的方式完全分开, 我们称该问题对学习算法 $\mathfrak{L}$ 是 "可分的" (separable), 亦称 "一致的" (consistent); 若 $c \notin \mathcal{H}$, 则 $\mathcal{H}$ 中不存在任何假设能将所有示例完全正确分开, 称该问题对学习算法 $\mathfrak{L}$ 是 "不可分的" (non-separable), 亦称 "不一致的" (non-consistent).

给定训练集 D, 我们希望基于学习算法 $\mathfrak{L}$ 学得的模型所对应的假设 h 尽可能接近目标概念 c. 读者可能会问: 为什么不是希望精确地学到目标概念 c 呢? 这是由于机器学习过程受到很多因素的制约, 例如我们获得的训练集 D 往往仅包含有限数量的样例, 因此, 通常会存在一些在 D 上 "等效" 的假设, 学习算法对它们无法区别; 再如, 从分布 $\mathcal{D}$ 采样得到 D 的过程有一定偶然性, 可以想象, 即便对同样大小的不同训练集, 学得结果也可能有所不同. 因此, 我们是希望以比较大的把握学得比较好的模型, 也就是说, 以较大的概率学得误差满足预设上限的模型; 这就是 "概率" "近似正确" 的含义. 形式化地说, 令 $1 - \delta$ 表示置信度, 可定义:

参见 1.4 节.

一般来说, 训练样例越少, 采样偶然性越大.

定义 12.1 PAC 辨识 (PAC Identify): 对 $0 < \epsilon, \delta < 1$, 所有 $c \in \mathcal{C}$ 和分布 $\mathcal{D}$, 若存在学习算法 $\mathfrak{L}$, 其输出假设 $h \in \mathcal{H}$ 满足

$$P(E(h) \leqslant \epsilon) \geqslant 1 - \delta ,\tag{12.9}$$

则称学习算法 $\mathfrak{L}$ 能从假设空间 $\mathcal{H}$ 中 PAC 辨识概念类 $\mathcal{C}$.

这样的学习算法 $\mathfrak{L}$ 能以较大的概率 (至少 $1 - \delta$) 学得目标概念 c 的近似 (误差最多为 ϵ). 在此基础上可定义:

定义 12.2 PAC 可学习 (PAC Learnable): 令 m 表示从分布 $\mathcal{D}$ 中独立同分布采样得到的样例数目, $0 < \epsilon, \delta < 1$, 对所有分布 $\mathcal{D}$, 若存在学习算法 $\mathfrak{L}$ 和多项式函数 $\mathrm{poly}(\cdot, \cdot, \cdot, \cdot)$, 使得对于任何 $m \geqslant \mathrm{poly}(1/\epsilon, 1/\delta, \mathrm{size}(\boldsymbol{x}), \mathrm{size}(c))$, $\mathfrak{L}$ 能从假设空间 $\mathcal{H}$ 中 PAC 辨识概念类 $\mathcal{C}$, 则称概念类 $\mathcal{C}$ 对假设空间 $\mathcal{H}$ 而言是 PAC 可学习的, 有时也简称概念类 $\mathcal{C}$ 是 PAC 可学习的.

样例数目 m 与误差 ϵ、置信度 $1-\delta$、数据本身的复杂度 $\mathrm{size}(\boldsymbol{x})$、目标概念的复杂度 $\mathrm{size}(c)$ 都有关.

对计算机算法来说, 必然要考虑时间复杂度, 于是:

定义 12.3 PAC 学习算法 (PAC Learning Algorithm): 若学习算法 $\mathfrak{L}$ 使概念类 $\mathcal{C}$ 为 PAC 可学习的, 且 $\mathfrak{L}$ 的运行时间也是多项式函数 $\mathrm{poly}(1/\epsilon, 1/\delta, \mathrm{size}(\boldsymbol{x}), \mathrm{size}(c))$, 则称概念类 $\mathcal{C}$ 是高效 PAC 可学习 (efficiently PAC learnable) 的, 称 $\mathfrak{L}$ 为概念类 $\mathcal{C}$ 的 PAC 学习算法.

假定学习算法 $\mathfrak{L}$ 处理每个样本的时间为常数, 则 $\mathfrak{L}$ 的时间复杂度等价于样本复杂度. 于是, 我们对算法时间复杂度的关心就转化为对样本复杂度的关心:

定义 12.4 样本复杂度 (Sample Complexity): 满足 PAC 学习算法 $\mathfrak{L}$ 所需的 $m \geqslant \mathrm{poly}(1/\epsilon, 1/\delta, \mathrm{size}(\boldsymbol{x}), \mathrm{size}(c))$ 中最小的 m, 称为学习算法 $\mathfrak{L}$ 的样本复杂度.

显然, PAC 学习给出了一个抽象地刻画机器学习能力的框架, 基于这个框架能对很多重要问题进行理论探讨, 例如研究某任务在什么样的条件下可学得较好的模型? 某算法在什么样的条件下可进行有效的学习? 需多少训练样例才能获得较好的模型?

PAC 学习中一个关键因素是假设空间 $\mathcal{H}$ 的复杂度. $\mathcal{H}$ 包含了学习算法 $\mathfrak{L}$ 所有可能输出的假设, 若在 PAC 学习中假设空间与概念类完全相同, 即 $\mathcal{H} = \mathcal{C}$, 这称为 "恰 PAC 可学习" (properly PAC learnable); 直观地看, 这意味着学习算法的能力与学习任务 "恰好匹配". 然而, 这种让所有候选假设都来自概念类的要求看似合理, 但却并不实际, 因为在现实应用中我们对概念类 $\mathcal{C}$ 通常一无所知, 更别说获得一个假设空间与概念类恰好相同的学习算法. 显然, 更重要的是研究假设空间与概念类不同的情形, 即 $\mathcal{H} \neq \mathcal{C}$. 一般而言, $\mathcal{H}$ 越大, 其包含任意目标概念的可能性越大, 但从中找到某个具体目标概念的难度也越大. $|\mathcal{H}|$ 有限时, 我们称 $\mathcal{H}$ 为 "有限假设空间", 否则称为 "无限假设空间".

12.3 有限假设空间

12.3.1 可分情形

可分情形意味着目标概念 c 属于假设空间 $\mathcal{H}$, 即 $c \in \mathcal{H}$. 给定包含 m 个样例的训练集 D, 如何找出满足误差参数的假设呢?

容易想到一种简单的学习策略: 既然 D 中样例标记都是由目标概念 c 赋予的, 并且 c 存在于假设空间 $\mathcal{H}$ 中, 那么, 任何在训练集 D 上出现标记错误的假设肯定不是目标概念 c. 于是, 我们只需保留与 D 一致的假设, 剔除与 D 不一致的假设即可. 若训练集 D 足够大, 则可不断借助 D 中的样例剔除不一致的假设, 直到 $\mathcal{H}$ 中仅剩下一个假设为止, 这个假设就是目标概念 c. 通常情形下, 由于训练集规模有限, 假设空间 $\mathcal{H}$ 中可能存在不止一个与 D 一致的"等效"假设, 对这些等效假设, 无法根据 D 来对它们的优劣做进一步区分.

到底需多少样例才能学得目标概念 c 的有效近似呢? 对 PAC 学习来说, 只要训练集 D 的规模能使学习算法 $\mathfrak{L}$ 以概率 $1-\delta$ 找到目标假设的 ϵ 近似即可.

我们先估计泛化误差大于 ϵ 但在训练集上仍表现完美的假设出现的概率. 假定 h 的泛化误差大于 ϵ, 对分布 $\mathcal{D}$ 上随机采样而得的任何样例 $(\boldsymbol{x}, y)$, 有

$$
\begin{aligned}
P\big(h(\boldsymbol{x}) = y\big) &= 1 - P\big(h(\boldsymbol{x}) \neq y\big) \\
&= 1 - E(h) \\
&< 1 - \epsilon \,.
\end{aligned} \tag{12.10}
$$

由于 D 包含 m 个从 $\mathcal{D}$ 独立同分布采样而得的样例, 因此, h 与 D 表现一致的概率为

$$
\begin{aligned}
P\big((h(\boldsymbol{x}_1) = y_1) \wedge \ldots \wedge (h(\boldsymbol{x}_m) = y_m)\big) &= \big(1 - P\left(h\left(\boldsymbol{x}\right) \neq y\right)\big)^m \\
&< (1 - \epsilon)^m \,.
\end{aligned} \tag{12.11}
$$

我们事先并不知道学习算法 $\mathfrak{L}$ 会输出 $\mathcal{H}$ 中的哪个假设, 但仅需保证泛化误差大于 ϵ, 且在训练集上表现完美的所有假设出现概率之和不大于 δ 即可:

$$
\begin{aligned}
P\big(h \in \mathcal{H} : E(h) > \epsilon \wedge \widehat{E}(h) = 0\big) &< |\mathcal{H}|(1 - \epsilon)^m \\
&< |\mathcal{H}|e^{-m\epsilon} \,,
\end{aligned} \tag{12.12}
$$

令式(12.12)不大于 δ, 即

$$
|\mathcal{H}|e^{-m\epsilon} \leqslant \delta \,, \tag{12.13}
$$

可得

$$
m \geqslant \frac{1}{\epsilon}\big(\ln|\mathcal{H}| + \ln\frac{1}{\delta}\big). \tag{12.14}
$$

由此可知, 有限假设空间 $\mathcal{H}$ 都是 PAC 可学习的, 所需的样例数目如式(12.14)所示, 输出假设 h 的泛化误差随样例数目的增多而收敛到 0, 收敛速率为 $O(\frac{1}{m})$.

12.3.2 不可分情形

对较为困难的学习问题, 目标概念 c 往往不存在于假设空间 $\mathcal{H}$ 中. 假定对于任何 $h \in \mathcal{H}$, $\widehat{E}(h) \neq 0$, 也就是说, $\mathcal{H}$ 中的任意一个假设都会在训练集上出现或多或少的错误. 由 Hoeffding 不等式易知:

引理 12.1 若训练集 D 包含 m 个从分布 $\mathcal{D}$ 上独立同分布采样而得的样例, $0 < \epsilon < 1$, 则对任意 $h \in \mathcal{H}$, 有

$$P\big(\widehat{E}(h) - E(h) \geqslant \epsilon\big) \leqslant \exp(-2m\epsilon^2) \,, \tag{12.15}$$

$$P\big(E(h) - \widehat{E}(h) \geqslant \epsilon\big) \leqslant \exp(-2m\epsilon^2) \,, \tag{12.16}$$

$$P\big(\big|E(h) - \widehat{E}(h)\big| \geqslant \epsilon\big) \leqslant 2\exp(-2m\epsilon^2) \,. \tag{12.17}$$

推论 12.1 若训练集 D 包含 m 个从分布 $\mathcal{D}$ 上独立同分布采样而得的样例, $0 < \epsilon < 1$, 则对任意 $h \in \mathcal{H}$, 式(12.18)以至少 $1 - \delta$ 的概率成立:

$$\widehat{E}(h) - \sqrt{\frac{\ln(2/\delta)}{2m}} \leqslant E(h) \leqslant \widehat{E}(h) + \sqrt{\frac{\ln(2/\delta)}{2m}} \,. \tag{12.18}$$

推论 12.1表明, 样例数目 m 较大时, h 的经验误差是其泛化误差很好的近似. 对于有限假设空间 $\mathcal{H}$, 我们有

定理 12.1 若 $\mathcal{H}$ 为有限假设空间, $0 < \delta < 1$, 则对任意 $h \in \mathcal{H}$, 有

$$P\left(\big|E(h) - \widehat{E}(h)\big| \leqslant \sqrt{\frac{\ln|\mathcal{H}| + \ln(2/\delta)}{2m}}\right) \geqslant 1 - \delta \,. \tag{12.19}$$

证明 令 $h_1, h_2, \ldots, h_{|\mathcal{H}|}$ 表示假设空间 $\mathcal{H}$ 中的假设, 有

$$\begin{aligned}
&P\big(\exists h \in \mathcal{H} : \big|E(h) - \widehat{E}(h)\big| > \epsilon\big) \\
={}&P\Big(\big(\big|E_{h_1} - \widehat{E}_{h_1}\big| > \epsilon\big) \vee \ldots \vee \big(\big|E_{h_{|\mathcal{H}|}} - \widehat{E}_{h_{|\mathcal{H}|}}\big| > \epsilon\big)\Big) \\
\leqslant{}&\sum_{h \in \mathcal{H}} P\big(\big|E(h) - \widehat{E}(h)\big| > \epsilon\big) \,,
\end{aligned}$$

由式(12.17)可得

$$\sum_{h \in \mathcal{H}} P\big(\big|E(h) - \widehat{E}(h)\big| > \epsilon\big) \leqslant 2|\mathcal{H}|\exp(-2m\epsilon^2) \,,$$

于是, 令 $\delta = 2|\mathcal{H}|\exp(-2m\epsilon^2)$ 即可得式(12.19). ∎

显然, 当 $c \notin \mathcal{H}$ 时, 学习算法 $\mathfrak{L}$ 无法学得目标概念 c 的 ϵ 近似. 但是, 当假设空间 $\mathcal{H}$ 给定时, 其中必存在一个泛化误差最小的假设, 找出此假设的 ϵ 近似也不失为一个较好的目标. $\mathcal{H}$ 中泛化误差最小的假设是 $\arg\min_{h\in\mathcal{H}} E(h)$, 于是, 以此为目标可将 PAC 学习推广到 $c \notin \mathcal{H}$ 的情况, 这称为 "不可知学习" (agnostic learning). 相应的, 我们有

即在 $\mathcal{H}$ 的所有假设中找出最好的一个.

定义 12.5 不可知 PAC 可学习 (agnostic PAC learnable): 令 m 表示从分布 $\mathcal{D}$ 中独立同分布采样得到的样例数目, $0 < \epsilon, \delta < 1$, 对所有分布 $\mathcal{D}$, 若存在学习算法 $\mathfrak{L}$ 和多项式函数 $\mathrm{poly}(\cdot, \cdot, \cdot, \cdot)$, 使得对于任何 $m \geqslant \mathrm{poly}(1/\epsilon, 1/\delta, \mathrm{size}(\boldsymbol{x}), \mathrm{size}(c))$, $\mathfrak{L}$ 能从假设空间 $\mathcal{H}$ 中输出满足式(12.20)的假设 h:

$$P\big(E(h) - \min_{h'\in\mathcal{H}} E(h') \leqslant \epsilon\big) \geqslant 1 - \delta \ , \tag{12.20}$$

则称假设空间 $\mathcal{H}$ 是不可知 PAC 可学习的.

与 PAC 可学习类似, 若学习算法 $\mathfrak{L}$ 的运行时间也是多项式函数 $\mathrm{poly}(1/\epsilon, 1/\delta, \mathrm{size}(\boldsymbol{x}), \mathrm{size}(c))$, 则称假设空间 $\mathcal{H}$ 是高效不可知 PAC 可学习的, 学习算法 $\mathfrak{L}$ 则称为假设空间 $\mathcal{H}$ 的不可知 PAC 学习算法, 满足上述要求的最小 m 称为学习算法 $\mathfrak{L}$ 的样本复杂度.

12.4 VC维

现实学习任务所面临的通常是无限假设空间, 例如实数域中的所有区间、$\mathbb{R}^d$ 空间中的所有线性超平面. 欲对此种情形的可学习性进行研究, 需度量假设空间的复杂度. 最常见的办法是考虑假设空间的 "VC维" (Vapnik-Chervonenkis dimension) [Vapnik and Chervonenkis, 1971].

介绍 VC 维之前, 我们先引入几个概念: 增长函数 (growth function)、对分 (dichotomy) 和打散 (shattering).

给定假设空间 $\mathcal{H}$ 和示例集 $D = \{\boldsymbol{x}_1, \boldsymbol{x}_2, \ldots, \boldsymbol{x}_m\}$, $\mathcal{H}$ 中每个假设 h 都能对 D 中示例赋予标记, 标记结果可表示为

$$h|_D = \big\{\big(h(\boldsymbol{x}_1), h(\boldsymbol{x}_2), \ldots, h(\boldsymbol{x}_m)\big)\big\}.$$

例如, 对二分类问题, 若 D 中只有 2 个示例, 则赋予标记的可能结果只有 4 种; 若有 3 个示例, 则可能结果有 8 种.

$\mathbb{N}$ 为自然数域.

随着 m 的增大, $\mathcal{H}$ 中所有假设对 D 中的示例所能赋予标记的可能结果数也会增大.

定义 12.6　对所有 $m \in \mathbb{N}$, 假设空间 $\mathcal{H}$ 的增长函数 $\Pi_{\mathcal{H}}(m)$ 为

$$\Pi_{\mathcal{H}}(m) = \max_{\{\boldsymbol{x}_1,\ldots,\boldsymbol{x}_m\} \subseteq \mathcal{X}} \left| \left\{ (h(\boldsymbol{x}_1),\ldots,h(\boldsymbol{x}_m)) \mid h \in \mathcal{H} \right\} \right| . \tag{12.21}$$

增长函数 $\Pi_{\mathcal{H}}(m)$ 表示假设空间 $\mathcal{H}$ 对 m 个示例所能赋予标记的最大可能结果数. 显然, $\mathcal{H}$ 对示例所能赋予标记的可能结果数越大, $\mathcal{H}$ 的表示能力越强, 对学习任务的适应能力也越强. 因此, 增长函数描述了假设空间 $\mathcal{H}$ 的表示能力, 由此反映出假设空间的复杂度. 我们可利用增长函数来估计经验误差与泛化误差之间的关系:

定理 12.2　对假设空间 $\mathcal{H}$, $m \in \mathbb{N}$, $0 < \epsilon < 1$ 和任意 $h \in \mathcal{H}$ 有

证明过程参阅[Vapnik and Chervonenkis, 1971].

$$P\big(|E(h) - \widehat{E}(h)| > \epsilon\big) \leqslant 4\Pi_{\mathcal{H}}(2m) \exp\big(-\frac{m\epsilon^2}{8}\big). \tag{12.22}$$

假设空间 $\mathcal{H}$ 中不同的假设对于 D 中示例赋予标记的结果可能相同, 也可能不同; 尽管 $\mathcal{H}$ 可能包含无穷多个假设, 但其对 D 中示例赋予标记的可能结果数是有限的: 对 m 个示例, 最多有 2^m 个可能结果. 对二分类问题来说, $\mathcal{H}$ 中的假设对 D 中示例赋予标记的每种可能结果称为对 D 的一种 "对分". 若假设空间 $\mathcal{H}$ 能实现示例集 D 上的所有对分, 即 $\Pi_{\mathcal{H}}(m) = 2^m$, 则称示例集 D 能被假设空间 $\mathcal{H}$ "打散".

每个假设会把 D 中示例分为两类, 因此称为对分.

现在我们可以正式定义 VC 维了:

定义 12.7　假设空间 $\mathcal{H}$ 的 VC 维是能被 $\mathcal{H}$ 打散的最大示例集的大小, 即

$$\mathrm{VC}(\mathcal{H}) = \max\{m : \Pi_{\mathcal{H}}(m) = 2^m\} . \tag{12.23}$$

$\mathrm{VC}(\mathcal{H}) = d$ 表明存在大小为 d 的示例集能被假设空间 $\mathcal{H}$ 打散. 注意: 这并不意味着所有大小为 d 的示例集都能被假设空间 $\mathcal{H}$ 打散. 细心的读者可能已发现, VC 维的定义与数据分布 $\mathcal{D}$ 无关! 因此, 在数据分布未知时仍能计算出假设空间 $\mathcal{H}$ 的 VC 维.

通常这样来计算 $\mathcal{H}$ 的 VC 维: 若存在大小为 d 的示例集能被 $\mathcal{H}$ 打散, 但不存在任何大小为 $d+1$ 的示例集能被 $\mathcal{H}$ 打散, 则 $\mathcal{H}$ 的 VC 维是 d. 下面给出两个计算 VC 维的例子:

例 12.1 实数域中的区间 $[a,b]$: 令 $\mathcal{H}$ 表示实数域中所有闭区间构成的集合 $\{h_{[a,b]} : a,b \in \mathbb{R}, a \leqslant b\}$, $\mathcal{X} = \mathbb{R}$. 对 $x \in \mathcal{X}$, 若 $x \in [a,b]$, 则 $h_{[a,b]}(x) = +1$, 否则 $h_{[a,b]}(x) = -1$. 令 $x_1 = 0.5$, $x_2 = 1.5$, 则假设空间 $\mathcal{H}$ 中存在假设 $\{h_{[0,1]}, h_{[0,2]}, h_{[1,2]}, h_{[2,3]}\}$ 将 $\{x_1, x_2\}$ 打散, 所以假设空间 $\mathcal{H}$ 的 VC 维至少为 2; 对任意大小为 3 的示例集 $\{x_3, x_4, x_5\}$, 不妨设 $x_3 < x_4 < x_5$, 则 $\mathcal{H}$ 中不存在任何假设 $h_{[a,b]}$ 能实现对分结果 $\{(x_3, +), (x_4, -), (x_5, +)\}$. 于是, $\mathcal{H}$ 的 VC 维为 2.

例 12.2 二维实平面上的线性划分: 令 $\mathcal{H}$ 表示二维实平面上所有线性划分构成的集合, $\mathcal{X} = \mathbb{R}^2$. 由图 12.1 可知, 存在大小为 3 的示例集可被 $\mathcal{H}$ 打散, 但不存在大小为 4 的示例集可被 $\mathcal{H}$ 打散. 于是, 二维实平面上所有线性划分构成的假设空间 $\mathcal{H}$ 的 VC 维为 3.

存在这样的集合, 其 $2^3 = 8$ 种对分均可被线性划分实现

(a) 示例集大小为 3

对任何集合, 其 $2^4 = 16$ 种对分中至少有一种不能被线性划分实现

(b) 示例集大小为 4

图 12.1 二维实平面上所有线性划分构成的假设空间的 VC 维为 3

由定义 12.7 可知, VC 维与增长函数有密切联系, 引理 12.2 给出了二者之间的定量关系 [Sauer, 1972]:

亦称 "Sauer引理".

引理 12.2 若假设空间 $\mathcal{H}$ 的 VC 维为 d, 则对任意 $m \in \mathbb{N}$ 有

$$\Pi_{\mathcal{H}}(m) \leqslant \sum_{i=0}^{d} \binom{m}{i}. \tag{12.24}$$

证明 由数学归纳法证明. 当 $m = 1$, $d = 0$ 或 $d = 1$ 时, 定理成立. 假设定理对 $(m-1, d-1)$ 和 $(m-1, d)$ 成立. 令 $D = \{\boldsymbol{x}_1, \boldsymbol{x}_2, \ldots, \boldsymbol{x}_m\}$, $D' = \{\boldsymbol{x}_1, \boldsymbol{x}_2, \ldots, \boldsymbol{x}_{m-1}\}$,

$$\mathcal{H}_{|D} = \left\{ (h(\boldsymbol{x}_1), h(\boldsymbol{x}_2), \ldots, h(\boldsymbol{x}_m)) \mid h \in \mathcal{H} \right\},$$

$$\mathcal{H}_{|D'} = \left\{ (h(\boldsymbol{x}_1), h(\boldsymbol{x}_2), \ldots, h(\boldsymbol{x}_{m-1})) \mid h \in \mathcal{H} \right\}.$$

任何假设 $h \in \mathcal{H}$ 对 $\boldsymbol{x}_m$ 的分类结果或为 $+1$, 或为 -1, 因此任何出现在

$\mathcal{H}_{|D'}$ 中的串都会在 $\mathcal{H}_{|D}$ 中出现一次或两次. 令 $\mathcal{H}_{D'|D}$ 表示在 $\mathcal{H}_{|D}$ 中出现两次的 $\mathcal{H}_{|D'}$ 中串组成的集合, 即

$$\mathcal{H}_{D'|D} = \big\{ (y_1, y_2, \ldots, y_{m-1}) \in \mathcal{H}_{|D'} \mid \exists h, h^{'} \in \mathcal{H},$$
$$\big(h(\boldsymbol{x}_i) = h^{'}(\boldsymbol{x}_i) = y_i \big) \wedge \big(h(\boldsymbol{x}_m) \neq h^{'}(\boldsymbol{x}_m) \big), 1 \leqslant i \leqslant m-1 \big\}.$$

考虑到 $\mathcal{H}_{D'|D}$ 中的串在 $\mathcal{H}_{|D}$ 中出现了两次, 但在 $\mathcal{H}_{|D'}$ 中仅出现了一次, 有

$$|\mathcal{H}_{|D}| = |\mathcal{H}_{|D'}| + |\mathcal{H}_{D'|D}|. \tag{12.25}$$

D' 的大小为 $m-1$, 由假设可得

$$|\mathcal{H}_{|D'}| \leqslant \Pi_{\mathcal{H}}(m-1) \leqslant \sum_{i=0}^{d} \binom{m-1}{i}. \tag{12.26}$$

令 Q 表示能被 $\mathcal{H}_{D'|D}$ 打散的集合, 由 $\mathcal{H}_{D'|D}$ 定义可知 $Q \cup \{\boldsymbol{x}_m\}$ 必能被 $\mathcal{H}_{|D}$ 打散. 由于 $\mathcal{H}$ 的 VC 维为 d, 因此 $\mathcal{H}_{D'|D}$ 的 VC 维最大为 $d-1$, 于是有

$$|\mathcal{H}_{D'|D}| \leqslant \Pi_{\mathcal{H}}(m-1) \leqslant \sum_{i=0}^{d-1} \binom{m-1}{i}. \tag{12.27}$$

由式(12.25)~(12.27)可得

$$\binom{m-1}{-1} = 0.$$

$$\begin{aligned} |\mathcal{H}_{|D}| &\leqslant \sum_{i=0}^{d} \binom{m-1}{i} + \sum_{i=0}^{d-1} \binom{m-1}{i} \\ &= \sum_{i=0}^{d} \left(\binom{m-1}{i} + \binom{m-1}{i-1} \right) \\ &= \sum_{i=0}^{d} \binom{m}{i}, \end{aligned}$$

由集合 D 的任意性, 引理 12.2 得证.   ∎

从引理 12.2 可计算出增长函数的上界:

推论 12.2 若假设空间 $\mathcal{H}$ 的 VC 维为 d, 则对任意整数 $m \geqslant d$ 有

e 为自然常数.

$$\Pi_{\mathcal{H}}(m) \leqslant \left(\frac{e \cdot m}{d} \right)^d. \tag{12.28}$$

证明

$$\Pi_{\mathcal{H}}(m) \leqslant \sum_{i=0}^{d} \binom{m}{i}$$

$$\leqslant \sum_{i=0}^{d} \binom{m}{i} \left(\frac{m}{d}\right)^{d-i}$$

$$= \left(\frac{m}{d}\right)^d \sum_{i=0}^{d} \binom{m}{i} \left(\frac{d}{m}\right)^i$$

$$\leqslant \left(\frac{m}{d}\right)^d \sum_{i=0}^{m} \binom{m}{i} \left(\frac{d}{m}\right)^i$$

$$= \left(\frac{m}{d}\right)^d \left(1 + \frac{d}{m}\right)^m$$

$$\leqslant \left(\frac{e \cdot m}{d}\right)^d$$

$m \geqslant d.$

■

根据推论 12.2 和定理 12.2 可得基于 VC 维的泛化误差界:

定理 12.3 若假设空间 $\mathcal{H}$ 的 VC 维为 d, 则对任意 $m > d$, $0 < \delta < 1$ 和 $h \in \mathcal{H}$ 有

$$P\left(\left| E(h) - \hat{E}(h) \right| \leqslant \sqrt{\frac{8d \ln \frac{2em}{d} + 8 \ln \frac{4}{\delta}}{m}} \right) \geqslant 1 - \delta . \tag{12.29}$$

证明 令 $4\,\Pi_{\mathcal{H}}(2m) \exp(-\frac{m\epsilon^2}{8}) \leqslant 4(\frac{2em}{d})^d \exp(-\frac{m\epsilon^2}{8}) = \delta$, 解得

$$\epsilon = \sqrt{\frac{8d \ln \frac{2em}{d} + 8 \ln \frac{4}{\delta}}{m}} ,$$

代入定理 12.2, 于是定理 12.3 得证.

■

由定理 12.3 可知, 式(12.29)的泛化误差界只与样例数目 m 有关, 收敛速率为 $O(\frac{1}{\sqrt{m}})$, 与数据分布 $\mathcal{D}$ 和样例集 D 无关. 因此, 基于 VC 维的泛化误差界是分布无关 (distribution-free)、数据独立 (data-independent) 的.

令 h 表示学习算法 $\mathfrak{L}$ 输出的假设, 若 h 满足

$$\widehat{E}(h) = \min_{h' \in \mathcal{H}} \widehat{E}(h') ,\tag{12.30}$$

则称 $\mathfrak{L}$ 为满足经验风险最小化 (Empirical Risk Minimization, 简称 ERM) 原则的算法. 我们有下面的定理:

定理 12.4   任何 VC 维有限的假设空间 $\mathcal{H}$ 都是(不可知) PAC 可学习的.

证明   假设 $\mathfrak{L}$ 为满足经验风险最小化原则的算法, h 为学习算法 $\mathfrak{L}$ 输出的假设. 令 g 表示 $\mathcal{H}$ 中具有最小泛化误差的假设, 即

$$E(g) = \min_{h \in \mathcal{H}} E(h) .\tag{12.31}$$

令

$$\delta' = \frac{\delta}{2} ,$$

$$\sqrt{\frac{(\ln 2/\delta')}{2m}} = \frac{\epsilon}{2} ,\tag{12.32}$$

由推论 12.1 可知

$$\widehat{E}(g) - \frac{\epsilon}{2} \leqslant E(g) \leqslant \widehat{E}(g) + \frac{\epsilon}{2}\tag{12.33}$$

至少以 $1 - \delta/2$ 的概率成立. 令

$$\sqrt{\frac{8d \ln \frac{2em}{d} + 8 \ln \frac{4}{\delta'}}{m}} = \frac{\epsilon}{2} ,\tag{12.34}$$

则由定理 12.3 可知

$$P\left(E(h) - \widehat{E}(h) \leqslant \frac{\epsilon}{2}\right) \geqslant 1 - \frac{\delta}{2} .\tag{12.35}$$

从而可知

$$\begin{aligned}
E(h) - E(g) &\leqslant \widehat{E}(h) + \frac{\epsilon}{2} - \left(\widehat{E}(g) - \frac{\epsilon}{2}\right) \\
&= \widehat{E}(h) - \widehat{E}(g) + \epsilon \\
&\leqslant \epsilon
\end{aligned}$$

以至少 $1 - \delta$ 的概率成立. 由式(12.32)和(12.34)可以解出 m, 再由 $\mathcal{H}$ 的任意性可知定理 12.4 得证. ∎

12.5 Rademacher复杂度

12.4 节提到, 基于 VC 维的泛化误差界是分布无关、数据独立的, 也就是说, 对任何数据分布都成立. 这使得基于 VC 维的可学习性分析结果具有一定的"普适性"; 但从另一方面来说, 由于没有考虑数据自身, 基于 VC 维得到的泛化误差界通常比较"松", 对那些与学习问题的典型情况相差甚远的较"坏"分布来说尤其如此.

Rademacher 复杂度 (Rademacher complexity) 是另一种刻画假设空间复杂度的途径, 与 VC 维不同的是, 它在一定程度上考虑了数据分布.

这个名字是为了纪念德国数学家H. Rademacher (1892–1969).

给定训练集 $D = \{(\boldsymbol{x}_1, y_1), (\boldsymbol{x}_2, y_2), \ldots, (\boldsymbol{x}_m, y_m)\}$, 假设 h 的经验误差为

$$
\begin{aligned}
\widehat{E}(h) &= \frac{1}{m} \sum_{i=1}^{m} \mathbb{I}(h(\boldsymbol{x}_i) \neq y_i) \\
&= \frac{1}{m} \sum_{i=1}^{m} \frac{1 - y_i h(\boldsymbol{x}_i)}{2} \\
&= \frac{1}{2} - \frac{1}{2m} \sum_{i=1}^{m} y_i h(\boldsymbol{x}_i) \,,
\end{aligned}
\tag{12.36}
$$

其中 $\frac{1}{m} \sum_{i=1}^{m} y_i h(\boldsymbol{x}_i)$ 体现了预测值 $h(\boldsymbol{x}_i)$ 与样例真实标记 y_i 之间的一致性, 若对于所有 $i \in \{1, 2, \ldots, m\}$ 都有 $h(\boldsymbol{x}_i) = y_i$, 则 $\frac{1}{m} \sum_{i=1}^{m} y_i h(\boldsymbol{x}_i)$ 取最大值 1. 也就是说, 经验误差最小的假设是

$$
\arg\max_{h \in \mathcal{H}} \frac{1}{m} \sum_{i=1}^{m} y_i h(\boldsymbol{x}_i) \,.
\tag{12.37}
$$

然而, 现实任务中样例的标记有时会受到噪声影响, 即对某些样例 $(\boldsymbol{x}_i, y_i)$, 其 y_i 或许已受到随机因素的影响, 不再是 $\boldsymbol{x}_i$ 的真实标记. 在此情形下, 选择假设空间 $\mathcal{H}$ 中在训练集上表现最好的假设, 有时还不如选择 $\mathcal{H}$ 中事先已考虑了随机噪声影响的假设.

考虑随机变量 σ_i, 它以 0.5 的概率取值 -1, 0.5 的概率取值 $+1$, 称为

Rademacher 随机变量. 基于 σ_i, 可将式(12.37)重写为

$\mathcal{H}$ 是无限假设空间, 有
可能取不到最大值, 因此
使用上确界代替最大值.

$$\sup_{h\in\mathcal{H}} \frac{1}{m}\sum_{i=1}^{m}\sigma_i h(\boldsymbol{x}_i) \ . \tag{12.38}$$

考虑 $\mathcal{H}$ 中的所有假设, 对式(12.38)取期望可得

$$\mathbb{E}_{\boldsymbol{\sigma}}\Big[\sup_{h\in\mathcal{H}} \frac{1}{m}\sum_{i=1}^{m}\sigma_i h(\boldsymbol{x}_i)\Big] \ , \tag{12.39}$$

其中 $\boldsymbol{\sigma}=\{\sigma_1,\sigma_2,\dots,\sigma_m\}$. 式(12.39)的取值范围是 $[0,1]$, 它体现了假设空间 $\mathcal{H}$ 的表达能力, 例如, 当 $|\mathcal{H}|=1$ 时, $\mathcal{H}$ 中仅有一个假设, 这时可计算出式(12.39) 的值为 0; 当 $|\mathcal{H}|=2^m$ 且 $\mathcal{H}$ 能打散 D 时, 对任意 $\boldsymbol{\sigma}$ 总有一个假设使得 $h(\boldsymbol{x}_i)=\sigma_i$ $(i=1,2,\dots,m)$, 这时可计算出式(12.39)的值为 1.

考虑实值函数空间 $\mathcal{F}:\mathcal{Z}\to\mathbb{R}$. 令 $Z=\{\boldsymbol{z}_1,\boldsymbol{z}_2,\dots,\boldsymbol{z}_m\}$, 其中 $\boldsymbol{z}_i\in\mathcal{Z}$, 将式(12.39)中的 $\mathcal{X}$ 和 $\mathcal{H}$ 替换为 $\mathcal{Z}$ 和 $\mathcal{F}$ 可得

定义 12.8 函数空间 $\mathcal{F}$ 关于 Z 的经验 Rademacher 复杂度

$$\widehat{R}_Z(\mathcal{F})=\mathbb{E}_{\boldsymbol{\sigma}}\Big[\sup_{f\in\mathcal{F}} \frac{1}{m}\sum_{i=1}^{m}\sigma_i f(\boldsymbol{z}_i)\Big] \ . \tag{12.40}$$

经验 Rademacher 复杂度衡量了函数空间 $\mathcal{F}$ 与随机噪声在集合 Z 中的相关性. 通常我们希望了解函数空间 $\mathcal{F}$ 在 $\mathcal{Z}$ 上关于分布 $\mathcal{D}$ 的相关性, 因此, 对所有从 $\mathcal{D}$ 独立同分布采样而得的大小为 m 的集合 Z 求期望可得

定义 12.9 函数空间 $\mathcal{F}$ 关于 $\mathcal{Z}$ 上分布 $\mathcal{D}$ 的 Rademacher 复杂度

$$R_m(\mathcal{F})=\mathbb{E}_{Z\subseteq\mathcal{Z}:|Z|=m}\Big[\widehat{R}_Z(\mathcal{F})\Big] \ . \tag{12.41}$$

基于 Rademacher 复杂度可得关于函数空间 $\mathcal{F}$ 的泛化误差界 [Mohri et al., 2012]:

定理 12.5 对实值函数空间 $\mathcal{F}:\mathcal{Z}\to[0,1]$, 根据分布 $\mathcal{D}$ 从 $\mathcal{Z}$ 中独立同分布采样得到示例集 $Z=\{\boldsymbol{z}_1,\boldsymbol{z}_2,\dots,\boldsymbol{z}_m\}$, $\boldsymbol{z}_i\in\mathcal{Z}$, $0<\delta<1$, 对任意 $f\in\mathcal{F}$, 以

至少 $1 - \delta$ 的概率有

$$\mathbb{E}\big[f(\boldsymbol{z})\big] \leqslant \frac{1}{m} \sum_{i=1}^{m} f(\boldsymbol{z}_i) + 2R_m(\mathcal{F}) + \sqrt{\frac{\ln(1/\delta)}{2m}} \ , \qquad (12.42)$$

$$\mathbb{E}\big[f(\boldsymbol{z})\big] \leqslant \frac{1}{m} \sum_{i=1}^{m} f(\boldsymbol{z}_i) + 2\widehat{R}_Z(\mathcal{F}) + 3\sqrt{\frac{\ln(2/\delta)}{2m}} \ . \qquad (12.43)$$

证明 令

$$\widehat{E}_Z(f) = \frac{1}{m} \sum_{i=1}^{m} f(\boldsymbol{z}_i) \ ,$$

$$\Phi(Z) = \sup_{f \in \mathcal{F}} \mathbb{E}\big[f\big] - \widehat{E}_Z(f) \ ,$$

同时, 令 Z' 为只与 Z 有一个示例不同的训练集, 不妨设 $\boldsymbol{z}_m \in Z$ 和 $\boldsymbol{z}'_m \in Z'$ 为不同示例, 可得

$$
\begin{aligned}
\Phi(Z') - \Phi(Z) &= \Big(\sup_{f \in \mathcal{F}} \mathbb{E}\big[f\big] - \widehat{E}_{Z'}(f) \Big) - \Big(\sup_{f \in \mathcal{F}} \mathbb{E}\big[f\big] - \widehat{E}_Z(f) \Big) \\
&\leqslant \sup_{f \in \mathcal{F}} \widehat{E}_Z(f) - \widehat{E}_{Z'}(f) \\
&= \sup_{f \in \mathcal{F}} \frac{f(\boldsymbol{z}_m) - f(\boldsymbol{z}'_m)}{m} \\
&\leqslant \frac{1}{m} \ .
\end{aligned}
$$

同理可得

$$\Phi(Z) - \Phi(Z') \leqslant \frac{1}{m} \ ,$$

$$|\Phi(Z) - \Phi(Z')| \leqslant \frac{1}{m} \ .$$

根据 McDiarmid 不等式(12.7)可知, 对任意 $\delta \in (0,1)$,

$$\Phi(Z) \leqslant \mathbb{E}_Z[\Phi(Z)] + \sqrt{\frac{\ln(1/\delta)}{2m}} \qquad (12.44)$$

以至少 $1-\delta$ 的概率成立. 下面来估计 $\mathbb{E}_Z[\Phi(Z)]$ 的上界:

$$\mathbb{E}_Z[\Phi(Z)] = \mathbb{E}_Z\Big[\sup_{f\in\mathcal{F}}\mathbb{E}[f] - \widehat{E}_Z(f)\Big]$$

$$= \mathbb{E}_Z\Big[\sup_{f\in\mathcal{F}}\mathbb{E}_{Z'}\big[\widehat{E}_{Z'}(f) - \widehat{E}_Z(f)\big]\Big]$$

利用 Jensen 不等式 (12.4) 和上确界函数的凸性.

$$\leqslant \mathbb{E}_{Z,Z'}\Big[\sup_{f\in\mathcal{F}}\widehat{E}_{Z'}(f) - \widehat{E}_Z(f)\Big]$$

$$= \mathbb{E}_{Z,Z'}\Big[\sup_{f\in\mathcal{F}}\frac{1}{m}\sum_{i=1}^{m}(f(\boldsymbol{z}'_i) - f(\boldsymbol{z}_i))\Big]$$

$$= \mathbb{E}_{\boldsymbol{\sigma},Z,Z'}\Big[\sup_{f\in\mathcal{F}}\frac{1}{m}\sum_{i=1}^{m}\sigma_i(f(\boldsymbol{z}'_i) - f(\boldsymbol{z}_i))\Big]$$

$$\leqslant \mathbb{E}_{\boldsymbol{\sigma},Z'}\Big[\sup_{f\in\mathcal{F}}\frac{1}{m}\sum_{i=1}^{m}\sigma_i f(\boldsymbol{z}'_i)\Big] + \mathbb{E}_{\boldsymbol{\sigma},Z}\Big[\sup_{f\in\mathcal{F}}\frac{1}{m}\sum_{i=1}^{m}-\sigma_i f(\boldsymbol{z}_i)\Big]$$

σ_i 与 $-\sigma_i$ 分布相同.

$$= 2\mathbb{E}_{\boldsymbol{\sigma},Z}\Big[\sup_{f\in\mathcal{F}}\frac{1}{m}\sum_{i=1}^{m}\sigma_i f(\boldsymbol{z}_i)\Big]$$

$$= 2R_m(\mathcal{F}) .$$

至此, 式(12.42)得证. 由定义 12.9 可知, 改变 Z 中的一个示例对 $\widehat{R}_Z(\mathcal{F})$ 的值所造成的改变最多为 $1/m$. 由 McDiarmid 不等式(12.7)可知,

$$R_m(\mathcal{F}) \leqslant \widehat{R}_Z(\mathcal{F}) + \sqrt{\frac{\ln(2/\delta)}{2m}} \tag{12.45}$$

以至少 $1-\delta/2$ 的概率成立. 再由式(12.44)可知,

$$\Phi(Z) \leqslant \mathbb{E}_Z[\Phi(Z)] + \sqrt{\frac{\ln(2/\delta)}{2m}}$$

以至少 $1-\delta/2$ 的概率成立. 于是,

$$\Phi(Z) \leqslant 2\widehat{R}_Z(\mathcal{F}) + 3\sqrt{\frac{\ln(2/\delta)}{2m}} \tag{12.46}$$

以至少 $1-\delta$ 的概率成立. 至此, 式(12.43)得证.   ∎

需注意的是, 定理 12.5 中的函数空间 $\mathcal{F}$ 是区间 $[0, 1]$ 上的实值函数, 因此定理 12.5 只适用于回归问题. 对二分类问题, 我们有下面的定理:

定理 12.6 对假设空间 $\mathcal{H}: \mathcal{X} \to \{-1, +1\}$, 根据分布 $\mathcal{D}$ 从 $\mathcal{X}$ 中独立同分布采样得到示例集 $D = \{\boldsymbol{x}_1, \boldsymbol{x}_2, \ldots, \boldsymbol{x}_m\}$, $\boldsymbol{x}_i \in \mathcal{X}$, $0 < \delta < 1$, 对任意 $h \in \mathcal{H}$, 以至少 $1 - \delta$ 的概率有

$$E(h) \leqslant \widehat{E}(h) + R_m(\mathcal{H}) + \sqrt{\frac{\ln(1/\delta)}{2m}} \,, \tag{12.47}$$

$$E(h) \leqslant \widehat{E}(h) + \widehat{R}_D(\mathcal{H}) + 3\sqrt{\frac{\ln(2/\delta)}{2m}} \,. \tag{12.48}$$

证明 对二分类问题的假设空间 $\mathcal{H}$, 令 $\mathcal{Z} = \mathcal{X} \times \{-1, +1\}$, 则 $\mathcal{H}$ 中的假设 h 变形为

$$f_h(\boldsymbol{z}) = f_h(\boldsymbol{x}, y) = \mathbb{I}(h(\boldsymbol{x}) \neq y) \,, \tag{12.49}$$

于是就可将值域为 $\{-1, +1\}$ 的假设空间 $\mathcal{H}$ 转化为值域为 $[0,1]$ 的函数空间 $\mathcal{F}_{\mathcal{H}} = \{f_h : h \in \mathcal{H}\}$. 由定义 12.8, 有

$$\begin{aligned}
\widehat{R}_Z(\mathcal{F}_{\mathcal{H}}) &= \mathbb{E}_{\boldsymbol{\sigma}}\Big[\sup_{f_h \in \mathcal{F}_{\mathcal{H}}} \frac{1}{m}\sum_{i=1}^m \sigma_i f_h(\boldsymbol{x}_i, y_i)\Big] \\
&= \mathbb{E}_{\boldsymbol{\sigma}}\Big[\sup_{h \in \mathcal{H}} \frac{1}{m}\sum_{i=1}^m \sigma_i \mathbb{I}(h(\boldsymbol{x}_i) \neq y_i)\Big] \\
&= \mathbb{E}_{\boldsymbol{\sigma}}\Big[\sup_{h \in \mathcal{H}} \frac{1}{m}\sum_{i=1}^m \sigma_i \frac{1 - y_i h(\boldsymbol{x}_i)}{2}\Big] \\
&= \frac{1}{2}\mathbb{E}_{\boldsymbol{\sigma}}\Big[\frac{1}{m}\sum_{i=1}^m \sigma_i + \sup_{h \in \mathcal{H}} \frac{1}{m}\sum_{i=1}^m \big(- y_i \sigma_i h(\boldsymbol{x}_i)\big)\Big] \\
&= \frac{1}{2}\mathbb{E}_{\boldsymbol{\sigma}}\Big[\sup_{h \in \mathcal{H}} \frac{1}{m}\sum_{i=1}^m \big(- y_i \sigma_i h(\boldsymbol{x}_i)\big)\Big] \\
&= \frac{1}{2}\mathbb{E}_{\boldsymbol{\sigma}}\Big[\sup_{h \in \mathcal{H}} \frac{1}{m}\sum_{i=1}^m \big(\sigma_i h(\boldsymbol{x}_i)\big)\Big] \\
&= \frac{1}{2}\widehat{R}_D(\mathcal{H}) \,. \tag{12.50}
\end{aligned}$$

$-y_i\sigma_i$ 与 σ_i 分布相同.

对式(12.50)求期望后可得

$$R_m(\mathcal{F}_{\mathcal{H}}) = \frac{1}{2}R_m(\mathcal{H}) \,. \tag{12.51}$$

由定理 12.5 和 式(12.50)~(12.51), 定理 12.6 得证. ∎

定理 12.6 给出了基于 Rademacher 复杂度的泛化误差界. 与定理 12.3 对比可知, 基于 VC 维的泛化误差界是分布无关、数据独立的, 而基于 Rademacher 复杂度的泛化误差界(12.47)与分布 $\mathcal{D}$ 有关, 式(12.48)与数据 D 有关. 换言之, 基于 Rademacher 复杂度的泛化误差界依赖于具体学习问题上的数据分布, 有点类似于为该学习问题 "量身定制" 的, 因此它通常比基于 VC 维的泛化误差界更紧一些.

值得一提的是, 关于 Rademacher 复杂度与增长函数, 有如下定理:

证明过程参阅 [Mohri et al., 2012].

定理 12.7   假设空间 $\mathcal{H}$ 的 Rademacher 复杂度 $R_m(\mathcal{H})$ 与增长函数 $\Pi_{\mathcal{H}}(m)$ 满足

$$R_m(\mathcal{H}) \leqslant \sqrt{\frac{2\ln \Pi_{\mathcal{H}}(m)}{m}} \ . \tag{12.52}$$

由式(12.47), (12.52)和推论 12.2 可得

$$E(h) \leqslant \widehat{E}(h) + \sqrt{\frac{2d\ln \frac{em}{d}}{m}} + \sqrt{\frac{\ln(1/\delta)}{2m}} \ , \tag{12.53}$$

也就是说, 我们从 Rademacher 复杂度和增长函数能推导出基于 VC 维的泛化误差界.

12.6 稳定性

无论是基于 VC 维还是 Rademacher 复杂度来推导泛化误差界, 所得到的结果均与具体学习算法无关, 对所有学习算法都适用. 这使得人们能够脱离具体学习算法的设计来考虑学习问题本身的性质, 但在另一方面, 若希望获得与算法有关的分析结果, 则需另辟蹊径. 稳定性 (stability) 分析是这方面一个值得关注的方向.

顾名思义, 算法的 "稳定性" 考察的是算法在输入发生变化时, 输出是否会随之发生较大的变化. 学习算法的输入是训练集, 因此下面我们先定义训练集的两种变化.

给定 $D = \{z_1 = (x_1, y_1), z_2 = (x_2, y_2), \ldots, z_m = (x_m, y_m)\}$, $x_i \in \mathcal{X}$ 是来自分布 $\mathcal{D}$ 的独立同分布示例, $y_i \in \{-1, +1\}$. 对假设空间 $\mathcal{H} : \mathcal{X} \to \{-1, +1\}$ 和学习算法 $\mathfrak{L}$, 令 $\mathfrak{L}_D \in \mathcal{H}$ 表示基于训练集 D 从假设空间 $\mathcal{H}$ 中学得的假设. 考虑 D 的以下变化:

- $D^{\setminus i}$ 表示移除 D 中第 i 个样例得到的集合

$$D^{\setminus i} = \{z_1, z_2, \ldots, z_{i-1}, z_{i+1}, \ldots, z_m\},$$

- D^i 表示替换 D 中第 i 个样例得到的集合

$$D^i = \{z_1, z_2, \ldots, z_{i-1}, z_i', z_{i+1}, \ldots, z_m\},$$

其中 $z_i' = (x_i', y_i')$, x_i' 服从分布 $\mathcal{D}$ 并独立于 D.

损失函数 $\ell(\mathfrak{L}_D(x), y): \mathcal{Y} \times \mathcal{Y} \to \mathbb{R}^+$ 刻画了假设 $\mathfrak{L}_D$ 的预测标记 $\mathfrak{L}_D(x)$ 与真实标记 y 之间的差别, 简记为 $\ell(\mathfrak{L}_D, z)$. 下面定义关于假设 $\mathfrak{L}_D$ 的几种损失.

- 泛化损失

$$\ell(\mathfrak{L}, \mathcal{D}) = \mathbb{E}_{x \in \mathcal{X}, z=(x,y)}\big[\ell(\mathfrak{L}_D, z)\big] . \tag{12.54}$$

- 经验损失

$$\widehat{\ell}(\mathfrak{L}, D) = \frac{1}{m}\sum_{i=1}^m \ell(\mathfrak{L}_D, z_i) . \tag{12.55}$$

- 留一(leave-one-out)损失

$$\ell_{loo}(\mathfrak{L}, D) = \frac{1}{m}\sum_{i=1}^m \ell(\mathfrak{L}_{D\setminus i}, z_i) . \tag{12.56}$$

下面定义算法的均匀稳定性 (uniform stability):

定义 12.10 对任何 $x \in \mathcal{X}$, $z = (x, y)$, 若学习算法 $\mathfrak{L}$ 满足

$$\big|\ell(\mathfrak{L}_D, z) - \ell(\mathfrak{L}_{D\setminus i}, z)\big| \leqslant \beta , \quad i = 1, 2, \ldots, m, \tag{12.57}$$

则称 $\mathfrak{L}$ 关于损失函数 ℓ 满足 β-均匀稳定性.

显然, 若算法 $\mathfrak{L}$ 关于损失函数 ℓ 满足 β-均匀稳定性, 则有

$$\big|\ell(\mathfrak{L}_D, z) - \ell(\mathfrak{L}_{D^i}, z)\big|$$
$$\leqslant \big|\ell(\mathfrak{L}_D, z) - \ell(\mathfrak{L}_{D\setminus i}, z)\big| + \big|\ell(\mathfrak{L}_{D^i}, z) - \ell(\mathfrak{L}_{D\setminus i}, z)\big|$$
$$\leqslant 2\beta ,$$

也就是说, 移除示例的稳定性包含替换示例的稳定性.

若损失函数 ℓ 有界, 即对所有 D 和 $\boldsymbol{z} = (\boldsymbol{x}, y)$ 有 $0 \leqslant \ell(\mathfrak{L}_D, \boldsymbol{z}) \leqslant M$, 则有 [Bousquet and Elisseeff, 2002]:

证明过程参阅 [Bousquet and Elisseeff, 2002].

定理 12.8 给定从分布 $\mathcal{D}$ 上 独立同分布采样得到的大小为 m 的示例集 D, 若学习算法 $\mathfrak{L}$ 满足关于损失函数 ℓ 的 β-均匀稳定性, 且损失函数 ℓ 的上界 为 M, $0 < \delta < 1$, 则对任意 $m \geqslant 1$, 以至少 $1 - \delta$ 的概率有

$$\ell(\mathfrak{L}, \mathcal{D}) \leqslant \widehat{\ell}(\mathfrak{L}, D) + 2\beta + (4m\beta + M)\sqrt{\frac{\ln(1/\delta)}{2m}} \,, \tag{12.58}$$

$$\ell(\mathfrak{L}, \mathcal{D}) \leqslant \ell_{loo}(\mathfrak{L}, D) + \beta + (4m\beta + M)\sqrt{\frac{\ln(1/\delta)}{2m}} \,. \tag{12.59}$$

定理 12.8 给出了基于稳定性分析推导出的学习算法 $\mathfrak{L}$ 学得假设的泛化误差界. 从式(12.58)可看出, 经验损失与泛化损失之间差别的收敛率为 $\beta\sqrt{m}$; 若 $\beta = O(\frac{1}{m})$, 则可保证收敛率为 $O(\frac{1}{\sqrt{m}})$. 与定理 12.3 和定理 12.6 比较可知, 这 与基于 VC 维和 Rademacher 复杂度得到的收敛率一致.

需注意, 学习算法的稳定性分析所关注的是 $\left|\widehat{\ell}(\mathfrak{L}, D) - \ell(\mathfrak{L}, \mathcal{D})\right|$, 而假设空 间复杂度分析所关注的是 $\sup_{h \in \mathcal{H}} \left|\widehat{E}(h) - E(h)\right|$; 也就是说, 稳定性分析不必考 虑假设空间中所有可能的假设, 只需根据算法自身的特性(稳定性)来讨论输出 假设 $\mathfrak{L}_D$ 的泛化误差界. 那么, 稳定性与可学习性之间有什么关系呢?

首先, 必须假设 $\beta\sqrt{m} \to 0$, 这样才能保证稳定的学习算法 $\mathfrak{L}$ 具有一定的泛 化能力, 即经验损失收敛于泛化损失, 否则可学习性无从谈起. 为便于计算, 我 们假定 $\beta = \frac{1}{m}$, 代入式(12.58)可得

$$\ell(\mathfrak{L}, \mathcal{D}) \leqslant \widehat{\ell}(\mathfrak{L}, D) + \frac{2}{m} + (4 + M)\sqrt{\frac{\ln(1/\delta)}{2m}} \,. \tag{12.60}$$

最小化经验误差和最小 化经验损失有时并不相同, 这是由于存在某些病态的 损失函数 ℓ 使得最小化经 验损失并不是最小化经 验误差. 为简化讨论, 本章假 定最小化经验损失的同时 会最小化经验误差.

对损失函数 ℓ, 若学习算法 $\mathfrak{L}$ 所输出的假设满足经验损失最小化, 则称算法 $\mathfrak{L}$ 满足经验风险最小化 (Empirical Risk Minimization) 原则, 简称算法是 ERM 的. 关于学习算法的稳定性和可学习性, 有如下定理:

定理 12.9 若学习算法 $\mathfrak{L}$ 是 ERM 且稳定的, 则假设空间 $\mathcal{H}$ 可学习.

证明 令 g 表示 $\mathcal{H}$ 中具有最小泛化损失的假设, 即

$$\ell(g, \mathcal{D}) = \min_{h \in \mathcal{H}} \ell(h, \mathcal{D}).$$

再令

$$\epsilon' = \frac{\epsilon}{2},$$

$$\frac{\delta}{2} = 2 \exp\left(-2m(\epsilon')^2\right),$$

由 Hoeffding 不等式(12.6)可知, 当 $m \geqslant \frac{2}{\epsilon^2} \ln \frac{4}{\delta}$ 时,

$$\left|\ell(g, \mathcal{D}) - \widehat{\ell}(g, D)\right| \leqslant \frac{\epsilon}{2}$$

以至少 $1 - \delta/2$ 的概率成立. 令式(12.60)中

$$\frac{2}{m} + (4 + M)\sqrt{\frac{\ln(2/\delta)}{2m}} = \frac{\epsilon}{2},$$

解得 $m = O\left(\frac{1}{\epsilon^2} \ln \frac{1}{\delta}\right)$ 使

$$\ell(\mathfrak{L}, \mathcal{D}) \leqslant \widehat{\ell}(\mathfrak{L}, D) + \frac{\epsilon}{2}$$

以至少 $1 - \delta/2$ 的概率成立. 从而可得

$$\begin{aligned}
\ell(\mathfrak{L}, \mathcal{D}) - \ell(g, \mathcal{D}) &\leqslant \widehat{\ell}(\mathfrak{L}, D) + \frac{\epsilon}{2} - \left(\widehat{\ell}(g, D) - \frac{\epsilon}{2}\right) \\
&\leqslant \widehat{\ell}(\mathfrak{L}, D) - \widehat{\ell}(g, D) + \epsilon \\
&\leqslant \epsilon
\end{aligned}$$

以至少 $1 - \delta$ 的概率成立. 定理 12.9 得证. ∎

对上面这个定理读者也许会纳闷, 为什么学习算法的稳定性能导出假设空间的可学习性? 学习算法和假设空间是两码事呀. 事实上, 要注意到稳定性与假设空间并非无关, 由稳定性的定义可知两者通过损失函数 ℓ 联系起来.

12.7 阅读材料

[Valiant, 1984] 提出 PAC 学习, 由此产生了"计算学习理论"这个机器学习的分支领域. [Kearns and Vazirani, 1994] 是一本很好的入门教材. 该领域最

重要的学术会议是国际计算学习理论会议 (COLT).

VC 维的名字就来自两
位作者的姓氏缩写.

VC 维由 [Vapnik and Chervonenkis, 1971] 提出, 它的出现使研究无限假设
空间的复杂度成为可能. Sauer 引理由于 [Sauer, 1972] 而命名, 但 [Vapnik and
Chervonenkis, 1971] 和 [Shelah, 1972] 也分别独立地推导出了该结果. 本章主要
讨论了二分类问题, 对多分类问题, 可将 VC 维扩展为 Natarajan 维 [Natarajan,
1989; Ben-David et al., 1995].

Rademacher 复杂度最早被 [Koltchinskii and Panchenko, 2000] 引入机器
学习, 由 [Bartlett and Mendelson, 2003] 而受到重视. [Bartlett et al., 2002] 提
出了局部 Rademacher 复杂度, 对噪声数据可推导出更紧的泛化误差界.

机器学习算法稳定性分析方面的研究始于 [Bousquet and Elisseeff, 2002]
的工作, 此后很多学者对稳定性与可学习性之间的关系进行了讨论, [Mukherjee
et al., 2006] 和 [Shalev-Shwartz et al., 2010] 证明了 ERM 稳定性与 ERM 可学
习性之间的等价关系; 但并非所有学习算法都是 ERM 的, 因此 [Shalev-Shwartz
et al., 2010] 进一步研究了 AERM (Asymptotical Empirical Risk Minimization)
稳定性与可学习性之间的关系.

本章介绍的内容都是关于确定性 (deterministic) 学习问题, 即对于每个示
例 x 都有一个确定的标记 y 与之对应; 大多数监督学习都属于确定性学习问题.
但还有一种随机性 (stochastic) 学习问题, 其中示例的标记可认为是属性的后
验概率函数, 而不再是简单确定地属于某一类. 随机性学习问题的泛化误差界
分析可参见 [Devroye et al., 1996].

习题

12.1 试证明 Jensen 不等式 (12.4).

12.2 试证明引理 12.1.

提示: 令 $\delta = 2e^{-2m\epsilon^2}$.   **12.3** 试证明推论 12.1.

12.4 试证明: $\mathbb{R}^d$ 空间中线性超平面构成的假设空间的 VC 维是 $d+1$.

12.5 试计算决策树桩假设空间的 VC 维.

12.6 试证明: 决策树分类器的假设空间 VC 维可以为无穷大.

12.7 试证明: 最近邻分类器的假设空间 VC 维为无穷大.

12.8 试证明常数函数 c 的 Rademacher 复杂度为 0.

12.9 给定函数空间 $\mathcal{F}_1$、$\mathcal{F}_2$, 试证明 Rademacher 复杂度 $R_m(\mathcal{F}_1 + \mathcal{F}_2) \leqslant R_m(\mathcal{F}_1) + R_m(\mathcal{F}_2)$.

12.10* 考虑定理 12.8, 试讨论通过交叉验证法来估计学习算法泛化能力的合理性.

参考文献

Bartlett, P. L., O. Bousquet, and S. Mendelson. (2002). "Localized Rademacher complexities." In *Proceedings of the 15th Annual Conference on Learning Theory (COLT)*, 44–58, Sydney, Australia.

Bartlett, P. L. and S. Mendelson. (2003). "Rademacher and Gaussian complexities: Risk bounds and structural results." *Journal of Machine Learning Research*, 3:463–482.

Ben-David, S., N. Cesa-Bianchi, D. Haussler, and P. M. Long. (1995). "Characterizations of learnability for classes of $\{0, \ldots, n\}$-valued functions." *Journal of Computer and System Sciences*, 50(1):74–86.

Bousquet, O. and A. Elisseeff. (2002). "Stability and generalization." *Journal of Machine Learning Research*, 2:499–526.

Devroye, L., L. Gyorfi, and G. Lugosi, eds. (1996). *A Probabilistic Theory of Pattern Recognition*. Springer, New York, NY.

Hoeffding, W. (1963). "Probability inequalities for sums of bounded random variables." *Journal of the American Statistical Association*, 58(301):13–30.

Kearns, M. J. and U. V. Vazirani. (1994). *An Introduction to Computational Learning Theory*. MIT Press, Cambridge, MA.

Koltchinskii, V. and D. Panchenko. (2000). "Rademacher processes and bounding the risk of function learning." In *High Dimensional Probability II* (E. Giné, D. M. Mason, and J. A. Wellner, eds.), 443–457, Birkhäuser Boston, Cambridge, MA.

McDiarmid, C. (1989). "On the method of bounded differences." *Surveys in Combinatorics*, 141(1):148–188.

Mohri, M., A. Rostamizadeh, and A. Talwalkar. (2012). *Foundations of Machine Learning*. MIT Press, Cambridge, MA.

Mukherjee, S., P. Niyogi, T. Poggio, and R. M. Rifkin. (2006). "Learning theory: Stability is sufficient for generalization and necessary and sufficient for consistency of empirical risk minimization." *Advances in Computational Mathematics*, 25(1-3):161–193.

Natarajan, B. K. (1989). "On learning sets and functions." *Machine Learning*, 4(1):67–97.

Sauer, N. (1972). "On the density of families of sets." *Journal of Combinatorial Theory - Series A*, 13(1):145–147.

Shalev-Shwartz, S., O. Shamir, N. Srebro, and K. Sridharan. (2010). "Learnability, stability and uniform convergence." *Journal of Machine Learning Research*, 11:2635–2670.

Shelah, S. (1972). "A combinatorial problem; stability and order for models and theories in infinitary languages." *Pacific Journal of Mathematics*, 41(1): 247–261.

Valiant, L. G. (1984). "A theory of the learnable." *Communications of the ACM*, 27(11):1134–1142.

Vapnik, V. N. and A. Chervonenkis. (1971). "On the uniform convergence of relative frequencies of events to their probabilities." *Theory of Probability and Its Applications*, 16(2):264–280.

休息一会儿

小故事：计算学习理论之父莱斯利·维利昂特

计算机科学的绝大多数分支领域中都既有理论研究，也有应用研究，但当人们说到"理论计算机科学"时，通常是指一个特定的研究领域——— TCS (Theoretical Computer Science)，它可看作计算机科学与数学的交叉，该领域中最著名的问题是"P?=NP".

计算学习理论是机器学习的一个分支，它可认为是机器学习与理论计算机科学的交叉. 提起计算学习理论，就必然要谈到英国计算机科学家莱斯利·维利昂特 (Leslie G. Valiant, 1949—   ). 维利昂特先后在剑桥大学国王学院、帝国理工学院学习，1974 年在华威大学获计算机科学博士学位，此后曾在卡耐基梅隆大学、利兹大学和爱丁堡大学任教，1982 年来到哈佛大学任计算机与应用数学讲席教授. 1984 年他在《ACM通讯》发表了论文 "A theory of the learnable". 这篇论文首次提出了 PAC 学习，从而开创了计算学习理论的研究. 2010 年 ACM 授予维利昂特图灵奖，以表彰他对 PAC 学习理论的开创性贡献，以及他对枚举和计算代数复杂性等其他一些理论计算机科学问题的重要贡献. 颁奖词特别指出，维利昂特在 1984 年发表的论文创立了计算学习理论这个研究领域，使机器学习有了坚实的数学基础，扫清了学科发展的障碍. 《ACM新闻》则以 "*ACM Turing Award Goes to Innovator in Machine Learning*" 为题对这位机器学习领域首位图灵奖得主的功绩大加褒扬.

第 13 章 半监督学习

13.1 未标记样本

我们在丰收季节来到瓜田, 满地都是西瓜, 瓜农抱来三四个瓜说这都是好瓜, 然后再指着地里的五六个瓜说这些还不好, 还需再生长若干天. 基于这些信息, 我们能否构建一个模型, 用于判别地里的哪些瓜是已该采摘的好瓜? 显然, 可将瓜农告诉我们的好瓜、不好的瓜分别作为正例和反例来训练一个分类器. 然而, 只用这不到十个瓜做训练样本, 有点太少了吧? 能不能把地里的那些瓜也用上呢?

形式化地看, 我们有训练样本集 $D_l = \{(\boldsymbol{x}_1, y_1), (\boldsymbol{x}_2, y_2), \ldots, (\boldsymbol{x}_l, y_l)\}$, 这 l 个样本的类别标记(即是否好瓜)已知, 称为 "有标记" (labeled)样本; 此外, 还有 $D_u = \{\boldsymbol{x}_{l+1}, \boldsymbol{x}_{l+2}, \ldots, \boldsymbol{x}_{l+u}\}$, $l \ll u$, 这 u 个样本的类别标记未知(即不知是否好瓜), 称为 "未标记" (unlabeled)样本. 若直接使用传统监督学习技术, 则仅有 D_l 能用于构建模型, D_u 所包含的信息被浪费了; 另一方面, 若 D_l 较小, 则由于训练样本不足, 学得模型的泛化能力往往不佳. 那么, 能否在构建模型的过程中将 D_u 利用起来呢?

一个简单的做法, 是将 D_u 中的示例全部标记后用于学习. 这就相当于请瓜农把地里的瓜全都检查一遍, 告诉我们哪些是好瓜, 哪些不是好瓜, 然后再用于模型训练. 显然, 这样做需耗费瓜农大量时间和精力. 有没有 "便宜" 一点的办法呢?

例如基于 D_l 训练一个 SVM, 挑选距离分类超平面最近的未标记样本来进行查询.

我们可以用 D_l 先训练一个模型, 拿这个模型去地里挑一个瓜, 询问瓜农好不好, 然后把这个新获得的有标记样本加入 D_l 中重新训练一个模型, 再去挑瓜, ……这样, 若每次都挑出对改善模型性能帮助大的瓜, 则只需询问瓜农比较少的瓜就能构建出比较强的模型, 从而大幅降低标记成本. 这样的学习方式称为 "主动学习" (active learning), 其目标是使用尽量少的 "查询" (query)来获得尽量好的性能.

即尽量少向瓜农询问.

显然, 主动学习引入了额外的专家知识, 通过与外界的交互来将部分未标记样本转变为有标记样本. 若不与专家交互, 没有获得额外信息, 还能利用未标记样本来提高泛化性能吗?

答案是 "Yes !", 有点匪夷所思?

事实上, 未标记样本虽未直接包含标记信息, 但若它们与有标记样本是从同样的数据源独立同分布采样而来, 则它们所包含的关于数据分布的信息对建立模型将大有裨益. 图 13.1 给出了一个直观的例示. 若仅基于图中的一个正例和一个反例, 则由于待判别样本恰位丁两者正中间, 大体上只能随机猜测; 若能观察到图中的未标记样本, 则将很有把握地判别为正例.

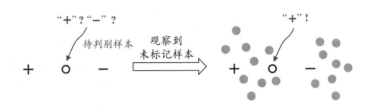

图 13.1   未标记样本效用的例示. 右边的灰色点表示未标记样本

让学习器不依赖外界交互、自动地利用未标记样本来提升学习性能, 就是半监督学习(semi-supervised learning). 半监督学习的现实需求非常强烈, 因为在现实应用中往往能容易地收集到大量未标记样本, 而获取"标记"却需耗费人力、物力. 例如, 在进行计算机辅助医学影像分析时, 可以从医院获得大量医学影像, 但若希望医学专家把影像中的病灶全都标识出来则是不现实的. "有标记数据少, 未标记数据多"这个现象在互联网应用中更明显, 例如在进行网页推荐时需请用户标记出感兴趣的网页, 但很少有用户愿花很多时间来提供标记, 因此, 有标记网页样本少, 但互联网上存在无数网页可作为未标记样本来使用. 半监督学习恰是提供了一条利用"廉价"的未标记样本的途径.

要利用未标记样本, 必然要做一些将未标记样本所揭示的数据分布信息与类别标记相联系的假设. 最常见的是"聚类假设"(cluster assumption), 即假设数据存在簇结构, 同一个簇的样本属于同一个类别. 图 13.1 就是基于聚类假设来利用未标记样本, 由于待预测样本与正例样本通过未标记样本的"撮合"聚在一起, 与相对分离的反例样本相比, 待判别样本更可能属于正类. 半监督学习中另一种常见的假设是"流形假设"(manifold assumption), 即假设数据分布在一个流形结构上,邻近的样本拥有相似的输出值. "邻近"程度常用"相似"程度来刻画, 因此, 流形假设可看作聚类假设的推广, 但流形假设对输出值没有限制, 因此比聚类假设的适用范围更广, 可用于更多类型的学习任务. 事实上, 无论聚类假设还是流形假设, 其本质都是"相似的样本拥有相似的输出"这个基本假设.

"流形"概念是流形学习的基础, 参见 10.5 节.

聚类假设考虑的是类别标记, 通常用于分类任务.

　　半监督学习可进一步划分为纯(pure)半监督学习和直推学习(transductive learning), 前者假定训练数据中的未标记样本并非待预测的数据, 而后者则假定学习过程中所考虑的未标记样本恰是待预测数据, 学习的目的就是在这些未标记样本上获得最优泛化性能. 换言之, 纯半监督学习是基于"开放世界"假设, 希望学得模型能适用于训练过程中未观察到的数据; 而直推学习是基于"封闭世界"假设, 仅试图对学习过程中观察到的未标记数据进行预测. 图 13.2 直观地显示出主动学习、纯半监督学习、直推学习的区别. 需注意的是, 纯半监督学习和直推学习常合称为半监督学习, 本书也采取这一态度, 在需专门区分时会特别说明.

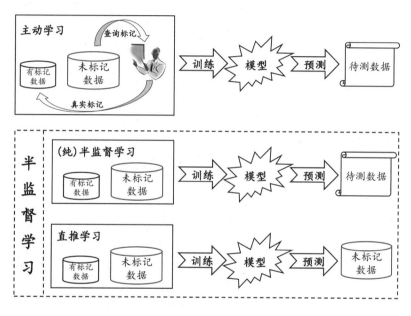

图 13.2 主动学习、(纯)半监督学习、直推学习

13.2 生成式方法

　　生成式方法(generative methods)是直接基于生成式模型的方法. 此类方法假设所有数据(无论是否有标记)都是由同一个潜在的模型"生成"的. 这个假设使得我们能通过潜在模型的参数将未标记数据与学习目标联系起来, 而未标记数据的标记则可看作模型的缺失参数, 通常可基于EM 算法进行极大似然估计求解. 此类方法的区别主要在于生成式模型的假设, 不同的模型假设将产生不同的方法.

EM 算法参见 7.6 节.

这个假设意味着混合成分与类别之间一一对应.

给定样本 $\boldsymbol{x}$, 其真实类别标记为 $y \in \mathcal{Y}$, 其中 $\mathcal{Y} = \{1, 2, \ldots, N\}$ 为所有可能的类别. 假设样本由高斯混合模型生成, 且每个类别对应一个高斯混合成分. 换言之, 数据样本是基于如下概率密度生成:

$$p(\boldsymbol{x}) = \sum_{i=1}^{N} \alpha_i \cdot p(\boldsymbol{x} \mid \boldsymbol{\mu}_i, \boldsymbol{\Sigma}_i) , \tag{13.1}$$

高斯混合模型参见 9.4 节.

其中, 混合系数 $\alpha_i \geqslant 0$, $\sum_{i=1}^{N} \alpha_i = 1$; $p(\boldsymbol{x} \mid \boldsymbol{\mu}_i, \boldsymbol{\Sigma}_i)$ 是样本 $\boldsymbol{x}$ 属于第 i 个高斯混合成分的概率; $\boldsymbol{\mu}_i$ 和 $\boldsymbol{\Sigma}_i$ 为该高斯混合成分的参数.

令 $f(\boldsymbol{x}) \in \mathcal{Y}$ 表示模型 f 对 $\boldsymbol{x}$ 的预测标记, $\Theta \in \{1, 2, \ldots, N\}$ 表示样本 $\boldsymbol{x}$ 隶属的高斯混合成分. 由最大化后验概率可知

$$\begin{aligned}
f(\boldsymbol{x}) &= \arg\max_{j \in \mathcal{Y}} p(y = j \mid \boldsymbol{x}) \\
&= \arg\max_{j \in \mathcal{Y}} \sum_{i=1}^{N} p(y = j, \Theta = i \mid \boldsymbol{x}) \\
&= \arg\max_{j \in \mathcal{Y}} \sum_{i=1}^{N} p(y = j \mid \Theta = i, \boldsymbol{x}) \cdot p(\Theta = i \mid \boldsymbol{x}) ,
\end{aligned} \tag{13.2}$$

其中

$$p(\Theta = i \mid \boldsymbol{x}) = \frac{\alpha_i \cdot p(\boldsymbol{x} \mid \boldsymbol{\mu}_i, \boldsymbol{\Sigma}_i)}{\sum\limits_{i=1}^{N} \alpha_i \cdot p(\boldsymbol{x} \mid \boldsymbol{\mu}_i, \boldsymbol{\Sigma}_i)} \tag{13.3}$$

为样本 $\boldsymbol{x}$ 由第 i 个高斯混合成分生成的后验概率, $p(y = j \mid \Theta = i, \boldsymbol{x})$ 为 $\boldsymbol{x}$ 由第 i 个高斯混合成分生成且其类别为 j 的概率. 由于假设每个类别对应一个高斯混合成分, 因此 $p(y = j \mid \Theta = i, \boldsymbol{x})$ 仅与样本 $\boldsymbol{x}$ 所属的高斯混合成分 Θ 有关, 可用 $p(y = j \mid \Theta = i)$ 代替. 不失一般性, 假定第 i 个类别对应于第 i 个高斯混合成分, 即 $p(y = j \mid \Theta = i) = 1$ 当且仅当 $i = j$, 否则 $p(y = j \mid \Theta = i) = 0$.

不难发现, 式(13.2)中估计 $p(y = j \mid \Theta = i, \boldsymbol{x})$ 需知道样本的标记, 因此仅能使用有标记数据; 而 $p(\Theta = i \mid \boldsymbol{x})$ 不涉及样本标记, 因此有标记和未标记数据均可利用, 通过引入大量的未标记数据, 对这一项的估计可望由于数据量的增长而更为准确, 于是式(13.2)整体的估计可能会更准确. 由此可清楚地看出未标记数据何以能辅助提高分类模型的性能.

给定有标记样本集 $D_l = \{(\boldsymbol{x}_1, y_1), (\boldsymbol{x}_2, y_2), \ldots, (\boldsymbol{x}_l, y_l)\}$ 和未标记样本集

半监督学习中通常假设
未标记样本数远大于有标
记样本数, 虽然此假设实
际并非必须.

$D_u = \{\boldsymbol{x}_{l+1}, \boldsymbol{x}_{l+2}, \ldots, \boldsymbol{x}_{l+u}\}$, $l \ll u$, $l + u = m$. 假设所有样本独立同分布, 且都是由同一个高斯混合模型生成的. 用极大似然法来估计高斯混合模型的参数 $\{(\alpha_i, \boldsymbol{\mu}_i, \boldsymbol{\Sigma}_i) \mid 1 \leqslant i \leqslant N\}$, $D_l \cup D_u$ 的对数似然是

$$LL(D_l \cup D_u) = \sum_{(\boldsymbol{x}_j, y_j) \in D_l} \ln \left(\sum_{i=1}^{N} \alpha_i \cdot p(\boldsymbol{x}_j \mid \boldsymbol{\mu}_i, \boldsymbol{\Sigma}_i) \cdot p(y_j \mid \Theta = i, \boldsymbol{x}_j) \right)$$

$$+ \sum_{\boldsymbol{x}_j \in D_u} \ln \left(\sum_{i=1}^{N} \alpha_i \cdot p(\boldsymbol{x}_j \mid \boldsymbol{\mu}_i, \boldsymbol{\Sigma}_i) \right) . \tag{13.4}$$

高斯混合模型聚类的
EM 算法参见 9.4 节.

式(13.4)由两项组成: 基于有标记数据 D_l 的有监督项和基于未标记数据 D_u 的无监督项. 显然, 高斯混合模型参数估计可用 EM 算法求解, 迭代更新式如下:

- E 步: 根据当前模型参数计算未标记样本 $\boldsymbol{x}_j$ 属于各高斯混合成分的概率

可通过有标记数据对模
型参数进行初始化.

$$\gamma_{ji} = \frac{\alpha_i \cdot p(\boldsymbol{x}_j \mid \boldsymbol{\mu}_i, \boldsymbol{\Sigma}_i)}{\sum\limits_{i=1}^{N} \alpha_i \cdot p(\boldsymbol{x}_j \mid \boldsymbol{\mu}_i, \boldsymbol{\Sigma}_i)} ; \tag{13.5}$$

- M 步: 基于 γ_{ji} 更新模型参数, 其中 l_i 表示第 i 类的有标记样本数目

$$\boldsymbol{\mu}_i = \frac{1}{\sum\limits_{\boldsymbol{x}_j \in D_u} \gamma_{ji} + l_i} \left(\sum_{\boldsymbol{x}_j \in D_u} \gamma_{ji} \boldsymbol{x}_j + \sum_{(\boldsymbol{x}_j, y_j) \in D_l \wedge y_j = i} \boldsymbol{x}_j \right) , \tag{13.6}$$

$$\boldsymbol{\Sigma}_i = \frac{1}{\sum\limits_{\boldsymbol{x}_j \in D_u} \gamma_{ji} + l_i} \left(\sum_{\boldsymbol{x}_j \in D_u} \gamma_{ji} (\boldsymbol{x}_j - \boldsymbol{\mu}_i)(\boldsymbol{x}_j - \boldsymbol{\mu}_i)^{\mathrm{T}} \right.$$

$$\left. + \sum_{(\boldsymbol{x}_j, y_j) \in D_l \wedge y_j = i} (\boldsymbol{x}_j - \boldsymbol{\mu}_i)(\boldsymbol{x}_j - \boldsymbol{\mu}_i)^{\mathrm{T}} \right) , \tag{13.7}$$

$$\alpha_i = \frac{1}{m} \left(\sum_{\boldsymbol{x}_j \in D_u} \gamma_{ji} + l_i \right) . \tag{13.8}$$

以上过程不断迭代直至收敛, 即可获得模型参数. 然后由式(13.3)和(13.2)就能对样本进行分类.

将上述过程中的高斯混合模型换成混合专家模型 [Miller and Uyar, 1997]、朴素贝叶斯模型 [Nigam et al., 2000] 等即可推导出其他的生成式半监督学习方

法. 此类方法简单, 易于实现, 在有标记数据极少的情形下往往比其他方法性能更好. 然而, 此类方法有一个关键: 模型假设必须准确, 即假设的生成式模型必须与真实数据分布吻合; 否则利用未标记数据反倒会降低泛化性能 [Cozman and Cohen, 2002]. 遗憾的是, 在现实任务中往往很难事先做出准确的模型假设, 除非拥有充分可靠的领域知识.

13.3 半监督SVM

SVM 参见第 6 章.

半监督支持向量机 (Semi-Supervised Support Vector Machine, 简称 S3VM) 是支持向量机在半监督学习上的推广. 在不考虑未标记样本时, 支持向量机试图找到最大间隔划分超平面, 而在考虑未标记样本后, S3VM 试图找到能将两类有标记样本分开, 且穿过数据低密度区域的划分超平面, 如图 13.3 所示, 这里的基本假设是 "低密度分隔" (low-density separation), 显然, 这是聚类假设在考虑了线性超平面划分后的推广.

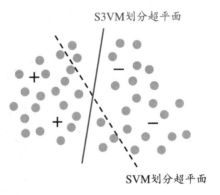

图 13.3 半监督支持向量机与低密度分隔 ("+" "−" 分别表示有标记的正、反例, 灰色点表示未标记样本)

半监督支持向量机中最著名的是 TSVM (Transductive Support Vector Machine) [Joachims, 1999]. 与标准 SVM 一样, TSVM 也是针对二分类问题的学习方法. TSVM 试图考虑对未标记样本进行各种可能的标记指派(label assignment), 即尝试将每个未标记样本分别作为正例或反例, 然后在所有这些结果中, 寻求一个在所有样本(包括有标记样本和进行了标记指派的未标记样本)上间隔最大化的划分超平面. 一旦划分超平面得以确定, 未标记样本的最终标记指派就是其预测结果.

形式化地说, 给定 $D_l = \{(\boldsymbol{x}_1, y_1), (\boldsymbol{x}_2, y_2), \ldots, (\boldsymbol{x}_l, y_l)\}$ 和 $D_u = \{\boldsymbol{x}_{l+1}, \boldsymbol{x}_{l+2}, \ldots, \boldsymbol{x}_{l+u}\}$, 其中 $y_i \in \{-1, +1\}$, $l \ll u$, $l + u = m$. TSVM 的学习目标是为 D_u 中的样本给出预测标记 $\hat{\boldsymbol{y}} = (\hat{y}_{l+1}, \hat{y}_{l+2}, \ldots, \hat{y}_{l+u})$, $\hat{y}_i \in \{-1, +1\}$, 使得

$$\min_{\boldsymbol{w}, b, \hat{\boldsymbol{y}}, \boldsymbol{\xi}} \quad \frac{1}{2}\|\boldsymbol{w}\|_2^2 + C_l \sum_{i=1}^{l} \xi_i + C_u \sum_{i=l+1}^{m} \xi_i \tag{13.9}$$

$$\text{s.t.} \quad y_i(\boldsymbol{w}^{\mathrm{T}}\boldsymbol{x}_i + b) \geqslant 1 - \xi_i, \ i = 1, 2, \ldots, l,$$
$$\hat{y}_i(\boldsymbol{w}^{\mathrm{T}}\boldsymbol{x}_i + b) \geqslant 1 - \xi_i, \ i = l+1, l+2, \ldots, m,$$
$$\xi_i \geqslant 0, \ i = 1, 2, \ldots, m,$$

其中, $(\boldsymbol{w}, b)$ 确定了一个划分超平面; $\boldsymbol{\xi}$ 为松弛向量, ξ_i $(i = 1, 2, \ldots, l)$ 对应于有标记样本, ξ_i $(i = l+1, l+2, \ldots, m)$ 对应于未标记样本; C_l 与 C_u 是由用户指定的用于平衡模型复杂度、有标记样本与未标记样本重要程度的折中参数.

显然, 尝试未标记样本的各种标记指派是一个穷举过程, 仅当未标记样本很少时才有可能直接求解. 在一般情形下, 必须考虑更高效的优化策略.

TSVM 采用局部搜索来迭代地寻找式(13.9)的近似解. 具体来说, 它先利用有标记样本学得一个 SVM, 即忽略式(13.9)中涉及 C_u 与 $\hat{\boldsymbol{y}}$ 的项及约束. 然后, 利用这个 SVM 对未标记数据进行标记指派(label assignment), 即将 SVM 预测的结果作为"伪标记"(pseudo-label)赋予未标记样本. 此时 $\hat{\boldsymbol{y}}$ 成为已知, 将其代入式(13.9)即得到一个标准 SVM 问题, 于是可求解出新的划分超平面和松弛向量; 注意到此时未标记样本的伪标记很可能不准确, 因此 C_u 要设置为比 C_l 小的值, 使有标记样本所起作用更大. 接下来, TSVM 找出两个标记指派为异类且很可能发生错误的未标记样本, 交换它们的标记, 再重新基于式(13.9)求解出更新后的划分超平面和松弛向量, 然后再找出两个标记指派为异类且很可能发生错误的未标记样本, ……标记指派调整完成后, 逐渐增大 C_u 以提高未标记样本对优化目标的影响, 进行下一轮标记指派调整, 直至 $C_u = C_l$ 为止. 此时求解得到的 SVM 不仅给未标记样本提供了标记, 还能对训练过程中未见的示例进行预测. TSVM 的算法描述如图 13.4 所示.

在对未标记样本进行标记指派及调整的过程中, 有可能出现类别不平衡问题, 即某类的样本远多于另一类, 这将对 SVM 的训练造成困扰. 为了减轻类别不平衡性所造成的不利影响, 可对图 13.4 的算法稍加改进: 将优化目标中的 C_u 项拆分为 C_u^+ 与 C_u^- 两项, 分别对应基于伪标记而当作正、反例使用的未标记样本, 并在初始化时令

类别不平衡问题及式(13.10)的缘由见 3.6 节.

输入: 有标记样本集 $D_l = \{(\boldsymbol{x}_1, y_1), (\boldsymbol{x}_2, y_2), \ldots, (\boldsymbol{x}_l, y_l)\}$;
　　　　未标记样本集 $D_u = \{\boldsymbol{x}_{l+1}, \boldsymbol{x}_{l+2}, \ldots, \boldsymbol{x}_{l+u}\}$;
　　　　折中参数 C_l, C_u.
过程:

1: 用 D_l 训练一个 SVM_l;
2: 用 SVM_l 对 D_u 中样本进行预测, 得到 $\hat{\boldsymbol{y}} = (\hat{y}_{l+1}, \hat{y}_{l+2}, \ldots, \hat{y}_{l+u})$;
3: 初始化 $C_u \ll C_l$;
4: **while** $C_u < C_l$ **do**
5: 　　基于 $D_l, D_u, \hat{\boldsymbol{y}}, C_l, C_u$ 求解式(13.9), 得到 $(\boldsymbol{w}, b), \boldsymbol{\xi}$;
6: 　　**while** $\exists\{i, j \mid (\hat{y}_i \hat{y}_j < 0) \wedge (\xi_i > 0) \wedge (\xi_j > 0) \wedge (\xi_i + \xi_j > 2)\}$ **do**
7: 　　　　$\hat{y}_i = -\hat{y}_i$;
8: 　　　　$\hat{y}_j = -\hat{y}_j$;
9: 　　　　基于 $D_l, D_u, \hat{\boldsymbol{y}}, C_l, C_u$ 重新求解式(13.9), 得到 $(\boldsymbol{w}, b), \boldsymbol{\xi}$
10: 　　**end while**
11: 　　$C_u = \min\{2C_u, C_l\}$
12: **end while**
输出: 未标记样本的预测结果: $\hat{\boldsymbol{y}} = (\hat{y}_{l+1}, \hat{y}_{l+2}, \ldots, \hat{y}_{l+u})$

图 13.4 TSVM 算法

此时 $\hat{\boldsymbol{y}}$ 为已知.

$\hat{y}_i$ 与 $\hat{y}_j$ 进行调整.

提高未标记样本的影响.

$$C_u^+ = \frac{u_-}{u_+} C_u^- , \tag{13.10}$$

其中 u_+ 与 u_- 为基于伪标记而当作正、反例使用的未标记样本数.

在图 13.4 算法的第 6–10 行中, 若存在一对未标记样本 $\boldsymbol{x}_i$ 与 $\boldsymbol{x}_j$, 其标记指派 $\hat{y}_i$ 与 $\hat{y}_j$ 不同, 且对应的松弛变量满足 $\xi_i + \xi_j > 2$, 则意味着 $\hat{y}_i$ 与 $\hat{y}_j$ 很可能是错误的, 需对二者进行交换后重新求解式(13.9), 这样每轮迭代后均可使式(13.9)的目标函数值下降.

收敛性证明参阅 [Joachims, 1999].

显然, 搜寻标记指派可能出错的每一对未标记样本进行调整, 是一个涉及巨大计算开销的大规模优化问题. 因此, 半监督 SVM 研究的一个重点是如何设计出高效的优化求解策略, 由此发展出很多方法, 如基于图核(graph kernel)函数梯度下降的 LDS [Chapelle and Zien, 2005]、基于标记均值估计的 meanS3VM [Li et al., 2009] 等.

13.4 图半监督学习

给定一个数据集, 我们可将其映射为一个图, 数据集中每个样本对应于图中一个结点, 若两个样本之间的相似度很高(或相关性很强), 则对应的结点之间存在一条边, 边的"强度"(strength)正比于样本之间的相似度(或相关性). 我们可将有标记样本所对应的结点想象为染过色, 而未标记样本所对应的结点尚未染色. 于是, 半监督学习就对应于 "颜色" 在图上扩散或传播的过程. 由于一个图对应了一个矩阵, 这就使得我们能基于矩阵运算来进行半监督学习算法的推导与分析.

给定 $D_l = \{(\boldsymbol{x}_1, y_1), (\boldsymbol{x}_2, y_2), \ldots, (\boldsymbol{x}_l, y_l)\}$ 和 $D_u = \{\boldsymbol{x}_{l+1}, \boldsymbol{x}_{l+2}, \ldots, \boldsymbol{x}_{l+u}\}$, $l \ll u$, $l + u = m$. 我们先基于 $D_l \cup D_u$ 构建一个图 $G = (V, E)$, 其中结点集 $V = \{\boldsymbol{x}_1, \ldots, \boldsymbol{x}_l, \boldsymbol{x}_{l+1}, \ldots, \boldsymbol{x}_{l+u}\}$, 边集 E 可表示为一个亲和矩阵 (affinity matrix), 常基于高斯函数定义为

$$(\mathbf{W})_{ij} = \begin{cases} \exp\left(\frac{-\|\boldsymbol{x}_i - \boldsymbol{x}_j\|_2^2}{2\sigma^2}\right), & \text{if } i \neq j ; \\ 0 , & \text{otherwise} , \end{cases} \tag{13.11}$$

其中 $i, j \in \{1, 2, \ldots, m\}$, $\sigma > 0$ 是用户指定的高斯函数带宽参数.

假定从图 $G = (V, E)$ 将学得一个实值函数 $f : V \to \mathbb{R}$, 其对应的分类规则为: $y_i = \text{sign}(f(\boldsymbol{x}_i))$, $y_i \in \{-1, +1\}$. 直观上看, 相似的样本应具有相似的标记,

能量函数最小化时即得到最优结果.

于是可定义关于 f 的 "能量函数" (energy function) [Zhu et al., 2003]:

$$\begin{aligned} E(f) &= \frac{1}{2} \sum_{i=1}^{m} \sum_{j=1}^{m} (\mathbf{W})_{ij} \big(f(\boldsymbol{x}_i) - f(\boldsymbol{x}_j) \big)^2 \\ &= \frac{1}{2} \left(\sum_{i=1}^{m} d_i f^2(\boldsymbol{x}_i) + \sum_{j=1}^{m} d_j f^2(\boldsymbol{x}_j) - 2\sum_{i=1}^{m}\sum_{j=1}^{m} (\mathbf{W})_{ij} f(\boldsymbol{x}_i) f(\boldsymbol{x}_j) \right) \\ &= \sum_{i=1}^{m} d_i f^2(\boldsymbol{x}_i) - \sum_{i=1}^{m}\sum_{j=1}^{m} (\mathbf{W})_{ij} f(\boldsymbol{x}_i) f(\boldsymbol{x}_j) \\ &= \boldsymbol{f}^{\mathrm{T}} (\mathbf{D} - \mathbf{W}) \boldsymbol{f} , \end{aligned} \tag{13.12}$$

其中 $\boldsymbol{f} = (\boldsymbol{f}_l; \boldsymbol{f}_u)$, $\boldsymbol{f}_l = (f(\boldsymbol{x}_1); f(\boldsymbol{x}_2); \ldots; f(\boldsymbol{x}_l))$, $\boldsymbol{f}_u = (f(\boldsymbol{x}_{l+1}); f(\boldsymbol{x}_{l+2}); \ldots; f(\boldsymbol{x}_{l+u}))$ 分别为函数 f 在有标记样本与未标记样本上的预测结果, $\mathbf{D} = \text{diag}(d_1, d_2, \ldots, d_{l+u})$ 是一个对角矩阵, 其对角元素 $d_i = \sum_{j=1}^{l+u} (\mathbf{W})_{ij}$ 为矩阵 $\mathbf{W}$ 的第 i 行元素之和.

$\mathbf{W}$ 为对称矩阵, 因此 d_i 亦为 $\mathbf{W}$ 第 i 列元素之和.

具有最小能量的函数 f 在有标记样本上满足 $f(\boldsymbol{x}_i) = y_i$ $(i = 1, 2, \ldots, l)$, 在未标记样本上满足 $\boldsymbol{\Delta} \boldsymbol{f} = \mathbf{0}$, 其中 $\boldsymbol{\Delta} = \mathbf{D} - \mathbf{W}$ 为拉普拉斯矩阵 (Laplacian matrix). 以第 l 行与第 l 列为界, 采用分块矩阵表示方式: $\mathbf{W} = \begin{bmatrix} \mathbf{W}_{ll} & \mathbf{W}_{lu} \\ \mathbf{W}_{ul} & \mathbf{W}_{uu} \end{bmatrix}$,

$$\mathbf{D} = \begin{bmatrix} \mathbf{D}_{ll} & \mathbf{0}_{lu} \\ \mathbf{0}_{ul} & \mathbf{D}_{uu} \end{bmatrix}, \text{则式}(13.12)\text{可重写为}$$

$$E(f) = (\boldsymbol{f}_l^{\mathrm{T}} \, \boldsymbol{f}_u^{\mathrm{T}}) \left(\begin{bmatrix} \mathbf{D}_{ll} & \mathbf{0}_{lu} \\ \mathbf{0}_{ul} & \mathbf{D}_{uu} \end{bmatrix} - \begin{bmatrix} \mathbf{W}_{ll} & \mathbf{W}_{lu} \\ \mathbf{W}_{ul} & \mathbf{W}_{uu} \end{bmatrix} \right) \begin{bmatrix} \boldsymbol{f}_l \\ \boldsymbol{f}_u \end{bmatrix} \tag{13.13}$$

$$= \boldsymbol{f}_l^{\mathrm{T}} (\mathbf{D}_{ll} - \mathbf{W}_{ll}) \boldsymbol{f}_l - 2\boldsymbol{f}_u^{\mathrm{T}} \mathbf{W}_{ul} \boldsymbol{f}_l + \boldsymbol{f}_u^{\mathrm{T}} (\mathbf{D}_{uu} - \mathbf{W}_{uu}) \boldsymbol{f}_u \ . \tag{13.14}$$

由 $\frac{\partial E(f)}{\partial \boldsymbol{f}_u} = \mathbf{0}$ 可得

$$\boldsymbol{f}_u = (\mathbf{D}_{uu} - \mathbf{W}_{uu})^{-1} \mathbf{W}_{ul} \boldsymbol{f}_l \ . \tag{13.15}$$

令

$$\mathbf{P} = \mathbf{D}^{-1}\mathbf{W} = \begin{bmatrix} \mathbf{D}_{ll}^{-1} & \mathbf{0}_{lu} \\ \mathbf{0}_{ul} & \mathbf{D}_{uu}^{-1} \end{bmatrix} \begin{bmatrix} \mathbf{W}_{ll} & \mathbf{W}_{lu} \\ \mathbf{W}_{ul} & \mathbf{W}_{uu} \end{bmatrix}$$

$$= \begin{bmatrix} \mathbf{D}_{ll}^{-1}\mathbf{W}_{ll} & \mathbf{D}_{ll}^{-1}\mathbf{W}_{lu} \\ \mathbf{D}_{uu}^{-1}\mathbf{W}_{ul} & \mathbf{D}_{uu}^{-1}\mathbf{W}_{uu} \end{bmatrix} \ , \tag{13.16}$$

即 $\mathbf{P}_{uu} = \mathbf{D}_{uu}^{-1}\mathbf{W}_{uu}$，$\mathbf{P}_{ul} = \mathbf{D}_{uu}^{-1}\mathbf{W}_{ul}$，则式(13.15)可重写为

$$\boldsymbol{f}_u = (\mathbf{D}_{uu}(\mathbf{I} - \mathbf{D}_{uu}^{-1}\mathbf{W}_{uu}))^{-1} \mathbf{W}_{ul} \boldsymbol{f}_l$$

$$= (\mathbf{I} - \mathbf{D}_{uu}^{-1}\mathbf{W}_{uu})^{-1} \mathbf{D}_{uu}^{-1} \mathbf{W}_{ul} \boldsymbol{f}_l$$

$$= (\mathbf{I} - \mathbf{P}_{uu})^{-1} \mathbf{P}_{ul} \boldsymbol{f}_l \ . \tag{13.17}$$

于是, 将 D_l 上的标记信息作为 $\boldsymbol{f}_l = (y_1; y_2; \dots; y_l)$ 代入式(13.17), 即可利用求得的 $\boldsymbol{f}_u$ 对未标记样本进行预测.

上面描述的是一个针对二分类问题的标记传播(label propagation)方法, 下面来看一个适用于多分类问题的标记传播方法 [Zhou et al., 2004].

假定 $y_i \in \mathcal{Y}$, 仍基于 $D_l \cup D_u$ 构建一个图 $G = (V, E)$, 其中结点集 $V = \{\boldsymbol{x}_1, \dots, \boldsymbol{x}_l, \dots, \boldsymbol{x}_{l+u}\}$, 边集 E 所对应的 $\mathbf{W}$ 仍使用式(13.11), 对角矩阵 $\mathbf{D} = \mathrm{diag}(d_1, d_2, \dots, d_{l+u})$ 的对角元素 $d_i = \sum_{j=1}^{l+u} (\mathbf{W})_{ij}$. 定义一个 $(l + u) \times |\mathcal{Y}|$ 的非负标记矩阵 $\mathbf{F} = (\mathbf{F}_1^{\mathrm{T}}, \mathbf{F}_2^{\mathrm{T}}, \dots, \mathbf{F}_{l+u}^{\mathrm{T}})^{\mathrm{T}}$, 其第 i 行元素 $\mathbf{F}_i = ((\mathbf{F})_{i1}, (\mathbf{F})_{i2}, \dots, (\mathbf{F})_{i|\mathcal{Y}|})$ 为示例 $\boldsymbol{x}_i$ 的标记向量, 相应的分类规则为: $y_i = \arg\max_{1 \leqslant j \leqslant |\mathcal{Y}|} (\mathbf{F})_{ij}$.

对 $i = 1, 2, \dots, m$, $j = 1, 2, \dots, |\mathcal{Y}|$, 将 $\mathbf{F}$ 初始化为

$$\mathbf{F}(0) = (\mathbf{Y})_{ij} = \begin{cases} 1, & \text{if } (1 \leqslant i \leqslant l) \wedge (y_i = j); \\ 0, & \text{otherwise.} \end{cases} \quad (13.18)$$

显然, $\mathbf{Y}$ 的前 l 行就是 l 个有标记样本的标记向量.

基于 $\mathbf{W}$ 构造一个标记传播矩阵 $\mathbf{S} = \mathbf{D}^{-\frac{1}{2}}\mathbf{W}\mathbf{D}^{-\frac{1}{2}}$, 其中 $\mathbf{D}^{-\frac{1}{2}} = \mathrm{diag}\left(\frac{1}{\sqrt{d_1}}, \frac{1}{\sqrt{d_2}}, \ldots, \frac{1}{\sqrt{d_{l+u}}}\right)$, 于是有迭代计算式

$$\mathbf{F}(t+1) = \alpha\mathbf{S}\mathbf{F}(t) + (1-\alpha)\mathbf{Y}, \quad (13.19)$$

其中 $\alpha \in (0,1)$ 为用户指定的参数, 用于对标记传播项 $\mathbf{S}\mathbf{F}(t)$ 与初始化项 $\mathbf{Y}$ 的重要性进行折中. 基于式(13.19)迭代至收敛可得

$$\mathbf{F}^* = \lim_{t \to \infty} \mathbf{F}(t) = (1-\alpha)(\mathbf{I} - \alpha\mathbf{S})^{-1}\mathbf{Y}, \quad (13.20)$$

由 $\mathbf{F}^*$ 可获得 D_u 中样本的标记 $(\hat{y}_{l+1}, \hat{y}_{l+2}, \ldots, \hat{y}_{l+u})$. 算法描述如图 13.5 所示.

输入: 有标记样本集 $D_l = \{(\boldsymbol{x}_1, y_1), (\boldsymbol{x}_2, y_2), \ldots, (\boldsymbol{x}_l, y_l)\}$;
      未标记样本集 $D_u = \{\boldsymbol{x}_{l+1}, \boldsymbol{x}_{l+2}, \ldots, \boldsymbol{x}_{l+u}\}$;
      构图参数 σ;
      折中参数 α.
过程:
1: 基于式(13.11)和参数 σ 得到 $\mathbf{W}$;
2: 基于 $\mathbf{W}$ 构造标记传播矩阵 $\mathbf{S} = \mathbf{D}^{-\frac{1}{2}}\mathbf{W}\mathbf{D}^{-\frac{1}{2}}$;
3: 根据式(13.18)初始化 $\mathbf{F}(0)$;
4: $t = 0$;
5: **repeat**
6:     $\mathbf{F}(t+1) = \alpha\mathbf{S}\mathbf{F}(t) + (1-\alpha)\mathbf{Y}$;
7:     $t = t + 1$
8: **until** 迭代收敛至 $\mathbf{F}^*$
9: **for** $i = l+1, l+2, \ldots, l+u$ **do**
10:     $\hat{y}_i = \arg\max_{1 \leqslant j \leqslant |\mathcal{Y}|} (\mathbf{F}^*)_{ij}$
11: **end for**
输出: 未标记样本的预测结果: $\hat{\boldsymbol{y}} = (\hat{y}_{l+1}, \hat{y}_{l+2}, \ldots, \hat{y}_{l+u})$

图 13.5 迭代式标记传播算法

事实上, 图 13.5 的算法对应于正则化框架

$$\min_{\mathbf{F}} \frac{1}{2}\left(\sum_{i,j=1}^{l+u}(\mathbf{W})_{ij}\left\|\frac{1}{\sqrt{d_i}}\mathbf{F}_i - \frac{1}{\sqrt{d_j}}\mathbf{F}_j\right\|^2\right) + \mu\sum_{i=1}^{l}\|\mathbf{F}_i - \mathbf{Y}_i\|^2, \quad (13.21)$$

参见 11.4 节.

其中 $\mu > 0$ 为正则化参数. 考虑到有标记样本通常很少而未标记样本很多, 为缓解过拟合, 可在式(13.21)中引入针对未标记样本的 L_2 范数项 $\mu \sum_{i=l+1}^{l+u} \|\mathbf{F}_i\|^2$, 在 $\mu = \frac{1-\alpha}{\alpha}$ 时, 式(13.21)的最优解恰为图 13.5 算法的迭代收敛解 $\mathbf{F}^*$.

式(13.21)右边第二项是迫使学得结果在有标记样本上的预测与真实标记尽可能相同, 而第一项则迫使相近样本具有相似的标记, 显然, 它与式(13.12)都是基于半监督学习的基本假设, 不同的是式(13.21)考虑离散的类别标记, 而式(13.12)则是考虑输出连续值.

图半监督学习方法在概念上相当清晰, 且易于通过对所涉矩阵运算的分析来探索算法性质. 但此类算法的缺陷也相当明显. 首先是在存储开销上, 若样本数为 $O(m)$, 则算法中所涉及的矩阵规模为 $O(m^2)$, 这使得此类算法很难直接处理大规模数据; 另一方面, 由于构图过程仅能考虑训练样本集, 难以判知新样本在图中的位置, 因此, 在接收到新样本时, 或是将其加入原数据集对图进行重构并重新进行标记传播, 或是需引入额外的预测机制, 例如将 D_l 和经标记传播后得到标记的 D_u 合并作为训练集, 另外训练一个学习器例如支持向量机来对新样本进行预测.

13.5 基于分歧的方法

与生成式方法、半监督 SVM、图半监督学习等基于单学习器利用未标记数据不同, 基于分歧的方法(disagreement-based methods) 使用多学习器, 而学习器之间的 "分歧"(disagreement)对未标记数据的利用至关重要.

disagreement 亦称 diversity.

"协同训练"(co-training) [Blum and Mitchell, 1998] 是此类方法的重要代表, 它最初是针对 "多视图"(multi-view)数据设计的, 因此也被看作 "多视图学习"(multi-view learning)的代表. 在介绍协同训练之前, 我们先看看什么是多视图数据.

在不少现实应用中, 一个数据对象往往同时拥有多个 "属性集"(attribute set), 每个属性集就构成了一个 "视图"(view). 例如对一部电影来说, 它拥有多个属性集: 图像画面信息所对应的属性集、声音信息所对应的属性集、字幕信息所对应的属性集、甚至网上的宣传讨论所对应的属性集等. 每个属性集都可看作一个视图. 为简化讨论, 暂且仅考虑图像画面属性集所构成的视图和声音属性集所构成的视图. 于是, 一个电影片段可表示为样本 $(\langle \boldsymbol{x}^1, \boldsymbol{x}^2 \rangle, y)$, 其中 $\boldsymbol{x}^i$ 是样本在视图 i 中的示例, 即基于该视图属性描述而得的属性向量, 不妨假定 $\boldsymbol{x}^1$ 为图像视图中的属性向量, $\boldsymbol{x}^2$ 为声音视图中的属性向量; y 是标记, 假定是电影的类型, 例如 "动作片"、"爱情片" 等. $(\langle \boldsymbol{x}^1, \boldsymbol{x}^2 \rangle, y)$ 这样的数据就是多视图数据.

假设不同视图具有"相容性"(compatibility), 即其所包含的关于输出空间 $\mathcal{Y}$ 的信息是一致的: 令 $\mathcal{Y}^1$ 表示从图像画面信息判别的标记空间, $\mathcal{Y}^2$ 表示从声音信息判别的标记空间, 则有 $\mathcal{Y} = \mathcal{Y}^1 = \mathcal{Y}^2$, 例如两者都是 {爱情片, 动作片}, 而不能是 $\mathcal{Y}^1 = $ {爱情片, 动作片} 而 $\mathcal{Y}^2 = $ {文艺片, 惊悚片}. 在此假设下, 显式地考虑多视图有很多好处. 仍以电影为例, 某个片段上有两人对视, 仅凭图像画面信息难以分辨其类型, 但此时若从声音信息听到"我爱你", 则可判断出该片段很可能属于"爱情片"; 另一方面, 若仅凭图像画面信息认为"可能是动作片", 仅凭声音信息也认为"可能是动作片", 则当两者一起考虑时就有很大的把握判别为"动作片". 显然, 在"相容性"基础上, 不同视图信息的"互补性"会给学习器的构建带来很多便利.

协同训练正是很好地利用了多视图的"相容互补性". 假设数据拥有两个充分(sufficient)且条件独立视图, "充分"是指每个视图都包含足以产生最优学习器的信息, "条件独立"则是指在给定类别标记条件下两个视图独立. 在此情形下, 可用一个简单的办法来利用未标记数据: 首先在每个视图上基于有标记样本分别训练出一个分类器, 然后让每个分类器分别去挑选自己"最有把握的"未标记样本赋予伪标记, 并将伪标记样本提供给另一个分类器作为新增的有标记样本用于训练更新……这个"互相学习、共同进步"的过程不断迭代进行, 直到两个分类器都不再发生变化, 或达到预先设定的迭代轮数为止. 算法描述如图 13.6 所示. 若在每轮学习中都考察分类器在所有未标记样本上的分类置信度, 会有很大的计算开销, 因此在算法中使用了未标记样本缓冲池 [Blum and Mitchell, 1998]. 分类置信度的估计则因基学习算法 $\mathfrak{L}$ 而异, 例如若使用朴素贝叶斯分类器, 则可将后验概率转化为分类置信度; 若使用支持向量机, 则可将间隔大小转化为分类置信度.

协同训练过程虽简单, 但令人惊讶的是, 理论证明显示出, 若两个视图充分且条件独立, 则可利用未标记样本通过协同训练将弱分类器的泛化性能提升到任意高[Blum and Mitchell, 1998]. 不过, 视图的条件独立性在现实任务中通常很难满足, 因此性能提升幅度不会那么大, 但研究表明, 即便在更弱的条件下, 协同训练仍可有效地提升弱分类器的性能 [周志华, 2013].

协同训练算法本身是为多视图数据而设计的, 但此后出现了一些能在单视图数据上使用的变体算法, 它们或是使用不同的学习算法 [Goldman and Zhou, 2000], 或使用不同的数据采样 [Zhou and Li, 2005b], 甚至使用不同的参数设置 [Zhou and Li, 2005a] 来产生不同的学习器, 也能有效地利用未标记数据来提升性能. 后续理论研究发现, 此类算法事实上无需数据拥有多视图, 仅需弱学习器

弱分类器参见第 8 章.

例如电影画面与声音显然不会是条件独立的.

单视图数据即仅有一个属性集合的常见数据.

$\boldsymbol{x}_i$ 的上标仅用于指代两个视图, 不表示序关系, 即 $\langle\boldsymbol{x}_i^1,\boldsymbol{x}_i^2\rangle$ 与 $\langle\boldsymbol{x}_i^2,\boldsymbol{x}_i^1\rangle$ 表示的是同一个样本.

令 $p,n \ll s$.

输入: 有标记样本集 $D_l = \{(\langle\boldsymbol{x}_1^1,\boldsymbol{x}_1^2\rangle,y_1),\ldots,(\langle\boldsymbol{x}_l^1,\boldsymbol{x}_l^2\rangle,y_l)\}$;
　　　　未标记样本集 $D_u = \{\langle\boldsymbol{x}_{l+1}^1,\boldsymbol{x}_{l+1}^2\rangle,\ldots,\langle\boldsymbol{x}_{l+u}^1,\boldsymbol{x}_{l+u}^2\rangle\}$;
　　　　缓冲池大小 s;
　　　　每轮挑选的正例数 p;
　　　　每轮挑选的反例数 n;
　　　　基学习算法 $\mathfrak{L}$;
　　　　学习轮数 T.

过程:
1: 从 D_u 中随机抽取 s 个样本构成缓冲池 D_s;
2: $D_u = D_u \setminus D_s$;

初始化每个视图上的有标记训练集.

3: **for** $j = 1,2$ **do**
4: 　　$D_l^j = \{(\boldsymbol{x}_i^j,y_i) \mid (\langle\boldsymbol{x}_i^j,\boldsymbol{x}_i^{3-j}\rangle,y_i) \in D_l\}$;
5: **end for**
6: **for** $t = 1,2,\ldots,T$ **do**
7: 　　**for** $j = 1,2$ **do**

在视图 j 上用有标记样本训练 h_j.

8: 　　　　$h_j \leftarrow \mathfrak{L}(D_l^j)$;
9: 　　　　考察 h_j 在 $D_s^j = \{\boldsymbol{x}_i^j \mid \langle\boldsymbol{x}_i^j,\boldsymbol{x}_i^{3-j}\rangle \in D_s\}$ 上的分类置信度, 挑选 p 个正例置信度最高的样本 $D_p \subset D_s$、n 个反例置信度最高的样本 $D_n \subset D_s$;
10: 　　　　由 D_p^j 生成伪标记正例 $\tilde{D}_p^{3-j} = \{(\boldsymbol{x}_i^{3-j},+1) \mid \boldsymbol{x}_i^j \in D_p^j\}$;
11: 　　　　由 D_n^j 生成伪标记反例 $\tilde{D}_n^{3-j} = \{(\boldsymbol{x}_i^{3-j},-1) \mid \boldsymbol{x}_i^j \in D_n^j\}$;
12: 　　　　$D_s = D_s \setminus (D_p \bigcup D_n)$;
13: 　　**end for**
14: 　　**if** h_1,h_2 均未发生改变 **then**
15: 　　　　**break**
16: 　　**else**
17: 　　　　**for** $j = 1,2$ **do**

扩充有标记数据集.

18: 　　　　　　$D_l^j = D_l^j \bigcup \left(\tilde{D}_p^j \bigcup \tilde{D}_n^j\right)$;
19: 　　　　**end for**
20: 　　　　从 D_u 中随机抽取 $2p + 2n$ 个样本加入 D_s
21: 　　**end if**
22: **end for**
输出: 分类器 h_1,h_2

图 13.6 协同训练算法

因此, 该类方法被称为 "基于分歧的方法".

之间具有显著的分歧(或差异), 即可通过相互提供伪标记样本的方式来提升泛化性能 [周志华, 2013]; 不同视图、不同算法、不同数据采样、不同参数设置等, 都仅是产生差异的渠道, 而非必备条件.

　　基于分歧的方法只需采用合适的基学习器, 就能较少受到模型假设、损失函数非凸性和数据规模问题的影响, 学习方法简单有效、理论基础相对坚实、适用范围较为广泛. 为了使用此类方法, 需能生成具有显著分歧、性能尚可的多个学习器, 但当有标记样本很少, 尤其是数据不具有多视图时, 要做到这一点并不容易, 需有巧妙的设计.

13.6 半监督聚类

聚类是一种典型的无监督学习任务, 然而在现实聚类任务中我们往往能获得一些额外的监督信息, 于是可通过半监督聚类(semi-supervised clustering)来利用监督信息以获得更好的聚类效果.

聚类任务中获得的监督信息大致有两种类型. 第一种类型是 "必连" (must-link) 与 "勿连" (cannot-link) 约束, 前者是指样本必属于同一个簇, 后者是指样本必不属于同一个簇; 第二种类型的监督信息则是少量的有标记样本.

参见 10.6 节.

约束 k 均值 (Constrained k-means) 算法 [Wagstaff et al., 2001] 是利用第一类监督信息的代表. 给定样本集 $D = \{x_1, x_2, \ldots, x_m\}$ 以及 "必连" 关

输入: 样本集 $D = \{x_1, x_2, \ldots, x_m\}$;
  必连约束集合 $\mathcal{M}$;
  勿连约束集合 $\mathcal{C}$;
  聚类簇数 k .

过程:
1: 从 D 中随机选取 k 个样本作为初始均值向量 $\{\mu_1, \mu_2, \ldots, \mu_k\}$;
2: **repeat**

初始化 k 个空簇.

3:      $C_j = \varnothing \ (1 \leqslant j \leqslant k)$;
4:      **for** $i = 1, 2, \ldots, m$ **do**
5:          计算样本 x_i 与各均值向量 $\mu_j \ (1 \leqslant j \leqslant k)$ 的距离: $d_{ij} = \|x_i - \mu_j\|_2$;
6:          $\mathcal{K} = \{1, 2, \ldots, k\}$;
7:          is_merged=false;
8:          **while** $\neg$ is_merged **do**
9:              基于 $\mathcal{K}$ 找出与样本 x_i 距离最近的簇: $r = \arg\min_{j \in \mathcal{K}} d_{ij}$;
10:              检测将 x_i 划入聚类簇 C_r 是否会违背 $\mathcal{M}$ 与 $\mathcal{C}$ 中的约束;
11:              **if** $\neg$ is_violated **then**
12:                 $C_r = C_r \bigcup \{x_i\}$;
13:                 is_merged=true
14:              **else**
15:                 $\mathcal{K} = \mathcal{K} \setminus \{r\}$;
16:                 **if** $\mathcal{K} = \varnothing$ **then**
17:                    **break**并返回错误提示
18:                 **end if**
19:              **end if**
20:          **end while**
21:      **end for**
22:      **for** $j = 1, 2, \ldots, k$ **do**

更新均值向量.

23:          $\mu_j = \frac{1}{|C_j|} \sum_{x \in C_j} x$;
24:      **end for**
25: **until** 均值向量均未更新
输出: 簇划分 $\{C_1, C_2, \ldots, C_k\}$

图 13.7 约束 k 均值算法

k 均值算法见 9.4.1 节.

系集合 $\mathcal{M}$ 和 "勿连" 关系集合 $\mathcal{C}$, $(\boldsymbol{x}_i, \boldsymbol{x}_j) \in \mathcal{M}$ 表示 $\boldsymbol{x}_i$ 与 $\boldsymbol{x}_j$ 必属于同簇, $(\boldsymbol{x}_i, \boldsymbol{x}_j) \in \mathcal{C}$ 表示 $\boldsymbol{x}_i$ 与 $\boldsymbol{x}_j$ 必不属于同簇. 该算法是 k 均值算法的扩展, 它在聚类过程中要确保 $\mathcal{M}$ 与 $\mathcal{C}$ 中的约束得以满足, 否则将返回错误提示, 算法如图 13.7 所示.

见 p.202 表 9.1.

以西瓜数据集 4.0 为例, 令样本 $\boldsymbol{x}_4$ 与 $\boldsymbol{x}_{25}$, $\boldsymbol{x}_{12}$ 与 $\boldsymbol{x}_{20}$, $\boldsymbol{x}_{14}$ 与 $\boldsymbol{x}_{17}$ 之间存在必连约束, $\boldsymbol{x}_2$ 与 $\boldsymbol{x}_{21}$, $\boldsymbol{x}_{13}$ 与 $\boldsymbol{x}_{23}$, $\boldsymbol{x}_{19}$ 与 $\boldsymbol{x}_{23}$ 之间存在勿连约束, 即

$$\mathcal{M} = \{(\boldsymbol{x}_4, \boldsymbol{x}_{25}), (\boldsymbol{x}_{25}, \boldsymbol{x}_4), (\boldsymbol{x}_{12}, \boldsymbol{x}_{20}), (\boldsymbol{x}_{20}, \boldsymbol{x}_{12}), (\boldsymbol{x}_{14}, \boldsymbol{x}_{17}), (\boldsymbol{x}_{17}, \boldsymbol{x}_{14})\},$$

$$\mathcal{C} = \{(\boldsymbol{x}_2, \boldsymbol{x}_{21}), (\boldsymbol{x}_{21}, \boldsymbol{x}_2), (\boldsymbol{x}_{13}, \boldsymbol{x}_{23}), (\boldsymbol{x}_{23}, \boldsymbol{x}_{13}), (\boldsymbol{x}_{19}, \boldsymbol{x}_{23}), (\boldsymbol{x}_{23}, \boldsymbol{x}_{19})\}.$$

设聚类簇数 $k = 3$, 随机选取样本 $\boldsymbol{x}_6$, $\boldsymbol{x}_{12}$, $\boldsymbol{x}_{27}$ 作为初始均值向量, 图 13.8

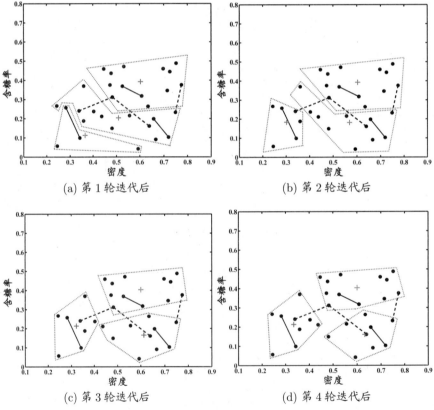

(a) 第 1 轮迭代后   (b) 第 2 轮迭代后

(c) 第 3 轮迭代后   (d) 第 4 轮迭代后

图 13.8   西瓜数据集 4.0 上约束 k 均值算法 $(k = 3)$ 在各轮迭代后的结果. 样本点与均值向量分别用 "●" 与 "+" 表示, 必连约束和勿连约束分别用实线段与虚线段表示, 红色虚线显示出簇划分.

显示出约束 k 均值算法在不同迭代轮数后的聚类结果. 经 5 轮迭代后均值向量不再发生变化(与第 4 轮迭代相同), 于是得到最终聚类结果

$$C_1 = \{\boldsymbol{x}_3, \boldsymbol{x}_5, \boldsymbol{x}_7, \boldsymbol{x}_9, \boldsymbol{x}_{13}, \boldsymbol{x}_{14}, \boldsymbol{x}_{16}, \boldsymbol{x}_{17}, \boldsymbol{x}_{21}\};$$

$$C_2 = \{\boldsymbol{x}_6, \boldsymbol{x}_8, \boldsymbol{x}_{10}, \boldsymbol{x}_{11}, \boldsymbol{x}_{12}, \boldsymbol{x}_{15}, \boldsymbol{x}_{18}, \boldsymbol{x}_{19}, \boldsymbol{x}_{20}\};$$

$$C_3 = \{\boldsymbol{x}_1, \boldsymbol{x}_2, \boldsymbol{x}_4, \boldsymbol{x}_{22}, \boldsymbol{x}_{23}, \boldsymbol{x}_{24}, \boldsymbol{x}_{25}, \boldsymbol{x}_{26}, \boldsymbol{x}_{27}, \boldsymbol{x}_{28}, \boldsymbol{x}_{29}, \boldsymbol{x}_{30}\}.$$

此处样本标记指簇标记(cluster label), 不是类别标记 (class label).

第二种监督信息是少量有标记样本. 给定样本集 $D = \{\boldsymbol{x}_1, \boldsymbol{x}_2, \ldots, \boldsymbol{x}_m\}$, 假定少量的有标记样本为 $S = \bigcup_{j=1}^{k} S_j \subset D$, 其中 $S_j \neq \varnothing$ 为隶属于第 j 个聚类簇的样本. 这样的监督信息利用起来很容易: 直接将它们作为"种子", 用它们初始化 k 均值算法的 k 个聚类中心, 并且在聚类簇迭代更新过程中不改变种子样本的簇隶属关系. 这样就得到了约束种子 k 均值 (Constrained Seed k-means) 算法 [Basu et al., 2002], 其算法描述如图 13.9 所示.

$S \subset D, |S| \ll |D|.$

用有标记样本初始化簇中心.

用有标记样本初始化 k 个簇.

更新均值向量.

输入: 样本集 $D = \{\boldsymbol{x}_1, \boldsymbol{x}_2, \ldots, \boldsymbol{x}_m\}$;
　　　少量有标记样本 $S = \bigcup_{j=1}^{k} S_j$;
　　　聚类簇数 k.

过程:
1: **for** $j = 1, 2, \ldots, k$ **do**
2: 　　$\boldsymbol{\mu}_j = \frac{1}{|S_j|} \sum_{\boldsymbol{x} \in S_j} \boldsymbol{x}$
3: **end for**
4: **repeat**
5: 　　$C_j = \varnothing \ (1 \leqslant j \leqslant k)$;
6: 　　**for** $j = 1, 2, \ldots, k$ **do**
7: 　　　**for all** $\boldsymbol{x} \in S_j$ **do**
8: 　　　　$C_j = C_j \bigcup \{\boldsymbol{x}\}$
9: 　　　**end for**
10: 　**end for**
11: 　**for all** $\boldsymbol{x}_i \in D \setminus S$ **do**
12: 　　计算样本 $\boldsymbol{x}_i$ 与各均值向量 $\boldsymbol{\mu}_j \ (1 \leqslant j \leqslant k)$ 的距离: $d_{ij} = \|\boldsymbol{x}_i - \boldsymbol{\mu}_j\|_2$;
13: 　　找出与样本 $\boldsymbol{x}_i$ 距离最近的簇: $r = \arg\min_{j \in \{1,2,\ldots,k\}} d_{ij}$;
14: 　　将样本 $\boldsymbol{x}_i$ 划入相应的簇: $C_r = C_r \bigcup \{\boldsymbol{x}_i\}$
15: 　**end for**
16: 　**for** $j = 1, 2, \ldots, k$ **do**
17: 　　$\boldsymbol{\mu}_j = \frac{1}{|C_j|} \sum_{\boldsymbol{x} \in C_j} \boldsymbol{x}$;
18: 　**end for**
19: **until** 均值向量均未更新
输出: 簇划分 $\{C_1, C_2, \ldots, C_k\}$

图 13.9 约束种子 k 均值算法

仍以西瓜数据集 4.0 为例, 假定作为种子的有标记样本为

$$S_1 = \{\boldsymbol{x}_4, \boldsymbol{x}_{25}\},\ S_2 = \{\boldsymbol{x}_{12}, \boldsymbol{x}_{20}\},\ S_3 = \{\boldsymbol{x}_{14}, \boldsymbol{x}_{17}\}.$$

以这三组种子样本的平均向量作为初始均值向量, 图 13.10 显示出约束种子 k 均值算法在不同迭代轮数后的聚类结果. 经 4 轮迭代后均值向量不再发生变化(与第 3 轮迭代相同), 于是得到最终聚类结果

$$C_1 = \{\boldsymbol{x}_1, \boldsymbol{x}_2, \boldsymbol{x}_4, \boldsymbol{x}_{22}, \boldsymbol{x}_{23}, \boldsymbol{x}_{24}, \boldsymbol{x}_{25}, \boldsymbol{x}_{26}, \boldsymbol{x}_{27}, \boldsymbol{x}_{28}, \boldsymbol{x}_{29}, \boldsymbol{x}_{30}\};$$

$$C_2 = \{\boldsymbol{x}_6, \boldsymbol{x}_7, \boldsymbol{x}_8, \boldsymbol{x}_{10}, \boldsymbol{x}_{11}, \boldsymbol{x}_{12}, \boldsymbol{x}_{15}, \boldsymbol{x}_{18}, \boldsymbol{x}_{19}, \boldsymbol{x}_{20}\};$$

$$C_3 = \{\boldsymbol{x}_3, \boldsymbol{x}_5, \boldsymbol{x}_9, \boldsymbol{x}_{13}, \boldsymbol{x}_{14}, \boldsymbol{x}_{16}, \boldsymbol{x}_{17}, \boldsymbol{x}_{21}\}.$$

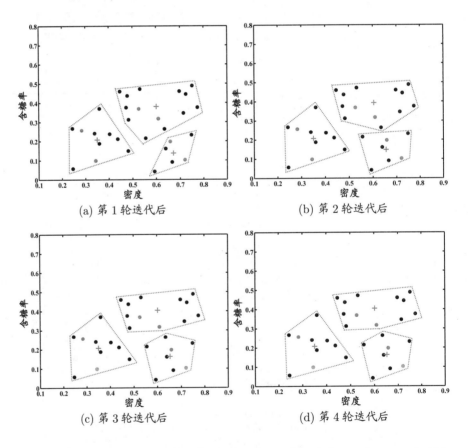

图 13.10   西瓜数据集 4.0 上约束种子 k 均值算法 ($k = 3$) 在各轮迭代后的结果. 样本点与均值向量分别用 "●" 与 "+" 表示, 种子样本点为红色, 红色虚线显示出簇划分.

13.7 阅读材料

半监督学习的研究一般认为始于 [Shahshahani and Landgrebe, 1994], 该领域在二十世纪末、二十一世纪初随着现实应用中利用未标记数据的巨大需求涌现而蓬勃发展. 国际机器学习大会(ICML)从 2008 年开始评选 "十年最佳论文", 在短短 6 年中, 半监督学习四大范型(paradigm)中基于分歧的方法、半监督 SVM、图半监督学习的代表性工作先后于 2008 年 [Blum and Mitchell, 1998]、2009 年 [Joachims, 1999]、2013 年 [Zhu et al., 2003] 获奖.

生成式半监督学习方法出现最早 [Shahshahani and Landgrebe, 1994]. 由于需有充分可靠的领域知识才能确保模型假设不至于太坏, 因此该范型后来主要是在具体的应用领域加以研究.

半监督 SVM 的目标函数非凸, 有不少工作致力于减轻非凸性造成的不利影响, 例如使用连续统(continuation)方法, 从优化一个简单的凸目标函数开始, 逐步变形为非凸的 S3VM 目标函数 [Chapelle et al., 2006a]; 使用确定性退火(deterministic annealing)过程, 将非凸问题转化为一系列凸优化问题, 然后由易到难地顺序求解 [Sindhwani et al., 2006]; 利用 CCCP 方法优化非凸函数 [Collobert et al., 2006] 等.

k 近邻图和 ϵ 近邻图参见 10.5.1 节.

最早的图半监督学习方法 [Blum and Chawla, 2001] 直接基于聚类假设, 将学习目标看作找出图的最小割(mincut). 对此类方法来说, 图的质量极为重要, 13.4 节的高斯距离图以及 k 近邻图、ϵ 近邻图都较为常用, 此外已有一些关于构图的研究 [Wang and Zhang, 2006; Jebara et al., 2009], 基于图核(graph kernel)的方法也与此有密切联系 [Chapelle et al., 2003].

基于分歧的方法起源于协同训练, 最初设计是仅选取一个学习器用于预测 [Blum and Mitchell, 1998]. 三体训练(tri-training)使用三个学习器, 通过 "少数服从多数" 来产生伪标记样本, 并将学习器进行集成 [Zhou and Li, 2005b]. 后续研究进一步显示出将学习器集成起来更有助于性能提升, 并出现了使用更多学习器的方法. 更为重要的是, 这将集成学习与半监督学习这两个长期独立发展的领域联系起来 [Zhou, 2009]. 此外, 这些方法能容易地用于多视图数据, 并可自然地与主动学习进行结合 [周志华, 2013].

许多集成学习研究者认为: 只要能使用多个学习器即可将弱学习器性能提升到极高, 无须使用未标记样本; 许多半监督学习研究者认为: 只要能使用未标记样本即可将弱学习器性能提升到极高, 无须使用多学习器. 但这两种看法都有其局限.

[Belkin et al., 2006] 在半监督学习中提出了流形正则化(manifold regularization)框架, 直接基于局部光滑性假设对定义在有标记样本上的损失函数进行正则化, 使学得的预测函数具有局部光滑性.

半监督学习在利用未标记样本后并非必然提升泛化性能, 在有些情形下甚至会导致性能下降. 对生成式方法, 其成因被认为是模型假设不准确 [Cozman and Cohen, 2002], 因此需依赖充分可靠的领域知识来设计模型. 对半监督 SVM, 其成因被认为是训练数据中存在多个"低密度划分", 而学习算法有可能做出不利的选择; S4VM [Li and Zhou, 2015] 通过优化最坏情形性能来综合利用多个低密度划分, 提升了此类技术的安全性. 更一般的"安全"(safe)半监督学习仍是一个未决问题.

这里的"安全"是指利用未标记样本后, 能确保泛化性能至少不差于仅利用有标记样本.

　　本章主要介绍了半监督分类和聚类, 但半监督学习已普遍用于各类机器学习任务, 例如在半监督回归 [Zhou and Li, 2005a]、降维 [Zhang et al., 2007] 等方面都有相关研究. 更多关于半监督学习的内容可参见 [Chapelle et al., 2006b; Zhu, 2006], [Zhou and Li, 2010; 周志华, 2013] 专门介绍了基于分歧的方法. [Settles, 2009] 是一个关于主动学习的介绍.

习题

13.1 试推导出式(13.5)~(13.8).

13.2 试基于朴素贝叶斯模型推导出生成式半监督学习算法.

13.3 假设数据由混合专家(mixture of experts)模型生成, 即数据是基于 k 个成分混合而得的概率密度生成:

$$p(\boldsymbol{x} \mid \boldsymbol{\theta}) = \sum_{i=1}^{k} \alpha_i \cdot p(\boldsymbol{x} \mid \boldsymbol{\theta}_i) , \tag{13.22}$$

其中 $\boldsymbol{\theta} = \{\boldsymbol{\theta}_1, \boldsymbol{\theta}_2, \ldots, \boldsymbol{\theta}_k\}$ 是模型参数, $p(\boldsymbol{x} \mid \boldsymbol{\theta}_i)$ 是第 i 个混合成分的概率密度, 混合系数 $\alpha_i \geqslant 0$, $\sum_{i=1}^{k} \alpha_i = 1$. 假设每个混合成分对应一个类别, 但每个类别可包含多个混合成分. 试推导相应的生成式半监督学习算法.

13.4 从网上下载或自己编程实现 TSVM 算法, 选择两个 UCI 数据集, 将其中 30% 的样例用作测试样本, 10% 的样例用作有标记样本, 60% 的样例用作无标记样本, 分别训练出利用无标记样本的 TSVM 以及仅利用有标记样本的 SVM, 并比较其性能.

UCI 数据集见 http://archive.ics.uci.edu/ml/.

13.5 对未标记样本进行标记指派与调整的过程中有可能出现类别不平衡问题, 试给出考虑该问题后的改进 TSVM 算法.

13.6* TSVM 对未标记样本进行标记指派与调整的过程涉及很大的计算开销, 试设计一个高效的改进算法.

13.7* 试设计一个能对新样本进行分类的图半监督学习方法.

13.8 自训练(self-training)是一种比较原始的半监督学习方法: 它先在有标记样本上学习, 然后用学得分类器对未标记样本进行判别以获得其伪标记, 再在有标记与伪标记样本的合集上重新训练, 如此反复. 试析该方法有何缺陷.

13.9* 给定一个数据集, 假设其属性集包含两个视图, 但事先并不知道哪些属性属于哪个视图, 试设计一个算法将这两个视图分离出来.

13.10 试为图 13.7 算法的第 10 行写出违约检测算法(用于检测是否有约束未被满足).

参考文献

周志华. (2013). "基于分歧的半监督学习." 自动化学报, 39(11):1871–1878.

Basu, S., A. Banerjee, and R. J. Mooney. (2002). "Semi-supervised clustering by seeding." In *Proceedings of the 19th International Conference on Machine Learning (ICML)*, 19–26, Sydney, Australia.

Belkin, M., P. Niyogi, and V. Sindhwani. (2006). "Manifold regularization: A geometric framework for learning from labeled and unlabeled examples." *Journal of Machine Learning Research*, 7:2399–2434.

Blum, A. and S. Chawla. (2001). "Learning from labeled and unlabeled data using graph mincuts." In *Proceedings of the 18th International Conference on Machine Learning (ICML)*, 19–26, Williamston, MA.

Blum, A. and T. Mitchell. (1998). "Combining labeled and unlabeled data with co-training." In *Proceedings of the 11th Annual Conference on Computational Learning Theory (COLT)*, 92–100, Madison, WI.

Chapelle, O., M. Chi, and A. Zien. (2006a). "A continuation method for semi-supervised SVMs." In *Proceedings of the 23rd International Conference on Machine Learning (ICML)*, 185–192, Pittsburgh, PA.

Chapelle, O., B. Schölkopf, and A. Zien, eds. (2006b). *Semi-Supervised Learning.* MIT Press, Cambridge, MA.

Chapelle, O., J. Weston, and B. Schölkopf. (2003). "Cluster kernels for semi-supervised learning." In *Advances in Neural Information Processing Systems 15 (NIPS)* (S. Becker, S. Thrun, and K. Obermayer, eds.), 585–592, MIT Press, Cambridge, MA.

Chapelle, O. and A. Zien. (2005). "Semi-supervised learning by low density separation." In *Proceedings of the 10th International Workshop on Artificial Intelligence and Statistics (AISTATS)*, 57–64, Savannah Hotel, Barbados.

Collobert, R., F. Sinz, J. Weston, and L. Bottou. (2006). "Trading convexity for scalability." In *Proceedings of the 23rd International Conference on Machine Learning (ICML)*, 201–208, Pittsburgh, PA.

Cozman, F. G. and I. Cohen. (2002). "Unlabeled data can degrade classification performance of generative classifiers." In *Proceedings of the 15th International Conference of the Florida Artificial Intelligence Research Society (FLAIRS)*,

327–331, Pensacola, FL.

Goldman, S. and Y. Zhou. (2000). "Enhancing supervised learning with unlabeled data." In *Proceedings of the 17th International Conference on Machine Learning (ICML)*, 327–334, San Francisco, CA.

Jebara, T., J. Wang, and S. F. Chang. (2009). "Graph construction and b-matching for semi-supervised learning." In *Proceedings of the 26th International Conference on Machine Learning (ICML)*, 441–448, Montreal, Canada.

Joachims, T. (1999). "Transductive inference for text classification using support vector machines." In *Proceedings of the 16th International Conference on Machine Learning (ICML)*, 200–209, Bled, Slovenia.

Li, Y.-F., J. T. Kwok, and Z.-H. Zhou. (2009). "Semi-supervised learning using label mean." In *Proceedings of the 26th International Conference on Machine Learning (ICML)*, 633–640, Montreal, Canada.

Li, Y.-F. and Z.-H. Zhou. (2015). "Towards making unlabeled data never hurt." *IEEE Transactions on Pattern Analysis and Machine Intelligence*, 37(1): 175–188.

Miller, D. J. and H. S. Uyar. (1997). "A mixture of experts classifier with learning based on both labelled and unlabelled data." In *Advances in Neural Information Processing Systems 9 (NIPS)* (M. Mozer, M. I. Jordan, and T. Petsche, eds.), 571–577, MIT Press, Cambridge, MA.

Nigam, K., A. McCallum, S. Thrun, and T. Mitchell. (2000). "Text classification from labeled and unlabeled documents using EM." *Machine Learning*, 39 (2-3):103–134.

Settles, B. (2009). "Active learning literature survey." Technical Report 1648, Department of Computer Sciences, University of Wisconsin at Madison, Wisconsin, WI. http://pages.cs.wisc.edu/~bsettles/pub/settles.activelearning.pdf.

Shahshahani, B. and D. Landgrebe. (1994). "The effect of unlabeled samples in reducing the small sample size problem and mitigating the Hughes phenomenon." *IEEE Transactions on Geoscience and Remote Sensing*, 32(5): 1087–1095.

Sindhwani, V., S. S. Keerthi, and O. Chapelle. (2006). "Deterministic annealing for semi-supervised kernel machines." In *Proceedings of the 23rd International Conference on Machine Learning (ICML)*, 123–130, Pittsburgh, PA.

Wagstaff, K., C. Cardie, S. Rogers, and S. Schrödl. (2001). "Constrained *k*-means clustering with background knowledge." In *Proceedings of the 18th International Conference on Machine Learning (ICML)*, 577–584, Williamstown, MA.

Wang, F. and C. Zhang. (2006). "Label propagation through linear neighborhoods." In *Proceedings of the 23rd International Conference on Machine Learning (ICML)*, 985–992, Pittsburgh, PA.

Zhang, D., Z.-H. Zhou, and S. Chen. (2007). "Semi-supervised dimensionality reduction." In *Proceedings of the 7th SIAM International Conference on Data Mining (SDM)*, 629–634, Minneapolis, MN.

Zhou, D., O. Bousquet, T. N. Lal, J. Weston, and B. Schölkopf. (2004). "Learning with local and global consistency." In *Advances in Neural Information Processing Systems 16 (NIPS)* (S. Thrun, L. Saul, and B. Schölkopf, eds.), 284–291, MIT Press, Cambridge, MA.

Zhou, Z.-H. (2009). "When semi-supervised learning meets ensemble learning." In *Proceedings of the 8th International Workshop on Multiple Classifier Systems*, 529–538, Reykjavik, Iceland.

Zhou, Z.-H. and M. Li. (2005a). "Semi-supervised regression with co-training." In *Proceedings of the 19th International Joint Conference on Artificial Intelligence (IJCAI)*, 908–913, Edinburgh, Scotland.

Zhou, Z.-H. and M. Li. (2005b). "Tri-training: Exploiting unlabeled data using three classifiers." *IEEE Transactions on Knowledge and Data Engineering*, 17(11):1529–1541.

Zhou, Z.-H. and M. Li. (2010). "Semi-supervised learning by disagreement." *Knowledge and Information Systems*, 24(3):415–439.

Zhu, X. (2006). "Semi-supervised learning literature survey." Technical Report 1530, Department of Computer Sciences, University of Wisconsin at Madison, Madison, WI. http://www.cs.wisc.edu/~jerryzhu/pub/ssl_survey.pdf.

Zhu, X., Z. Ghahramani, and J. Lafferty. (2003). "Semi-supervised learning using Gaussian fields and harmonic functions." In *Proceedings of the 20th International Conference on Machine Learning (ICML)*, 912–919, Washington, DC.

休息一会儿

小故事: 流形与伯恩哈德·黎曼

"流形"(manifold) 这个名字源于德语 Mannigfaltigkeit, 是伟大的德国数学家伯恩哈德·黎曼 (Bernhard Riemann, 1826—1866) 提出的, 其译名则是我国拓扑学奠基人江泽涵先生借鉴文天祥《正气歌》"天地有正气, 杂然赋流形"而来, 可能是由于光滑流形恰与"气"相似, 整体上看可流动、变形.

黎曼出生于德国汉诺威的布列斯伦茨(Breselenz), 幼年时就展现出惊人的数学天赋. 1846 年父亲送他到哥廷根大学攻读神学, 在旁听了高斯关于最小二乘法的讲座后, 他决定转攻数学, 并在高斯指导下于 1851 年获博士学位. 期间有两年他在柏林大学学习, 受到了雅可比、狄利克雷等大数学家的影响. 1853 年, 高斯让黎曼在几何学基础方面准备一个报告, 以便取得哥廷根大学的教职; 1854 年, 黎曼做了"论作为几何基础的假设"的著名演讲, 这个报告开创了黎曼几何, 提出了黎曼积分, 并首次使用了 Mannigfaltigkeit 这个词. 此后黎曼一直在哥廷根大学任教, 并在 1859 年接替去世的狄利克雷担任数学教授.

黎曼是黎曼几何的创立者、复变函数论的奠基人, 并对微积分、解析数论、组合拓扑、代数几何、数学物理方法均做出了开创性贡献, 他的工作直接影响了近百年数学的发展, 许多杰出的数学家前赴后继地努力论证黎曼断言过的定理. 1900 年希尔伯特列出的 23 个世纪数学问题与 2000 年美国克雷数学研究所列出的 7 个千禧年数学难题中, 有一个问题是相同的, 这就是黎曼 1859 年因当选院士而提交给柏林科学院的文章中提出的"黎曼猜想". 这是关于黎曼 ζ 函数非平凡零点的猜想. 目前已有不同数学分支的千余个数学命题以黎曼猜想为前提, 若黎曼猜想正确, 它们将全部升格为定理. 一个猜想联系了如此多不同数学分支、如此多命题, 在数学史上是极为罕见的, 因此它被公认为当前最重要的数学难题.

传统的德国大学中一个系只有一位"教授", 相当于系主任. 高斯长期担任哥廷根大学数学教授, 1855 年他去世后由狄利克雷接任.

7 个千禧年数学难题中, 已被证明的"庞加莱猜想"直接与流形有关: 任何一个单连通、闭的三维流形一定同胚于一个三维球面.

第 14 章　概率图模型

14.1 隐马尔可夫模型

机器学习最重要的任务, 是根据一些已观察到的证据(例如训练样本)来对感兴趣的未知变量(例如类别标记)进行估计和推测. 概率模型(probabilistic model)提供了一种描述框架, 将学习任务归结于计算变量的概率分布. 在概率模型中, 利用已知变量推测未知变量的分布称为"推断"(inference), 其核心是如何基于可观测变量推测出未知变量的条件分布. 具体来说, 假定所关心的变量集合为 Y, 可观测变量集合为 O, 其他变量的集合为 R, "生成式"(generative)模型考虑联合分布 $P(Y, R, O)$, "判别式"(discriminative)模型考虑条件分布 $P(Y, R \mid O)$. 给定一组观测变量值, 推断就是要由 $P(Y, R, O)$ 或 $P(Y, R \mid O)$ 得到条件概率分布 $P(Y \mid O)$.

基于学习器进行预测,
例如根据纹理、颜色、根
蒂等信息判断一个瓜是否
为好瓜就是在做推断; 但
推断远远超出预测范畴, 例
如在吃到一个不见根蒂的
好瓜时, "由果溯因"逆
推其根蒂的状态也是推断.

直接利用概率求和规则消去变量 R 显然不可行, 因为即便每个变量仅有两种取值的简单问题, 其复杂度已至少是 $O(2^{|Y|+|R|})$. 另一方面, 属性变量之间往往存在复杂的联系, 因此概率模型的学习, 即基于训练样本来估计变量分布的参数往往相当困难. 为了便于研究高效的推断和学习算法, 需有一套能简洁紧凑地表达变量间关系的工具.

概率图模型(probabilistic graphical model)是一类用图来表达变量相关关系的概率模型. 它以图为表示工具, 最常见的是用一个结点表示一个或一组随机变量, 结点之间的边表示变量间的概率相关关系, 即"变量关系图". 根据边的性质不同, 概率图模型可大致分为两类: 第一类是使用有向无环图表示变量间的依赖关系, 称为有向图模型或贝叶斯网(Bayesian network); 第二类是使用无向图表示变量间的相关关系, 称为无向图模型或马尔可夫网(Markov network).

若变量间存在显式的因
果关系, 则常使用贝叶斯
网; 若变量间存在相关性,
但难以获得显式的因果关
系, 则常使用马尔可夫网.

隐马尔可夫模型(Hidden Markov Model, 简称 HMM)是结构最简单的动态贝叶斯网(dynamic Bayesian network), 这是一种著名的有向图模型, 主要用于时序数据建模, 在语音识别、自然语言处理等领域有广泛应用.

静态贝叶斯网参见 7.5
节.

如图 14.1 所示, 隐马尔可夫模型中的变量可分为两组. 第一组是状态变量 $\{y_1, y_2, \ldots, y_n\}$, 其中 $y_i \in \mathcal{Y}$ 表示第 i 时刻的系统状态. 通常假定状态变量是隐藏的、不可被观测的, 因此状态变量亦称隐变量(hidden variable). 第二组是观

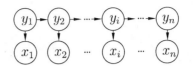

图 14.1 隐马尔可夫模型的图结构

测变量 $\{x_1, x_2, \ldots, x_n\}$, 其中 $x_i \in \mathcal{X}$ 表示第 i 时刻的观测值. 在隐马尔可夫模型中, 系统通常在多个状态 $\{s_1, s_2, \ldots, s_N\}$ 之间转换, 因此状态变量 y_i 的取值范围 $\mathcal{Y}$ (称为状态空间) 通常是有 N 个可能取值的离散空间. 观测变量 x_i 可以是离散型也可以是连续型, 为便于讨论, 我们仅考虑离散型观测变量, 并假定其取值范围 $\mathcal{X}$ 为 $\{o_1, o_2, \ldots, o_M\}$.

图 14.1 中的箭头表示了变量间的依赖关系. 在任一时刻, 观测变量的取值仅依赖于状态变量, 即 x_t 由 y_t 确定, 与其他状态变量及观测变量的取值无关. 同时, t 时刻的状态 y_t 仅依赖于 $t-1$ 时刻的状态 y_{t-1}, 与此前 $t-2$ 个状态无关. 这就是所谓的 "马尔可夫链" (Markov chain), 即: 系统下一时刻的状态仅由当前状态决定, 不依赖于以往的任何状态. 基于这种依赖关系, 所有变量的联合概率分布为

所谓 "现在决定未来".

$$P(x_1, y_1, \ldots, x_n, y_n) = P(y_1)P(x_1 \mid y_1)\prod_{i=2}^{n} P(y_i \mid y_{i-1})P(x_i \mid y_i) . \qquad (14.1)$$

除了结构信息, 欲确定一个隐马尔可夫模型还需以下三组参数:

- 状态转移概率: 模型在各个状态间转换的概率, 通常记为矩阵 $\mathbf{A} = [a_{ij}]_{N \times N}$, 其中

$$a_{ij} = P(y_{t+1} = s_j \mid y_t = s_i) , \qquad 1 \leqslant i, j \leqslant N,$$

表示在任意时刻 t, 若状态为 s_i, 则在下一时刻状态为 s_j 的概率.

- 输出观测概率: 模型根据当前状态获得各个观测值的概率, 通常记为矩阵 $\mathbf{B} = [b_{ij}]_{N \times M}$, 其中

$$b_{ij} = P(x_t = o_j \mid y_t = s_i) , \qquad 1 \leqslant i \leqslant N , 1 \leqslant j \leqslant M$$

表示在任意时刻 t, 若状态为 s_i, 则观测值 o_j 被获取的概率.

- 初始状态概率: 模型在初始时刻各状态出现的概率, 通常记为 $\boldsymbol{\pi} =$

$(\pi_1, \pi_2, \ldots, \pi_N)$, 其中

$$\pi_i = P(y_1 = s_i), \qquad 1 \leqslant i \leqslant N$$

表示模型的初始状态为 s_i 的概率.

通过指定状态空间 $\mathcal{Y}$、观测空间 $\mathcal{X}$ 和上述三组参数, 就能确定一个隐马尔可夫模型, 通常用其参数 $\lambda = [\mathbf{A}, \mathbf{B}, \boldsymbol{\pi}]$ 来指代. 给定隐马尔可夫模型 λ, 它按如下过程产生观测序列 $\{x_1, x_2, \ldots, x_n\}$:

(1) 设置 $t = 1$, 并根据初始状态概率 $\boldsymbol{\pi}$ 选择初始状态 y_1;

(2) 根据状态 y_t 和输出观测概率 $\mathbf{B}$ 选择观测变量取值 x_t;

(3) 根据状态 y_t 和状态转移矩阵 $\mathbf{A}$ 转移模型状态, 即确定 y_{t+1};

(4) 若 $t < n$, 设置 $t = t + 1$, 并转到第 (2) 步, 否则停止.

其中 $y_t \in \{s_1, s_2, \ldots, s_N\}$ 和 $x_t \in \{o_1, o_2, \ldots, o_M\}$ 分别为第 t 时刻的状态和观测值.

在实际应用中, 人们常关注隐马尔可夫模型的三个基本问题:

• 给定模型 $\lambda = [\mathbf{A}, \mathbf{B}, \boldsymbol{\pi}]$, 如何有效计算其产生观测序列 $\mathbf{x} = \{x_1, x_2, \ldots, x_n\}$ 的概率 $P(\mathbf{x} \mid \lambda)$? 换言之, 如何评估模型与观测序列之间的匹配程度?

• 给定模型 $\lambda = [\mathbf{A}, \mathbf{B}, \boldsymbol{\pi}]$ 和观测序列 $\mathbf{x} = \{x_1, x_2, \ldots, x_n\}$, 如何找到与此观测序列最匹配的状态序列 $\mathbf{y} = \{y_1, y_2, \ldots, y_n\}$? 换言之, 如何根据观测序列推断出隐藏的模型状态?

• 给定观测序列 $\mathbf{x} = \{x_1, x_2, \ldots, x_n\}$, 如何调整模型参数 $\lambda = [\mathbf{A}, \mathbf{B}, \boldsymbol{\pi}]$ 使得该序列出现的概率 $P(\mathbf{x} \mid \lambda)$ 最大? 换言之, 如何训练模型使其能最好地描述观测数据?

上述问题在现实应用中非常重要. 例如许多任务需根据以往的观测序列 $\{x_1, x_2, \ldots, x_{n-1}\}$ 来推测当前时刻最有可能的观测值 x_n, 这显然可转化为求取概率 $P(\mathbf{x} \mid \lambda)$, 即上述第一个问题; 在语音识别等任务中, 观测值为语音信号, 隐藏状态为文字, 目标就是根据观测信号来推断最有可能的状态序列(即对应的文字), 即上述第二个问题; 在大多数现实应用中, 人工指定模型参数已变得越

来越不可行, 如何根据训练样本学得最优的模型参数, 恰是上述第三个问题. 值
得庆幸的是, 基于式(14.1)的条件独立性, 隐马尔可夫模型的这三个问题均能被
高效求解.

14.2 马尔可夫随机场

马尔可夫随机场(Markov Random Field, 简称 MRF)是典型的马尔可夫
网, 这是一种著名的无向图模型. 图中每个结点表示一个或一组变量, 结点之
间的边表示两个变量之间的依赖关系. 马尔可夫随机场有一组势函数(potential
functions), 亦称 "因子" (factor), 这是定义在变量子集上的非负实函数, 主要
用于定义概率分布函数.

图 14.2 显示出一个简单的马尔可夫随机场. 对于图中结点的一个子集, 若
其中任意两结点间都有边连接, 则称该结点子集为一个 "团" (clique). 若在一
个团中加入另外任何一个结点都不再形成团, 则称该团为 "极大团" (maximal
clique); 换言之, 极大团就是不能被其他团所包含的团. 例如, 在图 14.2 中,
$\{x_1, x_2\}$, $\{x_1, x_3\}$, $\{x_2, x_4\}$, $\{x_2, x_5\}$, $\{x_2, x_6\}$, $\{x_3, x_5\}$, $\{x_5, x_6\}$ 和 $\{x_2, x_5, x_6\}$
都是团, 并且除了 $\{x_2, x_5\}$, $\{x_2, x_6\}$ 和 $\{x_5, x_6\}$ 之外都是极大团; 但是, 因为 x_2
和 x_3 之间缺乏连接, $\{x_1, x_2, x_3\}$ 并不构成团. 显然, 每个结点至少出现在一个
极大团中.

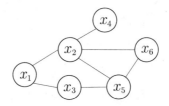

图 14.2　一个简单的马尔可夫随机场

在马尔可夫随机场中, 多个变量之间的联合概率分布能基于团分解
为多个因子的乘积, 每个因子仅与一个团相关. 具体来说, 对于 n 个变量
$\mathbf{x} = \{x_1, x_2, \ldots, x_n\}$, 所有团构成的集合为 $\mathcal{C}$, 与团 $Q \in \mathcal{C}$ 对应的变量集合记为
$\mathbf{x}_Q$, 则联合概率 $P(\mathbf{x})$ 定义为

$$P(\mathbf{x}) = \frac{1}{Z} \prod_{Q \in \mathcal{C}} \psi_Q(\mathbf{x}_Q) \ , \tag{14.2}$$

其中 ψ_Q 为与团 Q 对应的势函数, 用于对团 Q 中的变量关系进行建模, $Z =$

$\sum_{\mathbf{x}} \prod_{Q \in \mathcal{C}} \psi_Q(\mathbf{x}_Q)$ 为规范化因子, 以确保 $P(\mathbf{x})$ 是被正确定义的概率. 在实际应用中, 精确计算 Z 通常很困难, 但许多任务往往并不需获得 Z 的精确值.

显然, 若变量个数较多, 则团的数目将会很多(例如, 所有相互连接的两个变量都会构成团), 这就意味着式(14.2)会有很多乘积项, 显然会给计算带来负担. 注意到若团 Q 不是极大团, 则它必被一个极大团 Q^* 所包含, 即 $\mathbf{x}_Q \subseteq \mathbf{x}_{Q^*}$; 这意味着变量 $\mathbf{x}_Q$ 之间的关系不仅体现在势函数 ψ_Q 中, 还体现在 ψ_{Q^*} 中. 于是, 联合概率 $P(\mathbf{x})$ 可基于极大团来定义. 假定所有极大团构成的集合为 $\mathcal{C}^*$, 则有

$$P(\mathbf{x}) = \frac{1}{Z^*} \prod_{Q \in \mathcal{C}^*} \psi_Q(\mathbf{x}_Q) \, , \tag{14.3}$$

其中 $Z^* = \sum_{\mathbf{x}} \prod_{Q \in \mathcal{C}^*} \psi_Q(\mathbf{x}_Q)$ 为规范化因子. 例如图 14.2 中 $\mathbf{x} = \{x_1, x_2, \ldots, x_6\}$, 联合概率分布 $P(\mathbf{x})$ 定义为

$$P(\mathbf{x}) = \frac{1}{Z} \psi_{12}(x_1, x_2) \psi_{13}(x_1, x_3) \psi_{24}(x_2, x_4) \psi_{35}(x_3, x_5) \psi_{256}(x_2, x_5, x_6) \, ,$$

其中, 势函数 $\psi_{256}(x_2, x_5, x_6)$ 定义在极大团 $\{x_2, x_5, x_6\}$ 上, 由于它的存在, 使我们不再需为团 $\{x_2, x_5\}$, $\{x_2, x_6\}$ 和 $\{x_5, x_6\}$ 构建势函数.

参见 7.5.1 节.

在马尔可夫随机场中如何得到"条件独立性"呢? 同样借助"分离"的概念, 如图 14.3 所示, 若从结点集 A 中的结点到 B 中的结点都必须经过结点集 C 中的结点, 则称结点集 A 和 B 被结点集 C 分离, C 称为"分离集"(separating set). 对马尔可夫随机场, 有

- "全局马尔可夫性"(global Markov property): 给定两个变量子集的分离集, 则这两个变量子集条件独立.

也就是说, 图 14.3 中若令 A, B 和 C 对应的变量集分别为 $\mathbf{x}_A$, $\mathbf{x}_B$ 和 $\mathbf{x}_C$, 则 $\mathbf{x}_A$ 和 $\mathbf{x}_B$ 在给定 $\mathbf{x}_C$ 的条件下独立, 记为 $\mathbf{x}_A \perp \mathbf{x}_B \mid \mathbf{x}_C$.

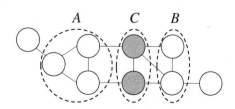

图 14.3 结点集 A 和 B 被结点集 C 分离

　　下面我们做一个简单的验证. 为便于讨论, 我们令图 14.3 中的 A, B 和 C
分别对应单变量 x_A, x_B 和 x_C, 于是图 14.3 简化为图 14.4.

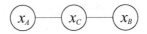

图 14.4　图 14.3 的简化版

对于图 14.4, 由式(14.2)可得联合概率

$$P(x_A, x_B, x_C) = \frac{1}{Z} \psi_{AC}(x_A, x_C) \psi_{BC}(x_B, x_C) \ . \tag{14.4}$$

基于条件概率的定义可得

$$
\begin{aligned}
P(x_A, x_B \mid x_C) &= \frac{P(x_A, x_B, x_C)}{P(x_C)} = \frac{P(x_A, x_B, x_C)}{\sum_{x'_A} \sum_{x'_B} P(x'_A, x'_B, x_C)} \\
&= \frac{\frac{1}{Z} \psi_{AC}(x_A, x_C) \psi_{BC}(x_B, x_C)}{\sum_{x'_A} \sum_{x'_B} \frac{1}{Z} \psi_{AC}(x'_A, x_C) \psi_{BC}(x'_B, x_C)} \\
&= \frac{\psi_{AC}(x_A, x_C)}{\sum_{x'_A} \psi_{AC}(x'_A, x_C)} \cdot \frac{\psi_{BC}(x_B, x_C)}{\sum_{x'_B} \psi_{BC}(x'_B, x_C)} \ .
\end{aligned}
\tag{14.5}
$$

$$
\begin{aligned}
P(x_A \mid x_C) &= \frac{P(x_A, x_C)}{P(x_C)} = \frac{\sum_{x'_B} P(x_A, x'_B, x_C)}{\sum_{x'_A} \sum_{x'_B} P(x'_A, x'_B, x_C)} \\
&= \frac{\sum_{x'_B} \frac{1}{Z} \psi_{AC}(x_A, x_C) \psi_{BC}(x'_B, x_C)}{\sum_{x'_A} \sum_{x'_B} \frac{1}{Z} \psi_{AC}(x'_A, x_C) \psi_{BC}(x'_B, x_C)} \\
&= \frac{\psi_{AC}(x_A, x_C)}{\sum_{x'_A} \psi_{AC}(x'_A, x_C)}.
\end{aligned}
\tag{14.6}
$$

由式(14.5)和(14.6)可知

$$P(x_A, x_B \mid x_C) = P(x_A \mid x_C) P(x_B \mid x_C) \ , \tag{14.7}$$

即 x_A 和 x_B 在给定 x_C 时条件独立.

　　由全局马尔可夫性可得到两个很有用的推论:

- 局部马尔可夫性(local Markov property): 给定某变量的邻接变量, 则该变量条件独立于其他变量. 形式化地说, 令 V 为图的结点集, $n(v)$ 为结点 v 在图上的邻接结点, $n^*(v) = n(v) \cup \{v\}$, 有 $\mathbf{x}_v \perp \mathbf{x}_{V \setminus n^*(v)} \mid \mathbf{x}_{n(v)}$.

- 成对马尔可夫性(pairwise Markov property): 给定所有其他变量, 两个非邻接变量条件独立. 形式化地说, 令图的结点集和边集分别为 V 和 E, 对图中的两个结点 u 和 v, 若 $\langle u, v \rangle \notin E$, 则 $\mathbf{x}_u \perp \mathbf{x}_v \mid \mathbf{x}_{V \setminus \{u,v\}}$.

现在我们来考察马尔可夫随机场中的势函数. 显然, 势函数 $\psi_Q(\mathbf{x}_Q)$ 的作用是定量刻画变量集 $\mathbf{x}_Q$ 中变量之间的相关关系, 它应该是非负函数, 且在所偏好的变量取值上有较大函数值. 例如, 假定图 14.4 中的变量均为二值变量, 若势函数为

$$\psi_{AC}(x_A, x_C) = \begin{cases} 1.5, & \text{if } x_A = x_C; \\ 0.1, & \text{otherwise} , \end{cases}$$

$$\psi_{BC}(x_B, x_C) = \begin{cases} 0.2, & \text{if } x_B = x_C; \\ 1.3, & \text{otherwise} , \end{cases}$$

则说明该模型偏好变量 x_A 与 x_C 拥有相同的取值, x_B 与 x_C 拥有不同的取值; 换言之, 在该模型中 x_A 与 x_C 正相关, x_B 与 x_C 负相关. 结合式(14.2)易知, 令 x_A 与 x_C 相同且 x_B 与 x_C 不同的变量值指派将取得较高的联合概率.

为了满足非负性, 指数函数常被用于定义势函数, 即

$$\psi_Q(\mathbf{x}_Q) = e^{-H_Q(\mathbf{x}_Q)} . \tag{14.8}$$

$H_Q(\mathbf{x}_Q)$ 是一个定义在变量 $\mathbf{x}_Q$ 上的实值函数, 常见形式为

$$H_Q(\mathbf{x}_Q) = \sum_{u,v \in Q, u \neq v} \alpha_{uv} x_u x_v + \sum_{v \in Q} \beta_v x_v , \tag{14.9}$$

其中 α_{uv} 和 β_v 是参数. 上式中的第二项仅考虑单结点, 第一项则考虑每一对结点的关系.

14.3 条件随机场

条件随机场(Conditional Random Field, 简称 CRF) 是一种判别式无向图模型. 14.1 节提到过, 生成式模型是直接对联合分布进行建模, 而判别式模型则是对条件分布进行建模. 前面介绍的隐马尔可夫模型和马尔可夫随机场都是生成式模型, 而条件随机场则是判别式模型.

条件随机场试图对多个变量在给定观测值后的条件概率进行建模. 具体来说, 若令 $\mathbf{x} = \{x_1, x_2, \ldots, x_n\}$ 为观测序列, $\mathbf{y} = \{y_1, y_2, \ldots, y_n\}$ 为与之相应的标记序列, 则条件随机场的目标是构建条件概率模型 $P(\mathbf{y} \mid \mathbf{x})$. 需注意的是, 标记变量 $\mathbf{y}$ 可以是结构型变量, 即其分量之间具有某种相关性. 例如在自然语言处理的词性标注任务中, 观测数据为语句(即单词序列), 标记为相应的词性序列, 具有线性序列结构, 如图 14.5(a)所示; 在语法分析任务中, 输出标记则是语法树, 具有树形结构, 如图 14.5(b)所示.

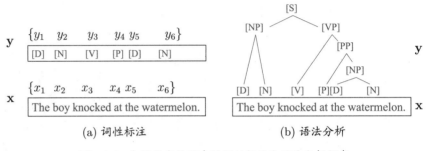

(a) 词性标注　　　　　　　　　(b) 语法分析

图 14.5　自然语言处理中的词性标注和语法分析任务

令 $G = \langle V, E \rangle$ 表示结点与标记变量 $\mathbf{y}$ 中元素一一对应的无向图, y_v 表示与结点 v 对应的标记变量, $n(v)$ 表示结点 v 的邻接结点, 若图 G 的每个变量 y_v 都满足马尔可夫性, 即

$$P(y_v \mid \mathbf{x}, \mathbf{y}_{V \setminus \{v\}}) = P(y_v \mid \mathbf{x}, \mathbf{y}_{n(v)}) \quad , \tag{14.10}$$

则 $(\mathbf{y}, \mathbf{x})$ 构成一个条件随机场.

理论上来说, 图 G 可具有任意结构, 只要能表示标记变量之间的条件独立性关系即可. 但在现实应用中, 尤其是对标记序列建模时, 最常用的仍是图 14.6 所示的链式结构, 即 "链式条件随机场" (chain-structured CRF). 下面我们主要讨论这种条件随机场.

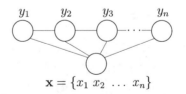

图 14.6　链式条件随机场的图结构

与马尔可夫随机场定义联合概率的方式类似, 条件随机场使用势函数和图结构上的团来定义条件概率 $P(\mathbf{y} \mid \mathbf{x})$. 给定观测序列 $\mathbf{x}$, 图 14.6 所示的链式条件随机场主要包含两种关于标记变量的团, 即单个标记变量 $\{y_i\}$ 以及相邻的标记变量 $\{y_{i-1}, y_i\}$. 选择合适的势函数, 即可得到形如式(14.2)的条件概率定义. 在条件随机场中, 通过选用指数势函数并引入特征函数(feature function), 条件概率被定义为

$$P(\mathbf{y} \mid \mathbf{x}) = \frac{1}{Z} \exp\left(\sum_j \sum_{i=1}^{n-1} \lambda_j t_j(y_{i+1}, y_i, \mathbf{x}, i) + \sum_k \sum_{i=1}^{n} \mu_k s_k(y_i, \mathbf{x}, i) \right) ,$$

(14.11)

其中 $t_j(y_{i+1}, y_i, \mathbf{x}, i)$ 是定义在观测序列的两个相邻标记位置上的转移特征函数(transition feature function), 用于刻画相邻标记变量之间的相关关系以及观测序列对它们的影响, $s_k(y_i, \mathbf{x}, i)$ 是定义在观测序列的标记位置 i 上的状态特征函数(status feature function), 用于刻画观测序列对标记变量的影响, λ_j 和 μ_k 为参数, Z 为规范化因子, 用于确保式(14.11)是正确定义的概率.

显然, 要使用条件随机场, 还需定义合适的特征函数. 特征函数通常是实值函数, 以刻画数据的一些很可能成立或期望成立的经验特性. 以图 14.5(a) 的词性标注任务为例, 若采用转移特征函数

$$t_j(y_{i+1}, y_i, \mathbf{x}, i) = \begin{cases} 1, & \text{if } y_{i+1} = [\text{P}], \, y_i = [\text{V}] \text{ and } x_i = \text{``knock''}; \\ 0, & \text{otherwise}, \end{cases}$$

则表示第 i 个观测值 x_i 为单词"knock"时, 相应的标记 y_i 和 y_{i+1} 很可能分别为 [V] 和 [P]. 若采用状态特征函数

$$s_k(y_i, \mathbf{x}, i) = \begin{cases} 1, & \text{if } y_i = [\text{V}] \text{ and } x_i = \text{``knock''}; \\ 0, & \text{otherwise}, \end{cases}$$

则表示观测值 x_i 为单词"knock"时, 它所对应的标记很可能为 [V].

对比式(14.11)和(14.2)可看出, 条件随机场和马尔可夫随机场均使用团上的势函数定义概率, 两者在形式上没有显著区别; 但条件随机场处理的是条件概率, 而马尔可夫随机场处理的是联合概率.

14.4 学习与推断

基于概率图模型定义的联合概率分布, 我们能对目标变量的边际分布(marginal distribution)或以某些可观测变量为条件的条件分布进行推断. 条件分布我们已经接触过很多, 例如在隐马尔可夫模型中要估算观测序列 $\mathbf{x}$ 在给定参数 λ 下的条件概率分布. 边际分布则是指对无关变量求和或积分后得到结果, 例如在马尔可夫网中, 变量的联合分布被表示成极大团的势函数乘积, 于是, 给定参数 Θ 求解某个变量 x 的分布, 就变成对联合分布中其他无关变量进行积分的过程, 这称为 "边际化" (marginalization).

对概率图模型, 还需确定具体分布的参数, 这称为参数估计或参数学习问题, 通常使用极大似然估计或最大后验概率估计求解. 但若将参数视为待推测的变量, 则参数估计过程和推断十分相似, 可以 "吸收" 到推断问题中. 因此, 下面我们只讨论概率图模型的推断方法.

贝叶斯学派认为未知参数与其他变量一样, 都是随机变量, 因此参数估计和变量推断能统一在推断框架下进行. 但频率主义学派对此并不认同.

具体来说, 假设图模型所对应的变量集 $\mathbf{x} = \{x_1, x_2, \ldots, x_N\}$ 能分为 $\mathbf{x}_E$ 和 $\mathbf{x}_F$ 两个不相交的变量集, 推断问题的目标就是计算边际概率 $P(\mathbf{x}_F)$ 或条件概率 $P(\mathbf{x}_F \mid \mathbf{x}_E)$. 由条件概率定义有

$$P(\mathbf{x}_F \mid \mathbf{x}_E) = \frac{P(\mathbf{x}_E, \mathbf{x}_F)}{P(\mathbf{x}_E)} = \frac{P(\mathbf{x}_E, \mathbf{x}_F)}{\sum_{\mathbf{x}_F} P(\mathbf{x}_E, \mathbf{x}_F)} , \tag{14.12}$$

其中联合概率 $P(\mathbf{x}_E, \mathbf{x}_F)$ 可基于概率图模型获得, 因此, 推断问题的关键就是如何高效地计算边际分布, 即

$$P(\mathbf{x}_E) = \sum_{\mathbf{x}_F} P(\mathbf{x}_E, \mathbf{x}_F) . \tag{14.13}$$

概率图模型的推断方法大致可分为两类. 第一类是精确推断方法, 希望能计算出目标变量的边际分布或条件分布的精确值; 遗憾的是, 一般情形下, 此类算法的计算复杂度随着极大团规模的增长呈指数增长, 适用范围有限. 第二类是近似推断方法, 希望在较低的时间复杂度下获得原问题的近似解; 此类方法在现实任务中更常用. 本节介绍两种代表性的精确推断方法, 下一节介绍近似推断方法.

14.4.1 变量消去

精确推断的实质是一类动态规划算法, 它利用图模型所描述的条件独立性来削减计算目标概率值所需的计算量. 变量消去法是最直观的精确推断算法,

也是构建其他精确推断算法的基础.

我们先以图 14.7(a) 中的有向图模型为例来介绍其工作流程.

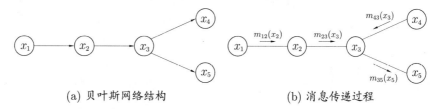

(a) 贝叶斯网络结构   (b) 消息传递过程

图 14.7 变量消去法及其对应的消息传递过程

假定推断目标是计算边际概率 $P(x_5)$. 显然, 为了完成此目标, 只需通过加法消去变量 $\{x_1, x_2, x_3, x_4\}$, 即

$$
\begin{aligned}
P(x_5) &= \sum_{x_4}\sum_{x_3}\sum_{x_2}\sum_{x_1} P(x_1, x_2, x_3, x_4, x_5) \\
&= \sum_{x_4}\sum_{x_3}\sum_{x_2}\sum_{x_1} P(x_1)P(x_2 \mid x_1)P(x_3 \mid x_2)P(x_4 \mid x_3)P(x_5 \mid x_3) .
\end{aligned}
$$

（14.14）

> 基于有向图模型所描述的条件独立性.

不难发现, 若采用 $\{x_1, x_2, x_4, x_3\}$ 的顺序计算加法, 则有

$$
\begin{aligned}
P(x_5) &= \sum_{x_3} P(x_5 \mid x_3) \sum_{x_4} P(x_4 \mid x_3) \sum_{x_2} P(x_3 \mid x_2) \sum_{x_1} P(x_1)P(x_2 \mid x_1) \\
&= \sum_{x_3} P(x_5 \mid x_3) \sum_{x_4} P(x_4 \mid x_3) \sum_{x_2} P(x_3 \mid x_2) m_{12}(x_2) ,
\end{aligned}
$$

（14.15）

其中 $m_{ij}(x_j)$ 是求加过程的中间结果, 下标 i 表示此项是对 x_i 求加的结果, 下标 j 表示此项中剩下的其他变量. 显然, $m_{ij}(x_j)$ 是关于 x_j 的函数. 不断执行此过程可得

$$
\begin{aligned}
P(x_5) &= \sum_{x_3} P(x_5 \mid x_3) \sum_{x_4} P(x_4 \mid x_3) m_{23}(x_3) \\
&= \sum_{x_3} P(x_5 \mid x_3) m_{23}(x_3) \sum_{x_4} P(x_4 \mid x_3) \\
&= \sum_{x_3} P(x_5 \mid x_3) m_{23}(x_3) m_{43}(x_3) \\
&= m_{35}(x_5) .
\end{aligned}
$$

（14.16）

显然, 最后的 $m_{35}(x_5)$ 是关于 x_5 的函数, 仅与变量 x_5 的取值有关.

事实上, 上述方法对无向图模型同样适用. 不妨忽略图 14.7(a) 中的箭头, 将其看作一个无向图模型, 有

$$P(x_1, x_2, x_3, x_4, x_5) = \frac{1}{Z}\psi_{12}(x_1, x_2)\psi_{23}(x_2, x_3)\psi_{34}(x_3, x_4)\psi_{35}(x_3, x_5) , \tag{14.17}$$

其中 Z 为规范化因子. 边际分布 $P(x_5)$ 可这样计算:

$$
\begin{aligned}
P(x_5) &= \frac{1}{Z}\sum_{x_3}\psi_{35}(x_3, x_5)\sum_{x_4}\psi_{34}(x_3, x_4)\sum_{x_2}\psi_{23}(x_2, x_3)\sum_{x_1}\psi_{12}(x_1, x_2) \\
&= \frac{1}{Z}\sum_{x_3}\psi_{35}(x_3, x_5)\sum_{x_4}\psi_{34}(x_3, x_4)\sum_{x_2}\psi_{23}(x_2, x_3)m_{12}(x_2) \\
&= \cdots \\
&= \frac{1}{Z}m_{35}(x_5) .
\end{aligned}
\tag{14.18}
$$

显然, 通过利用乘法对加法的分配律, 变量消去法把多个变量的积的求和问题, 转化为对部分变量交替进行求积与求和的问题. 这种转化使得每次的求和与求积运算限制在局部, 仅与部分变量有关, 从而简化了计算.

变量消去法有一个明显的缺点: 若需计算多个边际分布, 重复使用变量消去法将会造成大量的冗余计算. 例如在图 14.7(a) 的贝叶斯网上, 假定在计算 $P(x_5)$ 之外还希望计算 $P(x_4)$, 若采用 $\{x_1, x_2, x_5, x_3\}$ 的顺序, 则 $m_{12}(x_2)$ 和 $m_{23}(x_3)$ 的计算是重复的.

14.4.2 信念传播

亦称 Sum-Product 算法.

信念传播(Belief Propagation)算法将变量消去法中的求和操作看作一个消息传递过程, 较好地解决了求解多个边际分布时的重复计算问题. 具体来说, 变量消去法通过求和操作

$$m_{ij}(x_j) = \sum_{x_i}\psi(x_i, x_j)\prod_{k \in n(i)\backslash j} m_{ki}(x_i) \tag{14.19}$$

消去变量 x_i, 其中 $n(i)$ 表示结点 x_i 的邻接结点. 在信念传播算法中, 这个操作被看作从 x_i 向 x_j 传递了一个消息 $m_{ij}(x_j)$. 这样, 式(14.15)和(14.16)所描述的变量消去过程就能描述为图 14.7(b) 所示的消息传递过程. 不难发现, 每次消息传递操作仅与变量 x_i 及其邻接结点直接相关, 换言之, 消息传递相关的计算被

限制在图的局部进行.

在信念传播算法中, 一个结点仅在接收到来自其他所有结点的消息后才能向另一个结点发送消息, 且结点的边际分布正比于它所接收的消息的乘积, 即

$$P(x_i) \propto \prod_{k \in n(i)} m_{ki}(x_i) . \tag{14.20}$$

例如在图 14.7(b) 中, 结点 x_3 要向 x_5 发送消息, 必须事先收到来自结点 x_2 和 x_4 的消息, 且传递到 x_5 的消息 $m_{35}(x_5)$ 恰为概率 $P(x_5)$.

若图结构中没有环, 则信念传播算法经过两个步骤即可完成所有消息传递, 进而能计算所有变量上的边际分布:

- 指定一个根结点, 从所有叶结点开始向根结点传递消息, 直到根结点收到所有邻接结点的消息;

- 从根结点开始向叶结点传递消息, 直到所有叶结点均收到消息.

例如在图 14.7(a)中, 令 x_1 为根结点, 则 x_4 和 x_5 为叶结点. 以上两步消息传递的过程如图 14.8 所示. 此时图的每条边上都有方向不同的两条消息, 基于这些消息和式(14.20)即可获得所有变量的边际概率.

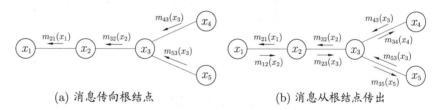

(a) 消息传向根结点   (b) 消息从根结点传出

图 14.8 信念传播算法图示

14.5 近似推断

精确推断方法通常需要很大的计算开销, 因此在现实应用中近似推断方法更为常用. 近似推断方法大致可分为两大类: 第一类是采样(sampling), 通过使用随机化方法完成近似; 第二类是使用确定性近似完成近似推断, 典型代表为变分推断(variational inference).

14.5.1 MCMC采样

在很多任务中, 我们关心某些概率分布并非因为对这些概率分布本身感兴

趣, 而是要基于它们计算某些期望, 并且还可能进一步基于这些期望做出决策. 例如对图 14.7(a) 的贝叶斯网, 进行推断的目的可能是为了计算变量 x_5 的期望. 若直接计算或逼近这个期望比推断概率分布更容易, 则直接操作无疑将使推断问题的求解更为高效.

采样法正是基于这个思路. 具体来说, 假定我们的目标是计算函数 $f(x)$ 在概率密度函数 $p(x)$ 下的期望

若 x 是离散变量, 则把积分换做求和即可.

$$\mathbb{E}_p[f] = \int f(x)p(x)\mathrm{d}x \;, \tag{14.21}$$

或 $p(x)$ 的相关分布.

则可根据 $p(x)$ 抽取一组样本 $\{x_1, x_2, \ldots, x_N\}$, 然后计算 $f(x)$ 在这些样本上的均值

$$\hat{f} = \frac{1}{N}\sum_{i=1}^{N} f(x_i) \;, \tag{14.22}$$

以此来近似目标期望 $\mathbb{E}[f]$. 若样本 $\{x_1, x_2, \ldots, x_N\}$ 独立, 基于大数定律, 这种通过大量采样的办法就能获得较高的近似精度. 问题的关键是如何采样. 对概率图模型来说, 就是如何高效地基于图模型所描述的概率分布来获取样本.

概率图模型中最常用的采样技术是马尔可夫链蒙特卡罗(Markov Chain Monte Carlo, 简称 MCMC)方法. 给定连续变量 $x \in X$ 的概率密度函数 $p(x)$, x 在区间 A 中的概率可计算为

$$P(A) = \int_A p(x)\mathrm{d}x \;. \tag{14.23}$$

若有函数 $f : X \mapsto \mathbb{R}$, 则可计算 $f(x)$ 的期望

$$p(f) = \mathbb{E}_p\left[f(X)\right] = \int_x f(x)p(x)\mathrm{d}x \;. \tag{14.24}$$

若 x 不是单变量而是一个高维多元变量 $\mathbf{x}$, 且服从一个非常复杂的分布, 则对式(14.24)求积分通常很困难. 为此, MCMC 先构造出服从 p 分布的独立同分布随机变量 $\mathbf{x}_1, \mathbf{x}_2, \ldots, \mathbf{x}_N$, 再得到式(14.24)的无偏估计

$$\tilde{p}(f) = \frac{1}{N}\sum_{i=1}^{N} f(\mathbf{x}_i) \;. \tag{14.25}$$

然而, 若概率密度函数 $p(\mathbf{x})$ 很复杂, 则构造服从 p 分布的独立同分布样本

也很困难. MCMC 方法的关键就在于通过构造"平稳分布为 p 的马尔可夫链"来产生样本: 若马尔可夫链运行时间足够长(即收敛到平稳状态), 则此时产出的样本 $\mathbf{x}$ 近似服从于分布 p. 如何判断马尔可夫链到达平稳状态呢? 假定平稳马尔可夫链 T 的状态转移概率(即从状态 $\mathbf{x}$ 转移到状态 $\mathbf{x}'$ 的概率)为 $T(\mathbf{x}' \mid \mathbf{x})$, t 时刻状态的分布为 $p(\mathbf{x}^t)$, 则若在某个时刻马尔可夫链满足平稳条件

$$p(\mathbf{x}^t)T(\mathbf{x}^{t-1} \mid \mathbf{x}^t) = p(\mathbf{x}^{t-1})T(\mathbf{x}^t \mid \mathbf{x}^{t-1}), \tag{14.26}$$

则 $p(\mathbf{x})$ 是该马尔可夫链的平稳分布, 且马尔可夫链在满足该条件时已收敛到平稳状态.

也就是说, MCMC 方法先设法构造一条马尔可夫链, 使其收敛至平稳分布恰为待估计参数的后验分布, 然后通过这条马尔可夫链来产生符合后验分布的样本, 并基于这些样本来进行估计. 这里马尔可夫链转移概率的构造至关重要, 不同的构造方法将产生不同的 MCMC 算法.

Metropolis-Hastings (简称 MH) 算法是 MCMC 的重要代表. 它基于"拒绝采样" (reject sampling) 来逼近平稳分布 p. 如图 14.9 所示, 算法每次根据上一轮采样结果 $\mathbf{x}^{t-1}$ 来采样获得候选状态样本 $\mathbf{x}^*$, 但这个候选样本会以一定的概率被"拒绝"掉. 假定从状态 $\mathbf{x}^{t-1}$ 到状态 $\mathbf{x}^*$ 的转移概率为 $Q(\mathbf{x}^* \mid \mathbf{x}^{t-1})A(\mathbf{x}^* \mid \mathbf{x}^{t-1})$, 其中 $Q(\mathbf{x}^* \mid \mathbf{x}^{t-1})$ 是用户给定的先验概率, $A(\mathbf{x}^* \mid \mathbf{x}^{t-1})$ 是 $\mathbf{x}^*$ 被接受的概率. 若 $\mathbf{x}^*$ 最终收敛到平稳状态, 则根据式(14.26)有

$$p(\mathbf{x}^{t-1})Q(\mathbf{x}^* \mid \mathbf{x}^{t-1})A(\mathbf{x}^* \mid \mathbf{x}^{t-1}) = p(\mathbf{x}^*)Q(\mathbf{x}^{t-1} \mid \mathbf{x}^*)A(\mathbf{x}^{t-1} \mid \mathbf{x}^*) , \tag{14.27}$$

> Metropolis-Hastings 算法是由 N. Metropolis 等人 1953 年提出 [Metropolis et al., 1953], 此后 W. K. Hastings 将其推广到一般形式 [Hastings, 1970], 因此而得名.

> 重复足够多次以达到平稳分布.

> 根据式(14.28).

输入: 先验概率 $Q(\mathbf{x}^* \mid \mathbf{x}^{t-1})$.
过程:
1: 初始化 $\mathbf{x}^0$;
2: **for** $t = 1, 2, \ldots$ **do**
3:     根据 $Q(\mathbf{x}^* \mid \mathbf{x}^{t-1})$ 采样出候选样本 $\mathbf{x}^*$;
4:     根据均匀分布从 $(0, 1)$ 范围内采样出阈值 u;
5:     **if** $u \leqslant A(\mathbf{x}^* \mid \mathbf{x}^{t-1})$ **then**
6:         $\mathbf{x}^t = \mathbf{x}^*$
7:     **else**
8:         $\mathbf{x}^t = \mathbf{x}^{t-1}$
9:     **end if**
10: **end for**
11: **return** $\mathbf{x}^1, \mathbf{x}^2, \ldots$
输出: 采样出的一个样本序列 $\mathbf{x}^1, \mathbf{x}^2, \ldots$

> 实践中常会丢弃前面若干个样本, 因为达到平稳分布后产生的才是希望得到的样本.

图 14.9 Metropolis-Hastings 算法

于是, 为了达到平稳状态, 只需将接受率设置为

$$A(\mathbf{x}^* \mid \mathbf{x}^{t-1}) = \min \left(1, \frac{p(\mathbf{x}^*)Q(\mathbf{x}^{t-1} \mid \mathbf{x}^*)}{p(\mathbf{x}^{t-1})Q(\mathbf{x}^* \mid \mathbf{x}^{t-1})} \right). \tag{14.28}$$

参见 7.5.3 节.   吉布斯采样(Gibbs sampling)有时被视为 MH 算法的特例, 它也使用马尔可夫链获取样本, 而该马尔可夫链的平稳分布也是采样的目标分布 $p(\mathbf{x})$. 具体来说, 假定 $\mathbf{x} = \{x_1, x_2, \ldots, x_N\}$, 目标分布为 $p(\mathbf{x})$, 在初始化 $\mathbf{x}$ 的取值后, 通过循环执行以下步骤来完成采样:

(1) 随机或以某个次序选取某变量 x_i;

(2) 根据 $\mathbf{x}$ 中除 x_i 外的变量的现有取值, 计算条件概率 $p(x_i \mid \mathbf{x}_{\bar{i}})$, 其中 $\mathbf{x}_{\bar{i}} = \{x_1, x_2, \ldots, x_{i-1}, x_{i+1}, \ldots, x_N\}$;

(3) 根据 $p(x_i \mid \mathbf{x}_{\bar{i}})$ 对变量 x_i 采样, 用采样值代替原值.

14.5.2 变分推断

变分推断通过使用已知简单分布来逼近需推断的复杂分布, 并通过限制近似分布的类型, 从而得到一种局部最优、但具有确定解的近似后验分布.

在学习变分推断之前, 我们先介绍概率图模型一种简洁的表示方法——盘式记法(plate notation) [Buntine, 1994]. 图 14.10 给出了一个简单的例子. 图 14.10(a)表示 N 个变量 $\{x_1, x_2, \ldots, x_N\}$ 均依赖于其他变量 $\mathbf{z}$. 在图 14.10(b)中, 相互独立的、由相同机制生成的多个变量被放在一个方框(盘)内, 并在方框中标出类似变量重复出现的个数 N; 方框可以嵌套. 通常用阴影标注出已知的、能观察到的变量, 如图 14.10 中的变量 x. 在很多学习任务中, 对属性变量使用盘式记法将使得图表示非常简洁.

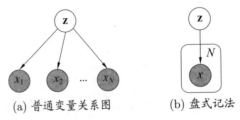

(a) 普通变量关系图   (b) 盘式记法

图 14.10 盘式记法的例示

变分推断使用的近似分
布需具有良好的数值性质,
通常是基于连续型变量的
概率密度函数来刻画的.

在图 14.10(b)中, 所有能观察到的变量 x 的联合分布的概率密度函数是

$$p(\mathbf{x} \mid \Theta) = \prod_{i=1}^{N} \sum_{\mathbf{z}} p(x_i, \mathbf{z} \mid \Theta), \tag{14.29}$$

所对应的对数似然函数为

$$\ln p(\mathbf{x} \mid \Theta) = \sum_{i=1}^{N} \ln \left\{ \sum_{\mathbf{z}} p(x_i, \mathbf{z} \mid \Theta) \right\}, \tag{14.30}$$

其中 $\mathbf{x} = \{x_1, x_2, \ldots, x_N\}$, Θ 是 $\mathbf{x}$ 与 $\mathbf{z}$ 服从的分布参数.

一般来说, 图 14.10 所对应的推断和学习任务主要是由观察到的变量 $\mathbf{x}$ 来估计隐变量 $\mathbf{z}$ 和分布参数变量 Θ, 即求解 $p(\mathbf{z} \mid \mathbf{x}, \Theta)$ 和 Θ.

EM 算法参见 7.6 节.

概率模型的参数估计通常以最大化对数似然函数为手段. 对式(14.30)可使用 EM 算法: 在 E 步, 根据 t 时刻的参数 Θ^t 对 $p(\mathbf{z} \mid \mathbf{x}, \Theta^t)$ 进行推断, 并计算联合似然函数 $p(\mathbf{x}, \mathbf{z} \mid \Theta)$; 在 M 步, 基于 E 步的结果进行最大化寻优, 即对关于变量 Θ 的函数 $\mathcal{Q}(\Theta; \Theta^t)$ 进行最大化从而求取

$$\begin{aligned} \Theta^{t+1} &= \underset{\Theta}{\arg\max}\, \mathcal{Q}(\Theta; \Theta^t) \\ &= \underset{\Theta}{\arg\max} \sum_{\mathbf{z}} p(\mathbf{z} \mid \mathbf{x}, \Theta^t) \ln p(\mathbf{x}, \mathbf{z} \mid \Theta) \,. \end{aligned} \tag{14.31}$$

式(14.31)中的 $\mathcal{Q}(\Theta; \Theta^t)$ 实际上是对数联合似然函数 $\ln p(\mathbf{x}, \mathbf{z} \mid \Theta)$ 在分布 $p(\mathbf{z} \mid \mathbf{x}, \Theta^t)$ 下的期望, 当分布 $p(\mathbf{z} \mid \mathbf{x}, \Theta^t)$ 与变量 $\mathbf{z}$ 的真实后验分布相等时, $\mathcal{Q}(\Theta; \Theta^t)$ 近似于对数似然函数. 于是, EM 算法最终可获得稳定的参数 Θ, 而隐变量 $\mathbf{z}$ 的分布也能通过该参数获得.

需注意的是, $p(\mathbf{z} \mid \mathbf{x}, \Theta^t)$ 未必是隐变量 $\mathbf{z}$ 服从的真实分布, 而只是一个近似分布. 若将这个近似分布用 $q(\mathbf{z})$ 表示, 则不难验证

$$\ln p(\mathbf{x}) = \mathcal{L}(q) + \mathrm{KL}(q \parallel p), \tag{14.32}$$

其中

$$\mathcal{L}(q) = \int q(\mathbf{z}) \ln \left\{ \frac{p(\mathbf{x}, \mathbf{z})}{q(\mathbf{z})} \right\} \mathrm{d}\mathbf{z} \,, \tag{14.33}$$

KL 散度, 参见附录 C.3.

$$\mathrm{KL}(q \parallel p) = -\int q(\mathbf{z}) \ln \frac{p(\mathbf{z} \mid \mathbf{x})}{q(\mathbf{z})} \mathrm{d}\mathbf{z} \,. \tag{14.34}$$

然而在现实任务中, E 步对 $p(\mathbf{z} \mid \mathbf{x}, \Theta^t)$ 的推断很可能因 $\mathbf{z}$ 模型复杂而难以进行, 此时可借助变分推断. 通常假设 $\mathbf{z}$ 服从分布

$$q(\mathbf{z}) = \prod_{i=1}^{M} q_i(\mathbf{z}_i), \tag{14.35}$$

即假设复杂的多变量 $\mathbf{z}$ 可拆解为一系列相互独立的多变量 $\mathbf{z}_i$. 更重要的是, 可以令 q_i 分布相对简单或有很好的结构, 例如假设 q_i 为指数族(exponential family)分布, 此时有

为简化表述, 这里将 $q_i(\mathbf{z}_i)$ 简写为 q_i.

$$\mathcal{L}(q) = \int \prod_i q_i \left\{ \ln p(\mathbf{x}, \mathbf{z}) - \sum_i \ln q_i \right\} d\mathbf{z}$$

const 是一个常数.

$$= \int q_j \left\{ \int \ln p(\mathbf{x}, \mathbf{z}) \prod_{i \neq j} q_i d\mathbf{z}_i \right\} d\mathbf{z}_j - \int q_j \ln q_j d\mathbf{z}_j + \text{const}$$

$$= \int q_j \ln \tilde{p}(\mathbf{x}, \mathbf{z}_j) d\mathbf{z}_j - \int q_j \ln q_j d\mathbf{z}_j + \text{const} , \tag{14.36}$$

其中

$$\ln \tilde{p}(\mathbf{x}, \mathbf{z}_j) = \mathbb{E}_{i \neq j} \left[\ln p(\mathbf{x}, \mathbf{z}) \right] + \text{const} , \tag{14.37}$$

$$\mathbb{E}_{i \neq j} \left[\ln p(\mathbf{x}, \mathbf{z}) \right] = \int \ln p(\mathbf{x}, \mathbf{z}) \prod_{i \neq j} q_i d\mathbf{z}_i . \tag{14.38}$$

我们关心的是 q_j, 因此可固定 $q_{i \neq j}$ 再对 $\mathcal{L}(q)$ 进行最大化, 可发现式(14.36)等于 $-\text{KL}(q_j \parallel \tilde{p}(\mathbf{x}, \mathbf{z}_j))$, 即当 $q_j = \tilde{p}(\mathbf{x}, \mathbf{z}_j)$ 时 $\mathcal{L}(q)$ 最大. 于是可知变量子集 $\mathbf{z}_j$ 所服从的最优分布 q_j^* 应满足

$$\ln q_j^*(\mathbf{z}_j) = \mathbb{E}_{i \neq j} \left[\ln p(\mathbf{x}, \mathbf{z}) \right] + \text{const} , \tag{14.39}$$

即

$$q_j^*(\mathbf{z}_j) = \frac{\exp \left(\mathbb{E}_{i \neq j} \left[\ln p(\mathbf{x}, \mathbf{z}) \right] \right)}{\int \exp \left(\mathbb{E}_{i \neq j} \left[\ln p(\mathbf{x}, \mathbf{z}) \right] \right) d\mathbf{z}_j} . \tag{14.40}$$

换言之, 在式(14.35)这个假设下, 变量子集 $\mathbf{z}_j$ 最接近真实情形的分布由式(14.40)给出.

显然, 基于式(14.35)的假设, 通过恰当地分割独立变量子集 $\mathbf{z}_j$ 并选择 q_i 服从的分布, $\mathbb{E}_{i \neq j} \left[\ln p(\mathbf{x}, \mathbf{z}) \right]$ 往往有闭式解, 这使得基于式(14.40)能高效地对隐变量 $\mathbf{z}$ 进行推断. 事实上, 由式(14.38)可看出, 对变量 $\mathbf{z}_j$ 分布 q_j^* 进行估计时融合

了 $\mathbf{z}_j$ 之外的其他 $\mathbf{z}_{i \neq j}$ 的信息, 这是通过联合似然函数 $\ln p(\mathbf{x}, \mathbf{z})$ 在 $\mathbf{z}_j$ 之外的隐变量分布上求期望得到的, 因此亦称"平均场"(mean field)方法.

<aside>mean 指期望, field 则是指分布.</aside>

在实践中使用变分法时, 最重要的是考虑如何对隐变量进行拆解, 以及假设各变量子集服从何种分布, 在此基础上套用式(14.40)的结论再结合 EM 算法即可进行概率图模型的推断和参数估计. 显然, 若隐变量的拆解或变量子集的分布假设不当, 将会导致变分法效率低、效果差.

14.6 话题模型

话题模型(topic model)是一族生成式有向图模型, 主要用于处理离散型的数据(如文本集合), 在信息检索、自然语言处理等领域有广泛应用. 隐狄利克雷分配模型(Latent Dirichlet Allocation, 简称 LDA)是话题模型的典型代表.

我们先来了解一下话题模型中的几个概念: 词(word)、文档(document)和话题(topic). 具体来说, "词"是待处理数据的基本离散单元, 例如在文本处理任务中, 一个词就是一个英文单词或有独立意义的中文词. "文档"是待处理的数据对象, 它由一组词组成, 这些词在文档中是不计顺序的, 例如一篇论文、一个网页都可看作一个文档; 这样的表示方式称为"词袋"(bag-of-words). 数据对象只要能用词袋描述, 就可使用话题模型. "话题"表示一个概念, 具体表示为一系列相关的词, 以及它们在该概念下出现的概率.

<aside>例如若把图像中的小块看作"词", 则可将图像表示为词袋, 于是话题模型也可用于图像数据.</aside>

形象地说, 如图 14.11 所示, 一个话题就像是一个箱子, 里面装着在这个概念下出现概率较高的那些词. 不妨假定数据集中一共包含 K 个话题和 T 篇文档, 文档中的词来自一个包含 d 个词的词典. 我们用 T 个 d 维向量 $\mathbf{W} = \{\boldsymbol{w}_1, \boldsymbol{w}_2, \ldots, \boldsymbol{w}_T\}$ 表示数据集(即文档集合), K 个 d 维向量 $\boldsymbol{\beta}_k$ $(k = 1, 2, \ldots, K)$ 表示话题, 其中 $\boldsymbol{w}_t \in \mathbb{R}^d$ 的第 n 个分量 $w_{t,n}$ 表示文档 t 中词 n 的词频, $\boldsymbol{\beta}_k \in \mathbb{R}^d$ 的第 n 个分量 $\beta_{k,n}$ 表示话题 k 中词 n 的词频.

<aside>通常需对词频做一些处理, 例如去除"停用词表"中的词等.</aside>

在现实任务中可通过统计文档中出现的词来获得词频向量 $\boldsymbol{w}_i$ ($i = 1, 2, \ldots, T$), 但通常并不知道这组文档谈论了哪些话题, 也不知道每篇文档与哪些话题有关. LDA 从生成式模型的角度来看待文档和话题. 具体来说, LDA 认为每篇文档包含多个话题, 不妨用向量 $\Theta_t \in \mathbb{R}^K$ 表示文档 t 中所包含的每个话题的比例, $\Theta_{t,k}$ 即表示文档 t 中包含话题 k 的比例, 进而通过下面的步骤由话题"生成"文档 t:

<aside>狄利克雷分布参见附录 C.1.6.</aside>

(1) 根据参数为 $\boldsymbol{\alpha}$ 的狄利克雷分布随机采样一个话题分布 Θ_t;

(2) 按如下步骤生成文档中的 N 个词:

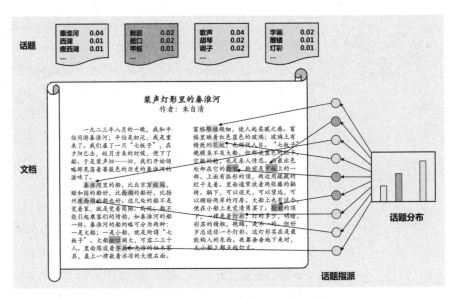

图 14.11　LDA 的文档生成过程示意图

    (a) 根据 Θ_t 进行话题指派, 得到文档 t 中词 n 的话题 $z_{t,n}$;

上一步中指派的 $z_{t,n}$ 是话题 k.

    (b) 根据指派的话题所对应的词频分布 β_k 随机采样生成词.

    图 14.11 演示出根据以上步骤生成文档的过程. 显然, 这样生成的文档自然地以不同比例包含多个话题 (步骤 1), 文档中的每个词来自一个话题 (步骤 2b), 而这个话题是依据话题比例产生的 (步骤 2a).

    图 14.12 描述了 LDA 的变量关系, 其中文档中的词频 $w_{t,n}$ 是唯一的已观测变量, 它依赖于对这个词进行的话题指派 $z_{t,n}$, 以及话题所对应的词频 β_k; 同时, 话题指派 $z_{t,n}$ 依赖于话题分布 Θ_t, Θ_t 依赖于狄利克雷分布的参数 $\boldsymbol{\alpha}$, 而话题词频则依赖于参数 $\boldsymbol{\eta}$.

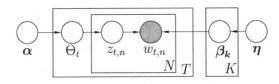

图 14.12　LDA 的盘式记法图

    于是, LDA 模型对应的概率分布为

$$p(\mathbf{W}, \mathbf{z}, \boldsymbol{\beta}, \Theta \mid \boldsymbol{\alpha}, \boldsymbol{\eta}) =$$

$$\prod_{t=1}^{T} p(\Theta_t \mid \boldsymbol{\alpha}) \prod_{k=1}^{K} p(\boldsymbol{\beta}_k \mid \boldsymbol{\eta}) \left(\prod_{n=1}^{N} p(w_{t,n} \mid z_{t,n}, \boldsymbol{\beta}_k) p(z_{t,n} \mid \Theta_t) \right), \quad (14.41)$$

其中 $p(\Theta_t \mid \boldsymbol{\alpha})$ 和 $p(\boldsymbol{\beta}_k \mid \boldsymbol{\eta})$ 通常分别设置为以 $\boldsymbol{\alpha}$ 和 $\boldsymbol{\eta}$ 为参数的 K 维和 d 维狄利克雷分布, 例如

$$p(\Theta_t \mid \boldsymbol{\alpha}) = \frac{\Gamma(\sum_k \alpha_k)}{\prod_k \Gamma(\alpha_k)} \prod_k \Theta_{t,k}^{\alpha_k - 1}, \quad (14.42)$$

参见附录 C.1.5.

训练文档集对应的词频.

其中 $\Gamma(\cdot)$ 是 Gamma 函数. 显然, $\boldsymbol{\alpha}$ 和 $\boldsymbol{\eta}$ 是模型式(14.41) 中待确定的参数.

给定训练数据 $\mathbf{W} = \{\boldsymbol{w}_1, \boldsymbol{w}_2, \dots, \boldsymbol{w}_T\}$, LDA 的模型参数可通过极大似然法估计, 即寻找 $\boldsymbol{\alpha}$ 和 $\boldsymbol{\eta}$ 以最大化对数似然

$$LL(\boldsymbol{\alpha}, \boldsymbol{\eta}) = \sum_{t=1}^{T} \ln p(\boldsymbol{w}_t \mid \boldsymbol{\alpha}, \boldsymbol{\eta}). \quad (14.43)$$

但由于 $p(\boldsymbol{w}_t \mid \boldsymbol{\alpha}, \boldsymbol{\eta})$ 不易计算, 式(14.43)难以直接求解, 因此实践中常采用变分法来求取近似解.

若模型已知, 即参数 $\boldsymbol{\alpha}$ 和 $\boldsymbol{\eta}$ 已确定, 则根据词频 $w_{t,n}$ 来推断文档集所对应的话题结构(即推断 Θ_t, $\boldsymbol{\beta}_k$ 和 $z_{t,n}$)可通过求解

$$p(\mathbf{z}, \boldsymbol{\beta}, \Theta \mid \mathbf{W}, \boldsymbol{\alpha}, \boldsymbol{\eta}) = \frac{p(\mathbf{W}, \mathbf{z}, \boldsymbol{\beta}, \Theta \mid \boldsymbol{\alpha}, \boldsymbol{\eta})}{p(\mathbf{W} \mid \boldsymbol{\alpha}, \boldsymbol{\eta})}. \quad (14.44)$$

然而由于分母上的 $p(\mathbf{W} \mid \boldsymbol{\alpha}, \boldsymbol{\eta})$ 难以获取, 式(14.44)难以直接求解, 因此在实践中常采用吉布斯采样或变分法进行近似推断.

14.7 阅读材料

概率图模型方面已经有专门的书籍如 [Koller and Friedman, 2009].

[Pearl, 1982] 倡导了贝叶斯网的研究, [Pearl, 1988] 对这方面的早期研究工作进行了总结. 马尔可夫随机场由 [Geman and Geman, 1984] 提出. 现实应用中使用的模型经常是贝叶斯网与马尔可夫随机场的结合. 隐马尔可夫模型及其在语音识别中的应用可参阅 [Rabiner, 1989]. 条件随机场由 [Lafferty et al., 2001] 提出, 更多的内容可参阅 [Sutton and McCallum, 2012].

信念传播算法最早由 [Pearl, 1986] 作为精确推断技术提出, 后来衍生出多种近似推断算法. 对一般的带环图, 信念传播算法需在初始化、消息传递等环节进行调整, 由此形成了迭代信念传播算法(Loopy Belief Propagation) [Murphy et al., 1999], 但其理论性质尚不清楚, 这方面的进展可参阅 [Mooij and Kappen, 2007; Weiss, 2000]. 有些带环图可先用 "因子图" (factor graph) [Kschischang et al., 2001] 描述, 再转化为因子树(factor tree) 进行信念传播. 对任意图结构的信念传播已有一些研究 [Lauritzen and Spiegelhalter, 1988]. 近来随着并行计算技术的发展, 信念传播的并行加速实现受到关注, 例如 [Gonzalez et al., 2009] 提出 τ_ϵ 近似推断的概念并设计出多核并行信念传播算法, 其时间开销随内核数的增加而线性降低.

概率图模型的建模和推断, 尤其是变分推断在 20 世纪 90 年代中期逐步发展成熟, [Jordan, 1998] 对这个阶段的主要成果进行了总结. 关于变分推断的更多内容可参阅 [Wainwright and Jordan, 2008].

"非参数化" 指参数的数目无须事先指定, 是贝叶斯学习方法的重要发展.

贝叶斯学习参见 p.164.

LSA 是 SVD 在文本数据上的变体.

参见 p.266.

图模型带来的一大好处是使得人们能直观、快速地针对具体任务定义模型. LDA [Blei et al., 2003] 是这方面的重要代表, 由它产生了很多变体, 关于这方面的内容可参阅 [Blei, 2012]. 概率图模型的一个发展方向是使得模型的结构能对数据有一定的自适应能力, 即 "非参数化" (non-parametric) 方法, 例如层次化狄利克雷过程模型 [Teh et al., 2006]、无限隐特征模型 [Ghahramani and Griffiths, 2006] 等.

话题模型包含了多种模型, 其中有些并不采用贝叶斯学习方法, 例如 PLSA (概率隐语义分析) [Hofmann, 2001], 它是 LSA (隐语义分析) 的概率扩展.

蒙特卡罗方法是二十世纪四十年代产生的一类基于概率统计理论、使用随机数来解决问题的数值计算方法, MCMC 是马尔可夫链与蒙特卡罗方法的结合, 最早由 [Pearl, 1987] 引入贝叶斯网推断. 关于 MCMC 在概率推断中的应用可参阅 [Neal, 1993], 更多关于 MCMC 的内容可参阅 [Andrieu et al., 2003; Gilks et al., 1996].

习题

14.1 试用盘式记法表示条件随机场和朴素贝叶斯分类器.

14.2 试证明图模型中的局部马尔可夫性: 给定某变量的邻接变量, 则该变量条件独立于其他变量.

14.3 试证明图模型中的成对马尔可夫性: 给定其他所有变量, 则两个非邻接变量条件独立.

14.4 试述在马尔可夫随机场中为何仅需对极大团定义势函数.

14.5 比较条件随机场和对率回归, 试析其异同.

14.6 试证明变量消去法的计算复杂度随图模型中极大团规模的增长而呈指数增长, 但随结点数的增长未必呈指数增长.

14.7 吉布斯采样可看作 MH 算法的特例, 但吉布斯采样中未使用"拒绝采样"策略, 试述这样做的好处.

14.8 平均场是一种近似推断方法. 考虑式(14.32), 试析平均场方法求解的近似问题与原问题的差异, 以及实践中如何选择变量服从的先验分布.

14.9* 从网上下载或自己编程实现 LDA, 试分析金庸作品《天龙八部》中每十回的话题演变情况.

14.10* 试设计一个无须事先指定话题数目的 LDA 改进算法.

参考文献

Andrieu, C., N. De Freitas, A. Doucet, and M. I. Jordan. (2003). "An introduction to MCMC for machine learning." *Machine Learning*, 50(1-2): 5–43.

Blei, D. M. (2012). "Probabilisitic topic models." *Communications of the ACM*, 55(4):77–84.

Blei, D. M., A. Ng, and M. I. Jordan. (2003). "Latent Dirichlet allocation." *Journal of Machine Learning Research*, 3:993–1022.

Buntine, W. (1994). "Operations for learning with graphical models." *Journal of Artificial Intelligence Research*, 2:159–225.

Geman, S. and D. Geman. (1984). "Stochastic relaxation, Gibbs distributions, and the Bayesian restoration of images." *IEEE Transactions on Pattern Analysis and Machine Intelligence*, 6(6):721–741.

Ghahramani, Z. and T. L. Griffiths. (2006). "Infinite latent feature models and the Indian buffet process." In *Advances in Neural Information Processing Systems 18 (NIPS)* (Y. Weiss, B. Schölkopf, and J. C. Platt, eds.), 475–482, MIT Press, Cambridge, MA.

Gilks, W. R., S. Richardson, and D. J. Spiegelhalter. (1996). *Markov Chain Monte Carlo in Practice*. Chapman & Hall/CRC, Boca Raton, FL.

Gonzalez, J. E., Y. Low, and C. Guestrin. (2009). "Residual splash for optimally parallelizing belief propagation." In *Proceedings of the 12th International Conference on Artificial Intelligence and Statistics (AISTATS)*, 177–184, Clearwater Beach, FL.

Hastings, W. K. (1970). "Monte Carlo sampling methods using Markov chains and their applications." *Biometrica*, 57(1):97–109.

Hofmann, T. (2001). "Unsupervised learning by probabilistic latent semantic analysis." *Machine Learning*, 42(1):177–196.

Jordan, M. I., ed. (1998). *Learning in Graphical Models*. Kluwer, Dordrecht, The Netherlands.

Koller, D. and N. Friedman. (2009). *Probabilistic Graphical Models: Principles and Techniques*. MIT Press, Cambridge, MA.

Kschischang, F. R., B. J. Frey, and H.-A. Loeliger. (2001). "Factor graphs and the sum-product algorithm." *IEEE Transactions on Information Theory*, 47 (2):498–519.

Lafferty, J. D., A. McCallum, and F. C. N. Pereira. (2001). "Conditional random fields: Probabilistic models for segmenting and labeling sequence data." In *Proceedings of the 18th International Conference on Machine Learning (ICML)*, 282–289, Williamstown, MA.

Lauritzen, S. L. and D. J. Spiegelhalter. (1988). "Local computations with probabilities on graphical structures and their application to expert systems." *Journal of the Royal Statistical Society - Series B*, 50(2):157–224.

Metropolis, N., A. W. Rosenbluth, M. N. Rosenbluth, A. H. Teller, and E. Teller. (1953). "Equations of state calculations by fast computing machines." *Journal of Chemical Physics*, 21(6):1087–1092.

Mooij, J. M. and H. J. Kappen. (2007). "Sufficient conditions for convergence of the sum-product algorithm." *IEEE Transactions on Information Theory*, 53(12):4422–4437.

Murphy, K. P., Y. Weiss, and M. I. Jordan. (1999). "Loopy belief propagation for approximate inference: An empirical study." In *Proceedings of the 15th Conference on Uncertainty in Artificial Intelligence (UAI)*, 467–475, Stockholm, Sweden.

Neal, R. M. (1993). "Probabilistic inference using Markov chain Monte Carlo methods." Technical Report CRG-TR-93-1, Department of Computer Science, University of Toronto.

Pearl, J. (1982). "Asymptotic properties of minimax trees and game-searching procedures." In *Proceedings of the 2nd National Conference on Artificial Intelligence (AAAI)*, Pittsburgh, PA.

Pearl, J. (1986). "Fusion, propagation and structuring in belief networks." *Artificial Intelligence*, 29(3):241–288.

Pearl, J. (1987). "Evidential reasoning using stochastic simulation of causal models." *Artificial Intelligence*, 32(2):245–258.

Pearl, J. (1988). *Probabilistic Reasoning in Intelligent Systems: Networks of Plausible Inference*. Morgan Kaufmann, San Francisco, CA.

Rabiner, L. R. (1989). "A tutorial on hidden Markov model and selected applications in speech recognition." *Proceedings of the IEEE*, 77(2):257–286.

Sutton, C. and A. McCallum. (2012). "An introduction to conditional random fields." *Foundations and Trends in Machine Learning*, 4(4):267–373.

Teh, Y. W., M. I. Jordan, M. J. Beal, and D. M. Blei. (2006). "Hierarchical Dirichlet processes." *Journal of the American Statistical Association*, 101 (476):1566–1581.

Wainwright, M. J. and M. I. Jordan. (2008). "Graphical models, exponential families, and variational inference." *Foundations and Trends in Machine Learning*, 1(1-2):1–305.

Weiss, Y. (2000). "Correctness of local probability propagation in graphical models with loops." *Neural Computation*, 12(1):1–41.

休息一会儿

小故事: 概率图模型奠基人朱迪亚·珀尔

说起概率图模型, 就必然要谈到犹太裔美国计算机科学家朱迪亚·珀尔 (Judea Pearl, 1936—). 珀尔出生于特拉维夫, 1960 年他在以色列理工学院电子工程本科毕业后来到美国, 在 Rutgers 大学和布鲁克林理工学院分别获得物理学硕士和电子工程博士学位. 1965 年博士毕业后进入 RCA 研究实验室从事超导存储方面的工作, 1970 年到加州大学洛杉矶分校任教至今.

参阅 1.5 节.

早期的主流人工智能研究专注于以逻辑为基础来进行形式化和推理, 但这样很难定量地对不确定性事件进行表达和处理. 珀尔在二十世纪七十年代将概率方法引入人工智能, 开创了贝叶斯网的研究, 提出了信念传播算法, 催生了概率图模型这一大类技术, 他还以贝叶斯网为工具开创了因果推理方面的研究. 由于对人工智能中概率与因果推理的重大贡献, 他获得 2011 年图灵奖, 此前他已获 ACM 与 AAAI 联合颁发的 2003 年艾伦·纽厄尔奖. ACM 评价珀尔在人工智能领域的贡献已扩展到诸多学科领域, "使统计学、心理学、医学以及社会科学中因果性的理解产生了革命性的变化". 2001 年珀尔还获得科学哲学领域最高奖拉卡托斯奖.

艾伦·纽厄尔奖是奖励那些拓宽了计算机科学, 或架设了计算机科学与其他学科桥梁的卓越科学家, 该奖以图灵奖得主、人工智能先驱 Allen Newell (1927–1992) 命名. 机器学习界的另一位著名学者 Michael Jordan 在 2009 年获该奖.

珀尔之子丹尼尔是《华尔街日报》驻南亚记者, "9·11" 事件后他在巴基斯坦追踪报道激进武装组织时被绑架审讯并残忍地斩首, 此事震惊世界. 珀尔此后筹办了丹尼尔·珀尔基金会, 并参与了很多致力于促进世界民族和平共处的活动.

第 15 章　规则学习

15.1 基本概念

机器学习中的"规则"(rule)通常是指语义明确、能描述数据分布所隐含的客观规律或领域概念、可写成"若……, 则……"形式的逻辑规则 [Fürnkranz et al., 2012]."规则学习"(rule learning)是从训练数据中学习出一组能用于对未见示例进行判别的规则.

形式化地看, 一条规则形如:

$$\oplus \leftarrow \mathbf{f}_1 \wedge \mathbf{f}_2 \wedge \cdots \wedge \mathbf{f}_L \ , \tag{15.1}$$

其中逻辑蕴含符号"←"右边部分称为"规则体"(body), 表示该条规则的前提, 左边部分称为"规则头"(head), 表示该条规则的结果. 规则体是由逻辑文字(literal) $\mathbf{f}_k$ 组成的合取式(conjunction), 其中合取符号"∧"用来表示"并

且". 每个文字 $\mathbf{f}_k$ 都是对示例属性进行检验的布尔表达式, 例如"(色泽=乌黑)"或"¬(根蒂=硬挺)". L 是规则体中逻辑文字的个数, 称为规则的长度. 规则头的"⊕"同样是逻辑文字, 一般用来表示规则所判定的目标类别或概念, 例如"好瓜". 这样的逻辑规则也被称为"if-then 规则".

与神经网络、支持向量机这样的"黑箱模型"相比, 规则学习具有更好的可解释性, 能使用户更直观地对判别过程有所了解. 另一方面, 数理逻辑具有极强的表达能力, 绝大多数人类知识都能通过数理逻辑进行简洁的刻画和表达. 例如"父亲的父亲是爷爷"这样的知识不易用函数式描述, 而用一阶逻辑则可方便地写为"爷爷$(X,Y) \leftarrow$ 父亲$(X,Z) \wedge$ 父亲(Z,Y)", 因此, 规则学习能更自然地在学习过程中引入领域知识. 此外, 逻辑规则的抽象描述能力在处理一些高度复杂的 AI 任务时具有显著的优势, 例如在问答系统中有时可能遇到非常多、甚至无穷种可能的答案, 此时若能基于逻辑规则进行抽象表述或者推理, 则将带来极大的便利.

假定我们从西瓜数据集学得规则集合 $\mathcal{R}$:

规则1: 好瓜 ← (根蒂= 蜷缩) ∧ (脐部=凹陷) ;

规则2: ¬好瓜 ← (纹理＝模糊) .

西瓜数据集 2.0 见 p.76
表 4.1.

规则 1 的长度为 2, 它通过判断两个逻辑文字的赋值(valuation)来对示例进行判别. 符合该规则的样本(例如西瓜数据集 2.0 中的样本 1)称为被该规则"覆盖"(cover). 需注意的是, 被规则 1 覆盖的样本是好瓜, 但没被规则 1 覆盖的未必不是好瓜; 只有被规则 2 这样以"¬ 好瓜"为头的规则覆盖的才不是好瓜.

集成学习参见第 8 章.

显然, 规则集合中的每条规则都可看作一个子模型, 规则集合是这些子模型的一个集成. 当同一个示例被判别结果不同的多条规则覆盖时, 称发生了"冲突"(conflict), 解决冲突的办法称为"冲突消解"(conflict resolution). 常用的冲突消解策略有投票法、排序法、元规则法等. 投票法是将判别相同的规则数最多的结果作为最终结果. 排序法是在规则集合上定义一个顺序, 在发生冲突时使用排序最前的规则; 相应的规则学习过程称为"带序规则"(ordered rule)学习或"优先级规则"(priority rule) 学习. 元规则法是根据领域知识事先设定一些"元规则"(meta-rule), 即关于规则的规则, 例如"发生冲突时使用长度最小的规则", 然后根据元规则的指导来使用规则集.

此外, 从训练集学得的规则集合也许不能覆盖所有可能的未见示例, 例如前述规则集合 $\mathcal{R}$ 无法对"根蒂＝蜷缩"、"脐部＝稍凹"且"纹理＝清晰"的示例进行判别; 这种情况在属性数目很多时常出现. 因此, 规则学习算法通常会设置一条"默认规则"(default rule), 由它来处理规则集合未覆盖的样本; 例如为 $\mathcal{R}$ 增加一条默认规则: "未被规则 1, 2 覆盖的都不是好瓜".

亦称"缺省规则", 可认为是一种特殊的元规则.

从形式语言表达能力而言, 规则可分为两类: "命题规则"(propositional rule)和"一阶规则"(first-order rule). 前者是由"原子命题"(propositional atom)和逻辑连接词"与"($\land$)、"或"($\lor$)、"非"($\neg$)和"蕴含"($\leftarrow$)构成的简单陈述句; 例如规则集 $\mathcal{R}$ 就是一个命题规则集, "根蒂＝蜷缩""脐部＝凹陷"都是原子命题. 后者的基本成分是能描述事物的属性或关系的"原子公式"(atomic formula), 例如表达父子关系的谓词(predicate)"父亲(X,Y)"就是原子公式, 再如表示加一操作"$\sigma(X) = X + 1$"的函数"$\sigma(X)$"也是原子公式. 如果进一步用谓词"自然数(X)"表示 X 是自然数, "$\forall X$"表示"对于任意 X 成立", "$\exists Y$"表示"存在 Y 使之成立", 那么"所有自然数加 1 都是自然数"就可写作"$\forall X \exists Y (自然数(Y) \leftarrow 自然数(X) \land (Y = \sigma(X)))$", 或更简洁的"$\forall X (自然数(\sigma(X)) \leftarrow 自然数(X))$". 这样的规则就是一阶规则, 其中 X 和 Y 称为逻辑变量, "$\forall$""$\exists$"分别表示"任意"和"存在", 用于限定变量的取值范围, 称为"量词"(quantifier). 显然, 一阶规则能表达复杂的关系, 因此也被称为 "关系型规则" (relational rule). 以西瓜数据为例, 若我们简单地把属性当作谓词来定义示例与属性值之间的关系, 则命题规则集 $\mathcal{R}$ 可改写为一阶规则集 $\mathcal{R}'$:

$$规则 1: 好瓜(X) \leftarrow 根蒂(X, 蜷缩) \wedge 脐部(X, 凹陷);$$

$$规则 2: \neg 好瓜(X) \leftarrow 纹理(X, 模糊).$$

显然, 从形式语言系统的角度来看, 命题规则是一阶规则的特例, 因此一阶规则的学习比命题规则要复杂得多.

15.2 序贯覆盖

规则学习的目标是产生一个能覆盖尽可能多的样例的规则集. 最直接的做法是 "序贯覆盖" (sequential covering), 即逐条归纳: 在训练集上每学到一条规则, 就将该规则覆盖的训练样例去除, 然后以剩下的训练样例组成训练集重复上述过程. 由于每次只处理一部分数据, 因此也被称为 "分治" (separate-and-conquer) 策略.

我们以命题规则学习为例来考察序贯覆盖法. 命题规则的规则体是对样例属性值进行评估的布尔函数, 如 "色泽=青绿" "含糖率 $\leqslant 0.2$" 等, 规则头是样例类别. 序贯覆盖法的关键是如何从训练集学出单条规则. 显然, 对规则学习目标 $\oplus$, 产生一条规则就是寻找最优的一组逻辑文字来构成规则体, 这是一个搜索问题. 形式化地说, 给定正例集合与反例集合, 学习任务是基于候选文字集合 $\mathcal{F} = \{\mathbf{f}_k\}$ 来生成最优规则 $\mathbf{r}$. 在命题规则学习中, 候选文字是形如 "$R(属性_i, 属性值_{i,j})$" 的布尔表达式, 其中 属性$_i$ 表示样例第 i 个属性, 属性值$_{i,j}$ 表示 属性$_i$ 的第 j 个候选值, $R(x, y)$ 则是判断 x、y 是否满足关系 R 的二元布尔函数.

最简单的做法是从空规则 "$\oplus \leftarrow$" 开始, 将正例类别作为规则头, 再逐个遍历训练集中的每个属性及取值, 尝试将其作为逻辑文字增加到规则体中, 若能使当前规则体仅覆盖正例, 则由此产生一条规则, 然后去除已被覆盖的正例并基于剩余样本尝试生成下一条规则.

p.80 表 4.2 上半部分.　以西瓜数据集 2.0 训练集为例, 首先根据第 1 个样例生成文字 "好瓜" 和 "色泽=青绿" 加入规则, 得到

$$好瓜 \leftarrow (色泽=青绿).$$

这条规则覆盖样例 1, 6, 10 和 17, 其中有两个正例和两个反例, 不符合 "当前规则仅覆盖正例" 的条件. 于是, 我们尝试将该命题替换为基于属性 "色泽" 形成的其他原子命题, 例如 "色泽=乌黑"; 然而在这个数据集上, 这样的操作不能产生符合条件的规则. 于是我们回到 "色泽=青绿", 尝试增加一个基于其他属性的原子命题, 例如 "根蒂=蜷缩":

$$\text{好瓜} \leftarrow (\text{色泽=青绿}) \wedge (\text{根蒂=蜷缩}).$$

该规则仍覆盖了反例 17. 于是我们将第二个命题替换为基于该属性形成的其他原子命题, 例如 "根蒂=稍蜷":

$$\text{好瓜} \leftarrow (\text{色泽=青绿}) \wedge (\text{根蒂=稍蜷}).$$

这条规则不覆盖任何反例, 虽然它仅覆盖一个正例, 但已满足 "当前规则仅覆盖正例" 的条件. 因此我们保留这条规则并去除它覆盖的样例 6, 然后将剩下的 9 个样例用作训练集. 如此继续, 我们将得到:

$$\text{规则 1: 好瓜} \leftarrow (\text{色泽=青绿}) \wedge (\text{根蒂=稍蜷});$$
$$\text{规则 2: 好瓜} \leftarrow (\text{色泽=青绿}) \wedge (\text{敲声=浊响});$$
$$\text{规则 3: 好瓜} \leftarrow (\text{色泽=乌黑}) \wedge (\text{根蒂=蜷缩});$$
$$\text{规则 4: 好瓜} \leftarrow (\text{色泽=乌黑}) \wedge (\text{纹理=稍糊}).$$

这个规则集覆盖了所有正例, 未覆盖任何反例, 这就是序贯覆盖法学得的结果.

上面这种基于穷尽搜索的做法在属性和候选值较多时会由于组合爆炸而不可行. 现实任务中一般有两种策略来产生规则: 第一种是 "自顶向下" (top-down), 即从比较一般的规则开始, 逐渐添加新文字以缩小规则覆盖范围, 直到满足预定条件为止; 亦称为 "生成-测试" (generate-then-test) 法, 是规则逐渐 "特化" (specialization) 的过程. 第二种策略是 "自底向上" (bottom-up), 即从比较特殊的规则开始, 逐渐删除文字以扩大规则覆盖范围, 直到满足条件为止; 亦称为 "数据驱动" (data-driven) 法, 是规则逐渐 "泛化" (generalization) 的过程. 第一种策略是覆盖范围从大往小搜索规则, 第二种策略则相反; 前者通常更容易产生泛化性能较好的规则, 而后者则更适合于训练样本较少的情形, 此外, 前者对噪声的鲁棒性比后者要强得多. 因此, 在命题规则学习中通常使用第一种策略, 而第二种策略在一阶规则学习这类假设空

为简便起见, 本章后续部分不考虑否定形式的逻辑文字, 即仅以 f 为候选文字, 不考虑 ¬ f.

例如不含任何属性的空规则, 它覆盖所有样例, 就是一条比较一般的规则.

例如直接以某样例的属性取值形成规则, 该规则仅覆盖此样例, 就是一条比较特殊的规则.

间非常复杂的任务上使用较多.

下面以西瓜数据集 2.0 训练集为例来展示自顶向下的规则生成方法. 首先从空规则 "好瓜 ←" 开始, 逐一将 "属性=取值" 作为原子命题加入空规则进行考察. 假定基于训练集准确率来评估规则的优劣, n/m 表示加入某命题后新规则在训练集上的准确率, 其中 m 为覆盖的样例总数, n 为覆盖的正例数. 如图 15.1 所示, 经过第一轮评估, "色泽=乌黑" 和 "脐部=凹陷" 都达到了最高准确率 3/4.

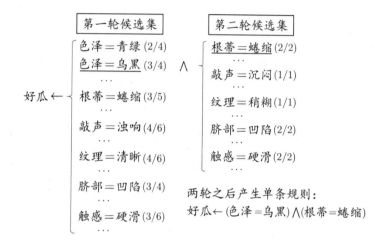

西瓜数据集 2.0 训练集见 p.80 表 4.2 上半部分.

图 15.1 在西瓜数据集 2.0 训练集上 "自顶向下" 生成单条规则

将属性次序最靠前的逻辑文字 "色泽=乌黑" 加入空规则, 得到

$$好瓜 ← (色泽=乌黑).$$

然后, 对上面这条规则覆盖的样例, 通过第二轮评估可发现, 将图 15.1 中的五个逻辑文字加入规则后都能达到 100% 准确率, 我们将覆盖样例最多、且属性次序最靠前的逻辑文字 "根蒂=蜷缩" 加入规则, 于是得到结果

$$好瓜 ← (色泽=乌黑) ∧ (根蒂=蜷缩).$$

规则生成过程中涉及一个评估规则优劣的标准, 在上面的例子中使用的标准是: 先考虑规则准确率, 准确率相同时考虑覆盖样例数, 再相同时考虑属性次序. 现实应用中可根据具体任务情况设计适当的标准.

此外, 在上面的例子中每次仅考虑一个 "最优" 文字, 这通常过于贪心, 易陷入局部最优. 为缓解这个问题, 可采用一些相对温和的做法, 例如采用 "集束搜索" (beam search), 即每轮保留最优的 b 个逻辑文字, 在下一轮均用于构建候选集, 再把候选集中最优的 b 个留待再下一轮使用. 图 15.1 中若采用 $b = 2$ 的集束搜索, 则第一轮将保留准确率为 3/4 的两个逻辑文字, 在第二轮评估后就能获得下面这条规则, 其准确率仍为 100%, 但是覆盖了 3 个正例:

$$\text{好瓜} \leftarrow (脐部 = 凹陷) \wedge (根蒂 = 蜷缩).$$

由于序贯覆盖法简单有效, 几乎所有规则学习算法都以它为基本框架. 它能方便地推广到多分类问题上, 只需将每类分别处理即可: 当学习关于第 c 类的规则时, 将所有属于类别 c 的样本作为正例, 其他类别的样本作为反例.

15.3 剪枝优化

决策树剪枝参见 4.3 节.

规则生成本质上是一个贪心搜索过程, 需有一定的机制来缓解过拟合的风险, 最常见的做法是剪枝 (pruning). 与决策树相似, 剪枝可发生在规则生长过程中, 即 "预剪枝", 也可发生在规则产生后, 即 "后剪枝". 通常是基于某种性能度量指标来评估增/删逻辑文字前后的规则性能, 或增/删规则前后的规则集性能, 从而判断是否要进行剪枝.

统计显著性检验参见 2.4 节.

剪枝还可借助统计显著性检验来进行. 例如 CN2 算法 [Clark and Niblett, 1989] 在预剪枝时, 假设用规则集进行预测必须显著优于直接基于训练样例集后验概率分布进行预测. 为便于计算, CN2 使用了似然率统计量 (Likelihood Ratio Statistics, 简称 LRS). 令 m_+, m_- 分别表示训练样例集中的正、反例数目, $\hat{m}_+$, $\hat{m}_-$ 分别表示规则 (集) 覆盖的正、反例数目, 则有

$$\text{LRS} = 2 \cdot \left(\hat{m}_+ \log_2 \frac{\left(\frac{\hat{m}_+}{\hat{m}_+ + \hat{m}_-} \right)}{\left(\frac{m_+}{m_+ + m_-} \right)} + \hat{m}_- \log_2 \frac{\left(\frac{\hat{m}_-}{\hat{m}_+ + \hat{m}_-} \right)}{\left(\frac{m_-}{m_+ + m_-} \right)} \right) , \tag{15.2}$$

这实际上是一种信息量指标, 衡量了规则 (集) 覆盖样例的分布与训练集经验分布的差别: LRS 越大, 说明采用规则 (集) 进行预测与直接使用训练集正、反例比率进行猜测的差别越大; LRS 越小, 说明规则 (集) 的效果越可能仅是偶然现象. 在数据量比较大的现实任务中, 通常设置为在 LRS 很大 (例如 0.99) 时 CN2 算法才停止规则 (集) 生长.

规则学习中常称为"生长集"(growing set) 和"剪枝集"(pruning set).

后剪枝最常用的策略是"减错剪枝"(Reduced Error Pruning, 简称 REP) [Brunk and Pazzani, 1991], 其基本做法是: 将样例集划分为训练集和验证集, 从训练集上学得规则集 $\mathcal{R}$ 后进行多轮剪枝, 在每一轮穷举所有可能的剪枝操作, 包括删除规则中某个文字、删除规则结尾文字、删除规则尾部多个文字、删除整条规则等, 然后用验证集对剪枝产生的所有候选规则集进行评估, 保留最好的那个规则集进行下一轮剪枝, 如此继续, 直到无法通过剪枝提高验证集上的性能为止.

REP 剪枝通常很有效 [Brunk and Pazzani, 1991], 但其复杂度是 $O(m^4)$, m 为训练样例数目. IREP (Incremental REP) [Fürnkranz and Widmer, 1994] 将复杂度降到 $O(m\log^2 m)$, 其做法是: 在生成每条规则前, 先将当前样例集划分为训练集和验证集, 在训练集上生成一条规则 $\mathbf{r}$, 立即在验证集上对其进行 REP 剪枝, 得到规则 $\mathbf{r}'$; 将 $\mathbf{r}'$ 覆盖的样例去除, 在更新后的样例集上重复上述过程. 显然, REP 是针对规则集进行剪枝, 而 IREP 仅对单条规则进行剪枝, 因此后者比前者更高效.

RIPPER 全称 Repeated Incremental Pruning to Produce Error Reduction, WEKA 中的实现称为 JRIP.

图 15.2 中重复次数取值 k 时亦称 RIPPERk, 例如 RIPPER5 意味着 $k = 5$.

若将剪枝机制与其他一些后处理手段结合起来对规则集进行优化, 则往往能获得更好的效果. 以著名的规则学习算法 RIPPER [Cohen, 1995] 为例, 其泛化性能超过很多决策树算法, 而且学习速度也比大多数决策树算法更快, 奥妙就在于将剪枝与后处理优化相结合.

RIPPER 算法描述如图 15.2 所示. 它先使用 IREP* 剪枝机制生成规则集 $\mathcal{R}$. IREP* [Cohen, 1995] 是 IREP 的改进, 主要是以 $\frac{\hat{m}_+ + (m_- - \hat{m}_-)}{m_+ + m_-}$ 取代了 IREP 使用的准确率作为规则性能度量指标, 在剪枝时删除规则尾部的多个文字, 并在最终得到规则集之后再进行一次 IREP 剪枝. RIPPER 中的后处理机制是为

基于 IREP* 生成规则集.

后处理.
去除已被覆盖的样例.

输入: 训练样例集 D;
　　　　重复次数 k.
过程:
1: $\mathcal{R} = \text{IREP*}(D)$;
2: $i = 0$;
3: **repeat**
4: 　$\mathcal{R}' = \text{PostOpt}(\mathcal{R})$;
5: 　$D_i = \text{NotCovered}(\mathcal{R}', D)$;
6: 　$\mathcal{R}_i = \text{IREP*}(D_i)$;
7: 　$\mathcal{R} = \mathcal{R}' \cup \mathcal{R}_i$;
8: 　$i = i + 1$;
9: **until** $i = k$
输出: 规则集 $\mathcal{R}$

图 15.2 RIPPER 算法

了在剪枝的基础上进一步提升性能. 对 $\mathcal{R}$ 中的每条规则 $\mathbf{r}_i$, RIPPER 为它产生两个变体:

- $\mathbf{r}_i'$: 基于 $\mathbf{r}_i$ 覆盖的样例, 用 IREP* 重新生成一条规则 $\mathbf{r}_i'$, 该规则称为替换规则(replacement rule);

- $\mathbf{r}_i''$: 对 $\mathbf{r}_i$ 增加文字进行特化, 然后再用 IREP* 剪枝生成一条规则 $\mathbf{r}_i''$, 该规则称为修订规则(revised rule).

接下来, 把 $\mathbf{r}_i'$ 和 $\mathbf{r}_i''$ 分别与 $\mathcal{R}$ 中除 $\mathbf{r}_i$ 之外的规则放在一起, 组成规则集 $\mathcal{R}'$ 和 $\mathcal{R}''$, 将它们与 $\mathcal{R}$ 一起进行比较, 选择最优的规则集保留下来. 这就是图 15.2 中算法第 4 行所做的操作.

为什么 RIPPER 的优化策略会有效呢? 原因很简单: 最初生成 $\mathcal{R}$ 的时候, 规则是按序生成的, 每条规则都没有对其后产生的规则加以考虑, 这样的贪心算法本质常导致算法陷入局部最优; RIPPER 的后处理优化过程将 $\mathcal{R}$ 中的所有规则放在一起重新加以优化, 恰是通过全局的考虑来缓解贪心算法的局部性, 从而往往能得到更好的效果 [Fürnkranz et al., 2012].

15.4 一阶规则学习

受限于命题逻辑表达能力, 命题规则学习难以处理对象之间的"关系"(relation), 而关系信息在很多任务中非常重要. 例如, 我们在现实世界挑选西瓜时, 通常很难把水果摊上所有西瓜的特征用属性值描述出来, 因为我们很难判断: 色泽看起来多深才叫"色泽青绿"? 敲起来声音多低才叫"敲声沉闷"? 比较现实的做法是将西瓜进行相互比较, 例如, "瓜 1 的颜色比瓜 2 更深, 并且瓜 1 的根蒂比瓜 2 更蜷", 因此"瓜 1 比瓜 2 更好". 然而, 这已超越了命题逻辑的表达能力, 需用一阶逻辑表示, 并且要使用一阶规则学习.

对西瓜数据, 我们不妨定义:

- 色泽深度: 乌黑 > 青绿 > 浅白;
- 根蒂蜷度: 蜷缩 > 稍蜷 > 硬挺;
- 敲声沉度: 沉闷 > 浊响 > 清脆;
- 纹理清晰度: 清晰 > 稍糊 > 模糊;
- 脐部凹陷度: 凹陷 > 稍凹 > 平坦;
- 触感硬度: 硬滑 > 软粘.

括号内数字对应于 p.80 表 4.2 中的样例编号.

表 15.1 西瓜数据集 5.0

色泽更深(2, 1)	色泽更深(2, 6)	色泽更深(2, 10)	色泽更深(2, 14)
色泽更深(2, 16)	色泽更深(2, 17)	色泽更深(3, 1)	色泽更深(3, 6)
⋯	⋯	⋯	
色泽更深(15, 16)	色泽更深(15, 17)	色泽更深(17, 14)	色泽更深(17, 16)
根蒂更蜷(1, 6)	根蒂更蜷(1, 7)	根蒂更蜷(1, 10)	根蒂更蜷(1, 14)
⋯	⋯	⋯	
根蒂更蜷(17, 7)	根蒂更蜷(17, 10)	根蒂更蜷(17, 14)	根蒂更蜷(17, 15)
敲声更沉(2, 1)	敲声更沉(2, 3)	敲声更沉(2, 6)	敲声更沉(2, 7)
⋯	⋯	⋯	
敲声更沉(17, 7)	敲声更沉(17, 10)	敲声更沉(17, 15)	敲声更沉(17, 16)
纹理更清(1, 7)	纹理更清(1, 14)	纹理更清(1, 16)	纹理更清(1, 17)
⋯	⋯	⋯	
纹理更清(15, 14)	纹理更清(15, 16)	纹理更清(15, 17)	纹理更清(17, 16)
脐部更凹(1, 6)	脐部更凹(1, 7)	脐部更凹(1, 10)	脐部更凹(1, 15)
⋯	⋯	⋯	
脐部更凹(15, 10)	脐部更凹(15, 16)	脐部更凹(17, 10)	脐部更凹(17, 16)
触感更硬(1, 6)	触感更硬(1, 7)	触感更硬(1, 10)	触感更硬(1, 15)
⋯	⋯	⋯	
触感更硬(17, 6)	触感更硬(17, 7)	触感更硬(17, 10)	触感更硬(17, 15)
更好(1, 10)	更好(1, 14)	更好(1, 15)	更好(1, 16)
⋯	⋯	⋯	⋯
更好(7, 14)	更好(7, 15)	更好(7, 16)	更好(7, 17)
¬更好(10, 1)	¬更好(10, 2)	¬更好(10, 3)	¬更好(10, 6)
⋯	⋯	⋯	⋯
¬更好(17, 2)	¬更好(17, 3)	¬更好(17, 6)	¬更好(17, 7)

分隔线上半部分为背景知识, 下半部分为样例.

于是, 西瓜数据集 2.0 训练集就转化为表 15.1 的西瓜数据集 5.0. 这样的数据直接描述了样例间的关系, 称为 "关系数据"(relational data), 其中由原样本属性转化而来的 "色泽更深" "根蒂更蜷" 等原子公式称为 "背景知识"(background knowledge), 而由样本类别转化而来的关于 "更好" "¬更好" 的原子公式称为关系数据样例(examples). 从西瓜数据集 5.0 可学出这样的一阶规则:

这样的规则亦称为一阶逻辑子句(clause).

$$(\forall X, \forall Y)(更好(X, Y) \leftarrow 根蒂更蜷(X, Y) \land 脐部更凹(X, Y)) \ .$$

显然, 一阶规则仍是式(15.1)的形式, 但其规则头、规则体都是一阶逻辑表达式, "更好$(\cdot, \cdot)$"、"根蒂更蜷$(\cdot, \cdot)$"、"脐部更凹$(\cdot, \cdot)$" 是关系描述所对应的谓词, 个体对象 "瓜 1"、"瓜 2" 被逻辑变量 "X"、"Y" 替换. 全称量词 "$\forall$" 表示该规则对所有个体对象都成立; 通常, 在一阶规则中所有出现的变量都被全称量词限定, 因此下面我们在不影响理解的情况下将省略量词部分.

一阶规则有强大的表达能力, 例如它能简洁地表达递归概念, 如

$$更好(X, Y) \leftarrow 更好(X, Z) \wedge 更好(Z, Y) \ .$$

统计学习一般是基于
"属性-值" 表示, 这与命
题逻辑表示等价; 此类学
习可统称为 "基于命题表
示的学习".

一阶规则学习能容易地引入领域知识, 这是它相对于命题规则学习的另一
大优势. 在命题规则学习乃至一般的统计学习中, 若欲引入领域知识, 通常有两
种做法: 在现有属性的基础上基于领域知识构造出新属性, 或基于领域知识设
计某种函数机制(例如正则化)来对假设空间加以约束. 然而, 现实任务中并非
所有的领域知识都能容易地通过属性重构和函数约束来表达. 例如, 假定获得
了包含某未知元素的化合物 X, 欲通过试验来发现它与已知化合物 Y 的反应
方程式. 我们可多次重复试验, 测出每次结果中化合物的组分含量. 虽然我们
对反应中的未知元素性质一无所知, 但知道一些普遍成立的化学原理, 例如金
属原子一般产生离子键、氢原子之间一般都是共价键等, 并且也了解已知元素
间可能发生的反应. 有了这些领域知识, 重复几次试验后就不难学出 X 和 Y 的
反应方程式, 还可能推测出 X 的性质、甚至发现新的分子和元素. 类似这样的
领域知识充斥在日常生活与各类任务中, 但在基于命题表示的学习中加以利用
却非常困难.

FOIL (First-Order Inductive Learner) [Quinlan, 1990] 是著名的一阶规则
学习算法, 它遵循序贯覆盖框架且采用自顶向下的规则归纳策略, 与 15.2 节中
的命题规则学习过程很相似. 但由于逻辑变量的存在, FOIL 在规则生成时需考
虑不同的变量组合. 例如在西瓜数据集 5.0 上, 对 "更好(X, Y)" 这个概念, 最
初的空规则是

$$更好(X, Y) \leftarrow \ .$$

接下来要考虑数据中所有其他谓词以及各种变量搭配作为候选文字. 新加
入的文字应包含至少一个已出现的变量, 否则没有任何实质意义. 在这个例子
中考虑下列候选文字:

色泽更深(X, Y),   色泽更深(Y, X),   色泽更深(X, Z),   色泽更深(Z, X),

色泽更深(Y, Z),   色泽更深(Z, Y),   色泽更深(X, X),   色泽更深(Y, Y),

根蒂更蜷(X, Y), $\cdots$ $\cdots$ $\cdots$

敲声更沉(X, Y), $\cdots$ $\cdots$ $\cdots$

$\cdots$ $\cdots$ $\cdots$ $\cdots$

FOIL 使用 "FOIL 增益" (FOIL gain) 来选择文字:

$$\text{F\_Gain} = \hat{m}_+ \times \left(\log_2 \frac{\hat{m}_+}{\hat{m}_+ + \hat{m}_-} - \log_2 \frac{m_+}{m_+ + m_-} \right) , \qquad (15.3)$$

决策树的信息增益参见 4.2.1 节.

这实质上与类别不平衡 性有关, 参见 3.6 节.

其中, $\hat{m}_+$, $\hat{m}_-$ 分别为增加候选文字后新规则所覆盖的正、反例数; m_+, m_- 为原规则覆盖的正、反例数. FOIL 增益与决策树使用的信息增益不同, 它仅考虑正例的信息量, 并且用新规则覆盖的正例数作为权重. 这是由于关系数据中正例数往往远少于反例数, 因此通常对正例应赋予更多的关注.

在西瓜数据集 5.0 的例子中, 只需给初始的空规则体加入 "色泽更深(X,Y)" 或 "脐部更凹(X,Y)", 新规则就能覆盖 16 个正例和 2 个反例, 所对应的 FOIL 增益为候选最大值 $16 \times (\log_2 \frac{16}{18} - \log_2 \frac{25}{50}) = 13.28$. 假定前者被选中, 则得到

$$更好(X,Y) \leftarrow 色泽更深(X,Y).$$

该规则仍覆盖 2 个反例: "更好$(15, 1)$" 与 "更好$(15, 6)$". 于是, FOIL 像命题规则学习那样继续增加规则体长度, 最终生成合适的单条规则加入规则集. 此后, FOIL 使用后剪枝对规则集进行优化.

若允许将目标谓词作为候选文字加入规则体, 则 FOIL 能学出递归规则; 若允许将否定形式的文字 ¬f 作为候选, 则往往能得到更简洁的规则集.

FOIL 可大致看作命题规则学习与归纳逻辑程序设计之间的过渡, 其自顶向下的规则生成过程不能支持函数和逻辑表达式嵌套, 因此规则表达能力仍有不足; 但它是把命题规则学习过程通过变量替换等操作直接转化为一阶规则学习, 因此比一般归纳逻辑程序设计技术更高效.

15.5 归纳逻辑程序设计

归纳逻辑程序设计 (Inductive Logic Programming, 简称 ILP) 在一阶规则学习中引入了函数和逻辑表达式嵌套. 一方面, 这使得机器学习系统具备了更为强大的表达能力; 另一方面, ILP 可看作用机器学习技术来解决基于背景知识的逻辑程序 (logic program) 归纳, 其学得的 "规则" 可被 PROLOG 等逻辑程序设计语言直接使用.

然而, 函数和逻辑表达式嵌套的引入也带来了计算上的巨大挑战. 例如, 给定一元谓词 P 和一元函数 f, 它们能组成的文字有 $P(X)$, $P(f(X))$,

$P(f(f(X)))$ 等无穷多个, 这就使得规则学习过程中可能的候选原子公式有无穷多个. 若仍采用命题逻辑规则或 FOIL 学习那样自顶向下的规则生成过程, 则在增加规则长度时将因无法列举所有候选文字而失败. 实际困难还不止这些, 例如计算 FOIL 增益需对规则覆盖的全部正反例计数, 而在引入函数和逻辑表达式嵌套之后这也变得不可行.

15.5.1　最小一般泛化

归纳逻辑程序设计采用自底向上的规则生成策略, 直接将一个或多个正例所对应的具体事实(grounded fact)作为初始规则, 再对规则逐步进行泛化以增加其对样例的覆盖率. 泛化操作可以是将规则中的常量替换为逻辑变量, 也可以是删除规则体中的某个文字.

这里的数字是瓜的编号.
以西瓜数据集 5.0 为例, 为简便起见, 暂且假定"更好(X,Y)"仅决定于 (X,Y) 取值相同的关系, 正例"更好$(1,10)$"和"更好$(1,15)$"所对应的初始规则分别为

$$更好(1,10) \leftarrow 根蒂更蜷(1,10) \wedge 声音更沉(1,10) \wedge 脐部更凹(1,10)$$
$$\wedge 触感更硬(1,10);$$
$$更好(1,15) \leftarrow 根蒂更蜷(1,15) \wedge 脐部更凹(1,15) \wedge 触感更硬(1,15).$$

显然, 这两条规则只对应了特殊的关系数据样例, 难以具有泛化能力. 因此, 我们希望把这样的"特殊"规则转变为更"一般"的规则. 为达到这个目的, 最基础的技术是"最小一般泛化"(Least General Generalization, 简称 LGG) [Plotkin, 1970].

给定一阶公式 $\mathbf{r}_1$ 和 $\mathbf{r}_2$, LGG 先找出涉及相同谓词的文字, 然后对文字中每个位置的常量逐一进行考察, 若常量在两个文字中相同则保持不变, 记为 $\text{LGG}(t,t) = t$; 否则将它们替换为同一个新变量, 并将该替换应用于公式的所有其他位置: 假定这两个不同的常量分别为 s, t, 新变量为 V, 则记为 $\text{LGG}(s,t) = V$, 并在以后所有出现 s 或 t 的位置用 V 来代替. 例如对上面例子中的两条规则, 先比较"更好$(1,10)$"和"更好$(1,15)$", 由于文字中常量"10" $\neq$ "15", 因此将它们都替换为 Y, 并在 $\mathbf{r}_1$ 和 $\mathbf{r}_2$ 中将其余位置上成对出现的"10"和"15"都替换为 Y, 得到

$$更好(1,Y) \leftarrow 根蒂更蜷(1,Y) \wedge 声音更沉(1,10) \wedge 脐部更凹(1,Y)$$
$$\wedge 触感更硬(1,Y);$$

$$更好(1, Y) \leftarrow 根蒂更蜷(1, Y) \wedge 脐部更凹(1, Y) \wedge 触感更硬(1, Y).$$

然后, LGG 忽略 $\mathbf{r}_1$ 和 $\mathbf{r}_2$ 中不含共同谓词的文字, 因为若 LGG 包含某条公式所没有的谓词, 则 LGG 无法特化为那条公式. 容易看出, 在这个例子中需忽略 "声音更沉 $(1, 10)$" 这个文字, 于是得到的 LGG 为

$$更好(1, Y) \leftarrow 根蒂更蜷(1, Y) \wedge 脐部更凹(1, Y) \wedge 触感更硬(1, Y). \tag{15.4}$$

式 (15.4) 仅能判断瓜 1 是否比其他瓜更好. 为了提升其泛化能力, 假定另有一条关于瓜 2 的初始规则

$$更好(2, 10) \leftarrow 颜色更深(2, 10) \wedge 根蒂更蜷(2, 10) \wedge 敲声更沉(2, 10)$$

$$\wedge\ 脐部更凹(2, 10) \wedge 触感更硬(2, 10) , \tag{15.5}$$

于是可求取式 (15.4) 与 (15.5) 的 LGG. 注意到文字 "更好 $(2, 10)$" 和 "更好 $(1, Y)$" 的对应位置同时出现了常量 "10" 与变量 "Y", 于是可令 $\mathrm{LGG}(10, Y) = Y_2$, 并将所有 "10" 与 "$Y$" 成对出现的位置均替换为 Y_2. 最后, 令 $\mathrm{LGG}(2, 1) = X$ 并删去谓词不同的文字, 就得到如下这条不包含常量的一般规则:

$$更好(X, Y_2) \leftarrow 根蒂更蜷(X, Y_2) \wedge 脐部更凹(X, Y_2) \wedge 触感更硬(X, Y_2).$$

参阅 [Lavrač and Dzeroski, 1993] 第 3 章.

上面的例子中仅考虑了肯定文字, 未使用 "¬" 符号. 实际上 LGG 还能进行更复杂的泛化操作. 此外, 上面还假定 "更好 (X, Y)" 的初始规则仅包含变量同为 (X, Y) 的关系, 而背景知识中往往包含其他一些有用的关系, 因此许多 ILP 系统采用了不同的初始规则选择方法. 最常用的是 RLGG (Relative Least General Generalization) [Plotkin, 1971], 它在计算 LGG 时考虑所有的背景知识, 将样例 e 的初始规则定义为 $e \leftarrow K$, 其中 K 是背景知识中所有原子的合取.

容易证明, LGG 是能特化为 $\mathbf{r}_1$ 和 $\mathbf{r}_2$ 的所有一阶公式中最特殊的一个: 不存在既能特化为 $\mathbf{r}_1$ 和 $\mathbf{r}_2$, 也能泛化为它们的 LGG 的一阶公式 $\mathbf{r}'$.

在归纳逻辑程序设计中, 获得 LGG 之后, 可将其看作单条规则加入规则集, 最后再用前几节介绍的技术进一步优化, 例如对规则集进行后剪枝等.

15.5.2 逆归结

在逻辑学中, "演绎" (deduction) 与 "归纳" (induction) 是人类认识世界的两种基本方式. 大致来说, 演绎是从一般性规律出发来探讨具体事物, 而归

十九世纪英国政治经济学家和哲学家 W. S. Jevons 通过数理方法论证, 最早明确指出归纳是演绎的逆过程.

纳则是从个别事物出发概括出一般性规律. 一般数学定理证明是演绎实践的代表, 而机器学习显然是属于归纳的范畴. 1965 年, 逻辑学家 J. A. Robinson 提出, 一阶谓词演算中的演绎推理能用一条十分简洁的规则描述, 这就是数理逻辑中著名的归结原理(resolution principle) [Robinson, 1965]. 二十多年后, 计算机科学家 S. Muggleton 和 W. Buntine 针对归纳推理提出了 "逆归结" (inverse resolution) [Muggleton and Buntine, 1988], 这对归纳逻辑程序设计的发展起到了重要作用.

基于归结原理, 我们可将貌似复杂的逻辑规则与背景知识联系起来化繁为简; 而基于逆归结, 我们可基于背景知识来发明新的概念和关系. 下面我们先以较为简单的命题演算为例, 来看看归结、逆归结是怎么回事.

假定两个逻辑表达式 C_1 和 C_2 成立, 且分别包含了互补项 L_1 与 L_2; 不失一般性, 令 $L = L_1 = \neg L_2, C_1 = A \vee L, C_2 = B \vee \neg L$. 归结原理告诉我们, 通过演绎推理能消去 L 而得到 "归结项" $C = A \vee B$. 若定义析合范式的删除操作

$$(A \vee B) - \{B\} = A \,, \tag{15.6}$$

则归结过程可表述为

$$C = (C_1 - \{L\}) \vee (C_2 - \{\neg L\}) \,, \tag{15.7}$$

简记为

$$C = C_1 \cdot C_2 \,. \tag{15.8}$$

图 15.3 给出了归结原理的一个直观例示.

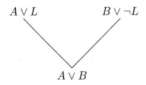

图 15.3   归结原理例示

与上面的过程相反, 逆归结研究的是在已知 C 和某个 C_i 的情况下如何得到 $C_j (i \neq j)$. 假定已知 C 和 C_1 求 C_2, 则由式(15.7), 该过程可表述为

$$C_2 = (C - (C_1 - \{L\})) \vee \{\neg L\}. \tag{15.9}$$

在逻辑推理实践中如何实现逆归结呢? [Muggleton, 1995] 定义了四种完备的逆归结操作. 若以规则形式 $p \leftarrow q$ 等价地表达 $p \lor \neg q$, 并假定用小写字母表示逻辑文字、大写字母表示合取式组成的逻辑子句, 则这四种操作是:

$$\text{吸收(absorption)}: \quad \frac{p \leftarrow A \land B \qquad q \leftarrow A}{p \leftarrow q \land B \qquad q \leftarrow A}. \tag{15.10}$$

$$\text{辨识(identification)}: \quad \frac{p \leftarrow A \land B \qquad p \leftarrow A \land q}{q \leftarrow B \qquad p \leftarrow A \land q}. \tag{15.11}$$

$$\text{内构(intra-construction)}: \quad \frac{p \leftarrow A \land B \qquad p \leftarrow A \land C}{q \leftarrow B \qquad p \leftarrow A \land q \qquad q \leftarrow C}. \tag{15.12}$$

$$\text{互构(inter-construction)}: \quad \frac{p \leftarrow A \land B \qquad q \leftarrow A \land C}{p \leftarrow r \land B \qquad r \leftarrow A \qquad q \leftarrow r \land C}. \tag{15.13}$$

读作 "X 推出 Y".

这里我们用 $\frac{X}{Y}$ 表示 X 蕴含 Y, 在数理逻辑里写作 $X \vdash Y$. 上述规则中, X 的子句或是 Y 的归结项, 或是 Y 的某个子句的等价项; 而 Y 中出现的新逻辑文字则可看作通过归纳学到的新命题.

归结、逆归结都能容易地扩展为一阶逻辑形式; 与命题逻辑的主要不同之处是, 一阶逻辑的归结、逆归结通常需进行合一置换操作.

"置换"(substitution)是用某些项来替换逻辑表达式中的变量. 例如用 $\theta = \{1/X, 2/Y\}$ 置换 "$C = 色泽更深(X, Y) \land 敲声更沉(X, Y)$" 可得到 "$C' = C\theta = 色泽更深(1, 2) \land 敲声更沉(1, 2)$", 其中 $\{X, Y\}$ 称为 θ 的作用域(domain). 与代数中的置换类似, 一阶逻辑中也有 "复合置换" 和 "逆置换". 例如先用 $\theta = \{Y/X\}$ 将 X 替换为 Y, 再用 $\lambda = \{1/Y\}$ 将 Y 替换为 1, 这样的复合操作记为 $\theta \circ \lambda$; θ 的逆置换则记为 $\theta^{-1} = \{X/Y\}$.

"合一"(unification)是用一种变量置换令两个或多个逻辑表达式相等. 例如对 "$A = 色泽更深(1, X)$" 和 "$B = 色泽更深(Y, 2)$", 可用 $\theta = \{2/X, 1/Y\}$ 使 "$A\theta = B\theta = 色泽更深(1, 2)$"; 此时称 A 和 B 是 "可合一的"(unifiable), 称 θ 为 A 和 B 的 "合一化子"(unifier). 若 δ 是一组一阶逻辑表达式 W 的合一化子, 且对 W 的任意合一化子 θ 均存在相应的置换 λ 使 $\theta = \delta \circ \lambda$, 则称 δ 为 W 的 "最一般合一置换" 或 "最一般合一化子"(most general unifier, 简记为 MGU), 这是归纳逻辑程序中最重要的概念之一. 例如 "色泽更深$(1, Y)$" 和 "色泽更深(X, Y)" 能被 $\theta_1 = \{1/X\}$, $\theta_2 = \{1/X, 2/Y\}$, $\theta_3 = \{1/Z, Z/X\}$ 合一, 但仅有 θ_1 是它们的 MGU.

一阶逻辑进行归结时, 需利用合一操作来搜索互补项 L_1 和 L_2. 对两个一阶逻辑表达式 $C_1 = A \lor L_1$ 和 $C_2 = B \lor L_2$, 若存在合一化子 θ 使 $L_1\theta = \neg L_2\theta$,

则可对其进行归结:

$$C = (C_1 - \{L_1\})\theta \vee (C_2 - \{L_2\})\theta \ . \tag{15.14}$$

类似的, 可利用合一化子对式(15.9) 进行扩展得到一阶逻辑的逆归结. 基于式(15.8), 定义 $C_1 = C/C_2$ 和 $C_2 = C/C_1$ 为 "归结商"(resolution quotient), 于是, 逆归结的目标就是在已知 C 和 C_1 时求出归结商 C_2. 对某个 $L_1 \in C_1$, 假定 ϕ_1 是一个置换, 它能使

对 $C = A \vee B$, 有 $A \vdash C$ 与 $\exists B \, (C = A \vee B)$ 等价.

$$(C_1 - \{L_1\})\phi_1 \vdash C \ , \tag{15.15}$$

这里 ϕ_1 的作用域是 C_1 中所有变量, 记为 vars(C_1), 其作用是使 $C_1 - \{L_1\}$ 与 C 中的对应文字能合一. 令 ϕ_2 为作用域是 vars(L_1) – vars$(C_1 - \{L_1\})$ 的置换, L_2 为归结商 C_2 中将被消去的文字, θ_2 是以 vars(L_2) 为作用域的置换, ϕ_2 与 ϕ_1 共同作用于 L_1, 使得 $\neg L_1\phi_1 \circ \phi_2 = L_2\theta_2$, 于是 $\phi_1 \circ \phi_2 \circ \theta_2$ 为 $\neg L_1$ 与 L_2 的 MGU. 将前两步的复合置换 $\phi_1 \circ \phi_2$ 记为 θ_1, 用 θ_2^{-1} 表示 θ_2 的逆置换, 则有 $(\neg L_1\theta_1)\theta_2^{-1} = L_2$. 于是, 类似于式(15.9), 一阶逆归结是

$$C_2 = (C - (C_1 - \{L_1\})\theta_1 \vee \{\neg L_1\theta_1\})\theta_2^{-1}. \tag{15.16}$$

在一阶情形下 L_1、L_2、θ_1 和 θ_2 的选择通常都不唯一, 这时需通过一些其他的判断标准来取舍, 例如覆盖率、准确率、信息熵等.

以西瓜数据集 5.0 为例, 假定我们通过一些步骤已得到规则

$$C_1 = 更好(1, X) \leftarrow 根蒂更蜷(1, X) \wedge 纹理更清(1, X);$$

$$C_2 = 更好(1, Y) \leftarrow 根蒂更蜷(1, Y) \wedge 敲声更沉(1, Y).$$

容易看出它们是 "$p \leftarrow A \wedge B$" 和 "$p \leftarrow A \wedge C$" 的形式, 于是可使用内构操作式(15.12) 来进行逆归结. 由于 C_1, C_2 中的谓词都是二元的, 为保持新规则描述信息的完整性, 我们创造一个新的二元谓词 $q(M, N)$, 并根据式(15.12) 得到

$$C' = 更好(1, Z) \leftarrow 根蒂更蜷(1, Z) \wedge q(M, N) \ ,$$

式(15.12) 中横线下方的另两项分别是 C_1/C' 和 C_2/C' 的归结商. 对 C_1/C', 容易发现 C' 中通过归结消去 L_1 的选择可以有 "¬根蒂更蜷$(1, Z)$" 和

"$\neg q(M, N)$". q 是新发明的谓词, 迟早需学习一条新规则 "$q(M, N) \leftarrow$?" 来定义它; 根据奥卡姆剃刀原则, 同等描述能力下学得的规则越少越好, 因此我们将 $\neg q(M, N)$ 作为 L_1. 由式(15.16), 存在解: $L_2 = q(1, S)$, $\phi_1 = \{X/Z\}$, $\phi_2 = \{1/M, X/N\}$, $\theta_2 = \{X/S\}$. 通过简单的演算即可求出归结商为 "$q(1, S) \leftarrow$ 纹理更清$(1, S)$". 类似地可求出 C_2/C' 的归结商 "$q(1, T) \leftarrow$ 敲声更沉$(1, T)$".

奥卡姆剃刀原则参见 1.4 节.

逆归结的一大特点是能自动发明新谓词, 这些新谓词可能对应于样例属性和背景知识中不存在的新知识, 对知识发现与精化有重要意义. 但自动发明的新谓词究竟对应于什么语义, 例如 "q" 意味着 "更新鲜"? "更甜"? "更多日晒"? ……这只能通过使用者对任务领域的进一步理解才能明确.

上面的例子中我们只介绍了如何基于两条规则进行逆归结. 在现实任务中, ILP 系统通常先自底向上生成一组规则, 然后再结合最小一般泛化与逆归结做进一步学习.

15.6 阅读材料

规则学习是 "符号主义学习" (symbolism learning)的主要代表, 是最早开始研究的机器学习技术之一 [Michalski, 1983]. [Fürnkranz et al., 2012] 对规则学习做了比较全面的总结.

序贯覆盖是规则学习的基本框架, 最早在 [Michalski, 1969] 的 AQ 中被提出, AQ 后来发展成一个算法族, 其中比较著名的有 AQ15 [Michalski et al., 1986]、AQ17-HCI [Wnek and Michalski, 1994] 等. 受计算能力的制约, 早期 AQ 在学习时只能随机挑选一对正反例作为种子开始训练, 样例选择的随机性导致 AQ 学习效果不稳定. PRISM [Cendrowska, 1987] 解决了这个问题, 该算法最早采用自顶向下搜索, 并显示出规则学习与决策树学习相比的优点: 决策树试图将样本空间划分为不重叠的等价类, 而规则学习并不强求这一点, 因此后者学得的模型能有更低的复杂度. 虽然 PRISM 的性能不如 AQ, 因此在当时反响不大, 但今天来看, 它是规则学习领域发展的重要一步.

AQ 是 Algorithm Quasi-optimal 的缩写.

决策树的每个叶结点对应一个等价类.

WEKA 中有 PRISM 的实现.

CN2 [Clark and Niblett, 1989] 采用集束搜索, 是最早考虑过拟合问题的规则学习算法. [Fürnkranz, 1994] 显示出后剪枝在缓解规则学习过拟合中的优势. RIPPER [Cohen, 1995] 是命题规则学习技术的高峰, 它融合了该领域的许多技巧, 使规则学习在与决策树学习的长期竞争中首次占据上风, 作者主页上的 C 语言 RIPPER 版本至今仍代表着命题规则学习的最高水平.

RIPPER 达到了比 C4.5 决策树既快又好的效果.

关系学习的研究一般认为始于 [Winston, 1970]; 由于命题规则学习很难完成此类任务, 一阶规则学习开始得以发展. FOIL 通过变量替换等操作把命题规则学习转化为一阶规则学习, 该技术至今仍有使用, 例如 2010 年卡耐基梅隆大学开展的 "永动语言学习"(Never-Ending Language Learning, 简称 NELL)计划即采用 FOIL 来学习自然语言中的语义关系 [Carlson et al., 2010]. 很多文献将所有的一阶规则学习方法都划入归纳逻辑程序设计的范畴, 本书则是作了更为严格的限定.

[Muggleton, 1991] 提出了 "归纳逻辑程序设计"(ILP) 这个术语, 在 GOLEM [Muggleton and Feng, 1990] 中克服了许多从命题逻辑过渡到一阶逻辑学习的困难, 并确立了自底向上归纳的 ILP 框架. 最小一般泛化 (LGG) 最早由 [Plotkin, 1970] 提出, GOLEM 则使用了 RLGG. PROGOL [Muggleton, 1995] 将逆归结改进为逆蕴含(inverse entailment)并取得了更好效果. 新谓词发明方面近年有一些新进展 [Muggleton and Lin, 2013]. 由于 ILP 学得的规则几乎能直接被 PROLOG 等逻辑程序解释器调用, 而 PROLOG 在专家系统中常被使用, 因此 ILP 成为连接机器学习与知识工程的重要桥梁. PROGOL [Muggleton, 1995] 和 ALEPH [Srinivasan, 1999] 是应用广泛的 ILP 系统, 其基本思想已在本章关于 ILP 的部分有所体现. Datalog [Ceri et al., 1989] 则对数据库领域产生了很大影响, 例如甚至影响了 SQL 1999 标准和 IBM DB2. ILP 方面的重要读物有 [Muggleton, 1992; Lavrač and Dzeroski, 1993], 并且有专门的国际归纳逻辑程序设计会议 (ILP).

> 知识工程与专家系统参见 1.5 节.

ILP 复杂度很高, 虽在生物数据挖掘和自然语言处理等任务中取得一些成功 [Bratko and Muggleton, 1995], 但问题规模稍大就难以处理, 因此, 这方面的研究在统计学习兴起后受到一定抑制. 近年来随着机器学习技术进入更多应用领域, 在富含结构信息和领域知识的任务中, 逻辑表达的重要性逐渐凸显出来, 因此出现了一些将规则学习与统计学习相结合的努力, 例如试图在归纳逻辑程序设计中引入概率模型的 "概率归纳逻辑程序设计"(probabilistic ILP) [De Raedt et al., 2008]、给贝叶斯网中的结点赋予逻辑意义的 "关系贝叶斯网"(relational Bayesian network) [Jaeger, 2002] 等. 事实上, 将关系学习与统计学习相结合是机器学习发展的一大趋势, 而概率归纳逻辑程序设计是其中的重要代表, 其他重要代表还有概率关系模型 [Friedman et al., 1999]、贝叶斯逻辑程序(Bayesian Logic Program) [Kersting et al., 2000]、马尔可夫逻辑网(Markov logic network) [Richardson and Domingos, 2006] 等, 统称为 "统计关系学习"(statistical relational learning) [Getoor and Taskar, 2007].

习题

西瓜数据集 2.0 见 p.76 表 4.1.

15.1 对西瓜数据集 2.0, 允许使用否定形式的文字, 试基于自顶向下的策略学出命题规则集.

15.2 对西瓜数据集 2.0, 在学习过程中可通过删去文字、将常量替换为变量来进行规则泛化, 试基于自底向上的策略学出命题规则集.

15.3 从网上下载或自己编程实现 RIPPER 算法, 并在西瓜数据集 2.0 上学出规则集.

西瓜数据集 2.0α 见 p.86 表 4.4.

15.4 规则学习也能对缺失数据进行学习. 试模仿决策树的缺失值处理方法, 基于序贯覆盖在西瓜数据集 2.0α 上学出命题规则集.

15.5 从网上下载或自己编程实现 RIPPER 算法, 允许使用否定形式的文字, 在西瓜数据集 5.0 上学出一阶规则集.

15.6 对西瓜数据集 5.0, 试利用归纳逻辑程序学习概念 "更坏(X, Y)".

15.7 试证明: 对于一阶公式 $\mathbf{r}_1$ 和 $\mathbf{r}_2$, 不存在既能特化为 $\mathbf{r}_1$ 和 $\mathbf{r}_2$、也能泛化为它们的 LGG 的一阶公式 $\mathbf{r}'$.

15.8 试生成一个西瓜数据集 5.0 的 LGG 集合.

15.9* 一阶原子公式是一种递归定义的公式, 形如 $P(t_1, t_2, \ldots, t_n)$, 其中 P 是谓词或函数符号, t_i 称为 "项", 可以是逻辑常量、变量或者其他原子公式. 对一阶原子公式 E_i 的集合 $S = \{E_1, E_2, \ldots, E_n\}$, 试设计一个算法求解其 MGU.

在 S 无法合一时输出 "无解".

15.10* 基于序贯覆盖的规则学习算法在学习下一条规则前, 会将已被当前规则集所覆盖的样例从训练集中删去. 这种贪心策略使得后续学习过程仅需关心以往未覆盖的样例, 在判定规则覆盖率时不需考虑前后规则间的相关性; 但该策略使得后续学习过程所能参考的样例越来越少. 试设计一种不删除样例的规则学习算法.

参考文献

Bratko, I. and S. Muggleton. (1995). "Applications of inductive logic programming." *Communicantions of the ACM*, 38(11):65–70.

Brunk, C. A. and M. J. Pazzani. (1991). "An investigation of noise-tolerant relational concept learning algorithms." In *Proceedings of the 8th International Workshop on Machine Learning (IWML)*, 389–393, Evanston, IL.

Carlson, A., J. Betteridge, B. Kisiel, B. Settles, E. R. Hruschka, and T. M. Mitchell. (2010). "Toward an architecture for never-ending language learning." In *Proceedings of the 24th AAAI Conference on Artificial Intelligence (AAAI)*, 1306–1313, Atlanta, GA.

Cendrowska, J. (1987). "PRISM: An algorithm for inducing modular rules." *International Journal of Man-Machine Studies*, 27(4):349–370.

Ceri, S., G. Gottlob, and L. Tanca. (1989). "What you always wanted to know about Datalog (and never dared to ask)." *IEEE Transactions on Knowledge and Data Engineering*, 1(1):146–166.

Clark, P. and T. Niblett. (1989). "The CN2 induction algorithm." *Machine Learning*, 3(4):261–283.

Cohen, W. W. (1995). "Fast effective rule induction." In *Proceedings of the 12th International Conference on Machine Learning (ICML)*, 115–123, Tahoe, CA.

De Raedt, L., P. Frasconi, K. Kersting, and S. Muggleton, eds. (2008). *Probabilistic Inductive Logic Programming: Theory and Applications*. Springer, Berlin.

Friedman, N., L. Getoor, D. Koller, and A Pfeffer. (1999). "Learning probabilistic relational models." In *Proceedings of the 16th International Joint Conference on Artificial Intelligence (IJCAI)*, 1300–1307, Stockholm, Sweden.

Fürnkranz, J. (1994). "Top-down pruning in relational learning." In *Proceedings of the 11th European Conference on Artificial Intelligence (ECAI)*, 453–457, Amsterdam, The Netherlands.

Fürnkranz, J., D. Gamberger, and N. Lavrač. (2012). *Foundations of Rule Learning*. Springer, Berlin.

Fürnkranz, J. and G. Widmer. (1994). "Incremental reduced error pruning." In *Proceedings of the 11th International Conference on Machine Learning (ICML)*, 70–77, New Brunswick, NJ.

Getoor, L. and B. Taskar. (2007). *Introduction to Statistical Relational Learning.* MIT Press, Cambridge, MA.

Jaeger, M. (2002). "Relational Bayesian networks: A survey." *Electronic Transactions on Artificial Intelligence*, 6:Article 15.

Kersting, K., L. De Raedt, and S. Kramer. (2000). "Interpreting Bayesian logic programs." In *Proceedings of the AAAI'2000 Workshop on Learning Statistical Models from Relational Data*, 29–35, Austin, TX.

Lavrač, N. and S. Dzeroski. (1993). *Inductive Logic Programming: Techniques and Applications.* Ellis Horwood, New York, NY.

Michalski, R. S. (1969). "On the quasi-minimal solution of the general covering problem." In *Proceedings of the 5th International Symposium on Information Processing (FCIP)*, volume A3, 125–128, Bled, Yugoslavia.

Michalski, R. S. (1983). "A theory and methodology of inductive learning." In *Machine Learning: An Artificial Intelligence Approach* (R. S. Michalski, J. Carbonell, and T. Mitchell, eds.), 111–161, Tioga, Palo Alto, CA.

Michalski, R. S., I. Mozetic, J. Hong, and N. Lavrač. (1986). "The multipurpose incremental learning system AQ15 and its testing application to three medical domains." In *Proceedings of the 5th National Conference on Artificial Intelligence (AAAI)*, 1041–1045, Philadelphia, PA.

Muggleton, S. (1991). "Inductive logic programming." *New Generation Computing*, 8(4):295–318.

Muggleton, S., ed. (1992). *Inductive Logic Programming.* Academic Press, London, UK.

Muggleton, S. (1995). "Inverse entailment and Progol." *New Generation Computing*, 13(3-4):245–286.

Muggleton, S. and W. Buntine. (1988). "Machine invention of first order predicates by inverting resolution." In *Proceedings of the 5th International Workshop on Machine Learning (IWML)*, 339–352, Ann Arbor, MI.

Muggleton, S. and C. Feng. (1990). "Efficient induction of logic programs."

In *Proceedings of the 1st International Workshop on Algorithmic Learning Theory (ALT)*, 368–381, Tokyo, Japan.

Muggleton, S. and D. Lin. (2013). "Meta-interpretive learning of higher-order dyadic datalog: Predicate invention revisited." In *Proceedings of the 23rd International Joint Conference on Artificial Intelligence (IJCAI)*, 1551–1557, Beijing, China.

Plotkin, G. D. (1970). "A note on inductive generalization." In *Machine Intelligence 5* (B. Meltzer and D. Mitchie, eds.), 153–165, Edinburgh University Press, Edinburgh, Scotland.

Plotkin, G. D. (1971). "A further note on inductive generalization." In *Machine Intelligence 6* (B. Meltzer and D. Mitchie, eds.), 107–124, Edinburgh University Press, Edinburgh, Scotland.

Quinlan, J. R. (1990). "Learning logical definitions from relations." *Machine Learning*, 5(3):239–266.

Richardson, M. and P. Domingos. (2006). "Markov logic networks." *Machine Learning*, 62(1-2):107–136.

Robinson, J. A. (1965). "A machine-oriented logic based on the resolution principle." *Journal of the ACM*, 12(1):23–41.

Srinivasan, A. (1999). "The Aleph manual." http://www.cs.ox.ac.uk/activities/machlearn/Aleph/aleph.html.

Winston, P. H. (1970). *Learning structural descriptions from examples.* Ph.D. thesis, Department of Electrical Engineering, MIT, Cambridge, MA.

Wnek, J. and R. S. Michalski. (1994). "Hypothesis-driven constructive induction in AQ17-HCI: A method and experiments." *Machine Learning*, 2(14):139–168.

休息一会儿

小故事: 机器学习先驱雷萨德•迈克尔斯基

AQ 系列算法是规则学习研究早期的重要成果, 主要发明人是机器学习先驱、美籍波兰裔科学家雷萨德•迈克尔斯基 (Ryszard S. Michalski, 1937—2007).

卡鲁兹(Kalusz)在历史上先后属于波兰、俄罗斯、德国、乌克兰等国.

迈克尔斯基出生在波兰卡鲁兹, 1969 年在波兰获得计算机科学博士学位, 同年在南斯拉夫布莱德 (Bled, 现属斯洛文尼亚) 举行的 FCIP 会议上发表了 AQ. 1970 年他前往美国 UIUC 任教, 此后在美国进一步发展了 AQ 系列算法. 迈克尔斯基是机器学习领域的主要奠基人之一. 1980 年他与 J. G. Carbonell、T. Mitchell 一起在卡耐基梅隆大学组织了第一次机器学习研讨会, 1983、1985 年又组织了第二、三次, 这个系列研讨会后来发展成国际机器学习会议 (ICML); 1983 年, 迈克尔斯基作为第一主编出版了《机器学习: 一种人工智能途径》这本机器学习史上里程碑性质的著作; 1986 年 *Machine Learning* 创刊, 迈克尔斯基是最初的三位编辑之一. 1988 年他将研究组迁到乔治梅森大学, 使该校成为机器学习早期发展的一个重镇.

参见 1.5 节.

第 16 章　强化学习

16.1 任务与奖赏

我们考虑一下如何种西瓜. 种瓜有许多步骤, 从一开始的选种, 到定期浇水、施肥、除草、杀虫, 经过一段时间才能收获西瓜. 通常要等到收获后, 我们才知道种出的瓜好不好. 若将得到好瓜作为辛勤种瓜劳动的奖赏, 则在种瓜过程中当我们执行某个操作(例如, 施肥)时, 并不能立即获得这个最终奖赏, 甚至难以判断当前操作对最终奖赏的影响, 仅能得到一个当前反馈(例如, 瓜苗看起来更健壮了). 我们需多次种瓜, 在种瓜过程中不断摸索, 然后才能总结出较好的种瓜策略. 这个过程抽象出来, 就是"强化学习"(reinforcement learning).

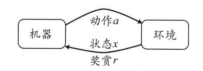

图 16.1　强化学习图示

图 16.1 给出了强化学习的一个简单图示. 强化学习任务通常用马尔可夫决策过程 (Markov Decision Process, 简称 MDP)来描述: 机器处于环境 E 中, 状态空间为 X, 其中每个状态 $x \in X$ 是机器感知到的环境的描述, 如在种瓜任务上这就是当前瓜苗长势的描述; 机器能采取的动作构成了动作空间 A, 如种瓜过程中有浇水、施不同的肥、使用不同的农药等多种可供选择的动作; 若某个动作 $a \in A$ 作用在当前状态 x 上, 则潜在的转移函数 P 将使得环境从当前状态按某种概率转移到另一个状态, 如瓜苗状态为缺水, 若选择动作浇水, 则瓜苗长势会发生变化, 瓜苗有一定的概率恢复健康, 也有一定的概率无法恢复; 在转移到另一个状态的同时, 环境会根据潜在的"奖赏"(reward)函数 R 反馈给机器一个奖赏, 如保持瓜苗健康对应奖赏 +1, 瓜苗凋零对应奖赏 –10, 最终种出了好瓜对应奖赏 +100. 综合起来, 强化学习任务对应了四元组 $E = \langle X, A, P, R \rangle$, 其中 $P : X \times A \times X \mapsto \mathbb{R}$ 指定了状态转移概率, $R : X \times A \times X \mapsto \mathbb{R}$ 指定了奖赏; 在有的应用中, 奖赏函数可能仅与状态转移有关, 即 $R : X \times X \mapsto \mathbb{R}$.

图 16.2 给出了一个简单例子: 给西瓜浇水的马尔可夫决策过程. 该任务中

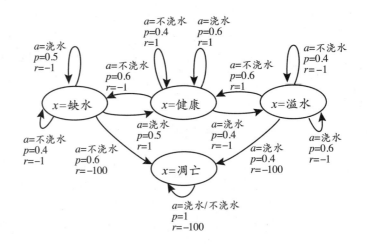

图 16.2 给西瓜浇水问题的马尔可夫决策过程

只有四个状态(健康、缺水、溢水、凋亡)和两个动作(浇水、不浇水), 在每一步转移后, 若状态是保持瓜苗健康则获得奖赏 1, 瓜苗缺水或溢水奖赏为 -1, 这时通过浇水或不浇水可以恢复健康状态, 当瓜苗凋亡时奖赏是最小值 -100 且无法恢复. 图中箭头表示状态转移, 箭头旁的 a, p, r 分别表示导致状态转移的动作、转移概率以及返回的奖赏. 容易看出, 最优策略在"健康"状态选择动作"浇水"、在"溢水"状态选择动作"不浇水"、在"缺水"状态选择动作"浇水"、在"凋亡"状态可选择任意动作.

需注意"机器"与"环境"的界限, 例如在种西瓜任务中, 环境是西瓜生长的自然世界; 在下棋对弈中, 环境是棋盘与对手; 在机器人控制中, 环境是机器人的躯体与物理世界. 总之, 在环境中状态的转移、奖赏的返回是不受机器控制的, 机器只能通过选择要执行的动作来影响环境, 也只能通过观察转移后的状态和返回的奖赏来感知环境.

机器要做的是通过在环境中不断地尝试而学得一个"策略"(policy) π, 根据这个策略, 在状态 x 下就能得知要执行的动作 $a = \pi(x)$, 例如看到瓜苗状态是缺水时, 能返回动作"浇水". 策略有两种表示方法: 一种是将策略表示为函数 $\pi : X \mapsto A$, 确定性策略常用这种表示; 另一种是概率表示 $\pi : X \times A \mapsto \mathbb{R}$, 随机性策略常用这种表示, $\pi(x, a)$ 为状态 x 下选择动作 a 的概率, 这里必须有 $\sum_a \pi(x, a) = 1$.

策略的优劣取决于长期执行这一策略后得到的累积奖赏, 例如某个策略使得瓜苗枯死, 它的累积奖赏会很小, 另一个策略种出了好瓜, 它的累积奖赏会很大. 在强化学习任务中, 学习的目的就是要找到能使长期累积奖赏最大化的策略. 长期累积奖赏有多种计算方式, 常用的有 "T 步累积奖赏" $\mathbb{E}[\frac{1}{T}\sum_{t=1}^{T} r_t]$ 和 "γ 折扣累积奖赏" $\mathbb{E}[\sum_{t=0}^{+\infty} \gamma^t r_{t+1}]$, 其中 r_t 表示第 t 步获得的奖赏值, $\mathbb{E}$ 表示对所有随机变量求期望.

读者也许已经感觉到强化学习与监督学习的差别. 若将这里的 "状态" 对应为监督学习中的 "示例"、"动作" 对应为 "标记", 则可看出, 强化学习中的 "策略" 实际上就相当于监督学习中的 "分类器" (当动作是离散的)或 "回归器" (当动作是连续的), 模型的形式并无差别. 但不同的是, 在强化学习中并没有监督学习中的有标记样本(即 "示例-标记" 对), 换言之, 没有人直接告诉机器在什么状态下应该做什么动作, 只有等到最终结果揭晓, 才能通过 "反思" 之前的动作是否正确来进行学习. 因此, 强化学习在某种意义上可看作具有 "延迟标记信息" 的监督学习问题.

16.2 *K*-摇臂赌博机

16.2.1 探索与利用

与一般监督学习不同, 强化学习任务的最终奖赏是在多步动作之后才能观察到, 这里我们不妨先考虑比较简单的情形: 最大化单步奖赏, 即仅考虑一步操作. 需注意的是, 即便在这样的简化情形下, 强化学习仍与监督学习有显著不同, 因为机器需通过尝试来发现各个动作产生的结果, 而没有训练数据告诉机器应当做哪个动作.

欲最大化单步奖赏需考虑两个方面: 一是需知道每个动作带来的奖赏, 二是要执行奖赏最大的动作. 若每个动作对应的奖赏是一个确定值, 那么尝试一遍所有的动作便能找出奖赏最大的动作. 然而, 更一般的情形是, 一个动作的奖赏值是来自于一个概率分布, 仅通过一次尝试并不能确切地获得平均奖赏值.

实际上, 单步强化学习任务对应了一个理论模型, 即 "*K*-摇臂赌博机" (*K*-armed bandit). 如图 16.3 所示, *K*-摇臂赌博机有 *K* 个摇臂, 赌徒在投入一个硬币后可选择按下其中一个摇臂, 每个摇臂以一定的概率吐出硬币, 但这个概率赌徒并不知道. 赌徒的目标是通过一定的策略最大化自己的奖赏, 即获得最多的硬币.

亦称 "*K*- 摇臂老虎机".

若仅为获知每个摇臂的期望奖赏, 则可采用 "仅探索" (exploration-only)法: 将所有的尝试机会平均分配给每个摇臂(即轮流按下每个摇臂), 最后以每个摇臂各自的平均吐币概率作为其奖赏期望的近似估计. 若仅为执行奖赏最大的动作, 则可采用 "仅利用" (exploitation-only)法: 按下目前最优的(即到

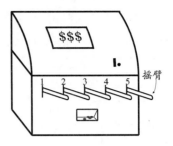

图 16.3 K-摇臂赌博机图示

目前为止平均奖赏最大的)摇臂, 若有多个摇臂同为最优, 则从中随机选取一个.
显然, "仅探索"法能很好地估计每个摇臂的奖赏, 却会失去很多选择最优摇
臂的机会; "仅利用"法则相反, 它没有很好地估计摇臂期望奖赏, 很可能经常
选不到最优摇臂. 因此, 这两种方法都难以使最终的累积奖赏最大化.

事实上, "探索"(即估计摇臂的优劣)和"利用"(即选择当前最优摇
臂)这两者是矛盾的, 因为尝试次数(即总投币数)有限, 加强了一方则会自
然削弱另一方, 这就是强化学习所面临的"探索-利用窘境"(Exploration-
Exploitation dilemma). 显然, 欲累积奖赏最大, 则必须在探索与利用之间达成
较好的折中.

16.2.2 ϵ-贪心

ϵ-贪心法基于一个概率来对探索和利用进行折中: 每次尝试时, 以 ϵ 的概率
进行探索, 即以均匀概率随机选取一个摇臂; 以 $1-\epsilon$ 的概率进行利用, 即选择
当前平均奖赏最高的摇臂(若有多个, 则随机选取一个).

令 $Q(k)$ 记录摇臂 k 的平均奖赏. 若摇臂 k 被尝试了 n 次, 得到的奖赏为
$v_1, v_2, \ldots, v_n$, 则平均奖赏为

$$Q(k) = \frac{1}{n} \sum_{i=1}^{n} v_i . \tag{16.1}$$

若直接根据式(16.1)计算平均奖赏, 则需记录 n 个奖赏值. 显然, 更高效的
做法是对均值进行增量式计算, 即每尝试一次就立即更新 $Q(k)$. 不妨用下标来
表示尝试的次数, 初始时 $Q_0(k) = 0$. 对于任意的 $n \geqslant 1$, 若第 $n-1$ 次尝试后的
平均奖赏为 $Q_{n-1}(k)$, 则在经过第 n 次尝试获得奖赏 v_n 后, 平均奖赏应更新为

$$Q_n(k) = \frac{1}{n} \big((n-1) \times Q_{n-1}(k) + v_n \big) \tag{16.2}$$

式(16.3)会在 16.4.2 节
中用到.

$$= Q_{n-1}(k) + \frac{1}{n}\big(v_n - Q_{n-1}(k)\big) . \tag{16.3}$$

这样, 无论摇臂被尝试多少次都仅需记录两个值: 已尝试次数 $n-1$ 和最近平均奖赏 $Q_{n-1}(k)$. ϵ-贪心算法描述如图 16.4 所示.

输入: 摇臂数 K;
　　　　奖赏函数 R;
　　　　尝试次数 T;
　　　　探索概率 ϵ.

过程:

$Q(i)$ 和 count(i) 分别记录摇臂 i 的平均奖赏和选中次数.

在 $[0,1]$ 中生成随机数.

本次尝试的奖赏值.

式(16.2)更新平均奖赏.

1: $r = 0$;
2: $\forall i = 1, 2, \ldots K : Q(i) = 0$, count$(i) = 0$;
3: **for** $t = 1, 2, \ldots, T$ **do**
4: 　**if** rand() $< \epsilon$ **then**
5: 　　$k =$ 从 $1, 2, \ldots, K$ 中以均匀分布随机选取
6: 　**else**
7: 　　$k = \arg\max_i Q(i)$
8: 　**end if**
9: 　$v = R(k)$;
10: 　$r = r + v$;
11: 　$Q(k) = \frac{Q(k) \times \text{count}(k) + v}{\text{count}(k) + 1}$;
12: 　count$(k) = $ count$(k) + 1$;
13: **end for**
输出: 累积奖赏 r

图 16.4 ϵ-贪心算法

若摇臂奖赏的不确定性较大, 例如概率分布较宽时, 则需更多的探索, 此时需要较大的 ϵ 值; 若摇臂的不确定性较小, 例如概率分布较集中时, 则少量的尝试就能很好地近似真实奖赏, 此时需要的 ϵ 较小. 通常令 ϵ 取一个较小的常数, 如 0.1 或 0.01. 然而, 若尝试次数非常大, 那么在一段时间后, 摇臂的奖赏都能很好地近似出来, 不再需要探索, 这种情形下可让 ϵ 随着尝试次数的增加而逐渐减小, 例如令 $\epsilon = 1/\sqrt{t}$.

16.2.3 Softmax

Softmax 算法基于当前已知的摇臂平均奖赏来对探索和利用进行折中. 若各摇臂的平均奖赏相当, 则选取各摇臂的概率也相当; 若某些摇臂的平均奖赏明显高于其他摇臂, 则它们被选取的概率也明显更高.

Softmax 算法中摇臂概率的分配是基于 Boltzmann 分布

$$P(k) = \frac{e^{\frac{Q(k)}{\tau}}}{\sum_{i=1}^{K} e^{\frac{Q(i)}{\tau}}}, \tag{16.4}$$

其中, $Q(i)$ 记录当前摇臂的平均奖赏; $\tau > 0$ 称为 "温度", τ 越小则平均奖赏高的摇臂被选取的概率越高. τ 趋于 0 时 Softmax 将趋于 "仅利用", τ 趋于无穷大时 Softmax 则将趋于 "仅探索". Softmax 算法描述如图 16.5 所示.

输入: 摇臂数 K;
　　　奖赏函数 R;
　　　尝试次数 T;
　　　温度参数 τ.

过程:
1: $r = 0$;
2: $\forall i = 1, 2, \ldots K : Q(i) = 0,\ \text{count}(i) = 0$;
3: **for** $t = 1, 2, \ldots, T$ **do**
4: 　　$k = $ 从 $1, 2, \ldots, K$ 中根据式(16.4)随机选取
5: 　　$v = R(k)$;
6: 　　$r = r + v$;
7: 　　$Q(k) = \frac{Q(k) \times \text{count}(k) + v}{\text{count}(k) + 1}$;
8: 　　$\text{count}(k) = \text{count}(k) + 1$;
9: **end for**

输出: 累积奖赏 r

该参数在第 4 行使用.

$Q(i)$ 和 count(i) 分别记录摇臂 i 的平均奖赏和选中次数.

本次尝试的奖赏值.

式(16.2)更新平均奖赏.

图 16.5 Softmax算法

ϵ-贪心算法与 Softmax 算法孰优孰劣, 主要取决于具体应用. 为了更直观地观察它们的差别, 考虑一个简单的例子: 假定 2-摇臂赌博机的摇臂 1 以 0.4 的概率返回奖赏 1, 以 0.6 的概率返回奖赏 0; 摇臂 2 以 0.2 的概率返回奖赏 1, 以 0.8 的概率返回奖赏 0. 图 16.6 显示了不同算法在不同参数下的平均累积奖赏, 其中每条曲线对应于重复 1000 次实验的平均结果. 可以看出, Softmax $(\tau = 0.01)$ 的曲线与 "仅利用" 的曲线几乎重合.

对于离散状态空间、离散动作空间上的多步强化学习任务, 一种直接的办法是将每个状态上动作的选择看作一个 K- 摇臂赌博机问题, 用强化学习任务的累积奖赏来代替 K-摇臂赌博机算法中的奖赏函数, 即可将赌博机算法用于每个状态: 对每个状态分别记录各动作的尝试次数、当前平均累积奖赏等信息, 基于赌博机算法选择要尝试的动作. 然而这样的做法有很多局限, 因为它没

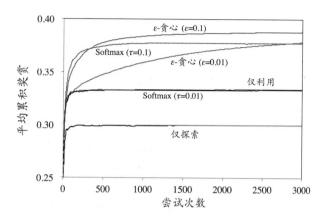

图 16.6 不同算法在 2-摇臂赌博机上的性能比较

有考虑强化学习任务马尔可夫决策过程的结构. 在 16.3 节将会看到, 若能有效考虑马尔可夫决策过程的特性, 则可有更聪明的办法.

16.3 有模型学习

考虑多步强化学习任务, 暂且先假定任务对应的马尔可夫决策过程四元组 $E = \langle X, A, P, R \rangle$ 均为已知, 这样的情形称为 "模型已知", 即机器已对环境进行了建模, 能在机器内部模拟出与环境相同或近似的状况. 在已知模型的环境中学习称为 "有模型学习" (model-based learning). 此时, 对于任意状态 x, x' 和动作 a, 在 x 状态下执行动作 a 转移到 x' 状态的概率 $P^a_{x \to x'}$ 是已知的, 该转移所带来的奖赏 $R^a_{x \to x'}$ 也是已知的. 为便于讨论, 不妨假设状态空间 X 和动作空间 A 均为有限.

16.4 节将讨论模型未知情形.

16.3.1 策略评估

在模型已知时, 对任意策略 π 能估计出该策略带来的期望累积奖赏. 令函数 $V^{\pi}(x)$ 表示从状态 x 出发, 使用策略 π 所带来的累积奖赏; 函数 $Q^{\pi}(x, a)$ 表示从状态 x 出发, 执行动作 a 后再使用策略 π 带来的累积奖赏. 这里的 $V(\cdot)$ 称为 "状态值函数" (state value function), $Q(\cdot)$ 称为 "状态-动作值函数" (state-action value function), 分别表示指定 "状态" 上以及指定 "状态-动作" 上的累积奖赏.

由累积奖赏的定义, 有状态值函数

$$\begin{cases} V_T^\pi(x) = \mathbb{E}_\pi \left[\frac{1}{T} \sum_{t=1}^T r_t \mid x_0 = x \right], & T \text{ 步累积奖赏}; \\ V_\gamma^\pi(x) = \mathbb{E}_\pi \left[\sum_{t=0}^{+\infty} \gamma^t r_{t+1} \mid x_0 = x \right], & \gamma \text{ 折扣累积奖赏}. \end{cases} \tag{16.5}$$

为叙述简洁, 后面在涉及上述两种累积奖赏时, 就不再说明奖赏类别, 读者从上下文应能容易地判知. 令 x_0 表示起始状态, a_0 表示起始状态上采取的第一个动作; 对于 T 步累积奖赏, 用下标 t 表示后续执行的步数. 我们有状态-动作值函数

$$\begin{cases} Q_T^\pi(x, a) = \mathbb{E}_\pi [\frac{1}{T} \sum_{t=1}^T r_t \mid x_0 = x, a_0 = a]; \\ Q_\gamma^\pi(x, a) = \mathbb{E}_\pi [\sum_{t=0}^{+\infty} \gamma^t r_{t+1} \mid x_0 = x, a_0 = a]. \end{cases} \tag{16.6}$$

这样的递归等式称为 Bellman 等式.

由于 MDP 具有马尔可夫性质, 即系统下一时刻的状态仅由当前时刻的状态决定, 不依赖于以往任何状态, 于是值函数有很简单的递归形式. 对于 T 步累积奖赏有

$$\begin{aligned} V_T^\pi(x) &= \mathbb{E}_\pi \left[\frac{1}{T} \sum_{t=1}^T r_t \mid x_0 = x \right] \\ &= \mathbb{E}_\pi \left[\frac{1}{T} r_1 + \frac{T-1}{T} \frac{1}{T-1} \sum_{t=2}^T r_t \mid x_0 = x \right] \end{aligned}$$

动作- 状态全概率展开.

$$\begin{aligned} &= \sum_{a \in A} \pi(x, a) \sum_{x' \in X} P_{x \to x'}^a \left(\frac{1}{T} R_{x \to x'}^a + \frac{T-1}{T} \mathbb{E}_\pi \left[\frac{1}{T-1} \sum_{t=1}^{T-1} r_t \mid x_0 = x' \right] \right) \\ &= \sum_{a \in A} \pi(x, a) \sum_{x' \in X} P_{x \to x'}^a \left(\frac{1}{T} R_{x \to x'}^a + \frac{T-1}{T} V_{T-1}^\pi(x') \right). \end{aligned} \tag{16.7}$$

类似的, 对于 γ 折扣累积奖赏有

$$V_\gamma^\pi(x) = \sum_{a \in A} \pi(x, a) \sum_{x' \in X} P_{x \to x'}^a \left(R_{x \to x'}^a + \gamma V_\gamma^\pi(x') \right). \tag{16.8}$$

需注意的是, 正是由于 P 和 R 已知, 才可以进行全概率展开.

读者可能已发现, 用上面的递归等式来计算值函数, 实际上就是一种动态规划算法. 对于 V_T^π, 可设想递归一直进行下去, 直到最初的起点; 换言之, 从值函数的初始值 V_0^π 出发, 通过一次迭代能计算出每个状态的单步奖赏 V_1^π, 进而

输入: MDP 四元组 $E = \langle X, A, P, R \rangle$;
被评估的策略 π;
累积奖赏参数 T.
过程:
1: $\forall x \in X : V(x) = 0$;
2: **for** $t = 1, 2, \ldots$ **do**
3:   $\forall x \in X : V'(x) = \sum_{a \in A} \pi(x, a) \sum_{x' \in X} P^a_{x \to x'} \left(\frac{1}{t} R^a_{x \to x'} + \frac{t-1}{t} V(x') \right)$;
4:   **if** $t = T + 1$ **then**
5:     **break**
6:   **else**
7:     $V = V'$
8:   **end if**
9: **end for**
输出: 状态值函数 V

$V(x)$ 为 x 的累积奖赏.

式(16.7)更新值函数.

这个写法是为了便于在同样的算法框架下考虑 T 步累积奖赏和 γ 折扣累积奖赏.

图 16.7 基于 T 步累积奖赏的策略评估算法

从单步奖赏出发, 通过一次迭代计算出两步累积奖赏 V_2^π, ……图 16.7 中算法遵循了上述流程, 对于 T 步累积奖赏, 只需迭代 T 轮就能精确地求出值函数.

参见习题 16.2.

对于 V_γ^π, 由于 γ^t 在 t 很大时趋于 0, 因此也能使用类似的算法, 只需将图 16.7 算法的第 3 行根据式(16.8)进行替换. 此外, 由于算法可能会迭代很多次, 因此需设置一个停止准则. 常见的是设置一个阈值 θ, 若在执行一次迭代后值函数的改变小于 θ 则算法停止; 相应的, 图 16.7 算法第 4 行中的 $t = T + 1$ 需替换为

$$\max_{x \in X} |V(x) - V'(x)| < \theta . \tag{16.9}$$

有了状态值函数 V, 就能直接计算出状态-动作值函数

$$\begin{cases} Q_T^\pi(x, a) = \sum_{x' \in X} P^a_{x \to x'} (\frac{1}{T} R^a_{x \to x'} + \frac{T-1}{T} V_{T-1}^\pi(x')); \\ Q_\gamma^\pi(x, a) = \sum_{x' \in X} P^a_{x \to x'} (R^a_{x \to x'} + \gamma V_\gamma^\pi(x')). \end{cases} \tag{16.10}$$

16.3.2 策略改进

对某个策略的累积奖赏进行评估后, 若发现它并非最优策略, 则当然希望对其进行改进. 理想的策略应能最大化累积奖赏

$$\pi^* = \arg\max_\pi \sum_{x \in X} V^\pi(x). \tag{16.11}$$

　　一个强化学习任务可能有多个最优策略, 最优策略所对应的值函数 V^* 称为最优值函数, 即

$$\forall x \in X : V^*(x) = V^{\pi^*}(x). \tag{16.12}$$

注意, 当策略空间无约束时式(16.12)的 V^* 才是最优策略对应的值函数, 例如对离散状态空间和离散动作空间, 策略空间是所有状态上所有动作的组合, 共有 $|A|^{|X|}$ 种不同的策略. 若策略空间有约束, 则违背约束的策略是 "不合法" 的, 即便其值函数所取得的累积奖赏值最大, 也不能作为最优值函数.

　　由于最优值函数的累积奖赏值已达最大, 因此可对前面的 Bellman 等式(16.7) 和(16.8)做一个改动, 即将对动作的求和改为取最优:

$$\begin{cases} V_T^*(x) = \max\limits_{a \in A} \sum\limits_{x' \in X} P_{x \to x'}^a \big(\frac{1}{T} R_{x \to x'}^a + \frac{T-1}{T} V_{T-1}^*(x') \big); \\ V_\gamma^*(x) = \max\limits_{a \in A} \sum\limits_{x' \in X} P_{x \to x'}^a \big(R_{x \to x'}^a + \gamma V_\gamma^*(x') \big). \end{cases} \tag{16.13}$$

换言之,

$$V^*(x) = \max_{a \in A} Q^{\pi^*}(x, a). \tag{16.14}$$

代入式(16.10)可得最优状态-动作值函数

$$\begin{cases} Q_T^*(x, a) = \sum\limits_{x' \in X} P_{x \to x'}^a \big(\frac{1}{T} R_{x \to x'}^a + \frac{T-1}{T} \max\limits_{a' \in A} Q_{T-1}^*(x', a') \big); \\ Q_\gamma^*(x, a) = \sum\limits_{x' \in X} P_{x \to x'}^a \big(R_{x \to x'}^a + \gamma \max\limits_{a' \in A} Q_\gamma^*(x', a') \big). \end{cases} \tag{16.15}$$

上述关于最优值函数的等式, 称为最优 Bellman 等式, 其唯一解是最优值函数.

　　最优 Bellman 等式揭示了非最优策略的改进方式: 将策略选择的动作改变为当前最优的动作. 显然, 这样的改变能使策略更好. 不妨令动作改变后对应的策略为 π', 改变动作的条件为 $Q^\pi(x, \pi'(x)) \geqslant V^\pi(x)$, 以 γ 折扣累积奖赏为例, 由式(16.10) 可计算出递推不等式

$$\begin{aligned} V^\pi(x) &\leqslant Q^\pi(x, \pi'(x)) \\ &= \sum_{x' \in X} P_{x \to x'}^{\pi'(x)} (R_{x \to x'}^{\pi'(x)} + \gamma V^\pi(x')) \\ &\leqslant \sum_{x' \in X} P_{x \to x'}^{\pi'(x)} (R_{x \to x'}^{\pi'(x)} + \gamma Q^\pi(x', \pi'(x'))) \\ &= \dots \end{aligned}$$

$$= V^{\pi'}(x). \tag{16.16}$$

值函数对于策略的每一点改进都是单调递增的, 因此对于当前策略 π, 可放心地将其改进为

$$\pi'(x) = \arg\max_{a \in A} Q^{\pi}(x, a), \tag{16.17}$$

直到 π' 与 π 一致、不再发生变化, 此时就满足了最优 Bellman 等式, 即找到了最优策略.

16.3.3 策略迭代与值迭代

由前两小节我们知道了如何评估一个策略的值函数, 以及在策略评估后如何改进至获得最优策略. 显然, 将这两者结合起来即可得到求解最优解的方法: 从一个初始策略(通常是随机策略)出发, 先进行策略评估, 然后改进策略, 评估改进的策略, 再进一步改进策略, ……不断迭代进行策略评估和改进, 直到策略收敛、不再改变为止. 这样的做法称为 "策略迭代" (policy iteration).

图 16.8 给出的算法描述, 就是在基于 T 步累积奖赏策略评估的基础上, 加

输入: MDP 四元组 $E = \langle X, A, P, R \rangle$;
　　　　累积奖赏参数 T.
过程:

|A(x)| 是 x 状态下所有可选动作数.

1: $\forall x \in X : V(x) = 0, \ \pi(x, a) = \frac{1}{|A(x)|}$;
2: **loop**
3: 　　**for** $t = 1, 2, \ldots$ **do**

式(16.7)更新值函数.

4: 　　　　$\forall x \in X : V'(x) = \sum_{a \in A} \pi(x, a) \sum_{x' \in X} P^a_{x \to x'} \left(\frac{1}{t} R^a_{x \to x'} + \frac{t-1}{t} V(x') \right)$;
5: 　　　　**if** $t = T + 1$ **then**
6: 　　　　　　**break**
7: 　　　　**else**
8: 　　　　　　$V = V'$
9: 　　　　**end if**
10: 　　**end for**

式(16.10)计算 Q 值.

11: 　　$\forall x \in X : \pi'(x) = \arg\max_{a \in A} Q(x, a)$;
12: 　　**if** $\forall x : \pi'(x) = \pi(x)$ **then**
13: 　　　　**break**
14: 　　**else**
15: 　　　　$\pi = \pi'$
16: 　　**end if**
17: **end loop**
输出: 最优策略 π

图 16.8 基于 T 步累积奖赏的策略迭代算法

参见习题 16.3.

入策略改进而形成的策略迭代算法. 类似的,可得到基于 γ 折扣累积奖赏的策略迭代算法. 策略迭代算法在每次改进策略后都需重新进行策略评估, 这通常比较耗时.

由式(16.16)可知, 策略改进与值函数的改进是一致的, 因此可将策略改进视为值函数的改善, 即由式(16.13)可得

$$\begin{cases} V_T(x) = \max_{a \in A} \sum_{x' \in X} P^a_{x \to x'} \left(\frac{1}{T} R^a_{x \to x'} + \frac{T-1}{T} V_{T-1}(x') \right); \\ V_\gamma(x) = \max_{a \in A} \sum_{x' \in X} P^a_{x \to x'} \left(R^a_{x \to x'} + \gamma V_\gamma(x') \right). \end{cases} \tag{16.18}$$

于是可得到值迭代(value iteration)算法, 如图 16.9 所示.

输入: MDP 四元组 $E = \langle X, A, P, R \rangle$;
　　　　累积奖赏参数 T;
　　　　收敛阈值 θ.
过程:
1: $\forall x \in X : V(x) = 0$;
2: **for** $t = 1, 2, \ldots$ **do**
3: 　$\forall x \in X : V'(x) = \max_{a \in A} \sum_{x' \in X} P^a_{x \to x'} \left(\frac{1}{t} R^a_{x \to x'} + \frac{t-1}{t} V(x') \right)$;
4: 　**if** $\max_{x \in X} |V(x) - V'(x)| < \theta$ **then**
5: 　　**break**
6: 　**else**
7: 　　$V = V'$
8: 　**end if**
9: **end for**
输出: 策略 $\pi(x) = \arg\max_{a \in A} Q(x, a)$

式(16.18)更新值函数.
式(16.10)计算 Q 值.

图 16.9 基于 T 步累积奖赏的值迭代算法

若采用 γ 折扣累积奖赏, 只需将图 16.9 算法中第 3 行替换为

$$\forall x \in X : V'(x) = \max_{a \in A} \sum_{x' \in X} P^a_{x \to x'} \left(R^a_{x \to x'} + \gamma V(x') \right). \tag{16.19}$$

从上面的算法可看出, 在模型已知时强化学习任务能归结为基于动态规划的寻优问题. 与监督学习不同, 这里并未涉及到泛化能力, 而是为每一个状态找到最好的动作.

16.4 免模型学习

在现实的强化学习任务中, 环境的转移概率、奖赏函数往往很难得知, 甚

亦称"无模型学习".

至很难知道环境中一共有多少状态. 若学习算法不依赖于环境建模, 则称为 "免模型学习"(model-free learning), 这比有模型学习要困难得多.

16.4.1 蒙特卡罗强化学习

在免模型情形下, 策略迭代算法首先遇到的问题是策略无法评估, 这是由于模型未知而导致无法做全概率展开. 此时, 只能通过在环境中执行选择的动作, 来观察转移的状态和得到的奖赏. 受 K 摇臂赌博机的启发, 一种直接的策略评估替代方法是多次"采样", 然后求取平均累积奖赏来作为期望累积奖赏的近似, 这称为蒙特卡罗强化学习. 由于采样必须为有限次数, 因此该方法更适合于使用 T 步累积奖赏的强化学习任务.

蒙特卡罗方法参见 14.7 节; 14.5.1 节中使用过马尔可夫链蒙特卡罗方法.

另一方面, 策略迭代算法估计的是状态值函数 V, 而最终的策略是通过状态-动作值函数 Q 来获得. 当模型已知时, 从 V 到 Q 有很简单的转换方法, 而当模型未知时, 这也会出现困难. 于是, 我们将估计对象从 V 转变为 Q, 即估计每一对"状态-动作"的值函数.

此外, 在模型未知的情形下, 机器只能是从一个起始状态(或起始状态集合)开始探索环境, 而策略迭代算法由于需对每个状态分别进行估计, 因此在这种情形下无法实现. 例如探索种瓜的过程只能从播下种子开始, 而不能任意选择种植过程中的一个状态开始. 因此, 我们只能在探索的过程中逐渐发现各个状态并估计各状态-动作对的值函数.

综合起来, 在模型未知的情形下, 我们从起始状态出发, 使用某种策略进行采样, 执行该策略 T 步并获得轨迹

$$< x_0, a_0, r_1, x_1, a_1, r_2, \ldots, x_{T-1}, a_{T-1}, r_T, x_T >,$$

然后, 对轨迹中出现的每一对状态-动作, 记录其后的奖赏之和, 作为该状态-动作对的一次累积奖赏采样值. 多次采样得到多条轨迹后, 将每个状态-动作对的累积奖赏采样值进行平均, 即得到状态-动作值函数的估计.

可以看出, 欲较好地获得值函数的估计, 就需要多条不同的采样轨迹. 然而, 我们的策略有可能是确定性的, 即对于某个状态只会输出一个动作, 若使用这样的策略进行采样, 则只能得到多条相同的轨迹. 这与 K 摇臂赌博机的"仅利用"法面临相同的问题, 因此可借鉴探索与利用折中的办法, 例如使用 ϵ-贪心法, 以 ϵ 的概率从所有动作中均匀随机选取一个, 以 $1 - \epsilon$ 的概率选取当前最优动作. 我们将确定性的策略 π 称为"原始策略", 在原始策略上使用 ϵ-贪心法的策略记为

$$\pi^{\epsilon}(x)=\begin{cases}\pi(x), & \text{以概率 } 1-\epsilon;\\ A\text{ 中以均匀概率选取的动作}, & \text{以概率 } \epsilon.\end{cases} \tag{16.20}$$

假定只有一个最优动作.

对于最大化值函数的原始策略 $\pi=\arg\max_a Q(x,a)$, 其 ϵ-贪心策略 π^{ϵ} 中, 当前最优动作被选中的概率是 $1-\epsilon+\frac{\epsilon}{|A|}$, 而每个非最优动作被选中的概率是 $\frac{\epsilon}{|A|}$. 于是, 每个动作都有可能被选取, 而多次采样将会产生不同的采样轨迹.

与策略迭代算法类似, 使用蒙特卡罗方法进行策略评估后, 同样要对策略进行改进. 前面在讨论策略改进时利用了式(16.16)揭示的单调性, 通过换入当前最优动作来改进策略. 对于任意原始策略 π, 其 ϵ-贪心策略 π^{ϵ} 仅是将 ϵ 的概率均匀分配给所有动作, 因此对于最大化值函数的原始策略 π', 同样有 $Q^{\pi}(x,\pi'(x))\geqslant V^{\pi}(x)$, 于是式(16.16)仍成立, 即可以使用同样方法来进行策略改进.

图 16.10 给出了上述过程的算法描述, 这里被评估与被改进的是同一个策略, 因此称为“同策略”(on-policy) 蒙特卡罗强化学习算法. 算法中奖赏均值采用增量式计算, 每采样出一条轨迹, 就根据该轨迹涉及的所有“状态-动作”对来对值函数进行更新.

输入: 环境 E;
　　动作空间 A;
　　起始状态 x_0;
　　策略执行步数 T.

过程:

$Q(x,a)=0,\ \text{count}(x,a)=0,\ \pi(x,a)=\frac{1}{|A(x)|}$;　　默认均匀概率选取动作.

for $s=1,2,\ldots$ **do**　　采样第 s 条轨迹.

　在 E 中执行策略 π 产生轨迹
　$< x_0,a_0,r_1,x_1,a_1,r_2,\ldots,x_{T-1},a_{T-1},r_T,x_T >$;

　for $t=0,1,\ldots,T-1$ **do**　　对每一个状态-动作对.

　　$R=\frac{1}{T-t}\sum_{i=t+1}^{T} r_i$;　　计算轨迹中的累积奖赏.

　　$Q(x_t,a_t)=\frac{Q(x_t,a_t)\times\text{count}(x_t,a_t)+R}{\text{count}(x_t,a_t)+1}$;　　式(16.2)更新平均奖赏.

　　$\text{count}(x_t,a_t)=\text{count}(x_t,a_t)+1$

　end for

　对所有已见状态 x:

$$\pi(x)=\begin{cases}\arg\max_{a'} Q(x,a'), & \text{以概率 } 1-\epsilon;\\ \text{以均匀概率从 } A \text{ 中选取动作}, & \text{以概率 } \epsilon.\end{cases}$$

　根据值函数得到策略.

end for

输出: 策略 π

图 16.10 同策略蒙特卡罗强化学习算法

 同策略蒙特卡罗强化学习算法最终产生的是 ϵ-贪心策略. 然而, 引入 ϵ-贪心是为了便于策略评估, 而不是为了最终使用; 实际上我们希望改进的是原始(非 ϵ-贪心)策略. 那么, 能否仅在策略评估时引入 ϵ-贪心, 而在策略改进时却改进原始策略呢?

 这其实是可行的. 不妨用两个不同的策略 π 和 π' 来产生采样轨迹, 两者的区别在于每个 "状态-动作对" 被采样的概率不同. 一般的, 函数 f 在概率分布 p 下的期望可表达为

$$\mathbb{E}[f] = \int_x p(x)f(x)\mathrm{d}x \,, \tag{16.21}$$

可通过从概率分布 p 上的采样 $\{x_1, x_2, \ldots, x_m\}$ 来估计 f 的期望, 即

$$\hat{\mathbb{E}}[f] = \frac{1}{m} \sum_{i=1}^{m} f(x_i) \,. \tag{16.22}$$

若引入另一个分布 q, 则函数 f 在概率分布 p 下的期望也可等价地写为

$$\mathbb{E}[f] = \int_x q(x)\frac{p(x)}{q(x)}f(x)\mathrm{d}x \,. \tag{16.23}$$

上式可看作 $\frac{p(x)}{q(x)}f(x)$ 在分布 q 下的期望, 因此通过在 q 上的采样 $\{x'_1, x'_2, \ldots, x'_m\}$ 可估计为

这样基于一个分布的采样来估计另一个分布下的期望, 称为重要性采样(importance sampling).

$$\hat{\mathbb{E}}[f] = \frac{1}{m} \sum_{i=1}^{m} \frac{p(x'_i)}{q(x'_i)}f(x'_i) \,. \tag{16.24}$$

 回到我们的问题上来, 使用策略 π 的采样轨迹来评估策略 π, 实际上就是对累积奖赏估计期望

$$Q(x, a) = \frac{1}{m} \sum_{i=1}^{m} R_i \,. \tag{16.25}$$

其中 R_i 表示第 i 条轨迹上自状态 x 至结束的累积奖赏. 若改用策略 π' 的采样轨迹来评估策略 π, 则仅需对累积奖赏加权, 即

$$Q(x, a) = \frac{1}{m} \sum_{i=1}^{m} \frac{P_i^{\pi}}{P_i^{\pi'}} R_i \,, \tag{16.26}$$

其中 P_i^{π} 和 $P_i^{\pi'}$ 分别表示两个策略产生第 i 条轨迹的概率. 对于给定的一条轨迹 $\langle x_0, a_0, r_1, \ldots, x_{T-1}, a_{T-1}, r_T, x_T \rangle$, 策略 π 产生该轨迹的概率为

$$P^{\pi} = \prod_{i=0}^{T-1} \pi(x_i, a_i) P_{x_i \to x_{i+1}}^{a_i} \,. \tag{16.27}$$

虽然这里用到了环境的转移概率 $P_{x_i \to x_{i+1}}^{a_i}$, 但式(16.24)中实际只需两个策略概率的比值

$$\frac{P^\pi}{P^{\pi'}} = \prod_{i=0}^{T-1} \frac{\pi(x_i, a_i)}{\pi'(x_i, a_i)} \ . \tag{16.28}$$

若 π 为确定性策略而 π' 是 π 的 ϵ-贪心策略, 则 $\pi(x_i, a_i)$ 对于 $a_i = \pi(x_i)$ 始终为 1, $\pi'(x_i, a_i)$ 为 $\frac{\epsilon}{|A|}$ 或 $1 - \epsilon + \frac{\epsilon}{|A|}$, 于是就能对策略 π 进行评估了. 图 16.11 给出了 "异策略"(off-policy) 蒙特卡罗强化学习算法的描述.

输入: 环境 E;
　　　　动作空间 A;
　　　　起始状态 x_0;
　　　　策略执行步数 T.
过程:

默认均匀概率选取动作.　　1: $Q(x, a) = 0$, $\text{count}(x, a) = 0$, $\pi(x, a) = \frac{1}{|A(x)|}$;

采样第 s 条轨迹.　　　　2: **for** $s = 1, 2, \ldots$ **do**
　　　　　　　　　　　3: 　　在 E 中执行 π 的 ϵ-贪心策略产生轨迹
　　　　　　　　　　　　　　$< x_0, a_0, r_1, x_1, a_1, r_2, \ldots, x_{T-1}, a_{T-1}, r_T, x_T >$;

　　　　　　　　　　　4: 　　$p_i = \begin{cases} 1 - \epsilon + \epsilon/|A|, & a_i = \pi(x_i); \\ \epsilon/|A|, & a_i \neq \pi(x_i), \end{cases}$

　　　　　　　　　　　5: 　　**for** $t = 0, 1, \ldots, T-1$ **do**

计算修正的累积奖赏.
连乘内下标大于上标　　　6: 　　　　$R = \frac{1}{T-t} \left(\sum_{i=t+1}^{T} r_i \right) \prod_{i=t+1}^{T-1} \frac{\mathbb{I}(a_i = \pi(x_i))}{p_i}$;
的项取值为 1.

式(16.2) 更新平均奖赏.　7: 　　　　$Q(x_t, a_t) = \frac{Q(x_t, a_t) \times \text{count}(x_t, a_t) + R}{\text{count}(x_t, a_t) + 1}$;

　　　　　　　　　　　8: 　　　　$\text{count}(x_t, a_t) = \text{count}(x_t, a_t) + 1$
　　　　　　　　　　　9: 　　**end for**

根据值函数得到策略.　　10: 　　$\pi(x) = \arg\max_{a'} Q(x, a')$
　　　　　　　　　　　11: **end for**
输出: 策略 π

图 16.11　异策略蒙特卡罗强化学习算法

16.4.2 时序差分学习

蒙特卡罗强化学习算法通过考虑采样轨迹, 克服了模型未知给策略估计造成的困难. 此类算法需在完成一个采样轨迹后再更新策略的值估计, 而前面介绍的基于动态规划的策略迭代和值迭代算法在每执行一步策略后就进行值函数更新. 两者相比, 蒙特卡罗强化学习算法的效率低得多, 这里的主要问题是蒙特卡罗强化学习算法没有充分利用强化学习任务的 MDP 结构. 时序差分 (Temporal Difference, 简称 TD) 学习则结合了动态规划与蒙特卡罗方法的思想, 能做到更高效的免模型学习.

蒙特卡罗强化学习算法的本质, 是通过多次尝试后求平均来作为期望累积奖赏的近似, 但它在求平均时是 "批处理式" 进行的, 即在一个完整的采样轨迹完成后再对所有的状态-动作对进行更新. 实际上这个更新过程能增量式进行. 对于状态-动作对 (x, a), 不妨假定基于 t 个采样已估计出值函数 $Q_t^\pi(x, a) = \frac{1}{t} \sum_{i=1}^t r_i$, 则在得到第 $t+1$ 个采样 r_{t+1} 时, 类似式(16.3), 有

$$Q_{t+1}^\pi(x, a) = Q_t^\pi(x, a) + \frac{1}{t+1}\big(r_{t+1} - Q_t^\pi(x, a)\big). \tag{16.29}$$

显然, 只需给 $Q_t^\pi(x, a)$ 加上增量 $\frac{1}{t+1}(r_{t+1} - Q_t^\pi(x, a))$ 即可. 更一般的, 将 $\frac{1}{t+1}$ 替换为系数 α_{t+1}, 则可将增量项写作 $\alpha_{t+1}(r_{t+1} - Q_t^\pi(x, a))$. 在实践中通常令 α_t 为一个较小的正数值 α, 若将 $Q_t^\pi(x, a)$ 展开为每步累积奖赏之和, 则可看出系数之和为 1, 即令 $\alpha_t = \alpha$ 不会影响 Q_t 是累积奖赏之和这一性质. 更新步长 α 越大, 则越靠后的累积奖赏越重要.

以 γ 折扣累积奖赏为例, 利用动态规划方法且考虑到模型未知时使用状态-动作值函数更方便, 由式(16.10)有

$$Q^\pi(x, a) = \sum_{x' \in X} P_{x \to x'}^a (R_{x \to x'}^a + \gamma V^\pi(x'))$$

$$= \sum_{x' \in X} P_{x \to x'}^a (R_{x \to x'}^a + \gamma \sum_{a' \in A} \pi(x', a') Q^\pi(x', a')). \tag{16.30}$$

通过增量求和可得

$$Q_{t+1}^\pi(x, a) = Q_t^\pi(x, a) + \alpha \left(R_{x \to x'}^a + \gamma Q_t^\pi(x', a') - Q_t^\pi(x, a) \right), \tag{16.31}$$

其中 x' 是前一次在状态 x 执行动作 a 后转移到的状态, a' 是策略 π 在 x' 上选择的动作.

使用式(16.31), 每执行一步策略就更新一次值函数估计, 于是得到图 16.12 的算法. 该算法由于每次更新值函数需知道前一步的状态(state)、前一步的动作(action)、奖赏值(reward)、当前状态(state)、将要执行的动作(action), 由此得名为 Sarsa 算法 [Rummery and Niranjan, 1994]. 显然, Sarsa 是一个同策略算法, 算法中评估(第 6 行)、执行(第 5 行)的均为 ϵ-贪心策略.

将 Sarsa 修改为异策略算法, 则得到图 16.13 描述的 Q-学习(Q-learning)算法 [Watkins and Dayan, 1992], 该算法评估(第 6 行)的是原始策略, 而执行(第 4 行)的是 ϵ-贪心策略.

将这几个英文单词的首字母连起来.

输入: 环境 E;
　　　　动作空间 A;
　　　　起始状态 x_0;
　　　　奖赏折扣 γ;
　　　　更新步长 α.

过程:

默认均匀概率选取动作.　　1: $Q(x,a)=0,\ \pi(x,a)=\frac{1}{|A(x)|}$;

　　　　　　　　　　　　2: $x=x_0,\ a=\pi(x)$;

　　　　　　　　　　　　3: **for** $t=1,2,\ldots$ **do**

单步执行策略.　　　　　　4:　$r,x'=$ 在 E 中执行动作 a 产生的奖赏与转移的状态;

原始策略的 ϵ-贪心策略.　5:　$a'=\pi^{\epsilon}(x')$;

式(16.31)更新值函数.　　　6:　$Q(x,a)=Q(x,a)+\alpha\big(r+\gamma Q(x',a')-Q(x,a)\big)$;

　　　　　　　　　　　　7:　$\pi(x)=\arg\max_{a''}Q(x,a'')$;

　　　　　　　　　　　　8:　$x=x',\ a=a'$

　　　　　　　　　　　　9: **end for**

输出: 策略 π

图 16.12　Sarsa 算法

输入: 环境 E;
　　　　动作空间 A;
　　　　起始状态 x_0;
　　　　奖赏折扣 γ;
　　　　更新步长 α.

过程:

默认均匀概率选取动作.　　1: $Q(x,a)=0,\ \pi(x,a)=\frac{1}{|A(x)|}$;

　　　　　　　　　　　　2: $x=x_0$;

　　　　　　　　　　　　3: **for** $t=1,2,\ldots$ **do**

单步执行策略.　　　　　　4:　$r,x'=$ 在 E 中执行动作 $a=\pi^{\epsilon}(x)$ 产生的奖赏与转移的状态;

原始策略.　　　　　　　　5:　$a'=\pi(x')$;

式(16.31)更新值函数.　　　6:　$Q(x,a)=Q(x,a)+\alpha\big(r+\gamma Q(x',a')-Q(x,a)\big)$;

　　　　　　　　　　　　7:　$\pi(x)=\arg\max_{a''}Q(x,a'')$;

　　　　　　　　　　　　8:　$x=x'$

　　　　　　　　　　　　9: **end for**

输出: 策略 π

图 16.13　Q-学习算法

16.5 值函数近似

　　前面我们一直假定强化学习任务是在有限状态空间上进行, 每个状态可用一个编号来指代; 值函数则是关于有限状态的 "表格值函数" (tabular value function), 即值函数能表示为一个数组, 输入 i 对应的函数值就是数组元素 i 的值, 且更改一个状态上的值不会影响其他状态上的值. 然而, 现实强化学习任务所面临的状态空间往往是连续的, 有无穷多个状态. 这该怎么办呢?

一个直接的想法是对状态空间进行离散化, 将连续状态空间转化为有限离散状态空间, 然后就能使用前面介绍的方法求解. 遗憾的是, 如何有效地对状态空间进行离散化是一个难题, 尤其是在对状态空间进行探索之前.

实际上, 我们不妨直接对连续状态空间的值函数进行学习. 假定状态空间为 n 维实数空间 $X = \mathbb{R}^n$, 此时显然无法用表格值函数来记录状态值. 先考虑简单情形, 即值函数能表达为状态的线性函数 [Busoniu et al., 2010]

$$V_{\boldsymbol{\theta}}(\boldsymbol{x}) = \boldsymbol{\theta}^{\mathrm{T}}\boldsymbol{x} \ , \tag{16.32}$$

其中 $\boldsymbol{x}$ 为状态向量, $\boldsymbol{\theta}$ 为参数向量. 由于此时的值函数难以像有限状态那样精确记录每个状态的值, 因此这样值函数的求解被称为值函数近似 (value function approximation).

我们希望通过式(16.32)学得的值函数尽可能近似真实值函数 V^π, 近似程度常用最小二乘误差来度量:

$$E_{\boldsymbol{\theta}} = \mathbb{E}_{\boldsymbol{x} \sim \pi}\left[\left(V^\pi\left(\boldsymbol{x}\right) - V_{\boldsymbol{\theta}}\left(\boldsymbol{x}\right)\right)^2\right] \ , \tag{16.33}$$

其中 $\mathbb{E}_{\boldsymbol{x} \sim \pi}$ 表示由策略 π 所采样而得的状态上的期望.

为了使误差最小化, 采用梯度下降法, 对误差求负导数

$$
\begin{aligned}
-\frac{\partial E_{\boldsymbol{\theta}}}{\partial \boldsymbol{\theta}} &= \mathbb{E}_{\boldsymbol{x} \sim \pi}\left[2\big(V^\pi(\boldsymbol{x}) - V_{\boldsymbol{\theta}}(\boldsymbol{x})\big)\frac{\partial V_{\boldsymbol{\theta}}(\boldsymbol{x})}{\partial \boldsymbol{\theta}}\right] \\
&= \mathbb{E}_{\boldsymbol{x} \sim \pi}\left[2\big(V^\pi(\boldsymbol{x}) - V_{\boldsymbol{\theta}}(\boldsymbol{x})\big)\boldsymbol{x}\right] \ ,
\end{aligned}
\tag{16.34}
$$

于是可得到对于单个样本的更新规则

$$\boldsymbol{\theta} = \boldsymbol{\theta} + \alpha\big(V^\pi(\boldsymbol{x}) - V_{\boldsymbol{\theta}}(\boldsymbol{x})\big)\boldsymbol{x} \ . \tag{16.35}$$

我们并不知道策略的真实值函数 V^π, 但可借助时序差分学习, 基于 $V^\pi(\boldsymbol{x}) = r + \gamma V^\pi(\boldsymbol{x}')$ 用当前估计的值函数代替真实值函数, 即

$$
\begin{aligned}
\boldsymbol{\theta} &= \boldsymbol{\theta} + \alpha(r + \gamma V_{\boldsymbol{\theta}}(\boldsymbol{x}') - V_{\boldsymbol{\theta}}(\boldsymbol{x}))\boldsymbol{x} \\
&= \boldsymbol{\theta} + \alpha(r + \gamma\boldsymbol{\theta}^{\mathrm{T}}\boldsymbol{x}' - \boldsymbol{\theta}^{\mathrm{T}}\boldsymbol{x})\boldsymbol{x} \ ,
\end{aligned}
\tag{16.36}
$$

其中 $\boldsymbol{x}'$ 是下一时刻的状态.

需注意的是, 在时序差分学习中需要状态-动作值函数以便获取策略. 这里一种简单的做法是令 $\boldsymbol{\theta}$ 作用于表示状态和动作的联合向量上, 例如给状态向量增加一维用于存放动作编号, 即将式(16.32)中的 $\boldsymbol{x}$ 替换为 $(\boldsymbol{x};a)$; 另一种做法是用 0/1 对动作选择进行编码得到向量 $\boldsymbol{a} = (0;\dots;1;\dots;0)$, 其中 "1" 表示该动作被选择, 再将状态向量与其合并得到 $(\boldsymbol{x};\boldsymbol{a})$, 用于替换式(16.32)中的 $\boldsymbol{x}$. 这样就使得线性近似的对象为状态-动作值函数.

基于线性值函数近似来替代 Sarsa 算法中的值函数, 即可得到图 16.14 的线性值函数近似 Sarsa 算法. 类似地可得到线性值函数近似 Q-学习算法. 显然, 可以容易地用其他学习方法来代替式(16.32)中的线性学习器, 例如通过引入核方法实现非线性值函数近似.

核方法参见第 6 章.

输入: 环境 E;
　　　动作空间 A;
　　　起始状态 x_0;
　　　奖赏折扣 γ;
　　　更新步长 α.
过程:
1: $\boldsymbol{\theta} = \boldsymbol{0}$;
2: $\boldsymbol{x} = \boldsymbol{x}_0,\ a = \pi(\boldsymbol{x}) = \arg\max_{a''} \boldsymbol{\theta}^{\mathrm{T}}(\boldsymbol{x};a'')$;
3: **for** $t = 1, 2, \dots$ **do**
4: 　　$r, \boldsymbol{x}' = $ 在 E 中执行动作 a 产生的奖赏与转移的状态;
5: 　　$a' = \pi^{\epsilon}(\boldsymbol{x}')$;
6: 　　$\boldsymbol{\theta} = \boldsymbol{\theta} + \alpha(r + \gamma\boldsymbol{\theta}^{\mathrm{T}}(\boldsymbol{x}';a') - \boldsymbol{\theta}^{\mathrm{T}}(\boldsymbol{x};a))(\boldsymbol{x};a)$;
7: 　　$\pi(\boldsymbol{x}) = \arg\max_{a''} \boldsymbol{\theta}^{\mathrm{T}}(\boldsymbol{x};a'')$;
8: 　　$\boldsymbol{x} = \boldsymbol{x}', a = a'$
9: **end for**
输出: 策略 π

原始策略的 ϵ-贪心策略.
式(16.36)更新参数.

图 16.14　线性值函数近似 Sarsa 算法

16.6 模仿学习

亦称 "学徒学习" (apprenticeship learning), "示范学习" (learning from demonstration), "观察学习" (learning by watching); 与机器学习早期的 "示教学习" 有直接联系, 参见 1.5 节.

在强化学习的经典任务设置中, 机器所能获得的反馈信息仅有多步决策后的累积奖赏, 但在现实任务中, 往往能得到人类专家的决策过程范例, 例如在种瓜任务上能得到农业专家的种植过程范例. 从这样的范例中学习, 称为 "模仿学习" (imitation learning).

16.6.1 直接模仿学习

强化学习任务中多步决策的搜索空间巨大, 基于累积奖赏来学习很多步之前的合适决策非常困难, 而直接模仿人类专家的"状态- 动作对"可显著缓解这一困难, 我们称其为"直接模仿学习".

假定我们获得了一批人类专家的决策轨迹数据 $\{\tau_1, \tau_2, \ldots, \tau_m\}$, 每条轨迹包含状态和动作序列

$$\tau_i = \langle s_1^i, a_1^i, s_2^i, a_2^i, \ldots, s_{n_i+1}^i \rangle,$$

其中 n_i 为第 i 条轨迹中的转移次数.

有了这样的数据, 就相当于告诉机器在什么状态下应选择什么动作, 于是可利用监督学习来学得符合人类专家决策轨迹数据的策略.

我们可将所有轨迹上的所有"状态-动作对"抽取出来, 构造出一个新的数据集合

$$D = \{(s_1, a_1), (s_2, a_2), \ldots, (s_{\sum_{i=1}^m n_i}, a_{\sum_{i=1}^m n_i})\},$$

即把状态作为特征, 动作作为标记; 然后, 对这个新构造出的数据集合 D 使用分类(对于离散动作)或回归(对于连续动作)算法即可学得策略模型. 学得的这个策略模型可作为机器进行强化学习的初始策略, 再通过强化学习方法基于环境反馈进行改进, 从而获得更好的策略.

16.6.2 逆强化学习

在很多任务中, 设计奖赏函数往往相当困难, 从人类专家提供的范例数据中反推出奖赏函数有助于解决该问题, 这就是逆强化学习 (inverse reinforcement learning) [Abbeel and Ng, 2004].

在逆强化学习中, 我们知道状态空间 X、动作空间 A, 并且与直接模仿学习类似, 有一个决策轨迹数据集 $\{\tau_1, \tau_2, \ldots, \tau_m\}$. 逆强化学习的基本思想是: 欲使机器做出与范例一致的行为, 等价于在某个奖赏函数的环境中求解最优策略, 该最优策略所产生的轨迹与范例数据一致. 换言之, 我们要寻找某种奖赏函数使得范例数据是最优的, 然后即可使用这个奖赏函数来训练强化学习策略.

不妨假设奖赏函数能表达为状态特征的线性函数, 即 $R(\boldsymbol{x}) = \boldsymbol{w}^{\mathrm{T}}\boldsymbol{x}$. 于是, 策略 π 的累积奖赏可写为

$$\rho^{\pi} = \mathbb{E}\left[\sum_{t=0}^{+\infty} \gamma^t R(\boldsymbol{x}_t) \mid \pi\right] = \mathbb{E}\left[\sum_{t=0}^{+\infty} \gamma^t \boldsymbol{w}^{\mathrm{T}}\boldsymbol{x}_t \mid \pi\right]$$

$$= \boldsymbol{w}^{\mathrm{T}} \mathbb{E} \left[\sum_{t=0}^{+\infty} \gamma^t \boldsymbol{x}_t \mid \pi \right] , \tag{16.37}$$

即状态向量加权和的期望与系数 $\boldsymbol{w}$ 的内积.

　　将状态向量的期望 $\mathbb{E}\left[\sum_{t=0}^{+\infty} \gamma^t \boldsymbol{x}_t \mid \pi\right]$ 简写为 $\bar{\boldsymbol{x}}^\pi$. 注意到获得 $\bar{\boldsymbol{x}}^\pi$ 需求取期望. 我们可使用蒙特卡罗方法通过采样来近似期望, 而范例轨迹数据集恰可看作最优策略的一个采样, 于是, 可将每条范例轨迹上的状态加权求和再平均, 记为 $\bar{\boldsymbol{x}}^*$. 对于最优奖赏函数 $R(\boldsymbol{x}) = \boldsymbol{w}^{*\mathrm{T}} \boldsymbol{x}$ 和任意其他策略产生的 $\bar{\boldsymbol{x}}^\pi$, 有

$$\boldsymbol{w}^{*\mathrm{T}} \bar{\boldsymbol{x}}^* - \boldsymbol{w}^{*\mathrm{T}} \bar{\boldsymbol{x}}^\pi = \boldsymbol{w}^{*\mathrm{T}} (\bar{\boldsymbol{x}}^* - \bar{\boldsymbol{x}}^\pi) \geqslant 0 . \tag{16.38}$$

若能对所有策略计算出 $(\bar{\boldsymbol{x}}^* - \bar{\boldsymbol{x}}^\pi)$, 即可解出

$$\boldsymbol{w}^* = \arg\max_{\boldsymbol{w}} \ \min_{\pi} \boldsymbol{w}^{\mathrm{T}} (\bar{\boldsymbol{x}}^* - \bar{\boldsymbol{x}}^\pi) \tag{16.39}$$

$$\text{s.t.} \quad \|\boldsymbol{w}\| \leqslant 1$$

　　显然, 我们难以获得所有策略, 一个较好的办法是从随机策略开始, 迭代地求解更好的奖赏函数, 基于奖赏函数获得更好的策略, 直至最终获得最符合范例轨迹数据集的奖赏函数和策略, 如图 16.15 算法所示. 注意在求解更好的奖赏函数时, 需将式(16.39) 中对所有策略求最小改为对之前学得的策略求最小.

输入: 环境 E;
　　　　状态空间 X;
　　　　动作空间 A;
　　　　范例轨迹数据集 $D = \{\tau_1, \tau_2, \ldots, \tau_m\}$.
过程:
1: $\bar{\boldsymbol{x}}^*$ = 从范例轨迹中算出状态加权和的均值向量;
2: π = 随机策略;
3: **for** $t = 1, 2, \ldots$ **do**
4: 　　$\bar{\boldsymbol{x}}_t^\pi$ = 从 π 的采样轨迹算出状态加权和的均值向量;
5: 　　求解 $\boldsymbol{w}^* = \arg\max_{\boldsymbol{w}} \min_{i=1}^{t} \boldsymbol{w}^{\mathrm{T}} (\bar{\boldsymbol{x}}^* - \bar{\boldsymbol{x}}_i^\pi) \quad \text{s.t.} \quad \|\boldsymbol{w}\| \leqslant 1$;
6: 　　π = 在环境 $\langle X, A, R(\boldsymbol{x}) = \boldsymbol{w}^{*\mathrm{T}} \boldsymbol{x} \rangle$ 中求解最优策略;
7: **end for**
输出: 奖赏函数 $R(\boldsymbol{x}) = \boldsymbol{w}^{*\mathrm{T}} \boldsymbol{x}$ 与策略 π

图 16.15 迭代式逆强化学习算法

16.7 阅读材料

强化学习专门书籍中最著名的是 [Sutton and Barto, 1998]. [Gosavi, 2003] 从优化的角度来讨论强化学习, [Whiteson, 2010] 则侧重于介绍基于演化算法搜索的强化学习方法. [Mausam and Kolobov, 2012] 从马尔可夫决策过程的视角介绍强化学习, [Sigaud and Buffet, 2010] 覆盖了很多内容, 包括本章未介绍的部分可观察马尔可夫决策过程 (Partially Observable MDP, 简称 POMDP)、策略梯度法等. 基于值函数近似的强化学习可参阅 [Busoniu et al., 2010].

欧洲强化学习研讨会(EWRL)是专门性的强化学习系列研讨会, 多学科强化学习与决策会议(RLDM)则是从 2013 年开始的新会议.

[Kaelbling et al., 1996] 是一个较早的强化学习综述, [Kober et al., 2013; Deisenroth et al., 2013] 则综述了强化学习在机器人领域的应用.

[Vermorel and Mohri, 2005] 介绍了多种 K-摇臂赌博机算法并进行了比较. 多摇臂赌博机模型在统计学领域有大量研究 [Berry and Fristedt, 1985], 近年来在 "在线学习" (online learning)、"对抗学习" (adversarial learning) 等方面有广泛应用, [Bubeck and Cesa-Bianchi, 2012] 对其 "遗憾界" (regret bound) 分析方面的结果进行了综述.

<aside>"遗憾" (regret)是指在不确定性条件下的决策与确定性条件下的决策所获得的奖赏间的差别.</aside>

时序差分(TD)学习最早是 A. Samuel 在他著名的跳棋工作中提出, [Sutton, 1988] 提出了 TD(λ) 算法, 由于 [Tesauro, 1995] 基于 TD(λ) 研制的 TD-Gammon 程序在西洋双陆棋上达到人类世界冠军水平而使 TD 学习备受关注. Q-学习算法是 [Watkins and Dayan, 1992] 提出, Sarsa 则是在 Q-学习算法基础上的改进 [Rummery and Niranjan, 1994]. TD 学习近年来仍有改进和推广, 例如广义 TD 学习 [Ueno et al., 2011]、使用资格迹(eligibility traces)的 TD 学习 [Geist and Scherrer, 2014]等. [Dann et al., 2014] 对 TD 学习中的策略评估方法进行了比较.

<aside>Samuel 跳棋工作参见 p.22.</aside>

模仿学习被认为是强化学习提速的重要手段 [Lin, 1992; Price and Boutilier, 2003], 在机器人领域被广泛使用 [Argall et al., 2009]. [Abbeel and Ng, 2004; Langford and Zadrozny, 2005] 提出了逆强化学习方法.

在运筹学与控制论领域, 强化学习方面的研究被称为 "近似动态规划" (approximate dynamic programming), 可参阅 [Bertsekas, 2012].

习题

16.1　用于 K-摇臂赌博机的 UCB (Upper Confidence Bound, 上置信界)方法每次选择 $Q(k) + UC(k)$ 最大的摇臂, 其中 $Q(k)$ 为摇臂 k 当前的平均奖赏, $UC(k)$ 为置信区间. 例如

$$Q(k) + \sqrt{\frac{2\ln n}{n_k}},$$

其中 n 为已执行所有摇臂的总次数, n_k 为已执行摇臂 k 的次数. 试比较 UCB 方法与 ϵ-贪心法和 Softmax 方法的异同.

16.2　借鉴图 16.7, 试写出基于 γ 折扣奖赏函数的策略评估算法.

16.3　借鉴图 16.8, 试写出基于 γ 折扣奖赏函数的策略迭代算法.

16.4　在没有 MDP 模型时, 可以先学习 MDP 模型(例如使用随机策略进行采样, 从样本中估计出转移函数和奖赏函数), 然后再使用有模型强化学习方法. 试述该方法与免模型强化学习方法的优缺点.

16.5　试推导出 Sarsa 算法的更新公式(16.31).

16.6　试借鉴图 16.14 给出线性值函数近似 Q-学习算法.

16.7　线性值函数近似在实践中往往有较大误差. 试结合 BP 神经网络, 将线性值函数近似 Sarsa 算法推广为使用神经网络近似的 Sarsa 算法.

16.8　试结合核方法, 将线性值函数近似 Sarsa 算法推广为使用核函数的非线性值函数近似 Sarsa 算法.

16.9　对于目标驱动 (goal-directed) 的强化学习任务, 目标是到达某一状态, 例如将汽车驾驶到预定位置. 试为这样的任务设置奖赏函数, 并讨论不同奖赏函数的作用(例如每一步未达目标的奖赏为 0、-1 或 1).

16.10*　与传统监督学习不同, 直接模仿学习在不同时刻所面临的数据分布可能不同. 试设计一个考虑不同时刻数据分布变化的模仿学习算法.

参考文献

Abbeel, P. and A. Y. Ng. (2004). "Apprenticeship learning via inverse reinforcement learning." In *Proceedings of the 21st International Conference on Machine Learning (ICML)*, Banff, Canada.

Argall, B. D., S. Chernova, M. Veloso, and B. Browning. (2009). "A survey of robot learning from demonstration." *Robotics and Autonomous Systems*, 57(5):469–483.

Berry, D. and B. Fristedt. (1985). *Bandit Problems*. Chapman & Hall/CRC, London, UK.

Bertsekas, D. P. (2012). *Dynamic Programming and Optimal Control: Approximate Dynamic Programming*, 4th edition. Athena Scientific, Nashua, NH.

Bubeck, S. and N. Cesa-Bianchi. (2012). "Regret analysis of stochastic and nonstochastic multi-armed bandit problems." *Foundations and Trends in Machine Learning*, 5(1):1–122.

Busoniu, L., R. Babuska, B. De Schutter, and D. Ernst. (2010). *Reinforcement Learning and Dynamic Programming Using Function Approximators*. Chapman & Hall/CRC Press, Boca Raton, FL.

Dann, C., G. Neumann, and J. Peters. (2014). "Policy evaluation with temporal differences: A survey and comparison." *Journal of Machine Learning Research*, 15:809–883.

Deisenroth, M. P., G. Neumann, and J. Peters. (2013). "A survey on policy search for robotics." *Foundations and Trends in Robotics*, 2(1-2):1–142.

Geist, M. and B. Scherrer. (2014). "Off-policy learning with eligibility traces: A survey." *Journal of Machine Learning Research*, 15:289–333.

Gosavi, A. (2003). *Simulation-Based Optimization: Parametric Optimization Techniques and Reinforcement Learning*. Kluwer, Norwell, MA.

Kaelbling, L. P., M. L. Littman, and A. W. Moore. (1996). "Reinforcement learning: A survey." *Journal of Artificial Intelligence Research*, 4:237–285.

Kober, J., J. A. Bagnell, and J. Peters. (2013). "Reinforcement learning in robotics: A survey." *International Journal on Robotics Research*, 32(11): 1238–1274.

Langford, J. and B. Zadrozny. (2005). "Relating reinforcement learning performance to classification performance." In *Proceedings of the 22nd International Conference on Machine Learning (ICML)*, 473–480, Bonn, Germany.

Lin, L.-J. (1992). "Self-improving reactive agents based on reinforcement learning, planning and teaching." *Machine Learning*, 8(3-4):293–321.

Mausam and A. Kolobov. (2012). *Planning with Markov Decision Processes: An AI Perspective*. Morgan & Claypool, San Rafael, CA.

Price, B. and C. Boutilier. (2003). "Accelerating reinforcement learning through implicit imitation." *Journal of Artificial Intelligence Research*, 19:569–629.

Rummery, G. A. and M. Niranjan. (1994). "On-line Q-learning using connectionist systems." Technical Report CUED/F-INFENG/TR 166, Engineering Department, Cambridge University, Cambridge, UK.

Sigaud, O. and O. Buffet. (2010). *Markov Decision Processes in Artificial Intelligence*. Wiley, Hoboken, NJ.

Sutton, R. S. (1988). "Learning to predict by the methods of temporal differences." *Machine Learning*, 3(1):9–44.

Sutton, R. S. and A. G. Barto. (1998). *Reinforcement Learning: An Introduction*. MIT Press, Cambridge, MA.

Tesauro, G. (1995). "Temporal difference learning and TD-Gammon." *Communications of the ACM*, 38(3):58–68.

Ueno, T., S. Maeda, M. Kawanabe, and S. Ishii. (2011). "Generalized TD learning." *Journal of Machine Learning Research*, 12:1977–2020.

Vermorel, J. and M. Mohri. (2005). "Multi-armed bandit algorithms and empirical evaluation." In *Proceedings of the 16th European Conference on Machine Learning (ECML)*, 437–448, Porto, Portugal.

Watkins, C. J. C. H. and P. Dayan. (1992). "Q-learning." *Machine Learning*, 8(3-4):279–292.

Whiteson, S. (2010). *Adaptive Representations for Reinforcement Learning*. Springer, Berlin.

休息一会儿

小故事: 马尔可夫决策过程与安德烈·马尔可夫

安德烈·安德烈维奇·马尔可夫(Andrey Andreyevich Markov, 1856—1922)是著名俄罗斯数学家、圣彼得堡数学学派代表性人物, 在概率论、数论、函数逼近论、微分方程等方面有重要贡献.

马尔可夫出生在莫斯科东南的梁赞(Ryazan), 17 岁时独立发现了一种线性常微分方程的解法, 引起了圣彼得堡大学几位数学家的注意. 1874 年他考入圣彼得堡大学数学系, 1878 年毕业并留校任教, 1884 年获博士学位, 导师是圣彼得堡学派领袖、著名数学家切比雪夫. 此后马尔可夫一直在圣彼得堡大学任教. 马尔可夫在早期主要是沿着切比雪夫开创的方向, 改进和完善了大数定律和中心极限定理, 但他最重要的工作无疑是开辟了随机过程这个领域. 他在1906—1912年间提出了马尔可夫链, 开创了对马尔可夫过程的研究. 现实世界里小到分子的布朗运动、大到传染病流行过程, 马尔可夫过程几乎无所不在. 在他的名著《概率演算》中, 马尔可夫是以普希金的长诗《叶甫根尼·奥涅金》中元、辅音字母变化的规律为例来展示马尔可夫链的性质. 马尔可夫决策过程是马尔可夫过程与确定性动态规划的结合, 基本思想在二十世纪五十年代出现, 此时马尔可夫已去世三十多年了.

马尔可夫的儿子也叫安德烈·安德烈维奇·马尔可夫(1903—1979), 也是著名数学家, 数理逻辑中的 "马尔可夫原则" (Markov Principle)、"马尔可夫规则" (Markov Rule), 理论计算机科学中图灵完备的 "马尔可夫算法" 等, 是以小马尔可夫的名字命名的. 马尔可夫的弟弟弗拉基米尔·安德烈维奇·马尔可夫(1871—1897) 也是一位数学家, "马尔可夫兄弟不等式" 就是以他和哥哥安德烈的名字命名的.

切比雪夫在圣彼得堡大学培养出马尔可夫、李亚普诺夫、柯尔金、格拉维等著名数学家, 还影响了圣彼得堡大学之外的很多数学家. 圣彼得堡学派标志着俄罗斯数学走到了世界前沿.

附　　录

A 矩阵

A.1 基本演算

记实矩阵 $\mathbf{A} \in \mathbb{R}^{m \times n}$ 第 i 行第 j 列的元素为 $(\mathbf{A})_{ij} = A_{ij}$. 矩阵 $\mathbf{A}$ 的转置(transpose)记为 $\mathbf{A}^{\mathrm{T}}$, $(\mathbf{A}^{\mathrm{T}})_{ij} = A_{ji}$. 显然,

$$(\mathbf{A} + \mathbf{B})^{\mathrm{T}} = \mathbf{A}^{\mathrm{T}} + \mathbf{B}^{\mathrm{T}} , \tag{A.1}$$

$$(\mathbf{A}\mathbf{B})^{\mathrm{T}} = \mathbf{B}^{\mathrm{T}}\mathbf{A}^{\mathrm{T}} . \tag{A.2}$$

对于矩阵 $\mathbf{A} \in \mathbb{R}^{m \times n}$, 若 $m = n$ 则称为 n 阶方阵. 用 $\mathbf{I}_n$ 表示 n 阶单位阵, 方阵 $\mathbf{A}$ 的逆矩阵 $\mathbf{A}^{-1}$ 满足 $\mathbf{A}\mathbf{A}^{-1} = \mathbf{A}^{-1}\mathbf{A} = \mathbf{I}$. 不难发现,

常直接用 $\mathbf{I}$ 表示单位阵.

$$(\mathbf{A}^{\mathrm{T}})^{-1} = (\mathbf{A}^{-1})^{\mathrm{T}} , \tag{A.3}$$

$$(\mathbf{A}\mathbf{B})^{-1} = \mathbf{B}^{-1}\mathbf{A}^{-1} . \tag{A.4}$$

对于 n 阶方阵 $\mathbf{A}$, 它的迹(trace)是主对角线上的元素之和, 即 $\mathrm{tr}(\mathbf{A}) = \sum_{i=1}^{n} A_{ii}$. 迹有如下性质:

$$\mathrm{tr}(\mathbf{A}^{\mathrm{T}}) = \mathrm{tr}(\mathbf{A}) , \tag{A.5}$$

$$\mathrm{tr}(\mathbf{A} + \mathbf{B}) = \mathrm{tr}(\mathbf{A}) + \mathrm{tr}(\mathbf{B}) , \tag{A.6}$$

$$\mathrm{tr}(\mathbf{A}\mathbf{B}) = \mathrm{tr}(\mathbf{B}\mathbf{A}) , \tag{A.7}$$

$$\mathrm{tr}(\mathbf{A}\mathbf{B}\mathbf{C}) = \mathrm{tr}(\mathbf{B}\mathbf{C}\mathbf{A}) = \mathrm{tr}(\mathbf{C}\mathbf{A}\mathbf{B}) . \tag{A.8}$$

n 阶方阵 $\mathbf{A}$ 的行列式(determinant)定义为

$$\det(\mathbf{A}) = \sum_{\boldsymbol{\sigma} \in S_n} \mathrm{par}(\boldsymbol{\sigma}) A_{1\sigma_1} A_{2\sigma_2} \ldots A_{n\sigma_n} , \tag{A.9}$$

其中 S_n 为所有 n 阶排列(permutation)的集合, $\mathrm{par}(\boldsymbol{\sigma})$ 的值为 -1 或 $+1$ 取决于 $\boldsymbol{\sigma} = (\sigma_1, \sigma_2, \ldots, \sigma_n)$ 为奇排列或偶排列, 即其中出现降序的次数为奇数或

偶数, 例如 $(1, 3, 2)$ 中降序次数为 1, $(3, 1, 2)$ 中降序次数为 2. 对于单位阵, 有 $\det(\mathbf{I}) = 1$. 对于 2 阶方阵, 有

$$\det(\mathbf{A}) = \det \begin{pmatrix} A_{11} & A_{12} \\ A_{21} & A_{22} \end{pmatrix} = A_{11}A_{22} - A_{12}A_{21} .$$

n 阶方阵 $\mathbf{A}$ 的行列式有如下性质:

$$\det(c\mathbf{A}) = c^n \det(\mathbf{A}) , \tag{A.10}$$

$$\det(\mathbf{A}^{\mathrm{T}}) = \det(\mathbf{A}) , \tag{A.11}$$

$$\det(\mathbf{A}\mathbf{B}) = \det(\mathbf{A}) \det(\mathbf{B}) , \tag{A.12}$$

$$\det(\mathbf{A}^{-1}) = \det(\mathbf{A})^{-1} , \tag{A.13}$$

$$\det(\mathbf{A}^n) = \det(\mathbf{A})^n . \tag{A.14}$$

矩阵 $\mathbf{A} \in \mathbb{R}^{m \times n}$ 的 Frobenius 范数定义为

$$\|\mathbf{A}\|_F = \left(\mathrm{tr}(\mathbf{A}^{\mathrm{T}}\mathbf{A})\right)^{1/2} = \left(\sum_{i=1}^{m} \sum_{j=1}^{n} A_{ij}^2\right)^{1/2} . \tag{A.15}$$

容易看出, 矩阵的 Frobenius 范数就是将矩阵张成向量后的 L_2 范数.

A.2 导数

向量 $\boldsymbol{a}$ 相对于标量 x 的导数(derivative), 以及 x 相对于 $\boldsymbol{a}$ 的导数都是向量, 其第 i 个分量分别为

$$\left(\frac{\partial \boldsymbol{a}}{\partial x}\right)_i = \frac{\partial a_i}{\partial x} , \tag{A.16}$$

$$\left(\frac{\partial x}{\partial \boldsymbol{a}}\right)_i = \frac{\partial x}{\partial a_i} . \tag{A.17}$$

类似的, 矩阵 $\mathbf{A}$ 对于标量 x 的导数, 以及 x 对于 $\mathbf{A}$ 的导数都是矩阵, 其第 i 行第 j 列上的元素分别为

$$\left(\frac{\partial \mathbf{A}}{\partial x}\right)_{ij} = \frac{\partial A_{ij}}{\partial x} , \tag{A.18}$$

$$\left(\frac{\partial x}{\partial \mathbf{A}}\right)_{ij} = \frac{\partial x}{\partial A_{ij}} \ . \tag{A.19}$$

对于函数 $f(\boldsymbol{x})$, 假定其对向量的元素可导, 则 $f(\boldsymbol{x})$ 关于 $\boldsymbol{x}$ 的一阶导数是一个向量, 其第 i 个分量为

$$\left(\nabla f(\boldsymbol{x})\right)_i = \frac{\partial f(\boldsymbol{x})}{\partial x_i} \ , \tag{A.20}$$

$f(\boldsymbol{x})$ 关于 $\boldsymbol{x}$ 的二阶导数是称为海森矩阵(Hessian matrix)的一个方阵, 其第 i 行第 j 列上的元素为

$$\left(\nabla^2 f(\boldsymbol{x})\right)_{ij} = \frac{\partial^2 f(\boldsymbol{x})}{\partial x_i \partial x_j} \ . \tag{A.21}$$

向量和矩阵的导数满足乘法法则(product rule)

$\boldsymbol{a}$ 相对于 $\boldsymbol{x}$ 为常向量.

$$\frac{\partial \boldsymbol{x}^{\mathrm{T}} \boldsymbol{a}}{\partial \boldsymbol{x}} = \frac{\partial \boldsymbol{a}^{\mathrm{T}} \boldsymbol{x}}{\partial \boldsymbol{x}} = \boldsymbol{a} \ , \tag{A.22}$$

$$\frac{\partial \mathbf{AB}}{\partial \boldsymbol{x}} = \frac{\partial \mathbf{A}}{\partial \boldsymbol{x}} \mathbf{B} + \mathbf{A} \frac{\partial \mathbf{B}}{\partial \boldsymbol{x}} \ . \tag{A.23}$$

由 $\mathbf{A}^{-1}\mathbf{A} = \mathbf{I}$ 和 式(A.23), 逆矩阵的导数可表示为

$$\frac{\partial \mathbf{A}^{-1}}{\partial x} = -\mathbf{A}^{-1} \frac{\partial \mathbf{A}}{\partial x} \mathbf{A}^{-1} \ . \tag{A.24}$$

若求导的标量是矩阵 $\mathbf{A}$ 的元素, 则有

$$\frac{\partial \operatorname{tr}(\mathbf{AB})}{\partial A_{ij}} = B_{ji} \ , \tag{A.25}$$

$$\frac{\partial \operatorname{tr}(\mathbf{AB})}{\partial \mathbf{A}} = \mathbf{B}^{\mathrm{T}} \ . \tag{A.26}$$

进而有

$$\frac{\partial \operatorname{tr}(\mathbf{A}^{\mathrm{T}}\mathbf{B})}{\partial \mathbf{A}} = \mathbf{B} \ , \tag{A.27}$$

$$\frac{\partial \operatorname{tr}(\mathbf{A})}{\partial \mathbf{A}} = \mathbf{I} \ , \tag{A.28}$$

$$\frac{\partial \operatorname{tr}(\mathbf{ABA}^{\mathrm{T}})}{\partial \mathbf{A}} = \mathbf{A}(\mathbf{B} + \mathbf{B}^{\mathrm{T}}) \ . \tag{A.29}$$

由式(A.15)和(A.29)有

$$\frac{\partial \|\mathbf{A}\|_F^2}{\partial \mathbf{A}} = \frac{\partial \operatorname{tr}(\mathbf{A}\mathbf{A}^{\mathrm{T}})}{\partial \mathbf{A}} = 2\mathbf{A} \ . \tag{A.30}$$

链式法则(chain rule)是计算复杂导数时的重要工具. 简单地说, 若函数 f 是 g 和 h 的复合, 即 $f(x) = g(h(x))$, 则有

$$\frac{\partial f(x)}{\partial x} = \frac{\partial g(h(x))}{\partial h(x)} \cdot \frac{\partial h(x)}{\partial x} \ . \tag{A.31}$$

例如在计算下式时, 将 $\mathbf{A}\boldsymbol{x} - \boldsymbol{b}$ 看作一个整体可简化计算:

$$\frac{\partial}{\partial \boldsymbol{x}}(\mathbf{A}\boldsymbol{x} - \boldsymbol{b})^{\mathrm{T}}\mathbf{W}(\mathbf{A}\boldsymbol{x} - \boldsymbol{b}) = \frac{\partial(\mathbf{A}\boldsymbol{x} - \boldsymbol{b})}{\partial \boldsymbol{x}} \cdot 2\mathbf{W}(\mathbf{A}\boldsymbol{x} - \boldsymbol{b})$$

> 机器学习中 $\mathbf{W}$ 通常是对称矩阵.

$$= 2\mathbf{A}^{\mathrm{T}}\mathbf{W}(\mathbf{A}\boldsymbol{x} - \boldsymbol{b}) \ . \tag{A.32}$$

A.3 奇异值分解

任意实矩阵 $\mathbf{A} \in \mathbb{R}^{m \times n}$ 都可分解为

$$\mathbf{A} = \mathbf{U}\boldsymbol{\Sigma}\mathbf{V}^{\mathrm{T}} \ , \tag{A.33}$$

其中, $\mathbf{U} \in \mathbb{R}^{m \times m}$ 是满足 $\mathbf{U}^{\mathrm{T}}\mathbf{U} = \mathbf{I}$ 的 m 阶酉矩阵(unitary matrix); $\mathbf{V} \in \mathbb{R}^{n \times n}$ 是满足 $\mathbf{V}^{\mathrm{T}}\mathbf{V} = \mathbf{I}$ 的 n 阶酉矩阵; $\boldsymbol{\Sigma} \in \mathbb{R}^{m \times n}$ 是 $m \times n$ 的矩阵, 其中 $(\boldsymbol{\Sigma})_{ii} = \sigma_i$ 且其他位置的元素均为 0, σ_i 为非负实数且满足 $\sigma_1 \geqslant \sigma_2 \geqslant \ldots \geqslant 0$.

> 常将奇异值按降序排列以确保 $\boldsymbol{\Sigma}$ 的唯一性.
>
> 当 $\mathbf{A}$ 为对称正定矩阵时, 奇异值分解与特征值分解结果相同.

式(A.33)中的分解称为奇异值分解(Singular Value Decomposition, 简称 SVD), 其中 $\mathbf{U}$ 的列向量 $\boldsymbol{u}_i \in \mathbb{R}^m$ 称为 $\mathbf{A}$ 的左奇异向量(left-singular vector), $\mathbf{V}$ 的列向量 $\boldsymbol{v}_i \in \mathbb{R}^n$ 称为 $\mathbf{A}$ 的右奇异向量(right-singular vector), σ_i 称为奇异值(singular value). 矩阵 $\mathbf{A}$ 的秩(rank)就等于非零奇异值的个数.

奇异值分解有广泛的用途, 例如对于低秩矩阵近似(low-rank matrix approximation)问题, 给定一个秩为 r 的矩阵 $\mathbf{A}$, 欲求其最优 k 秩近似矩阵 $\widetilde{\mathbf{A}}$, $k \leqslant r$, 该问题可形式化为

$$\min_{\widetilde{\mathbf{A}} \in \mathbb{R}^{m \times n}} \quad \|\mathbf{A} - \widetilde{\mathbf{A}}\|_F \tag{A.34}$$

$$\text{s.t.} \quad \operatorname{rank}(\widetilde{\mathbf{A}}) = k \ .$$

　　奇异值分解提供了上述问题的解析解: 对矩阵 $\mathbf{A}$ 进行奇异值分解后, 将矩阵 $\mathbf{\Sigma}$ 中的 $r-k$ 个最小的奇异值置零获得矩阵 $\mathbf{\Sigma}_k$, 即仅保留最大的 k 个奇异值, 则

$$\mathbf{A}_k = \mathbf{U}_k \mathbf{\Sigma}_k \mathbf{V}_k^{\mathrm{T}} \tag{A.35}$$

就是式(A.34)的最优解, 其中 $\mathbf{U}_k$ 和 $\mathbf{V}_k$ 分别是式(A.33)中的前 k 列组成的矩阵. 这个结果称为 Eckart-Young-Mirsky 定理.

B 优化

B.1 拉格朗日乘子法

　　拉格朗日乘子法(Lagrange multipliers)是一种寻找多元函数在一组约束下的极值的方法. 通过引入拉格朗日乘子, 可将有 d 个变量与 k 个约束条件的最优化问题转化为具有 $d+k$ 个变量的无约束优化问题求解.

　　先考虑一个等式约束的优化问题. 假定 $\boldsymbol{x}$ 为 d 维向量, 欲寻找 $\boldsymbol{x}$ 的某个取值 $\boldsymbol{x}^*$, 使目标函数 $f(\boldsymbol{x})$ 最小且同时满足 $g(\boldsymbol{x}) = 0$ 的约束. 从几何角度看, 该问题的目标是在由方程 $g(\boldsymbol{x}) = 0$ 确定的 $d-1$ 维曲面上寻找能使目标函数 $f(\boldsymbol{x})$ 最小化的点. 此时不难得到如下结论:

> 函数等值线与约束曲面相切.
>
> 可通过反证法证明: 若梯度 $\nabla f(\boldsymbol{x}^*)$ 与约束曲面不正交, 则仍可在约束曲面上移动该点使函数值进一步下降.

- 对于约束曲面上的任意点 $\boldsymbol{x}$, 该点的梯度 $\nabla g(\boldsymbol{x})$ 正交于约束曲面;

- 在最优点 $\boldsymbol{x}^*$, 目标函数在该点的梯度 $\nabla f(\boldsymbol{x}^*)$ 正交于约束曲面.

由此可知, 在最优点 $\boldsymbol{x}^*$, 如附图B.1 所示, 梯度 $\nabla g(\boldsymbol{x})$ 和 $\nabla f(\boldsymbol{x})$ 的方向必相同或相反, 即存在 $\lambda \neq 0$ 使得

$$\nabla f(\boldsymbol{x}^*) + \lambda \nabla g(\boldsymbol{x}^*) = 0 \ , \tag{B.1}$$

> 对等式约束, λ 可能为正也可能为负.

λ 称为拉格朗日乘子. 定义拉格朗日函数

$$L(\boldsymbol{x}, \lambda) = f(\boldsymbol{x}) + \lambda g(\boldsymbol{x}) \ , \tag{B.2}$$

不难发现, 将其对 $\boldsymbol{x}$ 的偏导数 $\nabla_{\boldsymbol{x}} L(\boldsymbol{x}, \lambda)$ 置零即得式(B.1), 同时, 将其对 λ 的偏导数 $\nabla_\lambda L(\boldsymbol{x}, \lambda)$ 置零即得约束条件 $g(\boldsymbol{x}) = 0$. 于是, 原约束优化问题可转化为对拉格朗日函数 $L(\boldsymbol{x}, \lambda)$ 的无约束优化问题.

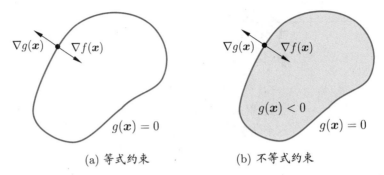

(a) 等式约束　　　　　　　(b) 不等式约束

附图B.1　拉格朗日乘子法的几何含义: 在 (a) 等式约束 $g(\boldsymbol{x}) = 0$ 或 (b) 不等式约束 $g(\boldsymbol{x}) \leqslant 0$ 下, 最小化目标函数 $f(\boldsymbol{x})$. 红色曲线表示 $g(\boldsymbol{x}) = 0$ 构成的曲面, 而其围成的阴影区域表示 $g(\boldsymbol{x}) < 0$.

现在考虑不等式约束 $g(\boldsymbol{x}) \leqslant 0$, 如附图B.1 所示, 此时最优点 $\boldsymbol{x}^*$ 或在 $g(\boldsymbol{x}) < 0$ 的区域中, 或在边界 $g(\boldsymbol{x}) = 0$ 上. 对于 $g(\boldsymbol{x}) < 0$ 的情形, 约束 $g(\boldsymbol{x}) \leqslant 0$ 不起作用, 可直接通过条件 $\nabla f(\boldsymbol{x}) = 0$ 来获得最优点; 这等价于将 λ 置零然后对 $\nabla_{\boldsymbol{x}} L(\boldsymbol{x}, \lambda)$ 置零得到最优点. $g(\boldsymbol{x}) = 0$ 的情形类似于上面等式约束的分析, 但需注意的是, 此时 $\nabla f(\boldsymbol{x}^*)$ 的方向必与 $\nabla g(\boldsymbol{x}^*)$ 相反, 即存在常数 $\lambda > 0$ 使得 $\nabla f(\boldsymbol{x}^*) + \lambda \nabla g(\boldsymbol{x}^*) = 0$. 整合这两种情形, 必满足 $\lambda g(\boldsymbol{x}) = 0$. 因此, 在约束 $g(\boldsymbol{x}) \leqslant 0$ 下最小化 $f(\boldsymbol{x})$, 可转化为在如下约束下最小化式(B.2) 的拉格朗日函数:

$$\begin{cases} g(\boldsymbol{x}) \leqslant 0; \\ \lambda \geqslant 0\ ; \\ \lambda g(\boldsymbol{x}) = 0. \end{cases} \tag{B.3}$$

式(B.3)称为 Karush-Kuhn-Tucker (简称KKT)条件.

上述做法可推广到多个约束. 考虑具有 m 个等式约束和 n 个不等式约束, 且可行域 $\mathbb{D} \subset \mathbb{R}^d$ 非空的优化问题

$$\begin{aligned} \min_{\boldsymbol{x}} \quad & f(\boldsymbol{x}) \\ \text{s.t.} \quad & h_i(\boldsymbol{x}) = 0 \quad (i = 1, \ldots, m)\ , \\ & g_j(\boldsymbol{x}) \leqslant 0 \quad (j = 1, \ldots, n)\ . \end{aligned} \tag{B.4}$$

引入拉格朗日乘子 $\boldsymbol{\lambda} = (\lambda_1, \lambda_2, \ldots, \lambda_m)^{\mathrm{T}}$ 和 $\boldsymbol{\mu} = (\mu_1, \mu_2, \ldots, \mu_n)^{\mathrm{T}}$, 相应的拉格

朗日函数为

$$L(\boldsymbol{x}, \boldsymbol{\lambda}, \boldsymbol{\mu}) = f(\boldsymbol{x}) + \sum_{i=1}^{m} \lambda_i h_i(\boldsymbol{x}) + \sum_{j=1}^{n} \mu_j g_j(\boldsymbol{x}) \, , \qquad (B.5)$$

由不等式约束引入的 KKT 条件$(j = 1, 2, \ldots, n)$为

$$\begin{cases} g_j(\boldsymbol{x}) \leqslant 0; \\ \mu_j \geqslant 0 \, ; \\ \mu_j g_j(\boldsymbol{x}) = 0 \, . \end{cases} \qquad (B.6)$$

一个优化问题可以从两个角度来考察, 即"主问题"(primal problem)和"对偶问题"(dual problem). 对主问题(B.4), 基于式(B.5), 其拉格朗日"对偶函数"(dual function) $\Gamma : \mathbb{R}^m \times \mathbb{R}^n \mapsto \mathbb{R}$ 定义为

> 在推导对偶问题时, 常通过将拉格朗日函数 $L(\boldsymbol{x}, \boldsymbol{\lambda}, \boldsymbol{\mu})$ 对 $\boldsymbol{x}$ 求导并令导数为 0, 来获得对偶函数的表达形式.

$$\begin{aligned} \Gamma(\boldsymbol{\lambda}, \boldsymbol{\mu}) &= \inf_{\boldsymbol{x} \in \mathbb{D}} L(\boldsymbol{x}, \boldsymbol{\lambda}, \boldsymbol{\mu}) \\ &= \inf_{\boldsymbol{x} \in \mathbb{D}} \left(f(\boldsymbol{x}) + \sum_{i=1}^{m} \lambda_i h_i(\boldsymbol{x}) + \sum_{j=1}^{n} \mu_j g_j(\boldsymbol{x}) \right) \, . \end{aligned} \qquad (B.7)$$

> $\boldsymbol{\mu} \succeq 0$ 表示 $\boldsymbol{\mu}$ 的分量均为非负.

若 $\tilde{\boldsymbol{x}} \in \mathbb{D}$ 为主问题(B.4)可行域中的点, 则对任意 $\boldsymbol{\mu} \succeq 0$ 和 $\boldsymbol{\lambda}$ 都有

$$\sum_{i=1}^{m} \lambda_i h_i(\boldsymbol{x}) + \sum_{j=1}^{n} \mu_j g_j(\boldsymbol{x}) \leqslant 0 \, , \qquad (B.8)$$

进而有

$$\Gamma(\boldsymbol{\lambda}, \boldsymbol{\mu}) = \inf_{\boldsymbol{x} \in \mathbb{D}} L(\boldsymbol{x}, \boldsymbol{\lambda}, \boldsymbol{\mu}) \leqslant L(\tilde{\boldsymbol{x}}, \boldsymbol{\lambda}, \boldsymbol{\mu}) \leqslant f(\tilde{\boldsymbol{x}}) \, . \qquad (B.9)$$

若主问题(B.4)的最优值为 p^*, 则对任意 $\boldsymbol{\mu} \succeq 0$ 和 $\boldsymbol{\lambda}$ 都有

$$\Gamma(\boldsymbol{\lambda}, \boldsymbol{\mu}) \leqslant p^* \, , \qquad (B.10)$$

即对偶函数给出了主问题最优值的下界. 显然, 这个下界取决于 $\boldsymbol{\mu}$ 和 $\boldsymbol{\lambda}$ 的值. 于是, 一个很自然的问题是: 基于对偶函数能获得的最好下界是什么? 这就引出了优化问题

$$\max_{\boldsymbol{\lambda}, \boldsymbol{\mu}} \quad \Gamma(\boldsymbol{\lambda}, \boldsymbol{\mu}) \quad \text{s.t.} \quad \boldsymbol{\mu} \succeq 0 \ . \tag{B.11}$$

式(B.11)就是主问题(B.4)的对偶问题, 其中 $\boldsymbol{\lambda}$ 和 $\boldsymbol{\mu}$ 称为 "对偶变量" (dual variable). 无论主问题(B.4)的凸性如何, 对偶问题(B.11)始终是凸优化问题.

考虑式(B.11)的最优值 d^*, 显然有 $d^* \leqslant p^*$, 这称为 "弱对偶性" (weak duality)成立; 若 $d^* = p^*$, 则称为 "强对偶性" (strong duality)成立, 此时由对偶问题能获得主问题的最优下界. 对于一般的优化问题, 强对偶性通常不成立. 但是, 若主问题为凸优化问题, 如式(B.4)中 $f(\boldsymbol{x})$ 和 $g_j(\boldsymbol{x})$ 均为凸函数, $h_i(\boldsymbol{x})$ 为仿射函数, 且其可行域中至少有一点使不等式约束严格成立, 则此时强对偶性成立. 值得注意的是, 在强对偶性成立时, 将拉格朗日函数分别对原变量和对偶变量求导, 再令导数等于零, 即可得到原变量与对偶变量的数值关系. 于是, 对偶问题解决了, 主问题也就解决了.

> 这称为 Slater 条件.

B.2 二次规划

二次规划(Quadratic Programming, 简称 QP)是一类典型的优化问题, 包括凸二次优化和非凸二次优化. 在此类问题中, 目标函数是变量的二次函数, 而约束条件是变量的线性不等式.

假定变量个数为 d, 约束条件的个数为 m, 则标准的二次规划问题形如

$$\min_{\boldsymbol{x}} \quad \frac{1}{2} \boldsymbol{x}^{\mathrm{T}} \mathbf{Q} \boldsymbol{x} + \boldsymbol{c}^{\mathrm{T}} \boldsymbol{x} \tag{B.12}$$
$$\text{s.t.} \quad \mathbf{A} \boldsymbol{x} \leqslant \boldsymbol{b} \ ,$$

> 非标准二次规划问题中可以包含等式约束. 注意到等式约束能用两个不等式约束来代替; 不等式约束可通过增加松弛变量的方式转化为等式约束.

其中 $\boldsymbol{x}$ 为 d 维向量, $\mathbf{Q} \in \mathbb{R}^{d \times d}$ 为实对称矩阵, $\mathbf{A} \in \mathbb{R}^{m \times d}$ 为实矩阵, $\boldsymbol{b} \in \mathbb{R}^m$ 和 $\boldsymbol{c} \in \mathbb{R}^d$ 为实向量, $\mathbf{A}\boldsymbol{x} \leqslant \boldsymbol{b}$ 的每一行对应一个约束.

若 $\mathbf{Q}$ 为半正定矩阵, 则式(B.12)目标函数是凸函数, 相应的二次规划是凸二次优化问题; 此时若约束条件 $\mathbf{A}\boldsymbol{x} \leqslant \boldsymbol{b}$ 定义的可行域不为空, 且目标函数在此可行域有下界, 则该问题将有全局最小值. 若 $\mathbf{Q}$ 为正定矩阵, 则该问题有唯一的全局最小值. 若 $\mathbf{Q}$ 为非正定矩阵, 则式(B.12)是有多个平稳点和局部极小点的 NP 难问题.

常用的二次规划解法有椭球法(ellipsoid method)、内点法(interior point)、增广拉格朗日法(augmented Lagrangian)、梯度投影法(gradient projection) 等. 若 $\mathbf{Q}$ 为正定矩阵, 则相应的二次规划问题可由椭球法在多项式时间内求解.

B.3 半正定规划

半正定规划(Semi-Definite Programming, 简称SDP)是一类凸优化问题, 其中的变量可组织成半正定对称矩阵形式, 且优化问题的目标函数和约束都是这些变量的线性函数.

给定 $d \times d$ 的对称矩阵 $\mathbf{X}$、$\mathbf{C}$,

$$\mathbf{C} \cdot \mathbf{X} = \sum_{i=1}^{d} \sum_{j=1}^{d} C_{ij} X_{ij} , \tag{B.13}$$

若 $\mathbf{A}_i \ (i = 1, 2, \ldots, m)$ 也是 $d \times d$ 的对称矩阵, $b_i \ (i = 1, 2, \ldots, m)$ 为 m 个实数, 则半正定规划问题形如

$$\min_{\mathbf{X}} \quad \mathbf{C} \cdot \mathbf{X} \tag{B.14}$$
$$\text{s.t.} \quad \mathbf{A}_i \cdot \mathbf{X} = b_i , \ i = 1, 2, \ldots, m$$
$$\mathbf{X} \succeq 0 .$$

$\mathbf{X} \succeq 0$ 表示 $\mathbf{X}$ 半正定.

半正定规划与线性规划都拥有线性的目标函数和约束, 但半正定规划中的约束 $\mathbf{X} \succeq 0$ 是一个非线性、非光滑约束条件. 在优化理论中, 半正定规划具有一定的一般性, 能将几种标准的优化问题(如线性规划、二次规划)统一起来.

常见的用于求解线性规划的内点法经过少许改造即可求解半正定规划问题, 但半正定规划的计算复杂度较高, 难以直接用于大规模问题.

B.4 梯度下降法

梯度下降法(gradient descent)是一种常用的一阶(first-order)优化方法, 是求解无约束优化问题最简单、最经典的方法之一.

一阶方法仅使用目标函数的一阶导数, 不利用其高阶导数.

考虑无约束优化问题 $\min_{\boldsymbol{x}} f(\boldsymbol{x})$, 其中 $f(\boldsymbol{x})$ 为连续可微函数. 若能构造一个序列 $\boldsymbol{x}^0, \boldsymbol{x}^1, \boldsymbol{x}^2, \ldots$ 满足

$$f(\boldsymbol{x}^{t+1}) < f(\boldsymbol{x}^t), \ t = 0, 1, 2, \ldots \tag{B.15}$$

则不断执行该过程即可收敛到局部极小点. 欲满足式(B.15), 根据泰勒展式有

$$f(\boldsymbol{x} + \Delta\boldsymbol{x}) \simeq f(\boldsymbol{x}) + \Delta\boldsymbol{x}^{\mathrm{T}} \nabla f(\boldsymbol{x}) , \tag{B.16}$$

于是, 欲满足 $f(\boldsymbol{x} + \Delta\boldsymbol{x}) < f(\boldsymbol{x})$, 可选择

$$\Delta\boldsymbol{x} = -\gamma\nabla f(\boldsymbol{x}) , \tag{B.17}$$

每步的步长 γ_t 可不同.

其中步长 γ 是一个小常数. 这就是梯度下降法.

　　若目标函数 $f(\boldsymbol{x})$ 满足一些条件, 则通过选取合适的步长, 就能确保通过梯度下降收敛到局部极小点. 例如若 $f(\boldsymbol{x})$ 满足 L-Lipschitz 条件, 则将步长设置为 $1/(2L)$ 即可确保收敛到局部极小点. 当目标函数为凸函数时, 局部极小点就对应着函数的全局最小点, 此时梯度下降法可确保收敛到全局最优解.

L-Lipschitz条件是指对于任意 $\boldsymbol{x}$, 存在常数 L 使得 $\|\nabla f(\boldsymbol{x})\| \leqslant L$ 成立.

　　当目标函数 $f(\boldsymbol{x})$ 二阶连续可微时, 可将式(B.16)替换为更精确的二阶泰勒展式, 这样就得到了牛顿法(Newton's method). 牛顿法是典型的二阶方法, 其迭代轮数远小于梯度下降法. 但牛顿法使用了二阶导数 $\nabla^2 f(\boldsymbol{x})$, 其每轮迭代中涉及到海森矩阵(A.21)的求逆, 计算复杂度相当高, 尤其在高维问题中几乎不可行. 若能以较低的计算代价寻找海森矩阵的近似逆矩阵, 则可显著降低计算开销, 这就是拟牛顿法(quasi-Newton method).

B.5 坐标下降法

求解极大值问题时亦称 "坐标上升法" (coordinate ascent).

　　坐标下降法(coordinate descent)是一种非梯度优化方法, 它在每步迭代中沿一个坐标方向进行搜索, 通过循环使用不同的坐标方向来达到目标函数的局部极小值.

　　不妨假设目标是求解函数 $f(\boldsymbol{x})$ 的极小值, 其中 $\boldsymbol{x} = (x_1, x_2, \ldots, x_d)^{\mathrm{T}} \in \mathbb{R}^d$ 是一个 d 维向量. 从初始点 $\boldsymbol{x}^0$ 开始, 坐标下降法通过迭代地构造序列 $\boldsymbol{x}^0, \boldsymbol{x}^1, \boldsymbol{x}^2, \ldots$ 来求解该问题, $\boldsymbol{x}^{t+1}$ 的第 i 个分量 x_i^{t+1} 构造为

$$x_i^{t+1} = \mathop{\arg\min}_{y \in \mathbb{R}} f(x_1^{t+1}, \ldots, x_{i-1}^{t+1}, y, x_{i+1}^t, \ldots, x_d^t) . \tag{B.18}$$

通过执行此操作, 显然有

$$f(\boldsymbol{x}^0) \geqslant f(\boldsymbol{x}^1) \geqslant f(\boldsymbol{x}^2) \geqslant \ldots \tag{B.19}$$

与梯度下降法类似, 通过迭代执行该过程, 序列 $\boldsymbol{x}^0, \boldsymbol{x}^1, \boldsymbol{x}^2, \ldots$ 能收敛到所期望的局部极小点或驻点(stationary point).

　　坐标下降法不需计算目标函数的梯度, 在每步迭代中仅需求解一维搜索问题, 对于某些复杂问题计算较为简便. 但若目标函数不光滑, 则坐标下降法有可能陷入非驻点(non-stationary point).

C 概率分布

C.1 常见概率分布

本节简要介绍几种常见概率分布. 对于每种分布, 我们将给出概率密度函数以及期望 $\mathbb{E}[\cdot]$、方差 $\mathrm{var}[\cdot]$ 和协方差 $\mathrm{cov}[\cdot,\cdot]$ 等几个主要的统计量.

C.1.1 均匀分布

这里仅介绍连续均匀分布.

均匀分布(uniform distribution)是关于定义在区间 $[a,b]$ $(a<b)$ 上连续变量的简单概率分布, 其概率密度函数如附图C.1 所示.

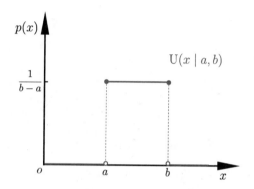

附图C. 1 均匀分布的概率密度函数

$$p(x \mid a,b) = \mathrm{U}(x \mid a,b) = \frac{1}{b-a} \; ; \tag{C.1}$$

$$\mathbb{E}[x] = \frac{a+b}{2} \; ; \tag{C.2}$$

$$\mathrm{var}[x] = \frac{(b-a)^2}{12} \; . \tag{C.3}$$

不难发现, 若变量 x 服从均匀分布 $\mathrm{U}(x \mid 0,1)$ 且 $a<b$, 则 $a+(b-a)x$ 服从均匀分布 $\mathrm{U}(x \mid a,b)$.

C.1.2 伯努利分布

以瑞士数学家雅各布. 伯努利 (Jacob Bernoulli, 1654–1705)的名字命名.

伯努利分布(Bernoulli distribution)是关于布尔变量 $x \in \{0,1\}$ 的概率分布, 其连续参数 $\mu \in [0,1]$ 表示变量 $x=1$ 的概率.

$$P(x \mid \mu) = \mathrm{Bern}(x \mid \mu) = \mu^x(1-\mu)^{1-x} \; ; \tag{C.4}$$

$$\mathbb{E}[x] = \mu \; ; \tag{C.5}$$

$$\text{var}[x] = \mu(1-\mu) \; . \tag{C.6}$$

C.1.3　二项分布

二项分布(binomial distribution)用以描述 N 次独立的伯努利实验中有 m 次成功(即 $x=1$)的概率, 其中每次伯努利实验成功的概率为 $\mu \in [0,1]$.

$$P(m \mid N, \mu) = \text{Bin}(m \mid N, \mu) = \binom{N}{m}\mu^m(1-\mu)^{N-m} \; ; \tag{C.7}$$

$$\mathbb{E}[x] = N\mu \; ; \tag{C.8}$$

$$\text{var}[x] = N\mu(1-\mu) \; . \tag{C.9}$$

对于参数 μ, 二项分布的共轭先验分布是贝塔分布. 共轭分布参见 C.2.

当 $N=1$ 时, 二项分布退化为伯努利分布.

C.1.4　多项分布

若将伯努利分布由单变量扩展为 d 维向量 $\boldsymbol{x}$, 其中 $x_i \in \{0,1\}$ 且 $\sum_{i=1}^{d} x_i = 1$, 并假设 x_i 取 1 的概率为 $\mu_i \in [0,1]$, $\sum_{i=1}^{d}\mu_i = 1$, 则将得到离散概率分布

$$P(\boldsymbol{x} \mid \boldsymbol{\mu}) = \prod_{i=1}^{d} \mu_i^{x_i} \; ; \tag{C.10}$$

$$\mathbb{E}[x_i] = \mu_i \; ; \tag{C.11}$$

$$\text{var}[x_i] = \mu_i(1-\mu_i) \; ; \tag{C.12}$$

$$\text{cov}[x_j, x_i] = \mathbb{I}[j=i]\,\mu_i \; . \tag{C.13}$$

对于参数 $\boldsymbol{\mu}$, 多项分布的共轭先验分布是狄利克雷分布. 共轭分布参见 C.2.

在此基础上扩展二项分布则得到多项分布(multinomial distribution), 它描述了在 N 次独立实验中有 m_i 次 $x_i = 1$ 的概率.

$$P(m_1, m_2, \ldots, m_d \mid N, \boldsymbol{\mu}) = \text{Mult}(m_1, m_2, \ldots, m_d \mid N, \boldsymbol{\mu})$$

$$= \frac{N!}{m_1!\,m_2!\,\ldots\,m_d!}\prod_{i=1}^{d}\mu_i^{m_i} \; ; \tag{C.14}$$

$$\mathbb{E}[m_i] = N\mu_i \; ; \tag{C.15}$$

$$\text{var}[m_i] = N\mu_i(1 - \mu_i) \; ; \tag{C.16}$$

$$\text{cov}[m_j, m_i] = -N\mu_j\mu_i \; . \tag{C.17}$$

C.1.5 贝塔分布

贝塔分布(Beta distribution)是关于连续变量 $\mu \in [0, 1]$ 的概率分布, 它由两个参数 $a > 0$ 和 $b > 0$ 确定, 其概率密度函数如附图C.2 所示.

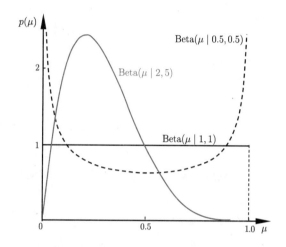

附图C. 2 贝塔分布的概率密度函数

$$p(\mu \mid a, b) = \text{Beta}(\mu \mid a, b) = \frac{\Gamma(a + b)}{\Gamma(a)\Gamma(b)}\mu^{a-1}(1 - \mu)^{b-1}$$

$$= \frac{1}{B(a, b)}\mu^{a-1}(1 - \mu)^{b-1} \; ; \tag{C.18}$$

$$\mathbb{E}[\mu] = \frac{a}{a + b} \; ; \tag{C.19}$$

$$\text{var}[\mu] = \frac{ab}{(a + b)^2(a + b + 1)} \; , \tag{C.20}$$

其中 $\Gamma(a)$ 为 Gamma 函数

$$\Gamma(a) = \int_0^{+\infty} t^{a-1}e^{-t}\mathrm{d}t \; , \tag{C.21}$$

$B(a, b)$ 为 Beta 函数

$$B(a, b) = \frac{\Gamma(a)\Gamma(b)}{\Gamma(a + b)} \; . \tag{C.22}$$

当 $a = b = 1$ 时, 贝塔分布退化为均匀分布.

C.1.6 狄利克雷分布

以德国数学家狄利克雷
(1805—1859)的名字命名.

狄利克雷分布(Dirichlet distribution) 是关于一组 d 个连续变量 $\mu_i \in [0, 1]$ 的概率分布, $\sum_{i=1}^{d} \mu_i = 1$. 令 $\boldsymbol{\mu} = (\mu_1; \mu_2; \ldots; \mu_d)$, 参数 $\boldsymbol{\alpha} = (\alpha_1; \alpha_2; \ldots; \alpha_d)$, $\alpha_i > 0$, $\hat{\alpha} = \sum_{i=1}^{d} \alpha_i$.

$$p(\boldsymbol{\mu} \mid \boldsymbol{\alpha}) = \text{Dir}(\boldsymbol{\mu} \mid \boldsymbol{\alpha}) = \frac{\Gamma(\hat{\alpha})}{\Gamma(\alpha_1) \ldots \Gamma(\alpha_i)} \prod_{i=1}^{d} \mu_i^{\alpha_i - 1} \; ; \tag{C.23}$$

$$\mathbb{E}[\mu_i] = \frac{\alpha_i}{\hat{\alpha}} \; ; \tag{C.24}$$

$$\text{var}[\mu_i] = \frac{\alpha_i(\hat{\alpha} - \alpha_i)}{\hat{\alpha}^2(\hat{\alpha} + 1)} \; ; \tag{C.25}$$

$$\text{cov}[\mu_j, \mu_i] = \frac{\alpha_j \alpha_i}{\hat{\alpha}^2(\hat{\alpha} + 1)} \; . \tag{C.26}$$

当 $d = 2$ 时, 狄利克雷分布退化为贝塔分布.

C.1.7 高斯分布

高斯分布(Gaussian distribution)亦称正态分布(normal distribution), 是应用最为广泛的连续概率分布.

对于单变量 $x \in (-\infty, \infty)$, 高斯分布的参数为均值 $\mu \in (-\infty, \infty)$ 和方差 $\sigma^2 > 0$. 附图C.3 给出了在几组不同参数下高斯分布的概率密度函数.

σ 为标准差.

$$p(x \mid \mu, \sigma^2) = \mathcal{N}(x \mid \mu, \sigma^2) = \frac{1}{\sqrt{2\pi\sigma^2}} \exp\left\{ -\frac{(x - \mu)^2}{2\sigma^2} \right\} \; ; \tag{C.27}$$

$$\mathbb{E}[x] = \mu \; ; \tag{C.28}$$

$$\text{var}[x] = \sigma^2 \; . \tag{C.29}$$

对于 d 维向量 $\boldsymbol{x}$, 多元高斯分布的参数为 d 维均值向量 $\boldsymbol{\mu}$ 和 $d \times d$ 的对称正定协方差矩阵 $\boldsymbol{\Sigma}$.

$$\begin{aligned} p(\boldsymbol{x} \mid \boldsymbol{\mu}, \boldsymbol{\Sigma}) &= \mathcal{N}(\boldsymbol{x} \mid \boldsymbol{\mu}, \boldsymbol{\Sigma}) \\ &= \frac{1}{\sqrt{(2\pi)^d \det(\boldsymbol{\Sigma})}} \exp\left\{ -\frac{1}{2}(\boldsymbol{x} - \boldsymbol{\mu})^{\text{T}} \boldsymbol{\Sigma}^{-1}(\boldsymbol{x} - \boldsymbol{\mu}) \right\} \; ; \end{aligned} \tag{C.30}$$

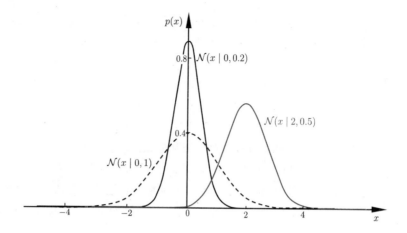

附图C. 3　高斯分布的概率密度函数

$$\mathbb{E}[\boldsymbol{x}] = \boldsymbol{\mu}\ ; \tag{C.31}$$

$$\text{cov}[\boldsymbol{x}] = \boldsymbol{\Sigma}\ . \tag{C.32}$$

C.2　共轭分布

假设变量 x 服从分布 $P(x \mid \Theta)$, 其中 Θ 为参数, $X = \{x_1, x_2, \ldots, x_m\}$ 为变量 x 的观测样本, 假设参数 Θ 服从先验分布 $\Pi(\Theta)$. 若由先验分布 $\Pi(\Theta)$ 和抽样分布 $P(X \mid \Theta)$ 决定的后验分布 $F(\Theta \mid X)$ 与 $\Pi(\Theta)$ 是同种类型的分布, 则称先验分布 $\Pi(\Theta)$ 为分布 $P(x \mid \Theta)$ 或 $P(X \mid \Theta)$ 的共轭分布(conjugate distribution).

例如, 假设 $x \sim \text{Bern}(x \mid \mu)$, $X = \{x_1, x_2, \ldots, x_m\}$ 为观测样本, $\bar{x}$ 为观测样本的均值, $\mu \sim \text{Beta}(\mu \mid a, b)$, 其中 a, b 为已知参数, 则 μ 的后验分布

$$
\begin{aligned}
F(\mu \mid X) &\propto \text{Beta}(\mu \mid a, b) P(X \mid \mu) \\
&= \frac{\mu^{a-1}(1-\mu)^{b-1}}{B(a,b)} \mu^{m\bar{x}}(1-\mu)^{m-m\bar{x}} \\
&= \frac{1}{B(a+m\bar{x}, b+m-m\bar{x})} \mu^{a+m\bar{x}-1}(1-\mu)^{b+m-m\bar{x}-1} \\
&= \text{Beta}(\mu \mid a', b')\ ,
\end{aligned} \tag{C.33}
$$

亦为贝塔分布, 其中 $a' = a + m\bar{x}$, $b' = b + m - m\bar{x}$, 这意味着贝塔分布与伯努利分布共轭. 类似可知, 多项分布的共轭分布是狄利克雷分布, 而高斯分布的共轭分布仍是高斯分布.

这里仅考虑高斯分布方差已知、均值服从先验的情形.

先验分布反映了某种先验信息, 后验分布既反映了先验分布提供的信息、又反映了样本提供的信息. 当先验分布与抽样分布共轭时, 后验分布与先验分布属于同种类型, 这意味着先验信息与样本提供的信息具有某种同一性. 于是, 若使用后验分布作为进一步抽样的先验分布, 则新的后验分布仍将属于同种类型. 因此, 共轭分布在不少情形下会使问题得以简化. 例如在式(C.33)的例子中, 对服从伯努利分布的事件 X 使用贝塔先验分布, 则贝塔分布的参数值 a 和 b 可视为对伯努利分布的真实情况(事件发生和不发生)的预估. 随着 "证据" (样本)的不断到来, 贝塔分布的参数值从 a, b 变化为 $a + m\bar{x}, b + m - m\bar{x}$, 且 $a/(a + b)$ 将随着 m 的增大趋近于伯努利分布的真实参数值 $\bar{x}$. 显然, 使用共轭先验之后, 只需调整 a 和 b 这两个预估值即可方便地进行模型更新.

C.3 KL散度

KL散度(Kullback-Leibler divergence), 亦称相对熵(relative entropy)或信息散度(information divergence), 可用于度量两个概率分布之间的差异. 给定两个概率分布 P 和 Q, 二者之间的KL散度定义为

> 这里假设两个分布均为连续型概率分布; 对于离散型概率分布, 只需将定义中的积分替换为对所有离散值遍历求和.

$$\mathrm{KL}(P\|Q) = \int_{-\infty}^{\infty} p(x) \log \frac{p(x)}{q(x)} \mathrm{d}x \;, \tag{C.34}$$

其中 $p(x)$ 和 $q(x)$ 分别为 P 和 Q 的概率密度函数.

KL散度满足非负性, 即

$$\mathrm{KL}(P\|Q) \geqslant 0 \;, \tag{C.35}$$

当且仅当 $P = Q$ 时 $\mathrm{KL}(P\|Q) = 0$. 但是, KL散度不满足对称性, 即

$$\mathrm{KL}(P\|Q) \neq \mathrm{KL}(Q\|P) \;, \tag{C.36}$$

> 度量应满足四个基本性质, 参见9.3节.

因此, KL散度不是一个度量(metric).

若将KL散度的定义(C.34)展开, 可得

$$
\begin{aligned}
\mathrm{KL}(P\|Q) &= \int_{-\infty}^{\infty} p(x) \log p(x) \mathrm{d}x - \int_{-\infty}^{\infty} p(x) \log q(x) \mathrm{d}x \\
&= -H(P) + H(P, Q) \;,
\end{aligned} \tag{C.37}
$$

其中 $H(P)$ 为熵(entropy), $H(P, Q)$ 为 P 和 Q 的交叉熵(cross entropy). 在信

息论中, 熵 $H(P)$ 表示对来自 P 的随机变量进行编码所需的最小比特数, 而交叉熵 $H(P,Q)$ 则表示使用基于 Q 的编码对来自 P 的变量进行编码所需的比特数. 因此, KL散度可认为是使用基于 Q 的编码对来自 P 的变量进行编码所需的 "额外" 比特数; 显然, 额外比特数必然非负, 当且仅当 $P = Q$ 时额外比特数为零.

后　记

　　写作本书的主因, 是 2016 年准备在南京大学开设"机器学习"课. 十五年前笔者曾主张开设此课, 但那时国内对机器学习闻之不多, 不少人听到这个名字的第一反应是"学习什么机器?"学校估计学生兴趣不大, 于是笔者开设了"数据挖掘"这门名字听上去就觉得很有用的课. 被评为省优秀研究生课程后, 又给本科生单开了一门"数据挖掘导论". 这两门课很受欢迎, 选修学生很多, 包括不少外来蹭听生. 虽然课上有一多半其实在讲机器学习, 但笔者仍一直希望专开一门机器学习课, 因笔者以为机器学习迟早会变成计算机学科的基础内容.

　　图灵奖得主 E. W. Dijkstra 曾说"计算机科学并不仅是关于计算机, 就像天文学并不仅是关于望远镜". 正如天文学早期的研究关注如何制造望远镜, 计算机科学早期研究是在关注如何令计算机运转. 到了今天, 建造强大的天文望远镜虽仍重要, 但天文学更要紧的是"用"望远镜来开展研究. 类似地, 计算机科学发展至今, 也该到了从关注"造"计算机转入更关注"用"计算机来认识和改造世界的阶段, 其中最重要的无疑是用计算机对数据进行分析, 因为这是计算的主要目的, 而这就离不开机器学习. 十多年前在国内某次重要论坛上笔者刚抛出此观点就被专家迎头指斥, 但今日来看, 甚至很多计算机学科外人士都已对机器学习的重大价值津津乐道, 现在才开设机器学习基础课似乎已有点嫌晚了.

　　1995 年在南大图书馆偶然翻看了《机器学习: 一种人工智能途径》, 这算是笔者接触机器学习的开始. 那时机器学习在国内问津者寥, 甚至连科研人员申请基金项目也无合适代码方向可报. 周边无专家可求教, 又因国内科研经费匮乏而几无国际交流, 加之学校尚无互联网和电子文献库, 能看到的最新文献仅是两年前出版且页数不全的某 IEEE 汇刊……可谓举步维艰, 经历的困惑和陷阱不可胜数. 笔者切身体会到, 入门阶段接触的书籍是何等重要, 对自学者尤甚. 一本好书能让人少走许多弯路, 材料不佳则后续要花费数倍精力方能纠偏. 中文书当然要国人自己来写. 虽已不需靠"写书出名", 且深知写教科书极耗时间精力, 但踌躇后笔者仍决定动手写这本书, 唯望为初学者略尽绵薄之力.

　　有人说"一千个人眼中就有一千个哈姆雷特", 一个学科何尝不是如此. 之所以不欲使用市面上流行的教科书(主要是英文的), 除了觉得对大多数中国学生来说中文教科书更便于学习, 另一个原因则是希望从笔者自己的视角来展现机器学习.

　　2013 年中开始规划提纲, 由此进入了焦躁的两年. 该写哪些内容、先写什么后写什么、从哪个角度写、写到什么程度, 总有千丝万缕需考虑. 及至写作进行, 更是战战兢兢, 深恐不慎误人子弟. 写书难, 写教科书更难. 两年下来, 甘苦自知. 子曰: "取乎其上, 得乎其中; 取乎其中, 得乎其下", 且以顶级的态度, 出一本勉强入得方家法眼之书.

本书贯穿以西瓜为例, 一则因为瓜果中笔者尤喜西瓜, 二则因为西瓜在笔者所生活的区域有个有趣的蕴义. 朋友小聚、请客吃饭, 菜已全而主未知, 或馔未齐而人待走, 都挺尴尬. 于是聪明人发明了"潜规则": 席终上西瓜. 无论整盘抑或小碟, 宾主见瓜至, 则心领神会准备起身, 皆大欢喜. 久而久之, 无论菜肴价格贵贱、场所雅鄙, 宴必有西瓜. 若将宴席比作(未来)应用系统, 菜肴比作所涉技术, 则机器学习好似那必有的西瓜, 它可能不是最"高大上"的, 但却是离不了的、没用上总觉得不甘心的.

本书写作过程从材料搜集, 到习题设计, 再到阅读校勘, 都得到了笔者的很多学生、同事和学术界朋友的支持和帮助, 在此谨列出他们的姓名以致谢意(姓氏拼音序): 陈松灿, 戴望州, 高阳, 高尉, 黄圣君, 黎铭, 李楠, 李武军, 李宇峰, 钱超, 王魏, 王威廉, 吴建鑫, 徐淼, 俞扬, 詹德川, 张利军, 张敏灵, 朱军. 书稿在 LAMDA 组学生 2015 年暑期讨论班上试讲, 高斌斌、郭翔宇、李绍园、钱鸿、沈芷玉、叶翰嘉、张腾等同学又帮助发现了许多笔误. 特别感谢李楠把笔者简陋的手绘图转变为精致的插图, 俞扬帮助调整排版格式和索引, 刘冲把笔者对封面设计的想法具体表现出来.

中国计算机学会终身成就奖得主、中国科学院院士陆汝钤先生是我国人工智能事业的开拓者之一, 他在 1988 年和 1996 年出版的《人工智能》(上、下册)曾给予笔者很多启发. 承蒙陆老师厚爱在百忙中为本书作序, 不胜惶恐之至. 陆老师在序言中提出的问题很值得读者在本书之后的进阶学习与研究中深思.

感谢清华大学出版社薛慧老师为本书出版所做的努力. 十二年前笔者入选国家杰出青年科学基金时薛老师即邀著书, 笔者以年纪尚轻、学力未逮婉辞. 十年前"机器学习及其应用"研讨会(MLA)从陆汝钤院士肇始的复旦大学智能信息处理重点实验室移师南京, 参会人数从复旦最初的 20 人, 发展到 2010 年 400 余人, 此后在清华、复旦、西电达 800 余人, 今年再回南大竟至 1300 余人, 场面热烈. MLA 倡导"学术至上、其余从简", 不搞繁文缛节, 参会免费. 但即便如此, 仍有很多感兴趣的师生因旅费不菲而难以参加. 于是笔者提议每两年以《机器学习及其应用》为题出版一本报告选集以飨读者. 这个主意得到了薛老师、陆老师以及和笔者一起长期组织 MLA、去年因病去世的王珏老师的大力支持. 此类专业性学术文集销量不大, 出版社多半要贴钱. 笔者曾跟薛老师说, 自著的第一本中文书必交由薛老师在清华出版, 或可稍为出版社找补. 转眼《机器学习及其应用》系列已出到第六本, 薛老师或以为十年前是玩笑话, 某日告之书快完稿时她蓦然惊喜.

最后要感谢笔者的家人, 本书几乎耗尽了两年来笔者所有的节假日和空闲时间. 写作时垂髫犬子常跑来案边, 不是问"爸爸去哪儿?"而是看几眼然后问"爸爸你又写了几页?"为了给他满意的答复, 笔者埋头努力.

周志华

2015 年 11 月于南京渐宽斋

索　引